Gerhard Werner · Karlheinz Zimmer

Holzbau 2

Gerhard Werner · Karlheinz Zimmer

# Holzbau 2

Dach- und Hallentragwerke
nach DIN 1052 (neu 2008)
und Eurocode 5

Neu bearbeitet von Karlheinz Zimmer und Karin Lissner

4., neu bearbeitete Auflage

 Springer

Prof. Dipl.-Ing. Gerhard Werner
Kohlpottweg 6
32545 Bad Oeynhausen

Prof. Dr. sc. techn. Karlheinz Zimmer
Bamberger Straße 34
01187 Dresden

Dr.-Ing. Karin Lißner
Forststraße 35
01099 Dresden

ISBN 978-3-540-95898-7        e-ISBN 978-3-540-95899-4

DOI 10.1007/978-3-540-95899-4

Springer Heidelberg Dordrecht London New York

Bibliographische Information Der Deutschen Bibliothek
Die Deutsche Bibliothek verzeichnet diese Publikation in der Deutschen Nationalbibliographie;
detaillierte bibliographische Daten sind im Internet über http://dnb.ddb.de abrufbar.

© 2010, 2005, 1999,1996  Springer-Verlag Berlin Heidelberg

Dieses Werk ist urheberrechtlich geschützt. Die dadurch begründeten Rechte, insbesondere die der Übersetzung, des Nachdrucks, des Vortrags, der Entnahme von Abbildungen und Tabellen, der Funksendung, der Mikroverfilmung oder der Vervielfältigung auf anderen Wegen und der Speicherung in Datenverarbeitungsanlagen, bleiben, auch bei nur auszugsweiser Verwertung, vorbehalten. Eine Vervielfältigung dieses Werkes oder von Teilen dieses Werkes ist auch im Einzelfall nur in den Grenzen der gesetzlichen Bestimmungen des Urheberrechtsgesetzes der Bundesrepublik Deutschland vom 9. September 1965 in der jeweils geltenden Fassung zulässig. Sie ist grundsätzlich vergütungspflichtig. Zuwiderhandlungen unterliegen den Strafbestimmungen des Urheberrechtsgesetzes.

Die Wiedergabe von Gebrauchsnamen, Handelsnamen, Warenbezeichnungen usw. in diesem Werk berechtigt auch ohne besondere Kennzeichnung nicht zu der Annahme, dass solche Namen im Sinne der Warenzeichen- und Markenschutz-Gesetzgebung als frei zu betrachten wären und daher von jedermann benutzt werden dürften.

Zahlenangaben ohne Gewähr.

Satz und Reproduktion der Abbildungen: Fotosatz-Service Köhler GmbH – Reinhold Schöberl, Würzburg
Herstellung: le-tex publishing services GmbH, Leipzig
Einbandgestaltung: wmxDesign GmbH, Heidelberg

Gedruckt auf säurefreiem Papier

Springer ist ein Teil der Fachverlagsgruppe Springer Science+Business Media (www.springer.com)

# Vorwort zur 4. Auflage

Aufgrund der nochmals überarbeiteten DIN 1052:2004, die als DIN 1052:2008 im Juli 2009 ins deutsche Baurecht übernommen wurde, und den damit verbundenen Änderungen bei den zu hoch angesetzten charakteristischen Schub- und Torsionsfestigkeiten, den Durchbrüchen in Brettschichtholzträgern sowie der Präzisierung des Bemessungswertes der Schubfestigkeit in den Gleichungen für Druck schräg zur Faser, Pult- und Satteldachträger sowie der Änderung bei der Berechnung des relativen Kippschlankheitsgrades sind die Formeln und Beispiele, insbesondere in den Abschnitten 15, 18, 19, 21 und die Bemessungshilfen im Anhang ergänzt worden.

Im Abschnitt 15 „Tragwerke der Hausdächer" wurden die Bemessungsbeispiele für ein strebenloses und für ein abgestrebtes Pfettendach auf die neue DIN 1052 umgestellt und bieten somit weitere Lösungen für die Baupraxis und Vergleiche mit der Bemessung nach zulässigen Spannungen. Beispiele zu Durchbrüchen in Brettschichtholzträgern und den Anschlussfeder- sowie Drehfedersteifigkeiten nach der neuen DIN 1052 vervollständigen die Beispielsammlung in diesem Buch. Als Beispiel für den Einfluss der Nachgiebigkeit auf die Schnittkräfte wurde ein einfach statisch unbestimmter Zweigelenkrahmen mit gedübelten Eckverbindungen gewählt, um weitere Vergleiche mit Lösungen nach zulässigen Spannungen zu ermöglichen.

Auch die zwischenzeitlich neu erschienenen Lastnormen DIN 1055-3, 4 und 5 erforderten eine vollständige Überarbeitung des Abschnittes 14 „Lastannahmen für Dach- und Hallentragwerke". Für einen Vergleich der Wirtschaftlichkeit zwischen beiden Bemessungsmethoden, aber auch für die Begutachtung bestehender Bauwerke wurden einige Beispiele nach DIN 1052 (1988) weiterhin belassen.

Allen Beteiligten, die zum guten Gelingen der 4. Auflage beigetragen haben, sei an dieser Stelle herzlich gedankt, insbesondere dem Springer-Verlag für die Herausgabe dieses sich in Lehre und Praxis bewährten Fachbuches, dem le-tex publishing services in Leipzig für die Herstellung, dem wmxDesign in Heidelberg für die gelungene Einbandgestaltung beider Teile und dem Fotosatz-Service Köhler in Würzburg, der die sehr umfangreichen Korrekturen in den bisherigen Auflagen sehr sorgfältig umgesetzt hat.

Dresden, im September 2009  Karin Lißner
Karlheinz Zimmer

## Vorwort zur 3. Auflage

Seit Herausgabe der 2. Auflage wurden neue Normen in Europa und in Deutschland erarbeitet und für die Bauingenieurpraxis freigegeben sowie ins deutsche Baurecht übernommen.

Sie enthalten viele neue Forschungsergebnisse zur Bemessung und Konstruktion von Holztragwerken, die in den letzten Jahren auf wissenschaftlichen Tagungen und in Fachzeitschriften bekannt gegeben und in der 3. Auflage berücksichtigt worden sind. Mit diesen neuen Erkenntnissen können Bauingenieure, Archtitekten und Studierende die Wettbewerbsfähigkeit des Ingenieurholzbaues gegenüber dem Stahl- und Stahlbetonbau weiter verbessern.

Das Bemessungskonzept der neuen DIN 1052 – Bemessung nach den Grenzzuständen der Tragfähigkeit und Gebrauchstauglichkeit statt nach zulässigen Spannungen der DIN 1052 Ausgabe 1988 – sowie die Grundlagen zur Bemessung und Konstruktion von Tragwerken aus Holz sind im 1. Band enthalten und anhand von Beispielen ausführlich erläutert.

Im 2. Band werden insbesondere Dach- und Hallentragwerke sowohl nach der neuen DIN 1052 als auch nach der noch gültigen DIN 1052 (1988) entworfen und bemessen.

In dem Abschnitt „Lastannahmen für Dach- und Hallentragwerke" wurden die wichtigsten Ergebnisse aus den neuen Schneelast- und Windlastnormen eingeabeitet und bei der Bemessung der Holztragwerke nach der neuen DIN 1052 berücksichtigt.

Bemessungshilfen in Form von Tafeln wurden neu aufgenommen, die im Anhang enthalten sind und mit denen der höhere Rechenaufwand bei der Bemessung der Holztragwerke nach der neuen DIN 1052 deutlich reduziert werden kann.

Dem Springer-Verlag und allen Beteiligten, die zum Gelingen der 3. Auflage beigetragen haben, möchten wir unseren besonderen Dank aussprechen.

Dresden, im Juli 2004                                    Karin Lißner
                                                        Karlheinz Zimmer

## Vorwort zur 2. Auflage

Änderungen gegenüber der 1. Auflage ergaben sich insbesondere durch die vollständige Einbeziehung der DIN 1052/A1 und Ergänzungen zum Eurocode 5. Die DIN 1052, Änderung A1 enthält nun die Rechenwerte der Elastizitäts- und Schubmoduln sowie die zulässigen Spannungen für Vollholz bzw. Brettschichtholz für alle Sortierklassen S7 bzw. MS7 bis MS17. Bei den Bemessungsbeispielen und für die Baupraxis sind die zulässigen Werte für die Zugspannungen der Nadelhölzer der Sortierklassen S10/MS10 und S13, die von 8,5 auf 7,0 bzw. von 10,5 auf 9,0 MN/m$^2$ reduziert wurden, besonders zu beachten.

Die für die 1. Auflage gewählte und von den Studierenden, Lehrenden, Bauingenieuren und Architekten angenommene Darstellung der Bemessung und Konstruktion von Holztragwerken sowohl nach DIN 1052 als auch nach Eurocode 5 in einem Buch wurde auch für den 2. Band beibehalten. Sie ermöglicht einerseits eine strikte Trennung der beiden unterschiedlichen Bemessungskonzepte und gestattet andererseits einen schnellen Vergleich ihrer Ergebnisse hinsichtlich Sicherheit und Wirtschaftlichkeit.

Dem Springer-Verlag, der durch die sehr ansprechende äußere Form der beiden Holzbaubücher mit zu ihrer weiteren Anerkennung in Fachkreisen beigetragen hat, Herrn Prof. Werner, sowie den Damen und Herren, die uns Hinweise zur Gestaltung zukommen ließen, gebührt unser besonderer Dank.

Dresden, im Januar 1999

Karin Lißner
Karlheinz Zimmer

## Vorwort zur 1. Auflage

Teil 2 dieses Buches schließt sich nahtlos an Teil 1 an und führt den Leser in praktische Anwendungen des Holzbaues ein. Einem Überblick über die Grundformen der Dächer und Dachdeckungen folgt ein ausführliches Kapitel über Lastannahmen und Lastkombinationen nach DIN 1055, denen Bemessungssituationen und Einwirkungen nach Eurocode 5 gegenübergestellt werden.

Verschiedene Dach- und Hallentragwerke werden sowohl nach DIN 1052 als auch nach Eurocode 5 vollständig behandelt, um dem Lernenden den Zusammenhang zwischen Berechnung und Konstruktion in der praktischen Anwendung zu zeigen. Soweit die verfügbaren Normen keine erschöpfende Auskunft geben, helfen neuere Forschungsergebnisse, brauchbare Lösungen zu finden. Auf die in der Praxis üblichen Vereinfachungen in Berechnung und Konstruktion wird hingewiesen.

Im Bereich der Hausdächer werden Pfetten-, Sparren- und Kehlbalkendächer sowie in einem kurzen Kapitel auch Skelettbauten behandelt. Im Bereich der Hallentragwerke nimmt eine ausführliche und systematische Darstellung der Brettschichtholzkonstruktionen den breitesten Raum ein. Aber auch Fachwerkbinder in den üblichen Tragsystemen mit herkömmlichen und neuzeitlichen Knotenausbildungen werden ausführlich dargeboten.

Die Stabilisierung von Bauwerken durch Verbände und Abstützungen verdient im Holzbau besondere Beachtung und wird deshalb umfassend behandelt. Unter anderem wird die Ermittlung der Verbandsdurchbiegung und der Kraftumlenkung bei abgeknickten Verbandsgurten ausführlich beschrieben.

Das grundlegende Kapitel „Verformungsberechnung von Holztragwerken" erscheint aus praktischen Erwägungen erst am Ende des Buches. Dem Nachgiebigkeitseinfluss mechanischer Verbindungen wird besondere Aufmerksamkeit geschenkt.

Der Eurocode 5, eine europäische Norm für die Bemessung und Konstruktion der Holztragwerke, liegt als DIN V ENV 1995 Teil 1-1 vor und ermöglicht zusammen mit dem Nationalen Anwendungsdokument (NAD) den Bauingenieuren und Architekten, Dach- und Hallentragwerke aus Holz und Holzwerkstoffen auf der Basis von Grenzzuständen zu bemessen.

Die harmonisierten europäischen Normen und technischen Zulassungen erweitern die wissenschaftliche und technische Zusammenarbeit in Europa und verbessern die Voraussetzungen für die Bauprodukte und Bauleistungen sowohl für den nationalen und europäischen Markt als auch für Märkte außerhalb der Europäischen Union.

Die in der Praxis tätigen Bauingenieure sollten die Erprobungsphase nutzen, um Erfahrungen zu sammeln, die dann in die endgültige Fassung des Eurocode 5 einfließen können. An den Universitäten und Fachhochschulen sind die neuen europäischen Normen in die Lehre einzubeziehen, um – neben der Weiterbildung für die in der Praxis tätigen Bauingenieure – weitere Voraussetzungen für die Umsetzung dieser neuen Normen in der Bauingenieurpraxis zu gewährleisten.

Das Bemessungskonzept nach Eurocode 5 wurde deshalb auch in den Teil 2 des für Studenten, Bauingenieure und Architekten bestimmten Werkes für Lehre und Praxis unter Beibehaltung der auf der Grundlage der DIN 1052 erzielten Ergebnisse aufgenommen.

Dem Springer-Verlag und allen, die zum guten Gelingen dieses Buches beigetragen haben, möchten wir auch an dieser Stelle unseren besonderen Dank aussprechen.

Möge das Buch in Verbindung mit dem ersten Teil Studenten und Ingenieuren hilfreiche Anregungen und Hinweise für ihre Arbeit vom Entwurf bis zur Konstruktion und Berechnung geben.

Bad Oeynhausen  
Dresden, im September 1995

Gerhard Werner  
Karlheinz Zimmer

# Inhalt

Bezeichnungen und Abkürzungen . . . . . . . . . . . . . . . . . . . . . . . XVII

**12 Grundformen der Dächer** . . . . . . . . . . . . . . . . . . . . . . . . . 1
  12.1 Allgemeines . . . . . . . . . . . . . . . . . . . . . . . . . . . . . . . 1
  12.2 Dachformen . . . . . . . . . . . . . . . . . . . . . . . . . . . . . . . 2
  12.3 Dachfenster . . . . . . . . . . . . . . . . . . . . . . . . . . . . . . . 4
  12.4 Lichtbänder . . . . . . . . . . . . . . . . . . . . . . . . . . . . . . . 4

**13 Dachdeckungen** . . . . . . . . . . . . . . . . . . . . . . . . . . . . . . . 5
  13.1 Allgemeines . . . . . . . . . . . . . . . . . . . . . . . . . . . . . . . 5
  13.2 Dachdeckung für Hausdächer . . . . . . . . . . . . . . . . . . . . 5
    13.2.1 Dachlatten . . . . . . . . . . . . . . . . . . . . . . . . . . . . 8
    13.2.2 Dachschalung aus Brettern . . . . . . . . . . . . . . . . . 9
    13.2.3 Dachschalung aus Platten . . . . . . . . . . . . . . . . . . 13
  13.3 Dachdeckung für Hallendächer . . . . . . . . . . . . . . . . . . . . 13
    13.3.1 Faserzement-Wellplatten . . . . . . . . . . . . . . . . . . . 13
    13.3.2 Stahltrapezbleche . . . . . . . . . . . . . . . . . . . . . . . 17
    13.3.3 KAL-BAU-Alu-Elemente . . . . . . . . . . . . . . . . . . . 23
    13.3.4 KAL-ZIP-Alu-Elemente . . . . . . . . . . . . . . . . . . . . 26
    13.3.5 Dachschalungen aus HW und Holztafeln . . . . . . . . . 30

**14 Lastannahmen für Dach- und Hallentragwerke** . . . . . . . . . . . 36
  14.1 Einteilung der Lasten nach DIN 1052 (1988) . . . . . . . . . . . . 36
  14.2 Ständige Last (Einwirkung) für DIN 1052 neu (EC5)[1] . . . . . . 38
    14.2.1 Allgemeines . . . . . . . . . . . . . . . . . . . . . . . . . . 38
    14.2.2 Eigenlast (ständige Einwirkung) der Dachdeckung . . . 38
    14.2.3 Eigenlast (ständige Einwirkung) der Bauteile . . . . . . 43
  14.3 Nutzlast für DIN 1052 neu (EC5) . . . . . . . . . . . . . . . . . . . 47
    14.3.1 Allgemeines . . . . . . . . . . . . . . . . . . . . . . . . . . 47
    14.3.2 Lotrechte Nutzlasten für Dächer . . . . . . . . . . . . . . 47
    14.3.3 Lotrechte Nutzlasten für Decken . . . . . . . . . . . . . . 48
    14.3.4 Pendelkräfte in Turnhallen . . . . . . . . . . . . . . . . . 48
    14.3.5 Horizontallasten an Brüstungen und Geländern . . . . 48
    14.3.6 Waagerechte Stabilisierungskräfte . . . . . . . . . . . . . 48
    14.3.7 Brems- und Seitenkräfte von Kranen . . . . . . . . . . . 49

---

[1] DIN 1052 neu (EC5) ≙ neue DIN 1052.

Inhalt

14.4 Schneelast für DIN 1052 neu (EC5) . . . . . . . . . . . . . . . . . 49
    14.4.1 Allgemeines . . . . . . . . . . . . . . . . . . . . . . . . . . 49
    14.4.2 Schneelastverteilung (symmetrisches Satteldach) . . . . 50
14.5 Windlast für DIN 1052 neu (EC5) . . . . . . . . . . . . . . . . . 51
    14.5.1 Vorbemerkung . . . . . . . . . . . . . . . . . . . . . . . . 51
    14.5.2 Windlast $F_w$ auf prismatische Bauwerke . . . . . . . . . 51
    14.5.3 Winddruck $w_e$ auf prismatische Baukörper . . . . . . . 52
    14.5.4 Erhöhte Windlasten in Teilbereichen . . . . . . . . . . . 53
14.6 Hinweise zur praktischen Berechnung . . . . . . . . . . . . . . 58
    14.6.1 Lastverteilung bei schräg liegenden Balken . . . . . . . 58
    14.6.2 Schnittgrößen für Sparren . . . . . . . . . . . . . . . . . 59
    14.6.3 Lagerreaktionen und Schnittgrößen infolge Windlast . . 60
14.7 Bemessungssituationen und Einwirkungen nach DIN 1055–100 63
14.8 Lastverteilung nach DIN 1052 neu (EC5) . . . . . . . . . . . . . 65

**15 Tragwerke der Hausdächer** . . . . . . . . . . . . . . . . . . . . . . . 67
15.1 Allgemeines . . . . . . . . . . . . . . . . . . . . . . . . . . . . . . 67
15.2 Pfettendächer . . . . . . . . . . . . . . . . . . . . . . . . . . . . . 69
    15.2.1 Allgemeines . . . . . . . . . . . . . . . . . . . . . . . . . . 69
    15.2.2 Pultdach, 1- und 3stieliges Pfettendach . . . . . . . . . . 71
    15.2.3 Zweistieliges Pfettendach mit Kragsparren . . . . . . . . 83
    15.2.4 Berechnung eines einstieligen Pfettendaches nach
           DIN 1052 neu (EC5) . . . . . . . . . . . . . . . . . . . . . 87
    15.2.5 Berechnungsbeispiel für ein strebenloses Pfettendach
           nach DIN 1052 neu (EC5) . . . . . . . . . . . . . . . . . 97
    15.2.6 Berechnungsbeispiel für ein abgestrebtes Pfettendach
           nach DIN 1052 neu (EC5) . . . . . . . . . . . . . . . . . 105
    15.2.7 Zweistieliges Pfettendach mit Firstgelenk . . . . . . . . 110
    15.2.8 Zweistieliges Pfettendach mit tragender Firstpfette . . . 111
    15.2.9 Vor- und Nachteile der Pfettendächer . . . . . . . . . . . 112
15.3 Sparren- und Kehlbalkendächer . . . . . . . . . . . . . . . . . . 113
    15.3.1 Systeme der Sparren- und Kehlbalkendächer . . . . . . 113
    15.3.2 Aussteifung der Sparren- und Kehlbalkendächer . . . . 116
    15.3.3 Konstruktion der Sparren- und Kehlbalkendächer . . . 116
    15.3.4 Vor- und Nachteile der Sparren- und Kehlbalkendächer 119
    15.3.5 Berechnung eines Sparrendaches nach DIN 1052 (1988) 119
    15.3.6 Berechnung des verschieblichen Kehlbalkendaches
           nach DIN 1052 (1988) . . . . . . . . . . . . . . . . . . . 126
    15.3.7 Berechnung des unverschieblichen Kehlbalkendaches
           nach DIN 1052 (1988) . . . . . . . . . . . . . . . . . . . 145
    15.3.8 Berechnung eines Sparrendaches nach
           DIN 1052 neu (EC5) . . . . . . . . . . . . . . . . . . . . 159
15.4 Walme und Kehlen . . . . . . . . . . . . . . . . . . . . . . . . . . 165
    15.4.1 Walme . . . . . . . . . . . . . . . . . . . . . . . . . . . . . 165
    15.4.2 Kehlen . . . . . . . . . . . . . . . . . . . . . . . . . . . . . 167

Inhalt    XI

**16 Tragwerke von Skelettbauten, Holzrahmenbau, Blockhausbau (Holzbausysteme)** .............................. 168

**17 Hallentragwerke** ................................ 172
   17.1 Allgemeines .............................. 172
   17.2 Tragsysteme ............................. 173
   17.3 Bindersysteme ........................... 175

**18 Sparrenpfetten** ................................. 178
   18.1 Allgemeines .............................. 178
   18.2 Einfeldpfetten ............................ 178
   18.3 Durchlaufpfetten aus Vollholz .................. 179
   18.4 Gelenkpfetten ............................ 179
      18.4.1 Allgemeines ........................ 179
      18.4.2 Gelenkabstände und Bemessungsgrundlagen ...... 180
      18.4.3 Bemessung nach Durchbiegung .............. 184
      18.4.4 Gelenkkonstruktion ..................... 184
      18.4.5 Berechnungsbeispiel nach DIN 1052 (1988) ....... 186
      18.4.6 Berechnung einer Gelenkpfette nach DIN 1052 neu (EC5)[1] 189
   18.5 Koppelpfetten ............................ 193
      18.5.1 Allgemeines ........................ 193
      18.5.2 Bemessung der Koppelpfetten ............... 194
      18.5.3 Überkopplungslängen und Kopplungskräfte ....... 196
      18.5.4 Berechnung der Verbindungsmittel nach DIN 1052 (1988) 198
      18.5.5 Durchbiegung der Koppelpfetten ............. 199
      18.5.6 Berechnungsbeispiel nach DIN 1052 (1988) ....... 199
      18.5.7 Berechnung einer Koppelpfette nach DIN 1052 neu (EC5) 203

**19 Brettschichtholzträger** ........................... 208
   19.1 Allgemeines .............................. 208
   19.2 Aufbau des Brettschichtholzträgers nach DIN 1052 neu (EC5) . 211
   19.3 Gerader Träger mit konstanter Höhe nach DIN 1052 neu (EC5) 214
   19.4 Gekrümmter Träger mit konstanter Höhe nach DIN 1052 neu (EC5) .......................... 214
      19.4.1 Allgemeines ........................ 214
      19.4.2 Einzelbrettkrümmung ................... 215
      19.4.3 Biegespannung in gekrümmten Brettschichtholzträgern .................. 216
      19.4.4 Querspannung in gekrümmten Brettschichtholzträgern .................. 218
      19.4.5 Längsspannungen infolge N, Schubspannungen infolge V ................ 220
      19.4.6 Zusammenfassung für gekrümmte Rechteckquerschnitte .................. 220

---
[1] DIN 1052 neu (EC5) ≙ neue DIN 1052.

19.5 Träger mit veränderlicher Höhe nach DIN 1052 (1988) ..... 221
  19.5.1 Allgemeines ........................ 221
  19.5.2 Sattel- und Pultdachträger mit gerader
          Unterkante ......................... 222
  19.5.3 Satteldachträger mit geneigter Unterkante ........ 229
  19.5.4 Voutenträger ....................... 246
19.6 Konstruktion der Trägerauflager nach DIN 1052 (1988) .... 247
19.7 Durchbrüche in Brettschichtholzträgern nach
      DIN 1052 neu (EC5) ........................ 249
  19.7.1 Allgemeines ........................ 249
  19.7.2 Unverstärkte Durchbrüche ................ 250
  19.7.3 Verstärkte Durchbrüche ................. 252
19.8 Rahmenecken nach DIN 1052 ................... 254
  19.8.1 Übliche Konstruktionen ................. 254
  19.8.2 Gekrümmte Rahmenecken ................ 255
  19.8.3 Rahmenecken mit Keilzinkenvollstoß .......... 255
  19.8.4 Rahmenecken mit Dübelkreisen ............. 258
  19.8.5 Berechnungsbeispiel 1 nach DIN 1052 (1988):
          Dreigelenkrahmen .................... 267
  19.8.6 Berechnungsbeispiel 2 nach DIN 1052 (1988):
          Zweigelenkrahmen .................... 280
  19.8.7 Berechnungsbeispiel 3 nach DIN 1052 (1988):
          Zweigelenkrahmen .................... 284
19.9 Bemessung von Brettschichtholzträgern nach DIN 1052 neu
      (EC5) .................................. 295
  19.9.1 Aufbau des Brettschichtholzträgers ........... 295
  19.9.2 Gerader Träger mit konstanter Höhe nach DIN 1052 neu
          (EC5) ............................. 296
  19.9.3 Pultdachträger nach DIN 1052 neu (EC5),
          vgl. Abb. 19.14 ...................... 296
  19.9.4 Gekrümmte Träger und Satteldachträger
          nach DIN 1052 neu (EC5) ................ 297
  19.9.5 Beispiel: symmetrischer Satteldachträger
          nach DIN 1052 neu (EC5) ................ 299
  19.9.6 Beispiel: Satteldachträger mit gekrümmten
          Untergurt nach DIN 1052 neu (EC5) .......... 303

# 20 Fachwerkträger ............................. 308
20.1 Allgemeines .............................. 308
20.2 Fachwerksysteme .......................... 308
20.3 Konstruktion von Fachwerkträgern ............... 310
  20.3.1 Knotenausbildung ..................... 310
  20.3.2 Stabdübel-, Dübel- und Versatzanschlüsse ....... 311
  20.3.3 Stahlblech-Holz-Stabdübelverbindungen ........ 311
  20.3.4 Sonderbauweisen ..................... 312
  20.3.5 Großfachwerke mit Gelenkbolzenverbindungen ..... 314

20.4 Berechnung von Fachwerkträgern nach DIN 1052 (1988) .... 314
    20.4.1 Lastverteilung .......................... 314
    20.4.2 Vereinfachungen und Besonderheiten .......... 316
    20.4.3 Standsicherheitsnachweise ................. 316
    20.4.4 Durchbiegungsnachweis ................... 317
    20.4.5 Beispiel nach DIN 1052 (1988) .............. 319
20.5 Berechnung von Fachwerkträgern nach DIN 1052 neu (EC 5) . 326
    20.5.1 Ausführliche Berechnung nach DIN 1052 neu (EC 5) .. 326
    20.5.2 Vereinfachter Nachweis nach DIN 1052 neu (EC 5) ... 327
    20.5.3 Zur Bemessung der Stäbe nach DIN 1052 neu (EC 5) .. 327

**21 Wind- und Aussteifungsverbände** ..................... 329
21.1 Allgemeines ................................ 329
21.2 Dachverbände ∥ Giebelwänden .................... 330
21.3 Dachverbände ∥ Längswänden .................... 331
21.4 Wandverbände ............................. 332
21.5 Berechnung horizontaler Aussteifungsverbände
    nach DIN 1052 (1988) ......................... 332
    21.5.1 Allgemeine Grundlagen ................... 332
    21.5.2 Bemessung der Einzelabstützungen ........... 334
    21.5.3 Aussteifungsverbände für Fachwerkträger ........ 335
    21.5.4 Aussteifungsverbände für Biegeträger .......... 335
    21.5.5 Zusammenwirken von WV und AV ............ 337
    21.5.6 Verformungsberechnung der Verbände .......... 341
    21.5.7 Dachscheiben aus Flachpressplatten ........... 346
21.6 Dachverbände mit abgeknickten Gurten .............. 354
    21.6.1 Allgemeines ........................... 354
    21.6.2 Verbände zwischen biegesteifen Bindersystemen .... 355
    21.6.3 Verbände zwischen symmetrischen Dreigelenkstabzügen
           oder Dreieckfachwerken ................... 357
21.7 Berechnung der vertikalen Verbände nach DIN 1052 (1988) .. 360
21.8 Berechnungsbeispiel nach DIN 1052 (1988) ............ 361
    21.8.1 System und Lastannahmen ................. 361
    21.8.2 Bemessung des Dachbinders ................ 362
    21.8.3 Berechnung der Wind- und Seitenlasten ......... 362
    21.8.4 Bemessung der Koppelpfetten ............... 364
    21.8.5 Bemessung der Gelenkpfetten ............... 366
    21.8.6 Bemessung der Diagonalen Pos. 9 ............. 368
    21.8.7 Längswandverband ...................... 370
21.9 Verbände nach DIN 1052 neu (EC 5)[1] .............. 371
    21.9.1 Allgemeines ........................... 371
    21.9.2 Bemessung der Einzelabstützungen
           nach DIN 1052 neu (EC 5) .................. 371

---

[1] DIN 1052 neu (EC 5) ≙ neue DIN 1052.

XIV   Inhalt

   21.9.3 Bemessung der Aussteifungsverbände
      für Fachwerk- und Biegeträger nach DIN 1052 neu (EC 5)  373
   21.9.4 Dachscheiben aus Holzwerkstoffen
      nach DIN 1052 neu (EC 5) . . . . . . . . . . . . . . . . . 374
   21.9.5 Beispiele nach DIN 1052 neu (EC 5) . . . . . . . . . . . 374

**22 Verformungsberechnung von Holztragwerken** . . . . . . . . . . . . . 378
  22.1 Allgemeines nach DIN 1052 (1988) . . . . . . . . . . . . . . . 378
  22.2 Allgemeine Arbeitsgleichung für Holztragwerke
     nach DIN 1052 (1988) . . . . . . . . . . . . . . . . . . . . . . . . 378
  22.3 Federarten nach DIN 1052 (1988) . . . . . . . . . . . . . . . . 382
  22.4 Federsteifigkeiten nach DIN 1052 (1988) . . . . . . . . . . . 382
   22.4.1 Anschlussfedersteifigkeit $C_a$ . . . . . . . . . . . . . . . 382
   22.4.2 Drehfedersteifigkeit $C_d$ . . . . . . . . . . . . . . . . . . 385
  22.5 Anschlussverschiebung $\Delta i$ bei Kontaktanschlüssen
     nach DIN 1052 (1988) . . . . . . . . . . . . . . . . . . . . . . . . 386
  22.6 Verformungsberechnung nach DIN 1052 neu (EC 5) . . . . . . 387
   22.6.1 Arbeitsgleichung nach DIN 1052 neu (EC 5) . . . . . . . 387
   22.6.2 Berechnung der Verschiebung von Verbindungen
      nach DIN 1052 neu (EC 5) . . . . . . . . . . . . . . . 387
   22.6.3 Federsteifigkeiten nach DIN 1052 neu (EC 5) . . . . . . 388

**Anhang – Bemessungshilfen (DIN 1052 neu)** . . . . . . . . . . . . . . . 394

**Normenverzeichnis** . . . . . . . . . . . . . . . . . . . . . . . . . . . . . . 400

**Literaturverzeichnis** . . . . . . . . . . . . . . . . . . . . . . . . . . . . . 402

**Sachverzeichnis** . . . . . . . . . . . . . . . . . . . . . . . . . . . . . . . 413

# Holzbau Teil I

## Inhaltsübersicht

### Grundlagen nach DIN 1052 neu (EC5) und DIN 1052 (1988)

1 Einleitung

2 Holz als Baustoff

3 Holzschutz im Hochbau

4 Brandverhalten von Bauteilen aus Holz

5 Stöße und Anschlüsse

6 Verbindungsmittel

7 Zugstäbe

8 Einteilige Druckstäbe

9 Mehrteilige Druckstäbe

10 Gerade Biegeträger

11 Biegung mit Längskraft

# Bezeichnungen und Abkürzungen

## Allgemeingültige und für eine Bemessung nach DIN 1052 (1988)

| | |
|---|---|
| MBO | Musterbauordnung |
| GK | Gebäudeklassen; Gebrauchsklassen |
| NH | Nadelholz |
| LH | Laubholz |
| VH | Vollholz |
| KVH | Konstruktionsvollholz |
| BSH | Brettschichtholz aus NH |
| BS-Holz | Brettschichtholz |
| BS 14 | Brettschichtholz der Sortierklasse S13 |
| VH S10 | Vollholz der Sortierklasse S10 |
| BAH | Balkenschichtholz |
| BRH | Brettsperrholz |
| FSH | Furnierschichtholz |
| HW | Holzwerkstoffe |
| BFU | Bau-Furniersperrholz DIN 68705 T3, DIN EN 636 |
| BFU-BU | Bau-Furniersperrholz aus Buche DIN 68705 T5 |
| FP | Flachpressplatte DIN EN 312 |
| OSB | Flachpressplatten |
| GKB | Gipskartonbauplatte |
| HFM | mittelharte Holzfaserplatten DIN EN 622 T3 |
| HFH | harte Holzfaserplatten DIN EN 622 T2 |
| Gkl I | Güteklasse I $\triangleq$ Sortierklasse S13 |
| Gkl II | Güteklasse II $\triangleq$ Sortierklasse S10 |
| Gkl III | Güteklasse III $\triangleq$ Sortierklasse S7 |
| NH II | Nadelholz der Gkl II |
| $\parallel$ Fa | in Faserrichtung |
| $\perp$ Fa | rechtwinklig zur Faserrichtung |
| $\sphericalangle$ Fa | schräg zur Faserrichtung |
| $\parallel$ Kr | in Kraftrichtung |
| $\perp$ Kr | rechtwinklig zur Kraftrichtung |
| $\parallel$ Pl | in Plattenebene |
| $\perp$ Pl | rechtwinklig zur Plattenebene |
| $E_\parallel$ | Elastizitätsmodul $\parallel$ Fa |
| $E_\perp$ | Elastizitätsmodul $\perp$ Fa |
| $G$ | Schubmodul |
| $G_T$ | Torsionsmodul |

| | |
|---|---|
| $g$ | ständige Last |
| $p$ | ruhende Verkehrslast |
| ef $I$ | wirksames Flächenmoment 2. Grades |
| $I_n$ | Netto-Flächenmoment 2. Grades |
| $\alpha_T$ | Wärmedehnzahl |
| $\omega$ | Feuchtegehalt |
| $\alpha$ | Schwind- und Quellmaß; Winkel zwischen Kraft- und Faserrichtung |
| VM | Verbindungsmittel |
| Dü | Dübel besonderer Bauart |
| SDü | Stabdübel |
| PB | Passbolzen |
| Bo | Bolzen |
| GS | Gewindestangen |
| Nä | Nägel |
| RNa | Rillennagel |
| SNa | Schraubnagel |
| Schr | Schrauben |
| SoNä | Sondernägel |

## Für eine Bemessung nach DIN 1052 neu (EC 5)

| | |
|---|---|
| EC 5 | Eurocode 5 |
| $E_{dA}$ | Bemessungswert der Einwirkungen im Brandfall |
| $R_{d,fi}$ | Bemessungswert der Tragfähigkeit im Brandfall |
| $f_{d,fi}$ | Bemessungswert der Festigkeit im Brandfall |
| Fkl | Festigkeitsklasse |
| GL 28 | Brettschichtholz der Festigkeitsklasse GL 28 (BS 14) |
| C 24 | Nadelholz der Festigkeitsklasse C 24 (S 10/MS 10) |
| GZ | Grenzzustand |
| Nkl | Nutzungsklasse |
| LED | Lasteinwirkungsdauer |
| $A_{tot}$ | Gesamtquerschnittsfläche |
| $V$ | Volumen |
| $t$ | Holz- oder Stahlblechdicke |
| $t_{req}$ | erforderliche Mindestdicke |
| $\lambda_{rel}$ | bezogener Schlankheitsgrad |
| $S_d$ | Bemessungswert einer Schnittgröße |
| $R_d$ | Bemessungswert der Tragfähigkeit (Beanspruchbarkeit) |
| $V_d$ | Bemessungswert der Querkraft |
| $\gamma_G, \gamma_Q$ | Teilsicherheitsbeiwert für Einwirkungen (Lastfaktoren) |
| $\gamma_M$ | Teilsicherheitsbeiwert für Baustoffe (Materialfaktor) |
| $k_{mod}$ | Modifikationsbeiwert |
| $\sigma_{t,0,d}$ | Bemessungswert der Zugspannung $\parallel$ Fa |

$f_{t,0,d}$      Bemessungswert der Zugfestigkeit ∥ Fa
$f_m$      Biegefestigkeit
$f_c$      Druckfestigkeit
$f_v$      Schub- oder Torsionsfestigkeit
$E_{0,\mathrm{mean}}$      Mittelwert des Elastizitätsmoduls ∥ Fa
$E_{0,05}$      5 % Quantil (Fraktil) des Elastizitätsmoduls ∥ Fa
$K_{\mathrm{ser}}$      Anfangsverschiebungsmodul für Grenzzustand der Gebrauchstauglichkeit
$K_{u,\mathrm{mean}} = 2/3\, K_{\mathrm{ser}}$      Mittelwert des Verschiebungsmoduls
$k_{\mathrm{def}}$      Verformungsbeiwert
$w_0$      Überhöhung
$w_{\mathrm{inst}} = f_{\mathrm{inst}}$      Anfangsdurchbiegung (elastische Durchbiegung)
$w_{\mathrm{fin}} = f_{\mathrm{fin}}$      Enddurchbiegung

**Allgemeine Bezeichnungen, zum Beispiel:**

[16]      Literaturhinweis Nr. 16
(5.3)      Gleichung 3 im Abschnitt 5

Abb. 6.4      Abbildung 4 im Abschnitt 6
Taf. 9.3      Tafel 3 im Abschnitt 9

**Hinweise im Text auf DIN 1052 neu (EC5), DIN 1052 (1988) und Erläuterungen zu DIN 1052, zum Beispiel:**

−5.1.2 [1]−      DIN 1052 neu (EC5), Abschnitt 5.1.2
−9.1.8−      DIN 1052 (1988). Teil 1. Abschnitt 9.1.8
−T2. 4.3−      DIN 1052 (1988). Teil 2. Abschnitt 4.3
−E36−      Erläuterungen zu DIN 1052 (1988) [2]. Seite 36

**Umrechnungsfaktoren**

$$1\ \mathrm{N/mm^2} \triangleq 1\ \mathrm{MN/m^2} \triangleq 10^{-1}\ \mathrm{kN/cm^2}$$
$$1\ \mathrm{N/mm} \triangleq 10^{-2}\ \mathrm{kN/cm}$$

**Querschnittsangabe:**

cm/cm (z. B. 12/16) i. d. R. für VH-Stäbe

## Koordinatensystem

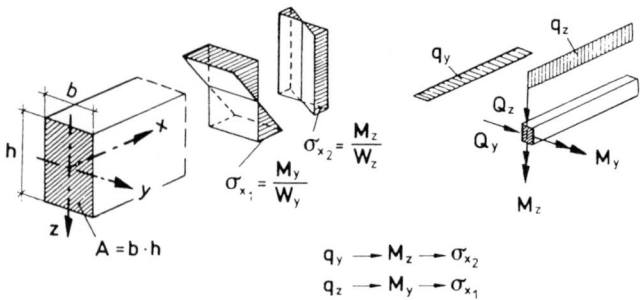

Bei einachsiger Biegung können die Indizes y und z entfallen. DIN 1052 neu (EC5) verwendet für die Querkraft den Buchstaben $V$.

# 12 Grundformen der Dächer

## 12.1 Allgemeines

Zur Einführung sollen für die traditionellen Dachformen, deren Tragwerke als ebene Systeme ausgeführt werden, die wichtigsten Bezeichnungen und Begriffe beschrieben werden [126].

Sonderformen mit Holzflächentragwerken werden hier nicht behandelt. Sie sind zu finden z.B. in [11, 12, 128, 129].

Die Bezeichnungen „Flachdach" und „Steildach" werden häufig verwendet als Kennzeichnung der äußeren Erscheinungsform. Beide Bezeichnungen lassen sich nicht klar abgrenzen durch Zahlenwerte des Dachneigungswinkels.

Bei Flachdächern muss der Abdichtung der Dachhaut besondere Aufmerksamkeit geschenkt werden. Nähere Angaben hierzu siehe [130–137]. Mit Rücksicht auf eine problemlose Dachentwässerung sollte die Mindestdachneigung betragen:

$$\boxed{\alpha \geqq 3°}$$

Mindestdachneigungen für verschiedene Dacheindeckungen s. Abschn. 13.3.

Bei $\alpha = 0°$ besteht wegen der Durchbiegung der Dachplatten, der Sparrenpfetten und der Dachbinder die Gefahr einer Wassersackbildung nach Abb. 12.1, die erheblich höhere Lasten ergeben kann als die der Berechnung zugrunde gelegte Schneelast nach DIN 1055-5. Ohne Berücksichtigung der Wasserlast kann die Standsicherheit des Tragwerks gefährdet sein, siehe [138–140].

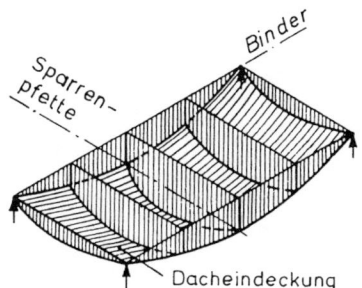

Abb. 12.1

# 12.2 Dachformen

Man unterscheidet die drei Querschnittsformen (Giebelebenen $G \perp$ First und Traufe) gemäß Abb. 12.2, Reihe a.

Bei allen Dachformen kann die lotrechte Giebelebene *teilweise* (Reihe b) oder *ganz* (Reihe c) durch eine geneigte Dachebene ersetzt werden, siehe auch [126, 141].

Beim Zeltdach nach Abb. 12.3 schneiden sich alle Dachflächen im Anfallspunkt A.

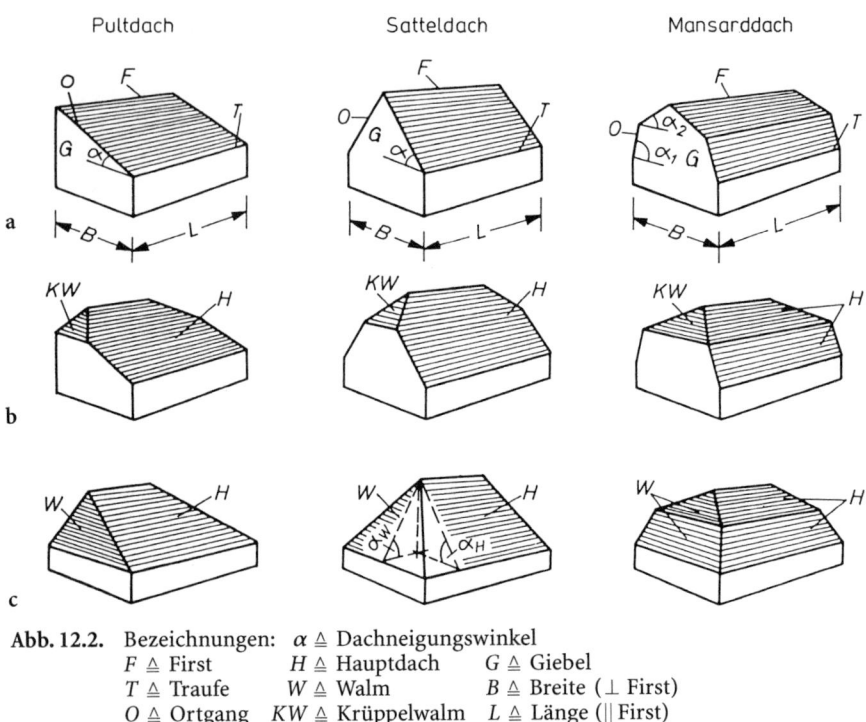

**Abb. 12.2.** Bezeichnungen: $\alpha \triangleq$ Dachneigungswinkel
$F \triangleq$ First $\quad H \triangleq$ Hauptdach $\quad G \triangleq$ Giebel
$T \triangleq$ Traufe $\quad W \triangleq$ Walm $\quad B \triangleq$ Breite ($\perp$ First)
$O \triangleq$ Ortgang $\quad KW \triangleq$ Krüppelwalm $\quad L \triangleq$ Länge ($\|$ First)

*Zeltdach*

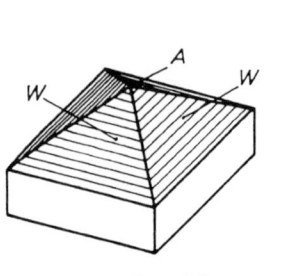
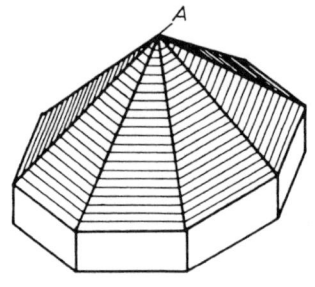

*über quadr. Grundriss*      *über Vieleck-Grundriss*      **Abb. 12.3**

## 12.2 Dachformen

Weitere Dachformen, die aber vorwiegend für Industrie- und Sporthallen vorgesehen werden, zeigt Abb. 12.4. Das Sheddach entsteht durch Zusammenfügen unsymmetrischer Satteldächer.

Bezeichnungen für Dächer über abgewinkeltem Grundriss, mit oder ohne Walm, s. Abb. 12.5. Die Abb. 12.6 zeigt einen Ausschnitt aus einem Gebäude mit über Oberkante Decke angehobener Traufe.

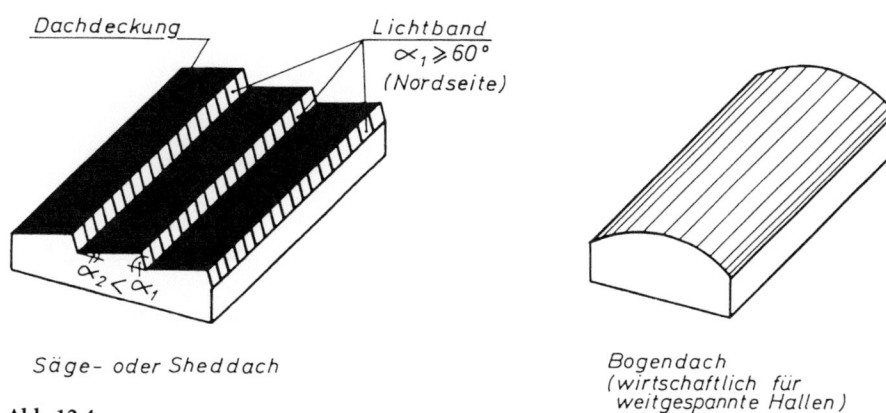

Abb. 12.4

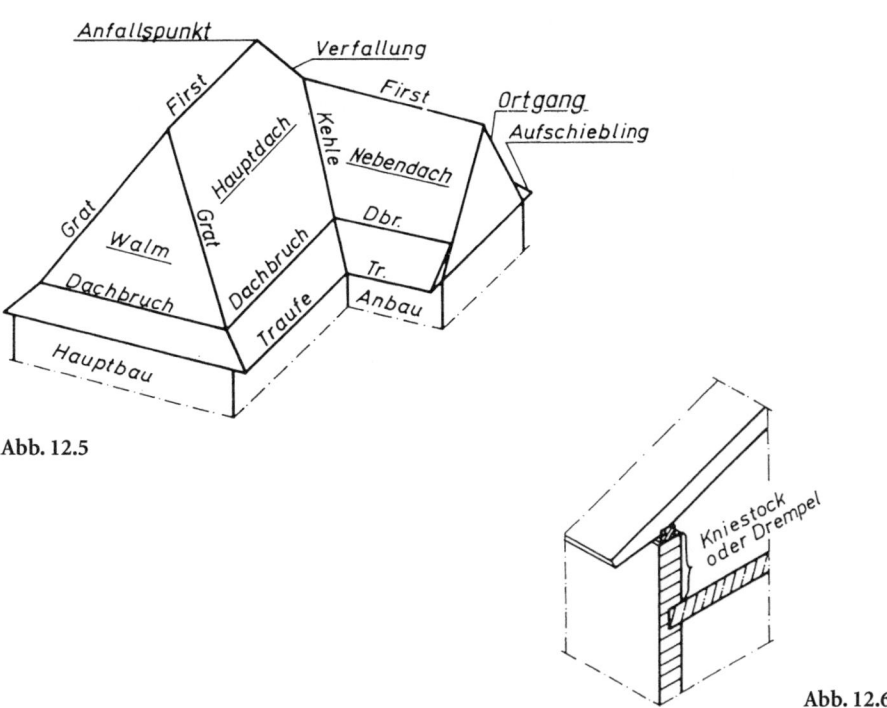

Abb. 12.5

Abb. 12.6

## 12.3 Dachfenster

Die Belichtung ausgebauter Dachräume [142] kann durch Giebel- und/oder Dachfenster erfolgen. Dachfenster können liegend als Dachflächenfenster oder lotrecht stehend in Dachgaupen – auch Dachgauben genannt – angeordnet werden, s. Abb. 12.7 a) bis d).

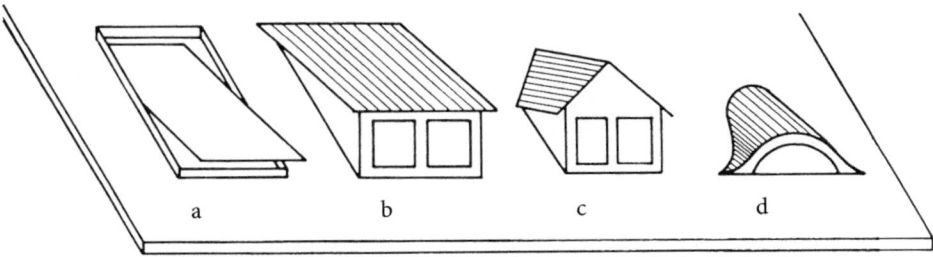

a) Dachflächenfenster  
b) Schleppgaupe  
c) Satteldach-Ausbau  
d) Fledermausluke oder Ochsenauge  

**Abb. 12.7**

## 12.4 Lichtbänder

Die Belichtung von Hallendächern erfolgt meistens durch Lichtbänder (eben oder gewellt). Well-Lichtplatten können z. B. als Belichtungsflächen in Faserzement-Wellplattendächer und -wände eingefügt werden. Ebene Lichtbänder s. Abb. 12.4 (Sheddach).

# 13 Dachdeckungen

## 13.1 Allgemeines

Die Dachdeckung bildet den Raumabschluss. Sie schützt das Raumklima gegen unerwünschte physikalische Einflüsse, die von außen auf das Gebäude einwirken, z. B. Niederschläge, Temperaturänderungen, Schall. Die Ansprüche an das Raumklima bestimmen den konstruktiven Aufbau der Schutzhülle aus verschiedenen Schichten und ihre spezifischen Eigenschaften und Aufgaben, siehe Abschn. 13.2, 13.3 und [126, 130, 263].

Hausdächer wurden vielfach als zweischalige Kaltdächer ausgeführt, d.h. tragende Schale außen (kalt), Dämmschale innen und Holzkonstruktion im durchlüfteten Zwischenraum, s. Abb. 13.2. Nichtbelüftete Dächer s. [142, 148], neuere Dachkonstruktionen und Dächer für Niedrigenergiehäuser [251], vollflächige Dämmung oberhalb des Sparrens [252–254] sowie Bauschäden [255].

Hallendächer führt man auch als einschalige Warmdächer aus, wobei die unterhalb der Dämmschicht liegende Tragschicht mit der Holzkonstruktion im Bereich der warmen Raumtemperatur liegt, s. Abb. 13.16 und 13.17.

## 13.2 Dachdeckung für Hausdächer

Für Hausdächer verwendet man vorwiegend Dachziegel, Betondachsteine oder kleinformatige Dachplatten auf Lattung und/oder Schalung, bei ausgebautem Dachgeschoss zusätzlich eine Unterdecke mit Dämmschicht, s. Abb. 13.1 und 13.2 sowie [141, 143, 264].

Für First und Ortgang sind Sonderdachziegel lieferbar. Detailpunkte First, Traufe, Ortgang s. Abb. 13.2.

Mindestdachneigung und größter Lattenabstand für verschiedene Dachdeckungen sind Tafel 13.1 zu entnehmen.

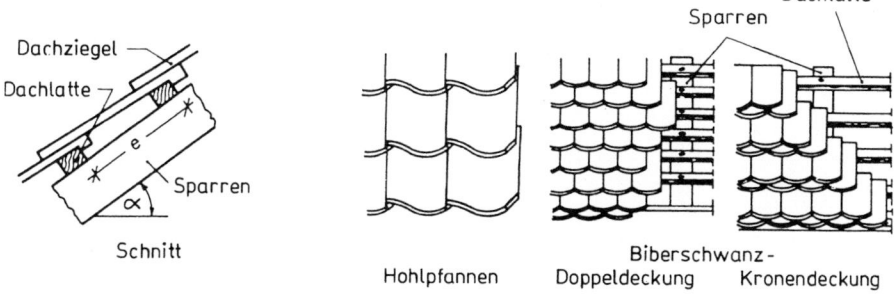

Abb. 13.1. Dacheindeckung für Hausdächer

# 13 Dachdeckungen

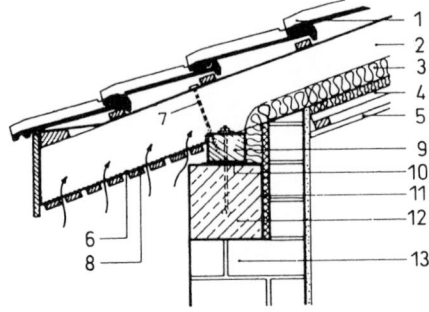

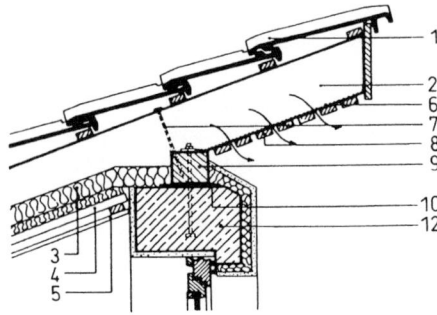

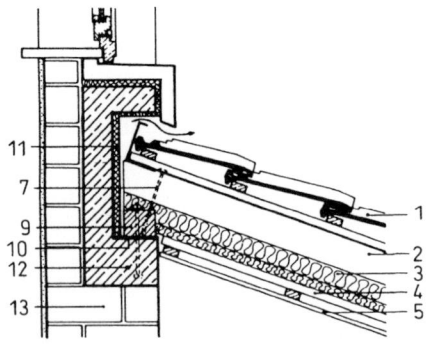

Traufe, First und Wandanschluss eines Pultdaches

1 Dacheindeckung, Lattung und Unterspannfolie
2 Sparren
3 Dämmstoffe
4 Lattung und Konterlattung
5 Gipskartonplatten
6 Fliegengitter
7 Sparrennagel, Schraubnagel bei größeren abhebenden Windlasten
8 Sparschalung unter Dachüberstand
9 Fußpfette
10 Sperrschicht[a]
11 Dämmstoffe
12 Stahlbetonringanker
13 Mauerwerk

**Abb. 13.2.** First, Traufe, Wandanschluss, Ortgang nach [144] (Fortsetzung nächste Seite)

---

[a] hier nicht zwingend erforderlich.

## 13.2 Dachdeckung für Hausdächer

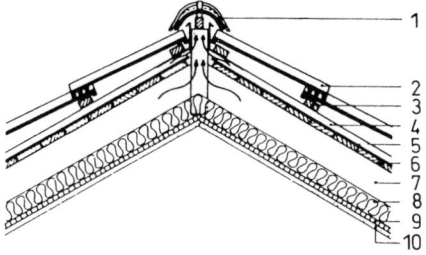

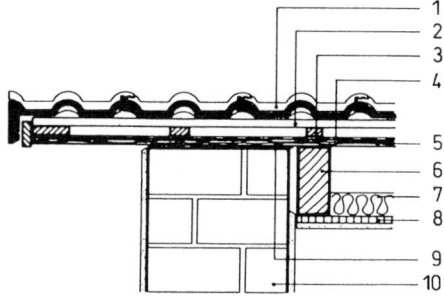

First über ausgebautem Dachgeschoss
Zwischenraum belüftet

1 Firstziegel
2 Ziegel
3 Latten
4 Konterlatten
5 Unterspannfolie
6 Schalung
7 Sparren
8 Dämmstoffe
9 Spanplatten
10 Gipskartonplatten

Ortgang mit mittlerem Überstand

1 Ziegel
2 Latten
3 Konterlatten
4 Unterspannfolie
5 Schalung
6 Sparren
7 Dämmstoffe
8 Unterdecke
9 Sperrschicht[a]
10 Mauerwerk

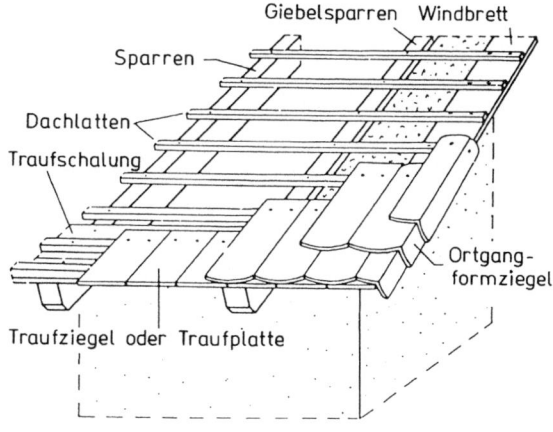

**Abb. 13.2** (Fortsetzung)

---

[a] hier nicht zwingend erforderlich.

## 13 Dachdeckungen

**Tafel 13.1** [d]

| Art der Dachdeckung | | Mindestdachneigung $\alpha°$ ohne Unterkonstruktion | mit [c] | Mittlerer Lattenabstand $e$ (in mm) |
|---|---|---|---|---|
| Faserzement-Dachplatten | einfach | 25° | 15° | [a] |
| | doppelt | | | 200–220 [b] |
| Faserzement-Kurzwellplatten | | 10° | | 500 |
| Flachdachpfannen | | 22° | 12° | 335 |
| Falzziegel | | 30° | 22° | |
| Hohlpfannen | | 35° | | 320 |
| Biberschwanz | Doppeldeckung | 30° | 27° | 150 |
| | Kronendeckung | | | 300 |

[a] auf rauher Schalung 22 mm.
[b] für Plattengröße 600/300 mm.
[c] z.B. aus Schalung, Bitumenpappe und Konterlattung.
[d] genaue Zahlen und Detail-Darstellungen sind in [130] und den Planungsgrundlagen der Hersteller enthalten.

### 13.2.1 Dachlatten

**Bemessung nach DIN 1052**
Der Bemessung müssen zwei Belastungsfälle zugrunde gelegt werden:
a) im eingedeckten Zustand: Eigen-, Schnee- und Windlast
b) beim Ein- und Umdecken: zwei Einzellasten von je 0,5 kN (charakteristische Werte) in den äußeren Viertelspunkten nach Abb. 14.13. Maßgebend für die Bemessung ist für $l > 1,0$ m meist Belastungsfall b.

Milbrandt gibt in [141] für von der Tafel 13.2 abweichende Lattenquerschnitte zulässige Stützweiten bzw. Sparrenabstände nach DIN 1052 (1988) an. Bei üblichen Dachbelastungen ist bei den in Tafel 13.2 angegebenen Querschnitten und Stützweiten ein rechnerischer Nachweis nicht erforderlich [141]. Diese Aussage und die im Abschnitt 13.2 enthaltenen, sich in der Baupraxis bewährten Konstruktionsregeln gelten auch bei Anwendung der DIN 1052 neu (EC5).

Dachlatten sind mindestens an einer Stirnseite farblich zu kennzeichnen: Rot für Sortierklasse S 10, Blau für S 13.

**Tafel 13.2.** Sparrenabstände nach ATV 18334

| Lattenquerschnitt (in mm) | 24/48 [a] | 24/60 | 30/50 | 40/60 |
|---|---|---|---|---|
| Sparrenabstand (in m) | $\leq 0,70$ | $\leq 80$ | $\leq 0,80$ | $\leq 1,00$ |
| Sortierklasse | S 13 | S 13 | S 10 | S 10 |

[a] Dachlattenabstände $\leq 170$ mm.

## Lattenbefestigung

Dachlatten sind mit mindestens einem Nagel auf jedem Sparren zu befestigen. Bei schmalen Sparren kann es zweckmäßig sein, die Lattenenden schräg zu stoßen (Abb. 13.3). Stöße sind möglichst versetzt anzuordnen.

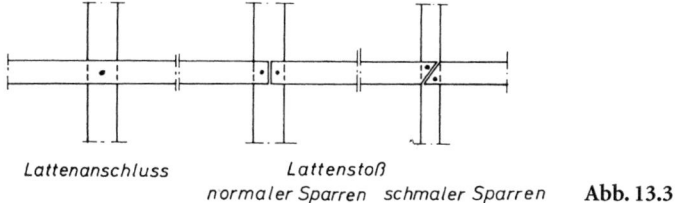

Lattenanschluss    Lattenstoß
                normaler Sparren  schmaler Sparren    **Abb. 13.3**

## Seitliche Abstützung durch Latten

Nach –10.4– dürfen Dachlatten allein für die seitliche Stützung gedrückter Bindergurte nicht in Rechnung gestellt werden. Ausnahme nach Abb. 13.4: Sparren von Sparren- und Kehlbalkendächern bis 15 m Spannweite dürfen in Verbindung mit Windrispen durch Latten seitlich gegen die Festpunkte des Verbandes abgestützt werden. In diesem Falle dürfen die Windrispen nach –E100– an der Sparrenunterseite befestigt werden bei Sparrenquerschnitten $h/b \leq 4$. Für $h/b > 4$ sind die Verbände – meist auch aus Montagegründen – an der Sparrenoberseite anzuordnen –E100–.

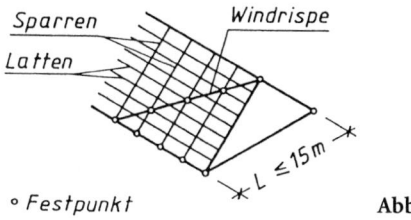

**Abb. 13.4**

### 13.2.2 Dachschalung aus Brettern

**Bemessung nach DIN 1052 (1988)**

Maßgebend für die Bemessung der Dachschalung –2.3.3– ist i.d.R. die „Mannlast" $F = 1,0$ kN (charakteristischer Wert) nach 14.3.2. Aus Wirtschaftlichkeitsgründen sollte konstruktiv für eine Querverteilung dieser Einzellast auf mehrere benachbarte Bretter gesorgt werden. Über Versuche berichten z.B. Möhler [145] und Mucha [146]. Weitere Untersuchungen [147] zeigen, dass im Hinblick auf eine einfache Montage die Verbindungsmittel nach Abb. 13.5 geeignet sind.

Aufgrund der theoretischen und experimentellen Untersuchungen wird empfohlen, Dachschalungen aus geeignet verbundenen Einzelbrettern nach

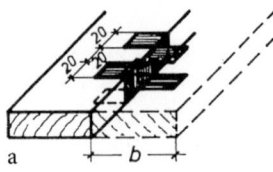
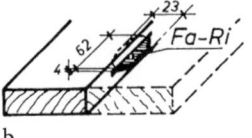
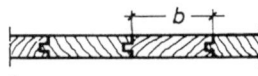
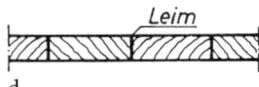

a) Steckverbinder aus St 37
b) Lamello-Feder aus Buchenholz
c) Spundung
d) Verleimung, Schmalseiten gehobelt

Untersucht, aber als nicht geeignet befunden wurden:
e) runder Verbandstift nach DIN 1156
f) Klammer-Verbindung „Senco"
g) Wellennagel
h) Blechbandverbinder

Abb. 13.5

Abb. 13.5 für den Lastfall „Mannlast" unter der Annahme einer Lastverteilungsbreite $b_F{}^1$ nach Gl. (13.1) zu bemessen:

$$b_F = \frac{3 + 15 \cdot b^2/l^2}{1 + 15 \cdot b^2/l^2} \cdot b \qquad (13.1)$$

$b \triangleq$ kleinste Brettbreite
$l \triangleq$ kleinste Spannweite

Die mittragende Breite bei gespundeten Brettern beträgt nach $-8.1.4-$ 350 mm, siehe auch [143]. Bemessungstabellen ($b_F = 350$ mm) nach DIN 1052 (1988) sind in [141] enthalten.

Die Untersuchungen für a) und b) in Abb. 13.5 wurden für ein Verbindungsmittel in der Mitte der Spannweite durchgeführt. Diese Anordnung ist günstiger als zwei Verbindungsmittel in den Drittelspunkten. Nach $-10.4-$ sind Schalbretter mit mindestens zwei Nägeln an jedem Sparren zu befestigen.

Mindestdicken für Dachschalungen sind in Tafel 13.3 enthalten.

---

[1] oder Lasteintragungsbreite $t$ nach $-8.1.4-$.

**Tafel 13.3.** Mindestdicken min $a$ von Schalungen aus Holz und Holzwerkstoffen nach DIN 18334 [141]

| Verwendungszweck | min $a$ [mm] | Bemerkungen |
|---|---|---|
| Dachschalung aus Brettern | 24 | für Metalldachdeckung |
|  | 20 | für sonstige Deckungen (ungehobelt) |
|  | 18 | für sonstige Deckungen (gehobelt) |
| Wand- und Deckenschalung aus Holz (ungehobelt) | 24 | für Metallwandbekleidung |
|  | 22 | für Außenschalung |
|  | 18 | für Innenschalung |
| Dachschalung aus Holzspanplatten | 19 | Plattentyp V 100 G nach DIN 68763 oder Spanplatten nach DIN EN 13986 in Verbindung mit der Produktnorm DIN EN 312 (Typ P5) und DIN V 20000-1 oder BAZ |
| Dachschalung aus Bau-Furniersperrholz | 15 | Holzwerkstoffklasse 100 G nach DIN 68800 oder Sperrholz nach DIN EN 13986 in Verbindung mit der Produktnorm DIN EN 636 (Nkl3) und DIN V 20000-1 oder BAZ |

**Seitliche Abstützung durch Schalung**
Nach –10.4– dürfen Dachschalungen aus Einzelbrettern, die rechtwinklig zu den Gurten verlaufen, zu deren seitlicher Abstützung herangezogen werden, wenn folgende Bedingungen erfüllt sind:
Ständige Last < 50% Gesamtlast
Binderspannweite    $S \leq 12{,}5$ m
Binderabstand       $B \leq 1{,}25$ m
Dachlänge           $0{,}8 \cdot S \leq L \leq 25$ m
Brettbreite         $b \geq 120$ mm
Stoßbreite          $a \leq 1{,}0$ m
Stoßversetzmaß      $v \geq 2 \cdot B$
Nagelanzahl/Brett   $n \geq 2$  mit jedem Gurt, auch an jedem Brettstoß
                    (Abb. 13.6 u. 13.7).

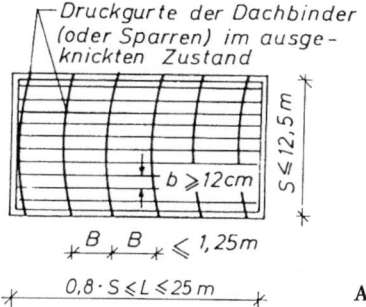

Abb. 13.6

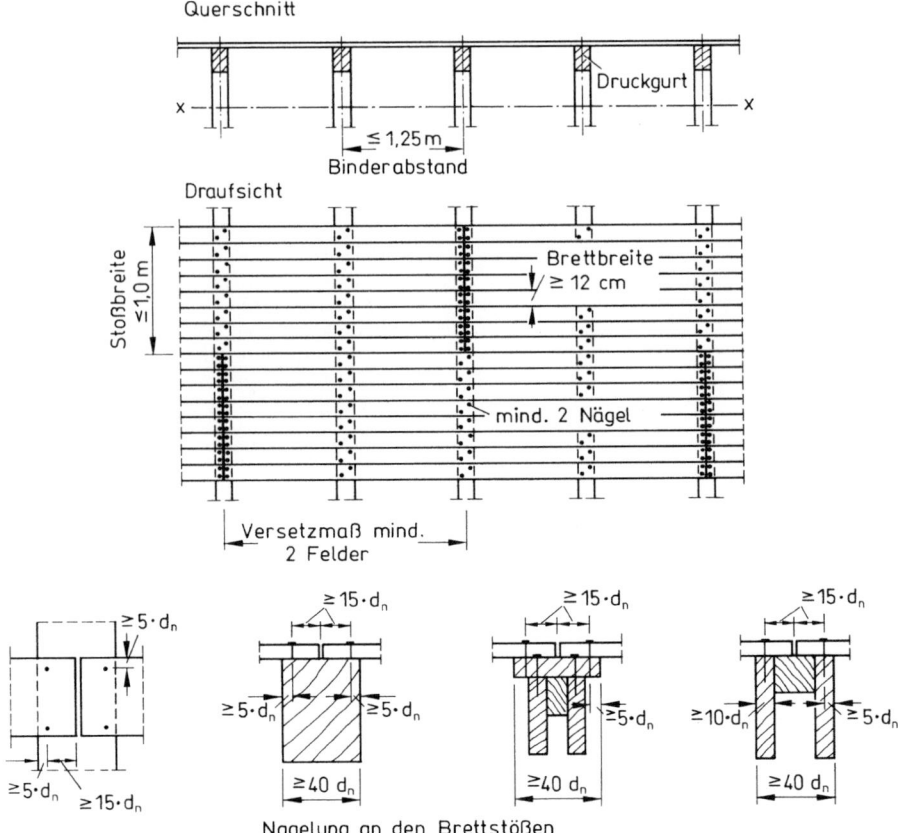

**Abb. 13.7.** Dachschalung aus Einzelbrettern zur seitlichen Abstützung von Druckgurten

Zur Aufnahme von parallel zur Brettrichtung wirkenden Windlasten dürfen Dachschalungen aus Brettern nicht in Rechnung gestellt werden. Es sind gesonderte Verbände anzuordnen –10.4–.

Bemessung nach **DIN 1052 neu (EC 5)**
Dachlatten und Brettschalung dürfen nach DIN 1052: 2008, Anhang E.2 (5) ohne genauen Nachweis im Zusammenwirken mit einem Aussteifungsverband (z. B. Windrispe und Sparren) unter folgenden Bedingungen für Sparren und für Gurte von Fachwerkbindern als in ihrer Ebene gegen Knicken aussteifend angenommen werden:
– Spannweite des auszusteifenden Bauteils ≤ 15 m,
– Abstand der Aussteifungsverbände ≤ 10 m,
– Breite der Sparren und Gurte $b \geq 40$ mm,
– Höhe der Sparren und Gurte $\leq 4 \cdot b$,
– Sparren- bzw. Binderabstand ≤ 1,25 m,
– Stöße der Latten und Bretter sind bei einer maximalen Stoßbreite von 1 m um mindestens 2 Binderabstände versetzt.

### 13.2.3 Dachschalung aus Platten

Statt der Dachschalung aus Brettern können Schalungen aus Baufurniersperrholz, Flachpressplatten (Spanplatten) oder Furnierschichtholz (z.B. Kerto-Schichtholz) vorgesehen werden (Tafel 13.3). Sie werden im Industriebau mit geringen Sparrenpfettenabständen (1,00 bis 1,75 m) und für Dächer im Wohnungsbau verwendet, wo ihre gute Wärmedämmfähigkeit zur Vermeidung von Tauwasser an der Oberschale beiträgt. Weitere Einzelheiten siehe 13.3.5 und [141, 142, 252].

## 13.3 Dachdeckung für Hallendächer

Die folgenden Angaben zu Formen, Abmessungen, Tragfähigkeiten und Konstruktionsdetails verschiedenartiger Dachdeckungselemente dienen ausschließlich dem Zweck, dem Studierenden einige unentbehrliche technische Daten bereitzustellen, die dem Entwurf und der Vorbemessung des Tragwerks zugrunde gelegt werden können. Diese Zielsetzung zwingt im Rahmen dieses Buches zu äußerster Beschränkung bei der Darstellung von Formteil-Varianten aus der Fülle der zur Verfügung stehenden Erzeugnisse für alle erdenklichen Details für Kanten, Ecken, Übergänge und Anschlüsse von Dach, Wand, Öffnungen usw.

Für Konstruktion und Ausführung eines Bauwerks ist die Benutzung der ausführlichen Firmenkataloge und Zulassungsbescheide unverzichtbar, z.B. [131–137].

Für Hallendächer verwendet man als tragendes Element vorwiegend großformatige wellenförmige oder ebene Dachdeckungen, die auf Sparrenpfetten verlegt und verankert werden. Nach Bedarf können zusätzliche Dämmschichten und als Dachhaut 2 bis 3 Lagen Pappe vorgesehen werden.

Raumabschließende und wärmedämmende Aufgaben können auch mit den Sandwichelementen gelöst werden. Sie bestehen aus einem Stützkern aus Polyurethan-Hartschaum zwischen unterschiedlich profilierten Blechen als Deckschichten.

In den Sachwichelementen vereinigen sich in idealer Weise die Korrosionsbeständigkeit und das geringe Gewicht des Werkstoffes Aluminium, das Tragvermögen der Trapezprofilierung mit der ausgezeichneten Wärmedämmfähigkeit des Polyurethan-Hartschaums.

Durch den hohen Grad der Vorfabrikation können mit Sachwichelementen in einem Arbeitsgang komplette Dächer einschließlich Wärmedämmung fertig montiert werden [137].

### 13.3.1 Faserzement-Wellplatten

**Allgemeines**

Faserzement-Wellplatten sind asbestfreie Platten. Sie sind wellenförmig längsprofiliert. Das Material ist nicht brennbar, Baustoffklasse A2 nach DIN 4102 bzw. DIN EN 13501-1, Klasse A2-s1, d0.

Technische Daten und Anwendungsbereich sind in bauaufsichtlichen Zulassungen geregelt, vgl. [131–133].

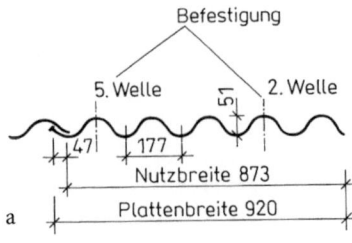

Abb. 13.8

**Plattenabmessungen und Werte für die statische Berechnung**

Profil 177/51   (Abb. 13.8 a)
$W = 85{,}0 \cdot 10^3$ mm³/m Pl.-Breite
$I\ = 244 \cdot 10^4$ mm⁴/m Pl.-Breite
Eigenlast: $g = 0{,}2$ kN/m² D

Profil 130/30   (Abb. 13.8 b)
$W = 42{,}0 \cdot 10^3$ mm³/m Pl.-Breite
$I\ = 75{,}6 \cdot 10^4$ mm⁴/m Pl.-Breite
Eigenlast: $g = 0{,}2$ kN/m² D
Plattenlängen [mm]:
2500, 2000, 1600, 1250

Maßausgleich zwischen Traufe und First sowie am Ortgang kann durch Passplatten oder Zuschnitt erfolgen.

**Mindestdachneigungen, -längenüberdeckungen und Sparrenpfettenabstände gemäß Tafeln 13.4, 13.5, 13.6 und Abb. 13.9**

Befestigung mit verzinkten Holzschrauben ⌀7 mm mit Pilzdichtung und Korrosionsschutz nach Abb. 13.9.

**Tafel 13.4.** Mindestdachneigung $\alpha°$

| Abstand Traufe-First | | $\leqq 10$ m | $\leqq 20$ m | $\leqq 30$ m | $> 30$ m |
|---|---|---|---|---|---|
| $\alpha°$ | mit Kitteinlage | $\geqq 7°$ | $\geqq 8°$ | $\geqq 10°$ | $\geqq 12°$ |
| | ohne Kitteinlage | $\geqq 10°$ | | $\geqq 12°$ | $\geqq 14°$ |

**Tafel 13.5.** Mindestlängenüberdeckung

| Neigungswinkel $\alpha°$ | $\geqq 10°$ | $\geqq 7°$ bis $< 10°$ |
|---|---|---|
| Mindestlängen-Überdeckung in mm | 200 | 30 mm unterhalb der Befestigung Dichtungsprofil ⌀8 mm einlegen |

**Tafel 13.6.** Pfettenabstände $l$ [a] und zul. Belastungen $q$ [b]

| Dachneigungswinkel $\alpha°$ | Profil 177/51 | | Profil 130/30 | |
|---|---|---|---|---|
| | $l$ [mm] | $q$ [kN/m²] | $l$ [mm] | $q$ [kN/m²] |
| $< 20°$ | $\leqq 1150$ | $\leqq 3{,}40$ | $\leqq 1150$ | $\leqq 1{,}70$ |
| $\geqq 20°$ | $\leqq 1450$ | $\leqq 2{,}25$ | $\leqq 1175$ | $\leqq 1{,}70$ |

[a] In Dachneigung gemessen s. Abb. 13.9.
[b] $q$ infolge $g, s, w$ und zul $\sigma_B = 6{,}0$ N/mm² liegen der Berechnung zugrunde.

## 13.3 Dachdeckung für Hallendächer

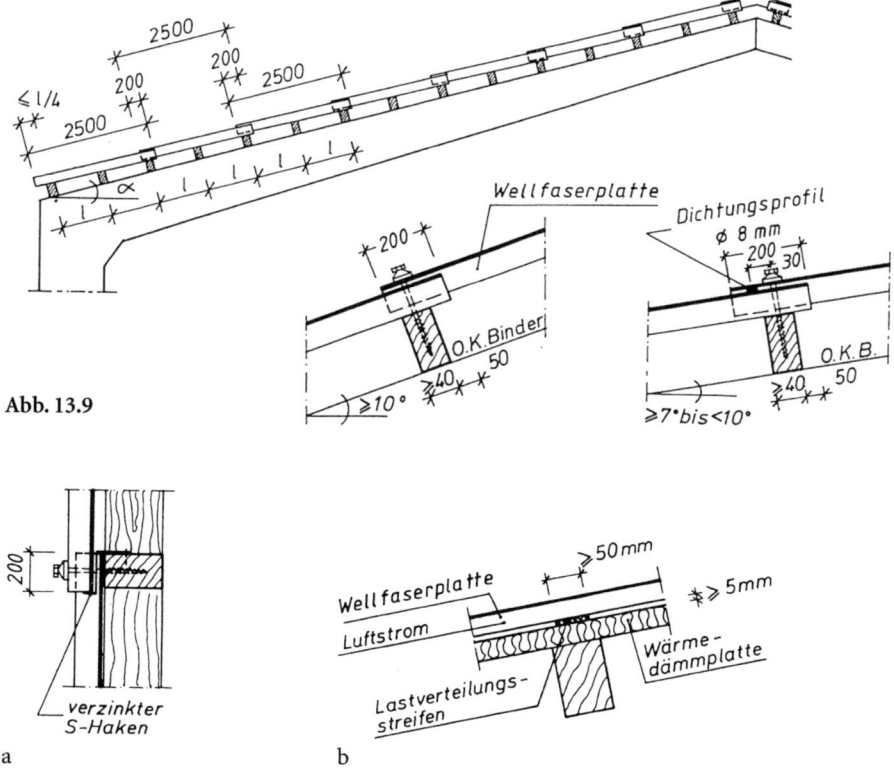

**Abb. 13.9**

**Abb. 13.10.** a) Wandanschluss  b) Zweischaliges Kaltdach

### Formteile
Die Lieferprogramme der Hersteller [131–133] umfassen alle notwendigen Formteile für First, Traufe, Ortgang Lüftung, Belichtung usw. in vielfältigen Ausführungen, siehe z. B. Abb. 13.11 (Maß- und Detailänderungen vorbehalten).

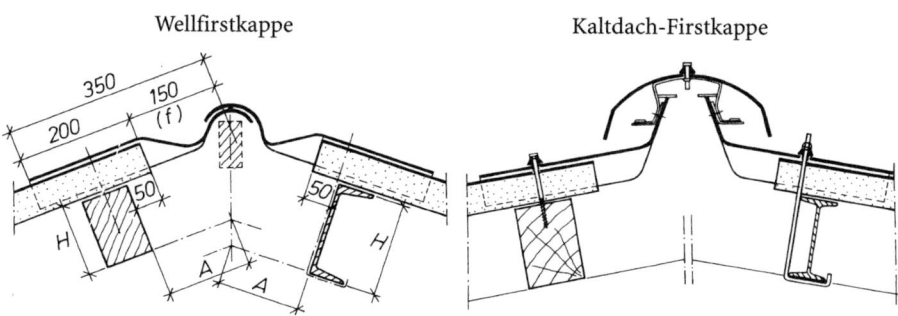

**Abb. 13.11** (Fortsetzung nächste Seite) A, H s. [131]

## 13 Dachdeckungen

Wellpulthaube

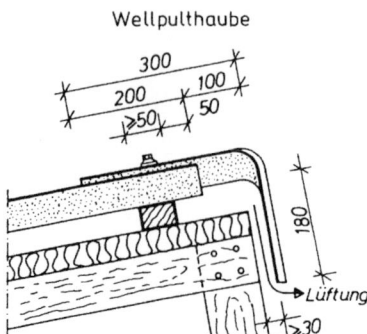

Wellfirsthaube

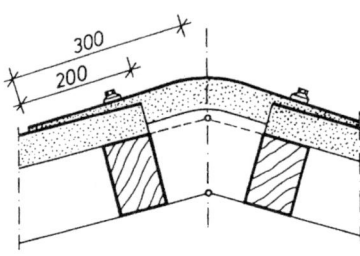

Wellübergangshauben

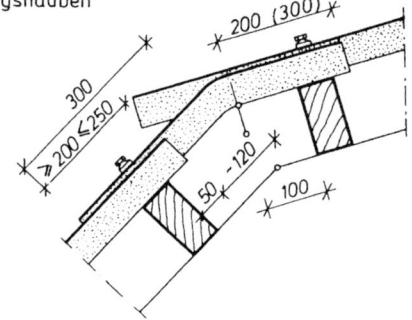

Traufenfußstück

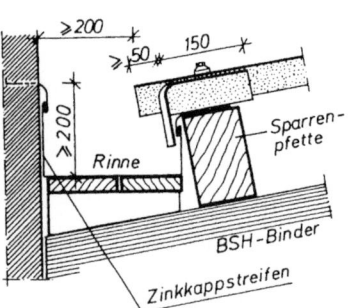

Traufenabschluss mit Zahnleiste

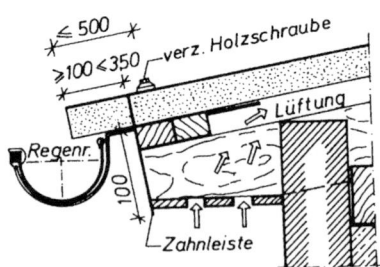

**Abb. 13.11** (Fortsetzung nächste Seite)

### 13.3 Dachdeckung für Hallendächer

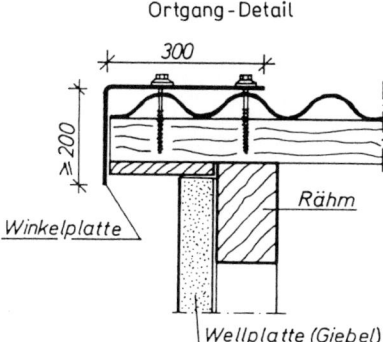

Abb. 13.11 (Fortsetzung)

**Well-Eternit für flache Dächer:** $5° \leqq \alpha \leqq 7°$
Profil 177/51

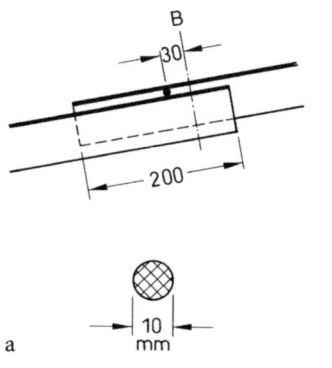

**Abb. 13.12.** Überdeckungen

a) Längenüberdeckung
 30 mm unterhalb der Befestigung:
 Eternit-Prestik-Z-Dichtungsprofil
 $\varnothing$ 10 mm

b) Seitenüberdeckung
 Auf dem aufsteigenden Wellenast der
 Platte: Eternit-Prestik-R-Sonderprofil
 mit Alu-Einlage

#### 13.3.2 Stahltrapezbleche

**Bemessungsgrundlagen**
Stahltrapezbleche sind trapezförmig längsprofilierte Bleche mit beidseitiger Verzinkung. Die verschiedensten Fabrikate gemäß [134] unterscheiden sich in einer Vielzahl von Querschnittsformen und -abmessungen. Die Ermittlung der Tragfähigkeitswerte durch Berechnung (min $t_N = 0,6$ mm) bzw. Versuche (min $t_N = 0,5$ mm) ist in DIN 18807 T1 bzw. T3 geregelt.

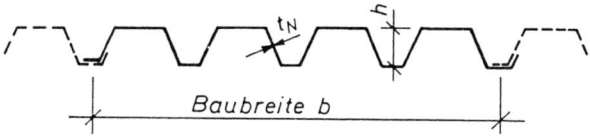

**Abb. 13.13.** Beispiel einer Profilform

Die lieferbaren Profil- und Tafelabmessungen für Dach und Wand liegen je nach Fabrikat etwa in folgenden Grenzen:

| | | | | |
|---|---|---|---|---|
| Blechdicke | 0,5 mm | $\leq t_N \leq$ | 1,50 mm | |
| Profilhöhe | 21 mm | $\leq h \leq$ | 165 mm | |
| Baubreite | 750 mm | $\leq b \leq$ | 1100 mm | |
| Lieferlänge | 1800 mm | $\leq l \leq$ | 23000 mm | |
| Eigenlast | 0,06 kN/m² | $\leq g \leq$ | 0,24 kN/m² | |
| gebräuchlich | 0,10 kN/m² | $\leq g \leq$ | 0,15 kN/m² | |

Mindestdachneigungen nach [135]:
$\alpha \geq 3°$ für Ausführungen ohne Querstöße und Durchbrüche
$\alpha \geq 5°$ für Ausführungen mit Querstößen und/oder Durchbrüchen.

Maßgebend für die Tragfähigkeit der dünnwandigen Trapezbleche ist neben der Biegefestigkeit auch die Beulsicherheit. Aus Traglastversuchen wurden Bemessungswerte gewonnen, die den Tabellen der Hersteller zu entnehmen sind.

Für die verschiedenen Profile und Stützweiten von Ein-, Zwei- oder Dreifeldträgern kann aus diesen Tabellen die zulässige Belastung bzw. die charakteristischen Werte der Einwirkungen in kN/m² entnommen werden. Die in DIN 18807 Teil 3, Abschn. 4.1.5 enthaltene maximale Begehbarkeitsstützweite darf dabei nicht überschritten werden.

Stahltrapezbleche können auf Sparrenpfetten (Wellen $\perp$ Traufe) oder unmittelbar auf den Dachbindern (Wellen $\parallel$ Traufe) verlegt werden [271], s. Abb. 13.14.

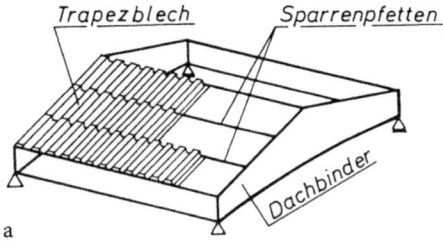

a   Verlegung auf Sparrenpfetten

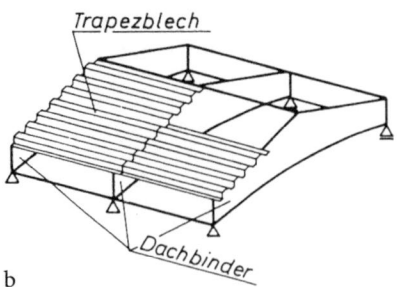

b   Verlegen unmittelbar auf Dachbindern unter Verzicht auf Sparrenpfetten

Abb. 13.14

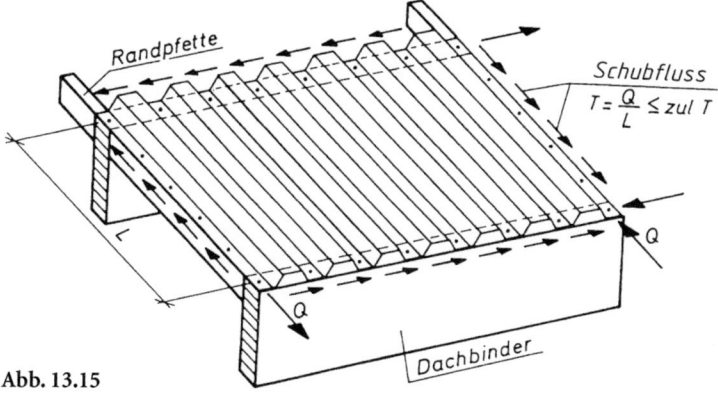

**Abb. 13.15**

### Schubfeldwirkung
Unter bestimmten Voraussetzungen kann unter Verzicht auf stabilisierende Wind- oder Aussteifungsverbände die Schubfeldwirkung des Trapezbleches in Rechnung gestellt werden, siehe DIN 18807 und Technische Informationen der Hersteller.

Notwendige Bedingung dafür ist die Unterstützung aller Schubfeldränder durch Randträger mit begrenzten Verbindungsmittelabständen (Abb. 13.15):
a) ∥ Profilkanten: $e \leqq 666$ mm
b) ⊥ Profilkanten: Befestigung in jedem Untergurt

Der zulässige Schubfluss bzw. charakteristische Wert des Schubflusses wird den Tafeln der Prüfbescheide entnommen als kleinster der drei kritischen Werte:
zul $T_1$ für Spannungsbegrenzung ⎫ des trapezförmigen Rahmens
zul $T_2$ für Verschiebungsbegrenzung ⎬ infolge Querbiegung
zul $T_3$ für Begrenzung der Verformung des gesamten Schubfeldes.

### Konstruktionsdetails
Die folgenden Abbildungen sollen die Anwendung der Stahltrapezbleche für Dächer mit Wärmedämmung zeigen. Die Darstellungen sind [135] bzw. Merkblättern, die durch [135] ersetzt wurden, entnommen. Die z.T. auf Stahlkonstruktionen bezogenen Detailpunkte sind auch übertragbar auf entsprechende Holztragwerke.

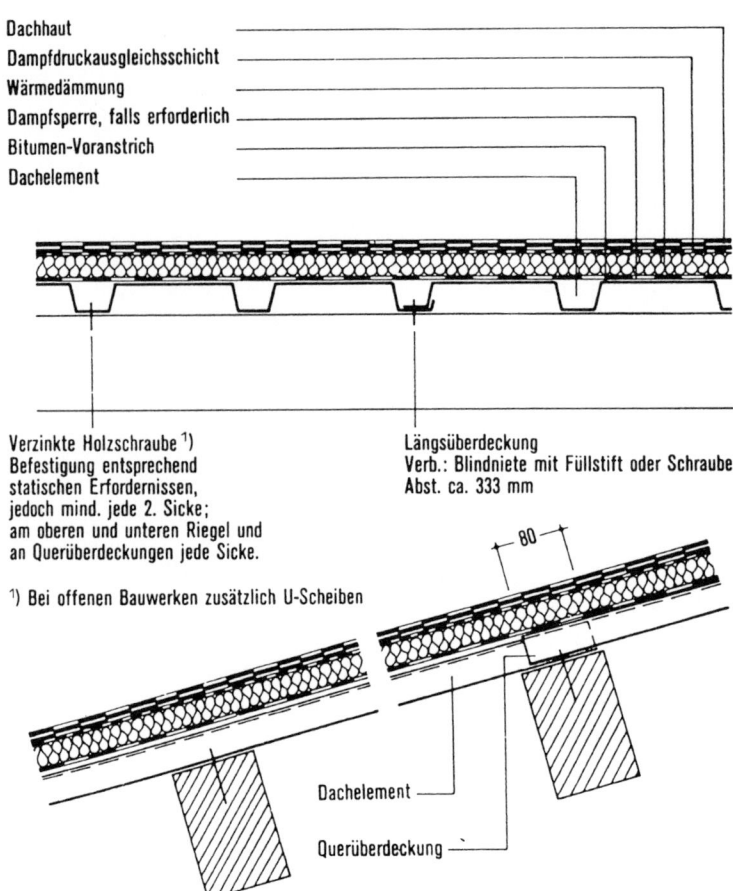

Abb. 13.16. Warmdachkonstruktion mit Stahltrapezblech [198]

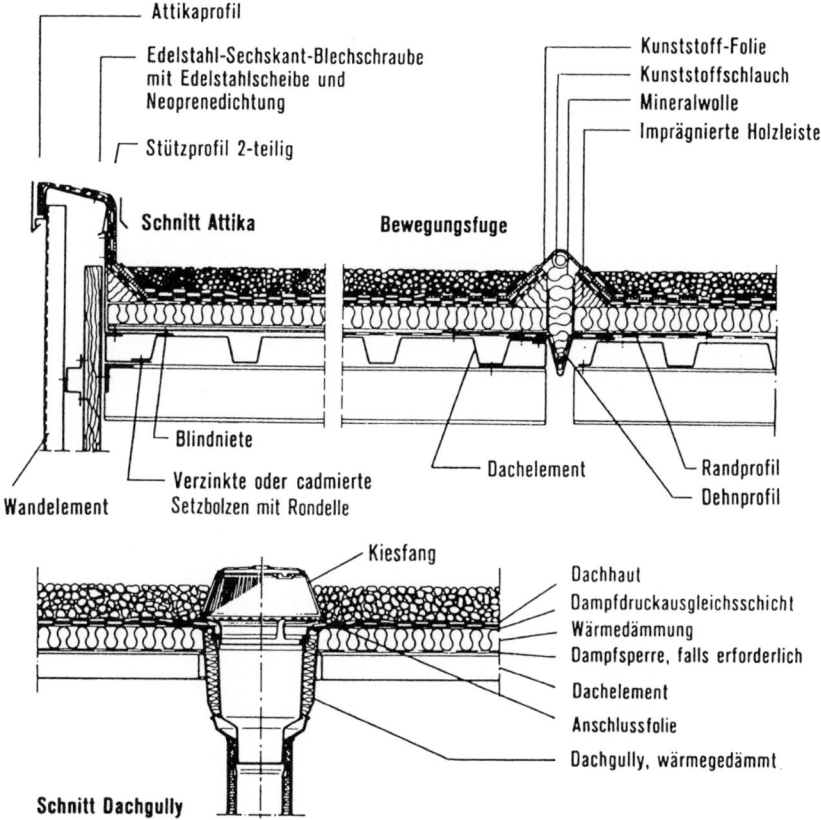

**Abb. 13.17.** Warmdachaufbau mit dicker Kiesschüttung [198]

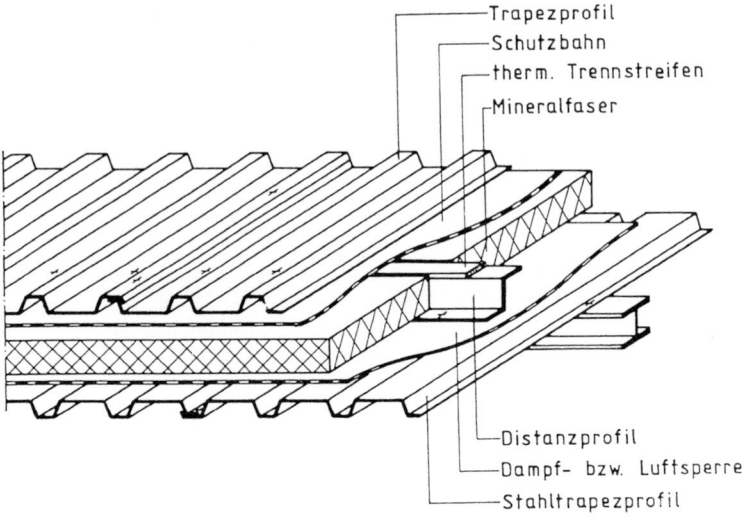

**Abb. 13.18.** Zweischaliges Metalldach, Ober- und Unterschale parallel, Distanzprofile um 90° versetzt

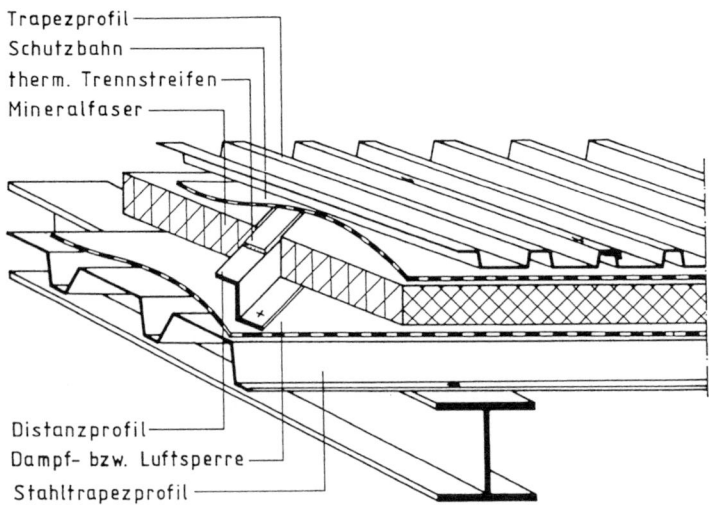

**Abb. 13.19.** Zweischaliges Metalldach, Ober- und Unterschale um 90° versetzt, Distanzprofile diagonal

Anm.: Die Profilstahlkonstruktion kann durch Vollholz- oder BSH-Querschnitte ersetzt werden.

Weitere ausführliche Konstruktionsdetails siehe [135].

### 13.3.3 KAL-BAU-Aluminium-Elemente

**Allgemeines**
KAL-BAU-Elemente sind trapez- oder wellenförmig längsprofilierte Bleche mit beidseitiger Plattierung aus korrosionsbeständiger Speziallegierung. Alle technischen Daten und Vorschläge zu konstruktiven Details können den Zulassungsbescheiden und Katalogen des Herstellers [136] entnommen werden.

Lieferbare Profile sind:
TR 25/100, TR 30/150, TR 35/200, TR 40/185, TR 50/150, TR 50/180, W 18/76
TR ≙ Trapezform (Abb. 13.20); W ≙ Wellenform
Ziffern bedeuten: Wellenhöhe $h$/Wellenlänge $b_1$

1 Pfette
2 KAL-BAU-Trapezblech
3 Befestigung, z. B. Hochsicke
4 Befestigung, z. B. Tiefsicke
5 Stoßüberlappung
6 Längsstoßvernietung

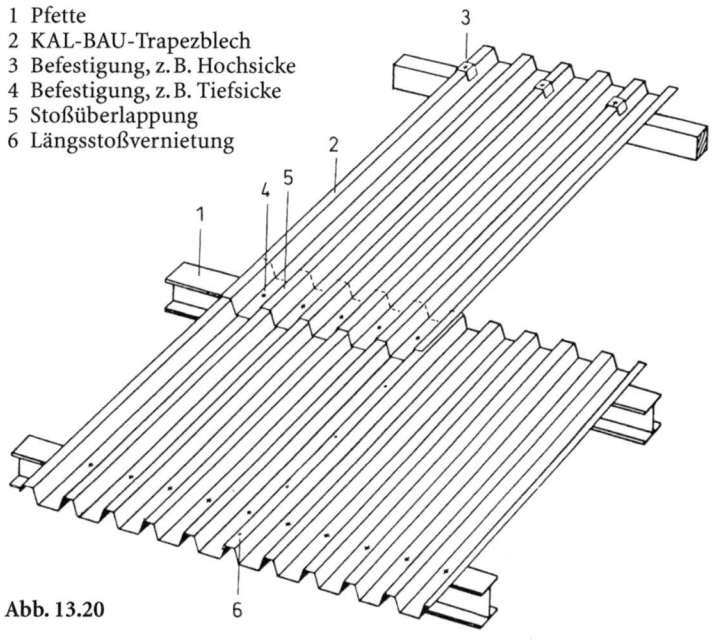

Abb. 13.20

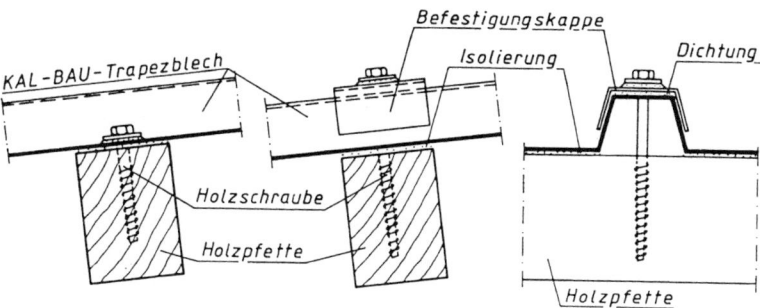

Abb. 13.21. Befestigung auf Holzträgern

Zur Befestigung auf Holzträgern sind Alu-Holzschrauben mit Schaft $\varnothing$ 6 mm zu verwenden, s. Abb. 13.21.

Wand: max. Blechlänge = 16 m $\rightarrow$ Schrauben in Tiefsicke
Dach: max. Blechlänge = 8 m $\rightarrow$ Schrauben in Hochsicke mit
Befestigungskappe und Dichtung

**Tafel 13.7. Mindestdachneigung**

|  | Länge First-Traufe | TR 30/150 | TR 35/200 TR 40/185 | TR 50/180 TR 50/150 |
|---|---|---|---|---|
| ohne Querstöße ohne Durchbrüche | bis 8 m 8 bis 12 m | 4% 6% | 3% 5% | 3% 3% |
| mit Querstößen ohne Durchbrüche | bis 10 m 10 bis 18 m > 18 m | 6% 8% 12% | 5% 7% 10% | 5% 7% 10% |
| mit Querstößen mit Durchbrüchen | bis 10 m 10 bis 18 m > 18 m | 8% 10% 12% | 7% 9% 12% | 6% 8% 10% |

**Tafel 13.8. Stoßausbildung für Dächer und Wände**

| Dachneigung | Querstöße | Längsstöße |
|---|---|---|
| 3% bis 5% | – | vernieten |
| 5% bis 10% | 200 mm überdecken, abdichten | alle 300 bis 500 mm |
| > 10% bis 30% | 200 mm überdecken, gegebenenfalls abdichten | gegebenenfalls vernieten |
| > 30% u. Wände | 150 mm überdecken | alle 300 bis 500 mm |

**Tafel 13.9. Materialkennwerte**

| Zugfestigkeit | mind. 225 N/mm² |
|---|---|
| Streckgrenze $\sigma_{0,2}$ | mind. 200 N/mm² |
| Elastizitätsmodul $E$ | 70 000 N/mm² |
| Wärmeausdehnungskoeffizient $\alpha_T$ | $24 \cdot 10^{-6}$ K$^{-1}$ |

Die Profilwerte liegen etwa in folgenden Grenzen:

| Blechdicke | 0,7 mm | $\leq t \leq$ | 1,2 mm | |
|---|---|---|---|---|
| Profilhöhe | 18 mm | $\leq h \leq$ | 50 mm | |
| Baubreite | 750 mm | $\leq b \leq$ | 1 000 mm | |
| Lieferlänge | 600 mm | $\leq l \leq$ | 16 000 mm $\leq$ 8 000 mm | Wand Dach |
| Flächenmoment 2. Grades | $8,8 \cdot 10^4$ mm$^4$/m | $\leq I_{ef} \leq$ | $69,7 \cdot 10^4$ mm$^4$/m | |
| Eigenlast | 0,017 kN/m² | $\leq g \leq$ | 0,049 kN/m² | |

### Bemessungsgrundlagen

Die vorhandenen Schnittgrößen und Auflagerkräfte, nach Elastizitätstheorie ermittelt, dürfen die zulässigen Werte nach Zulassungsbescheid Z-14.1-23 [136], nicht überschreiten.

Der Durchbiegungsnachweis ist mit $I_{ef}$ zu führen.

Als Entwurfshilfe können Riegel- und Pfettenabstände $l$ den Bemessungstabellen [136] entnommen werden. Sie gelten für geschlossene Gebäude, nicht turmartig, mit Dachneigungen bis 25° unter verschiedenen Schnee- und Windlasten.

Die Tafeln 13.10 und 13.11 geben auszugsweise die größten Riegel- bzw. Pfettenabstände $l$ für die kleinste und größte Bleckdicke $t$ der KAL-BAU-Elemente wieder.

Die Befestigung an den Sparrenpfetten oder Wandriegeln erfolgt mit Holzschrauben, Schaft-Ø $\geq$ 6 mm, mind. in jedem zweiten Ober- oder Untergurt, s. Abb. 13.20 und 13.21.

Bei Windsoglasten ist ein besonderer Nachweis der Bleche und Verbindungsmittel nach [136] zu führen.

Die Konstruktionsdetails sind vergleichbar mit denen für Stahltrapezbleche. Zahlreiche Abbildungen sind den Herstellerkatalogen zu entnehmen [136].

**Tafel 13.10.** Riegelabstände $l$ (in m) von KAL-BAU-Wandelementen

Tafelwerte gültig für $t$ = 0,7 bis 1,2 mm, Durchbiegung $f \leq l/150$, Gebäudehöhe $h \leq 8$ m

|  |  | TR 25/100 | TR 30/150 | TR 40/185 | TR 50/150 |
|---|---|---|---|---|---|
| 1-Feldträger | NB<br>EB | 1,97–2,38 | 1,70–2,53 | 2,53–3,03 | 2,90–3,65 |
| 2-Feldträger | NB<br>EB | 2,67–3,24<br>1,41–2,47 | 2,20–3,44<br>1,15–2,48 | 3,14–4,11<br>1,74–2,46 | 3,94–4,95<br>2,27–3,25 |
| 3-Feldträger | NB<br>EB | 2,45–2,97<br>1,58–2,71 | 2,12–3,15<br>1,31–2,74 | 3,15–3,77<br>1,98–2,77 | 3,61–4,54<br>2,58–3,65 |

NB ≙ Normalbereich; EB ≙ Eckbereich (erhöhte Windsoglasten).

**Tafel 13.11.** Pfettenabstände $l$ (in m) von KAL-BAU-Dachelementen

Tafelwerte gültig für Hochsickenverschraubung $t$ = 0,7 bis 1,2 mm, Durchbiegung $f \leq l/200$, Gebäudehöhe $h \leq 8$ m

|  | $s$ (in kN/m²) | TR 25/100 | TR 30/150 | TR 40/185 | TR 50/150 |
|---|---|---|---|---|---|
| 2-Feldträger | 0,75<br>1,25 | 1,97–2.52<br>1,58–2,15 | 2,20–2,68<br>1,86–2,28 | 1,54–2,51<br>1,54–1,97 | 3,19–3,89<br>2,39–3,31 |
| 3-Feldträger | 0,75<br>1,25 | 1,81–2,31<br>1,50–1,96 | 2,02–2,46<br>1,71–2,09 | 1,85–2,81<br>1,85–2,50 | 2,93–3,56<br>2,48–3,03 |

## 13.3.4 KAL-ZIP-Aluminium-Elemente

**Allgemeines**

KAL-ZIP-Elemente [136] sind ⊔-förmige, mit Sicken versehene Profile nach Abb. 13.22 mit beidseitiger witterungsbeständiger Plattierung und dekorativer Oberflächenbehandlung.

Das KAL-ZIP-System ist speziell für die Eindeckung flach geneigter Dächer konzipiert (Abb. 13.23). Die hauptsächliche Anwendung sind wärmege-

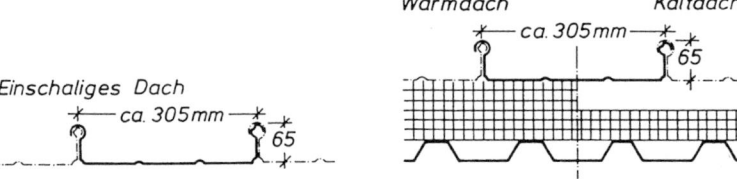

**Abb. 13.22.** KAL-ZIP-Dachquerschnitt

Lieferlängen: 1,5 m bis 50 m
Materialkennwerte wie Tafel 13.9

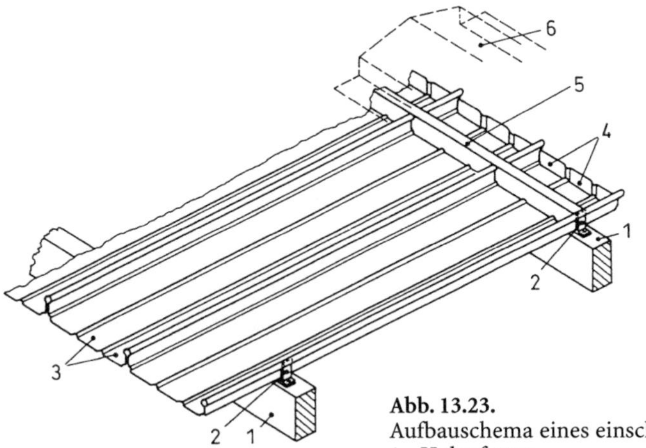

**Abb. 13.23.**
Aufbauschema eines einschaligen KAL-ZIP-Daches
1 Holzpfetten
2 Klippverbindung
3 KAL-ZIP-Bahnen
4 Auffaltung am First
5 Schließblech (Abdichtung)
6 Abgekantetes Firstblech

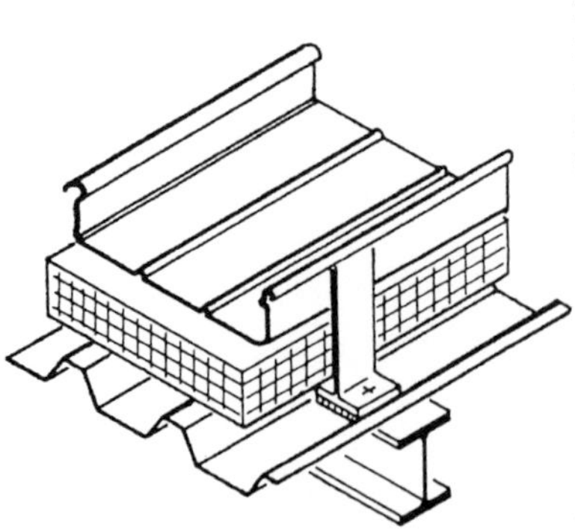

**Abb. 13.24**

dämmte Konstruktionen, sowohl als Kalt- wie auch als Warmdachkonstruktionen gemäß Abb. 13.22 und 13.24.
Die Firstlinie kann als abgekantetes Blech (geschlossen gemäß Abb. 13.23) oder als Firsthaube (entlüftet) ausgebildet werden. Konstruktive Details siehe Herstellerkatalog. Bei langen Lüftungswegen ist eine Warmdachkonstruktion zu empfehlen, z. B. wie Abb. 13.24.

## Mindestdachneigung

$\alpha \geqq 1{,}5°$ bei Dachbahnen, die ungestoßen zwischen Traufe und First durchlaufen oder wo Querstöße oder Durchbrüche in die Dachhaut eingeschweißt sind.

$\alpha \geqq 3{,}0°$ bei Dächern mit eingedichteten Querstößen (Abb. 13.28), Durchbrüchen usw.

$\alpha \leqq 1{,}5°$ bei einer Gesamtbreite $\leqq 30$ m, wenn die Bahnen von Traufe zu Traufe ungestoßen durchlaufen, wobei durch konstruktive Überhöhung einer Wassersackbildung* vorgebeugt werden muss.

* Falls Wassersackbildung möglich, ist nach [136] die Berechnung für $g$, $s$ und Wasserlast durchzuführen, wobei die Durchbiegung des Gesamtdaches höchstens einen Wassersack von 50 mm ergeben darf. Berechnung s. [138–140].

Tafel 13.12. Eigenlast (charakteristische Einwirkung) in kN/m² nach [136]

| Blechdicke $t$ in mm | 0,7 | 0,8 | 0,9 | 1,0 | 1,2 |
|---|---|---|---|---|---|
| Eigenlast $g$ [a] kN/m² | $\leqq 0{,}031$ | $\leqq 0{,}035$ | $\leqq 0{,}039$ | $\leqq 0{,}044$ | $\leqq 0{,}053$ |

[a] Größtwerte gelten für das Profil KAL-ZIP 305.

Tafel 13.13. $k$-Werte der Wärmedämmung in W/(m² · K) nach DIN 4108

| Dicke $a$ (in mm) | 40 | 50 | 60 | 70 | 80 | 90 | 100 | 110 | 130 | 150 |
|---|---|---|---|---|---|---|---|---|---|---|
| $k$-Werte (in W/(m² · K)) | 0,85 | 0,70 | 0,60 | 0,52 | 0,46 | 0,41 | 0,37 | 0,34 | 0,29 | 0,25 |

$a \triangleq$ Dicke der Wärmedämmung ($\lambda \leqq 0{,}04$).

## Verlegung und Befestigung

Benachbarte Dachbahnen werden durch maschinelles Verbördeln (Abb. 13.25) der kleinen (rechte Seite) und großen Rippe (linke Seite) miteinander verbunden, s. Abb. 13.22 bis 13.24. Die Befestigung an den Sparrenpfetten erfolgt mit Klipps, die an die Holzpfette durch Holzschrauben $\varnothing 6$ mm (Mindesteinschraubtiefe 42 mm, Mindestholzdicke 60 mm) und an die Dachbahn durch Verbördeln angeschlossen werden, s. Abb. 13.23 und 13.26.
Form, Größe und Tragfähigkeit der Klipps ist den Katalogen [136] zu entnehmen, s. Abb. 13.26 und 13.28 sowie Tafel 13.14.

Abb. 13.25

Lichtbahnen können ein- und doppelschalig im KAL-ZIP-Profil verlegt werden (Abb. 13.26). Aus statischen Gründen müssen beidseitig neben einer Lichtbahn ≧ 3 Alu-Bahnen angeordnet werden (Bemessungstafeln sind für diesen Fall nicht anwendbar).

Wegen erhöhter Windsoglasten (Abb. 14.26) sind Lichtbahnen im Ortgangbereich (etwa 3 bis 4 m breit) zu vermeiden. Längsstöße zwischen Alu- und Lichtbahnen erfolgen mit Schließleisten gemäß Abb. 13.26, Querstöße sind nicht erlaubt.

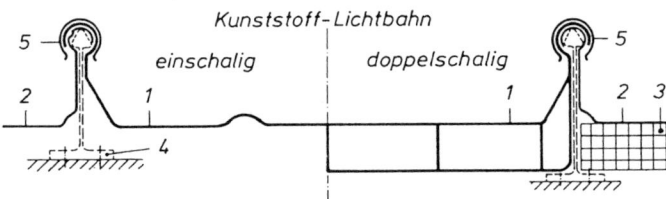

1 Kunststoff-Lichtbahn    3 Wärmedämmung    5 Schließleiste
2 KAL-ZIP-Bahn    4 St-Klipp

Abb. 13.26. Kunststoff-Lichtbahnen

**Bemessungsgrundlagen**
Die vorhandenen Schnittgrößen und Auflagerkräfte, nach Elastizitätstheorie ermittelt, dürfen die zulässigen Werte nach Zulassungsbescheid Z–14.1–181 [136] nicht überschreiten.

Der Durchbiegungsnachweis wird mit $I_{ef}$ geführt. Eine Scheibenwirkung darf nicht in Rechnung gestellt werden.

Die Eindeckung kann wegen der gleitenden KAL-ZIP-Verbindung nicht zur Aussteifung der Pfetten herangezogen werden.

Als Entwurfshilfe können Bemessungstafeln [136] für wirtschaftliche Kombinationen von Stützweite $l$, Blechdicke $t$ und Klippform verwendet werden unter besonderer Berücksichtigung der Windsogspitzen in den Randbereichen II nach Abb. 13.27.

Breite des Dachbereiches II
$1 \text{ m} \leq b/8 \leq 2 \text{ m}$

## 13.3 Dachdeckung für Hallendächer

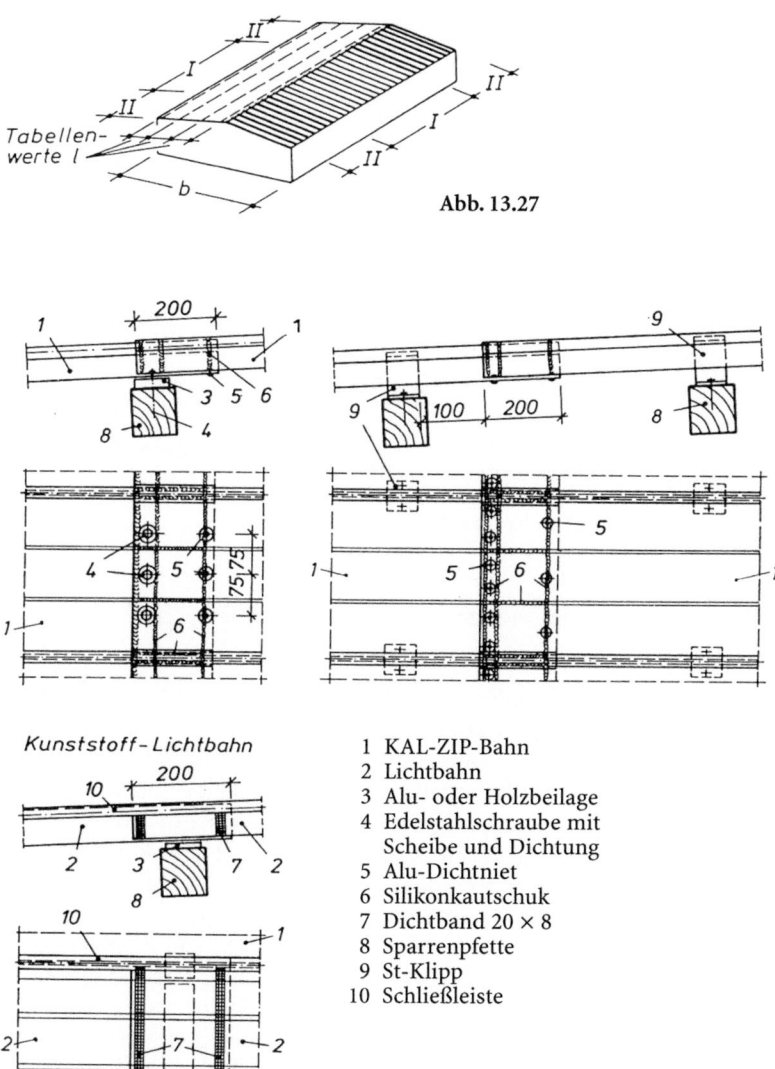

Abb. 13.27

Abb. 13.28. Querstöße von KAL-ZIP- und Lichtbahnen [136]

1 KAL-ZIP-Bahn
2 Lichtbahn
3 Alu- oder Holzbeilage
4 Edelstahlschraube mit Scheibe und Dichtung
5 Alu-Dichtniet
6 Silikonkautschuk
7 Dichtband 20 × 8
8 Sparrenpfette
9 St-Klipp
10 Schließleiste

Weitere ausführliche Konstruktionsdetails sind dem Hersteller-Katalog [136] zu entnehmen.

**Tafel 13.14.** Zulässige Pfettenabstände $l$ (in m) und erforderliche Blechdicke $t$ (in mm) von KAL-ZIP-Elementen (Abb. 13.27)

| Tafelwerte für $g, s$ und $w$ (erhöhte Soglasten berücksichtigt) | | | | | | | | |
|---|---|---|---|---|---|---|---|---|
| $s$ (in kN/m²) | 0,75 | 1,25 | 2,50 | 4,00 | 0,75 | 1,25 | 2,50 | 4,00 | $t$ (in mm) |
| GebHöhe | 0 … 8 m ü. Gelände | | | | 8 … 20 m ü. Gelände | | | | |
| zulässige Pfettenabstände $l$ (in m) | 3,19 | 2,50 | 1,79 | 1,42 | 2,50 | | 1,79 | 1,42 | 0,7 |
| | 3,54 | 2,78 | 1,98 | 1,57 | | | 1,98 | 1,57 | 0,8 |
| | 3,90 | 3,06 | 2,18 | 1,73 | | | 2,18 | 1,73 | 0,9 |
| | 4,13 | 3,30 | 2,36 | 1,87 | | | 2,36 | 1,87 | 1,0 |
| | 4,42 | 3,72 | 2,66 | 2,11 | | | 2,50 | 2,11 | 1,2 |
| Geltungsbereich: | | | | | 20 … 100 m ü. Gelände | | | | |
| | | | | | $l = 1,21$ m | | | | 0,7 |

- Geschlossene Baukörper, nicht turmartig, keine Lichtbahnen
- Dachbahnen über $\geq 3$ gleiche Felder $l$, Dachneigung 3° … 25°
- ST-Klipp Typ 20, befestigt mit 2 Holzschrauben $\varnothing$ 6 mm, Einschraubtiefe $s \geq 42$ mm, Holzdicke $d \geq 60$ mm

### 13.3.5 Dachschalungen aus Holzwerkstoffen und Holztafeln [162]

**Allgemeines**

Dachschalungen aus Bau-Furniersperrholz (BFU), Flachpressplatten (FP) oder Furnierschichtholz (FSH) werden als tragende und/oder aussteifende Elemente vorwiegend für Flachdächer eingesetzt, seltener für geneigte. Nach –2.3.1– sind Holztafeln Verbundkonstruktionen unter Verwendung von Rippen aus VH, BSH oder HW und mittragenden oder aussteifenden Beplankungen aus Holz oder HW, die ein- oder beidseitig angeordnet sein können; nach E 8.7.1 [8] bestehen Rippen aus KVH, BSH oder FSH und Beplankungen aus Holz- oder Gipswerkstoffen. Die Dachneigung von Schalungen unter Dachabdichtungen (Bitumen-, Kunststoff- oder Kautschukbahnen) soll nach –13.2.2– mindestens 2% betragen. Neigungen < 2% dürfen nur unter folgenden Bedingungen ausgeführt werden (s. hierzu auch Herstellerangaben):

a) Die Dachhaut (Dachabdichtung) muss auch für vorübergehend stehendes Wasser dauerhaft dicht sein, z.B. Ausführungen nach den „Flachdach-Richtlinien"; das sind die „Richtlinien für Planung und Ausführung von Dächern mit Abdichtungen" des Zentralverbandes des deutschen Dachdeckerhandwerks.

b) Bei der Bemessung der Dachschalung und Unterkonstruktionen ist Wassersackbildung zu berücksichtigen, ausgenommen bei Einfeldtafeln mit $l \leq 6{,}25$ m und bei Durchlauftafeln mit $l \leq 7{,}5$ m Stützweite, wenn die Unterkonstruktion wenig nachgiebig ist, z.B. Wandtafeln oder Unterzüge mit $l \leq 4$ m.

Von den HW [244] können u.a. verwendet werden:

BFU bzw. BFU-BU  nach DIN 68 705 T 3 bzw. T 5 der Klasse 100 bzw. 100 G oder DIN EN 636 der Klasse „Außen", s. Tafel 13.3

FP  nach DIN 68 763 der Klassen 100 und 100 G oder DIN EN 312 (Typ P 7), s.a. Tafel 13.3

FSH  nach BAZ [32]

Klasse 100 ($\omega_{max} = 18\%$) sollte unter Dachdeckungen nur dann verwendet werden, wenn die Gefahr von Feuchteschäden nicht gegeben ist und die Dachschalungen bei geneigten Dächern zum Raum hin sichtbar bleibt.

Für Dachschalungen unter Dachabdichtungen dürfen nur Platten der Holzwerkstoffklasse 100G ($\omega_{max} = 21\%$) verwendet werden.

$\omega_{max}$ = zulässige Plattenfeuchte für Holzwerkstoffe im Gebrauchszustand

**Plattenabmessungen** [244]
a) BFU: Standard-Abmessungen (in mm):
  Dicke: 8, 10, 15, 18, 20, 25, 30, 35, 40
  Länge[1]: 1220 ... 3050 (BFU-BU ... 2500)
  Breite: 1220 ... 2500 (BFU-BU ... 1850)
b) FP: Abmessungen (in mm) nach [141]:
  Dicke: 6, 8, 10, 13, 16, 19, 22, 25, 28, 32, 36, 40, 45, 50, 60, 70
  Länge: Standardformate sind die Pressenformate, die von 3600 bis 20000 reichen, und deren Teilmaße
  Breite: Standardformate sind die Pressenformate, die von 1700 bis 2600 reichen, und deren Teilmaße

Mindestdicken von Dachschalungen aus HW s. Tafel 13.3 oder DIN 1052: 2008.

**Dachaufbau von Flachdächern**

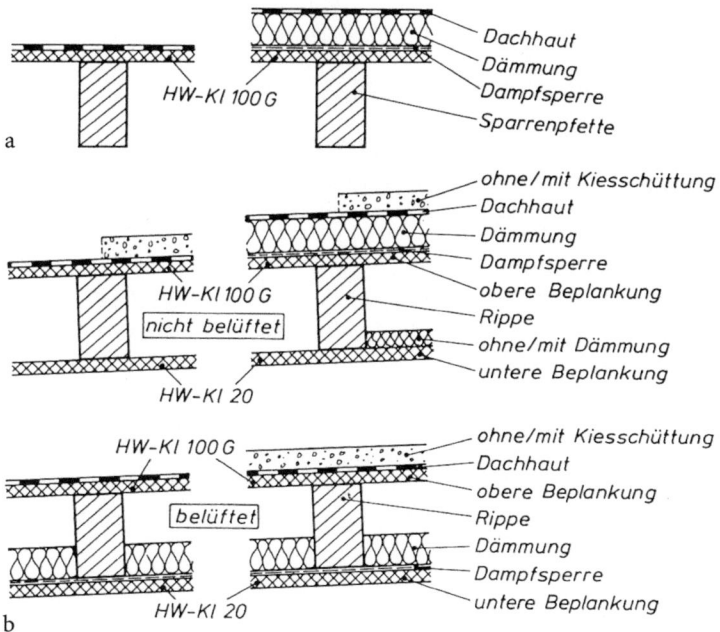

a) Dachschalung aus Holzwerkstoffplatten   b) Dachschalung in Holztafelbauart
**Abb. 13.29.** Dachschalung für Flachdächer

---
[1] ∥ Fa der Deckfurniere gemessen. Länge kann deshalb kleiner als Breite sein.

32   13 Dachdeckungen

Der Dachaufbau von Flachdächern mit Dachschalungen aus Holzwerkstoffplatten kann z. B. [141], [143] und [150] entnommen werden. Bei Dachschalungen aus HW ist auf die Ausbildung von Fugen zu achten – *13.2.2*–.

**Berechnungsgrundlagen nach DIN 1052 (1988)**
Grundlagen zur Berechnung der Holzwerkstoffe von Dachschalungen und Holztafeln können dem Teil 1 dieses Buches [7] entnommen werden.

*Berechnungslast:*     BFU     4,5/8,0 kN/m³, siehe 2.6
                       FSH     4,5/5,5 kN/m³, [141]
                       FP      5,0/7,5 kN/m³, siehe 2.6
                       Angaben bedeuten:
                       unterer Grenzwert/oberer Grenzwert

*Rechenwerte für Elastizitäts- und Schubmoduln* [244]:
                       BFU und FP:     – *Tab. 2 u. 3* –
                       FSH:            [32]
                       BFU-BU:         [33], – *Tab. 2* –

*Zulässige Spannungen* [244]:
                       BFU und BFU-BU:     – *Tab. 6* –
                       FP:                 – *Tab. 6* –
                       FSH:                [32]

*Kriechverformungen:*   siehe 2.10

*Brandschutznachweise:*   DIN 4102 T 4 und [20]

**Mitwirkende Beplankungsbreite bei Tafeln** – *11.2.2* –
Die mitwirkende Beplankungsbreite $b_M$ je Rippe im Mittelbereich setzt sich zusammen aus der Rippenbreite $b_2$ und einer Breite $b'$ (Abb. 13.30) zu

$$b_M = b' + b_2 \tag{13.2}$$

Die Breite $b'$ bestimmt sich aus der Bedingung, dass die rechnerische Spannung im Gurt ($\triangleq$ Beplankung) mit der Breite $b_M$ den gleichen Wert erreicht wie die größte Spannung max $\sigma$ in der Beplankung, die sich nach genauer Berechnung ergibt.

Die Breite $b'$ und damit $b_M$ hängt neben den Materialeigenschaften der Beplankung vor allem vom Verhältnis Rippenabstand $b$/Stützweite $l$ ab.

Die Ableitung von Näherungsformeln für die mitwirkende Beplankungsbreite wurde von Möhler/Steck in [149] vorgenommen. Unter Gleichstreckenlast darf bei $b/l \leq 0{,}4$ nach –*11.2.2*–

für BFU

$$b'/b = 1{,}06 - 1{,}4 \cdot b/l \leq 1{,}0 \tag{13.3}$$

und für FP

$$b'/b = 1{,}06 - 0{,}6 \cdot b/l \leq 1{,}0 \tag{13.4}$$

angenommen werden; dabei ist stets $b' \leq b$ einzuhalten.

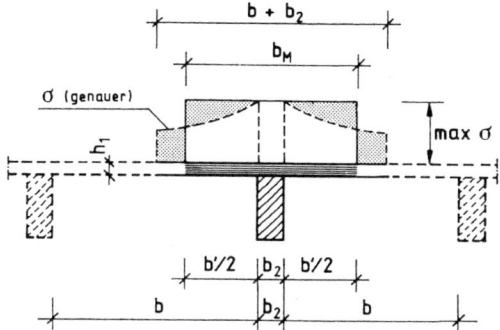

**Abb. 13.30.** Mitwirkende Beplankungsbreite und Spannungen in der Beplankung nach elementarer Biegetheorie sowie genauer Berechnung

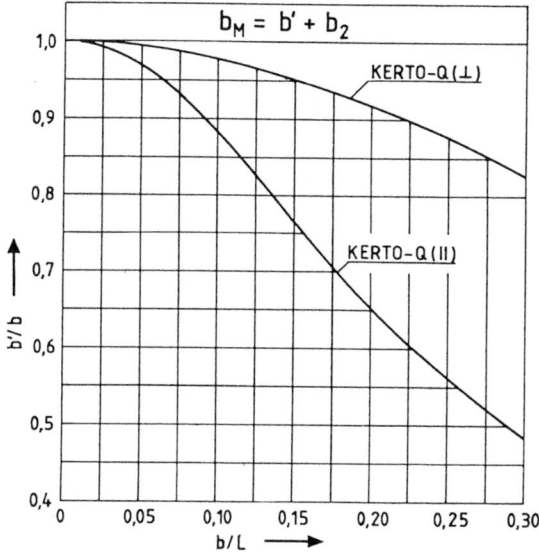

**Abb. 13.31.** Mitwirkende Beplankungsbreite $b_M$ für FSH KERTO-Q

Für FSH KERTO-Q nach [32] kann auf der Grundlage von [149] die mitwirkende Beplankungsbreite der Abb. 13.31 entnommen werden.

Mitwirkende Breite für Einzellast und BFU sowie FP siehe *-11.2.2-*.

**Plattenanordnung und -befestigung**
Die Platten sollen im Verband rechtwinklig zu den Sparrenpfetten verlegt werden. Standardgrößen sind vorzugsweise zu verwenden. Die Endfelder an Traufe und First sollten gegenüber den gleich langen Innenfeldern (a) so verkürzt werden, dass Ein- und Mehrfeldplatten nach Abb. 13.32 einheitlich be-

13 Dachdeckungen

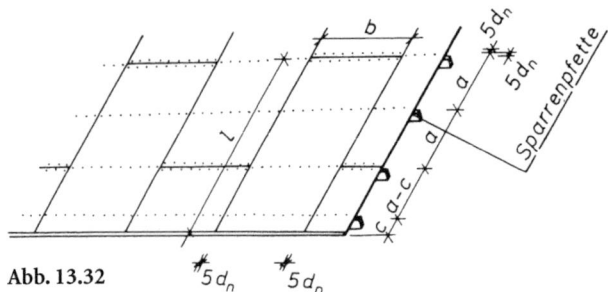

Abb. 13.32

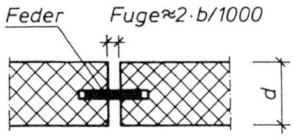

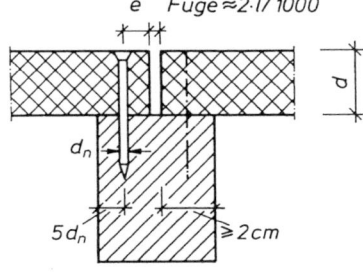

Stoß ⊥ Sparrenpfette
b,l = Plattenabmessungen (m)
e nach DIN 1052, Bild 26
$\geq 7 d_n$ für FP
$\geq 4 d_n$ für BFU

Stoß ∥ Sparrenpfette

Abb. 13.33. Plattenstöße

messen werden können. An ihren freien Rändern müssen die Platten durch Nut und Feder oder andere Elemente gleicher Wirkung miteinander verbunden werden [141].

Die Fugen zwischen benachbarten Platten unter Dachabdichtungen müssen nach – *13.2.2* – für

BFU: 1 mm/m,
FP: 2 mm/m

groß sein, so dass Längen- und Breitenänderungen der Platten infolge Feuchtezunahme möglich sind, vgl. Abb. 13.33.

Die Platten sind mit Nägeln nach DIN EN 10230-1 oder DIN 1143, Sondernägeln, Schrauben nach DIN 96, 97, 571 oder Schrauben nach BAZ zu befestigen. Die Verbindungsmittel müssen verzinkt oder anderweitig gegen Rost geschützt sein.

Die Auflagertiefe der Platte muss mind. 20 mm betragen, sofern die Randabstände nicht größere Maße erfordern (Abb. 13.33).

Tafel 13.15. Empfohlene Nägel nach DIN EN 10230-1

| Dicke der FP (in mm) | 19 | 22 | 25 | 28 | 38 |
|---|---|---|---|---|---|
| Nagel (in 1/10 mm × mm) | 30 × 70 | 31 × 80 | 31 × 80 | 34 × 90 | 42 × 110 |

Bei geneigten Dächern mit Dacheindeckungsplatten aus Schiefer oder Faserzement auf FP ist die dynamische Beanspruchung zu berücksichtigen, die durch die Hammerschläge beim Annageln der Deckungsplatten an die FP entsteht. Die FP dürfen dabei nicht vibrieren.

**Scheibenwirkung**
Steife Dachscheiben sind zur Aufnahme und Weiterleitung von Wind- und Stabilisierungskräften in Scheibenebene sehr gut geeignet. Sie bestehen entweder aus Platten aus Holzwerkstoffen, die durch die mit ihnen kraftschlüssig verbundene Unterkonstruktion (Abb. 13.32) zu einer Scheibe zusammengeschlossen werden, oder aus Tafeln, sofern die Stützweite nicht mehr als 30 m beträgt –*11.3*–.

Auf einen rechnerischen Nachweis der Scheibenwirkung kann bei Verwendung von Holzwerkstoffplatten verzichtet werden, wenn die obige Plattenanordnung und -befestigung (Abb. 13.32) sowie die folgenden Festlegungen beachtet werden –*10.3*–:
- Mindestdicken der Platten und erforderlicher Nagelabstand nach
  –*Tab. 12*–
- kleinste Seitenlängen der Platten mindestens 1 m
- Oberkanten der Unterkonstruktion sollen vorzugsweise in gleicher Höhe liegen
- Sind mehr als zwei nicht unterstützte Stöße (∥ zur Spannrichtung einer Scheibe) vorhanden, so ist die Scheibenstützweite auf 12,50 m zu beschränken
- Die Sparrenpfetten am Scheibenrand sind mindestens 1,5fach so breit wie die inneren Sparrenpfetten auszuführen.

**Wirksame Beplankungsbreite bei Tafeln nach DIN 1052 neu (EC 5)**
Die wirksame Beplankungsbreite $b_{ef}$ je Rippe im Mittelbereich setzt sich zusammen aus einer Breite $b_{c,ef}$ (oder $b_{t,ef}$), entspricht $b'$ in Abb. 13.30, und der Rippenbreite $b_w$ ($\triangleq b_2$) zu

$$b_{ef} = b_{c,ef} + b_w \quad \text{oder} \quad b_{ef} = b_{t,ef} + b_w \quad - 8.6.1 (10) \, [1] -$$

Die Größtwerte für $b_{c,ef}$ (oder $b_{t,ef}$) sind für HW-Platten aus –*Tab. 5 [1]*– zu entnehmen [265].

Gl. (13.3):

$$\frac{b_{c,ef}}{l} = 1{,}06 \frac{b_f}{l} - 1{,}4 \left(\frac{b_f}{l}\right)^2 \quad \text{(BFU)} \tag{13.5}$$

Gl. (13.5):

$$b_{c,ef} = 0{,}2 \cdot l \quad \text{für} \quad b_f (\triangleq b)/l = 0{,}4 \quad \text{s.} - Tab. \, 5 \, [1] -.$$

# 14 Lastannahmen für Dach- und Hallentragwerke

## 14.1 Einteilung der Lasten nach DIN 1052 (1988)

Es sind auch im 2. Band Berechnungsgrundlagen und Bemessungsbeispiele nach DIN 1052 (1988) für einen Vergleich mit der neuen DIN 1052:2008 und für die Begutachtung von Bauschäden und Einstürzen von Holzkonstruktionen, die seit mehr als 70 Jahren bis heute nach der Methode der zulässigen Spannungen und Belastungen bemessen, konstruiert und gebaut wurden, enthalten. Die auf ein Tragwerk wirkenden Lasten wurden nach –6.2.1– eingeteilt in:

**Hauptlasten H**
a) ständige Lasten $g$    (Eigenlast der Bauteile)
b) Verkehrslasten $p$    (veränderliche Last, Nutzlast)
c) Schneelasten $s$
d) Seitenlasten          (auf Aussteifungskonstruktionen, soweit sie aus Hauptlasten entstehen)

**Zusatzlasten Z**
a) Windlasten $w$
b) Bremskräfte (z.B. von Kranen)
c) Seitenkräfte (z.B. von Kranen, Glockentürmen)
d) Zwängungen aus Temperatur- und Feuchteänderungen
e) Seitenlasten (auf Aussteifungskonstruktionen, soweit sie aus Zusatzlasten entstehen)

**Sonderlasten**
a) waagerechte Stoßlasten
b) Erdbebenlasten

**Lastfälle**
Nach –6.2.2– wurden für den Standsicherheitsnachweis folgende Lastfälle unterschieden:
Lastfall H    Summe der Hauptlasten
Lastfall HZ   Summe der Haupt- und Zusatzlasten

Wird ein Bauteil, abgesehen von seiner Eigenlast, nur durch Zusatzlasten beansprucht (z.B. Diagonale des Windverbandes), so galt die größte Zusatzlast als Hauptlast.

**Lastkombinationen**
Die Wahrscheinlichkeit, dass Schnee- und Windlasten gleichzeitig mit ihren vollen Rechenwerten wirken, ist gering. Deshalb sah DIN 1055 T5 (6/75) folgende vereinfachte Lastkombinationen vor:

## 14.1 Einteilung der Lasten nach DIN 1052 (1988)

**Bei Dachneigungen $\alpha > 45°$** brauchte mit gleichzeitiger Wirkung von $s$ und $w$ nur dort gerechnet zu werden, wo Schneeansammlungen, z. B. am Zusammenstoß mehrerer Dachflächen, möglich sind oder in Gebieten mit besonders ungünstigen Schneeverhältnissen [141].

**Bei Dachneigungen $\alpha \leq 45°$** durfte nach DIN 1055 T 5 (6/75) Abschn. 5.1 und T 4 (8/86) Abschn. 4 wahlweise mit einer der folgenden Alternativen gerechnet werden:
– dem ungünstigeren der beiden Lastfälle:
    a)   $g + s$         als Lastfall H
    b1) $g + s + w$  als Lastfall HZ
– der ungünstigeren der beiden Lastkombinationen:
    b2) $g + s + w/2$  als Lastfall H
    b3) $g + s/2 + w$  als Lastfall H
Diese Kombinationsregel lieferte nur dann wirtschaftlichere Querschnitte, wenn die Verformungen für die Bemessung des Dachbauteiles maßgebend waren [141]. In der Bauingenieurpraxis wurde vielfach mit dieser Kombinationsregel gerechnet.

Nach Schulze [143] ist der ungünstigere Nachweis aus a) und b) maßgebend:
a) Lastfall H:        $g + s$
b) der günstigere Fall aus
    b1) Lastfall HZ:    $g + s + w$    einerseits und dem ungünstigeren Fall aus
    b2) Lastfall H:     $g + s + w/2$  und
    b3) Lastfall H:     $g + s/2 + w$  andererseits.

Diese Vorgehensweise bei der Bemessung, die sich aus den obigen beiden Alternativen herleiten lässt, kann gegenüber einer alternativen Betrachtungsweise einen geringeren Holzverbrauch ergeben.

Nach DIN 1055 T 5 (6/75) ist die Lastkombination $s/4 + w$ für einseitige Schneelast (b3) nicht möglich. Damit entfällt für einseitig verminderte Schneelast die sogenannte Kombinationsregel, also auch b2). Für einseitige Schneelast waren somit nur die Kombinationen nach Tafel 14.0 zugelassen.

**Tafel 14.0.** Lastkombinationen $s$ und $w$ für $\alpha \leq 45°$

| Komb. | LF | Beidseitige Schneelast | Einseitige Schneelast |
|---|---|---|---|
| a | H | $s$ | $\frac{s}{2}$ |
| b1 | HZ | $s$ + $w$ | $\frac{s}{2}$ + $w$ |
| b2 | H | $s$ + $\frac{w}{2}$ | ✗ |
| b3 | H | $\frac{s}{2}$ + $w$ | ✗ |

Diese einfachen Kombinationen für die gleichzeitige Berücksichtigung von Wind- und Schneelasten bei Dächern mit Dachneigungen bis 45° entfallen mit den neuen Normen DIN 1055-4 und 5. Für die Lastkombinationen sind dann die Beiwerte $\psi$ nach DIN 1055-100 (s. Tafel 14.10) zu berücksichtigen.

Zulässige Beanspruchungen im Lastfall HZ siehe *–5.1.6, 5.2.2, 10.2.4* und *T2, 3.2–*:

zulässige Spannungen in Holzbauteilen $\quad$ zul $\sigma^{HZ} = 1{,}25 \cdot$ zul $\sigma^{H}$

zulässige Belastungen der VM $\quad$ zul $N^{HZ} = 1{,}25 \cdot$ zul $N^{H}$

## 14.2 Ständige Last (Einwirkung) für DIN 1052 neu (EC 5)

### 14.2.1 Allgemeines

Die neue DIN 1052:2008 unterscheidet ständige und veränderliche Lasten (Einwirkungen) und lässt für Hochbauten beim Nachweis ständiger und vorübergehender Bemessungssituationen (s. Abschn. 14.7) im Grenzzustand der Tragfähigkeit vereinfachte Kombinationsregeln (s. Abschn. 2.11.3) zu.

Ständige Last ist die Summe aller unveränderlichen Lasten. Dazu gehören z. B. die Eigenlasten von:

a) Dachhaut, Dämmschichten, Verkleidungen, Installationen u. a. m.
b) Sparren, Pfetten, Dachbindern, Deckenbalken, Verbänden u. a. m.

### 14.2.2 Eigenlast (ständige Einwirkung) der Dachdeckung $g_D$

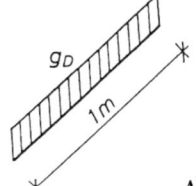

Bezugsfläche: $\quad$ 1 m² Dachfläche (D)

Rechenwerte
(charakteristische
Werte): $\quad$ DIN 1055-1, s. a. [141]

Abb. 14.1

Tafel 14.1. Dachdeckungen für Hausdächer nach DIN 1055-1 (Auszug)

|  | (in kN/m² D)[a] |
|---|---|
| Falzziegel, Reformpfannen, Falzpfannen, Flachdachpfannen | 0,55 |
| Betondachsteine $\quad$ bis 10 Stück/m² | 0,50–0,60 |
| $\quad\quad\quad\quad\quad\quad$ über 10 Stück/m² | 0,55–0,65 |
| Biberschwanzziegel: $\quad$ Splißdach (einschl. Schindeln) | 0,60 |
| 155×375 mm $\quad\quad$ Doppel- und Kronendach | 0,75 |
| 180×380 mm |  |
| Alle Werte ohne Vermörtelung, aber einschl. Latten |  |
| Zuschlag bei Vermörtelung | 0,10 |
| Faserzement-Dachplatten nach DIN EN 494: |  |
| Waagerechte Deckung auf Lattung, einschl. Lattung | 0,25 |
| Deutsche Deckung auf 24 mm Schalung, einschl. Vordeckung und Schalung | 0,40 |
| Faserzement-Kurzwellplatten ohne Pfetten | 0,24 |

[a] Die in dieser Tafel enthaltenen Flächenlasten sind nach DIN 1055-100 charakteristische Werte.

**Tafel 14.2.** Ausgeführte Unterdecken für Hausdächer

|   |   | (in kN/m² D)[a] |
|---|---|---|
| a) 20 mm Faserdämmstoffe DIN 18165 T1 | 2 × 0,01 | 0,02 |
| 40 mm Holzwolleleichtbauplatten DIN 1101 | 4 × 0,05 | 0,20 |
| 15 mm Gipsputz |  | 0,18 |
|  | insgesamt: | 0,40 |
| b) 60 mm Faserdämmstoffe DIN 18165 T1 | 6 × 0,01 | 0,06 |
| Dampfsperre aus Kunststoffbahn, lose |  | 0,02 |
| 30/50 mm Lattung |  | 0,03 |
| 13 mm Spanplatte DIN 68763 | 0,013 × 7,5 | ≈ 0,10 |
| 12,5 mm Gipskartonplatte (DIN 18180) | 1,25 × 0,11 | ≈ 0,14 |
| insgesamt (ohne) mit Gipskartonplatte: | (0,21) | 0,35 |

[a] charakteristische Werte.

Abbildung 14.2 zeigt einige geprüfte Konstruktionen [144] mit verschiedenen Kombinationen von Dachdeckung und Unterdecke unter besonderer Berücksichtigung des Wärme- und Schallschutzes nach DIN 4108 und 4109, die bis Anfang der neunziger Jahre ausgeführt wurden. Als Dämmschicht ist in allen Beispielen eine 60 mm dicke Lage Mineralfaserdämmstoff vorgesehen. Zur weiteren Verbesserung der Wärmedämmung wird eine zusätzliche 2. Lage unterhalb der Sparren empfohlen, s.a. [126]. Neuerdings werden bei geneigten Dächern vielfach nichtbelüftete Dächer mit einer Sparrenvolldämmung (160–220 mm) und einer diffusionsoffenen oberseitigen Abdeckung ($s_d \leq 0,2$ m) sowie einer unterseitigen Dampfsperre ausgeführt.

Bauliche Schutzmaßnahmen gegen Außenlärm werden durch DIN 4109 geregelt [126, 142, 264]. Danach werden in Abhängigkeit von 7 Lärmpegelbereichen als Mindestwerte $R'_w$ der Luftschalldämmung für die Außenbauteile von Aufenthaltsräumen gefordert:

$$30 \text{ dB} \leq R'_{w,\text{res}} \leq 50 \text{ dB}$$

Faserzementplatten 300/300
$R'_w = 51$ dB

Faserzement–Kurzwellplatten
$R'_w = 50$ dB

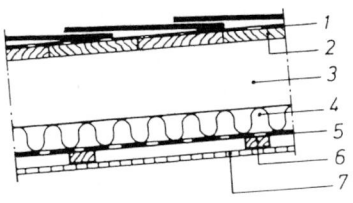
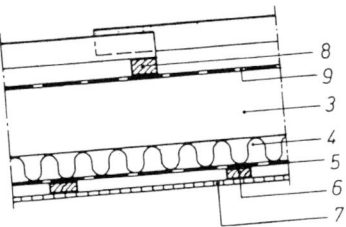

$g_D = 0,62$ kN/m² D

$g_D = 0,46$ kN/m² D

**Abb. 14.2.** Dachdeckungen für Hausdächer [144][b]

[b] Für heutige Ausführungen s. DIN 4108, 4109 und [126].

## 14 Lastannahmen für Dach- und Hallentragwerke

Falzziegel „Standard-Ziegel Z 7"

$R'_w = 49\,dB$   $R'_w = 47\,dB$

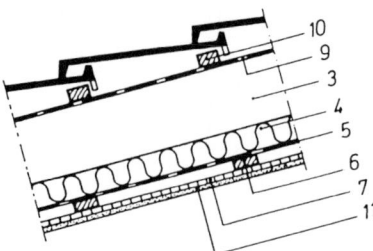
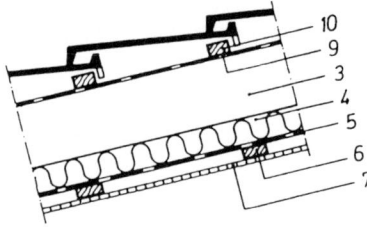

$g_D = 0{,}91\,kN/m^2\,D$   $g_D = 0{,}77\,kN/m^2\,D$

Betondachsteine „Frankfurter Pfanne"

$R'_w = 49\,dB$   $R'_w = 48\,dB$

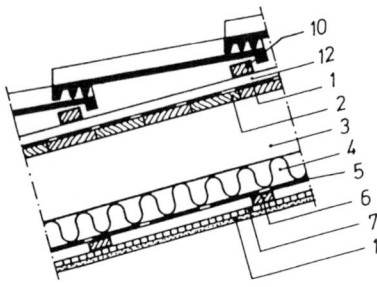
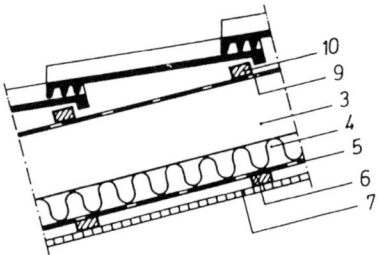

$g_D = 1{,}01\,kN/m^2\,D$   $g_D = 0{,}72\,kN/m^2\,D$

$R'_w$  Bewertetes Schalldämm-Maß nach EGH-Prüfung [144]
$g_D$  Eigenlast von Dachdeckung und Unterdecke (ohne Sparren)

1 Bitumenpapier
2 Rauhspundschalung 22 mm
3 Holzsparren 60/160 mm
4 60 mm Mineralfaserdämmstoff
5 Dampfsperre
6 Holzlattung 24/60 mm
7 Spanplatten V 20 13 mm
8 Holzlattung 40/60 mm
9 Unterspannfolie
10 Holzlattung 30/50 mm
11 Gipskartonplatte 12,5 mm
12 Konterlattung 24/60 mm

**Abb. 14.2** (Fortsetzung), weitere Dachaufbauten s. [251, 264]

14.2 Ständige Last

**Tafel 14.3.** Ausgeführte Dachdeckungen für Hallendächer

| a) Tragende Elemente | | | (in kN/m² D) |
|---|---|---|---|
| Faserzement-Wellplatten | | (13.3.1) | 0,20 |
| Stahltrapezbleche, gebräuchliche Profile | | (13.3.2) | 0,10–0,15 |
| Alu-Elemente: KAL-BAU bzw. KAL-ZIP | | (13.3.3/4) | 0,03–0,05 |
| KAL-ZIP (einschl. Dämmung) | | (13.3.4) | 0,06–0,08 |
| Schalung aus NH, | z. B. 24 mm | 0,024 × 6,0 (5,0)[a] | 0,15 (0,12) |
| FP nach DIN 68763, | z. B. 25 mm | 0,025 × 7,5 (6,0) | 0,19 (0,15) |
| BFU nach DIN 68705 T 3, | z. B. 20 mm | 0,020 × 8,0 (6,0) | 0,16 (0,12) |
| b) Dachabdichtung, Dämmstoffe, zusätzl. Oberflächenschutz | | | |
| 2-lagige Dachabdichtung, einschl. Klebemasse | | | 0,15 |
| Dampfausgleichsschicht, einschl. Klebemasse | | | 0,04 |
| 50 mm Schaumkunststoffplatten DIN 18164 | | 5 × 0,004 | 0,02 |
| Bitumenanstrich bzw. Dampfsperre | | | 0,02 |
| Zusätzl. Oberflächenschutz: Besplittung, einschl. Deckaufstrich | | | 0,05 |
| Kiespressung, einschl. Kieseinbettmasse | | | 0,20 |
| Kiesschüttung 50 mm, einschl. Deckaufstrich | | | 1,00 |

[a] ( )-Werte nach DIN 1055-1: 2002.

In Abb. 14.3 sind Beispiele für Eigenlasten (charakteristische Werte) verschiedener Dachdeckungen angegeben (ohne Anteil der Sparrenpfetten).

Faserzement – Wellplatten

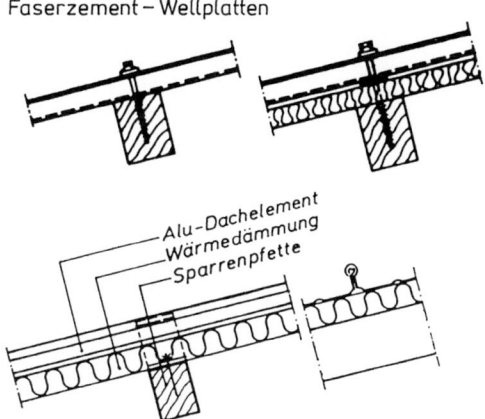

Faserzement-Wellplatten  Alu-Dachelement
ohne Dämmung:   ohne Dämmung:    $g_D$ ohne Anteil der
$g_D = 0{,}20$ kN/m² D   $g_D \leqq 0{,}05$ kN/m² D      Sparrenpfetten

mit Dämmung:    mit Dämmung:
$g_D = 0{,}20 + 0{,}02$   $g_D \leqq 0{,}08$ kN/m² D
$= 0{,}22$ kN/m² D

**Abb. 14.3.** Ausgeführte Dachdeckungen für Hallendächer

Stahltrapezblech

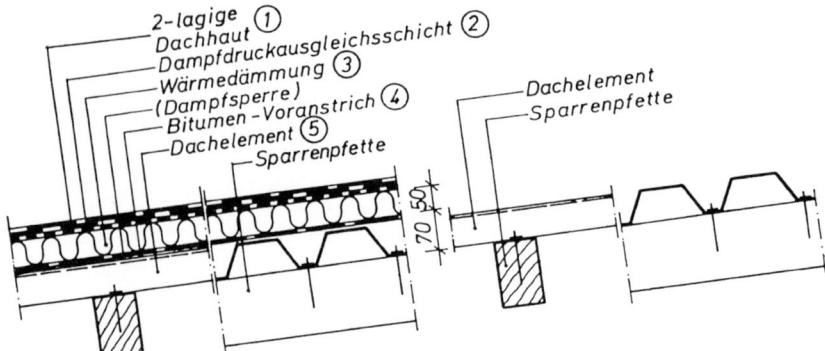

ohne Dämmung:

mit Dämmung:

(Zahlenwerte vgl. Tafel 14.3)

$g_D \approx 0{,}12 \text{ kN/m}^2$ D    (5)

$g_D \approx 0{,}15 + 0{,}04$    (1 + 2)
$\phantom{g_D \approx} + 0{,}02 + 0{,}02$    (3 + 4)
$\phantom{g_D \approx} + \approx 0{,}12$    (5)

$g_D = 0{,}35 \text{ kN/m}^2$ D

Spanplatte

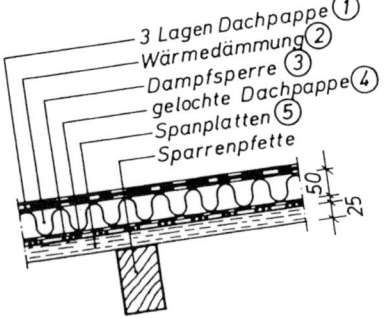

ohne Dämmung:

$g_D = 0{,}15 + 0{,}04$    (1)
$\phantom{g_D =} + 0{,}20$    (5)

$g_D = 0{,}39 \text{ kN/m}^2$ D

mit Dämmung:

$g_D = 0{,}02 + 2 \cdot 0{,}02$    (2, 3, 4)
$\phantom{g_D =} + 0{,}39$    (s.o.)

$g_D = 0{,}45 \text{ kN/m}^2$ D
$g_D$ ohne Anteil der Sparrenpfetten

**Abb. 14.3** (Fortsetzung)

### 14.2.3 Eigenlast (ständige Einwirkung) der Bauteile

Bezugsfläche für die Eigenlasten der Sparren, Pfetten, Sparrenpfetten, Binder ist meist

$1\,m^2$ Grundrissfläche (G) (Abb. 14.4)

Die Eigenlasten müssen geschätzt werden. Rechenwerte (charakteristische Werte) für die Überschlagsrechnung (Entwurfsplanung) können den folgenden Diagrammen, Formeln und Tafeln entnommen werden.

Eine Überprüfung der Schätzwerte sollte am Ende jeder Berechnung erfolgen [141].

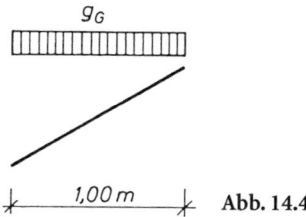

1,00 m        Abb. 14.4

**Eigenlasten für Sparren von Hausdächern (Entwurfsplanung)**
Den Diagrammen nach Abb. 14.5 bis 14.9 liegen folgende Annahmen zugrunde:

| | |
|---|---|
| Systembreiten | $8,0 \leq 2 \cdot l \leq 12,0$ m |
| Wirtschaftlicher Sparrenabstand | $e \approx 1,0$ m |
| Eigenlast der Dachdeckung | $g_D = 0{,}25$ bis $0{,}80$ kN/m² D |
| Eigenlast der Unterdecke | $g_u = 0{,}40$ kN/m² D |
| Schneelast | $s_k = 0{,}75$ kN/m² G |
| Windlast: Staudruck (Geschwindigkeitsdruck) | $q = 0{,}80$ kN/m² D |

Eigenlast der Sparren $g_S$ in kN/m² G, angegeben für Vollholz.

**a) Pult- und einstielige Pfettendächer**
Keine Unterdecke vorgesehen.
Bereichsgrenzen im Diagramm:

—— ≙ $g_D = 0{,}80$ kN/m² D

----- ≙ $g_D = 0{,}25$ kN/m² D

Beispiel:
$l = 5{,}4$ m
$\alpha = 28°$
$g_D = 0{,}55$ kN/m² D

Aus Diagramm:
$g_S \approx 0{,}14$ kN/m² G

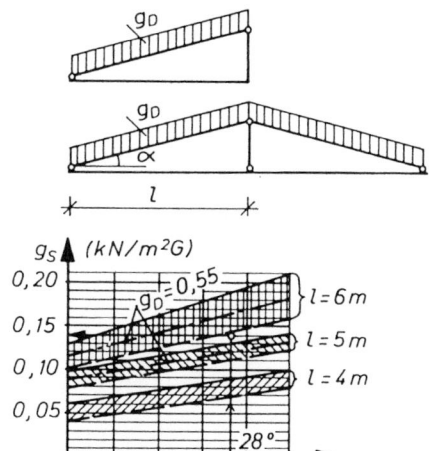

Abb. 14.5[a]

---
[a] charakteristische Werte.

## b) Zweistielige Pfettendächer

Mit oder ohne Unterdecke
Bereichsgrenzen im Diagramm:

─────── ≙ max $g_D + g_U = 1{,}20$ kN/m² D

------- ≙ min $g_D = 0{,}25$ kN/m² D

Eigenlast für Pfetten und Verbände:
$g_P \approx 0{,}04$ bis $0{,}08$ kN/m² G

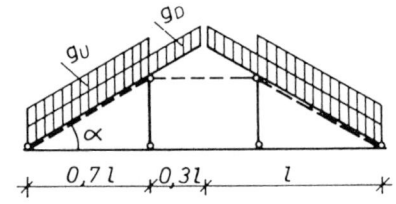

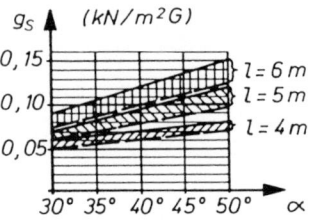

Abb. 14.6[a]

## c) Sparrendach

Keine Unterdecke vorgesehen.
Bereichsgrenzen im Diagramm:

─────── ≙ max $g_D = 0{,}80$ kN/m² D

------- ≙ min $g_D = 0{,}25$ kN/m² D

Beispiel:
$l$ = 5,2 m
$\alpha$ = 42°
$g_D$ = 0,65 kN/m² D

Aus Diagramm:
$g_S$  $\approx 0{,}19$ kN/m² G

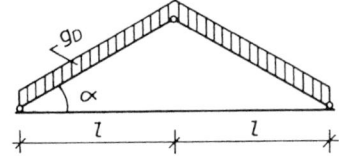

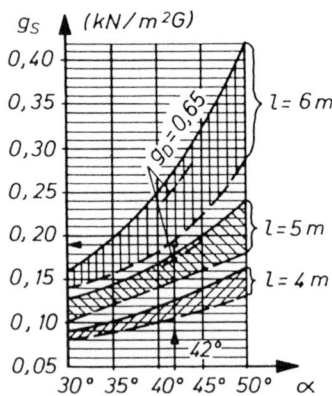

Abb. 14.7[a]

---

[a] charakteristische Werte.

### d) Verschiebliches Kehlbalkendach

mit ausgebautem Dachgeschoss und Kehlbalkenanordnung:
$v = l_u/l = 0{,}5$ bis $0{,}6$

Bereichsgrenzen im Diagramm:

—— $\triangleq \max g_D + g_U = 1{,}20 \text{ kN/m}^2 \text{ D}$

----  $\triangleq \min g_D + g_U = 0{,}65 \text{ kN/m}^2 \text{ D}$

Für Kehlbalken (mit und ohne Unterdecke):

| $l$   | 4 m       | 5 m       | 6 m       |
|-------|-----------|-----------|-----------|
| $g_K$ | ≈ 0,08    | ≈ 0,10    | ≈ 0,12    |

$g_K$ [kN/m² G] bezogen auf die Kehlbalkenebene

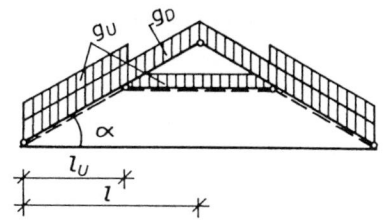
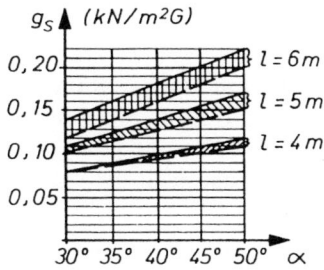

Abb. 14.8 [a]

### e) Unverschiebliches Kehlbalkendach

mit ausgebautem Dachgeschoss und Kehlbalkenanordnung:
$v = l_u/l = 0{,}5$ bis $0{,}6$

Bereichsgrenzen im Diagramm:

—— $\triangleq \max g_D + g_U = 1{,}20 \text{ kN/m}^2 \text{ D}$

----  $\triangleq \min g_D + g_u = 0{,}65 \text{ kN/m}^2 \text{ D}$

Für Kehlbalken (mit und ohne Unterdecke):

| $l$   | 4 m  | 5 m  | 6 m  |
|-------|------|------|------|
| $g_K$ | 0,08 | 0,13 | 0,16 |

$g_K$ [kN/m² G] bezogen auf die Kehlbalkenebene

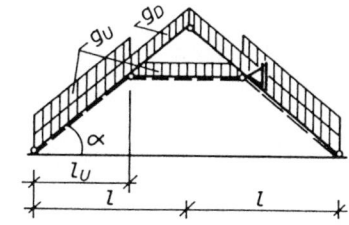
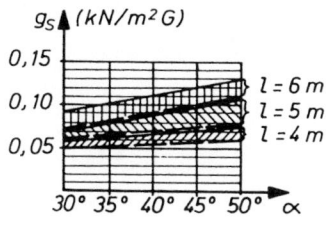

Abb. 14.9 [a]

---

[a] charakteristische Werte.

## Eigenlasten (charakteristische Werte) für Hallenbauteile

Übliche Dachneigungen $\quad 3° \leq \alpha \leq 20°$
Übliche Binderabstände $\quad 5\text{ m} \leq b \leq 8\text{ m}$
Übliche Dachdeckungen $\quad$ s. Abb. 14.3 u. Tafel 14.3
Übliche Schneelast $\quad s_k = 0{,}75\text{ kN/m}^2\text{ G}$

Mit diesen Vorgaben können für Überschlagrechnungen (Entwurfsplanung) folgende Mittelwerte der Eigenlast angesetzt werden:

a) **Sparrenpfetten** (5 m $\leq l \leq$ 8 m) $\quad g \approx 0{,}08$ bis $0{,}12\text{ kN/m}^2\text{ G} \quad \triangleq g_k$

b) **Verbände** $\quad g \approx 0{,}02$ bis $0{,}03\text{ kN/m}^2\text{ G}$

c) **Fachwerk- und Vollwandbinder** (Abb. 14.10)
Binderabstand 5,0 m $\leq b \leq$ 8,0 m
Nach Gattnar/Trysna [151] kann die Eigenlast für Fachwerkbinder und näherungsweise auch für Vollwandbinder berechnet werden nach Gl. (14.1) oder Tafel 14.4.

$$g \approx 0{,}15 + (l - 15)/200 \quad \triangleq g_k \tag{14.1}$$

Dimensionen: $l$ [m]; $g$ [kN/m² G]

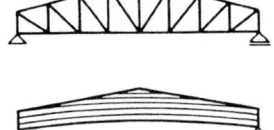

Abb. 14.10

Tafel 14.4. Eigenlasten eines Binders nach Gl. (14.1)

| $l$ [m] | 15 | 20 | 25 | 30 | 35 | 40 | 45 |
|---|---|---|---|---|---|---|---|
| $g$ [kN/m² G] | 0,15 | 0,18 | 0,20 | 0,23 | 0,25 | 0,28 | 0,30 |

d) **Fachwerk-Nagelbinder** (Abb. 14.11)
Dachdeckung: Faserzement-Wellplatten
Leichte Unterdecke
Binderabstand $\quad b = 1{,}25$ m
Eigenlast der Bauteile:
Pfetten $\qquad\qquad\quad g \approx \quad 0{,}02\text{ kN/m}^2\text{ G} \quad \triangleq g_k$
Verbände $\qquad\qquad g \approx \quad 0{,}02\text{ kN/m}^2\text{ G}$
Fachwerk-Nagelbinder $\quad g \approx 0{,}01 \cdot l\text{ kN/m}^2\text{ G}$ ($l$ in m)

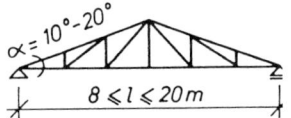

Abb. 14.11

## 14.3 Nutzlast für DIN 1052 neu (EC 5)

### 14.3.1 Allgemeines

Nutzlast ist die veränderliche oder bewegliche Belastung (Einwirkung) durch Personen, Einrichtungsgegenstände, unbelastete leichte Trennwände, Lagerstoffe, Pendelkräfte von Schaukelringen, Massenkräfte von Maschinen u.a.m.

Falls für Dächer und Decken der Nachweis der örtlichen Mindesttragfähigkeit erforderlich ist (z.B. bei Bauteilen ohne ausreichende Querverteilung der Lasten), so ist er mit den charakteristischen Werten für die Einzellast $Q_k$ an ungünstiger Stelle ohne Überlagerung mit der Flächenlast $q_k$ zu führen. Bei Decken und konzentrierten hohen Einzellasten (z.B. Tresoren) ist der Nachweis mit der Überlagerung der Flächenlasten zu führen (s. DIN 1055-3).
Rechenwerte (charakteristische Werte): DIN 1055-3

### 14.3.2 Lotrechte Nutzlasten für Dächer

a) Mannlast für einzelne Tragglieder, z.B. Sparren, $\quad Q_k = F_k = 1$ kN
   in Feldmitte oder am Kragende angreifend (Abb. 14.12)
   als Ersatz für $w$ und $s$, wenn deren Resultierende
   auf das Bauteil kleiner als 2 kN ist, s.a. DIN 1055-3, Tab. 2.

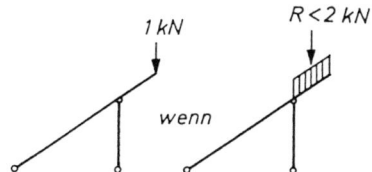

Abb. 14.12

b) Mannlast für Dachlatten mit $l > 1$ m (Abb. 14.13) $\quad Q_k = F_k = 2 \cdot 0{,}5$ kN
   siehe auch 13.2.1

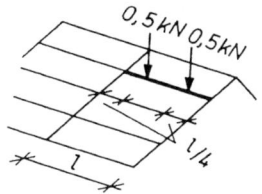

Abb. 14.13

c) Nutzlast für Begehungsstege $\quad\quad\quad\quad\quad q_k = p_k{}^a = 3{,}0$ kN/m²
   (Fluchtweg)
d) Nutzlast für begehbare Flachdächer, $\quad\quad\quad p_k \geqq 4{,}0$ kN/m²
   z.B. von Dachterrassen

---

[a] Im Holzbau sollte weiterhin $p$ für gleichmäßig verteilte Nutzlasten verwendet werden.

### 14.3.3 Lotrechte Nutzlasten für Decken

a) Spitzböden $h \leq 1{,}80$ m (lichte Höhe) nach Abb. 14.14  $\quad q_k = p_k = 1{,}0$ kN/m²
b) Wohnraumdecken mit ausreichender Querverteilung $\quad p_k = 1{,}5$ kN/m²
  der Lasten, z. B. Tafelelemente mit Nut und Feder

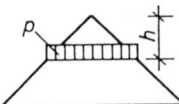

Abb. 14.14

c) Wohnraumdecken ohne ausreichende Querverteilung $\quad q_k = p_k = 2{,}0$ kN/m²
  der Lasten, z. B. Holzbalkendecken
d) Treppen, einschließlich Zugänge, in Wohngebäuden $\quad p_k = 3{,}0$ kN/m²
e) Tribünen mit festen Sitzplätzen $\quad p_k = 5{,}0$ kN/m²
  ohne feste Sitzplätze $\quad p_k = 7{,}5$ kN/m²
f) Balkone $\quad p_k = 4{,}0$ kN/m²

Nachweis der örtlichen Mindesttragfähigkeit mit $Q_k$ – in den meisten Fällen erforderlich – s. DIN 1055-3, Tab. 1 oder 2.

### 14.3.4 Pendelkräfte in Turnhallen

Vertikale und horizontale Pendelkräfte ohne $\quad V_k = 2{,}0$ kN
Schwingbeiwerte je Anschluss eines Klettertaues $\quad H_k = 0{,}9$ kN
oder Schaukelringes nach Abb. 14.15, vgl. [152]

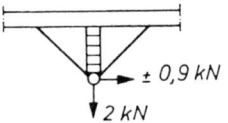

Abb. 14.15

### 14.3.5 Horizontallasten an Brüstungen und Geländern[2]

a) bei Treppen, Balkonen $\quad q_k = p_{H,k} = 0{,}5 - 2{,}0$ kN/m
  (Abb. 14.16)
b) in Kirchen, Schulen, Tribünen $\quad p_{H,k} = 1{,}0 - 2{,}0$ kN/m

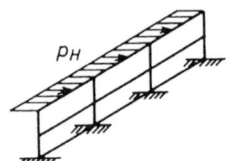

Abb. 14.16

### 14.3.6 Waagerechte Stabilisierungskräfte (Abb. 14.17)

a) bei Tribünen[1] (in Fußbodenhöhe) $\quad H = 1/20 \cdot R_V$
  $R_V = \Sigma V$
b) bei Gerüsten (in Schalungshöhe) $\quad H = 1/100 \cdot R_V$
  Dazu Wind- und sonstige Lasten

---

[1] Nicht für Fliegende Bauten.　　[2] s. DIN 1055-3, Tab. 7.

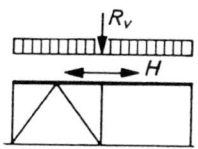
Abb. 14.17

### 14.3.7 Brems- und Seitenkräfte von Kranen (Abb. 14.18)

Rechenwerte:
DIN 4132, DIN 1055-10
DIN 15018 T1
B = Bremskraft (Kran)
S = Seitenkraft infolge Schräglauf oder Katzbremsen
(Stahlstützen sind zu empfehlen.)

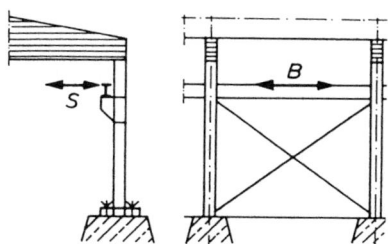
Abb. 14.18

## 14.4 Schneelast für DIN 1052 neu (EC 5)

### 14.4.1 Allgemeines

Bezugsfläche: 1 m² Grundfläche (G) (Abb. 14.19)
Rechenwerte (charakteristische Werte): DIN 1055-5
Die charakteristischen Werte für Schneelasten $s_k$ auf dem Boden sind abhängig von

a) der Schneelastzone (Z1 bis Z3); $s_k$ (Z1a; Z2a) = 1,25 · $s_k$ (Z1; Z2)
b) der Geländehöhe $A = H_s$ des Bauwerksstandortes über NN in m

Z1: $s_k = 0{,}19 + 0{,}91 \cdot \bar{A} > 0{,}65$ kN/m² (14.2a)

Z2: $s_k = 0{,}25 + 1{,}91 \cdot \bar{A} > 0{,}85$ kN/m² (14.2b)

Z3: $s_k = 0{,}31 + 2{,}91 \cdot \bar{A} > 1{,}10$ kN/m² mit $\bar{A} = \left(\dfrac{A + 140}{760}\right)^2$ (14.2c)

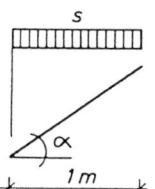
Abb. 14.19

Bei geneigten Dachflächen, von denen der Schnee ungehindert abgleiten kann (nicht gegeben bei Schneefanggittern [141, 292] $\mu \geq 0{,}8$), bestimmt man die Schneelast $s$ nach Gl. (14.2d):

$$s_i = \mu_i \cdot s_k \qquad (14.2\,\text{d})$$

**Tafel 14.5.** Formbeiwert $\mu_1$ für Pult- und Satteldach

| $\alpha$ | $\leq 30°$ | $\leq 60°$ | $> 60°$ |
|---|---|---|---|
| $\mu_1$ | 0,8 | 0,8 $(60° - \alpha)/30°$ | 0 |

Schneesackbildungen (z. B. bei Sheddächern) sind zu berücksichtigen [36]. Die Schneemasse ergibt sich aus der vollen Schneelast $s$. Ihre Verteilung nach dem Abrutschen s. Abb. 14.20; maßgebende Schneelastfälle s. DIN 1055-5. Sonderfälle (z. B. Schneeüberhang an der Traufe) und Eislasten bei filigranen Bauteilen sind zu beachten s. DIN 1055-5.

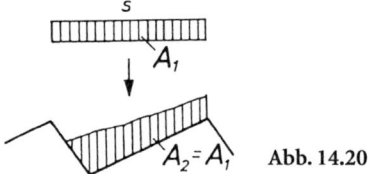

Abb. 14.20

Auswirkungen der neuen DIN 1055-5 auf die Bemessung in der Baupraxis s. [153].

### 14.4.2 Schneelastverteilung (symmetrisches Satteldach)

**in Querrichtung des Daches (Binder)** (Abb. 14.21 a, b)
a) $s = \mu_1 \cdot s_k$ auf ganze Binderlänge gleichmäßig verteilt
b) $s/2$ und $s$ einseitig von Traufe bis First gleichmäßig verteilt s. Abb. 14.21b
(infolge Verwehung, Sonneneinstrahlung, Abgleiten usw.)

**in Längsrichtung des Daches (Sparrenpfetten)**
Schneelast $s$ i.d.R. als Gleichlast angesetzt (Abb. 14.21c). Bei zusammengesetzten Dachformen (z.B. Shed) sollten Sparrenpfetten auch für unregelmäßige Schneeanhäufungen bemessen werden.

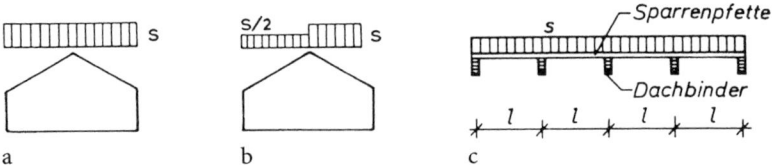

Abb. 14.21. Schneeverteilung

## 14.5 Windlast für DIN 1052 neu (EC 5)

### 14.5.1 Vorbemerkung

Die Windlast-Norm DIN 1055-4 bildet die Grundlage für Windlastannahmen nicht schwingungsanfälliger Bauwerke. Als solche dürfen ohne besonderen Nachweis Bauwerke nach Abb. 14.22 mit begrenzter Schlankheit angesehen werden.

$h/b_1 \leqq 3$

Dazu gehören die Dach- und Hallentragwerke üblicher Wohn-, Büro- und Industriegebäude sowie nach Konstruktion und Form ähnliche Gebäude mit einer Höhe bis zu 25 m.

Es sind folgende Nachweise zu beachten:
- Standsicherheitsnachweis infolge Windwirkung (mit resultierender Windlast $F_w$)
- Bemessung der Einzelbauteile (mit Winddruck $w$)
- Sicherung der Einzelbauteile gegen Abheben (mit Windsog $w < 0$).

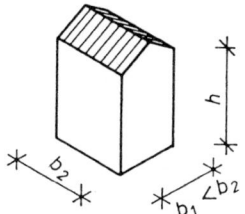

Abb. 14.22

### 14.5.2 Windlast $F_w$ auf prismatische Bauwerke

Die Windrichtung wird waagerecht angenommen. Die Windlast (Windkraft) $F_w$ nach Abb. 14.23 ist abhängig von der Form des Baukörpers. Die aus Druck-, Sog- und Reibungswirkungen resultierende Last in Windrichtung wird beschrieben durch Gl. (14.3):

$$F_w = c_f \cdot q(z_e) \cdot A_{ref} \text{ [kN]} \quad \text{(für Standsicherheitsnachweis}^a\text{)} \quad (14.3)$$

$c_f \triangleq$ aerodynamischer Kraftbeiwert, hier $c_f = 0{,}8 + 0{,}5 = 1{,}3$ für $h/b \geq 1$
$A_{ref} \triangleq$ Bezugsfläche, hier $A_{ref} = h \cdot l \, [\text{m}^2]$, s. Abb. 14.23
$q \quad \triangleq$ Geschwindigkeitsdruck (Staudruck) $[\text{kN/m}^2]$, abhängig von der Windgeschwindigkeit, s. Abb. 14.24; $z_e \triangleq$ Bezugshöhe für den Kraftbeiwert

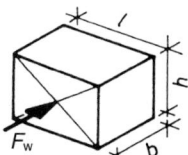

Abb. 14.23

---

[a] Nachweis der Gebäudesteifigkeit und ausreichender Kipp- und Gleitsicherheit des Gebäudes.

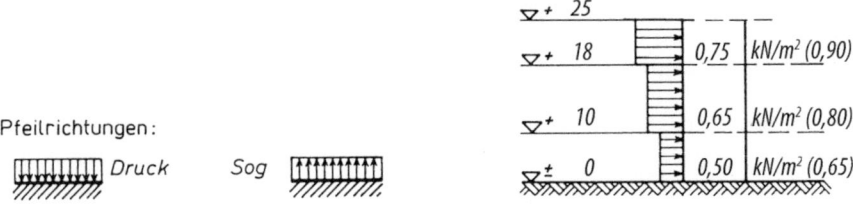

Abb. 14.24. Geschwindigkeitsdruck $q$ für Windzone 1 und (2) nach DIN 1055-4, Tab. 2 (Binnenland)

Der Geschwindigkeitsdruck $q$ nimmt mit steigender Höhe über Gelände ($\pm 0$) zu. Die Rechenwerte in Abhängigkeit der Gebäudehöhe und Windzone nach Abb. 14.24 für Windzone 1 und 2 (Klammerwerte) sind charakteristische Größen. Die Geschwindigkeitsdrücke für die Windzonen 3 bis 4 und für Höhen bis 25 m sind aus DIN 1055 T4, Tab. 2 zu entnehmen.

$q$ kann auch in Abhängigkeit von der Bauwerkshöhe berechnet werden (s. DIN 1055-4, Abschn. 10.3).

Reibungskräfte sollen nur bei besonderen Bauwerksformen – z.B. langen freistehenden Dächern (über Rampen, Bahnsteigen usw.) – berücksichtigt werden. Nur für derartige Fälle werden Größenordnungen einiger Reibungsbeiwerte $c_{fr}$ angegeben ($\approx 0{,}01$ für glatte Flächen; $\approx 0{,}04$ für große Rauhigkeiten, z.B. Wellen, Rippen), s. DIN 1055 T4, Tab. 15.

Für prismatische Bauwerke dürfen Reibungskräfte aus Wind i.d.R. vernachlässigt werden, vgl. Rechenwerte für $c_f$ (Abb. 14.23) und $\Sigma c_p$ (Abb. 14.25): $1{,}3 = 0{,}8 + 0{,}5$.

### 14.5.3 Winddruck $w_e$ auf prismatische Baukörper

Winddruck (-sog) wirkt immer $\perp$ zur Begrenzungsfläche, vgl. Abb. 14.25. Berechnung nach Gl. (14.4a):

$$w_e = c_{pe} \cdot q(z_e) \; [\text{kN/m}^2] \tag{14.4a}$$

$c_{pe}$ aerodynamischer Druckbeiwert nach Abb. 14.25, Tafel 14.6 und 14.8
$\Rightarrow \triangleq$ Windrichtung

$$c_{pe} = c_{pe,1} + (c_{pe,10} - c_{pe,1}) \cdot \log A \text{ für } 1\,\text{m}^2 < A < 10\,\text{m}^2 \tag{14.4b}$$

$A$ = Lasteinzugsfläche

Für Pult-, Sattel- u. Walmdächer ist bei $15° \leq \alpha \leq 30°$ und $\theta = 0$ entweder mit linear veränderlichem Sog oder Druck zu rechnen, vgl. DIN 1055 T4, s.a. Tafel 14.8.

Tafel 14.6. $c_{pe}$-Werte für Sog auf windparallele Außenwände nach Abb. 14.25 b

| Zone | A | | B | | C | |
|---|---|---|---|---|---|---|
| $h/b$ | $c_{pe,10}$ | $c_{pe,1}$ | $c_{pe,10}$ | $c_{pe,1}$ | $c_{pe,10}$ | $c_{pe,1}$ |
| $\geq 5$ | $-1{,}4$ | $-1{,}7$ | $-0{,}8$ | $-1{,}1$ | $-0{,}5$ | $-0{,}7$ |
| 1 u. $\leq 0{,}25$[a] | $-1{,}2$ | $-1{,}4$ | $-0{,}8$ | $-1{,}1$ | $-0{,}5$ | $-0{,}5$ |

[a] Zwischenwerte dürfen linear interpoliert werden.

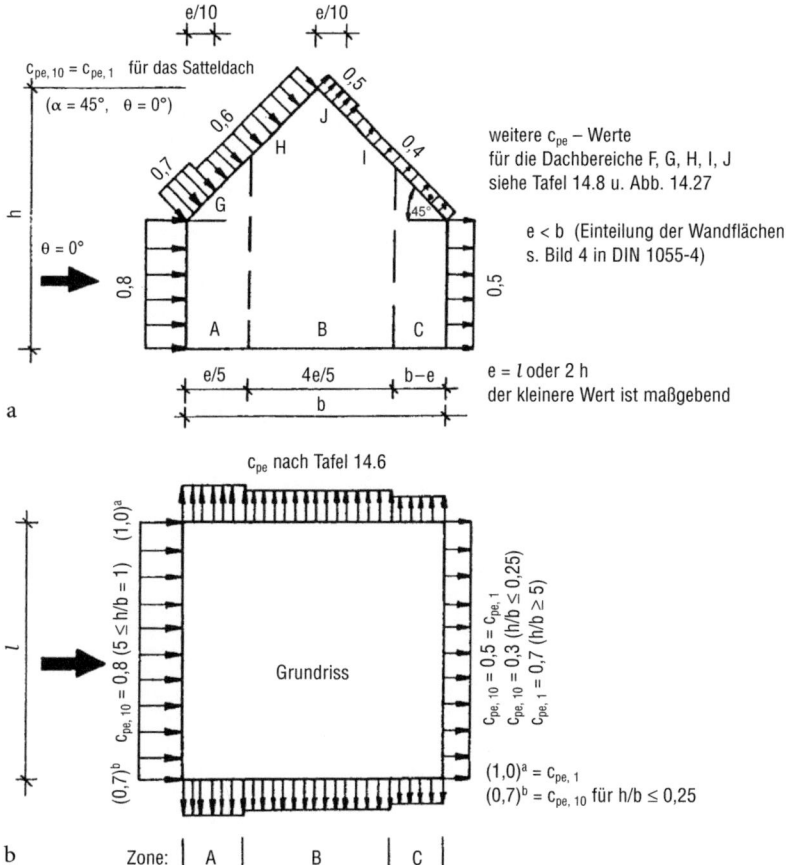

**Abb. 14.25.** $c_{pe}$-Beiwerte für geschlossene Baukörper *

### 14.5.4 Erhöhte Windlasten in Teilbereichen

Sie sind anzuwenden auf einzelne Tragglieder wie Sparren, Pfetten, Wandriegel und -stiele, Fassadenelemente u.a.m.

#### Erhöhte Druckbeiwerte

Nach der neuen Windlastnorm treten in den Dachbereichen $F$ und $G$ (Abb. 14.25a oder Tafel 14.8) erhöhte Druckbeiwerte $c_{pe}$ auf. In der Regel kann mit einer konstanten Druckverteilung gerechnet werden, s. z.B. Abschn. 15.2.7.

---

* Als nicht geschlossen gelten Baukörper, die an einer oder mehreren Seiten zu >30% offen sind oder geöffnet werden können. Beiwerte $c_{pe}$ siehe DIN 1055 T4.

# 14 Lastannahmen für Dach- und Hallentragwerke

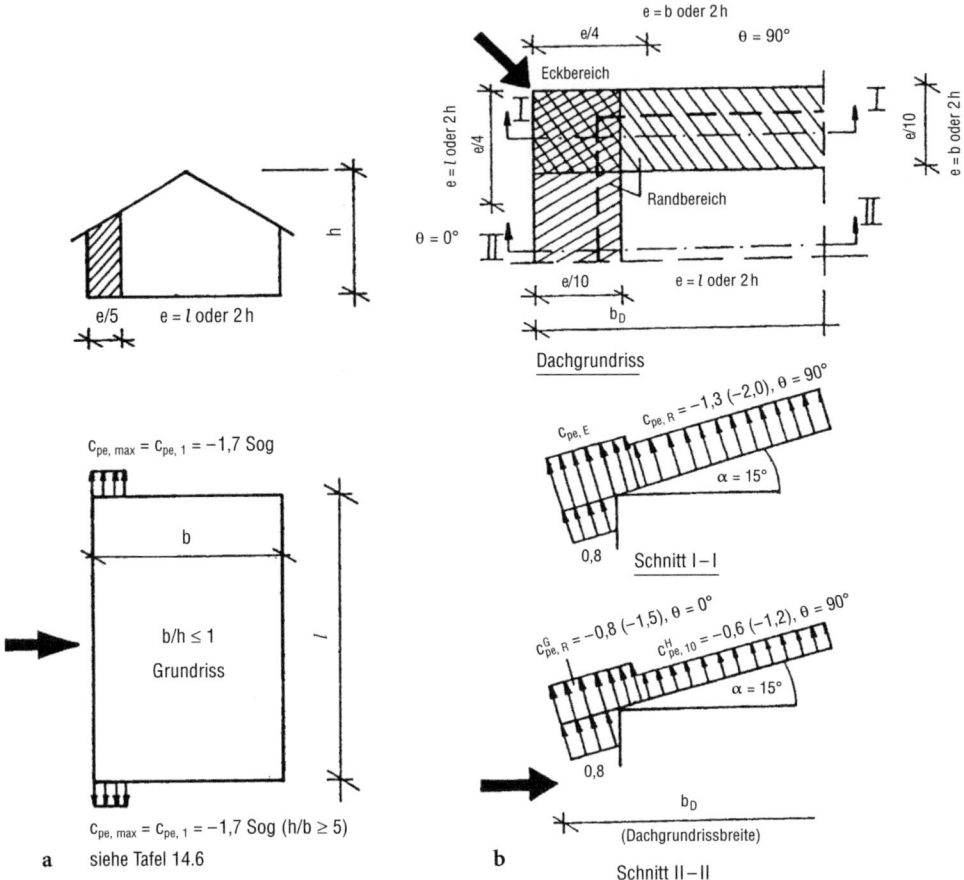

Abb. 14.26. Teilbereiche von Wänden und geneigten Dächern

**Erhöhte Sogbeiwerte** (Abb. 14.26a und b)
Bei Flachdächern aufgetretene Schadensfälle machten besondere Untersuchungen der Windwirkung in den Kantenbereichen notwendig. Dabei zeigte sich, dass die Sogkräfte in den Rand- und Eckbereichen von Wänden und flachen Dächern ($\alpha \leq 35°$) Spitzenwerte erreichen, die eine sorgfältige Verankerung der unmittelbar betroffenen Einzelbauteile erfordern.

> Diese Sogspitzen brauchen in der Regel nicht für den Standsicherheitsnachweis des Haupttragwerks (Binder, Verbände) berücksichtigt zu werden, da ihre Wirkung sich nur auf kleine Teilbereiche ($e/5$) beschränkt.

Bei Wohn- und Bürogebäuden und geschlossenen Hallen sind Bereichsgrößen und erhöhte Sogbeiwerte wie folgt anzunehmen:
- **für lotrechte Wandflächen** nach Abb. 14.26a:
  nach Tafel 14.6, $c_{pe,max} = -1{,}7$ Sog ($h/b \geq 5$) oder $-1{,}4$ ($\leq 1$)

- **für geneigte Dächer** nach Abb. 14.26b:
  $c_{pe,E}$ nach Tafel 14.7, $c_{pe,R}$ nach Tafel 14.8. Für $\alpha \geqq 30°$ und $\theta = 90°$ ist $c_{pe,R}^G > c_{pe,R}^F$.
- **für Flachdächer ($\alpha \approx 5°$) ohne und mit Attika** können die Sogbeiwerte aus DIN 1055 T4, Tab. 4 entnommen werden. Eine Attika kann die Sogspitzen noch verringern.

**Tafel 14.7.** Erhöhte Sogbeiwerte $c_{pe,E}$ im Eckbereich (Empfehlung)

| Dachneigung $\alpha$ | $c_{pe,1}$ | $c_{pe,10}$ |
|---|---|---|
| 15° | $-4{,}0$ | $-2{,}2$ |
| 30° | $-3{,}0$ | $-1{,}6$ |
| > 35° | $-1{,}5$ [a] | $-1{,}1$ [a] |

[a] Sogbeiwerte infolge $\theta = 90°$, Bereich F s. Abb. 14.27

Dazu an Dachüberständen: Luv: 0,8 (Druck); Lee: –0,5 (Sog)

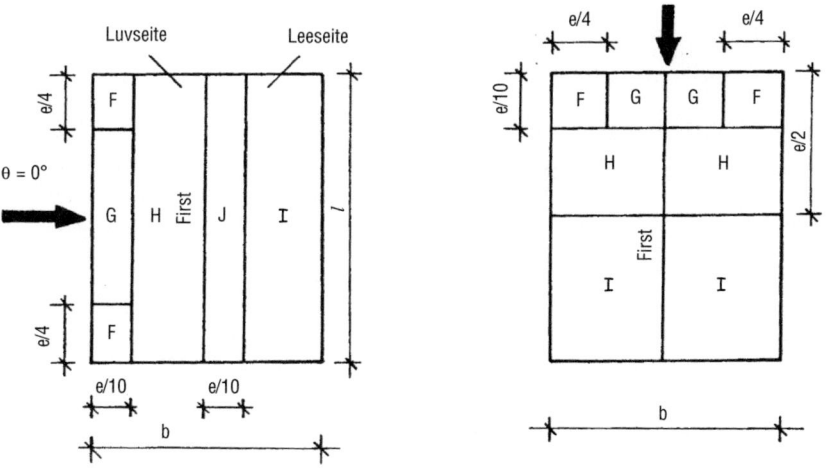

Abb. 14.27. Einteilung der Dachflächen bei Satteldächern

14 Lastannahmen für Dach- und Hallentragwerke

**Tafel 14.8.** Druck- und Sogbeiwerte $c_{pe}$ für Satteldächer (Auszug)

| α | F | Anströmrichtung θ = 0° G | H | I | J |
|---|---|---|---|---|---|
| 15° | −0,9[a] −2,0[b] +0,2 | −0,8[a] −1,5[b] +0,2 | −0,3 +0,2 | −0,4 | −1,0[a] −1,5[b] |
| 30° | −0,5 −1,5 +0,7 | −0,5 −1,5 +0,7 | −0,2 +0,4 | −0,4 | −0,5 |
| 45° | +0,7 | +0,7 | +0,6 | −0,4 | −0,5 |
| 60° | +0,7 | +0,7 | +0,7 | −0,4 | −0,5 |

| α | F | Anströmrichtung θ = 90° G | H | I | |
|---|---|---|---|---|---|
| 15° | −1,3[a] −2,0[b] | −1,3[a] −2,0[b] | −0,6[a] −1,2[b] | −0,5 | |
| 30° | −1,1 −1,5 | −1,4 −2,0 | −0,8 −1,2 | −0,5 | |
| 45° | −1,1 −1,5 | −1,4 −2,0 | −0,9 −1,2 | −0,5 | |
| 60° | −1,1 −1,5 | −1,2 −2,0 | −0,8 −1,0 | −0,5 | |

[a] $c_{pe,10}$ ; [b] $c_{pe,1}$

**Verankerung der Bauteile gegen Windsogspitzen**
Nach DIN 1055 T 4 gilt:

Die Werte für Lasteinzugsflächen < 10 m² (s. Gl. 14.4b) sind ausschließlich für die Berechnung der Ankerkräfte von unmittelbar durch Windeinwirkungen belasteten Bauteilen, den Nachweis der Verankerungen (z.B. SoNä, Stahlanker) und ihrer Unterkonstruktion (z.B. Gegengewicht eines Ringbalkens aus Stahlbeton [9]) zu verwenden.

Werden Sogspitzen beim Abhebenachweis berücksichtigt, so darf der Tragfähigkeitsnachweis, z.B. Verankerung der Sparren an der Traufe (Schwelle) mit SoNä gegen Windsog, geführt werden nach der Gleichung

$$F_d / R_{ax,d} \leqq 1 \quad \text{s.a. (15.5d)} \tag{14.5}$$

mit

$F_d$    Bemessungswert der resultierenden Einwirkung in Sogrichtung
$R_{ax,d}$    Bemessungswert des Ausziehwiderstandes, z.B. von SoNä.

Hierbei ist mit dem 0,8-fachen Rechenwert des halbtrockenen Holzes zu rechnen, soweit kein unterer Rechenwert $G_{k,inf}$ angegeben ist.
    Lasten, die nicht fest mit dem Dach verbunden sind, z.B. lose Kiesschüttungen, dürfen nicht angesetzt werden.
    Die Sogspitzen brauchen nur so weit verfolgt zu werden, bis das Gewicht des Gesamtkörpers aus $S_{G\,Dach}$ und Anschlussbauteile eine ausreichende Sicherheit gegen Abheben bietet.
    Waagerecht angreifende Sogspitzen brauchen i.d.R. nur bis zur Einleitung in das aussteifende Haupttragwerk verfolgt zu werden.

Auf den statischen Nachweis der Verankerung gegen Windsogspitzen kann bei Wohn- und ihnen in Form und Konstruktion ähnlichen Gebäuden mit den Abmessungen (Abb. 14.28)

   Dachneigung   $\alpha \leq 35°$
   Maximalhöhe   $h \leq 20$ m
   Schmalseite   $b \leq 12$ m
   Dachüberstand   $ü \leq 0{,}4$ m

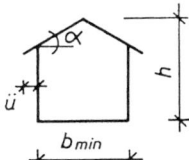

Abb. 14.28

verzichtet werden, wenn folgende konstruktive Maßnahmen getroffen werden:

a) Befestigung von Schalbrettern
  mit $n \geq 2$ Drahtnägeln* an jedem Sparren, Binder oder Pfosten

b) Befestigung von Dachschalungen aus FP-Platten oder BFU mit
  $n \geq 6$ Drahtnägeln* je m² D im Normalbereich
  $n \geq 12$ Drahtnägeln je m² D im Randbereich
  $n \geq 18$ Drahtnägeln je m² D im Eckbereich

c) Befestigung der Sparren an ihren Auflagern
  Mindestens jeder dritte Sparren ist an den Pfettenanschlüssen – außer der allgemeinen Verbindung durch Sparrennägel – zusätzlich durch Laschen, Zangen, Bolzen oder Blechformteile zu befestigen.

d) Verankerung der Dachbauteile an der Unterkonstruktion
  durch Flachstahlanker $\geq 4$ mm dick; $A_n \geq 120$ mm²
  oder Rundstahlanker $\geq 14$ mm $\varnothing$
  Abstand im Eckbereich $\leq 1$ m
  Abstand im Randbereich $\leq 2$ m

Jeder Stahlanker muss Verankerungsbauteile von mindestens 4,5 kN Eigenlast erfassen. Bei Verankerung im Mauerwerk müssen die Anker waagrecht liegende Bewehrungsstäbe oder Splinte umfassen, bei Stahlbeton desgleichen, oder mit genügender Haftlänge gemäß DIN 1045 eingebaut sein.

---

* Oder gleichwertigen VM, Sondernägel bevorzugt.

## 14.6 Hinweise zur praktischen Berechnung

### 14.6.1 Lastverteilung bei schräg liegenden Balken

Die Flächen- bzw. Streckenlasten können bezogen werden auf die Dachfläche oder ihre Projektionen. Die Kraftrichtung kann lotrecht und – bei Wind – waagerecht oder $\perp$ und $\parallel$ zur Dachebene angenommen werden. Die üblichen Lastannahmen zeigt Tafel 14.9 mit vereinfachter Annahme der Lagerbedingungen für Sparren nach Abschn. 14.6.2. Lagerreaktionen für Sparren- und Kehlbalkendächer s. Abschn. 15.3.5, 15.3.6.3, 15.3.7.3.

**Tafel 14.9.** Lastverteilung bei schräg liegenden Balken

| | 1 | 2 | 3 | 4 |
|---|---|---|---|---|
| Eigenlast $g$ | $g_G$ | $g$ | $g_\perp$ | $g_\parallel$ |
| | $g_G = g/\cos\alpha$ | Gegeben: $g$ | $g_\perp = g \cdot \cos\alpha$ | $g_\parallel = g \cdot \sin\alpha$ |
| Schneelast $s$ | $s$ | $s_D$ | $s_\perp$ | $s_\parallel$ |
| | Gegeben: $s$ | $s_D = s \cdot \cos\alpha$ | $s_\perp = s \cdot \cos^2\alpha$ | $s_\parallel = s \cdot \sin\alpha \cdot \cos\alpha$ |
| Windlast $w$ | $w_G = w$, $w_A = w$ | Geometrie | $w_\perp = w$ | $w_\parallel = 0$ |
| | $w_G = w_A = w$ [1] | Geometrie | Gegeben: $w$ | $w_\parallel = 0$ |
| | kN/m² G oder A | kN/m² D | | kN/m² D |
| | G ≙ Grundrissfläche; | A ≙ Aufrissfläche; | | D ≙ Dachfläche |

[1] In der Praxis wird zweckmäßig mit den Komponenten der Windlast nach Tafel 14.9 Spalte 1 gerechnet. Sie ergeben sich nach Gln. (14.6) und (14.7) mit Abb. 14.29.

Mit $R = w \cdot l_1$

$$V = R \cdot \cos\alpha \,; \quad l = l_1 \cdot \cos\alpha$$
$$H = R \cdot \sin\alpha \,; \quad h = l_1 \cdot \sin\alpha$$

liefert Abb. 14.29 die einfachen Beziehungen:

$$w_G = \frac{V}{l} = \frac{w \cdot l_1 \cdot \cos\alpha}{l_1 \cdot \cos\alpha} = w \tag{14.6}$$

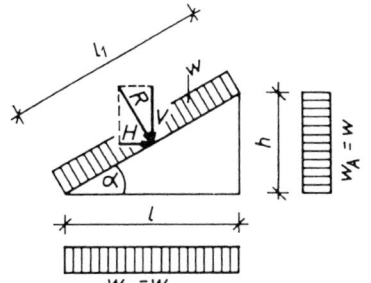

Abb. 14.29

$$w_A = \frac{H}{h} = \frac{w \cdot l_1 \cdot \sin\alpha}{l_1 \cdot \sin\alpha} = w \qquad (14.7)$$

### 14.6.2 Schnittgrößen für Sparren

Die Schnittgrößen für Sparren als schräg liegende Balken mit Klauen an Fuß- und Firstpfette können vereinfacht unter folgenden idealisierten Lagerbedingungen ermittelt werden (Tafel 14.9):

für $(g + s)$: Lager B horizontal verschieblich

für $w$ : Lager B $\parallel$ Trägerachse verschieblich

$N$ infolge $(g_G + s)$ wird i.d.R. vernachlässigt, weil $\max N$ zu $M = 0$ und $\max M$ zu $N = 0$ gehört, s. Abb. 14.30.

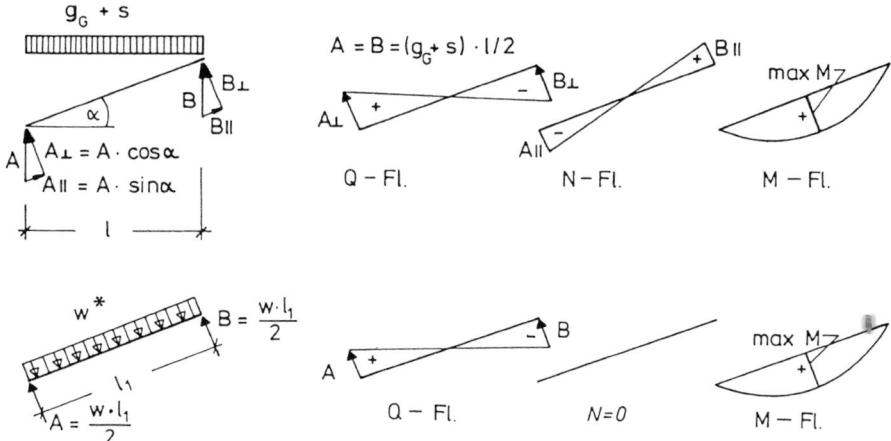

*Winddruck nur für $\alpha \geq 15°$

Abb. 14.30. Schnittgrößen im Sparren infolge $g_G, s, w$

Maßgebend für die Bemessung ist max $M$. Die Berechnung von max $M$ ist auf zwei Arten möglich (Sparrenabstand $e = 1{,}0$ m):

a) aus Spalte 1 der Tafel 14.9:

$$\max M = (g_G + s + w^*) \cdot l^2/8 + w^* \cdot h^2/8 \qquad (14.8)$$

b) aus Spalte 3 der Tafel 14.9:

$$\max M = (g \cdot \cos \alpha + s \cdot \cos^2 \alpha + w^*) \cdot l_1^2/8 \qquad (14.9)$$

### 14.6.3 Lagerreaktionen und Schnittgrößen infolge Windlast

Die praktische Berechnung der Lagerreaktionen und Schnittgrößen soll am Beispiel des Dreigelenkrahmen-Binders nach Abb. 14.31 für „Wind von links" gezeigt werden.

Erhöhte Windsoglasten brauchen für den Standsicherheitsnachweis des Haupttragwerks nicht angesetzt zu werden.

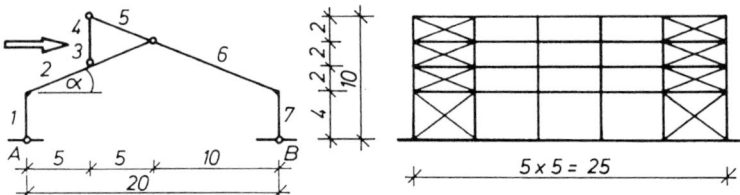

**Abb. 14.31.** Querschnitt und Ansicht eines Hallentragwerks

Geschwindigkeitsdruck: $h \leq 10$ m $\to q = 0{,}65$ kN/m² s. Abb. 14.24

Windzone 2 $\quad \tan \alpha = 4/10 = 0{,}4 \to \alpha = 21{,}8°$
Binnenland

Bei Bauwerken, die sich in Höhen bis 25 m über Grund erstrecken, darf neuerdings der Geschwindigkeitsdruck konstant über die gesamte Gebäudehöhe angenommen werden. Außerdem ist $h \leq l$ s. Abschn. 12.1.2 in DIN 1055-4.

Druckbeiwerte $c_{pe}$ nach Abb. 14.25, Tafel 14.8:

$$c_1 = c_3 = c_4 = 0{,}73 \text{ (Druck)} \quad h/b = 0{,}5 \to c_{pe,10} = 0{,}73$$

$$c_5 = c_6 = 0{,}8 \text{ (Sog)} = c_{pe,10}^H \text{ (Pultdach), DIN 1055 T4, Tab. 5}$$

$$c_7 = 0{,}37 \text{ (Sog)}, \; c_2 = 0{,}26 \text{ (Sog)} = c_{pe,10}^H$$

---

\* Winddruck nur für $\alpha \geq 15°$. Lastkombinationen gemäß DIN 1052 (1988) nach 14.1 und für DIN 1052 neu (EC5) nach Gl. (2.2) oder Abschn. 14.7.
Beispiele siehe „Pfettendächer".

### 14.6 Hinweise zur praktischen Berechnung

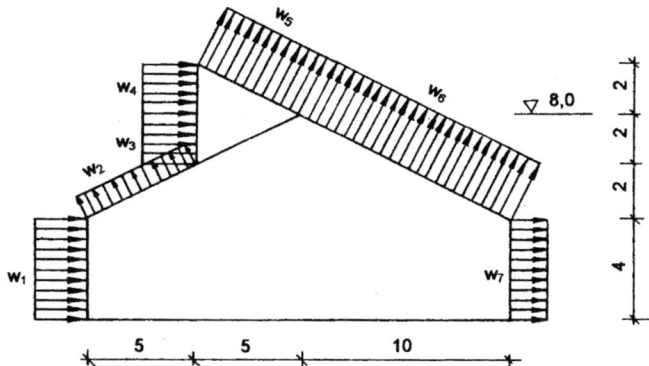

**Abb. 14.32.** Windlasten für 1 Binder ($b = 5{,}0$ m)

Windlasten $\quad w = c \cdot q \cdot b \,[\text{kN/m}]$

$w_1 = 0{,}73 \cdot 0{,}65 \cdot 5{,}0 = 2{,}4$ kN/m
$w_2 = 0{,}26 \cdot 0{,}65 \cdot 5{,}0 = 0{,}85$ kN/m
$w_3 = 0{,}73 \cdot 0{,}65 \cdot 5{,}0 = 2{,}4$ kN/m
$w_4 = 0{,}73 \cdot 0{,}65 \cdot 5{,}0 = 2{,}4$ kN/m
$w_5 = 0{,}8 \phantom{0} \cdot 0{,}65 \cdot 5{,}0 = 2{,}6$ kN/m
$w_6 = 0{,}8 \phantom{0} \cdot 0{,}65 \cdot 5{,}0 = 2{,}6$ kN/m
$w_7 = 0{,}37 \cdot 0{,}65 \cdot 5{,}0 = 1{,}20$ kN/m

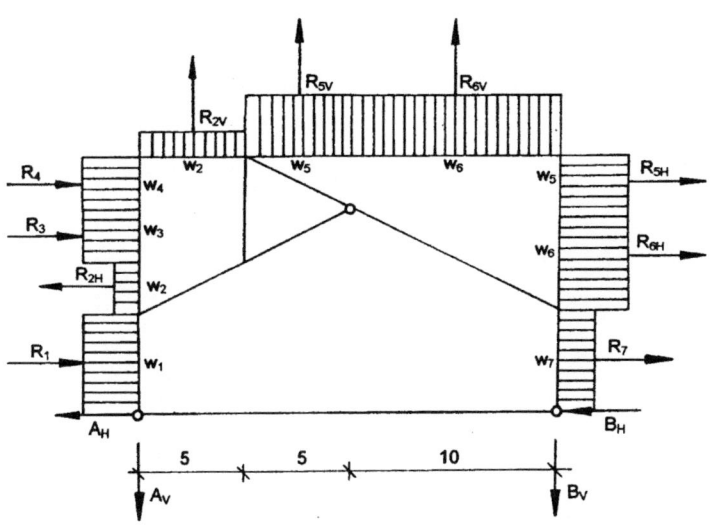

**Abb. 14.33.** Teilresultierende $R_H$ und $R_V$

# 14 Lastannahmen für Dach- und Hallentragwerke

$R_1 = 2{,}4 \cdot 4 = 9{,}6$ kN
$R_{2H} = 0{,}85 \cdot 2 = 1{,}7$ kN (Druck beachten!) $\qquad R_{2V} = 0{,}85 \cdot 5 = 4{,}3$ kN
$R_3 = 2{,}4 \cdot 2 = 4{,}8$ kN
$R_4 = 2{,}4 \cdot 2 = 4{,}8$ kN
$R_{5H} = 2{,}6 \cdot 2 = 5{,}2$ kN $\qquad\qquad\qquad\qquad\quad R_{5V} = 2{,}6 \cdot 5 = 13{,}0$ kN
$R_{6H} = 2{,}6 \cdot 4 = 10{,}4$ kN $\qquad\qquad\qquad\qquad R_{6V} = 2{,}6 \cdot 10 = 26{,}0$ kN
$R_7 = 1{,}20 \cdot 4 = 4{,}8$ kN

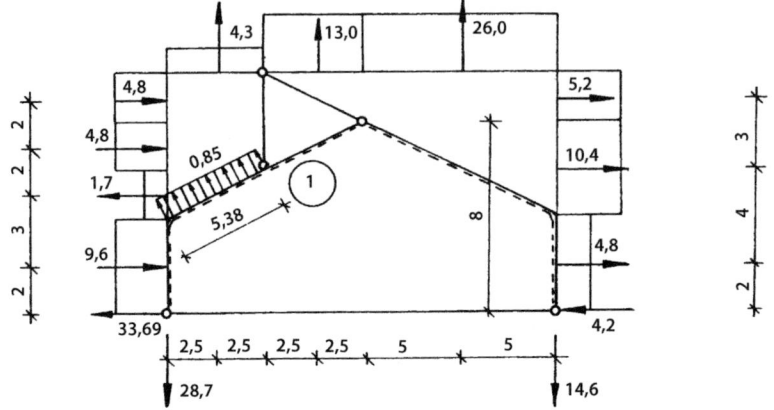

**Abb. 14.34.** Berechnung der Lagerreaktionen (charakteristische Werte)

$\Sigma H = 9{,}6 - 1{,}7 + 4{,}8 + 4{,}8 + 5{,}2 + 10{,}4 + 4{,}8 = 37{,}9$ kN
$\Sigma V = 4{,}3 + 13{,}0 + 26{,}0 \qquad\qquad\qquad\qquad\qquad = 43{,}3$ kN

$A_V = \dfrac{1}{20} \cdot (9{,}6 \cdot 2 - 1{,}7 \cdot 5 + 4{,}8 \cdot 7 + 4{,}8 \cdot 9 + 4{,}3 \cdot 17{,}5 +$
$\qquad 13{,}0 \cdot 12{,}5 + 26{,}0 \cdot 5 + 5{,}2 \cdot 9 + 10{,}4 \cdot 6 + 4{,}8 \cdot 2) = 574{,}05/20$
$\qquad = 28{,}7$ kN

$B_V = \dfrac{1}{20} \cdot (-9{,}6 \cdot 2 + 1{,}7 \cdot 5 - 4{,}8 \cdot 7 - 4{,}8 \cdot 9 + 4{,}3 \cdot 2{,}5 + 13{,}0 \cdot 7{,}5 +$
$\qquad 26{,}0 \cdot 15 - 5{,}2 \cdot 9 - 10{,}4 \cdot 6 - 4{,}8 \cdot 2) = 291{,}95/20$
$\qquad = 14{,}6$ kN

Kontrolle: $\Sigma V = 28{,}7 + 14{,}6 - 4{,}3 - 13{,}0 - 26{,}0 = 0$

$A_H = \dfrac{1}{8} \cdot (28{,}7 \cdot 10 + 9{,}6 \cdot 6 - 1{,}7 \cdot 3 + 4{,}8 \cdot 1 - 4{,}8 \cdot 1 -$
$\qquad 4{,}3 \cdot 7{,}5 - 13{,}0 \cdot 2{,}5 - 5{,}2 \cdot 1) = 269{,}55/8 = 33{,}69$ kN

$B_H = \dfrac{1}{8} \cdot (26{,}0 \cdot 5 + 10{,}4 \cdot 2 + 4{,}8 \cdot 6 - 14{,}6 \cdot 10) = 33{,}6/8 = 4{,}2$ kN

(Firstpunkt[1] = Momenten-Nullpunkt)

---
[1] des Dreigelenkrahmen-Binders.

Kontrolle: $\Sigma H = 33{,}69 + 4{,}2 - 9{,}6 + 1{,}7 - 4{,}8 - 4{,}8 - 5{,}2 - 10{,}4 - 4{,}8$
$= -0{,}01 \approx 0$

Biegemoment an der Stelle ① (Abb. 14.34):

$$M = -28{,}7 \cdot 5 + 33{,}69 \cdot 6 - 9{,}6 \cdot 4 + 1{,}7 \cdot 1 + 4{,}3 \cdot 2{,}5 = 32{,}69 \text{ kNm}$$

oder

$$M = -28{,}7 \cdot 5 + 33{,}69 \cdot 6 - 9{,}6 \cdot 4 + 0{,}85 \cdot \frac{5{,}385^2}{2} = 32{,}56 \text{ kNm}$$

## 14.7 Bemessungssituationen und Einwirkungen nach DIN 1055-100

Die folgenden Bemessungsregeln stellen eine Ergänzung des im Abschn. 2.11 enthaltenen Bemessungskonzeptes nach DIN 1052 neu (EC5) dar.

**Bemessungssituationen im Grenzzustand der Tragfähigkeit**
Bemessungssituationen sind:
- ständige Situationen, die den normalen Nutzungsbedingungen des Tragwerkes entsprechen
- vorübergehende Situationen, z.B. im Bauzustand oder während einer Instandsetzung
- außergewöhnliche Situationen, z.B. Brand, Explosion, Anprall
- Situationen infolge von Erdbeben [277]

**Einwirkungen**
Eine Einwirkung $F$ ist:
- eine Kraft (Last), die auf das Tragwerk einwirkt (direkte Einwirkung), oder
- ein Zwang (indirekte Einwirkung), z.B. durch Temperatureinwirkungen oder Setzungen.

**Einwirkungen werden eingeteilt:**
a) nach ihrer zeitlichen Veränderlichkeit (s. Tafel 2.7)
   - ständige Einwirkungen G, z.B. Eigenlast von Tragwerken, Ausrüstungen, feste Einbauten und haustechnische Anlagen
   - veränderliche Einwirkungen Q (s. Tafel 2.7):
     - Einwirkungen langer Dauer, z.B. Nutzlasten auf Decken in Lagerhäusern
     - Einwirkungen mittlerer Dauer, z.B. Nutzlasten auf Decken in Wohnräumen, Schneelasten (über NN > 1000 m)
     - Einwirkungen kurzer Dauer, z.B. Wind- oder Schneelasten (über NN $\leq$ 1000 m)
     - Einwirkungen sehr kurzer Dauer
   - außergewöhnliche Einwirkungen A, z.B. Anprall von Fahrzeugen
   - Einwirkungen infolge Erdbeben
b) nach ihrer räumlichen Veränderlichkeit
   - ortsfeste Einwirkungen, z.B. Eigenlast (Tragwerke mit hoher Empfindlichkeit gegenüber Veränderungen der Eigenlast)

– ortsveränderliche Einwirkungen, die sich aus unterschiedlichen Anordnungen der Einwirkungen ergeben, z.B. bewegliche Nutzlasten, Windlasten, Schneelasten.

**Charakteristische Werte der Einwirkungen**
Charakteristische Werte $F_k$ werden festgelegt:
– in ENV 1991 Eurocode 1 oder anderen einschlägigen Lastnormen (z.B. DIN 1055) oder
– vom Tragwerksplaner in Abstimmung mit dem Bauherrn. Dabei sind Mindestanforderungen, die in den einschlägigen Normen oder von den zuständigen Behörden festgelegt sind, zu beachten.

Solange der EC 1 für die Einwirkungen nicht in der für die europäischen Staaten verbindlichen Fassung vorliegt, gelten in Deutschland die Lasten nach DIN 1055 als charakteristische Werte.

Die in den Abschnitten 14.2 bis 14.6 enthaltenen Angaben zu den Eigen-, Nutz-, Schnee- und Windlasten können somit für eine Bemessung nach DIN 1052 neu (EC5) genutzt werden.

**Bemessungswerte der Einwirkungen**
Der Bemessungswert $F_d$ einer Einwirkung ergibt sich zu:

$$F_d = \gamma_F \cdot F_k$$

Beispiele sind:

$$G_d = \gamma_G \cdot G_k$$
$$Q_d = \gamma_Q \cdot Q_k \quad \text{oder} \quad \gamma_Q \cdot \psi_i \cdot Q_k$$
$$A_d = \gamma_A \cdot A_k \quad \text{(sofern } A_d \text{ nicht direkt festgelegt wird)}$$

Dabei sind:

$\gamma_F$, $\gamma_G$, $\gamma_Q$ und $\gamma_A$ die Teilsicherheitsbeiwerte für die betrachtete Einwirkung, s. Tafel 2.5 und DIN 1055-100, Tab. A.3.

**Bemessungswerte der Beanspruchungen**
Beanspruchungen sind Reaktionen des Tragwerkes auf die Einwirkungen (z.B. innere Kräfte und Momente, Spannungen und Verformungen).

Die Bemessungswerte der Beanspruchungen lassen sich mit den Bemessungswerten der Einwirkungen, den geometrischen Größen und, sofern erforderlich, den maßgeblichen Werkstoffeigenschaften ermitteln.

**Kombinationen von Einwirkungen**
Nach DIN 1055-100 sind zur Bestimmung der Bemessungswerte der Beanspruchung (Grenzzustände der Tragfähigkeit) die folgenden Kombinationen der Einwirkungen zu verwenden:
– ständige und vorübergehende Bemessungssituationen (Grundkombination), siehe auch Abschn. 2.11.3:

$$F_d = \gamma_G G_k + \gamma_{Q,1} Q_{k,1} + \sum_{i>1} \gamma_{Q,i} \psi_{0,i} Q_{k,i} \qquad (14.10)$$

- außergewöhnliche Bemessungssituationen (z. B. Brand):

$$F_\mathrm{d} = \gamma_\mathrm{GA} G_\mathrm{k} + A_\mathrm{d} + \psi_{1,1} Q_{\mathrm{k},1} + \sum_{i>1} \psi_{2,i} Q_{\mathrm{k},i} \qquad (14.11)$$

- Bemessungssituation infolge von Erdbeben s. DIN 1055-100 u. [277].

Teilsicherheitsbeiwerte siehe Abschn. 2.11.3, Tafel 2.5, Tafel 14.10 und DIN 1055-100, Tab. A2 und A3.

Vereinfachte Kombinationsgleichungen für Hochbautragwerke sind im Abschn. 2.11.3 enthalten, s. a. [236].

Die Einwirkungskombinationen für Grenzzustände der Gebrauchstauglichkeit können aus dem Abschn. 2.11.7 entnommen werden.

**Tafel 14.10.** Beiwerte $\psi_0$, $\psi_1$, $\psi_2$ nach DIN 1055-100, Tab. A.2 (Auszug)

| Einwirkung | $\psi_0$ | $\psi_1$ | $\psi_2$ |
|---|---|---|---|
| Nutzlasten | | | |
| • Wohn- und Aufenthaltsräume, Büros | 0,7 | 0,5 | 0,3 |
| • Versammlungs- und Verkaufsräume | 0,7 | 0,7 | 0,6 |
| • Lagerräume | 1,0 | 0,9 | 0,8 |
| Windlasten | 0,6 | 0,5 | 0 |
| Schneelasten | | | |
| über NN $\leqq$ 1000 m | 0,5 | 0,2 | 0 |
| über NN > 1000 m | 0,7 | 0,5 | 0,2 |

Bemessungsbeispiele mit Lastkombinationen sind auch im Teil 1 (u. a. Abschn. 11.5) enthalten.

## 14.8 Lastverteilung nach DIN 1052 neu (EC5)

Wenn mehrere ähnliche Bauteile, die untereinander denselben Abstand aufweisen, seitlich durch ein durchgehendes Lastverteilungssystem verbunden sind, dürfen die Festigkeitskennwerte der Bauteile mit einem Systembeiwert $k_\mathrm{sys} = k_\mathrm{l}$ erhöht werden – *8.1 [1]* –.

Falls kein genauerer Nachweis geführt wird, darf für die in Tafel 14.11 angegebenen Bauteile und Lastverteilungssysteme $k_\mathrm{sys} = 1{,}1$ angenommen werden.

Voraussetzungen:
- Das Lastverteilungssystem ist für die ständigen und veränderlichen Lasten bemessen.
- Jedes Teil des Lastverteilungssystems geht über mindestens zwei Felder und vorhandene Stöße sind versetzt angeordnet.

**Tafel 14.11.** Bauteile und Lastverteilungssysteme

| Bauteil | Lastverteilungssystem |
|---|---|
| Flachdach- oder Deckenträger (Spannweite bis zu 6 m) | Schalung oder Beplankung |
| Fachwerkbinder in Dächern (Spannweite bis zu 12 m) | Dachlatten, Pfetten oder Beplankung |
| Sparren (Spannweite bis zu 6 m) | Dachlatten oder Beplankung |
| Wandrippen (Wandhöhe bis zu 4 m) | Kopf- und Fußgurte, mindestens einseitige Beplankung |

# 15 Tragwerke der Hausdächer

## 15.1 Allgemeines

Hausdächer aus Vollholz werden bis zu folgenden Gebäudebreiten $b$ ausgeführt, vgl. [66], [143]:

| | |
|---|---|
| Wohnhäuser | $b \approx 7{,}5 - 9{,}6$ m |
| Wohn- und Geschäftshäuser | $b \approx 9{,}5 - 12{,}5$ m |
| Verwaltungsgebäude, Schulen | $b \approx 12{,}5 - 15{,}5$ m |

Für die größeren Gebäudebreiten können Tragwerke aus Wellsteg-, Nail Web-Holzbau-, DSB- oder BSH-, Kerto-Schichtholz-, Parallam PSL- und Intrallam LSL-Trägern wirtschaftlicher sein [15]. Das gilt insbesondere für:

| | | |
|---|---|---|
| Sparrendächer | ab etwa | $b \approx 8$ m |
| Kehlbalkendächer | ab etwa | $b \approx 10$ m |

Die Tragwerke der üblichen Hausdächer gliedern sich nach konstruktivem Aufbau und statischem System in zwei Grundformen [66, 126]:
a) das Pfettendach nach Abb. 15.1
b) das Sparrendach nach Abb. 15.2

Entwicklungsgeschichtlich ist das Pfettendach ein Flachdach, das Sparrendach ein Steildach.

**Kennzeichen des Pfettendaches sind:**
a) waagerecht in verschiedenen Höhen liegende Pfettenstränge als Unterzüge für die Sparren;
b) Fußpfette ruht auf Deckenbalken oder Massivdecke;
c) Mittel- und Firstpfetten liegen in Abständen von etwa 4 bis 5 m auf Stützen oder Querwänden auf;
d) Sparren der beiden Dachebenen können gegeneinander versetzt werden (z.B. bei Schornstein-Auswechselungen);
e) Sparren werden als schräg liegende Balken auf zwei oder mehr Stützen (= Pfetten) mit oder ohne Kragarm vorwiegend auf Biegung beansprucht.

**Kennzeichen des Sparrendaches sind:**
a) Sparren werden paarweise als selbständige Dreigelenk-Stabwerke in Abständen von etwa 0,7 bis 1,0 m über die ganze Dachlänge aneinandergereiht;
b) bei Holzbalkendecken ist jedem Gespärre ein Deckenbalken als Zugband zugeordnet;

# 15 Tragwerke der Hausdächer

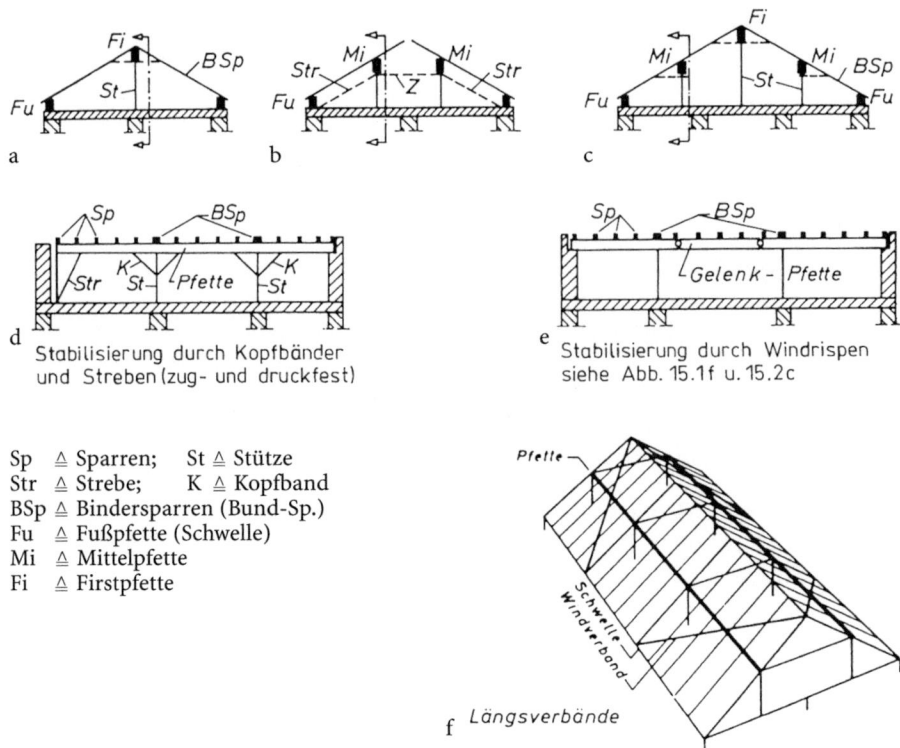

Stabilisierung durch Kopfbänder und Streben (zug- und druckfest)

Stabilisierung durch Windrispen siehe Abb. 15.1f u. 15.2c

Sp ≙ Sparren;   St ≙ Stütze
Str ≙ Strebe;    K ≙ Kopfband
BSp ≙ Bindersparren (Bund-Sp.)
Fu ≙ Fußpfette (Schwelle)
Mi ≙ Mittelpfette
Fi ≙ Firstpfette

**Abb. 15.1.** Ein-, zwei- und dreistieliges Pfettendach. Querschnitte a, b, c; Längsschnitte d, e; Isometrie f

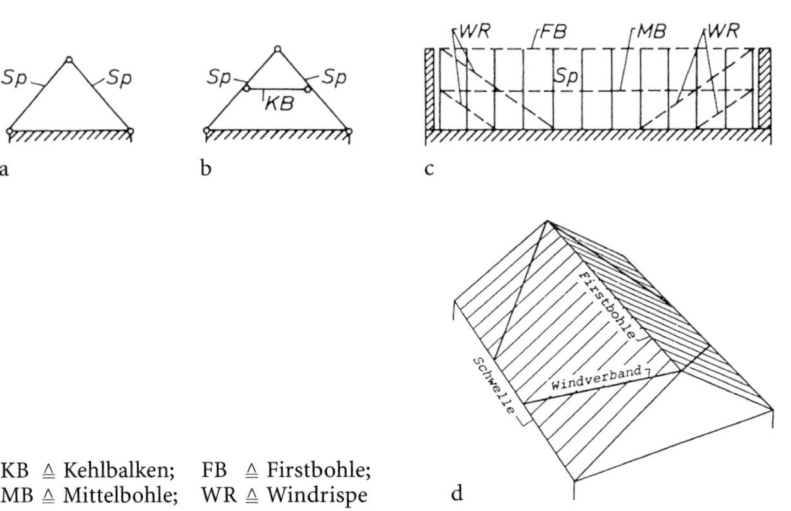

KB ≙ Kehlbalken;   FB ≙ Firstbohle;
MB ≙ Mittelbohle;  WR ≙ Windrispe

**Abb. 15.2.** Sparrendach a; Kehlbalkendach b; Längsschnitt c; Isometrie d

c) bei Massivdecken wird der Horizontalschub durch Schwellen in die Deckenscheibe eingeleitet;
d) Beanspruchung der Sparren auf Biegung mit Längskraft.

Über die Wirtschaftlichkeit von Sparren- und Pfettendächern vgl. Brennecke [156] oder Schunck [130].

## 15.2 Pfettendächer

### 15.2.1 Allgemeines

Pfettendächer eignen sich gut für flachgeneigte Pult- und Satteldächer, insbesondere Walmdächer, sowie bei winkelförmigen Gebäudegrundrissen [157]. Das Pfettendach wird vorwiegend in der durch das Zimmerhandwerk überlieferten Form ausgeführt. Die Sparren werden i.d.R. mit Klauen und Sparrennägeln auf den Pfetten befestigt (Abb. 15.3). Da bei dem strebenlosen Pfettendach die gesamte horizontale Windlast von der Fußpfette aufgenommen werden soll, ist die Verankerung dieser Fußpfette und der Sparrenanschluss an ihr sorgfältig vorzunehmen (Abb. 15.3g).

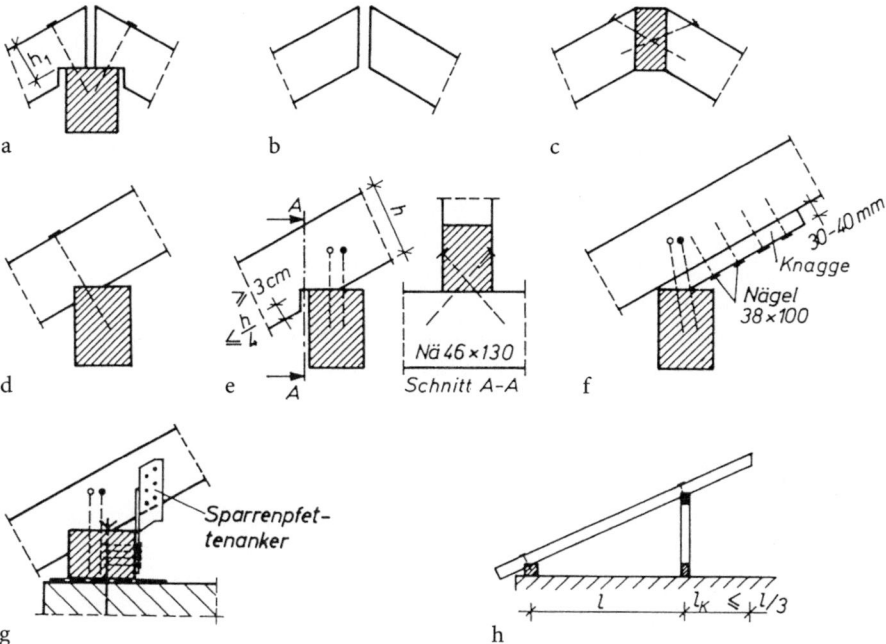

a) Firstpfette (Klauen); b) freie Kragenden; c) Firstbohle; d), e) Fuß- oder Mittelpfette (Klauen); f) Mittelpfette (genagelte Knagge); g) Fußpfette (Verankerung gegen Windsogspitzen); h) strebenloses Pfettendach (eine Hälfte) vgl. Abb. 15.16

**Abb. 15.3.** Pfettendach: Anschlüsse Sparren/Pfette; Sperrschicht (g) bei GK 0 nicht erforderlich

Bei Kragträgern mit $l_K \leq l/3$ sind Klauen bis zu einer Tiefe $h/4$ wirtschaftlich vertretbar. Darüber hinaus sollten Klauen durch Knaggen nach Abb. 15.3f ersetzt werden, um Querschnittsschwächungen zu vermeiden.

Die Vertikalfuge der Klauen muss nur am festen Auflager kraftschlüssig sein. Am verschieblichen Auflager wäre Spiel nach Abb. 15.3a, e zwar erwünscht, handwerklich wird die Klaue i.d.R. jedoch ohne Spiel ausgeführt, damit die Sparren in Dachebene fluchten (Schablonenmaß $h_1$; Schließen der Fuge durch Schrägnagelung).

Das Pfettendach ist hinsichtlich des räumlichen Aufbaues eigentlich als statisch unbestimmtes System anzusehen, da die Sparren sowohl als Dreigelenk-Stabzüge wie auch als geneigte Balken auf Pfetten wirken können. Der Kraftfluss ist nur erfassbar unter Berücksichtigung der verschiedenen Verformungseinflüsse, wie z.B. der elastischen Verformungen und Schwindwirkungen der Hölzer, der Nachgiebigkeit der Verbindungen, unvermeidbarer Wuchsfehler und Montageungenauigkeiten.

Der mögliche Genauigkeitsgrad der Berechnung wird dadurch erheblich eingeschränkt. Der Bemessung legt man deshalb im allgemeinen ein stark vereinfachtes – statisch bestimmtes – System zugrunde, das bei erträglichem Rechenaufwand das Tragverhalten näherungsweise beschreibt und auf der sicheren Seite liegt. Einfache konstruktive Maßnahmen – z.B. nach c2 – können einen erhöhten Rechenaufwand ersetzen.

Als idealisiertes System ist gebräuchlich:
a) Sparren als geneigte Balkenlage auf Pfetten (statisch bestimmt), siehe z.B. Abb. 15.3h und 15.5a, c.
b) Pfettenstränge als Unterzüge auf Stützen mit oder ohne Kopfbänder und Streben, siehe z.B. das vereinfachte statisch bestimmte System nach Abb. 15.5d.
c) Längsstabilisierung und Windaussteifung durch
  c1) Kopfbänder und Streben nach Abb. 15.1d (i.d.R. ohne Nachweis bei zug- und druckfesten Verbindungen nach Abb. 15.13 außer c4 und d, da nur druckfest)
  c2) Windrispen – z.B. aus verzinktem Flachstahl – zusätzlich zu c1 als gleichzeitige Knickaussteifung der Sparren bei unplanmäßigen Druckkräften
  c3) Windrispen allein bei Gelenkpfetten nach Abb. 15.1e, f (Nachweis siehe Sparren- und Kehlbalkendach).

Bei der Ausführung folgt man weitgehend den bewährten Regeln der Zimmermannsbauweise, wobei der Zapfen (z.B. beim Stützenfuß oder Kopfband) durch Laschen oder Blechformteile ersetzt werden sollte, aber s. [247].

Die in der Praxis gebräuchlichen Pfettendächer lassen sich hinsichtlich des statischen Systems in vier Gruppen einteilen:

| | |
|---|---|
| Pultdach, 1- und 3-stieliges Pfettendach ($\alpha \approx 10°-35°$) | vgl. |
| 2-stieliges Pfettendach mit Kragsparren ($\alpha \approx 30°-50°$) | 15.2.2 |
| 2-stieliges Pfettendach mit Sparren-Firstgelenk | bis |
| 2-stieliges Pfettendach mit tragender Firstpfette | 15.2.8 |

## 15.2.2 Pultdach, 1- und 3-stieliges Pfettendach

Konstruktion der Auflagerpunkte A und B (Abb. 15.4) siehe z.B. Abb. 15.3g mit oder ohne Sparrenpfettenanker.

Konstruktion nach Abb. 15.3g für Punkte A und B (Abb. 15.5)
und Abb. 15.3a für Punkt C

Die Firstpfette erhält unter der Annahme des Systems nach Abb. 15.5c – auch infolge Wind – nur lotrechte Lasten. Sie wird vereinfacht als Träger auf 2 Stützen nach Abb. 15.5d berechnet, vgl. Abb. 10.11 und [143], [157].

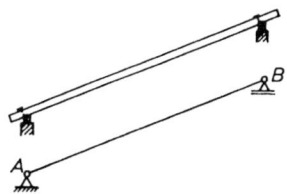

**Abb. 15.4.** Pultdach

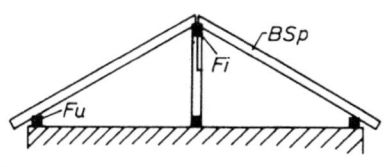

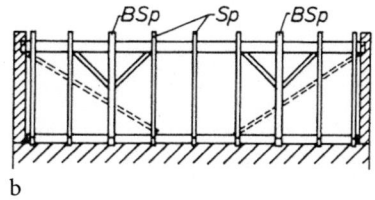

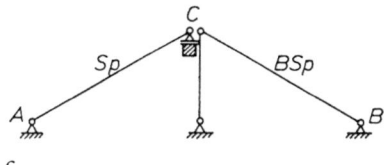

**Abb. 15.5.** Einstieliges Pfettendach

### 15.2.2.1 Berechnung eines einstieligen Pfettendaches (Abb. 15.6) nach DIN 1052 (1988)

Lastannahmen nach DIN 1055:

Eigenlast: Flachdachpfannen    0,55 kN/m² D    Tafel 14.1
         Sparren ≈ 0,1 · 0,906 = 0,09 kN/m² D    Abb. 14.5

$$g = 0{,}64 \text{ kN/m}^2 \text{ D}$$

$$g_G = \frac{g}{\cos \alpha} = \frac{0{,}64}{0{,}906} = 0{,}71 \text{ kN/m}^2 \text{ G}$$

# 15 Tragwerke der Hausdächer

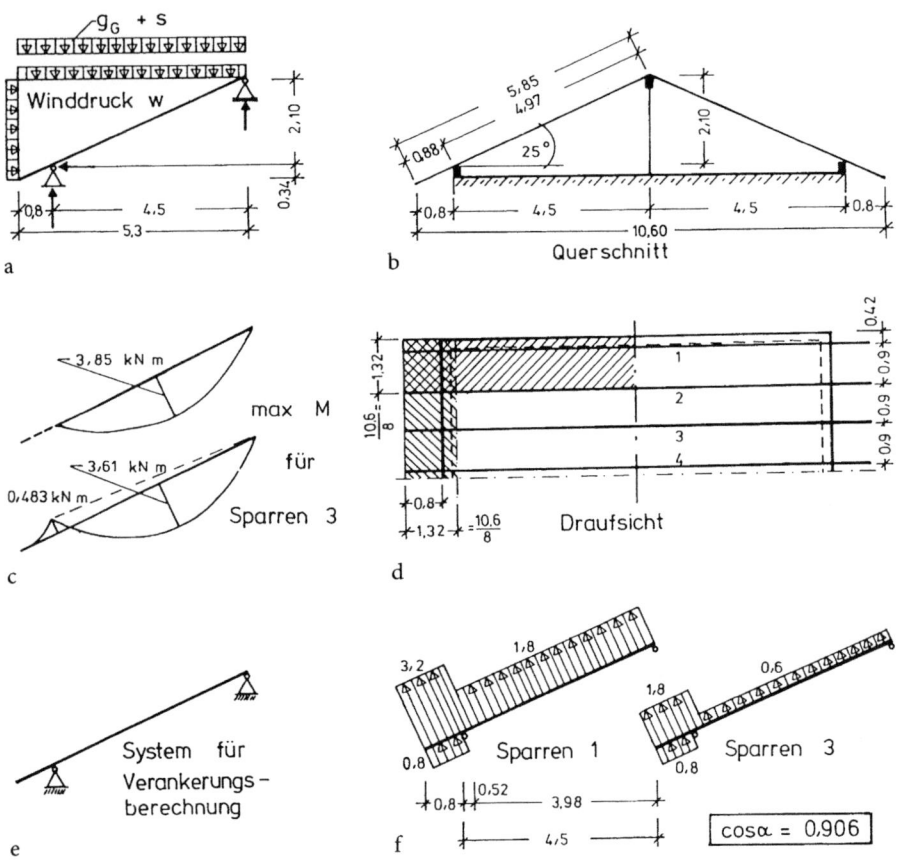

**Abb. 15.6.** Einstieliges Pfettendach, $w$-Verteilung nach DIN 1055-4 (8/86)

Schneelast: $\quad s = k_s \cdot s_0 = 0{,}75 \text{ kN/m}^2$ G $\qquad$ Zone III, T5(6/75)
$\qquad\qquad\qquad\qquad\qquad\qquad\qquad\qquad\qquad\qquad$ Höhe ü. NN < 300 m
Windlast: $\quad$ Firsthöhe $h < 8$ m angenommen.
Staudruck: $\quad q = 0{,}50 \text{ kN/m}^2$ D $\quad$ T4(8/86), [36] $\quad h < 8$ m
Druckbeiwert: $\quad c = 1{,}25* \cdot 0{,}30$ $\qquad\qquad\qquad\qquad \alpha = 25°$
Winddruck: $\quad w = 1{,}25 \cdot 0{,}30 \cdot 0{,}50 = 0{,}19 \text{ kN/m}^2$ D
Windsog: $\quad$ Sogbeiwerte einschl. Sogspitzen (Abb. 15.6f)
Sparren 1: $\quad c = 3{,}2$ Ecke
$\qquad\qquad\quad c = 1{,}8$ Rand
Sparren 3: $\quad c = 1{,}8$ Rand
$\qquad\qquad\quad c = 0{,}6$ Feld

---

\* Erhöhung nach Abb. 14.26a, 2. Auflage oder [36].

15.2 Pfettendächer   73

**Überschlägliche Bemessung (Entwurfsplanung) eines inneren Sparrens NH S10 [162]**

Sparrenabstand $e = 0,9$ m (Abb. 15.6d).
Die Normalspannung wird vernachlässigt, vgl. Abschn. 14.6.2.
Bei Vernachlässigung des Kragarmes ist max $M$
a)   für $g + s$ (Lastfall H), vgl. Abschn. 14.1:
    max $M = 0,9 \cdot (0,71 + 0,75) \cdot 4,5^2/8 = 3,33$ kNm
b1) für $g + s + w$ (Lastfall HZ):
    max $M = 3,33 + 0,9 \cdot 0,19 \cdot 4,97^2/8 = 3,85$ kNm
b2) für $g + s + w/2$ (Lastfall H):
    $M = 3,33 + 0,52/2 = 3,59$ kNm
b3) für $g + s/2 + w$ (Lastfall H):
    $M = 2,47 + 0,52 = 2,99$ kNm

Maßgebend für den Biegespannungsnachweis ist der Fall a), weil 3,33 kNm > 3,85/1,25 = 3,08 kNm (vgl. 14.1):

$$\text{erf } W = \frac{3,33 \cdot 10^6}{10,0} = 333 \cdot 10^3 \text{ mm}^3$$

Maßgebend für den Durchbiegungsnachweis ist der Fall b2):
erf $I \approx 208 \cdot 3,59 \cdot 4,97 \cdot 10^4 = 3711 \cdot 10^4$ mm$^4$, vgl. Gl. (10.17),
für zul $f = l/200$

**Gewählt: 8/18** mit $W = 432 \cdot 10^3$ mm$^3$; $I = 3888 \cdot 10^4$ mm$^4$ > $3711 \cdot 10^4$ mm$^4$. Bei der alternativen Betrachtungsweise, vgl. Abschn. 14.1, ist von den Lastfällen für den Biegespannungsnachweis der Fall a) und für den Durchbiegungsnachweis der Fall b1) maßgebend.

Wird die Kombinationsregel nach DIN 1055 T5 (6/75) verwendet, dann ist der Fall b2) sowohl für den Biegespannungs- als auch für den Durchbiegungsnachweis maßgebend. Aus der Zusammenstellung ist zu ersehen, dass mit der Vorgehensweise nach Schulze [143] kleinere Holzquerschnitte erreicht werden können.

| vgl. Abschn. 14.1 | erf $W$<br>$10^3$ mm$^3$ | erf $I$<br>$10^4$ mm$^4$ |
|---|---|---|
| Schulze [143] | 333 | 3711 |
| Lastfälle | 333 | 3980 |
| Kombinationsregel | 359 | 3711 |

Zum Vergleich sei für Fall b2) das genaue Feldmoment – mit Kragarm – berechnet.

$$q_\perp = 0,9 \cdot (0,64 \cdot 0,906 + 0,75 \cdot 0,906^2 + 0,19/2)$$
$$= 1,161 \text{ kN/m, vgl. Tafel 14.9}$$

$$B_\perp = 1,161 \cdot 5,85 \cdot \frac{5,85/2 - 0,88}{4,97} = 2,80 \text{ kN, s. Abb. 14.30}$$

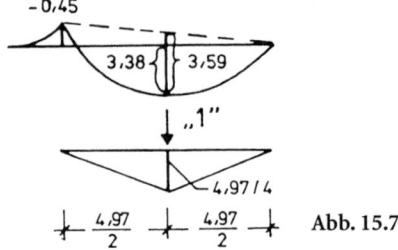

Abb. 15.7

oder

$$B_\perp = \frac{1{,}161}{2}\left(4{,}97 - \frac{0{,}88^2}{4{,}97}\right) = 2{,}80 \text{ kN, vgl. S. 4.4 in [36]}$$

$$\max M_F = \frac{2{,}80^2}{2 \cdot 1{,}161} = 3{,}38 \text{ kNm, vgl. S. 4.4 in [36]}$$

$$M_{St} = -1{,}161 \cdot 0{,}88^2/2 = -0{,}45 \text{ kNm}$$

$$f \approx \frac{104 \cdot 3{,}38 \cdot 4{,}97^2 \cdot 10}{3888} = 22{,}3 \text{ mm} < \frac{4970}{200} = 24{,}8 \text{ mm}$$

vgl. S. 4.39 [36]

Genaue Durchbiegung (Abb. 15.7):

$$E \cdot I \cdot f = \frac{4{,}97}{4} \cdot 4{,}97 \cdot \left(\frac{5}{12} \cdot 3{,}59 - \frac{1}{4} \cdot 0{,}45\right) = 8{,}54 \text{ kNm}^3,$$

vgl. S. 4.28 [36]

$$f = \frac{8{,}54 \cdot 10^{12}}{10^4 \cdot 3888 \cdot 10^4} = 22{,}0 \text{ mm} < 24{,}8 \text{ mm}$$

oder

$$f = \frac{1{,}161 \cdot 4{,}97^2 \cdot 10^6}{32 \cdot 10\,000 \cdot 3888 \cdot 10^4}\left(\frac{5}{12} \cdot 4{,}97^2 \cdot 10^6 - 0{,}88^2 \cdot 10^6\right) = 22{,}0 \text{ mm}$$

($f_{max} \approx f_{Mitte}$)

vgl. S. 4.4 in [36]

**Verankerung der Sparren an der Traufe gegen Windsog nach Gl. (14.5), 3. Aufl.:**

$F_{Trag}/1{,}3 \geqq 1{,}1 \cdot S_{Sog} - S_{G\,Dach}/1{,}1$

$F_{Trag} \quad \geqq 1{,}43 \cdot S_{Sog} - 1{,}18 \cdot S_{G\,Dach}$

$S_{G\,Dach}$ für 0,8fache Rechenwerte der Eigenlast

**Berechnung für Sparren 1 (Abb. 15.6 d, e, f)**
Annahme: Latten kragen bis Außenkante Giebelwand aus.
Kragarmlänge vereinfacht ≈ 0,42 m

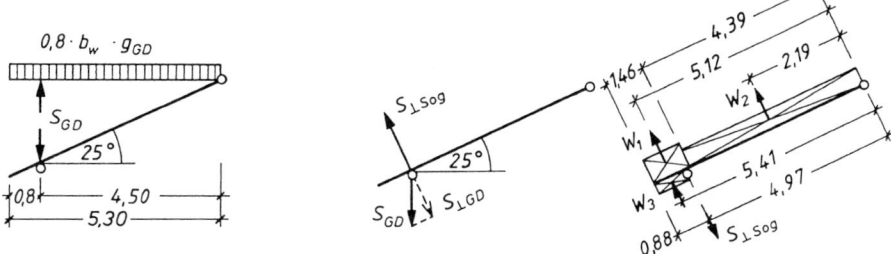

**Abb. 15.8.** Eigenlast und Windsoglast auf Sparren 1

Wirksame Belastungsbreite des Sparrens 1
$b_w = 1,32^2/(2 \cdot 0,9) = 0,968$ m (Einfeldträger mit Kragarm)

$$S_{GD} = 0,8 \cdot 0,71 \cdot 0,968 \cdot 5,3^2/(2 \cdot 4,5) = 1,72 \text{ kN}$$
$$W_1 = 0,5 \cdot 3,2 \cdot 0,968 \cdot 1,46 = 2,26 \text{ kN}$$
$$W_2 = 0,5 \cdot 1,8 \cdot 0,968 \cdot 4,39 = 3,82 \text{ kN}$$
$$W_3 = 0,5 \cdot 0,8 \cdot 0,968 \cdot 0,88 = 0,34 \text{ kN}$$
$$S_{\perp \text{Sog}} = (2,26 \cdot 5,12 + 3,82 \cdot 2,19 + 0,34 \cdot 5,41)/4,97 = 4,39 \text{ kN}$$
$$S_{\perp GD} = 1,72 \cdot 0,906 = 1,56 \text{ kN}$$
$$F_{\text{Trag}} \geqq 1,43 \cdot 4,39 - 1,18 \cdot 1,56 = 4,43 \text{ kN}$$

Gewählt: 2 SoNä $5,1 \times 260$, III nebeneinander $l = 260$ mm
Einschlagtiefe $s \approx 260 - 160 = 100$ mm

$$s_w = \text{Gewindelänge} = 80 \text{ mm}$$
$$\text{zul } F_Z = 3,2 \cdot 5,1 \cdot 80 = 1305 \text{ N} = 1,3 \text{ kN}$$

Nach Gl. (14.7), 3. Aufl.:
$$\text{vorh } F_{\text{Trag}} = 2 \cdot 1,8 \cdot 1,3 = 4,68 \text{ kN} > 4,43 \text{ kN}$$

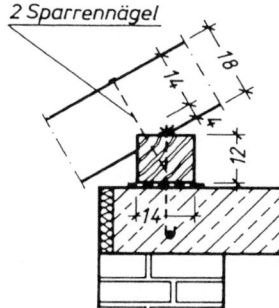

**Abb. 15.9.** Sperrschicht bei GK 0 nicht erforderlich[1]

[1] Maße in cm.

Schwellenverankerung am Streichsparren der Giebelwand (Abb. 15.9):
Gewählt: M16 Festigkeitsklasse 4.6 mit $A_K = 1{,}41 \cdot 10^2 \text{ mm}^2$
Vertikal: $\quad F_{\text{Trag}}^{\text{V}} \geq 1{,}43 \cdot 4{,}39 \cdot 0{,}906 - 1{,}18 \cdot 1{,}72 = 3{,}66 \text{ kN}$

$\quad\quad\text{vorh } F_{\text{Trag}}^{\text{V}} = 1{,}41 \cdot 10^2 \cdot 240 = 33840 \text{ N} = 33{,}8 \text{ kN} > 3{,}66 \text{ kN}$,
$\hfill$ s. Gl. (14.6), 3. Aufl.

Horizontal: $\quad F_{\text{Trag}}^{\text{H}} \geq 1{,}43 \cdot 4{,}39 \cdot \sin 25° = 2{,}65 \text{ kN}$

$\quad\quad \text{zul } F_\perp = 0{,}75 \cdot 4 \cdot 16 \cdot 120 = 5760 \text{ N} = 5{,}76 \text{ kN}$

$\quad\quad \text{bzw. zul } F_\perp = 0{,}75 \cdot 17 \cdot 16^2 \quad\quad = 3264 \text{ N} = 3{,}26 \text{ kN},$ $\hfill$ s. Gl. (6.6b)

$\quad\quad \text{vorh } F_{\text{Trag}}^{\text{H}} = 1{,}8 \cdot 3{,}26 = 5{,}87 \text{ kN} > 2{,}65 \text{ kN}$

Statt dessen kann die Verankerung ohne Nachweis konstruktiv nach Abschn. 14.5.4, konstruktive Maßnahmen c), d) ausgeführt werden.

Die Verankerung des 2. Sparrens sollte, trotz der geringeren Windsoglast und wenn kein Nachweis erfolgt, ebenfalls mit 2 SoNä 5,1 × 260, III erfolgen.

**Berechnung für Sparren 3 (Abb. 15.6 d, e, f und 15.8):**
Belastungsbreite $b = 0{,}9$ m
Eigenlast: $\quad S_{\text{GD}} = 0{,}8 \cdot 0{,}71 \cdot 0{,}9 \cdot 5{,}3^2/(2 \cdot 4{,}5) = 1{,}6 \text{ kN}$
Windsog: $\quad W_1 = 0{,}5 \cdot 1{,}80 \cdot 0{,}9 \cdot 1{,}46 \quad\quad = 1{,}18 \text{ kN}$

$\quad\quad\quad W_2 = 0{,}5 \cdot 0{,}60 \cdot 0{,}9 \cdot 4{,}39 \quad\quad = 1{,}19 \text{ kN}$

$\quad\quad\quad W_3 = 0{,}5 \cdot 0{,}80 \cdot 0{,}9 \cdot 0{,}88 \quad\quad = 0{,}32 \text{ kN}$

$\quad\quad\quad S_{\perp\,\text{Sog}} = (1{,}18 \cdot 5{,}12 + 1{,}19 \cdot 2{,}19$
$\quad\quad\quad\quad\quad\quad + 0{,}32 \cdot 5{,}41)/4{,}97 \quad\quad = 2{,}09 \text{ kN}$

$\quad\quad\quad S_{\perp\,\text{GD}} = 1{,}6 \cdot 0{,}906 \quad\quad\quad\quad = 1{,}45 \text{ kN}$

$\quad\quad\quad F_{\text{Trag}} \geq 1{,}43 \cdot 2{,}09 - 1{,}18 \cdot 1{,}45 \quad = 1{,}28 \text{ kN}$

Gewählt: $\quad$ 1 SNa 5,1 × 260

$\quad\quad \text{vorh } F_{\text{Trag}} = 1{,}8 \cdot 1{,}3 = 2{,}34 \text{ kN} \quad$ (vgl. Sparren 1)
$\quad\quad\quad\quad\quad\quad\quad > 1{,}28 \text{ kN}$

Die Beanspruchung dieses Nagels auf Abscheren bei Annahme eines verschieblichen Sparrenauflagers auf der Firstpfette ist vernachlässigbar klein.

Schwellenbefestigung konstruktiv mit Bolzen M16, $e \approx 3$ m.

**Berechnung der Firstpfette**
Die Firstpfette erhält nur lotrechte Lasten gemäß Abb. 15.6a. Maßgebend ist der Lastfall H: $-g_G + s-$, da die Auflagerresultierende aus Wind auf Luv- und Leeseite entlastend wirkt.

Gesamtlast: $\quad q = 0{,}71 + 0{,}75 \quad\quad\quad\quad\quad\quad = 1{,}46 \text{ kN/m}^2 \text{ G}$

Pfette: $\quad\quad q = 2 \cdot 1{,}46 \cdot \dfrac{5{,}3}{4{,}5} \cdot \left(\dfrac{5{,}3}{2} - 0{,}8\right) = 6{,}36 \text{ kN/m}$

$\quad\quad\quad\underline{\text{+ Pfetteneigenlast} \quad\quad\quad\quad\quad 0{,}14 \text{ kN/m}}$

$\quad\quad\quad\quad\quad\quad\quad\quad\quad\quad\quad\quad\quad\quad 6{,}5 \text{ kN/m}$

15.2 Pfettendächer   77

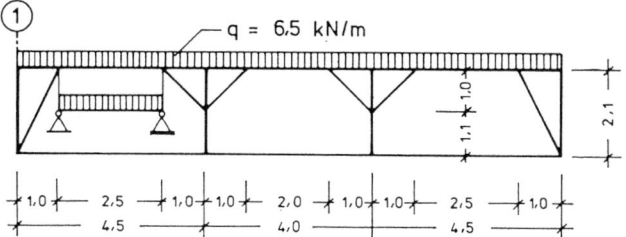

**Abb. 15.10.** System und Belastung der Firstpfette

Berechnung nach −8.2.4− als Einfeldträger mit $l = 2{,}5$ m, da der Unterschied benachbarter Stützweiten < 4,0/5 ist.

Biegemoment:   $\max M = 6{,}5 \cdot \dfrac{2{,}5^2}{8} = 5{,}08$ kNm

**Gewählt 12/16** mit $W = 512 \cdot 10^3$ mm$^3$

$$\sigma_B = \frac{5080 \cdot 10^3}{512 \cdot 10^3} = 9{,}9 \text{ N/mm}^2$$

$$\rightarrow 9{,}9/10{,}0 = 0{,}99 < 1$$

$$f = \frac{100 \cdot 9{,}9 \cdot 2{,}5^2}{4{,}8 \cdot 160} = 8{,}1 \text{ mm} < \frac{2500}{200} = 12{,}5 \text{ mm} \qquad \text{vgl. Gl. (10.13)}$$

Für die Bemessung der Kopfbänder und Streben kann vereinfacht das System nach Abb. 15.11 angenommen werden [143]. Danach wird $|D_2| > |D_3|$, da $l_1^{\,1} > l_2$, und damit eine Horizontalreaktion $H_2$ ausgelöst. Vernachlässigt man nach −8.2.4− das Biegemoment in den Stützen infolge $H_2$, dann sollte man sie statisch nicht voll ausnutzen.

Unterstellt man Unverschieblichkeit des Systems nach Abb. 15.11, dann ergeben sich folgende Reaktionen und Stabkräfte:

$V_1 = V_1' = 6{,}5 \cdot 4{,}5/2$   $= 14{,}6$ kN
$H_1 = H_1' = 14{,}6 \cdot 1{,}0/2{,}1$   $= 6{,}95$ kN
$V_2 = V_2' = 14{,}6 + 6{,}5 \cdot 4/2$   $= 27{,}6$ kN
$H_2 = H_2' = (D_{2V} - D_{3V}) \cdot 1/2{,}1 = (14{,}6 - 6{,}5 \cdot 4/2) \cdot 1/2{,}1 = 0{,}76$ kN
$D_1 = D_1' = \sqrt{14{,}6^2 + 6{,}95^2}$   $= 16{,}2$ kN
$D_2 = D_2' = 14{,}6 \cdot \sqrt{2}$   $= 20{,}6$ kN
$D_3 = D_3' = 6{,}5 \cdot 4/2 \cdot \sqrt{2}$   $= 18{,}4$ kN

Im Pfettenstoß wirkt als Zugkraft $Z$ die Differenz der Horizontalkomponenten von $D_2$ und $D_1$

$$Z = 14{,}6 - 6{,}95 = 7{,}65 \text{ kN}$$

---

[1] $l_1, l_2$ nicht identisch mit −8.2.4−.

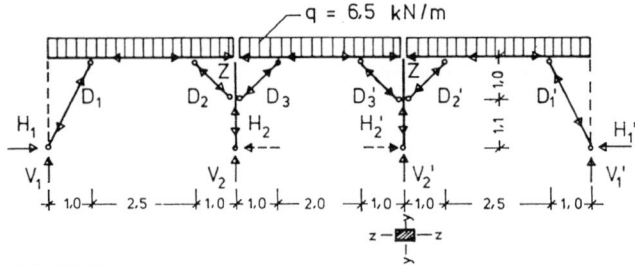

Abb. 15.11

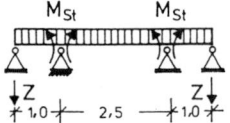

Abb. 15.12

Der Anschluss zwischen Pfette und Stützen sollte konstruktiv zugfest ausgebildet werden.

Die Größenordnung der Anschlusskräfte kann nach Clapeyron unter Berücksichtigung der Symmetrie berechnet werden (Abb. 15.12), vgl. Dreimomentengleichung S. 4.19 in [36].

$$2 M_{St} \cdot (1,0 + 2,5) + M_{St} \cdot 2,5 = - \frac{q \cdot 1,0^3}{4} - \frac{q \cdot 2,5^3}{4}$$

$$9,5 \cdot M_{St} = -4,16 \cdot q$$

$$M_{St} = -\frac{4,16}{9,5} q = -2,84 \text{ kNm}$$

$$Z = 2,84/1,0 - 6,5 \cdot 1,0/2 = -0,41 \text{ kN, also Druck!}$$

Erst für $l_2/l_1 \geq 2,67$ ergeben sich rechnerisch Zugkräfte unter der Voraussetzung einer konstanten Gleichlast in allen Feldern. Da die Möglichkeit veränderlicher Schneelasten nicht auszuschließen ist, sind dennoch zugfeste Anschlüsse zu empfehlen.

**Pfettenstoß** nach Abb. 15.13 a2 und a3 mit Laschen 3/10, Nä 38 × 100
$Z$ = 7,65 kN
erf $n$ = 7,65/0,525 = 14,6 Nägel
Variante a2: 2 seitliche Laschen je 8 Nä 38 × 100
Variante a3: 1 untere Lasche mit 15 Nä 38 × 100

**Kopfbänder: gewählt 12/8;** Bemessung nach $D_2$ = 20,6 kN

Knicklänge: $s_k = 1,0 \cdot \sqrt{2} = 1,41$ m

$$\max \lambda = \frac{1410}{0,289 \cdot 80} = 61 \rightarrow \omega = 1,64$$

$$\text{zul } \sigma_k = 5,2 \text{ N/mm}^2$$

15.2 Pfettendächer    79

Versatztiefe:
$$\text{erf}\, t_v = \frac{20{,}6 \cdot 10^3}{7{,}04 \cdot 120} = 24 \text{ mm} \quad [36]$$

Ausmittigkeit: $\quad e = 80/2 - 24/2 = 28$ mm $\hspace{3cm}$ vgl. Abb. 5.17b
$\hspace{2.5cm} M = 20{,}6 \cdot 10^3 \cdot 0{,}028 = 577$ Nm $\hspace{2cm}$ vgl. Abb. 5.17b

$$\frac{20{,}6 \cdot 10^3/(96 \cdot 10^2)}{5{,}2} + \frac{577 \cdot 10^3/(128 \cdot 10^3)}{10} = 0{,}41 + 0{,}45 = 0{,}86 < 1$$

**Stützen 2, 2': gewählt 12/16 [162] wegen beidseitigen Versatzes**

$\hspace{2cm}$ vorh $t_V = 24$ mm $< 160/6 =$ zul $t_V$

$\hspace{2cm} V_2 = 27{,}6$ kN

$\hspace{2cm} (M = 0{,}76 \cdot 1{,}1 = 0{,}84$ kNm $\quad$ infolge $H_2)$

Knicklänge $\quad s_{kz} = 2{,}1$ m $\hspace{5cm}$ vgl. Abb. 15.11

$$\lambda_z = \frac{2100}{0{,}289 \cdot 120} = 61 \rightarrow \omega = 1{,}64$$

$\hspace{2cm}$ zul $\sigma_k = 5{,}2$ N/mm$^2$

Knicknachweis ohne $M$-Einfluss nach –8.2.4–

$\hspace{1cm} \sigma_{D\|} = 27{,}6 \cdot 10^3/(192 \cdot 10^2) = 1{,}44$ N/mm$^2$

$\hspace{6cm} 1{,}44/5{,}2 = 0{,}28 < 1$

Genauer mit $M$-Einfluss infolge $H_2$; Nettoquerschnitt für Biegung nach Abb. 15.13d ist $A_n = 120 \cdot 112 = 134 \cdot 10^2$ mm$^2$

$\hspace{1cm} \sigma_B = 840 \cdot 10^3/(251 \cdot 10^3) = 3{,}4$ N/mm$^2$

$\hspace{6cm} 1{,}44/5{,}2 + 3{,}4/10 = 0{,}62 < 1$

Schwellenlagerung nach Abb. 15.13 e1: zul $\sigma_{D\perp}$ häufig maßgebend für die Bemessung der Stütze.

$$\sigma_{D\perp} = \frac{27{,}6 \cdot 10^3}{120 \cdot 160} = 1{,}44 \text{ N/mm}^2 \hspace{2cm} 1{,}44/2{,}0 = 0{,}72 < 1$$

**Strebe und Stütze 1: konstruktiv gewählt 12/10 und 12/8**

Strebe: $\quad \text{erf}\, t_V = \dfrac{16{,}2 \cdot 10^3}{7 \cdot 120} = 19{,}3$ mm $\rightarrow 20$ mm

$\hspace{2cm} e = 100/2 - 20/2 = 40$ mm

$\hspace{2cm} M = 16{,}2 \cdot 10^3 \cdot 0{,}040 = 648$ Nm

$\hspace{2cm} s_k = \sqrt{2{,}1^2 + 1{,}0^2} = 2{,}32$ m

$\hspace{2cm} \max \lambda = \dfrac{2320}{0{,}289 \cdot 100} = 80 \rightarrow \omega = 2{,}2$

$\hspace{2cm}$ zul $\sigma_k = 8{,}5/2{,}2 = 3{,}86$ N/mm$^2$

$$\frac{16{,}2 \cdot 10^3/(120 \cdot 10^2)}{3{,}86} + \frac{648 \cdot 10^3/(200 \cdot 10^3)}{10} = 0{,}35 + 0{,}32 = 0{,}67 < 1$$

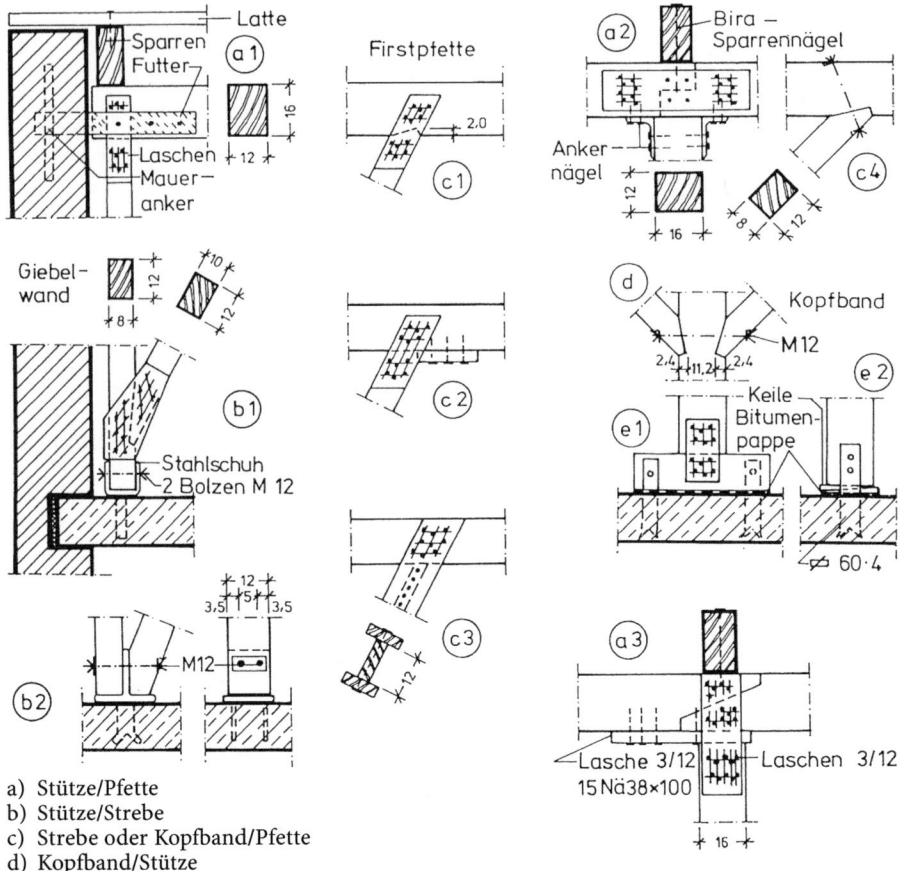

a) Stütze/Pfette
b) Stütze/Strebe
c) Strebe oder Kopfband/Pfette
d) Kopfband/Stütze
e) Stützenfuß

**Abb. 15.13.** Knotenpunkt-Varianten

Stütze: Nachweis entfällt, da Beanspruchung gering, s. Abb. 15.12. Verankerung durch Balkenschuh gegen Horizontalschub $H_1 = 6{,}95$ kN:

$$\text{erf}\, A = 6{,}95 \cdot 10^3/2 = 35 \cdot 10^2 \text{ mm}^2$$

Konstruktion s. Abb. 15.13 b1, b2.

**Verankerung der Sparren am First gegen Windsog**
Belastung und Systemabmessung s. Abb. 15.6.
Zahlenwerte siehe Berechnung der Verankerung an der Traufe.

a) **Giebelsparren:** Eigenlast $0{,}8 \cdot g \cdot b_w = 0{,}8 \cdot 0{,}71 \cdot 0{,}968 = 0{,}550$ kN/m

$$S_{G\,\text{Dach}} = 0{,}550 \cdot 5{,}3 \frac{5{,}3/2 - 0{,}8}{4{,}5} = 1{,}20 \text{ kN je Sparren}$$

## 15.2 Pfettendächer

Die Auflagerkraft infolge Windsog wird näherungsweise ohne Berücksichtigung des Kragarmes an der Traufe berechnet.

$$S_{Sog} \approx 1{,}8 \cdot 0{,}5 \cdot 0{,}968 \cdot 4{,}5/2 = 1{,}96 \text{ kN je Sparren}$$

$$\text{erf}\, F_{Trag} \geqq 1{,}43 \cdot 1{,}96 - 1{,}18 \cdot 1{,}20 = 1{,}4 \text{ kN}$$

Gewählt:    1 SNa $5{,}1 \times 210$, III; $s_w = 210 - 140 = 70$ mm

$$\text{vorh}\, F_{Trag} = 1{,}8 \cdot 3{,}2 \cdot 5{,}1 \cdot 70 = 2056 \text{ N} = 2{,}0 \text{ kN} > 1{,}4 \text{ kN}$$

Alternativ: 1 Sparrennagel $76 \times 230$

$$\text{vorh}\, F_{Trag} = 1{,}8 \cdot 1{,}3 \cdot 7{,}6 \cdot 90 = 1600 \text{ N} = 1{,}6 \text{ kN} > 1{,}4 \text{ kN}$$

**b) Innensparren:** Sparrenabstand $e = 0{,}9$ m

$$S_{G\,Dach} = 0{,}8 \cdot 0{,}9 \cdot 0{,}71 \cdot 5{,}3 \,\frac{5{,}3/2 - 0{,}8}{4{,}5} = 1{,}11 \text{ kN je Sparren}$$

$$S_{Sog} \approx 0{,}6 \cdot 0{,}5 \cdot 0{,}9 \cdot 4{,}5/2 = 0{,}61 \text{ kN je Sparren}$$

$$\text{erf}\, F_{Trag} = 1{,}43 \cdot 0{,}61 - 1{,}18 \cdot 1{,}11 = -0{,}44 \text{ kN: kein Abheben!}$$

Gewählt: 1 Sparrennagel $70 \times 210$ oder 2 Stichnägel nach Abb. 15.3e

**Verankerung der Firstpfette in Achse 1 gegen Windsog**
Vereinfachtes Belastungsschema s. Abb. 15.14.
Eigenlast $0{,}8 \cdot g$:

$$= 0{,}8 \cdot 0{,}71 \cdot 5{,}3 \,\frac{5{,}3/2 - 0{,}8}{4{,}5}$$

$$= 1{,}24 \text{ kN/m}$$

$$+\, 0{,}12 \cdot 0{,}16 \cdot 4 = 0{,}08 \text{ kN/m}$$

$$\overline{\phantom{+ 0{,}12 \cdot 0{,}16 \cdot 4 = 0{,}08 \text{ kN/m}}}$$

$$1{,}32 \text{ kN/m}$$

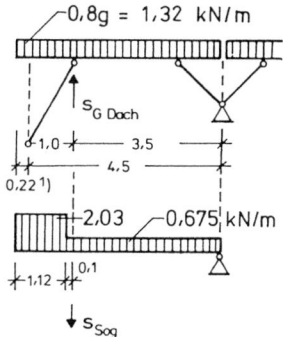

Abb. 15.14

---

[1] Bei diesem Beispiel (Giebelwand 240 mm dick, Luftspalt $\geqq 20$ mm) ist die Stütze gegenüber dem Giebelsparren um 60 mm versetzt angeordnet (Abb. 15.13a).

Windsoglasten:
Dachüberstand an der Traufe vernachlässigt, da entlastend.

$$w_{s1} = 0{,}6 \cdot 0{,}5 \cdot 4{,}5/2 = 0{,}675 \text{ kN/m}$$

$$w_{s2} = 1{,}8 \cdot 0{,}5 \cdot 4{,}5/2 = 2{,}03 \text{ kN/m}$$

$$S_{G\,\text{Dach}} \approx 1{,}32 \cdot \frac{4{,}72^2}{2 \cdot 3{,}5} = 4{,}20 \text{ kN}$$

$$S_{\text{Sog}} \approx 0{,}675 \frac{3{,}6^2}{2 \cdot 3{,}5} + 2{,}03 \cdot 1{,}12 \frac{3{,}6 + 0{,}56}{3{,}5} = 3{,}95 \text{ kN}$$

$$\text{erf}\,F_{\text{Trag}} \geqq 1{,}43 \cdot 3{,}95 - 1{,}18 \cdot 4{,}20 = 0{,}69 \text{ kN für 1 Dachseite}$$

$$\text{erf}\,F_{\text{Trag}} = 2 \cdot 0{,}69 \qquad\qquad = 1{,}38 \text{ kN insgesamt abhebend.}$$

Die konstruktiv angeordneten Zuglaschen für Strebe und Stütze nach Abb. 15.13a und c sind in der Lage, die Verankerung gegen Windsog sicherzustellen, mit Reserven für „Wind auf Giebel".

Die konstruktiv günstigen Kopfbänder (Längsaussteifung, Verringerung der Pfettendurchbiegung und Knicklänge der Stützen) werden in der Praxis oft nicht mehr angeordnet, da sie einen größeren handwerklichen Aufwand erfordern und sie in ausgebauten Dachbereichen oft störend sind.

Die zur Aufnahme der auf die Giebelflächen wirkenden Windlasten und der Stabilisierungskräfte (aus Schrägstellung von Wänden und Stützen) erforderliche Längsaussteifung des Daches muss dann durch Windverbände in Dachebene (z.B. Windrispen) oder – bei Dachausbau – durch Anordnung von Wandscheiben in der Pfettenstützen-Ebene unter zusätzlicher Verwendung von Holzwerkstoffen (Holztafelbauart) sichergestellt werden [143].

### 15.2.2.2 Dreistieliges Pfettendach

Sparren als Durchlaufträger berechnet. Knagge statt Klaue an der Mittelpfette, um Querschnittsschwächung zu vermeiden, s. Abb. 15.3f.

Statisches System für Sparren s. Abb. 15.15, Pfetten s. Abb. 15.5, 15.10, 15.11.

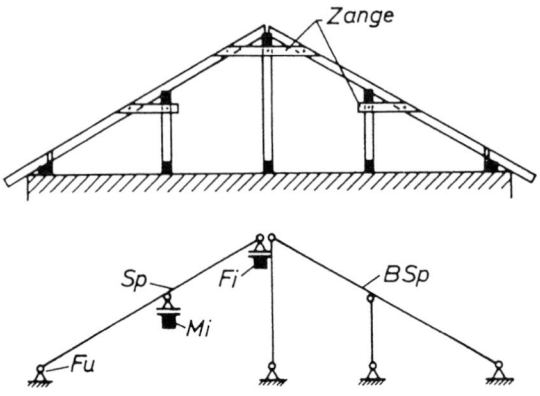

Abb. 15.15. 3-stieliges Pfettendach

### 15.2.3 Zweistieliges Pfettendach mit Kragsparren

Pfettendächer mit auskragenden Sparren sollten in der Idealform nach Abb. 15.16 und 15.3b nur ausgeführt werden, wenn die gegenseitigen Verschiebungen der Sparrenpaare im First keine Schäden in der Dachdeckung verursachen. Die üblichen Dachdeckungen der Hausdächer sind empfindlich gegen solche Bewegungen.

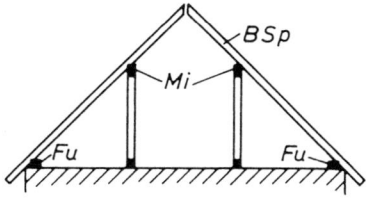

a  Strebenloses Pfettendach    b  Abgestrebtes Pfettendach

Abb. 15.16. Zweistieliges Pfettendach mit Kragsparren

Der Firstpunkt wird deshalb vielfach nach Abb. 15.3a (schwebende Pfette) oder c (Firstbohle) – u.a. auch zum Ausrichten der Firstlinie – ausgebildet. Das schließt nicht aus, der Berechnung solcher Dächer dennoch weitgehend das vereinfachte System nach Abb. 15.18 zugrunde zu legen.

Zu empfehlen sind in solchen Fällen konstruktive Vorkehrungen, z.B. Windrispen – evtl. Flachstähle – gegen Sparrenknicken in Dachebene infolge zusätzlicher Längskräfte, Schubverankerung im Fußpunkt durch Blechformteile und/oder Sondernägel. Zu der Ermessensfrage, bei welchen Systemabmessungen so verfahren werden darf, mögen die Verformungsfiguren der Abb. 15.17 Hinweise geben.

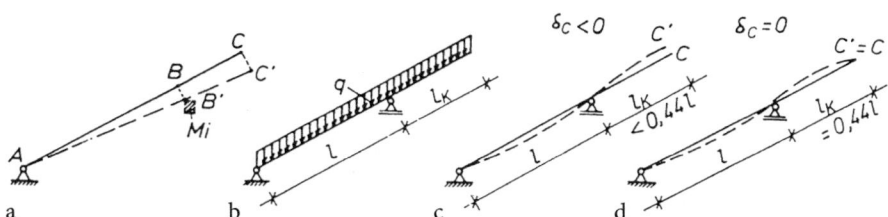

Abb. 15.17. Verformung der Kragsparren im First

Für $l_K = 0{,}414\,l$ ist $|M_{St}| = \max M_F$

Verschiebungen im First entstehen:
infolge Durchbiegung der Mittelpfetten – nur im Feldbereich zwischen den Kopfbändern –, vgl. Figur a;
infolge Durchbiegung der Sparren, vgl. Figuren c und d.

Bei üblichen Hausdächern dürfte die Kraglänge $l_K$ etwa im Bereich $0{,}33 \cdot l \leqq l_K \leqq 0{,}44 \cdot l$ liegen. Dann wirken die Einflüsse a und c im Feldbereich gegenläufig auf die Firstverschiebung. Im Stützbereich ist die Firstverschiebung negativ (c) bis null (d).

Im Hinblick auf unvermeidbare Nachgiebigkeiten durch Verbindungsmittel, Schwinden und Kriechen des Holzes erscheint hier die vereinfachte Berechnung nach Abb. 15.18 zulässig.

#### 15.2.3.1 Das strebenlose Pfettendach

Das gebräuchliche statische System nach Abb. 15.18 darf als bewährte Regel der Baukunst angesehen werden [44, 143, 151].

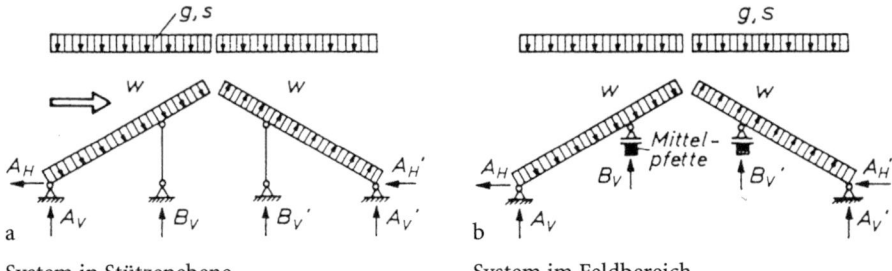

Abb. 15.18. Strebenloses Pfettendach, statisches System, genauere w-Verteilung s. Abb. 14.25a

Kennzeichen des vereinfachten Systems sind:
a) Horizontalkräfte werden an der Fußpfette aufgenommen. Befestigung mit Nägeln DIN EN 10230, Sondernägeln oder Sparrenpfettenankern lotrecht und/oder waagerecht. Verankerung an der Deckenscheibe, s. Abb. 15.3g.
b) Die Mittelpfette erhält ausschließlich lotrechte Belastung, also einachsige Biegung.

Die Annahme *b* setzt nachgiebige Verbindungen, Schwinden und Kriechen voraus und gilt hinreichend genau für flache bis mittlere Dachneigungen und schlanke Pfettenquerschnitte.

Unterstellt man unnachgiebige Anschlüsse im Sparrendrehpunkt und Pfettenanschluss, dann muss die elastische Verformung der Mittelpfette infolge *M* aus *g*, *s*, *w* dem Kreisbogen um den Drehpunkt A folgen, d. h. ⊥ Sparrenachse gerichtet sein, s. Abb. 15.19.

Die Knotenpunkte F dürfen als Festpunkte in lotrechter Richtung (z) angesehen werden und damit auch horizontal (y), wenn man die Längenänderung der Stäbe außer acht lässt.

Berechnung als Einfeldträger (Torsion der Mittelpfette vernachlässigt) mit Abmessungen nach Abb. 15.19 (*M* in kNm/m):

$$\delta_y : \delta_z = q_y / I_z : q_z / I_y = \tan \alpha \tag{15.1}$$

$$q_y = q_z \cdot (b/h)^2 \cdot \tan \alpha \tag{15.2}$$

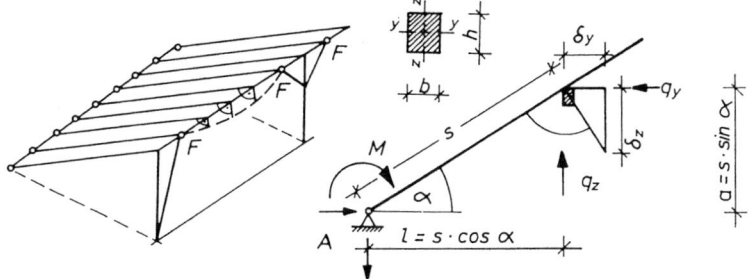

**Abb. 15.19.** Kräftespiel bei unnachgiebigen Sparrenanschlüssen

$$M = q_z \cdot l + q_y \cdot a = l \cdot (q_z + q_y \cdot \tan \alpha) \tag{15.3}$$

$$q_z = \frac{M}{l} \cdot \frac{1}{1 + (b/h \cdot \tan \alpha)^2} \tag{15.4}$$

$$q_y = \frac{M}{l} \cdot \frac{(b/h)^2 \cdot \tan \alpha}{1 + (b/h \cdot \tan \alpha)^2} \tag{15.5}$$

Die Komponente $q_y$ nach Gl. (15.5) wird durch die vorhandenen Nachgiebigkeiten abgemindert und darf i.d.R. vernachlässigt werden. Für steile Dächer und gedrungene Querschnitte ermöglichen die Gln. (15.4) und (15.5) eine einfache Abschätzung der Beanspruchung auf Doppelbiegung.

Das wirkliche Tragverhalten der Mittelpfette wird zwischen den Annahmen der Abb. 15.18 und 15.19 liegen. Der praktischen Berechnung wird meist das System nach Abb. 15.18 zugrunde gelegt.

### 15.2.3.2 Das abgestrebte Pfettendach

Bei traditionellen Traufpunktanschlüssen – Klauen und Sparrennägel – empfiehlt v. Halasz [44] für Haustiefen > 10 m und $\alpha > 40°$ das abgestrebte Pfettendach, dessen statisches System nach Abb. 15.20 angenommen wird.

Seine besonderen Kennzeichen sind:
a) festes Sparrenlager an der Mittelpfette, d.h. Beanspruchung der Mittelpfette auf Doppelbiegung (Abb. 15.20c, d)
b) verschiebliches Sparrenlager an der Fußpfette.

Die Richtung der Verschieblichkeit wird angenommen:
für $g$ und $s$:   i.d.R. horizontal                          (Abb. 15.20a, c)
für $w$:         desgleichen nach [44]             (Abb. 15.20a, c)
                oder ∥ Sparrenachse [151]    (Abb. 15.20b, d)

Die größte Lastkomponente $B_H(q_y)$ erhält die Mittelpfette bei horizontal verschieblichem Sparrenlager.

Zur Aufnahme der horizontalen Windlasten ($B_H$) in der Binderebene zeigt Abb. 15.20 zwei Varianten:

# 86 15 Tragwerke der Hausdächer

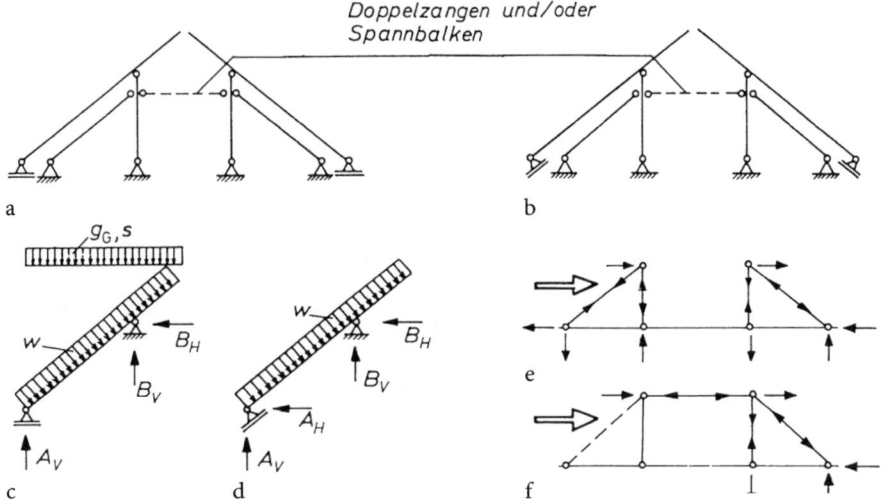

**Abb. 15.20.** Abgestrebtes Pfettendach. Varianten des angenommenen statischen Systems

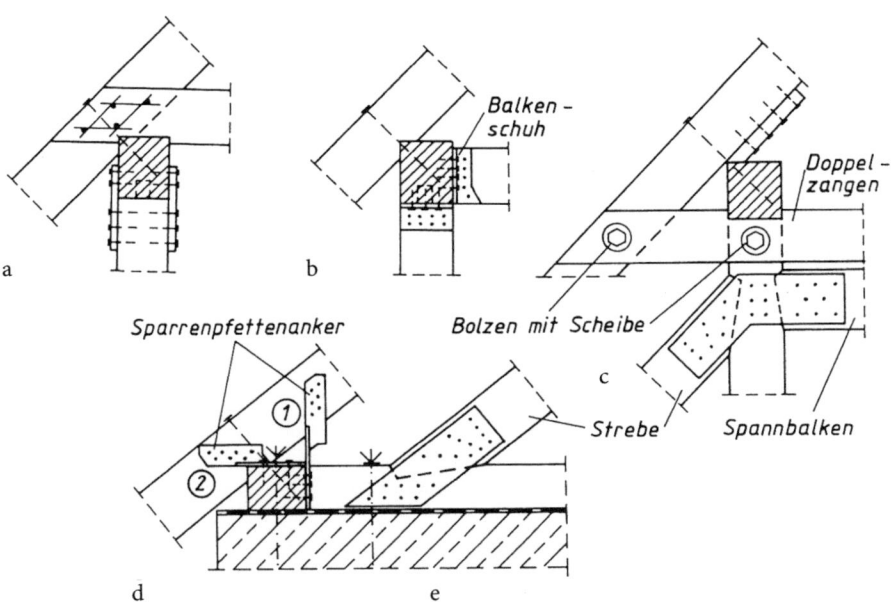

**Abb. 15.21.** Pfettendächer, Konstruktionsdetails [158, 159]
d1) falls nötig, zusätzliche Verankerung gegen Windsog
d2) falls nötig, zusätzliche Verankerung gegen Schub

Abb. 15.20e: je zwei aus Strebe und Pfosten bestehende Böcke mit oder ohne gegenseitige Verbindung mit zug- und druckfestem Strebenanschluss nach Abb. 15.21e.

Abb. 15.20f: stehender Stuhl mit knicksteifem Spannbalken oder Doppelzangen, aber nur druckfest angeschlossenen Streben.

Brennecke [156] empfiehlt aufgrund umfangreicher Vergleichsrechnungen auch für die o.g. Abmessungen (>10 m) das strebenlose Pfettendach, da bei Verwendung von Blechformteilen nach Abb. 1.10 und 15.21 die äußeren Horizontallasten auch an der Fußpfette verankert werden können.

Das strebenlose Pfettendach ist außerordentlich wirtschaftlich. Der Kraftfluss ist klarer als beim abgestrebten Pfettendach, zumal die Wirksamkeit von Zangen und Streben eine sorgfältige Ausführung aller Anschlussdetails voraussetzt.

### 15.2.4 Berechnung eines einstieligen Pfettendaches nach DIN 1052 neu (EC 5)

Abmessungen des einstieligen Pfettendaches s. Abb. 15.6, $h = 7$ m $< 10$ m.

Charakteristische Werte der Einwirkungen sind der DIN 1055 zu entnehmen, vgl. Abschn. 14.2–14.5, 15.2.2.1. NH C24, kurze LED, Nkl. 2.

**Überschlägige Bemessung (Entwurfsplanung) eines inneren Sparrens**
Sparrenabstand $e = 0,9$ m (Abb. 15.6d)

Die Normalspannung wird vernachlässigt, vgl. Abschn. 14.6.2. Bei Vernachlässigung des Kragarmes (s. Abschn. 15.2.2.1) ist max $M$:

1. Lastfall: ständige Lasten + Schneelast ($s$-Zone 2, $A = 316$ m)

$$q_{\perp,d} = (\gamma_G \cdot G_k \cdot \cos\alpha + \gamma_Q \cdot Q_k \cdot \cos^2\alpha) \cdot e \quad \text{vgl. Gl. (2.3) und Gl. (14.9)}$$

$$= (1{,}35 \cdot 0{,}64 \cdot 0{,}906 + 1{,}5 \cdot 0{,}75 \cdot 0{,}906^2) \cdot 0{,}9 = 1{,}54 \text{ kN/m}$$

mit $s_{1,k} = \mu_1 \cdot s_k = 0{,}8 \cdot 0{,}938 = 0{,}75$ kN/m$^2$
s. (14.2b), (14.2d), Tafel 14.5 und Abb. 14.21

$$\max M_d = q_{\perp,d} \cdot l_1^2/8 = 1{,}54 \cdot 4{,}97^2/8 = 4{,}76 \text{ kNm}$$

2. Lastfall: ständige Lasten + Schneelast + Windlast ($w$-Zone 1, Binnenland)

$$q_{\perp,d} = [\gamma_G \cdot G_k \cdot \cos\alpha + \gamma_Q(Q_{k,s} \cdot \cos^2\alpha + \psi_{0,w} \cdot Q_{k,w})] \cdot e$$

vgl. Gl. (2.2) und Gl. (14.9)

$$q_{\perp,d} = [1{,}35 \cdot 0{,}64 \cdot 0{,}906 + 1{,}5 (0{,}75 \cdot 0{,}906^2 + 0{,}6 \cdot 0{,}18)] \cdot 0{,}9 = 1{,}68 \text{ kN/m}$$

$\psi_{0,w}$ vgl. Abschn. 2.11.3 oder Tafel 14.10

mit $c_{pe}{}^1 = 0{,}53 (1{,}4 - 0{,}8)/4{,}5 + 0{,}33 (4{,}5 - 0{,}6)/4{,}5 = 0{,}36$

$w_e = 0{,}36 \cdot 0{,}50 = 0{,}18$ kN/m$^2$, $c_{pe}$ s. Tafel 14.8,

$w_e$ s. (14.4a), $e/10 = 1{,}4$ m, $l = 2$ h $= 14$ m (s. Abb. 14.25)

$$\max M_d = 1{,}68 \cdot 4{,}97^2/8 = 5{,}19 \text{ kNm}, \quad \text{Gl. (2.4)} \rightarrow 5{,}16 \text{ kNm}$$

---
[1] Näherung für Winddruckverteilung (Entwurfsplanung).

## 15 Tragwerke der Hausdächer

3. Lastfall: ständige Lasten + Windlast + Schneelast

$$q_{\perp,d} = [\gamma_G \cdot G_k \cdot \cos\alpha + \gamma_Q(Q_{k,w} + \psi_{0,s} \cdot Q_{k,s} \cdot \cos^2\alpha)] \cdot e$$
$$= [1{,}35 \cdot 0{,}64 \cdot 0{,}906 + 1{,}5\,(0{,}18 + 0{,}5 \cdot 0{,}75 \cdot 0{,}906^2)] \cdot 0{,}9 = 1{,}36 \text{ kN/m}$$

$\psi_{0,s}$ vgl. Abschn. 2.11.3

$\max M_d = 1{,}36 \cdot 4{,}97^2/8 = 4{,}20$ kNm

4. Lastfall: ständige Lasten + Mannlast (Nutzlast)

$$\max M_d = 1{,}35\,(0{,}64/0{,}906) \cdot 0{,}9 \cdot 4{,}5^2/8 + 1{,}5 \cdot 1 \cdot 4{,}5/4 = 3{,}86 \text{ kNm}$$

**Gewählt: 8/18** mit $W = 432 \cdot 10^3$ mm$^3$, $I = 3888 \cdot 10^4$ mm$^4$

vgl. Abschn. 15.2.2.1

Spannungsnachweis:
Maßgebend für den Biegespannungsnachweis ist die Kombination 2, da für die 4 Lastfälle $k_{mod} = 0{,}9$ ist, nur für ständige Einwirkungen ist $k_{mod} = 0{,}6$:

$$\max M_d \text{ (ständ. Last)}/k_{mod} = 2{,}18/0{,}6 = 3{,}63 \text{ kNm} < 5{,}19/0{,}9.$$

Gl. (10.51): $\quad \dfrac{M_d/W}{k_{sys} \cdot f_{m,d}} \leq 1 \quad k_{sys} = 1{,}1$ nach Tafel 14.11 $\hfill$ (15.5c)

Gl. (2.5): $\quad f_{m,d} = \dfrac{0{,}9}{1{,}3} \cdot 24 = 16{,}6$ N/mm$^2$

mit $k_{mod} = 0{,}9$ $\hfill$ vgl. Tafel 2.9

$\gamma_M = 1{,}3$ $\hfill$ vgl. Tafel 2.6

$$\dfrac{5190 \cdot 10^3/(432 \cdot 10^3)}{1{,}1 \cdot 16{,}6} = 0{,}66 < 1$$

Durchbiegungsnachweise:
Charakteristische (seltene) Bemessungssituation:

$$q_{\perp,d} = (G_k \cdot \cos\alpha + Q_{k,s} \cdot \cos^2\alpha + \psi_{0,w} \cdot Q_{k,w}) \cdot e \qquad \text{vgl. Gl. (2.6a)}$$

veränderliche Lasten

Schnee:

$$p_{\perp,d} = 0{,}75 \cdot 0{,}906^2 \cdot 0{,}9 = 0{,}554 \text{ kN/m}$$

Wind:

$$p_{\perp,d,M} = 0{,}18 \cdot 0{,}9 = 0{,}162 \text{ kN/m}$$
$$p_{\perp,d,K} = (0{,}53 - 0{,}8) \cdot 0{,}50 \cdot 0{,}9 = -0{,}122 \text{ kN/m}$$

ständige Last

$$g_{\perp,d} = 0{,}64 \cdot 0{,}906 \cdot 0{,}9 = 0{,}522 \text{ kN/m}$$

Elastische Durchbiegung (Anfangsdurchbiegung) infolge veränderlicher Einwirkung:

$$f_{p,\text{inst}} = \frac{p_{\perp,d} \cdot l^2}{32 \cdot E_{0,\text{mean}} \cdot I} \left( \frac{5}{12} l^2 \pm l_K^2 \right)$$ vgl. S. 4.4 in [36]

$(f_{\max} \approx f_{\text{Mitte}})$

$$f_{p,\text{inst}} = \frac{4{,}97^2 \cdot 10^{12}}{32 \cdot 11\,000 \cdot 3888 \cdot 10^4} \left[ \frac{5}{12} \cdot 4{,}97^2 \, (0{,}554 + 0{,}6 \cdot 0{,}162) \right.$$
$$\left. + 0{,}88^2 \, (0{,}6 \cdot 0{,}122 - 0{,}554) \right]$$

$= 11{,}4 \text{ mm} < l/300 = 4970/300 = 16{,}6 \text{ mm}$ vgl. Abschn. 10.7.5

Enddurchbiegung:

$f_{p,\text{fin}} = f_{p,\text{inst}}$, $\psi_{2,s} = \psi_{2,w} = 0$ s. Abschn. 2.11.7

$f_{g,\text{inst}} = 9{,}52 \cdot 0{,}522/0{,}554 = 9{,}0 \text{ mm}$

(10.61 d):

$f_{q,\text{fin}} - f_{g,\text{inst}} = 9{,}0 \cdot (1 + 0{,}8) + 11{,}4 - 9{,}0$ s. (2.7) u. Tafel 2.12

$= 18{,}6 \text{ mm} < 4970/200 = 24{,}9 \text{ mm}$

Quasi-ständige Bemessungssituation:
(2.6 b):

$g_{\perp,d} = 0{,}522 \text{ kN/m}$

(10.61 e):

$f_{g,\text{fin}} - w_0 = 9{,}0 \cdot (1 + 0{,}8) - 0$

$= 16{,}2 \text{ mm} < 4970/200 = 24{,}9 \text{ mm}$

mit $w_0 = 0$ (ohne Überhöhung)

**Verankerung der Sparren an der Traufe gegen Windsog**
Der Bemessungswert der resultierenden Einwirkung in Sogrichtung $F_d$ darf den Bemessungswert des Ausziehwiderstandes $R_{\text{ax},d}$, z.B. von Sondernägeln (SoNä), nicht überschreiten.

$F_d / R_{\text{ax},d} \leqq 1$ (15.5 d)

mit

$F_d = 1{,}35^1 \cdot S_{\perp\text{Sog}} - 1{,}0 \cdot S_{\perp\text{GD}}$ vgl. Abb. 15.8 (15.5 e)

Teilsicherheitsbeiwerte siehe Tafel 2.5

$S_{\perp\text{Sog}}$ charakteristischer Wert des Auflagerkraftanteils aus Wind unter Berücksichtigung der Windsogspitzen

$S_{\perp\text{GD}}$ charakteristischer Wert des Auflagerkraftanteils aus der Eigenlast des trockenen Daches ($G_{k,\text{inf}}$)

---

[1] Reduzierter Teilsicherheitsbeiwert (Wind plus Windsogspitzen), Empfehlung.

90  15 Tragwerke der Hausdächer

Aus Gl. (15.5d) folgt mit Gl. (15.5e) die Bemessungsgleichung

$$R_{ax,d} \geq 1{,}35 \cdot S_{\perp \, Sog} - 1{,}0 \cdot S_{\perp \, GD} \tag{15.5f}$$

### a) Berechnung für Sparren 1 (Abb. 15.6 d, e, f)
Bestimmung der charakteristischen Werte $S_{\perp \, Sog}$, $S_{\perp \, GD}$ s. Abschn. 15.2.2.1, Tafel 14.7, 14.8, Gl. (14.4b), (14.4a), Abb. 14.26b:

$S_{\perp \, GD} = 0{,}906 \, [0{,}71 \cdot 0{,}968 \cdot 5{,}3^2/(2 \cdot 4{,}5)] = 1{,}95 \text{ kN}$    s. Abb. 15.8

$S_{\perp \, Sog} = (2{,}31 \cdot 5{,}08 + 1{,}11 \cdot 3{,}62 + 2{,}47 \cdot 1{,}47 + 0{,}426 \cdot 5{,}41)/4{,}97 = 4{,}36 \text{ kN}$

mit    $c_{pe} = -3{,}3 + (-1{,}8 + 3{,}3) \cdot \log 1{,}34 = -3{,}1$

$W_1 = 3{,}1 \cdot 0{,}50 \cdot 0{,}968 \cdot 1{,}54 = 2{,}31 \text{ kN}$, $W_2 - W_4$ analog.

Gewählt: 2 SoNä 5,1 × 260 Tragfähigkeitsklasse 3C, nebeneinander

Einschlagtiefe    $l \approx 260 - 160 = 100 \text{ mm}$    s. Abb. 15.9

Gewindelänge    $l_w = 80 \text{ mm} > 8d = 40{,}8 \text{ mm}$

Gl. (6.12p):    $R_{ax,k} = \min (f_{1,k} \cdot d \cdot l_{ef} \, ; \, f_{2,k} \cdot d_k^2); \, d_k \approx 2 \, d$

                $= \min (6{,}13 \cdot 5{,}1 \cdot 80; \, 12{,}3 \cdot 10{,}2^2)$

                $= \min (2501 \text{ N}; \, 1280 \text{ N})$

Für SoNä sollte angenommen werden, dass nur der profilierte Schaftteil zur Kraftübertragung beiträgt.

$f_{1,k} = 50 \cdot 10^{-6} \cdot 350^2 = 6{,}13 \text{ N/mm}^2,$

$f_{2,k} = 100 \cdot 10^{-6} \cdot 350^2 = 12{,}3 \text{ N/mm}^2$      vgl. Tafel 6.14 C

$R_{ax,d} = 0{,}9 \cdot 1{,}28/1{,}3 = 0{,}886 \text{ kN}$

$2 \cdot R_{ax,d} = 2 \cdot 0{,}886 = 1{,}77 \text{ kN} < 1{,}35 \cdot 4{,}36 - 1{,}0 \cdot 1{,}95 = 3{,}94 \text{ kN}!$

                                                                  vgl. Gl. (15.5f)

Neu gewählt: 4 SoNä 6,0 × 260, 3C

$R_{ax,k} = \min (2942 \text{ N}; \, 1771 \text{ N})$

$4 \cdot R_{ax,d} = 4{,}90 \text{ kN} > 3{,}94 \text{ kN} = F_d$;    DIN (88): 2 SoNä 5,1 × 260!

Statt 4 SoNä sind 2 Sparrenpfettenanker anzubringen!

Schwellenverankerung am Streichsparren der Giebelwand (Abb. 15.9):

Gewählt: M16 Festigkeitsklasse 4.6

Vertikal: $R_d^V \geq 1{,}35 \cdot 4{,}36 \cdot 0{,}906 - 1{,}0 \cdot 2{,}15 = 3{,}18 \text{ kN}$

15.2 Pfettendächer

Grenzzugkraft $R_d = \min \begin{cases} A_{Sch} \cdot f_{y,b,k}/(1{,}1 \cdot \gamma_M) \\ A_{Sp} \cdot f_{u,b,k}/(1{,}25 \cdot \gamma_M) \end{cases}$ vgl. S. 8.72 in [36]

$R_d = \min \begin{cases} 2{,}01 \cdot 10^2 \cdot 240/(1{,}1 \cdot 1{,}1) = 39{,}9 \cdot 10^3 \text{ N} = 39{,}9 \text{ kN} \\ 1{,}57 \cdot 10^2 \cdot 400/(1{,}25 \cdot 1{,}1) = 45{,}7 \cdot 10^3 \text{ N} = 45{,}7 \text{ kN} \end{cases}$

$\min R_d = 39{,}9 \text{ kN}$ vgl. Tafel 8.73a in [36]

$R_d^V = \min R_d = 39{,}9 \text{ kN} > 3{,}18 \text{ kN}$

Horizontal: $R_d^H \geq 1{,}35 \cdot 4{,}36 \cdot \sin 25° = 2{,}49 \text{ kN}$

Annahme: Verankerung in der Decke entspricht einer einschnittigen Stahlblech/Holz-Verbindung mit dickem Stahlblech

$R_k = \min \begin{cases} f_{h,1,k} \cdot t_1 \cdot d \cdot \left[\sqrt{2 + \dfrac{4 \cdot M_{y,k}}{f_{h,1,k} \cdot d \cdot t_1^2}} - 1\right]; & \gamma_M = 1{,}2 \\ \sqrt{2} \cdot \sqrt{2 \cdot M_{y,k} \cdot f_{h,1,k} \cdot d}; & \gamma_M = 1{,}1 \end{cases}$ vgl. – Tab. G.5 [1] –

mit

$f_{h,1,k} = 0{,}082 \, (1 - 0{,}01 \cdot 16) \cdot 350 = 24{,}1 \text{ N/mm}^2$ vgl. Gl. (6.7o)

$f_{h,90,k} = \dfrac{24{,}1}{(1{,}35 + 0{,}015 \cdot 16) \cdot 1 + 0} = 15{,}2 \text{ N/mm}^2$ vgl. Gl. (6.7r)

$M_{y,k} = 0{,}3 \cdot 400 \cdot 16^{2,6} = 162 \cdot 10^3 \text{ Nmm} = 0{,}162 \text{ kNm}$

vgl. Gl. (6.7m)

$R_k = \min \begin{cases} 15{,}2 \cdot 120 \cdot 16 \left[\sqrt{2 + \dfrac{4 \cdot 162 \cdot 10^3}{15{,}2 \cdot 16 \cdot 120^2}} - 1\right] = 14{,}0 \cdot 10^3 \text{ N} \\ \sqrt{2} \cdot \sqrt{2 \cdot 162 \cdot 10^3 \cdot 15{,}2 \cdot 16} \qquad\qquad\qquad = 12{,}6 \cdot 10^3 \text{ N} \end{cases}$

$t_{req} = 10 \, d = 10 \cdot 16 = 160 \text{ mm} > \text{vorh } t_1$ – Tab. 12 [1] –

$R_d^H = (120/160) \cdot 0{,}9 \cdot 12{,}6/1{,}1 = 7{,}73 \text{ kN} > 2{,}49 \text{ kN}$ s. Abb. 15.9

Verankerung kann auch ohne Nachweis konstruktiv nach Abschn. 14.5.4, konstruktive Maßnahmen c), d), ausgeführt werden.

**b) Berechnung für Sparren 3 (Abb. 15.6 d, e, f und 15.8):**
Charakteristische Werte $S_{\perp \text{Sog}}, S_{\perp \text{GD}}$ s. Abschn. 15.2.2.1, Abb. 14.26b, 14.27:

$S_{\perp \text{GD}} = 0{,}906 \cdot 0{,}71 \cdot 0{,}9 \cdot 5{,}3^2/(2 \cdot 4{,}5) = 1{,}81$ s. Abb. 15.8

$S_{\perp \text{Sog}} = (1{,}11 \cdot 5{,}08 + 1{,}78 \cdot 2{,}16 + 0{,}4 \cdot 5{,}41)/4{,}97 = 2{,}34 \text{ kN}$

mit $c_{pe} = -1{,}7 + (-0{,}63 + 1{,}7) \cdot \log 1{,}39 = -1{,}6$   s. Abb. 14.26b

$W_1 = 1{,}6 \cdot 0{,}5 \cdot 0{,}9 \cdot 1{,}54 = 1{,}11$ kN, $W_2$ u. $W_3$ analog.

Gl. (15.5f): $R_{ax,d} \geq 1{,}35 \cdot 2{,}34 - 1{,}0 \cdot 1{,}81 = 1{,}35$ kN

Gewählt: 2 SoNä 6,0 × 260, 3C

$R_{ax,d} = 1{,}23$ kN   (vgl. Sparren 1)

$2 \cdot R_{ax,d} = 2{,}46 \geq 1{,}35$ kN

Weitere konstruktive Hinweise s. Abschn. 15.2.2.1

**Berechnung der Firstpfette (Abb. 15.10)**
Die Firstpfette wird nur durch lotrechte Lasten gemäß Abb. 15.6a beansprucht. Maßgebend ist der Lastfall ständige Lasten plus Schneelast. Die Auflagerresultierende aus Wind auf der Luv- und Leeseite wirkt entlastend.

Gesamtlast: $q_d = 1{,}35 \cdot 0{,}71 + 1{,}5 \cdot 0{,}75$   $= 2{,}08$ kN/m² G

Pfette: $q_d = 2 \cdot 2{,}08 \dfrac{5{,}3}{4{,}5} \left( \dfrac{5{,}3}{2} - 0{,}8 \right)$   $= 9{,}06$ kN/m

$\quad\quad$ + Pfetteneigenlast $1{,}35 \cdot 0{,}14 = 0{,}19$ kN/m

$\quad\quad\quad\quad\quad\quad\quad\quad\quad\quad\quad\quad\quad\quad$ 9,25 kN/m

Berechnung als Einfeldträger mit $l = 2{,}5$ m, vgl. Abschn. 15.2.2.1.

Biegemoment: $\max M_d = 9{,}25 \cdot \dfrac{2{,}5^2}{8} = 7{,}23$ kNm

**Gewählt 12/16**   mit $W = 512 \cdot 10^3$ mm³, $I = 4096 \cdot 10^4$ mm⁴

Spannungsnachweis: $\dfrac{M_d/W}{f_{m,d}} = \dfrac{7230 \cdot 10^3/(512 \cdot 10^3)}{16{,}6} = 0{,}85 < 1$

$\quad\quad\quad\quad\quad\quad\quad\quad\quad\quad\quad\quad\quad\quad\quad\quad\quad\quad$ vgl. Sparrenbemessung

Durchbiegungsnachweise:
veränderliche Einwirkung

$p_d = 2 \cdot 0{,}75 \cdot \dfrac{5{,}3}{4{,}5} \cdot \left( \dfrac{5{,}3}{2} - 0{,}8 \right) = 3{,}27$ kN/m

ständige Last

$g_d = 2 \cdot 0{,}71 \cdot \dfrac{5{,}3}{4{,}5} \left( \dfrac{5{,}3}{2} - 0{,}8 \right) + 0{,}14 = 3{,}09 + 0{,}14 = 3{,}23$ kN/m

Elastische Durchbiegung (Anfangsdurchbiegung) infolge veränderlicher Einwirkung:

(10.61c):

$f_{p,inst} = \dfrac{5 \cdot 3{,}27 \cdot 2{,}5^4 \cdot 10^{12}}{384 \cdot 11000 \cdot 4096 \cdot 10^4} = 3{,}7$ mm $< l/300 = 2500/300 = 8{,}3$ mm

## 15.2 Pfettendächer

Enddurchbiegung nach Abschn. 10.7.5:

$$f_{q,fin} = 3{,}7 \cdot \left[ \frac{3{,}23}{3{,}27} \cdot 1{,}8 + 1 \right] = 10{,}3 \text{ mm}$$

$f_{q,fin} - f_{g,inst} = 10{,}3 - 3{,}7 = 6{,}6$ mm $< l/200 = 12{,}5$ mm

mit $k_{def} = 0{,}8$, $\psi_{2,s} = 0$ und $w_0 = 0$ (ohne Überhöhung)

Die Bemessung der Kopfbänder und Streben erfolgt vereinfacht mit dem System nach Abb. 15.11, aber mit $q_d = 9{,}25$ kN/m.

Umrechnungsfaktor $\mu = \dfrac{9{,}25}{6{,}5} = 1{,}42$

**Pfettenstoß** nach Abb. 15.13 a2 und a3 mit Laschen 3/10, KI
Nä 38 × 100, nicht vorgebohrt

$Z_d = 1{,}42 \cdot 7{,}65 = 10{,}9$ kN  vgl. Abschn. 15.2.2.1

erf $n = Z_d/R_d = 10{,}9/0{,}660 = 16{,}5$ Nägel; $f_{u,k} = 600$ N/mm²

$R_d = (30/34{,}2) \cdot 0{,}9 \cdot 0{,}920/1{,}1 = 0{,}660$ kN  vgl. Gl. (6.12a)

Mit der Tafel D.6 (s. Anhang Bemessungshilfen, Bd. 1) erhält man:

$t_{req} = 34{,}2$ mm, $R_d = (30/34{,}2) \cdot 0{,}753 = 0{,}661$ kN.

Nachweis „Spaltgefahr" nach Gl. (6.12l) ist erfüllt.

Variante a2: 2 seitliche Laschen je 8 Nä 38 × 100
Variante a3: 1 untere Lasche mit 16 Nä 38 × 100 (DIN 1052 (1988): 15 Nägel)

Laschendicke auf 35 mm erhöhen!

**Kopfbänder: gewählt 12/8**
Bemessung nach $D_{2,d} = 1{,}42 \cdot 20{,}6 = 29{,}3$ kN  vgl. Abschn. 15.2.2.1

Knicklänge: $s_k = 1{,}0 \cdot \sqrt{2} = 1{,}41$ m

$$\lambda_z = \frac{1410}{0{,}289 \cdot 80} = 61{,}0$$

Gl. (8.29): $\lambda_{rel,c,z} = \dfrac{61{,}0}{\pi} \sqrt{\dfrac{21}{7333}} = 1{,}04$

Gl. (8.31): $k_z = 0{,}5 [1 + 0{,}2 (1{,}04 - 0{,}3) + 1{,}04^2] = 1{,}12$

Gl. (8.30): $k_{c,z} = \dfrac{1}{1{,}12 + \sqrt{1{,}12^2 - 1{,}04^2}} = 0{,}651$

Mit Tafel A.11 (s. Anhang): $k_{c,z} = 0{,}660$

Gl. (2.5): $f_{c,0,d} = \dfrac{0{,}9}{1{,}3} \cdot 21 = 14{,}5$ N/mm²  vgl. Tafel 2.6, 2.9 und 2.10

Versatztiefe: $\text{erf } t_v = \dfrac{29{,}3 \cdot 10^3}{10{,}1 \cdot 120} = 24{,}2$ mm $\quad$ vgl. Tafel 5.7 $(\alpha = 45°)$

Ausmittigkeit (Abb. 5.17): $e = 80/2 - 24{,}2/2 = 27{,}9$ mm

$$M_{z,d} = 29{,}3 \cdot 0{,}0279 = 0{,}817 \text{ kNm}$$

Stabilitätsnachweis: $\quad$ Nkl 2, $G_d < 0{,}7 \cdot F_d$

Gl. (11.14): $\quad \dfrac{29{,}3 \cdot 10^3/(96 \cdot 10^2)}{0{,}651 \cdot 14{,}5} + \dfrac{817 \cdot 10^3/(128 \cdot 10^3)}{16{,}6} = 0{,}71 < 1$

**Stützen 2,2' (Abb. 15.11): gewählt 12/16** wegen beidseitigen Versatzes

$\quad$ vorh $t_V = 24{,}2$ mm $< 160/6 = 27$ mm

$\quad V_{2,d} = 1{,}42 \cdot 27{,}6 = 39{,}2$ kN

Knicklänge: $s_{kz} = 2{,}1$ m

$$\lambda_z = \dfrac{2100}{0{,}289 \cdot 120} = 61{,}0 \rightarrow k_{c,z} = 0{,}651$$

$\hfill$ vgl. Berechnung Kopfbänder

Knicknachweis:

$$\dfrac{39{,}2 \cdot 10^3/(192 \cdot 10^2)}{0{,}651 \cdot 14{,}5} = 0{,}22 < 1$$

Spannungsnachweis:

$\quad H_{2,d} = 1{,}42 \cdot 0{,}76 = 1{,}08$ kN

$\quad M_{y,d} = 1{,}08 \cdot 1{,}1 \phantom{0} = 1{,}19$ kNm

Nettoquerschnitt für Biegung nach Abb. 15.13d ist

$\quad A_n = 120 \cdot (160 - 2 \cdot 24{,}2) = 133{,}9 \cdot 10^2$ mm²

$\quad W_y = 120 \, (160 - 2 \cdot 24{,}2)^2/6 = 249{,}1 \cdot 10^3$ mm³

Gl. (11.13): $\quad \left(\dfrac{39{,}2 \cdot 10^3/(134 \cdot 10^2)}{14{,}5}\right)^2 + \dfrac{1190 \cdot 10^3/(249 \cdot 10^3)}{16{,}6} = 0{,}33 < 1$

Schwellenlagerung nach Abb. 15.13 e 1:
$\sigma_{c,90,d}$ häufig maßgebend für die Bemessung der Stütze.

Gl. (5.13): $\quad \sigma_{c,90,d} \leqq k_{c,90} \cdot f_{c,90,d} \quad$ mit $k_{c,90} = 1{,}25 \hfill$ vgl. Tafel 5.5

Gl. (2.5): $\quad f_{c,90,d} = \dfrac{0{,}9}{1{,}3} \cdot 2{,}5 = 1{,}73$ N/mm² $\hfill$ vgl. Tafel 2.10

$$\dfrac{39{,}2 \cdot 10^3/(120 \cdot 160)}{1{,}25 \cdot 1{,}73} = 0{,}94 < 1$$

**Strebe und Stütze 1: gewählt 12/10 und 12/8 (Abb. 15.11)**
Strebe:  $D_{1,d} = 1{,}42 \cdot 16{,}2 = 23{,}0$ kN, $\quad W_z = 200 \cdot 10^3$ mm³

$$\text{erf } t_V = \frac{23 \cdot 10^3}{9{,}28 \cdot 120} = 20{,}7 \text{ mm} \quad \text{(Firstpfette)} \qquad \text{vgl. Tafel 5.7}$$

Ausmittigkeit (Abb. 5.17): $\quad e = 100/2 - 20{,}7/2 = 39{,}7$ mm

$$M_{z,d} = 23{,}0 \cdot 0{,}0397 = 0{,}913 \text{ kNm}$$

Stabilitätsnachweis:

$$s_k = \sqrt{2{,}1^2 + 1{,}0^2} = 2{,}33 \text{ m}$$

$$\lambda_z = \frac{2330}{0{,}289 \cdot 100} = 80{,}6$$

Gl. (8.29): $\quad \lambda_{\text{rel},c,z} = \dfrac{80{,}6}{\pi}\sqrt{\dfrac{21}{7333}} = 1{,}37$

Gl. (8.31): $\quad k_z = 0{,}5\,[1 + 0{,}2\,(1{,}37 - 0{,}3) + 1{,}37^2] = 1{,}55$

Gl. (8.30): $\quad k_{c,z} = \dfrac{1}{1{,}55 + \sqrt{1{,}55^2 - 1{,}37^2}} = 0{,}440 \quad$ (0,441, Tafel A.11)

Gl. (2.5): $\quad f_{c,0,d} = \dfrac{0{,}9}{1{,}3} \cdot 21 = 14{,}5$ N/mm² $\qquad$ vgl. Tafel 2.6, 2.9 und 2.10

$$f_{m,d} = \frac{0{,}9}{1{,}3} \cdot 24 = 16{,}6 \text{ N/mm}^2$$

Gl. (11.14): $\quad \dfrac{23 \cdot 10^3/(120 \cdot 100)}{0{,}440 \cdot 14{,}5} + \dfrac{913 \cdot 10^3/(200 \cdot 10^3)}{16{,}6} = 0{,}58 < 1$

Stütze:  Nachweis entfällt, vgl. Abschn. 15.2.2.1

**Verankerung der Sparren am First gegen Windsog**
Systemabmessungen vgl. Abb. 15.6. Berechnung der charakteristischen Werte $S_{\text{G Dach}}$ und $S_{\text{Sog}}$ s. Verankerung an der Traufe.

**a) Giebelsparren**

$$S_{\text{G Dach}} = 0{,}71 \cdot 0{,}968 \cdot 5{,}30 - 1{,}95/0{,}906 = 1{,}49 \text{ kN je Sparren}$$

$$S_{\text{Sog}} = (2{,}31 + 1{,}11 + 2{,}47 + 0{,}426 - 4{,}36)\,0{,}906 = 1{,}77 \text{ kN je Sparren}$$

Gewählt:  1 SoNa 7,0 × 210, 3C

Einschlagtiefe:  $l_{ef} = 210 - 140 = 70$ mm $> 8\,d = 56$ mm

Gl. (6.12p): $\quad R_{ax,k} = \min\,(6{,}13 \cdot 7{,}0 \cdot 70;\ 12{,}3 \cdot 14^2); \quad d_k \approx 2\,d$
$\qquad\qquad\qquad = \min\,(3004 \text{ N};\ 2411 \text{ N})$
$\quad R_{ax,d} = 0{,}9 \cdot 2{,}41/1{,}3 = 1{,}67$ kN

Gl. (15.5f): $\quad R_{ax,d} = 1{,}67$ kN $> 1{,}35 \cdot 1{,}77 - 1{,}0 \cdot 1{,}49 = 0{,}90$ kN

Alternativ: 1 Sparrennagel 76 × 230

Einschlagtiefe: $l_{ef} = 230 - 140 = 90$ mm $\approx 12$ d $= 91,2$ mm

Gl. (6.12 p): $R_{ax,k} = \min (2,21 \cdot 7,6 \cdot 90; 7,35 \cdot 15,2^2)$; $d_k \approx 2$ d
$= \min (1512$ N; $1698$ N$)$

$R_{ax,d} = 0,9 \cdot 1,51/1,3 = 1,05$ kN

$R_{ax,d} = 1,05$ kN $> 0,90$ kN

**b) Innensparren**

$S_{G\,Dach} = 0,71 \cdot 0,9 \cdot 5,30 - 1,81/0,906 = 1,39$ kN je Sparren

$S_{Sog} = (1,11 + 1,78 + 0,4 - 2,34)\, 0,906 = 0,861$ kN je Sparren

$R_{ax,d} \geqq 1,35 \cdot 0,861 - 1,0 \cdot 1,39 = -0,2$ kN

Gewählt: 1 Sparrennagel 70 × 210 oder 2 Stichnägel nach Abb. 15.3 e

**Verankerung der Firstpfette in Achse 1 gegen Windsog**

Vereinfachtes Belastungsschema s. Abb. 15.14.

Eigenlast $g_k$:

$g_k = 0,71 \cdot 5,30 \cdot (5,30/2 - 0,8)/4,5 + 0,12 \cdot 0,16 \cdot 4/2 = 1,58$ kN/m

$S_{G\,Dach} = 1,58 \cdot (4,5 + 0,22)(4,5 + 0,22)/(2 \cdot 3,5) = 5,03$ kN

Windsoglasten:

$S_{Sog} = 1,77/0,968 = 1,83$ kN/m    am First

$S_{Sog} = 0,861/0,9 = 0,957$ kN/m    am First ab $e/10$

$e/10 = 10,6/10 = 1,06$ m    ($b < 2h$)

Verankerung:

$S_{Sog} = [1,83 \cdot 1,06 \cdot (1,06/2 + 3,5 + 0,16) + 0,957\,(3,5 + 0,16)^2/2]/3,5$
$= 4,15$ kN

Gl. (15.5f): erf $R_{ax,d} \geqq 1,35 \cdot 4,15 - 1,0 \cdot 5,03 = 0,573$ kN für 1 Dachseite

erf $R_{ax,d} \geqq 2 \cdot 0,573 = 1,15$ kN insgesamt, abhebend.

Die konstruktiv angeordneten Zuglaschen für Strebe und Stütze nach Abb. 15.13 a und c gewährleisten die Verankerung gegen Windsog.

Hinweise zur Aufnahme der auf die Giebelflächen wirkenden Windlasten und der Stabilisierungskräfte s. Abschn. 15.2.2.1.

## 15.2.5 Berechnungsbeispiel für ein strebenloses Pfettendach nach DIN 1052 neu (EC 5)

Abmessungen s. Abb. 15.22, Gebäudehöhe $h = 9{,}5$ m,
Gebäudelänge $l = 14{,}4$ m, NHC 24, kurze LED, Nkl 1.

**Lastannahmen:**

| | | | |
|---|---|---|---|
| Eigenlast: | Betondachsteine einschl. Lattung (Tafel 14.1) | 0,60 | kN/m² D |
| ($G_k$) | Sparren/Pfetten $(0{,}08 + 0{,}04) \cdot 0{,}8192$ | 0,10 | kN/m² D |
| | nach Abb. 14.6 | | |
| | | $g_k = 0{,}70$ | kN/m² D |
| | auf Grundriss bezogen $g_{G,k} = \dfrac{0{,}70}{0{,}8192}$ | $= 0{,}855$ | kN/m² G |

Schneelast: $s$-Zone 2, $A = H = 330$ m
($Q_k$)

Gl. (14.2b): $s_k = 0{,}25 + 1{,}91 \left(\dfrac{330 + 140}{760}\right)^2$ $= 0{,}980$ kN/m² G

Tafel 14.5: $s_1 = \mu_1 \cdot s_k = 0{,}667 \cdot 0{,}980$ $= 0{,}653$ kN/m² G

Windlast: $w$-Zone 2, Binnenland
($Q_k$) Geschwindigkeitsdruck $q = 0{,}65$ kN/m² s. Abb. 14.24

Winddruck:
Tafel 14.8 ($\Theta = 0$): $w_e = 0{,}7 \cdot 0{,}65 = 0{,}455$ kN/m² ($F, G$ s. Abb. 14.27)

$w_e = 0{,}47 \cdot 0{,}65 = 0{,}306$ kN/m² ($H$)

$e = \min(l \text{ oder } 2h)$, $l = 14{,}4$ m $< 2h = 19$ m   (mit Sockelhöhe)

$e/10 = 1{,}44$ m; $1{,}44/\cos 35° = 1{,}76$ m; $1{,}44 \cdot \tan 35° = 1{,}01$ m

Windsog ($\Theta = 90°$, Bereich $H$):
Tafel 14.8: $c_{pe} = -1{,}2 + (-0{,}83 + 1{,}2) \cdot \log(6{,}10 \cdot 0{,}9) = -0{,}93$

$w_e = -0{,}93 \cdot 0{,}65 = -0{,}60$ kN/m²

Mannlast: $Q_k = F_k = 1{,}0$ kN

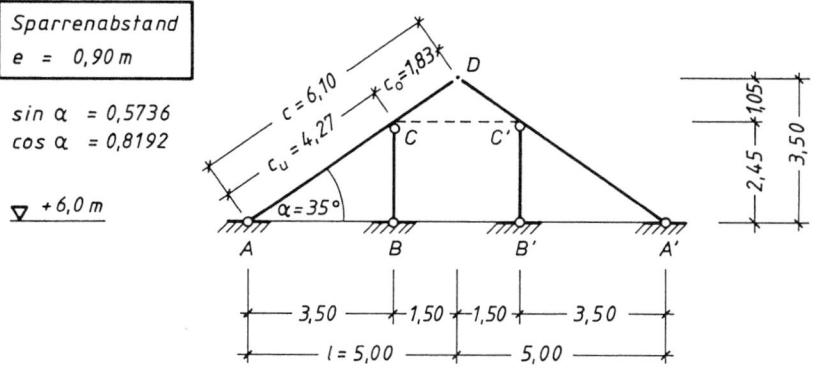

Abb. 15.22. Strebenloses Pfettendach

## Sparrenberechnung

### Lagerreaktion und Schnittgrößen (charakteristische Werte) für 1,0 m Belastungsbreite

Längskraft $N$ wird gemäß Abschn. 14.6.2 vernachlässigt.

Eigenlast: $A_V = 0{,}855 \cdot 5 \cdot (5/2 - 1{,}5)/3{,}5$ $\qquad = 1{,}22 \text{ kN}$

$\Sigma M_{B,A} = 0$

$\qquad B_V = 0{,}855 \cdot \dfrac{5^2}{2 \cdot 3{,}5}$ $\qquad = 3{,}05 \text{ kN}$

$\qquad V_A = 1{,}22 \cdot 0{,}8192$ $\qquad = 1{,}0 \text{ kN}$

$\qquad V_{Cl} = 1{,}0 - 0{,}855 \cdot 0{,}8192^2 \cdot 4{,}27$ $\qquad = -1{,}45 \text{ kN}$

$\qquad V_{Cr} = 0{,}855 \cdot 0{,}8192^2 \cdot 1{,}83$ $\qquad = 1{,}05 \text{ kN}$

$\qquad M_C = -0{,}855 \cdot 1{,}5^2/2$ $\qquad = -0{,}96 \text{ kNm}$

$\qquad \max M_F = \dfrac{1{,}22^2}{2 \cdot 0{,}855}$ [36] $\qquad = 0{,}87 \text{ kNm}$

Schneelast: Umrechnungsfaktor gegenüber Eigenlast $g_{G,k}$

$\qquad \mu = 0{,}653/0{,}855 = 0{,}764$

Winddruck:

$\qquad \Sigma H = 0: A_H = 0{,}455 \cdot 1 \cdot 1{,}01 + 0{,}306 \cdot 1 \cdot (3{,}5 - 1{,}01)$ $\quad = 1{,}22 \text{ kN}$

$\qquad \Sigma M_B = 0: A_V = \dfrac{1}{3{,}5} \cdot [-0{,}306 \cdot 3{,}5^2/2 - (0{,}455 - 0{,}306)\, 1{,}01^2/2$
$\qquad \qquad \qquad \qquad + 0{,}306 \cdot 5 \cdot 1 + 0{,}149 \cdot 1{,}44 \cdot 2{,}78]$ $\quad = 0{,}05 \text{ kN}$
$\qquad \qquad \qquad \qquad \qquad \qquad \qquad \qquad \qquad \qquad \qquad \qquad$ s. Tafel 14.9

$\qquad \Sigma M_A = 0: B_V = \dfrac{1}{3{,}5} (0{,}306 \cdot 3{,}5^2/2 + 0{,}149 \cdot 1{,}01^2/2$
$\qquad \qquad \qquad \qquad + 0{,}306 \cdot 5^2/2 + 0{,}149 \cdot 1{,}44^2/2$ $\quad = 1{,}69 \text{ kN}$

$\qquad V_A = 1{,}22 \cdot 0{,}5736 + 0{,}05 \cdot 0{,}8192$ $\qquad = 0{,}74 \text{ kN}$

$\qquad V_{Cl} = -B_V \cdot \cos 35° + V_{Cr} = -1{,}69 \cdot 0{,}8192 + 0{,}306 \cdot 1{,}83 = -0{,}83 \text{ kN}$

$\qquad V_{Cr} = 0{,}306 \cdot 1{,}83$ $\qquad = 0{,}56 \text{ kN}$

$\qquad M_C = -0{,}306 \cdot 1{,}83^2/2$ $\qquad = -0{,}51 \text{ kNm}$

$\qquad M(x) = 0{,}74x - 0{,}455 x^2/2 \quad 0 \le x \le 1{,}76 \text{ m}$

$\qquad M'(x) = V(x) = 0{,}74 - 0{,}455 x; \qquad V(x = 1{,}76) = -0{,}0608 \text{ kN}$

$\qquad \qquad x = 0{,}74/0{,}455 = 1{,}63 \text{ m}$

$\qquad \max M_F(x = 1{,}63) = 0{,}60 \text{ kNm}$

Windsog: $A_H = 0{,}60 \cdot 3{,}5 = 2{,}10 \text{ kN}$ $\qquad$ s. Tafel 14.9

$\qquad A_V = \dfrac{1}{3{,}5} [0{,}60 \cdot 3{,}5^2/2 - 0{,}60 \cdot 5\, (3{,}5 - 2{,}5)] = 0{,}19 \text{ kN}$

$\qquad B_V = -0{,}60 \cdot 5 - 0{,}19 = -3{,}19 \text{ kN}$

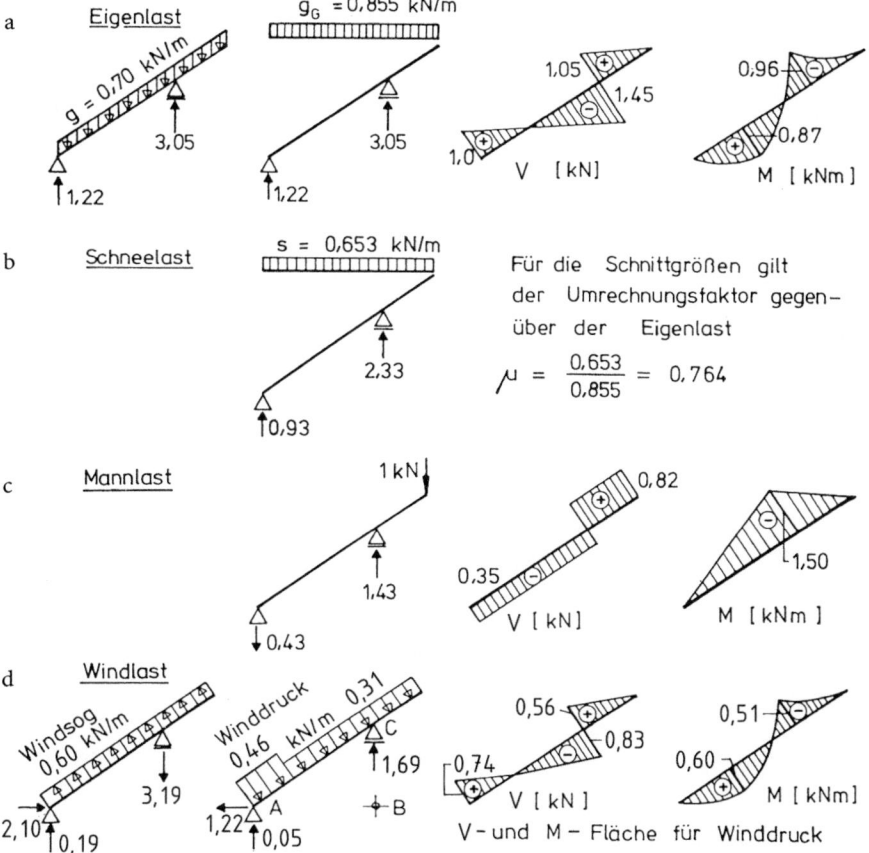

Abb. 15.23. Lagerreaktionen, $V$- und $M$-Fläche für $e = 1{,}0$ m, charakteristische Werte

Mannlast: nur maßgebend im Bereich des Kragarmes

$V_{Cr} = 1{,}0 \cdot 0{,}8192$ \hfill $= 0{,}82$ kN

$M_C = -1{,}0 \cdot 1{,}5$ \hfill $= -1{,}50$ kNm

**Bemessung eines Normalsparrens für $e = 0{,}9$ m Belastungsbreite, NH C24**

Aus dem Vergleich zwischen Feld- und Stützmoment der Lastkombinationen folgt, dass das Stützmoment für den Biegespannungsnachweis maßgebend wird.

Stützmoment: maßgebende Kombination „$g$ + Mannlast"

$M_{C,d} = -(1{,}35 \cdot 0{,}9 \cdot 0{,}96 + 1{,}5 \cdot 1{,}50)$ \hfill $= -3{,}42$ kNm

$N$- und $V$-Einfluss werden vernachlässigt, da hier ohne Bedeutung.

Gewählt 80/140    $W_y = W_n = 261 \cdot 10^3$ mm$^3$;  $I_y = 1829 \cdot 10^4$ mm$^4$

Gl. (10.51): $\dfrac{M_{C,d}/W_n}{f_{m,d}} = \dfrac{3{,}42 \cdot 10^6 / 261 \cdot 10^3}{16{,}6} = 0{,}79 < 1$

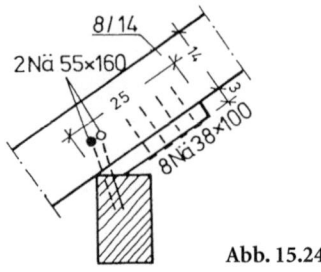

Abb. 15.24

Gl. (2.5):  $f_{m,d} = 0{,}9 \cdot 24/1{,}3 = 16{,}6$ N/mm$^2$

mit $\gamma_M = 1{,}3$ und $k_{mod} = 0{,}9$  vgl. Tafel 2.6 u. 2.9

Sparrennägel 55 × 160 als Stichnägel, s. Abb. 15.24 u. Abschn. 14.5.4 „Verankerung der Bauteile gegen Windsogspitzen".
Auflagerknagge 3 × 8 × 25 KI, angeschlossen mit 8 Nä 38 × 100 für Komponente der Auflagerkraft $B_{\|,d}$ Sparrenachse im Lastfall $g + s + w$:

Gl. (2.2): $B_{\|,d} = 0{,}9 \cdot [1{,}35 \cdot 3{,}05 + 1{,}5 (2{,}33 + 0{,}6 \cdot 1{,}69)] \cdot 0{,}5736$
$= 4{,}72$ kN $< 8 \cdot 0{,}753 \cdot 30/34{,}2 = 5{,}28$ kN   s. Tafel D.6, Bd. 1

**Sparrendurchbiegung**
a) im Feld nach [36] S. 4.4
System s. Abb. 15.25

$$f = \frac{q_\perp \cdot c_u^2}{32 \cdot E_{0,mean} \cdot I} \cdot \left(\frac{5}{12} \cdot c_u^2 - c_o^2\right)$$

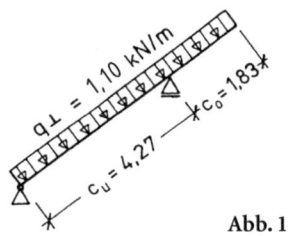

Abb. 15.25

Näherung für die Winddruckverteilung (Entwurfsplanung):

$w_e = [0{,}455 \cdot 1{,}44 + 0{,}306 (5{,}0 - 1{,}44)]/5{,}0 = 0{,}35$ kN/m$^2$
Lastkomponente $q_{\perp,d}$ nach Tafel 14.9
Gl. (2.6a):

$q_{\perp,d} = 0{,}9 \cdot (0{,}7 \cdot 0{,}8192 + 0{,}653 \cdot 0{,}8192^2 + 0{,}6 \cdot 0{,}35) = 1{,}10$ kN/m

Charakteristische (seltene) Bemessungssituation
veränderliche Lasten:

$$f_{p,\text{inst}} = \frac{0{,}583 \cdot 4{,}27^2 \cdot 10^6}{32 \cdot 1{,}1 \cdot 10^4 \cdot 1829 \cdot 10^4} \cdot \left(\frac{5}{12} \cdot 4{,}27^2 - 1{,}83^2\right) \cdot 10^6$$
$$= 7{,}01 \text{ mm} < 4270/300 = 14{,}2 \text{ mm}$$

ständige Lasten:

$$f_{g,\text{inst}} = (0{,}516/0{,}583) \cdot 7{,}01 = 6{,}20 \text{ mm}$$
$$f_{g,\text{fin}} = 6{,}20\,(1 + 0{,}60) = 9{,}9 \text{ mm}$$
$$f_{\text{fin}} = 9{,}9 + 7{,}0 = 16{,}9 \text{ mm} \quad \text{mit } \psi_{2,s} = \psi_{2,w} = 0$$
$$f_{\text{fin}} - f_{g,\text{inst}} = 10{,}7 \text{ mm} < 4270/200 = 21{,}4 \text{ mm}$$

Quasi-ständige Bemessungssituation
$f_{g,\text{fin}} - w_0 \leq l/200$ ist ebenfalls erfüllt.

b) am Kragende (Abb. 15.25 u. 15.26) Durchbiegung infolge $q_{\perp,d} = 1{,}10$ kN/m

$$f_{q\perp} \approx 0\,, \quad \text{da } \frac{c_o}{c_u} = \frac{1{,}83}{4{,}27} = 0{,}429 \approx 0{,}44 \quad \text{s. Abb. 15.17}$$

Durchbiegungsnachweis für Mannlast $F_k = 1$ kN kann entfallen, da Verformungen im Montagezustand i. d. R. für die Konstruktion unschädlich sind.

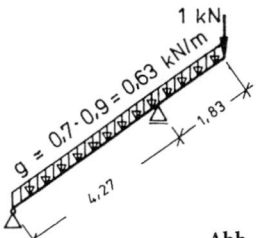

Abb. 15.26. Charakteristische Werte

**Bemessung der Mittelpfette – Ausführung A**

Vereinfachte Berechnung ist zulässig, da die Verkürzung der Endfelder so gewählt ist, dass alle vier Feldmomente gleich groß sind [160].

Die Mittelpfette darf bemessen werden als Einfeldträger mit der Stützweite $l = 2{,}4$ m für lotrechte Gleichlast $q_z$ nach Abb. 15.27, siehe auch Abb. 15.18.

Lastannahmen siehe Lagerreaktionen $B_V$ (charakteristische Werte) in Abb. 15.23

| | | |
|---|---|---|
| Eigenlast | $q_z$ | = 3,05 kN/m |
| Schneelast | $q_z$ | = 2,33 kN/m |
| Windlast | $q_z$ | = 1,69 kN/m |

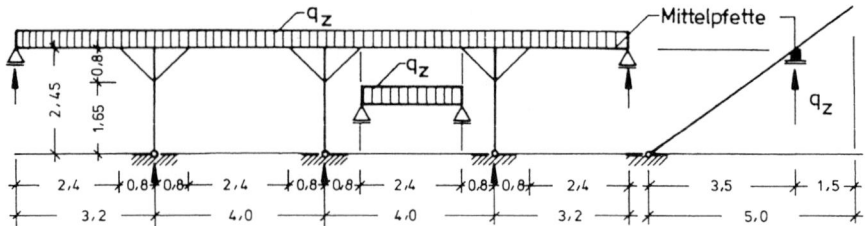

**Abb. 15.27.** Mittelpfette als Kopfbandbalken

## Lastkombinationen

1. Lastfall: ständige Lasten + Schneelast
   Gl. (2.2):
   $$q_{z,d} = 1{,}35 \cdot 3{,}05 + 1{,}5 \cdot 2{,}33 = 7{,}61 \text{ kN/m}$$

2. Lastfall: ständige Lasten + Schneelast + Windlast
   $$q_{z,d} = 1{,}35 \cdot 3{,}05 + 1{,}5 \,(2{,}33 + 0{,}6 \cdot 1{,}69) = 9{,}13 \text{ kN/m}$$

3. Lastfall: ständige Lasten + Windlast + Schneelast
   $$q_{z,d} = 1{,}35 \cdot 3{,}05 + 1{,}5 \,(1{,}69 + 0{,}5 \cdot 2{,}33) = 8{,}40 \text{ kN/m}$$

4. Lastfall: ständige Lasten
   $$q_{z,d} = 4{,}12 \text{ kN/m}$$
   $$4{,}12/0{,}6 = 6{,}87 < 9{,}13/0{,}9 = 10{,}1 \text{ kN/m}$$

## Spannungsnachweis

Maßgebend für den Biegespannungsnachweis ist die 2. Kombination.

$$M_{y,d} = 9{,}13 \cdot 2{,}4^2/8 = 6{,}57 \text{ kNm} \quad \text{s. Abb. 15.28}$$

$$\frac{M_{y,d}/W_y}{f_{m,d}} \leq 1$$

Gl. (2.5): $f_{m,d} = 0{,}9 \cdot 24/1{,}3 = 16{,}6 \text{ N/mm}^2$

erf $W_y = M_{y,d}/f_{m,d} = 6{,}57 \cdot 10^6/16{,}6 = 396 \cdot 10^3 \text{ mm}^3$

Gewählt 100/180

mit $W_y = 540 \cdot 10^3 \text{ mm}^3$; $W_z = 300 \cdot 10^3 \text{ mm}^3$; $I_y = 4860 \cdot 10^4 \text{ mm}^4$

$$\frac{6570 \cdot 10^3/(540 \cdot 10^3)}{16{,}6} = 0{,}73 < 1.$$

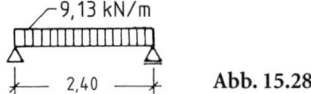

**Abb. 15.28**

**Durchbiegungsnachweis**

$$f = \frac{5 \cdot q \cdot l^4}{384 \cdot E_{0,\mathrm{mean}} \cdot I} \quad [36]$$

Charakteristische (seltene) Bemessungssituation

veränderliche Lasten: $p_{z,d} = 2{,}33 + 0{,}6 \cdot 1{,}69 = 3{,}34$ kN/m

$$f_{\mathrm{p,inst}} = \frac{5 \cdot 3{,}34 \cdot 2400^4}{384 \cdot 11000 \cdot 4860 \cdot 10^4}$$

$= 2{,}70$ mm $< 2400/300 = 8$ mm

ständige Lasten: $g_{z,d} = 3{,}05$ kN/m

$f_{\mathrm{g,inst}} = (3{,}05/3{,}34) \cdot 2{,}70 = 2{,}47$ mm

$f_{\mathrm{g,fin}} = 2{,}47 \, (1 + 0{,}60) = 4{,}0$ mm; $f_{\mathrm{fin}} = 4{,}0 + 2{,}7 = 6{,}7$ mm

$f_{\mathrm{fin}} - f_{\mathrm{g,inst}} = 4{,}2$ mm $< 2400/200 = 12$ mm.

Abschätzung der Beanspruchung auf Doppelbiegung nach Gl. (15.4) und (15.5), i.d.R. nicht erforderlich:

$(\tan\alpha \cdot b/h)^2 = (0{,}70 \cdot 10/18)^2 \quad = 0{,}151$

$\tan\alpha \cdot (b/h)^2 = 0{,}70 \cdot (10/18)^2 \quad = 0{,}216$

$q_z = 9{,}13 \cdot 1/1{,}151 \quad = 7{,}93$ kN/m

$q_y = 9{,}13 \cdot 0{,}216/1{,}151 = 1{,}71$ kN/m

$M_y = 7{,}93 \cdot 2{,}4^2/8 \quad = 5{,}71$ kNm

$M_z = 1{,}71 \cdot 2{,}4^2/8 \quad = 1{,}23$ kNm

Gl. (10.63): $\dfrac{5710 \cdot 10^3/(540 \cdot 10^3)}{16{,}6} + \dfrac{0{,}7 \cdot 1230 \cdot 10^3/(300 \cdot 10^3)}{16{,}6} = 0{,}81 < 1$

mit $k_{\mathrm{red}} = 0{,}7$ für $h/b \leq 4$.

Bemessung der Kopfbänder und Pfosten sowie aller Anschlüsse in Anlehnung an „Einstieliges Pfettendach", s. Abb. 15.10 bis 15.13 u. Abschn. 15.2.4.

**Bemessung der Mittelpfette – Ausführung B:**
Es wird die Kombination 2 zugrunde gelegt:
$q_{z,d} = 9{,}13$ kN/m
System:   Gelenkpfette mit verkürztem Endfeld nach Abb. 15.29.
          Berechnung und Konstruktion s. Abschn. 18.4.2.

Stabilisierung in Längsrichtung mit Windrispen, s. Abb. 15.1f. Alle Feld- und Stützmomente sind $M_{\mathrm{F},i} = -M_{\mathrm{St},i} = 0{,}0625 \cdot q_{z,d} \cdot l^2$, wenn folgende Voraussetzungen erfüllt sind:

Endfeldlänge:   $l_{\mathrm{E}} = 0{,}8535 \cdot l = 0{,}8535 \cdot 3{,}9 = 3{,}33$ m
Gelenkabstand: $a = 0{,}1465 \cdot l = 0{,}1465 \cdot 3{,}9 = 0{,}57$ m

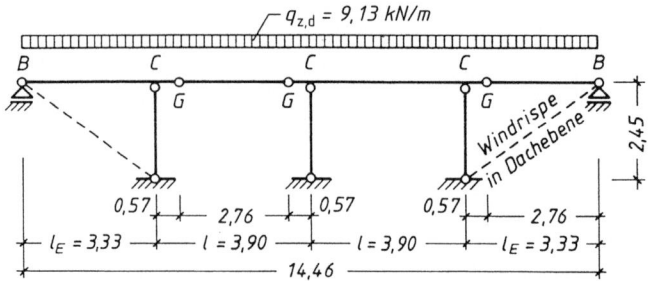

**Abb. 15.29.** Mittelpfette als Gelenkpfette

Lagerreaktionen und Schnittgrößen, vgl. Abb. 18.6b:

$$C_d = 9{,}13 \cdot 3{,}9 \qquad = 35{,}6 \text{ kN}$$
$$B_d = G_d = 9{,}13 \cdot 2{,}76/2 \qquad = 12{,}6 \text{ kN}$$
$$-M_{C,d} = M_{F,d} = 0{,}0625 \cdot 9{,}13 \cdot 3{,}9^2 = 8{,}68 \text{ kNm}$$

Bemessung für NH C24:

$$\text{erf } W_y = 8680 \cdot 10^3/16{,}6 \qquad = 523 \cdot 10^3 \text{ mm}^3$$

Gewählt 120/180 $\quad$ mit $W_y = 648 \cdot 10^3 \text{ mm}^3$; $I_y = 5832 \cdot 10^4 \text{ mm}^4$

$$\frac{8680 \cdot 10^3/(648 \cdot 10^3)}{16{,}6} = 0{,}81 < 1$$

Charakteristische (seltene) Bemessungssituation
veränderliche Lasten: $p_{z,d} = 2{,}33 + 0{,}6 \cdot 1{,}69 = 3{,}34 \text{ kN/m}$

$$f_{p,\text{inst}} = \frac{100 \cdot 13{,}4 \, (3{,}34/9{,}13) \cdot 3{,}9^2}{1{,}1 \cdot 6 \cdot 180} = 6{,}28 \text{ mm} < 3900/300 = 13 \text{ mm}$$
$$\text{nach Tafel 18.1}$$

ständige Last: $g_{z,d} = 3{,}05 \text{ kN/m}$

$$f_{g,\text{inst}} = (3{,}05/3{,}34) \cdot 6{,}28 = 5{,}74 \text{ mm}$$
$$f_{g,\text{fin}} = 5{,}74 \, (1 + 0{,}60) = 9{,}2 \text{ mm}; \quad f_{\text{fin}} = 9{,}2 + 6{,}3 = 15{,}5 \text{ mm}$$
$$f_{\text{fin}} - f_{g,\text{inst}} = 9{,}8 \text{ mm} < 3900/200 = 19{,}5 \text{ mm}.$$

Mit Rücksicht auf die Schubfestigkeit im schrägen Blatt wurde eine Sonderscheibe vorgesehen (z. B. bei Sanierung). Die volle Querkraft ist erst wirksam im Schnitt I–I (Abb. 15.31), ansonsten 16/20 oder Gerberverbinder:

$$h_I = \frac{180}{2} + \frac{150}{2} \cdot \frac{120}{270} = 123 \text{ mm} \quad (\text{Abb. 15.31})$$

Gl. (10.52): $\tau_d = 1{,}5 \cdot \dfrac{12{,}6 \cdot 10^3}{120 \cdot 123} = 1{,}3 \text{ N/mm}^2 < f_{v,d} = 1{,}38 \text{ N/mm}^2$

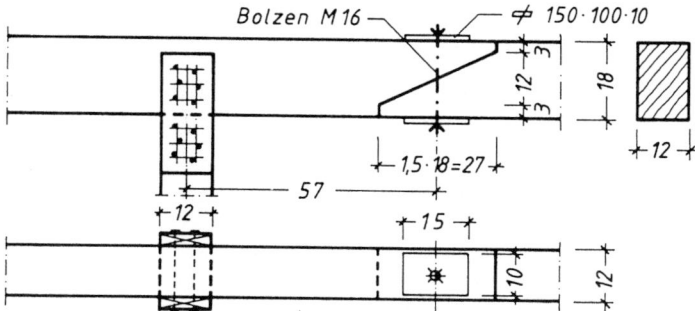

**Abb. 15.30.** Gelenkkonstruktion als schräges Blatt

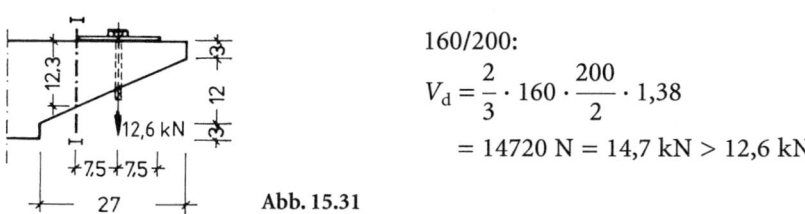

160/200:
$$V_d = \frac{2}{3} \cdot 160 \cdot \frac{200}{2} \cdot 1{,}38$$
$$= 14720 \text{ N} = 14{,}7 \text{ kN} > 12{,}6 \text{ kN}$$

**Abb. 15.31**

Zugkraft im Bolzen:

$G_d/N_{R,d} \leq 1, N_{R,d} = 39{,}9$ kN [36] für M16, Fkl 4.6
$12{,}6/39{,}9 = 0{,}32 < 1$

Pressung unter der Platte:

$$\sigma_{c,90,d} = \frac{12{,}6 \cdot 10^3}{100 \cdot 150} = 0{,}84 \text{ N/mm}^2 \quad 0{,}84/(1{,}5 \cdot 1{,}73) = 0{,}32 < 1$$

Pressung über der Stütze (Punkt C):

$$\sigma_{c,90,d} = \frac{35{,}6 \cdot 10^3}{120 \cdot 120} = 2{,}47 \text{ N/mm}^2 \quad 2{,}74/(1{,}5 \cdot 1{,}73) = 0{,}95 < 1$$

Alternativ können Gerberverbinder als Gelenkkonstruktion verwendet werden. Berechnung und Konstruktion s. z. B. [157, 161].

### 15.2.6 Berechnungsbeispiel für ein abgestrebtes Pfettendach nach DIN 1052 neu (EC 5)

Gleiche Abmessungen wie beim strebenlosen Pfettendach (Abb. 15.22) zur Einsparung von Rechenaufwand und zum Vergleich der Querschnitte.

**Lastannahmen:** siehe „Strebenloses Pfettendach"
**Sparrenberechnung**
**Lagerreaktionen und Schnittgrößen für 1,0 m Belastungsbreite**
Lastfälle „g, s, Mannlast" siehe „Strebenloses Pfettendach", Abb. 15.23

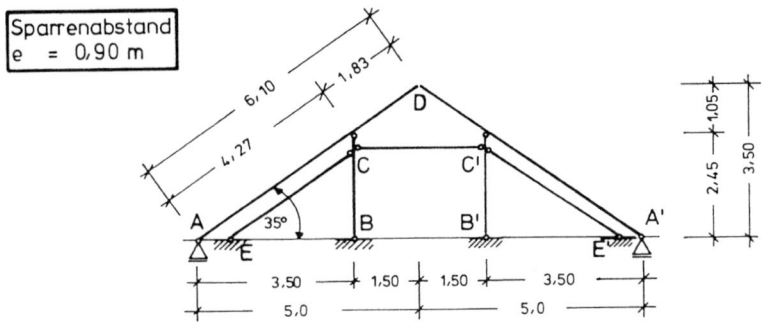

Abb. 15.32. Abgestrebtes Pfettendach

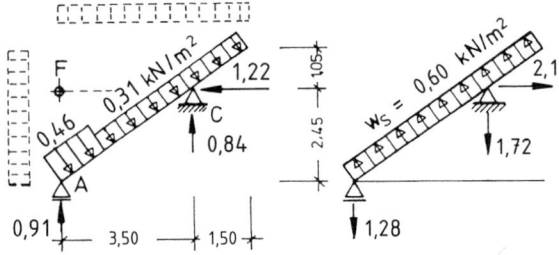

Q- und M-Fläche wie Abb. 15.23d

Abb. 15.33. Lagerreaktionen für Windlast

Winddruck nach Abb. 15.33:

$\Sigma H = 0$:  $C_H = 0{,}455 \cdot 1{,}01 + 0{,}306\,(3{,}5 - 1{,}01)$ $\hspace{2cm} = 1{,}22$ kN

$\Sigma M_C = 0$:  $A_V = [0{,}306 \cdot 6{,}1 \cdot (6{,}1/2 - 1{,}83) + 0{,}149 \cdot 1{,}76 \cdot 3{,}39]/3{,}5 = 0{,}905$ kN

$\Sigma M_F = 0$:  $C_V = (0{,}306 \cdot 5^2/2 + 0{,}149 \cdot 1{,}44^2/2 - 0{,}306 \cdot 3{,}5 \cdot 0{,}7$
$\hspace{2.5cm} - 0{,}149 \cdot 1{,}01 \cdot 1{,}945)/3{,}5$ $\hspace{3cm} = 0{,}839$ kN

Kontrolle: $\Sigma V = 0{,}306 \cdot 5{,}0 + 0{,}149 \cdot 1{,}44 - 0{,}905 - 0{,}839$ $\hspace{1cm} = 0$

Windsog:  $C_H = 0{,}60 \cdot 3{,}5 = 2{,}1$ kN
$\hspace{1.7cm} A_V = -(0{,}60 \cdot 5 \cdot 1 + 0{,}60 \cdot 3{,}5 \cdot 0{,}7)/3{,}5 = -1{,}28$ kN
$\hspace{1.7cm} C_V = -(0{,}60 \cdot 5^2/2 - 0{,}6 \cdot 3{,}5 \cdot 0{,}7)/3{,}5 \;\; = -1{,}72$ kN

**Spannungsnachweise** siehe „Strebenloses Pfettendach"
**Bemessung der Mittelpfette**
Der Lastermittlung wird das System gemäß Abb. 15.20c bzw. 15.33 zugrunde gelegt.
Belastung der Mittelpfette (charakteristische Werte):

Eigenlast nach Abb. 15.23 $\quad q_z$ $\hspace{4cm} = 3{,}05$ kN/m
Schneelast nach Abb. 15.23 $\quad q_z$ $\hspace{4cm} = 2{,}33$ kN/m
Windlast $\hspace{3.8cm} q_z$ $\hspace{4cm} = 0{,}839$ kN/m
$\hspace{5.3cm} q_y$ $\hspace{4cm} = 1{,}22$ kN/m

**Lastkombinationen**

1. Lastfall: ständige Lasten + Schneelast

$q_{z,d} = 1{,}35 \cdot 3{,}05 + 1{,}5 \cdot 2{,}33$ $\qquad = 7{,}61$ kN/m

2. Lastfall: ständige Lasten + Schneelast + Windlast

$q_{z,d} = 1{,}35 \cdot 3{,}05 + 1{,}5 \, (2{,}33 + 0{,}6 \cdot 0{,}839)$ $\qquad = 8{,}34$ kN/m

$q_{y,d} = 1{,}5 \cdot 0{,}6 \cdot 1{,}22$ $\qquad = 1{,}10$ kN/m

3. Lastfall: ständige Lasten + Windlast + Schneelast

$q_{z,d} = 1{,}35 \cdot 3{,}05 + 1{,}5 \, (0{,}839 + 0{,}5 \cdot 2{,}33)$ $\qquad = 7{,}12$ kN/m

$q_{y,d} = 1{,}5 \cdot 1{,}22$ $\qquad = 1{,}83$ kN/m

**Bemessung**

Biegespannungsnachweis:

Gl. (10.62): $k_{red} \dfrac{\sigma_{m,y,d}}{f_{m,y,d}} + \dfrac{\sigma_{m,z,d}}{f_{m,z,d}} \leq 1 \quad \text{mit } k_{red} = 0{,}7$

Gl. (10.63): $\dfrac{\sigma_{m,y,d}}{f_{m,y,d}} + k_{red} \dfrac{\sigma_{m,z,d}}{f_{m,z,d}} \leq 1$

Der 3. Lastfall wird maßgebend für die Bemessung.

Bemessung somit für NH C24, 3. Lastfall:

$M_{y,d} = q_{z,d} \cdot l_z^2 / 8 = 7{,}12 \cdot 2{,}4^2 / 8 = 5{,}13$ kNm

Statisches System nach Abb. 15.20f und Abb. 15.34.

$M_{z,d} = q_{y,d} \cdot l_y^2 / 8 = 1{,}83 \cdot 4{,}0^2 / 8 = 3{,}66$ kNm

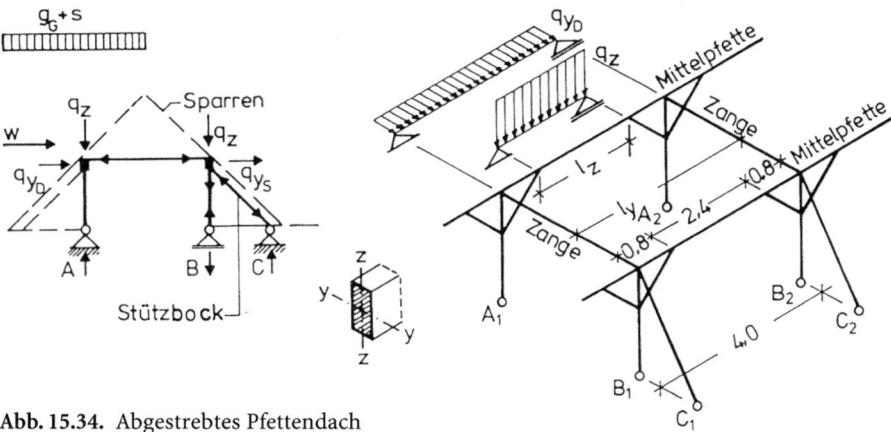

Abb. 15.34. Abgestrebtes Pfettendach

| Gewählt 120/200 | mit $W_y = 800 \cdot 10^3$ mm³; $W_z = 480 \cdot 10^3$ mm³

$$0,7 \cdot \frac{5130 \cdot 10^3/(800 \cdot 10^3)}{16,6} + \frac{3660 \cdot 10^3/(480 \cdot 10^3)}{16,6} = 0,73 < 1$$

$$0,386 \quad + \quad 0,7 \cdot 0,459 \quad = 0,71 < 1.$$

Durchbiegung: Der 3. Lastfall wird maßgebend.
Charakteristische (seltene) Bemessungssituation
veränderliche Lasten: $p_{z,d} = 0,839 + 0,5 \cdot 2,33 = 2,0$ kN/m

$$p_{y,d} = 1,22 \text{ kN/m}$$

$$f_{z,p,inst} = \frac{100 \cdot 6,41 \, (2,0/7,12) \cdot 2,4^2}{1,1 \cdot 4,8 \cdot 200} = 0,98 \text{ mm} < \text{zul } f_z = 12 \text{ mm}$$
vgl. Gl. (10.13)

$$f_{y,p,inst} = \frac{100 \cdot 7,63 \, (1,22/1,83) \cdot 4,0^2}{1,1 \cdot 4,8 \cdot 120} = 2,8 \text{ mm}$$

$$f_{p,inst} = \sqrt{0,98^2 + 12,8^2} = 12,8 \text{ mm} < 4000/300 = 13 \text{ mm}$$

ständige Last: $p_{z,d} = 3,05$ kN/m

$$f_{g,inst} = (3,05/2,0) \cdot 0,98 = 1,5 \text{ mm}$$

$$f_{g,fin} = 1,5 \, (1 + 0,60) = 2,4 \text{ mm}; \quad f_{p,fin} = f_{p,inst}.$$

Bemessung der Kopfbänder und Pfosten für Gleichlast $q_{z,d} = 8,34$ kN/m im 2. Lastfall in Anlehnung an „einstieliges Pfettendach".

| Stütze 120/140 | mit Schwellenlagerung

$$N_d = 8,34 \cdot 4,0 = 33,4 \text{ kN}$$

$$\sigma_{c,90,d} = \frac{33,4 \cdot 10^3}{120 \cdot 140} = 2,0 \text{ N/mm}^2 \quad \text{Gl. (5.13):} \quad \frac{2,0}{1,25 \cdot 1,73} = 0,92 < 1$$

**Windbock nach Abb. 15.20 f und Abb. 15.34:**
**Doppelzange (3. Lastfall):**

$$N_d = -1,83 \cdot 4,0 = -7,32 \text{ kN}$$
$$s_k = 2 \cdot 1,50 \quad = 3,0 \text{ m} \quad \text{vgl. Abb. 15.32.}$$

| Gewählt 2 × 70/100 | ohne Zwischenhölzer mit $A = 140 \cdot 10^2$ mm²

Gl. (8.28): $\sigma_{c,0,d}/(k_c \cdot f_{c,0,d}) \leq 1$

$$\lambda = \frac{3000}{0,289 \cdot 70} = 149 < 150 \rightarrow k_c = 0,144 \quad \text{s. Tafel A.11 Bemessungshilfen}$$

$$7320/(140 \cdot 10^2 \cdot 0,144 \cdot 14,5) = 0,25 < 1.$$

Konstruktion nach Abb. 15.21a oder c (ohne Spannbalken).

**Spannbalken** als Alternative:
Konstruktiv $\geq 7/10$, damit $\lambda < 150$, vgl. Doppelzange.
Gegebenenfalls ist – auch für die Doppelzange – eine Mannlast $F_k = 1,0$ kN zu berücksichtigen.

**Strebe** nach Abb. 15.34 und 15.35:
aus Winddruck: $q_{yD} = 1,5 \cdot 1,22 = 1,83$ kN/m $\Big\}$ vgl. Abb. 15.33
aus Windsog: $q_{yS} = 1,5 \cdot 0,98 = 1,47$ kN/m

$$q_{y,d} = 3,3 \text{ kN/m}$$

mit $w_e = -0,5 \cdot 0,65 = -0,325$ kN/m² (Bereich J)
$w_e = -0,4 \cdot 0,65 = -0,26$ kN/m² (Bereich I) s. Tafel 14.8 u. Abb. 14.27
$C_H = 0,325 \cdot 1,01 + 0,26 \cdot (3,5 - 1,01) = 0,98$ kN/m $= q_{yS}$.

$H_d = 3,3 \cdot 4,0 = 13,2$ kN

$$S_d = \frac{H}{\cos 35°} = \frac{13,2}{0,8192} = 16,1 \text{ kN}$$

$$s_k \approx \frac{3,20}{0,8192} = 3,91 \text{ m}$$

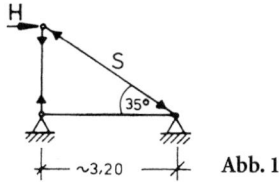

Abb. 15.35

| Gewählt 140/100 | entsprechend Stützenbreite, $W = 233 \cdot 10^3$ mm³ |

Anschluss beidseitig mit Stirnversatz, deshalb Ausmittigkeit in Rechnung stellen!

$$\lambda = \frac{3910}{0,289 \cdot 100} = 135 \rightarrow k_c = 0,173 \quad \text{s. Tafel A.11}$$

$$k_c \cdot f_{c,0,d} = 0,173 \cdot 14,5 = 2,51 \text{ N/mm}^2$$

Versatz: $\text{erf } t_V = \dfrac{16,1 \cdot 10^3}{11,0 \cdot 140} = 10,5$ mm $< h/4 = 25$ mm  s. Gl. (5.17)

Ausmitte: $e = \dfrac{100}{2} - \dfrac{10,5}{2} = 44,8$ mm  s. Abb. 5.17b

$\sigma_{c,0,d} = 16,1 \cdot 10^3/(140 \cdot 10^2) = 1,15$ N/mm²; $\sigma_{m,d} = \dfrac{16,1 \cdot 10^3 \cdot 44,8}{233 \cdot 10^3} = 3,1$ N/mm²

Gl. (11.14): $1,15/2,51 + 3,1/16,6 = 0,65 < 1$

Anschluss der Druckstrebe mit Stirnversatz und Laschen aus Holz oder verzinktem Blech – zur Lagesicherung mit $n \geq 4$ Nägeln –, siehe z. B. Abb. 15.21 c und e.

Alternativ können die Windlasten auf der Luv- und Leeseite auch nach Abb. 15.20e durch getrennte Böcke je für sich aufgenommen werden. Dann muss die Zugstrebe zugfest angeschlossen werden, siehe z. B. Abb. 15.21.

### 15.2.7 Zweistieliges Pfettendach mit Firstgelenk

Die Sparren werden auf Biegung mit Längskraft beansprucht. Das Tragsystem der Konstruktion gemäß Abb. 15.36 ist ein gemischtes System aus Pfetten- und Kehlbalkendach. Die Berechnung kann näherungsweise nach [163] durchgeführt werden, vgl. Systeme nach Abb. 15.37.

System a): Horizontalschub aus Sparrenlängskräften wird in die Deckenscheibe eingeleitet durch Sparrenpfettenanker nach Abb. 15.21 d2 und Abb. 15.36 Punkt IV.

System b): Äußere Horizontallasten werden durch die Scheibe bzw. den Verband in Kehlbalkenebene in Giebel- und Zwischenquerwände geleitet.

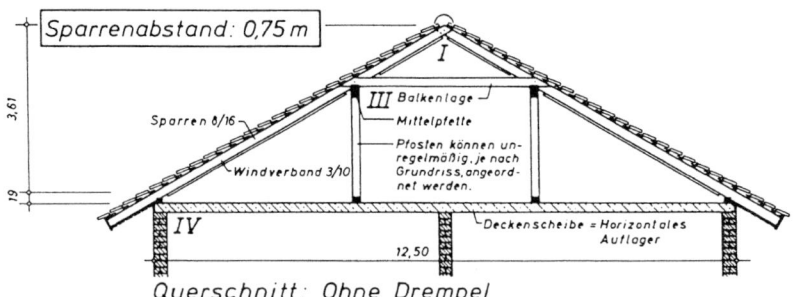

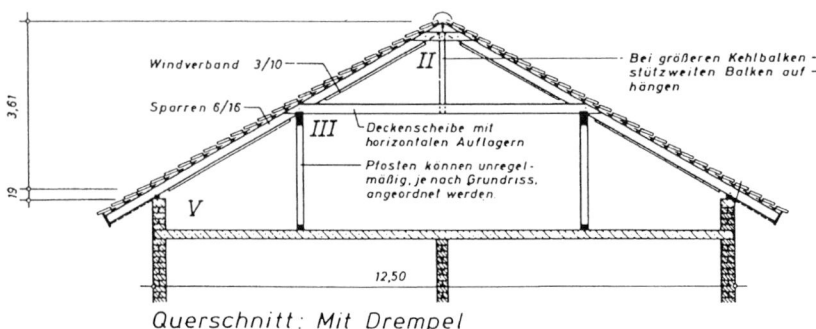

**Abb. 15.36.** Zweistieliges Pfettendach mit Firstgelenk nach [144]
(Fortsetzung der Abb. s. nächste Seite)

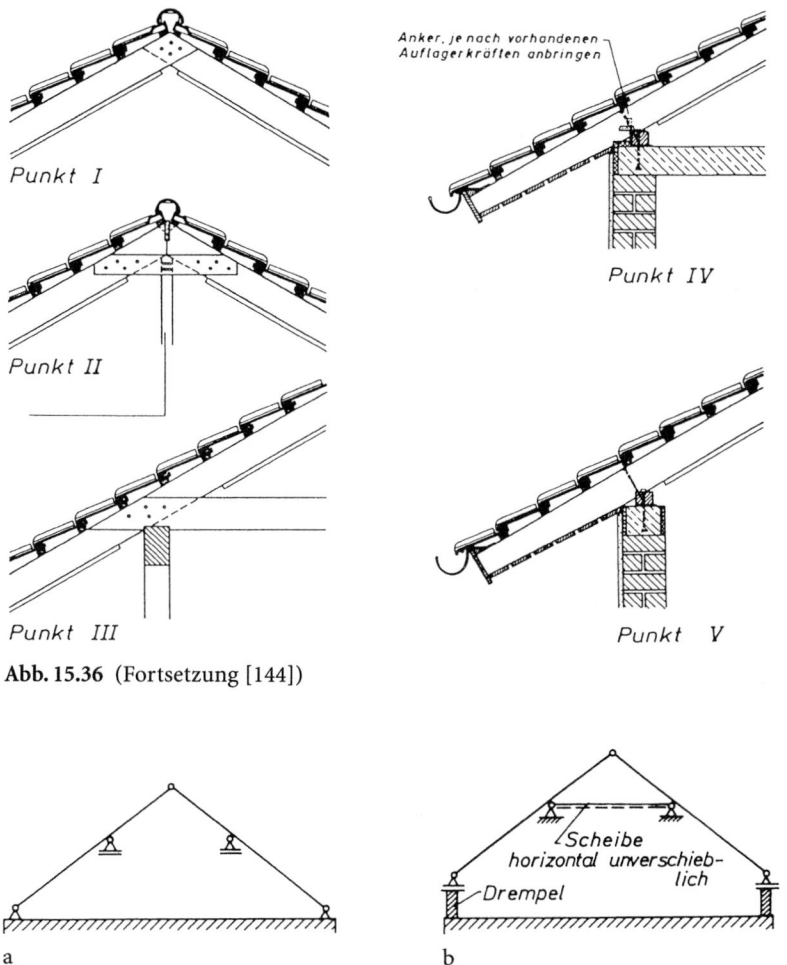

Abb. 15.36 (Fortsetzung [144])

Abb. 15.37. Statisches System der Dachkonstruktion nach Abb. 15.36 [144]

### 15.2.8 Zweistieliges Pfettendach mit tragender Firstpfette

Eine als tragend in Rechnung gestellte Firstpfette setzt möglichst unnachgiebige Lagerung im Binder voraus. Zu empfehlen ist eine Binderkonstruktion nach Abb. 15.38 mit Abstrebung, durch die lotrechte Lasten aus der Firstpfette planmäßig aufgenommen werden.

Die Sparren können näherungsweise als durchlaufende Träger bemessen werden.

Konstruktion an der Mittelpfette nach Abb. 15.3f, um Querschnittsschwächungen zu vermeiden. Geringfügige Normalkräfte erhalten sie aus Wind im Firstdreieck nach Abb. 15.39 (Dreigelenkstabwerk als Näherung).

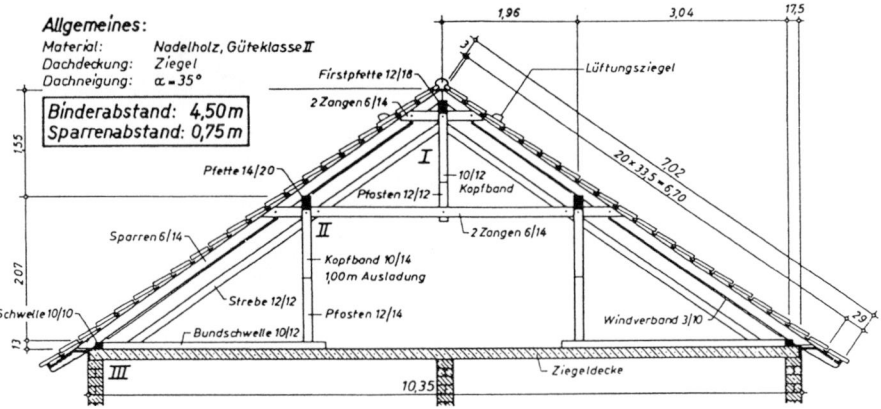

**Abb. 15.38.** Zweistieliges Pfettendach mit tragender Firstpfette [144]

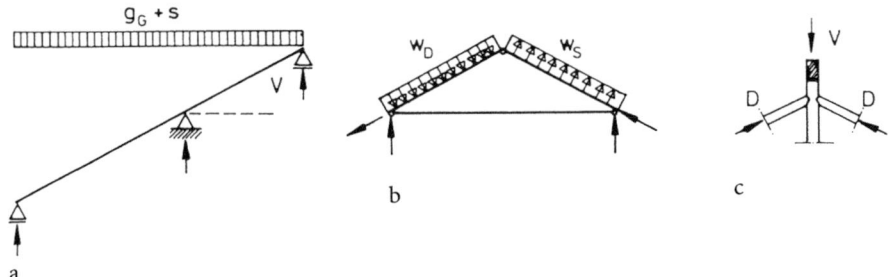

**Abb. 15.39.** Vereinfachtes statisches System für ein zweistieliges Pfettendach mit tragender Firstpfette

Die Firstpfette wird in der Regel nur für vertikale Lasten $V$ nach Abb. 15.39a bemessen. Die Auflagerkraft $V$ wird dann gemäß Abb. 15.39c durch die Streben in die Deckenscheibe geleitet.

Alles weitere siehe „abgestrebtes Pfettendach".

### 15.2.9 Vor- und Nachteile der Pfettendächer

Vorteile: Der Einbau großer Dachgauben ist ohne weiteres möglich, vgl. Abb. 15.40.

Nachteile: Stützen und Kopfbänder können den Dachausbau stören.

Stützen sollten möglichst über Wänden angeordnet werden, damit zusätzliche Beanspruchungen der Decke infolge hoher Einzellasten entfallen.

Einzelheiten der Konstruktion von Dachgauben s. Abb. 15.41. Abmessungen möglichst an Lattenteilung des Hauptdaches anpassen. Falls nicht möglich, können verkürzte Ziegel angefertigt werden.

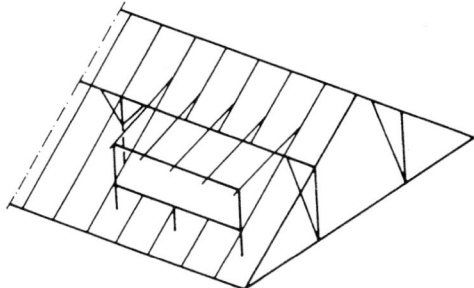

**Abb. 15.40.** Strebenloses Pfettendach mit Dachausbau

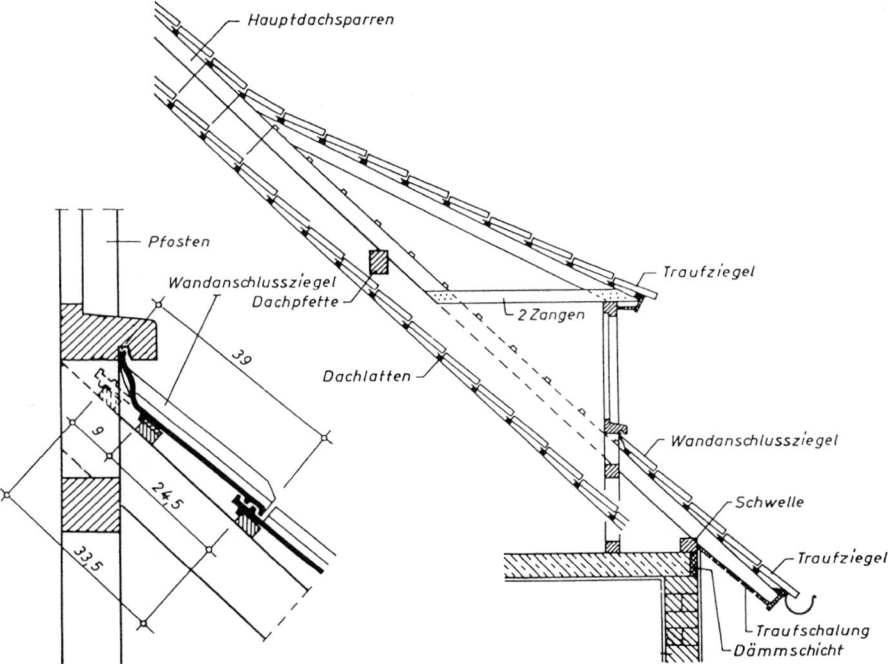

**Abb. 15.41.** Gaubenanschlüsse [144]

## 15.3 Sparren- und Kehlbalkendächer

### 15.3.1 Systeme der Sparren- und Kehlbalkendächer

Sparren- und Kehlbalkendächer sind gebräuchlich für Dachneigungen von etwa 30° bis 50°.

Das Sparrendach ist statisch bestimmt. Die einzelnen Gespärre sind Dreigelenk-Stabwerke in 0,7 m bis 1,0 m Abstand, bestehend aus je einem Sparrenpaar mit Zugband (Deckenbalken oder Stahlbetondecke).

# 15 Tragwerke der Hausdächer

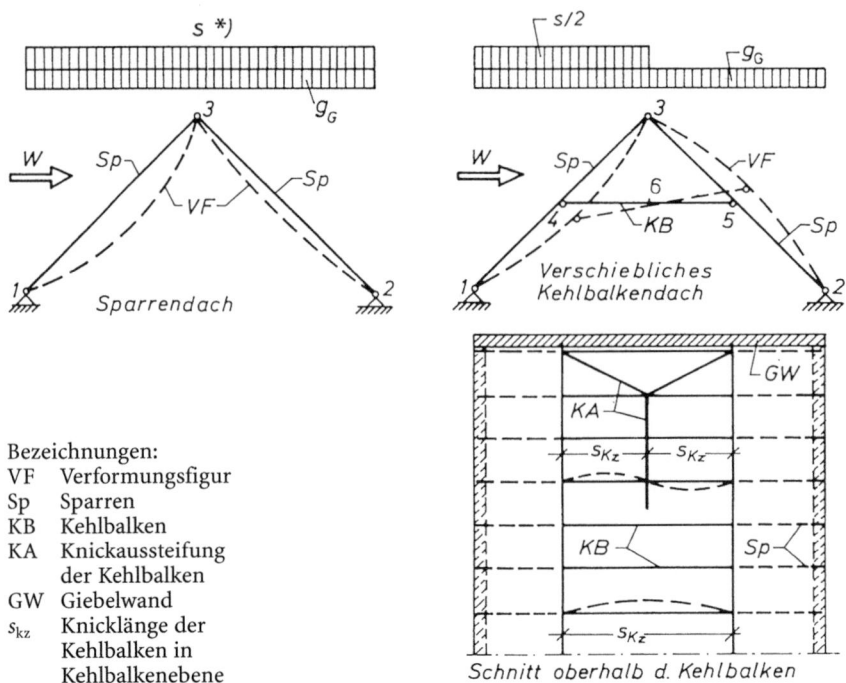

Bezeichnungen:
VF  Verformungsfigur
Sp  Sparren
KB  Kehlbalken
KA  Knickaussteifung
    der Kehlbalken
GW  Giebelwand
$s_{kz}$ Knicklänge der
    Kehlbalken in
    Kehlbalkenebene

*) $s/2$ maßgebend für Firstanschluss s. Abb. 15.52

**Abb. 15.42.** Sparrendach und verschiebliches Kehlbalkendach

Das Kehlbalkendach mit verschieblichem Kehlriegel ist einfach statisch unbestimmt. Jedes Sparrenpaar wird durch einen horizontalen Kehlbalken ausgesteift, der entweder nur Druckriegel oder bei ausgebautem Dachgeschoß gleichzeitig Deckenträger ist. Eine elastische Verschiebung der Punkte 4 und 5 gemäß Abb. 15.42 ist ungehindert möglich. Bohlen zur Knickaussteifung (KA) werden häufig in Verbindung mit je 2 Endstreben zur Verkürzung der Knicklängen $s_{kz}$ der Kehlbalken angeordnet.

Das unverschiebliche Kehlbalkendach unterscheidet sich vom verschieblichen durch Anordnung einer zusätzlichen Horizontalabstützung in Kehlbalkenebene mit ausreichender Steifigkeit. Sie kann gemäß Abb. 15.43 als Scheibe oder Verband ausgeführt werden mit horizontaler Verankerung in den Giebel- und Zwischenwänden.

| Kehlscheibe (Abb. 15.43) | Kehlverband (Fachwerk) |
|---|---|
| a) BFU oder FP-Platten (Pl) <br> b) Bretter (Br) mit zusätzlichen Diagonalen (D) in den Endfeldern. Brettstöße versetzt nach Abb. 13.7 mit Stoßlaschen im Zugbereich [164] | Gurte: Mittelbohlen s. Abb. 15.47 <br> Vertikalen: Kehlbalken <br> Diagonalen: Holz- oder Stahlstäbe I.d.R. werden nur die Zugdiagonalen in Rechnung gestellt |
| $L^a < 2 \cdot l_K$      (15.6) | $L^a < 8 \cdot l_K$      (15.7) |

[a] Richtwerte für die Stützweite ($L$) von Giebel- bis Giebel- oder Zwischenwand nach [160, 165].

## 15.3 Sparren- und Kehlbalkendächer

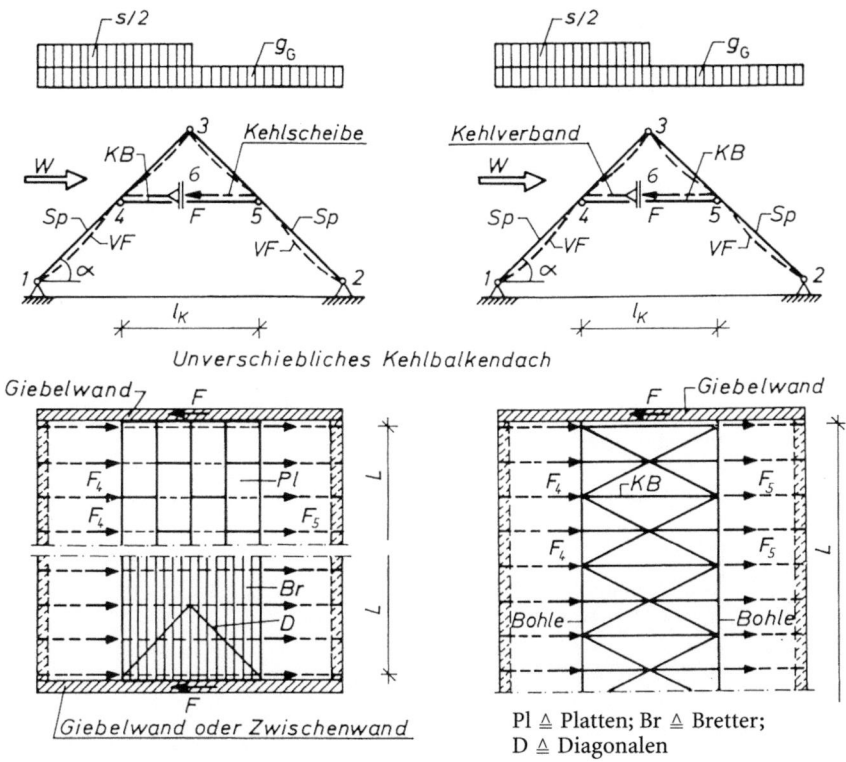

Pl ≙ Platten; Br ≙ Bretter; D ≙ Diagonalen

**Abb. 15.43.** Kehlbalkendach mit unverschieblichem Kehlriegel

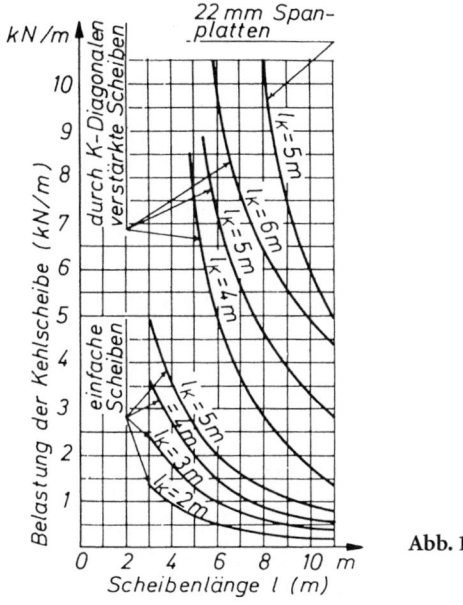

**Abb. 15.44** [a]

---

[a] Charakteristische Belastungswerte, nur für Entwurfsplanung geeignet!

Als unverschieblich darf sie angesehen werden unter folgenden Voraussetzungen:
a) Größte Stützweite $L$ gemäß Gln. (15.6) und (15.7)
b) Größte Horizontalverschiebung der Punkte 4 und 5 soll nach Heiße [164] i. d. R. $f = 10$ mm nicht überschreiten, vgl. [157]

Abbildung 15.44 zeigt die Abhängigkeit von Belastung und Länge verschiedener Scheiben bei einer Horizontalverschiebung $f = 10$ mm nach Versuchen [164] im Maßstab 1:1. Diese Werte können unter Beachtung der neuen Winddruckverteilung nach DIN 1055 (2005) für die Entwurfsplanung verwendet werden.

Das unverschiebliche Kehlbalkendach ist bei ausgebautem Dachgeschoss immer zu empfehlen, da der vorhandene Fußboden als Kehlscheibe ausgebildet werden kann.

### 15.3.2 Aussteifung der Sparren- und Kehlbalkendächer

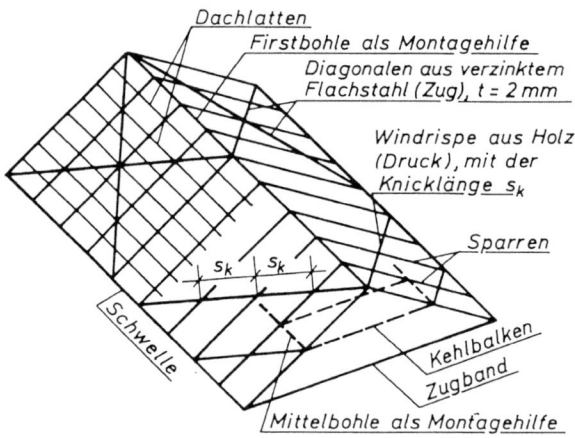

**Abb. 15.45.** Aussteifung der Sparren- und Kehlbalkendächer

Die Stabilisierung der Sparren- und Kehlbalkendächer in Längsrichtung erfolgt durch die Dachlatten in Verbindung mit Windrispen oder Flachstahldiagonalen gemäß Abb. 13.4, 15.2c, d und 15.45.

Bisweilen werden Bohlen in First- und Kehlbalkenhöhe als Montagehilfe fest eingebaut.

Die Giebelwände werden für Winddruck und -sog an die Dachkonstruktion angeschlossen, siehe z. B. Ortgang in Abb. 13.2.

### 15.3.3 Konstruktion der Sparren- und Kehlbalkendächer

Anschlüsse können nach statisch-konstruktiven Gesichtspunkten gemäß Abb. 15.46 bis 15.48 ausgebildet werden. Dort sind einige gebräuchliche Varianten für First, Kehlbalkenanschluss und Traufe abgebildet, vgl. auch [130,

15.3 Sparren- und Kehlbalkendächer    117

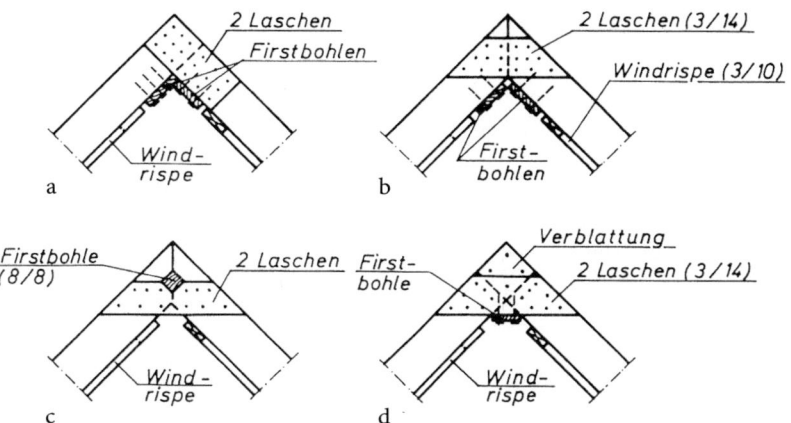

**Abb. 15.46.** Varianten zum Firstpunkt

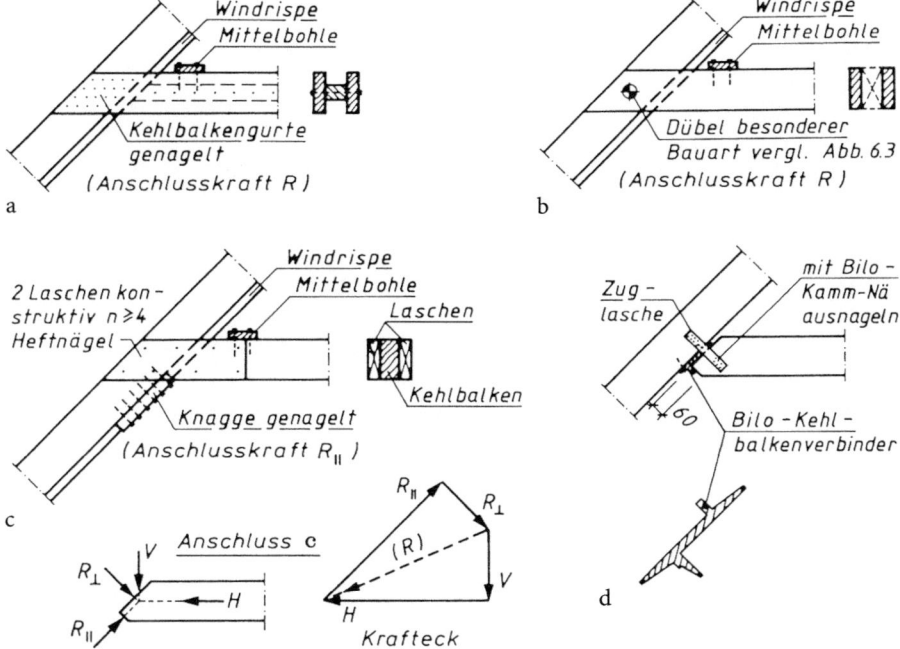

**Abb. 15.47.** Varianten zum Kehlbalkenanschluss für ein-, zwei- und dreiteilige Kehlbalken

144, 156, 157]. Zur vergleichenden Beurteilung zeigt [104] konstruktive Details mit Angabe der aufnehmbaren Kräfte.

Die in den Abb. 15.46 und 15.47 dargestellten First- und Mittelbohlen haben keine tragende Funktion im Sinne einer Pfette. Sie sollen das Ausrichten der Gespärre bei der Montage erleichtern und zusammen mit den Windrispen die Längsstabilität des Daches herstellen.

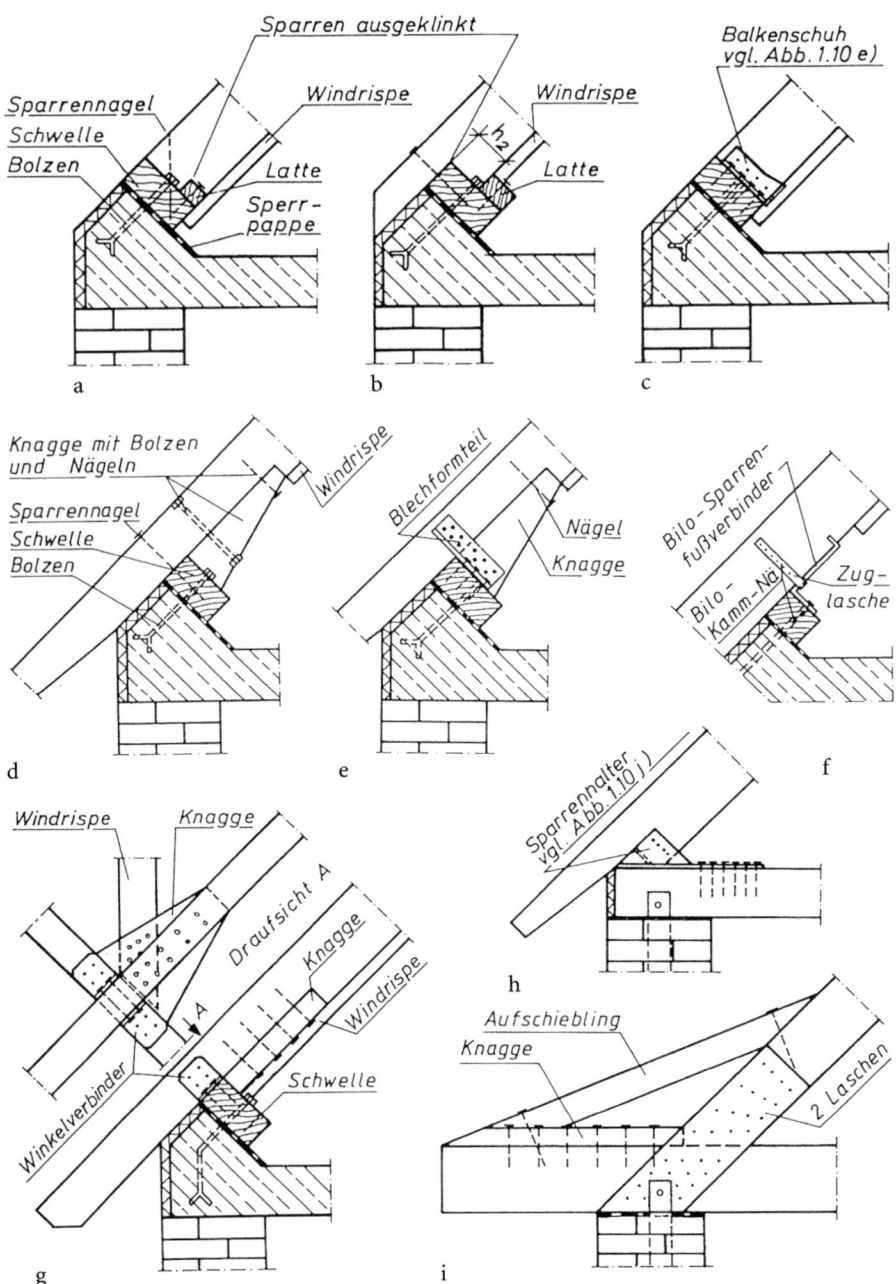

**Abb. 15.48.** Varianten zum Traufpunkt [162]

Erläuterung zum Krafteck (Abb. 15.47):
Die Resultierende $R$ gilt für die Varianten a und b.
$R_\parallel$ und $R_\perp$ gelten für Anschlüsse c und d.

### 15.3.4 Vor- und Nachteile der Sparren- und Kehlbalkendächer

Vorteile: Keine Stützen, freier Dachraum, keine Deckenbelastung aus den Dachlasten, vgl. auch [157]

Nachteile: Dachgauben über mehr als zwei Sparrenfelder sollten wegen zu hoher Beanspruchung der durchgehenden Gespärre vermieden werden. Umlagerung der Kräfte muss untersucht werden. Anordung von First- und Mittelpfetten sowie Verbänden kann bei größeren Gauben zweckmäßig sein.

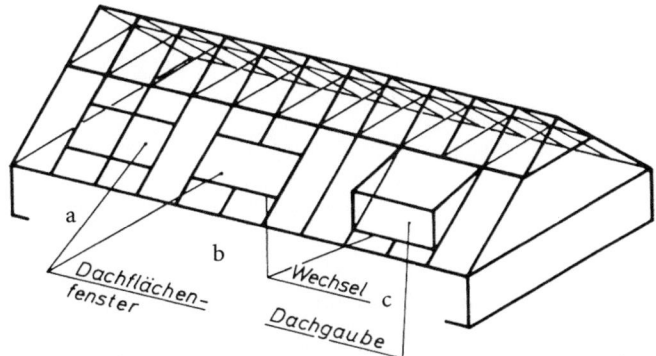

Abb. 15.49. Mögliche Fensteranordnungen bei Sparren- und Kehlbalkendächern
a) Alle Gespärre laufen ungestört durch; b, c) Unterbrochene Gespärre werden durch Wechsel an benachbarte Gespärre angeschlossen, die für die größere Belastung bemessen werden müssen, s. [166, 167]

### 15.3.5 Berechnung eines Sparrendaches nach DIN 1052 (1988)

Die Vorbemessung kann nach [157] erfolgen. Formeln zur Ermittlung der Lagerreaktionen und Schnittgrößen können z.B. [104, 157] und [167] entnommen werden.

Die folgende Berechnung des Sparrendaches gemäß Abb. 15.50 wird nach den bekannten Regeln der Statik durchgeführt.

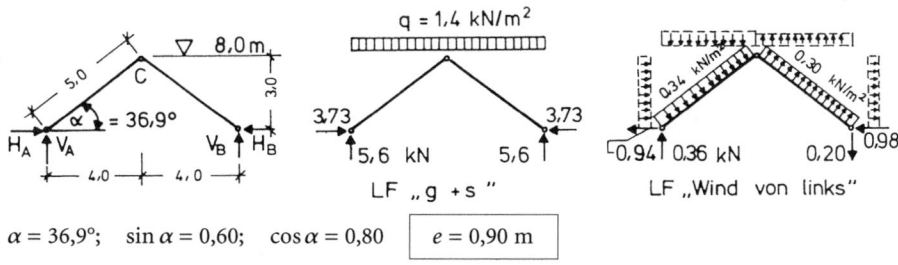

$\alpha = 36{,}9°$;  $\sin \alpha = 0{,}60$;  $\cos \alpha = 0{,}80$   $\boxed{e = 0{,}90 \text{ m}}$

Abb. 15.50. System und Belastung eines Sparrendaches; Lagerreaktionen für $e = 1{,}0$ m

## 15.3.5.1 Sparrenbemessung nach DIN 1052 (1988)

**Lastannahmen nach DIN 1055:**

Eigenlast:    Falzziegel                                              $0{,}55\ kN/m^2\ D$

$$\frac{0{,}55}{\cos\alpha} = \frac{0{,}55}{0{,}80} = 0{,}69\ kN/m^2\ G$$

Sparren nach Abb. 14.7                            $\approx 0{,}09\ kN/m^2\ G$

$g = 0{,}78\ kN/m^2\ G$

Schneelast:   T5 (6/75)                $s = 0{,}83 \cdot 0{,}75 = 0{,}62\ kN/m^2\ G$

$q = 1{,}40\ kN/m^2\ G$

Windlast:     Staudruck $0{,}50\ kN/m^2$ ($h < 8\ m$)
Winddruck:    Luvseitiger Sparren als Einzeltragglied
              mit erhöhtem Druckbeiwert
              $c_D = 0{,}538$ nach T4 (8/86) vgl. S. 3.21 in [36].
                                   $w_D = 1{,}25 \cdot 0{,}538 \cdot 0{,}50 = 0{,}34\ kN/m^2\ D$
Windsog:                           $w_S = \phantom{00}0{,}6\phantom{00} \cdot 0{,}50 = 0{,}30\ kN/m^2\ D$
Mannlast:     hier nicht maßgebend

**Lagerreaktionen und Schnittgrößen für 1,0 m Belastungsbreite**
**Lastfall q:**        $V_A = V_B = 1{,}4 \cdot 4{,}0$                       $= 5{,}60\ kN$
                       $H_A = H_B = 5{,}6 \cdot 2{,}0/3{,}0$                 $= 3{,}73\ kN$
Normalkräfte           $N_A = -5{,}6 \cdot 0{,}6 - 3{,}73 \cdot 0{,}8$       $= -6{,}35\ kN$
                       $N_C = -3{,}73 \cdot 0{,}8$                           $= -2{,}98\ kN$
in Sparrenmitte:       $N_M = -(6{,}35 + 2{,}98)/2$                          $= -4{,}66\ kN$
Querkraft              $Q_A = 5{,}6 \cdot 0{,}8 - 3{,}73 \cdot 0{,}6$        $= 2{,}24\ kN$
Feldmoment max         $M_F = 1{,}4 \cdot 4^2/8$                             $= 2{,}80\ kNm$

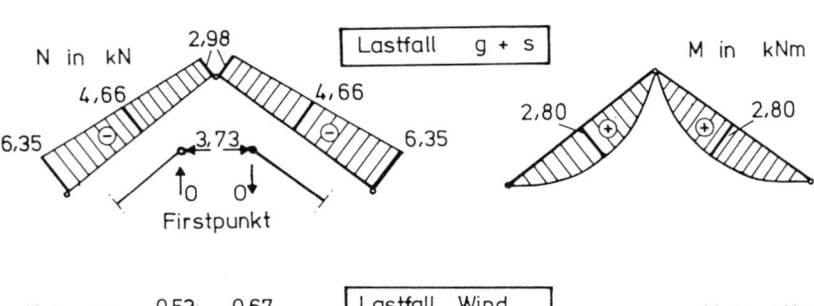

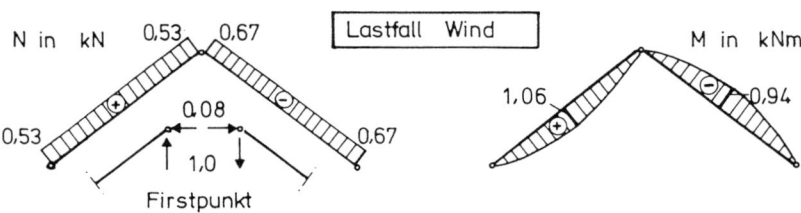

Abb. 15.51. Schnittgrößen für $e = 1{,}0$ m für Sparrenabstand

## 15.3 Sparren- und Kehlbalkendächer

**Lastfall w von links:**

$$V_A = \frac{1}{8} \cdot \left[ -(0{,}34 + 0{,}3) \cdot \frac{3^2}{2} - 0{,}3 \cdot \frac{4^2}{2} + 0{,}34 \cdot 4 \cdot 6 \right] = 0{,}36 \text{ kN}$$

$$V_B = \frac{1}{8} \cdot \left[ 0{,}64 \cdot \frac{3^2}{2} + 0{,}34 \cdot \frac{4^2}{2} - 0{,}3 \cdot 4 \cdot 6 \right] \quad = -0{,}20 \text{ kN}$$

$$H_A = \frac{1}{3} \cdot \left[ 0{,}36 \cdot 4 - 0{,}34 \cdot \frac{4^2}{2} - 0{,}34 \cdot \frac{3^2}{2} \right] \quad = -0{,}937 \text{ kN}$$

$$H_B = \frac{1}{3} \cdot \left[ 0{,}3 \cdot \frac{4^2}{2} + 0{,}30 \cdot \frac{3^2}{2} - 0{,}2 \cdot 4 \right] \quad = 0{,}983 \text{ kN}$$

| | | |
|---|---|---|
| Kontrollen: | $\Sigma H = (0{,}34 + 0{,}3) \cdot 3 - 0{,}94 - 0{,}98 =$ | $0{,}0$ |
| | $\Sigma V = (0{,}34 - 0{,}3) \cdot 4 + 0{,}20 - 0{,}36 =$ | $0{,}0$ |
| Firstgelenk | $H_C = 0{,}937 - 0{,}34 \cdot 3 = -0{,}083$ | $\approx -0{,}08$ kN |
| | $V_C = 0{,}34 \cdot 4 - 0{,}36$ | $= 1{,}0$ kN |
| Längskräfte | $N_{Cl} = N_A = 0{,}937 \cdot 0{,}8 - 0{,}36 \cdot 0{,}6 =$ | $0{,}53$ kN |
| | $N_{Cr} = N_B = -0{,}083 \cdot 0{,}8 - 1{,}0 \cdot 0{,}6 =$ | $-0{,}67$ kN |
| Querkräfte | $Q_A = 0{,}34 \cdot 5{,}0/2 =$ | $0{,}85$ kN |
| | $Q_B = 0{,}30 \cdot 5{,}0/2 =$ | $0{,}75$ kN |
| Feldmomente | max $M_{Fl} = 0{,}34 \cdot 5^2/8$ | $= 1{,}06$ kNm |
| | min $M_{Fr} = -0{,}30 \cdot 5^2/8$ | $= -0{,}94$ kNm |

**Sparrenbemessung für $e = 0{,}9$ m Sparrenabstand**
Gewählte Lastkombination:
Komb. b2: Lastfall H „$g + s + w/2$" s. Tafel 14.0
$\quad\quad\quad$ max $M_F = (2{,}8 + 1{,}06/2) \cdot 0{,}9$ $\quad = 3{,}0$ kNm
$\quad\quad\quad N_M = (-4{,}66 + 0{,}53/2) \cdot 0{,}9$ $\quad = -3{,}96$ kN

Maßgebend für die Bemessung ist zul $f = l_1/200$
$\quad\quad\quad$ erf $I_y = 208 \cdot 3{,}0 \cdot 5{,}0 \cdot 10^4$ $\quad = 3120 \cdot 10^4$ mm$^4$

| Gewählt 7/18 | mit $A = 126 \cdot 10^2$ mm$^2$; $W_y = 378 \cdot 10^3$ mm$^3$ |

$$\lambda_y = \frac{5000}{0{,}289 \cdot 180} = 96 \rightarrow \omega = 2{,}83$$

zul $\sigma_k = 8{,}5/2{,}83 = 3{,}0$ N/mm$^2$

$$\frac{3{,}96 \cdot 10^3/(126 \cdot 10^2)}{3{,}0} + \frac{3000 \cdot 10^3/(378 \cdot 10^3)}{10} = 0{,}105 + 0{,}794 = 0{,}9 < 1$$

$$f = \frac{100 \cdot 7{,}94 \cdot 5^2}{4{,}8 \cdot 180} = 23 \text{ mm} < \frac{5000}{200} = 25 \text{ mm} \quad\quad \text{vgl. Gl. (10.13)}$$

### 15.3.5.2 Konstruktionsdetails

Konstruktion des Fußpunktes s. Abb. 15.48 b
Sparren 7/18; $h_1 = 120$ mm; $h_2 = 60$ mm (Ausklinkung)
Schwelle 10/12; Latte 4/6 mit Nägeln 34 × 90
Größte Längskraft am Auflager:

$$\max N = (-6{,}35 - 0{,}67/2) \cdot 0{,}9 = -6{,}02 \text{ kN}$$

Druckspannung zwischen Sparren und Schwelle ($h_2 = 60$ mm)

$$\sigma_{D\perp} = \frac{N}{b \cdot h_2} = \frac{6{,}02 \cdot 10^3}{70 \cdot 60} = 1{,}43 \text{ N/mm}^2$$

$$1{,}43/2{,}0 = 0{,}72 < 1$$

Größte Querkraft am Auflager:

$$\max Q = (2{,}24 + 0{,}85/2) \cdot 0{,}9 = 2{,}40 \text{ kN}$$

Wegen Gefahr des Queraufreißens in der Ausklinkung wird der Sparren durch eine Latte 4/6 abgestützt.

$$\text{erf } A = 2{,}40 \cdot 10^3/2{,}0 = 12 \cdot 10^2 \text{ mm}^2 < \text{vorh } A = 40 \cdot 70 = 28 \cdot 10^2 \text{ mm}^2$$

**Konstruktion des Firstpunktes vgl. Abb. 15.46 b**
a) Größte Druckkraft durch Kontakt übertragen

$$\max H_C = (3{,}73 + 0{,}08/2) \cdot 0{,}9 = 3{,}39 \text{ kN}$$

$$h_V = h/\cos\alpha = 180/0{,}8 = 225 \text{ mm}$$

$$\sigma_{D\measuredangle} = \frac{H_C}{b \cdot h_V} = \frac{3{,}39 \cdot 10^3}{70 \cdot 225} = 0{,}22 \text{ N/mm}^2$$

$$\text{zul } \sigma_{D\measuredangle\, 36{,}9°} = 4{,}6 \text{ N/mm}^2$$

$$0{,}22/4{,}6 = 0{,}05 \ll 1$$

b) Größte Schubkraft $V_C$ durch genagelte Laschen, gleichzeitig wirkende Druckkraft durch Kontakt übertragen.

Gewählte Lastkombination:
b1: Lastfall HZ mit einseitiger Schneelast $s/2$ nach Tafel 14.0
Windlast nach Abb. 15.51   $V_C = 1{,}0$ kN
$s/2$ links nach Abb. 15.52   $V_C = 0{,}31$ kN

$$\overline{\phantom{xxxxxxxxxxxxxx}}$$
$$1{,}31 \text{ kN}$$

für 1 Gespärre ($e = 0{,}9$ m) $V_C = 1{,}31 \cdot 0{,}9 = 1{,}18$ kN
Gewählt: 2 Laschen 3/12 mit je 5 Nä 31 × 70 je Anschluss s. Abb. 15.53.
    Gleiches Nagelbild auf beiden Seiten möglich, da $a_m > s + 8\, d_n$.
Der Berechnung der Nagelkräfte nach Abb. 15.53 liegen folgende Annahmen zugrunde:
a) Momentennullpunkt in Laschenmitte = Firstpunkt $C$;
   wirksame Laschenkraft im lotrechten Firstschnitt ist $V_C$.

## 15.3 Sparren- und Kehlbalkendächer

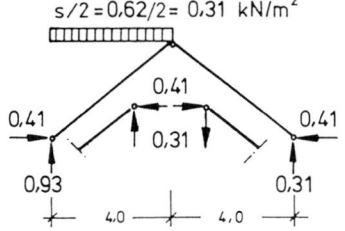

Abb. 15.52

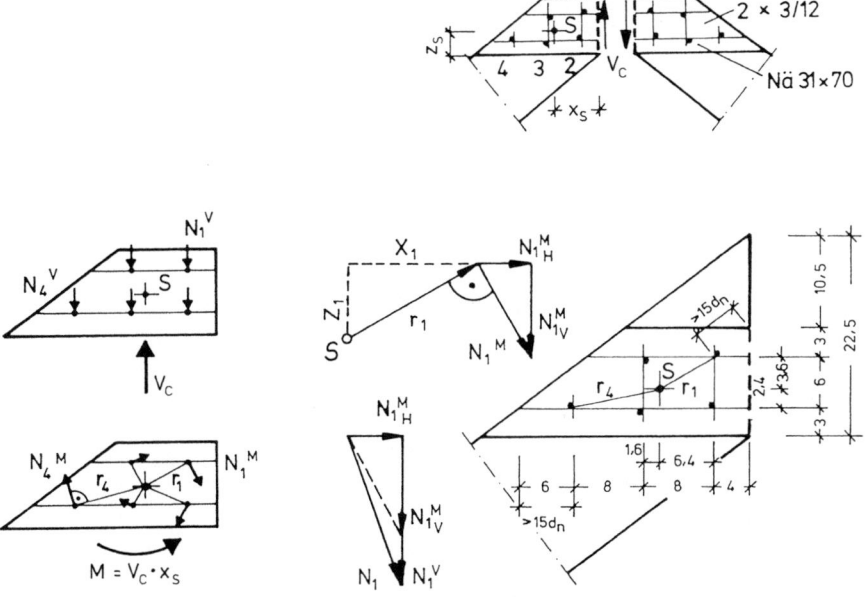

Abb. 15.53. Konstruktion des Firstpunktes, Ermittlung der Nagelkräfte

b) $V_C$ verteilt sich gleichmäßig auf $n = 5$ Nagelpaare.
c) $M = V_C \cdot x_S$ liefert Nagelkräfte $\perp$ zum Nagelabstand $r_i$, die Nagelkräfte sind proportional zum Nagelabstand $r_i$:
$N_i^M = N_1^M \cdot r_i/r_1$

Bezeichnungen:
$x_i, z_i$   Koordinaten der Nägel
$r_i$   Nagelabstände vom Nagelschwerpunkt S
$N_i^V$   Nagelkräfte infolge $V_C$
$N_i^M$   Nagelkräfte infolge $M$
$N_{iV}^M$   Vertikalkomponente der Nagelkraft $N_i^M$
$N_{iH}^M$   Horizontalkomponente der Nagelkraft $N_i^M$

Berechnung der Nagelkräfte nach Gln. (15.8) bis (15.12). Maßgebend für die Bemessung ist das Nagelpaar $N_1$ (Punkt 1), da die Reaktionen $N_1^V$ und $N_{1V}^M$ gleichgerichtet sind und die resultierende Nagelkraft nach Gl. (15.12) ein Maximum wird.

infolge $V$:  $\quad N_1^V = \dfrac{V_C}{2 \cdot n} \quad$ je Lasche, einschnittige Nagelung $\hfill (15.8)$

infolge $M$:  $\quad M = 2 \cdot \Sigma N_i^M \cdot r_i \quad$ mit $N_i^M = N_1^M \cdot r_i/r_1 \rightarrow$

$$N_1^M = \frac{M \cdot r_1}{2 \cdot \Sigma r_i^2} = \frac{M \cdot r_1}{2 \cdot \Sigma(x_i^2 + z_i^2)} \hfill (15.9)$$

Komponenten: 
$$N_{1V}^M = \frac{N_1^M \cdot x_1}{r_1} = \frac{M \cdot x_1}{2 \cdot \Sigma(x_i^2 + z_i^2)} \hfill (15.10)$$

$$N_{1H}^M = \frac{N_1^M \cdot z_1}{r_1} = \frac{M \cdot z_1}{2 \cdot \Sigma(x_i^2 + z_i^2)} \hfill (15.11)$$

Resultierende: $\quad N_1 = \sqrt{(N_1^V + N_{1V}^M)^2 + (N_{1H}^M)^2} \hfill (15.12)$

Praktische Berechnung für Lastfall HZ:

Nagelschwerpunkt: $\quad x_S = \dfrac{2 \cdot 80 + 1 \cdot 160}{5} + 40 \hfill = 104 \text{ mm}$

$\quad z_S = \dfrac{2 \cdot 60}{5} \hfill = 24 \text{ mm}$

$\Sigma r_i^2 = [2 \cdot 3{,}6^2 + 3 \cdot 2{,}4^2 + 1 \cdot 9{,}6^2$
$\qquad + 2 \cdot 1{,}6^2 + 2 \cdot 6{,}4^2] \cdot 10^2 \hfill = 222{,}4 \cdot 10^2 \text{ mm}^2$

Schnittgrößen: $\quad V_C = \hfill = 1{,}18 \text{ kN}$

$x_S = 0{,}104 \text{ m} \rightarrow M = 1{,}18 \cdot 0{,}104 \hfill = 0{,}123 \text{ kNm}$

Größte Nagelkraft $N_1$ nach Abb. 15.53 und Gln. (15.8) bis (15.12):

$$N_{1V} = \frac{1{,}18}{2 \cdot 5} + \frac{0{,}123 \cdot 10^3 \cdot 64}{2 \cdot 222{,}4 \cdot 10^2} \hfill = 0{,}295 \text{ kN}$$

$$N_{1H} = \frac{0{,}123 \cdot 10^3 \cdot 36}{2 \cdot 222{,}4 \cdot 10^2} \hfill = 0{,}10 \text{ kN}$$

$$N_1 = \sqrt{0{,}295^2 + 0{,}10^2} \hfill = 0{,}311 \text{ kN}$$

Nagel 31 × 70: $\hfill < 1{,}25 \cdot 0{,}365 \text{ kN}$

### 15.3.5.3 Dachverband

Die Längsaussteifung der Gespärre geschieht mit Windrispen und Dachlatten, s. Abb. 13.4. Die Windrispen werden bemessen als Wind- und Aussteifungsverbände nach –10.1 und 10.2–. (Ausführliche Erläuterung dazu s. Abschn. 21)

15.3 Sparren- und Kehlbalkendächer   125

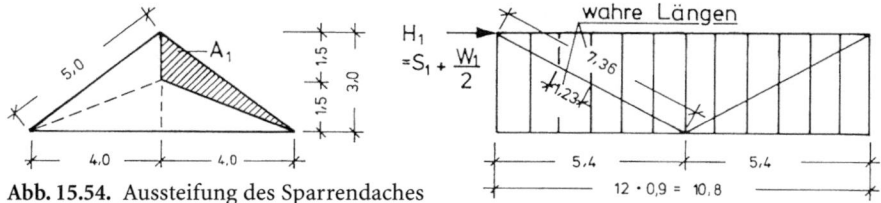

**Abb. 15.54.** Aussteifung des Sparrendaches

Die anteilige Seitenlast $q_S$ (in kN/m) für eine Windrispe ist für die Konstruktion nach Abb. 15.54 gemäß –10.2.2– zu ermitteln nach Gl. (15.13).

$$q_S = \frac{m \cdot N_G}{30 \cdot l} \qquad (15.13)$$

$m = 6$          Anzahl der auszusteifenden Sparren je Windrispe
$N_G = 4{,}66 \cdot 0{,}9$ kN   mittlere Druckkraft eines Sparrens, s. Abb. 15.51
$l = 5{,}0$ m       Stützweite der Aussteifungskonstruktion

$$q_S = \frac{6 \cdot 4{,}66 \cdot 0{,}9}{30 \cdot 5{,}0} = 0{,}168 \text{ kN/m}$$

Anteilige Einzellast

$$S_1 = q_S \cdot l/2 = 0{,}168 \cdot 5/2 = 0{,}420 \text{ kN}$$

Die auf eine Windrispe entfallende Windlast kann nach [143] oder [157] für die anteilige Windangriffsfläche $A_1$ gemäß Abb. 15.54 berechnet werden:

$A_1 = 4{,}0 \cdot 3{,}0/(2 \cdot 2)$       $= 3{,}0$ m²
$W_1 = c_p \cdot q \cdot A_1 = 0{,}8 \cdot 0{,}50 \cdot 3{,}0 = 1{,}2$ kN

Da die Windrispen gleichzeitig Wind- und Seitenlasten aufzunehmen haben und
$$l \leq 30 \text{ m},$$

darf nach –10.2.4– der Verband bemessen werden für Lastfall HZ [1]:

$$H_1 = S_1 + W_1/2 = 0{,}420 + 0{,}60 = 1{,}02 \text{ kN}$$

Gewählt: Windrispe 3/8    mit Nä 31 × 70 an Sparrenunterseite genagelt, nicht vorgebohrt

Druckkraft    $D = -1{,}02 \cdot 7{,}36/5{,}4 = -1{,}39$ kN
Knicklänge nach Abb. 13.4, 15.45 und 15.54

$s_k = 7{,}36/6$          $= 1{,}23$ m

$$\lambda = \frac{1230}{0{,}289 \cdot 30} \qquad = 142 \rightarrow \omega = 6{,}05$$

zul $\sigma_k = 1{,}25 \cdot 8{,}5/6{,}05$    $= 1{,}76$ N/mm²

$$\sigma_{D\|} = \frac{1{,}39 \cdot 10^3}{30 \cdot 80} \qquad = 0{,}58 \text{ N/mm}^2$$

$$0{,}58/1{,}76 = 0{,}33 < 1$$

---

[1] Seitenlast ist H und Windlast ist Z, siehe 14.1.

Maßgebend für die Bemessung der Windrispe ist aber bei diesem Dach der Lastfall Wind, da nach −10.2.4− für Windlast allein die zulässigen Spannungen im Lastfall H einzuhalten sind ($W_1 > (S_1 + W_1/2)/1{,}25$).

Druckkraft $D = -1{,}2 \cdot 7{,}36/5{,}4 = -1{,}64$ kN

$\quad$ zul $\sigma_k = 8{,}5/6{,}05 \qquad\qquad = 1{,}40$ N/mm$^2$

$\quad \sigma_{D\|} = 1{,}64 \cdot 10^3/(30 \cdot 80) = 0{,}68$ N/mm$^2$

$\qquad\qquad\qquad\qquad\qquad 0{,}68/1{,}40 = 0{,}49 < 1$

Anschluss an den Enden [157]:

$$\text{erf } n = \frac{1{,}64}{0{,}365} = 4{,}5 \rightarrow 5 \text{ Nä } 31 \times 70$$

An den zwischenliegenden Sparren Anschluss mit je 2 Nä 31 × 70.

### 15.3.6 Berechnung des verschieblichen Kehlbalkendaches nach DIN 1052 (1988)

#### 15.3.6.1 Allgemeines

Die in diesen Abschnitten enthaltenen Formeln der Statik und Festigkeitslehre sowie die konstruktiven Hinweise zur Ausführung der Kehlbalkendächer können auch für eine Bemessung nach DIN 1052 neu [EC 5] verwendet werden.

Die Vorbemessung der Gespärre kann nach Schulze [143] oder Milbrandt [157] erfolgen.

> Für die praktische Berechnung des verschieblichen Kehlbalkendaches nach Abb. 15.42 verwendet man vorteilhaft EDV-Programme [260], insbesondere für eine Bemessung nach Grenzzuständen oder Tabellen, z.B. [104, 168, 169]. Den folgenden Tafeln 15.1 bis 15.6 liegen die von Heimeshoff/Fritzsche hinsichtlich der Schneelasten nach T5 (6/75) und der Windlasten nach T4 (8/86) überarbeiteten Tabellen [168] mit Ergänzungen von Spix [169] zugrunde.

Sie setzen starre Lagerung der Fußpunkte 1 und 2 voraus. Bei rahmenartigen Drempelkonstruktionen muss der Einfluss der Nachgiebigkeit in horizontaler Richtung auf die Schnittgrößen der Gespärre untersucht werden.

Folgende Lastfälle sind zu berücksichtigen (Abb. 15.55):

Bezeichnungen:

Eigenlasten: $\quad g$ (Dach), $g_u$ (Unterdecke), $g_K$ (Kehlbalkendecke)
Verkehrslasten: $p_K$ (auf ganzem Kehlbalken), $p_{K1}$ (auf linker Kehlbalkenhälfte), $s$ (Schnee beidseitig), $s/2_1$ (Schnee links), $w_1$ (Wind von links)

Lastkombinationen $s$ und $w$ s. Abschn. 14.1.

15.3 Sparren- und Kehlbalkendächer    127

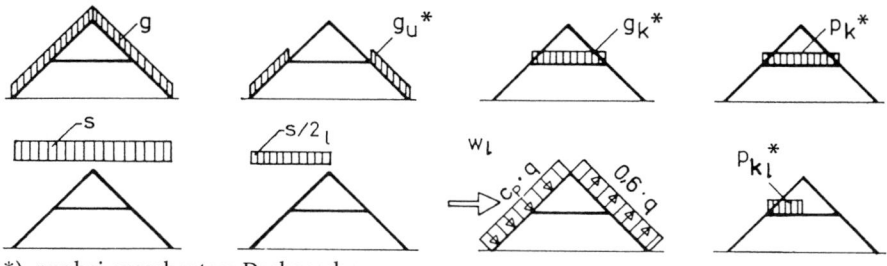

*) nur bei ausgebautem Dachgeschoss

**Abb. 15.55.** Lastfälle für Kehlbalkendächer

### 15.3.6.2 Bemessungshinweise und -tafeln nach DIN 1052 (1988)

Die Sparrenbemessung kann näherungsweise mit Hilfe der Gl. (15.17) bzw. Tafel 15.5 für erf $I$ durchgeführt werden, vgl. Beispiel im Abschn. 15.3.6.3.

Der Knicknachweis für einen Sparren muss i.d.R. für den Punkt $5_u$ gemäß Abb. 15.55 A geführt werden. Die $N$- und $M$-Fläche für die Lastfälle $g$, $s$, $s/2_1$ und $w_1$ werden dort am Beispiel eines verschieblichen Kehlbalkendaches mit folgenden Abmessungen und Belastungen gezeigt:

$\alpha = 45°$; $h_u/h = 0{,}5$; $c = 6{,}5$ m; $e = 1{,}25$ m Sparrenabstand

$g = 1{,}25 \cdot 0{,}80 \quad\quad = 1{,}00$ kN/m D

$s = 1{,}25 \cdot 0{,}62 \cdot 0{,}75 = 0{,}58$ kN/m G

$w_D{}^1 = 1{,}25 \cdot 0{,}70 \cdot 0{,}80 = 0{,}70$ kN/m D

$w_S = 1{,}25 \cdot 0{,}60 \cdot 0{,}80 = 0{,}60$ kN/m D

Die Überlagerung der Biegemomente liefert für den Punkt 5 den größten Betrag. Die Längskräfte im Punkt $5_u$ sind in diesem Beispiel für alle Lastfälle negativ und größer als im Punkt $5_o$.

Die Abhängigkeit der Längskräfte und Biegemomente von der Dachneigung für den Lastfall „$w_1$" wird in Abb. 15.55 B für die Neigungswinkel 30°, 40° und 50° und $c = 6{,}5$ m dargestellt. Die Vergleichswerte für $\alpha = 45°$ können Abb. 15.55 A entnommen werden.

Für $h_u/h \gtrapprox 0{,}63$ liefert Lastfall $s$ größere Biegemomente $M_5$ als Lastfall $s/2_1$, vgl. Zahlenwerte der Tafel 15.2.

Knicknachweis für den Sparren aus NH S10:

$$\frac{N_{5u}/A}{\text{zul }\sigma_k} + \frac{M_5/W}{\text{zul }\sigma_B} \leq 1 \quad\quad (15.14)$$

Die maßgebende Sparrenknicklänge kann näherungsweise gemäß –9.1.3– und Abb. 8.6 ($c_u = s_u$) angenommen werden zu:

$s_{ky} = 0{,}8 \cdot c$ für $\quad 0{,}3 \cdot c < c_u < 0{,}7 \cdot c \quad\quad (15.15)$

$s_{ky} = 1{,}0 \cdot c$ für $\quad c_u \geq 0{,}7 \cdot c \quad\quad (15.16)$

Genauere Knicklänge nach Heimeshoff/Krabbe [168] s. Tafel 15.1.

---

[1] Der vorliegende Sparren gilt nicht als einzelnes Tragglied im Sinne der DIN 1055 (8/86).

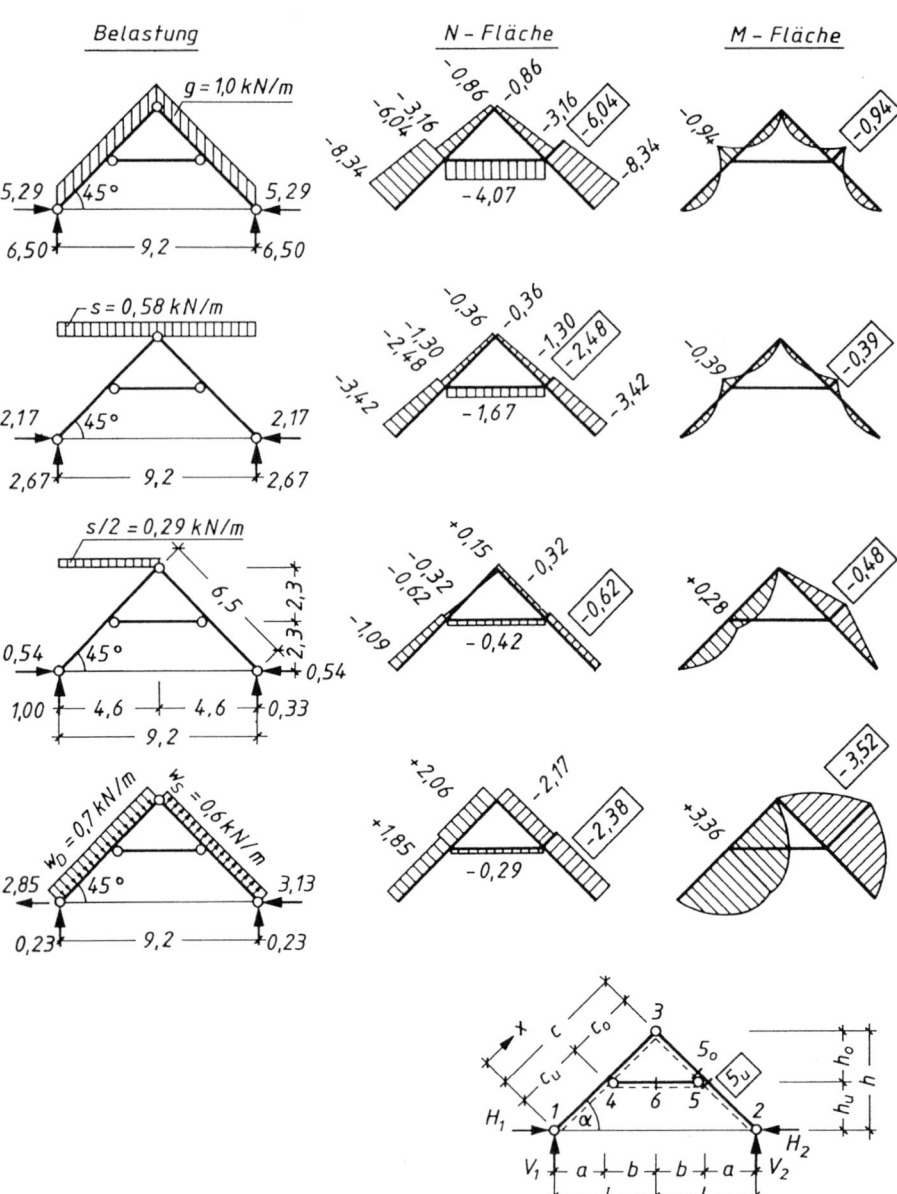

**Abb. 15.55 A.** *N*- und *M*-Flächen für ein verschiebliches Kehlbalkendach mit
$h_u/h = 0{,}5$
$\alpha \quad = 45°$
$c \quad = 6{,}5$ m
$e \quad = 1{,}25$ m Sparrenabstand

## 15.3 Sparren- und Kehlbalkendächer

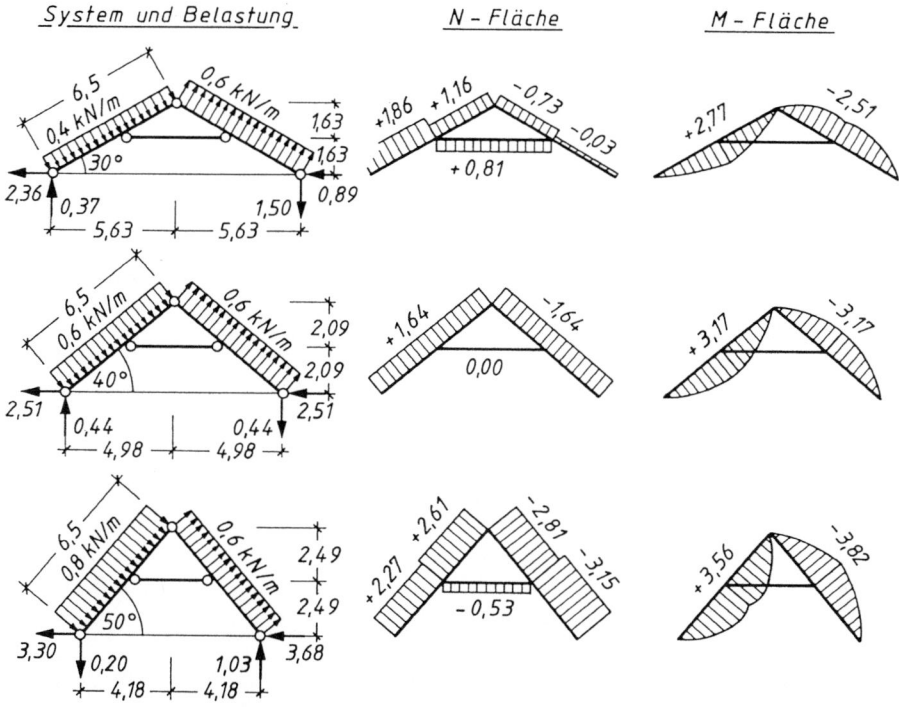

**Abb. 15.55 B.** $N$- und $M$-Flächen infolge $w_1$ für $q = 0{,}8$ kN/m²; $e = 1{,}25$ m Sparrenabstand

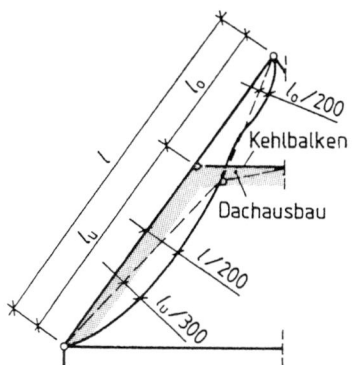

**Abb. 15.55 C.** Zulässige Durchbiegung der Sparren von Kehlbalkendächern bei ausgebautem Dachgeschoss –E64–, [143]

**Tafel 15.1.** Sparrenknicklänge $s_k{}^a$ = Tafelwert · $c$ nach [168]

| nicht ausgebautes Dachgeschoss | | | | | ausgebautes Dachgeschoss[b] | | | | |
|---|---|---|---|---|---|---|---|---|---|
| $\alpha$ | Verhältnis $h_u/h$ | | | | $\alpha$ | Verhältnis $h_u/h$ | | | |
|  | 0,40 | 0,50 | 0,60 | 0,70 |  | 0,40 | 0,50 | 0,60 | 0,70 |
| 30° | 0,84 | 0,83 | 0,83 | 0,84 | 30° | 0,79 | 0,79 | 0,79 | 0,81 |
| 35° | 0,85 | 0,85 | 0,85 | 0,86 | 35° | 0,79 | 0,80 | 0,80 | 0,82 |
| 40° | 0,86 | 0,86 | 0,87 | 0,89 | 40° | 0,80 | 0,80 | 0,81 | 0,84 |
| 45° | 0,87 | 0,88 | 0,89 | 0,93 | 45° | 0,81 | 0,81 | 0,83 | 0,86 |
| 50° | 0,88 | 0,90 | 0,92 | 0,96 | 50° | 0,81 | 0,82 | 0,84 | 0,88 |
| 55° | 0,90 | 0,92 | 0,95 | 1,00 | 55° | 0,82 | 0,84 | 0,86 | 0,91 |

[a] Bei Bemessung mit der Sparrenlängskraft $S_{5u}$.
[b] Mit $g = 0{,}80$ kN/m²; $g_u = 0{,}50$ kN/m²; $s_o = 0{,}75$ kN/m²; $q_k = 1{,}60$ kN/m².

Die zulässige Durchbiegung der Sparren ist nach –8.5.8– zul $f = c/200$, bei ausgebautem Dachgeschoss nach –8.5.7– in der Regel zul $f = c/300$, damit z.B. Trennwände durch die aufgezwungenen Verformungen keinen Schaden erleiden (s. Abb. 15.55C) –E64–. Das erforderliche Flächenmoment 2. Grades des Sparrens kann dann für $c_u/c \approx 0{,}5$ näherungsweise nach Gl. (15.17) berechnet werden.

Begründung mit Hilfe der Abb. 15.56 unter der Annahme: symmetrisches System, $c_u = c/2$. Durchbiegung der Punkte 4 und 5 ist gleich groß wegen starrer Kopplung durch Kehlriegel.

Verformung infolge Lastkomponenten ⊥ zur Sparrenachse:

$$q_\perp = w_D + w_S + s/2_{1\perp}$$

$$f = \frac{5 \cdot q_\perp \cdot e \cdot c^4}{384 \cdot E_\| \cdot 2 \cdot I} \leq \frac{c}{200} \quad \text{für 2 Sparren}$$

$$\text{erf } I \approx 13 \cdot (w_D + w_S + s/2_{1\perp}) \cdot e \cdot c^3 \cdot 10^4 \; [\text{mm}^4] \tag{15.17}$$

$w_D, w_S$    Winddruck- bzw. Windsoglast in kN/m²
$s/2_{1\perp}$    $= s/2 \cdot \cos^2\alpha$ in kN/m². Schneelast kann bei $\alpha > 45°$ entfallen, vgl. Abschn. 14.1
$e, c$    Sparrenabstand, -länge in m

erf $I$ kann nach Heimeshoff/Krabbe [168] unter Verwendung der Tafel 15.5 genauer berechnet werden.

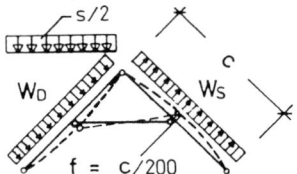

Abb. 15.56

## 15.3 Sparren- und Kehlbalkendächer

**Tafel 15.2.** Sparrenmoment $M_5$

**Tafel 15.3.** Sparrenlängskraft $S_{5u}$

| LF | $\alpha°$ | $M_5$ [kNm] für $h_u/h$ | | | | $S_{5u}$ [kN] für $h_u/h$ | | | | Faktor |
|---|---|---|---|---|---|---|---|---|---|---|
| | | 0,4 | 0,5 | 0,6 | 0,7 | 0,4 | 0,5 | 0,6 | 0,7 | (1) |
| $g$ | 30° | −4,04 | −3,61 | −4,04 | −5,34 | −188 | −170 | −154 | −141 | $\dfrac{g}{100}$ |
| | 35° | −4,27 | −3,81 | −4,27 | −5,65 | −169 | −151 | −136 | −123 | |
| | 40° | −4,57 | −4,08 | −4,57 | −6,04 | −156 | −139 | −124 | −111 | |
| | 45° | −4,95 | −4,42 | −4,95 | −6,54 | −149 | −131 | −116 | −102 | |
| | 50° | −5,45 | −4,86 | −5,45 | −7,20 | −146 | −128 | −111 | −95,8 | |
| | 55° | −6,10 | −5,45 | −6,10 | −8,06 | −148 | −128 | −110 | −93,0 | |
| $g_u$ | 30° | −0,92 | −1,80 | −3,12 | −4,95 | −38,1 | −48,7 | −59,8 | −71,2 | $\dfrac{g_u}{100}$ |
| | 35° | −0,98 | −1,91 | −3,30 | −5,23 | −31,4 | −40,2 | −49,2 | −58,7 | |
| | 40° | −1,04 | −2,04 | −3,52 | −5,60 | −26,2 | −33,5 | −41,1 | −49,0 | |
| | 45° | −1,13 | −2,21 | −3,82 | −6,06 | −22,0 | −28,1 | −34,5 | −41,1 | |
| | 50° | −1,24 | −2,43 | −4,20 | −6,67 | −18,5 | −23,6 | −28,9 | −34,5 | |
| | 55° | −1,39 | −2,72 | −4,71 | −7,48 | −15,4 | −19,7 | −24,2 | −28,8 | |
| $s$ | 30° | −2,63 | −2,34 | −2,63 | −3,47 | −122 | −110 | −100 | −91,8 | $\dfrac{s_o}{75}$ |
| | 35° | −2,30 | −2,04 | −2,30 | −3,04 | −90,7 | −81,2 | −73,3 | −66,3 | |
| | 40° | −1,97 | −1,76 | −1,97 | −2,60 | −67,3 | −59,8 | −53,4 | −47,6 | |
| | 45° | −1,64 | −1,46 | −1,64 | −2,17 | −49,3 | −43,5 | −38,4 | −33,7 | |
| | 50° | −1,31 | −1,17 | −1,31 | −1,73 | −35,2 | −30,8 | −26,8 | −23,1 | |
| | 55° | −0,98 | −0,88 | −0,98 | −1,30 | −23,8 | −20,7 | −17,8 | −15,0 | |
| $\dfrac{s}{2}_1$ | 30° | −2,91 | −2,93 | −2,91 | −2,84 | −29,7 | −27,6 | −26,0 | −24,9 | $\dfrac{s_o}{75}$ |
| | 35° | −2,53 | −2,55 | −2,53 | −2,47 | −21,6 | −20,2 | −19,2 | −18,4 | |
| | 40° | −2,18 | −2,20 | −2,18 | −2,13 | −15,9 | −15,0 | −14,3 | −13,7 | |
| | 45° | −1,80 | −1,82 | −1,80 | −1,76 | −11,4 | −10,8 | −10,4 | −10,0 | |
| | 50° | −1,46 | −1,47 | −1,46 | −1,42 | −8,1 | −7,7 | −7,5 | −7,2 | |
| | 55° | −1,08 | −1,09 | −1,08 | −1,05 | −5,3 | −5,1 | −5,0 | −4,9 | |
| $w_1$ | 30° | −6,03 | −6,33 | −6,03 | −5,11 | +0,87 | −0,33 | −1,2 | −1,9 | $\dfrac{q}{80}$ |
| | 35° | −7,66 | −8,01 | −7,66 | −6,61 | −12,6 | −13,1 | −13,5 | −13,8 | |
| | 40° | −9,82 | −10,2 | −9,82 | −8,59 | −26,3 | −26,3 | −26,3 | −26,3 | |
| | 45° | −12,8 | −13,3 | −12,8 | −11,3 | −41,8 | −41,4 | −41,1 | −40,8 | |
| | 50° | −16,9 | −17,5 | −16,9 | −15,1 | −61,2 | −60,4 | −59,8 | −59,4 | |
| | 55° | −21,3 | −22,0 | −21,3 | −19,0 | −78,4 | −77,7 | −77,1 | −76,7 | |
| $p_{K1}$ | 30° | | | | | −55,5 | −46,9 | −38,0 | −28,9 | $\dfrac{p_K}{100}$ |
| | 35° | | | | | −47,1 | −40,0 | −32,6 | −24,9 | |
| | 40° | | | | | −40,9 | −34,9 | −28,5 | −21,9 | |
| | 45° | −3,60 | −3,13 | −2,40 | −1,58 | −36,1 | −30,9 | −25,5 | −19,6 | |
| | 50° | | | | | −32,3 | −27,9 | −23,1 | −17,9 | |
| | 55° | | | | | −29,2 | −25,4 | −21,1 | −16,5 | |
| Faktor (2) | | $e \cdot l^2$ [m³] | | | | $e \cdot l$ [m²] | | | | kN/m² |

**Tafel 15.4.** KB-Längskraft $S_6$

**Tafel 15.5.** erf $I_{\text{Sparren}}$

| LF | $\alpha°$ | $S_6$ [kN] für $h_u/h$ | | | | erf $I^a$ [cm$^4$] für $h_u/h$ | | | | Faktor |
|---|---|---|---|---|---|---|---|---|---|---|
| | | 0,4 | 0,5 | 0,6 | 0,7 | 0,4 | 0,5 | 0,6 | 0,7 | (1) |
| $g$ | 30° | −129 | −125 | −129 | −144 | 102 | 0 | 102 | 258 | $\dfrac{g}{100}$ |
| | 35° | −113 | −109 | −113 | −126 | 96 | | 96 | 244 | |
| | 40° | −101 | −97,2 | −101 | −112 | 90 | | 90 | 228 | |
| | 45° | −91,3 | −88,4 | −91,3 | −102 | 83 | | 83 | 210 | |
| | 50° | −84,3 | −81,6 | −84,3 | −94,0 | 75 | | 75 | 191 | |
| | 55° | −78,8 | −76,3 | −78,8 | −87,9 | 67 | | 67 | 171 | |
| $g_u$ | 30° | −46,7 | −62,5 | −82,5 | −111 | −29 | 0 | 131 | 276 | $\dfrac{g_u}{100}$ |
| | 35° | −40,7 | −54,5 | −71,9 | −96,6 | −27 | | 124 | 261 | |
| | 40° | −36,3 | −48,6 | −64,2 | −86,2 | −26 | | 116 | 244 | |
| | 45° | −33,0 | −44,2 | −58,3 | −78,4 | −24 | | 107 | 225 | |
| | 50° | −30,5 | −40,8 | −53,9 | −72,3 | −22 | | 97 | 205 | |
| | 55° | −28,5 | −38,2 | −50,4 | −67,7 | −19 | | 87 | 183 | |
| $s$ für $S_6$ $s/2_1$ für $I$ | 30° | −83,9$^b$ | −81,2$^b$ | −83,9$^b$ | −93,6$^b$ | 374 | 366 | 374 | 400 | $\dfrac{s_o}{75}$ |
| | 35° | −60,2 | −58,2 | −60,2 | −67,1 | 293 | 287 | 293 | 313 | |
| | 40° | −43,3 | −41,9 | −43,3 | −48,3 | 220 | 215 | 220 | 235 | |
| | 45° | −30,0 | −29,1 | −30,0 | −33,5 | 156 | 153 | 156 | 167 | |
| | 50° | −20,3 | −19,7 | −20,3 | −22,7 | 103 | 101 | 103 | 110 | |
| | 55° | −12,5 | −12,1 | −12,5 | −14,0 | 62 | 60 | 62 | 66 | |
| $w_1$ | 30° | 11,9 | 11,5 | 11,9 | 13,3 | 1008 | 1042 | 1008 | 993 | $\dfrac{q}{80}$ |
| | 35° | 5,5 | 5,3 | 5,5 | 6,1 | 1114 | 1146 | 1114 | 1107 | |
| | 40° | 0,0 | 0,0 | 0,0 | 0,0 | 1221 | 1250 | 1221 | 1221 | |
| | 45° | −5,2 | −5,0 | −5,2 | −5,8 | 1327 | 1354 | 1327 | 1334 | |
| | 50° | −10,5 | −10,2 | −10,5 | −11,7 | 1434 | 1458 | 1434 | 1448 | |
| | 55° | −11,0 | −10,6 | −11,0 | −12,3 | 1434 | 1458 | 1434 | 1448 | |
| $p_{K1}{}^c$ | 30° | maßgebend für $S_6$ | | | | 423 | 391 | 282 | 175 | $\dfrac{p_K}{100}$ |
| | 35° | ist LF $p_K$ | | | | 378 | 349 | 252 | 157 | |
| | 40° | siehe Gl. (15.19) | | | | 331 | 306 | 220 | 137 | |
| | 45° | vgl. Abb. 15.57 | | | | 282 | 260 | 188 | 117 | |
| | 50° | | | | | 233 | 215 | 155 | 97 | |
| | 55° | | | | | 185 | 171 | 124 | 77 | |
| Faktor (2) | | $e \cdot l$ [m$^2$] | | | | $e \cdot c^3$ [m$^4$] | | | | kN/m$^2$ |
| für max $f$ an der Stelle $^d$ $x/c =$ | | | | | | 0,57 | 0,50 | 0,43 | 0,43 | |

$^a$ Tafelwerte für zul $f = c/200$;   $^b$ für $s/2_1$: 25% der Werte.
$^c$ $p_{K1}$ braucht für erf $I$ nicht berücksichtigt zu werden, da Zusammentreffen von $s/2_1$, $w_1$ und $p_{K1}$ sehr selten, dann aber kann zul $f > c/200$ in Kauf genommen werden.
$^d$ $x$ siehe Abb. 15.57a.

**Tafel 15.6.** Stützkräfte $V_1$ und $H_1$ [kN]

| LF | $\alpha°$ | $V_1$ für $h_u/h$ 0,4 bis 0,7 | $H_1$ für $h_u/h$ 0,4 | 0,5 | 0,6 | 0,7 | Faktor (1) |
|---|---|---|---|---|---|---|---|
| $g$ | 30° | 116 | 178 | 163 | 152 | 143 | $\dfrac{g}{100}$ |
|   | 35° | 122 | 155 | 142 | 132 | 125 | |
|   | 40° | 131 | 138 | 126 | 118 | 111 | |
|   | 45° | 141 | 126 | 115 | 107 | 101 | |
|   | 50° | 156 | 116 | 106 | 99,0 | 93,5 | |
|   | 55° | 174 | 108 | 99,2 | 92,6 | 87,4 | |
| $g_u$ | 30° | 116 | 110 | 113 | 115 | 118 | Beachte ↓ $\dfrac{g_u}{100} \cdot \dfrac{h_u}{h}$ |
|   | 35° | 122 | 95,9 | 98,1 | 100 | 102 | |
|   | 40° | 131 | 85,6 | 87,5 | 89,5 | 91,4 | |
|   | 45° | 141 | 77,8 | 79,5 | 81,3 | 83,1 | |
|   | 50° | 156 | 71,8 | 73,4 | 75,1 | 76,7 | |
|   | 55° | 174 | 67,1 | 68,7 | 70,2 | 71,7 | |
| $s$ | 30° | 75,0[a] | 115[b] | 106[b] | 98,5[b] | 93,0[b] | $\dfrac{s_0}{75}$ |
|   | 35° | 65,6 | 82,7 | 75,7 | 70,7 | 66,7 | |
|   | 40° | 56,3 | 59,5 | 54,5 | 50,8 | 48,0 | |
|   | 45° | 46,9 | 41,3 | 37,8 | 35,3 | 33,3 | |
|   | 50° | 37,5 | 27,9 | 25,6 | 23,9 | 22,5 | |
|   | 55° | 28,1 | 17,2 | 15,8 | 14,7 | 13,9 | |
| $w_l$ | 30° | 5,3 | −34,9 | −33,5 | −32,5 | −31,7 | $\dfrac{q}{80}$ |
|   | 35° | 7,2 | −35,6 | −34,9 | −34,5 | −34,1 | |
|   | 40° | 7,1 | −40,3 | −40,3 | −40,3 | −40,3 | |
|   | 45° | 4,0 | −48,9 | −49,5 | −49,9 | −50,3 | |
|   | 50° | −3,8 | −61,9 | −63,1 | −64,0 | −64,6 | |
|   | 55° | −21,1 | −76,3 | −77,6 | −78,5 | −79,2 | |
| $w_r$ | 30° | −21,3 | 11,3 | 12,7 | 13,7 | 14,5 | $\dfrac{q}{80}$ |
|   | 35° | −15,2 | 26,1 | 26,7 | 27,2 | 27,5 | |
|   | 40° | −7,1 | 40,3 | 40,3 | 40,3 | 40,3 | |
|   | 45° | 4,0 | 55,1 | 54,5 | 54,1 | 53,7 | |
|   | 50° | 19,8 | 71,6 | 70,4 | 69,5 | 68,8 | |
|   | 55° | 37,1 | 83,7 | 82,4 | 81,5 | 80,7 | |
| Faktor (2) | | $e \cdot l$ [m²] | | | | | kN/m² |

[a] Bei $s/2_l$: 37,5% der Werte; bei $s/2_r$: 12,5% der Werte.
[b] Bei $s/2_l$: 25% der Werte; bei $s/2_r$: 25% der Werte.
Index $r \triangleq$ rechts bzw. von rechts.

Bei ausgebautem Dachgeschoss sollte die relativ große rechnerische Sparrendurchbiegung durch konstruktive Verankerung der Deckenscheibe an Giebel- und Zwischenwänden reduziert werden. Vorzuziehen ist jedoch das unverschiebliche Kehlbalkendach.

Die symmetrischen Lastfälle $g_K$ und $p_K$ nach Abb. 15.55 wurden nicht in die Tafeln 15.2 bis 15.6 aufgenommen. Die Gleichungen (15.18) bis (15.20) liefern Lagerreaktionen und Schnittgrößen, siehe Abb. 15.57.

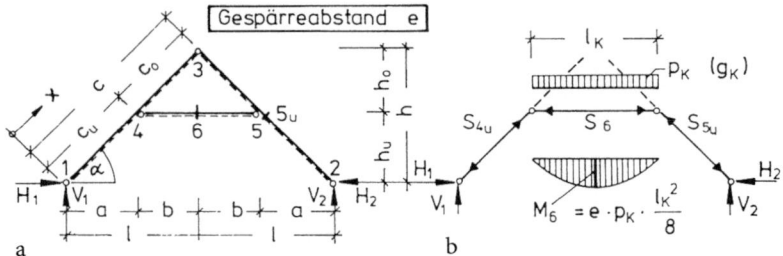

a  b

**Abb. 15.57.** Bezeichnungen (a), Lastfälle $p_K$ bzw. $g_K$ (b)

$$V_1 = V_2 \qquad\qquad = 0{,}5 \cdot e \cdot p_K \cdot l_K \qquad (15.18)$$

$$-S_6 = H_1 = H_2 = V_1/\tan\alpha = 0{,}5 \cdot e \cdot p_K \cdot l_K/\tan\alpha \qquad (15.19)$$

$$S_{4u} = S_{5u} = -V_1/\sin\alpha = -0{,}5 \cdot e \cdot p_K \cdot l_K/\sin\alpha \qquad (15.20)$$

### 15.3.6.3 Statische Berechnung für das nicht ausgebaute Kehlbalkendach nach Abb. 15.58 und DIN 1052 (1988)

**Sparrenabstand** $e = 0{,}90$ m

$$l = 5{,}0 \text{ m}$$
$$\sin 40° = 0{,}643$$
$$\cos 40° = 0{,}766$$
$$\tan 40° = 0{,}839$$
$$\frac{h_u}{h} = \frac{2{,}52}{4{,}20} = 0{,}60$$

**Lastannahmen:**

| | |
|---|---:|
| Eigenlast: Falzziegel einschl. Lattung | 0,55 kN/m² D |
| Sparren n. Abb. 14.8 | $0{,}13 \cdot 0{,}766 = 0{,}10$ kN/m² D |
| | $g = 0{,}65$ kN/m² D |
| | $g_K = 0{,}10$ kN/m² G |
| Regelschneelast nach DIN 1055 T 5 (6/75) | $s_o = 0{,}75$ kN/m² G |
| Windlast: Staudruck nach DIN 1055 T 4 (8/86) | $q = 0{,}50$ kN/m² D |

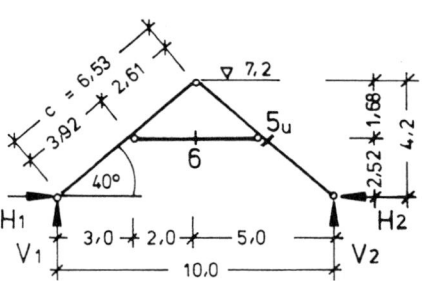

Abb. 15.58

## 15.3 Sparren- und Kehlbalkendächer

**Bemessung eines Gespärres**
Die Bemessung kann vereinfacht mit Hilfe der Tafeln 15.1 bis 15.5 durchgeführt werden.

**Sparren:**
Das erforderliche Flächenmoment 2. Grades wird vergleichsweise nach Gl. (15.17) und nach Tafel 15.5 berechnet.
Näherung nach Gl. (15.17):

$$w_D + w_S = (0{,}6 + 0{,}6) \cdot 0{,}50 \qquad\qquad = 0{,}60 \text{ kN/m}^2 \text{ D}$$

$$s/2_\perp = \frac{1}{2} \cdot k_S \cdot s_o \cdot \cos^2\alpha = \frac{1}{2} \cdot 0{,}75 \cdot 0{,}75 \cdot 0{,}766^2 \qquad = 0{,}17 \text{ kN/m}^2 \text{ D}$$

$$\qquad\qquad\qquad\qquad\qquad\qquad\qquad\qquad\qquad\qquad 0{,}77 \text{ kN/m}^2 \text{ D}$$

$$\text{erf } I \approx 13 \cdot 0{,}77 \cdot 0{,}9 \cdot 6{,}53^3 \cdot 10^4 \qquad\qquad = 2509 \cdot 10^4 \text{ mm}^4$$

erf $I$ nach Tafel 15.5 für Lastfall „$g + s/2_1 + w_1$":
$$\begin{aligned}
\text{erf } I = \quad & 90 \cdot 0{,}65/100 \cdot 0{,}9 \cdot 6{,}53^3 \cdot 10^4 & = \;\;147 \cdot 10^4 \text{ mm}^4 \\
+\; & 220 \cdot 0{,}75/75 \;\;\cdot 0{,}9 \cdot 6{,}53^3 \cdot 10^4 & = \;\;551 \cdot 10^4 \text{ mm}^4 \\
+\; & 1221 \cdot 0{,}50/80 \;\;\cdot 0{,}9 \cdot 6{,}53^3 \cdot 10^4 & = 1912 \cdot 10^4 \text{ mm}^4
\end{aligned}$$

$$\text{erf } I = 2610 \cdot 10^4 \text{ mm}^4$$

| Gewählt 8/16 | $I_y = 2731 \cdot 10^4 \text{ mm}^4 > 2610 \cdot 10^4 \text{ mm}^4$ |

$$A = 128 \cdot 10^2 \text{ mm}^2;\; W_y = 341 \cdot 10^3 \text{ mm}^3$$

Knicknachweis nach Gl. (15.14) für den Lastfall HZ mit:
a) $g + g_K + s + w_1$ bei beidseitiger Schneelast
b) $g + g_K + s/2_1 + w_1$ bei einseitiger Schneelast

**Kombination $a$:**
$$\begin{aligned}
\text{Tafel 15.2: } M_5 = \;& -4{,}57 \cdot 0{,}65/100 \cdot 0{,}9 \cdot 5{,}0^2 & = -0{,}67 \text{ kNm } g \\
& -1{,}97 \cdot 0{,}75/75 \;\;\cdot 0{,}9 \cdot 5{,}0^2 & = -0{,}44 \text{ kNm } s \\
& -9{,}82 \cdot 0{,}50/80 \;\;\cdot 0{,}9 \cdot 5{,}0^2 & = -1{,}38 \text{ kNm } w_1
\end{aligned}$$

$$M_5 = -2{,}49 \text{ kNm}$$

$$\begin{aligned}
\text{Tafel 15.3: } S_{5u} = \;& -124 \cdot 0{,}65/100 \cdot 0{,}9 \cdot 5{,}0 & = -3{,}62 \text{ kN } g \\
& -53{,}4 \cdot 0{,}75/75 \;\;\cdot 0{,}9 \cdot 5{,}0 & = -2{,}40 \text{ kN } s \\
& -26{,}3 \cdot 0{,}50/80 \;\;\cdot 0{,}9 \cdot 5{,}0 & = -0{,}74 \text{ kN } w_1 \\
\text{n. Gl. (15.20):} \quad & -0{,}5 \cdot 0{,}9 \cdot 0{,}1 \cdot 4{,}0/0{,}643 & = -0{,}28 \text{ kN } g_K
\end{aligned}$$

$$S_{5u} = -7{,}04 \text{ kN}$$

**Kombination $b$:**
$$\begin{aligned}
\text{Tafel 15.2: } M_5 = \;& -0{,}67 - 1{,}38 & = -2{,}05 \text{ kN} \\
& -2{,}18 \cdot 0{,}75/75 \cdot 0{,}9 \cdot 5{,}0^2 & = -0{,}49 \text{ kNm } s/2_1
\end{aligned}$$

$$M_5 = -2{,}54 \text{ kNm}$$

Tafel 15.3: $S_{5u} = -3{,}62 - 0{,}74 - 0{,}28 \qquad\qquad = -4{,}64$ kN
$\qquad\qquad\qquad -14{,}3 \cdot 0{,}75/75 \cdot 0{,}9 \cdot 5{,}0 \quad = -0{,}64$ kN $s/2_1$

$$S_{5u} = -5{,}28 \text{ kN}$$

Knicklänge nach Tafel 15.1: $s_{ky} = 0{,}87 \cdot 6{,}53 = 5{,}68$ m

$$\lambda_y = \frac{5680}{0{,}289 \cdot 160} = 123 \to \omega = 4{,}54$$

zul $\sigma_k = 1{,}25 \cdot 8{,}5/4{,}54 \qquad\qquad = 2{,}34$ N/mm²

Kombination *a*:

$$\frac{7{,}04 \cdot 10^3/(128 \cdot 10^2)}{2{,}34} + \frac{2490 \cdot 10^3/(341 \cdot 10^3)}{1{,}25 \cdot 10} = 0{,}24 + 0{,}58 = 0{,}82 < 1$$

$$\text{vgl. Gl. (15.14)}$$

Kombination *b*:

$$\frac{5{,}28 \cdot 10^3/(128 \cdot 10^2)}{2{,}34} + \frac{2540 \cdot 10^3/(341 \cdot 10^3)}{1{,}25 \cdot 10} = 0{,}18 + 0{,}60 = 0{,}78 < 1$$

**Kehlriegel:**
Maßgebender Lastfall H: $g + g_K + s$ + Mannlast (s. Abb. 15.59)

Die Windlast ist für $\alpha = 40°$ antimetrisch ($w_D = w_S$), erzeugt also keine Längskraft im Kehlriegel, vgl. Tafel 15.4 Lastfall $w_1$:

$$S_6 = 0$$

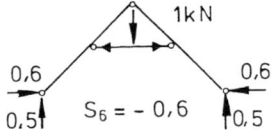

Abb. 15.59. Lastfall „Mannlast"

Abb. 15.57b: $M_6 = 0{,}9 \cdot 0{,}1 \cdot 4{,}0^2/8 \qquad\qquad = 0{,}18$ kNm
Abb. 15.59: $\qquad\quad + 1{,}0 \cdot 4{,}0/4 \qquad\qquad\qquad = 1{,}0 \;\;$ kNm

$$M_6 = 1{,}18 \text{ kNm}$$

Tafel 15.4: $\quad S_6 = -101 \cdot 0{,}65/100 \cdot 0{,}9 \cdot 5{,}0 = -2{,}94$ kN
$\qquad\qquad\quad -43{,}3 \cdot 0{,}75/75 \cdot 0{,}9 \cdot 5{,}0 = -1{,}95$ kN
Gl. (15.19): $\quad -0{,}5 \cdot 0{,}9 \cdot 0{,}1 \cdot 4{,}0/0{,}839 = -0{,}21$ kN
Abb. 15.59: $\quad -0{,}5/0{,}839 \qquad\qquad\qquad = -0{,}60$ kN

$$S_6 = -5{,}70 \text{ kN}$$

| Gewählt 8/12 | $A = 96 \cdot 10^2$ mm²; $W_y = 192 \cdot 10^3$ mm³

Knickaussteifung nach Abb. 15.42: Mittelbohle und Streben (KA)
Knicklängen: $s_{ky} = 4{,}0$ m; $s_{kz} = 2{,}0$ m

Maßgebend: $\lambda_y = \dfrac{4000}{0{,}289 \cdot 120} = 115 \to \omega = 3{,}97$

zul $\sigma_k = 8{,}5/3{,}97 = 2{,}14$ N/mm$^2$

$$\dfrac{5{,}70 \cdot 10^3/(96 \cdot 10^2)}{2{,}14} + \dfrac{1180 \cdot 10^3/(192 \cdot 10^3)}{10} = 0{,}28 + 0{,}62 = 0{,}90 < 1$$

siehe Gl. (15.14)

### 15.3.6.4 Konstruktionsdetails nach DIN 1052 (1988)

**Kehlbalkenanschluss, Berechnung und Konstruktion**
Varianten der konstruktiven Ausbildung s. Abb. 15.47.
Gewählt: Konstruktion nach Abb. 15.61.
Maßgebender Lastfall für max $V_4$ und $H_4$ am Kehlbalkenanschluss:

Lastfall H: $g + g_K + s$ + Mannlast am Kehlbalken (Punkt 4)
$\quad$ max $V_4 = 0{,}1 \cdot 0{,}9 \cdot 4{,}0/2 = 0{,}18$ kN
$\quad\quad\quad\quad\quad + 1{,}0$ kN (Mannlast)

$\quad$ max $V_4 = 1{,}18$ kN

Die Längskraft $S_6$ ist für Mannlast in Kehlbalkenmitte (Abb. 15.59) und Mannlast am Kehlbalkenanschluss (Abb. 15.60) gleich groß. Der letztere Last-

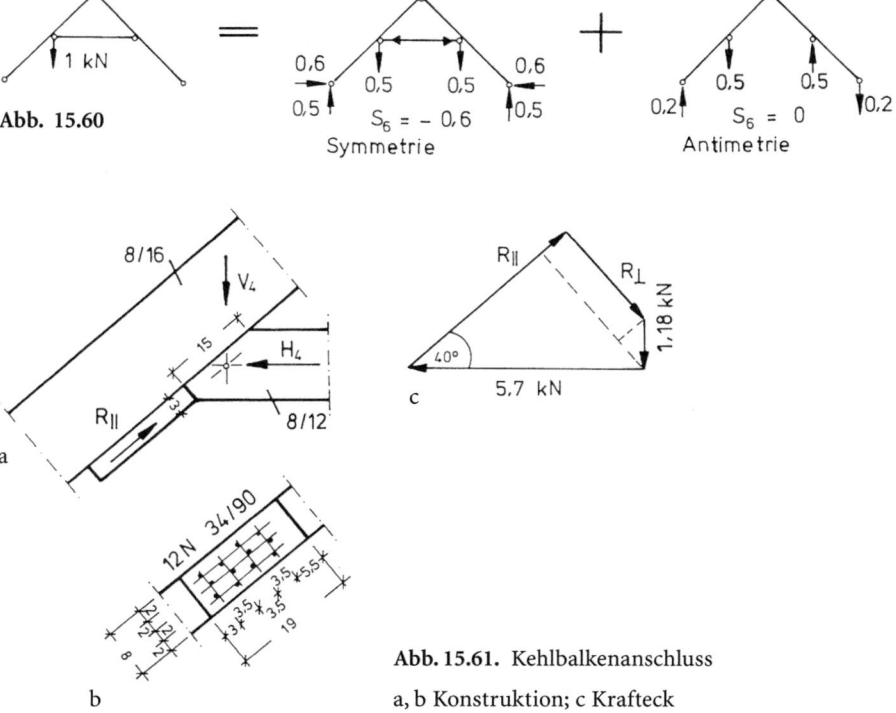

Abb. 15.60

Abb. 15.61. Kehlbalkenanschluss
a, b Konstruktion; c Krafteck

fall wird nach Abb. 15.60 vorteilhaft durch Belastungsumordnung in Symmetrie und Antimetrie berechnet.
Damit ist

$$H_4 = -S_6 = 5{,}70 \text{ kN} \quad \text{(siehe oben)}$$

Anschlusskräfte

$$R_\| = H_4 \cdot \cos 40° + V_4 \cdot \sin 40°$$
$$R_\perp = H_4 \cdot \sin 40° - V_4 \cdot \cos 40°$$
$$R_\| = 5{,}70 \cdot 0{,}766 + 1{,}18 \cdot 0{,}643 = 5{,}12 \text{ kN}$$
$$R_\perp = 5{,}70 \cdot 0{,}643 - 1{,}18 \cdot 0{,}766 = 2{,}76 \text{ kN}$$

Spannungsnachweise:

Kurze Fuge: $\sigma_{D\sphericalangle} = \dfrac{5{,}12 \cdot 10^3}{30 \cdot 80} = 2{,}1 \text{ N/mm}^2$

zul $\sigma_{D\sphericalangle 40°} = 4{,}3 \text{ N/mm}^2 \quad 2{,}1/4{,}3 = 0{,}49 < 1$

Lange Fuge: $\sigma_{D\perp} = \dfrac{2{,}76 \cdot 10^3}{150 \cdot 80} = 0{,}23 \text{ N/mm}^2$

zul $\sigma_{D\perp} = 2{,}0 \text{ N/mm}^2 \quad 0{,}23/2{,}0 = 0{,}11 < 1$

Nägel: $\text{erf } n = \dfrac{5{,}12}{0{,}43} = 11{,}9 \rightarrow 12 \text{ Nä } 34 \times 90$, nicht vorgebohrt

Lagesicherung: 2 seitliche Laschen nach Abb. 15.47c

Auf den Nachweis der Zusatzspannung im Sparren infolge Ausmittigkeit von $R\|$ (Kombination a) wird verzichtet, da ihr Rechenwert vernachlässigbar klein ist ($\Delta\sigma < 0{,}05 \cdot \text{zul } \sigma_{D\|}^{HZ}$).

**Sparrenfuß, Berechnung und Konstruktion**
Varianten der konstruktiven Ausbildung s. Abb. 15.48.
Gewählt: Konstruktion nach Abb. 15.62.
Maßgebende Lastkombination (ohne Mannlast):

für max $V_1$: $g + g_K + s + w_1$

Tafel 15.6:  max $V_1 = 131 \cdot 0{,}65/100 \cdot 0{,}9 \cdot 5{,}0 \quad = \quad 3{,}82 \text{ kN } g$
$+ 56{,}3 \cdot 0{,}75/75 \cdot 0{,}9 \cdot 5{,}0 = \quad 2{,}53 \text{ kN } s$
$+ 7{,}1 \cdot 0{,}50/80 \cdot 0{,}9 \cdot 5{,}0 = \quad 0{,}20 \text{ kN } w_1$
Gl. (15.18): $+ 0{,}5 \cdot 0{,}1 \cdot 0{,}9 \cdot 0{,}4 \quad\quad\quad = \quad 0{,}18 \text{ kN } g_K$

| | |
|---|---|
| max $V_1 =$ 6,53 kN | LF H |
| max $V_1 =$ 6,73 kN | LF HZ |

## 15.3 Sparren- und Kehlbalkendächer

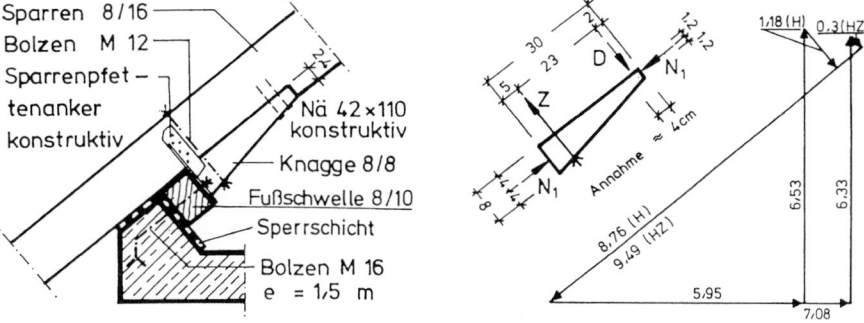

**Abb. 15.62.** Sparrenfuß, Konstruktion und Krafteck

Tafel 15.6: $H_1 = 118 \cdot 0{,}65/100 \cdot 0{,}9 \cdot 5{,}0 \phantom{xx} = \phantom{x} 3{,}45$ kN $g$
$\phantom{H_1 = } + 50{,}8 \cdot 0{,}75/75 \cdot 0{,}9 \cdot 5{,}0 = \phantom{x} 2{,}29$ kN $s$
$\phantom{H_1 = } - 40{,}3 \cdot 0{,}50/80 \cdot 0{,}9 \cdot 5{,}0 = -1{,}13$ kN $w_1$
Gl. (15.19): $\phantom{H_1 = } + 0{,}18/0{,}839 \phantom{xxxxxxx} = \phantom{x} 0{,}21$ kN $g_K$

| $H_1 =$ | 5,95 kN | LF H |
|---|---|---|

| $H_1 =$ | 4,82 kN | LF HZ |
|---|---|---|

für max $H_1$: $g + g_K + s + w_r$

max $H_1 = 3{,}45 + 2{,}29 + 0{,}21 \phantom{xx} = 5{,}95$ kN LF H
$\phantom{\max H_1 =} + 40{,}3 \cdot 0{,}50/80 \cdot 0{,}9 \cdot 5{,}0 = 1{,}13$ kN $w_r$

| max $H_1 =$ | 7,08 kN | LF HZ |
|---|---|---|

$V_1 = 3{,}82 + 2{,}53 + 0{,}18 \phantom{xxxx} = \phantom{x} 6{,}53$ kN $\phantom{x}$ LF H
$\phantom{V_1 =} - 7{,}1 \cdot 0{,}50/80 \cdot 0{,}9 \cdot 5{,}0 = -0{,}20$ kN $w_r$

| $V_1 =$ | 6,33 kN | LF HZ |
|---|---|---|

In Abb. 15.62 werden gegenübergestellt:
Komb. max $V_1$ als LF H und Komb. max $H_1$ als LF HZ

**Lastfall H:** $N_1 = -5{,}95 \cdot 0{,}766 - 6{,}53 \cdot 0{,}643 = -8{,}76$ kN
$\phantom{\text{Lastfall H:}} Q_1 = -5{,}95 \cdot 0{,}643 + 6{,}53 \cdot 0{,}766 = \phantom{-}1{,}18$ kN

**Lastfall HZ:** $N_1 = -7{,}08 \cdot 0{,}766 - 6{,}33 \cdot 0{,}643 = -9{,}49$ kN
$\phantom{\text{Lastfall HZ:}} Q_1 = -7{,}08 \cdot 0{,}643 + 6{,}33 \cdot 0{,}766 = \phantom{-}0{,}30$ kN

Maßgebend ist die Kombination max $V_1$ als LF H
Erforderliche Einschnittiefe:

$$\text{erf } t = \frac{N_1}{\text{zul } \sigma_{D\|} \cdot b} = \frac{8{,}76 \cdot 10^3}{8{,}5 \cdot 80} = 12{,}9 \text{ mm} \rightarrow \text{gew. } 24 \text{ mm}$$

Erforderliche Knaggenhöhe an der Schwelle:

$$\text{erf } h = \frac{N_1}{\text{zul } \sigma_{D\perp} \cdot b} = \frac{8{,}76 \cdot 10^3}{2{,}0 \cdot 80} = 55 \text{ mm} \rightarrow \text{gew. 80 mm}$$

**Zugkraft im Bolzen M12 nach Abb. 15.62**
Die Knagge wird durch das Kräftepaar $N_1 \cdot (80/2 - 12)$ ausmittig beansprucht.
Die angenommene Druckfläche sei 40 mm lang.

$$Z = D = \frac{N_1 \cdot (80/2 - 12)}{230} = \frac{8{,}76 \cdot 28}{230} = 1{,}07 \text{ kN}$$

Pressung in der angenommenen Druckfläche:

$$\sigma_{D\perp} = \frac{1{,}07 \cdot 10^3}{40 \cdot 80} = 0{,}33 \text{ N/mm}^2 \qquad 0{,}33/2{,}0 = 0{,}16 < 1$$

$\sigma_z$ im Kernquerschnitt und $\sigma_{D\perp}$ unter der Scheibe sind ebenfalls gering.
Die Auflagerquerkraft $Q_1 = 1{,}18$ kN kann ohne weiteres durch Kontakt zwischen Sparrenunterkante und Schwelle übertragen werden.

**Fußschwelle konstruktiv gewählt 8/10**
Verankerungsbolzen konstruktiv M16  $e = 1{,}5$ m  (Abb. 15.62)

$$\text{zul } N_b = 0{,}75 \cdot 4{,}0 \cdot 80 \cdot 16 = 3840 \text{ N}$$
$$\leq 0{,}75 \cdot 17 \cdot 16^2 \qquad = 3264 \text{ N maßgebend, vgl. Gl. (6.5)}$$
$$3{,}26 \text{ kN} > 1{,}18 \cdot 1{,}5/0{,}90 = 1{,}97 \text{ kN}$$

oder $e = 2{,}0$ m: $3{,}26$ kN $> 1{,}18 \cdot 2{,}0/0{,}9 = 2{,}62$ kN

**Firstpunkt, Berechnung und Konstruktion**
Der Firstpunkt wird i. d. R. ohne Nachrechnung konstruktiv ausgebildet. Konstruktionsvarianten s. Abb. 15.46, siehe auch [104, 157].

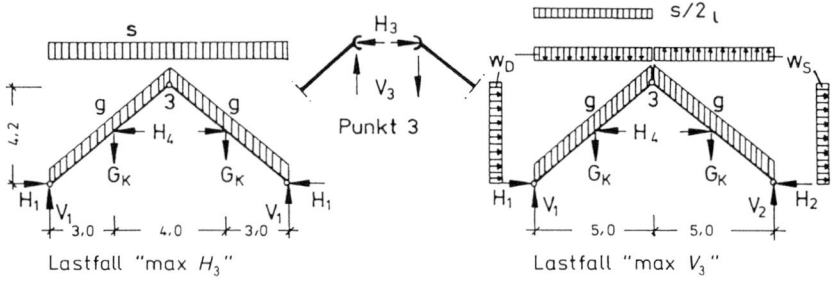

**Abb. 15.63.** Anschlusskräfte im Firstpunkt

## 15.3 Sparren- und Kehlbalkendächer

Die Belastungen für ein Gespärre – Belastungsbreite $e = 0{,}9$ m – nach Abb. 15.63 betragen:

$$g = 0{,}9 \cdot 0{,}65 \qquad = 0{,}585 \text{ kN/m D}$$
$$G_K = 0{,}9 \cdot 0{,}10 \cdot 4{,}0/2 = 0{,}18 \text{ kN}$$
$$s = 0{,}9 \cdot 0{,}75 \cdot 0{,}75 = 0{,}506 \text{ kN/m G}$$
$$s/2 = 0{,}506/2 \qquad = 0{,}253 \text{ kN/m G}$$
$$w_D = 0{,}9 \cdot 0{,}6 \cdot 0{,}50 = 0{,}27 \text{ kN/m D}$$
$$w_S = 0{,}9 \cdot 0{,}6 \cdot 0{,}50 = 0{,}27 \text{ kN/m D}$$

$\alpha = 40°$

$|w_D| = |w_S|$

Lastfall „max $H_3$" gemäß Abb. 15.63 liefert:

$$V_1 = 3{,}82 + 2{,}53 + 0{,}18 = 6{,}53 \text{ kN}$$
$$H_1 = 3{,}45 + 2{,}29 + 0{,}21 = 5{,}95 \text{ kN}$$

siehe Sparrenfuß

$$H_4 = -S_6 = 2{,}94 + 1{,}95 + 0{,}21 = 5{,}10 \text{ kN} \qquad \text{siehe Kehlriegel}$$

Anschlusskräfte im First: $\qquad V_3 = 0 \qquad$ Symmetrie

$$H_3 = H_1 - H_4 = 5{,}95 - 5{,}10 = 0{,}85 \text{ kN} \quad \text{Lastfall H}$$

Lastfall „max $V_3$" nach Abb. 15.63 lässt sich leicht berechnen nach Trennung der Lasten in symmetrische und antimetrische Lastgruppen. Die Windlast ist für $\alpha = 40°$ antimetrisch.

| Symmetr. Lasten $\to V_3 = 0$ | Antimetr. Lasten $\to H_3 = H_4 = 0$ |
|---|---|

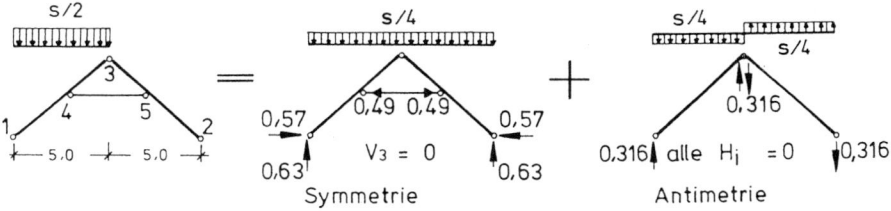

**Abb. 15.64.** Lastfall $s/2_1$

$$\max V_3 = \frac{1}{4} \cdot 0{,}506 \cdot \frac{5}{2} \qquad = 0{,}316 \text{ kN } \frac{s}{4} \text{ Antimetrie}$$

$$+ 0{,}27 \cdot \frac{6{,}53^2}{2 \cdot 5} \qquad = 1{,}15 \text{ kN } w_1 \text{ Antimetrie}$$

| $V_3 \approx 1{,}47$ kN | LF HZ |
|---|---|

$H_1 = 3{,}45 + 0{,}21$  $\qquad = 3{,}66$ kN $\quad g + g_K$

$\qquad + 2{,}29/4$  $\qquad = 0{,}57$ kN $\quad \dfrac{s}{4}$ Symmetrie

siehe Sparrenfuß:  $\qquad -1{,}13$ kN $\quad w_1$ Antimetrie

$\qquad\qquad\qquad\qquad\qquad\qquad\overline{H_1 = 3{,}10 \text{ kN}}$

$H_4 = -S_6 = 2{,}94 + 0{,}21$  $\qquad = 3{,}15$ kN $\quad g + g_K$

$\qquad + 1{,}95/4$  $\qquad = 0{,}49$ kN $\quad \dfrac{s}{4}$ Symmetrie

$\qquad\qquad\qquad\qquad\qquad\qquad\overline{H_4 = 3{,}64 \text{ kN}}$

$H_3 = w_D \cdot h + H_1 - H_4$ $\qquad\qquad\qquad\qquad$ vgl. Abb. 15.63

| $H_3 = 0{,}27 \cdot 4{,}2 + 3{,}10 - 3{,}64$ | $= 0{,}59$ kN | LF HZ |

Maßgebend für die Berechnung ist Lastfall HZ:

| $V_3 = 1{,}47$ kN $\quad H_3 = 0{,}59$ kN | LF HZ |

a) Konstruktion nach Abb. 15.53 wie Sparrendach
b) Konstruktion mit einfachem Blatt, genagelt nach Abb. 15.65. Vgl. auch Varianten des Firstpunktes nach [104].

Die Kraftübertragung vom rechten auf den linken Sparren kann nach Abb. 15.65a angenommen werden, $S_\perp$ durch Druck $\perp$ Fa, $S_\parallel$ durch 4 Nä 31 × 80 ($n \geqq 4$ konstruktiv nach $-T2, 6.2.1-$).

$S_\perp = H_3 \cdot \sin\alpha + V_3 \cdot \cos\alpha$
$\quad = 0{,}59 \cdot 0{,}643 + 1{,}47 \cdot 0{,}766 = 1{,}51$ kN

$S_\parallel = -H_3 \cdot \cos\alpha + V_3 \cdot \sin\alpha$
$\quad = -0{,}59 \cdot 0{,}766 + 1{,}47 \cdot 0{,}643 = 0{,}49$ kN

$\sigma_{d\perp} = \dfrac{1{,}51 \cdot 10^3}{40 \cdot 160} = 0{,}24$ N/mm² $\qquad 0{,}24/(1{,}25 \cdot 2{,}0) \ll 1$

zul $S_\parallel = 4 \cdot 0{,}365 \cdot 1{,}25 = 1{,}82$ kN $> 0{,}49$ kN

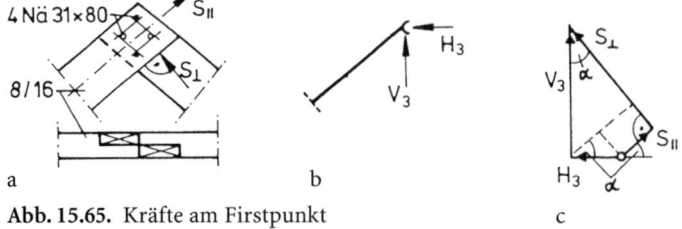

**Abb. 15.65.** Kräfte am Firstpunkt

### 15.3.6.5 Dachverband nach DIN 1052 (1988)

Die übliche Längsaussteifung durch Windrispen gemäß Abb. 15.45 wird grundsätzlich bemessen wie beim Sparrendach, s. Abb. 15.54.

Seitenlast nach Gl. (15.13) $\quad q_S = \dfrac{m \cdot N_G}{30 \cdot c}$

$N_G \triangleq$ mittlere Längskraft;
$c \triangleq$ Sparrenlänge;
$m$ vgl. 15.3.5.3

Gl. (15.21) zur Berechnung der mittleren Längskraft $N_G$ kann gemäß Abb. 15.66 hergeleitet werden.

Maßgebender Lastfall: symmetrische Vollast
Alle Druckkräfte $N_i$ werden mit positivem Vorzeichen in die Gleichungen eingesetzt.

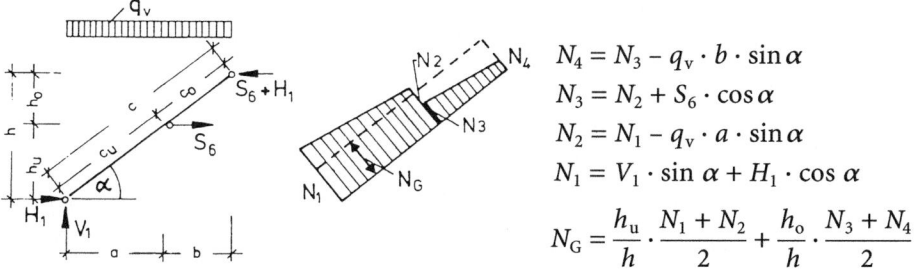

$N_4 = N_3 - q_v \cdot b \cdot \sin\alpha$
$N_3 = N_2 + S_6 \cdot \cos\alpha$
$N_2 = N_1 - q_v \cdot a \cdot \sin\alpha$
$N_1 = V_1 \cdot \sin\alpha + H_1 \cdot \cos\alpha$

$N_G = \dfrac{h_u}{h} \cdot \dfrac{N_1 + N_2}{2} + \dfrac{h_o}{h} \cdot \dfrac{N_3 + N_4}{2}$

**Abb. 15.66.** Ermittlung der mittleren Gurtkraft $N_G$

Nach einigen Umformungen folgt daraus Gl. (15.21):

$$N_G = \dfrac{1}{2} V_1 \cdot \sin\alpha + H_1 \cdot \cos\alpha + \dfrac{h_o}{h} \cdot S_6^{\,1} \cdot \cos\alpha \qquad (15.21)$$

Annahme: 12 Felder wie Abb. 15.54 (Sparrendach)

$\qquad m = 12/2 = 6 \quad$ je Verband

Für symmetrische Vollast $(g + s + g_k)$ wird dann:

$V_1 = 3{,}82 + 2{,}53 + 0{,}18 = 6{,}53 \text{ kN}$ ⎫
$H_1 = 3{,}45 + 2{,}29 + 0{,}21 = 5{,}95 \text{ kN}$ ⎭ siehe Sparrenfuß

$-S_6 = 2{,}94 + 1{,}95 + 0{,}21 = 5{,}10 \text{ kN}$ $\qquad$ siehe Kehlbalken

$N_G = \dfrac{1}{2} 6{,}53 \cdot 0{,}643 + 5{,}95 \cdot 0{,}766 - \dfrac{1{,}68}{4{,}2} \cdot 5{,}1 \cdot 0{,}766 = 5{,}09 \text{ kN}$

$q_S = \dfrac{m \cdot N_G}{30 \cdot c} = \dfrac{6 \cdot 5{,}09}{30 \cdot 6{,}53} = 0{,}156 \text{ kN/m}$

---

[1] $S_6$ ist mit Vorzeichen einzusetzen, vgl. Berechnung.

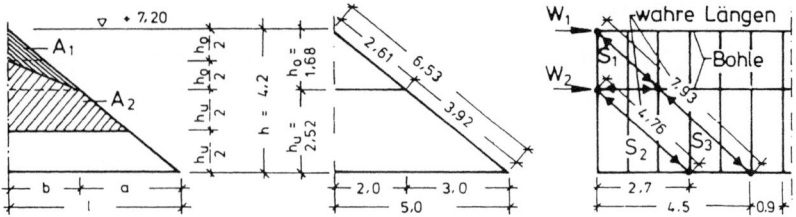

**Abb. 15.67.** Windlasten und Windverband des Kehlbalkendaches

Die resultierende Seitenlast für einen Verband ist dann:

$$R_{qS} = 0{,}156 \cdot 6{,}53 = 1{,}02 \text{ kN}$$

Die auf einen Windverband entfallenden Windlasten können für die anteiligen Windangriffsflächen nach Abb. 15.67 berechnet werden.

Geometrie:

$$A_1 = \frac{b \cdot h_o}{4} \qquad (15.22)$$

$$= 2{,}0 \cdot 1{,}68/4 = 0{,}84 \text{ m}^2$$

$$A_2 = \frac{1}{2}\left(b + \frac{a}{2}\right)\left(\frac{h_u}{2} + h_o\right) - A_1 \qquad (15.23)$$

$$= \frac{1}{2}\left(2{,}0 + \frac{3{,}0}{2}\right)\left(\frac{2{,}52}{2} + 1{,}68\right) - 0{,}84 = 4{,}30 \text{ m}^2$$

Windlasten:

$$W_1 = c_D \cdot q \cdot A_1 = 0{,}8 \cdot 0{,}5 \cdot 0{,}84 = 0{,}34 \text{ kN}$$
$$W_2 = c_D \cdot q \cdot A_2 = 0{,}8 \cdot 0{,}5 \cdot 4{,}30 = 1{,}72 \text{ kN}$$

Nach –*10.2.4*– darf der Windverband für Windlasten allein berechnet werden, solange bei einer Stützweite $\leq$ 30 m

$$W_1 + W_2 \geqq \left(R_{qS} + \frac{W_1 + W_2}{2}\right)/1{,}25$$

und

$$R_{qS} \leqq W_1 + W_2$$

ist.

Ein besonderer Nachweis zur Aufnahme der Seitenlasten $q_S$ kann dann entfallen.

$$W_1 + W_2 = 2{,}06 \text{ kN} > \left(1{,}02 + \frac{2{,}06}{2}\right)/1{,}25 = 1{,}64 \text{ kN}$$

$$R_{qS} = 1{,}02 \text{ kN} < 2{,}06 \text{ kN}$$

Deshalb brauchen die Windrispen in diesem Falle nur für Windlasten $W_1$ und $W_2$ bemessen zu werden, s. Abb. 15.67.

15.3 Sparren- und Kehlbalkendächer   145

Stabkräfte:

$S_1 = -0{,}34 \cdot 7{,}93/4{,}5$ $\qquad = -0{,}60 \text{ kN}$

$S_2 = -\dfrac{1{,}72^{\,1}}{2} \cdot 4{,}76/2{,}7$ $\qquad = -1{,}52 \text{ kN}$

$S_3 = -0{,}60 - 1{,}52$ $\qquad = -2{,}12 \text{ kN}$

$\boxed{\text{Gewählt 4/8}}$

Nach –9.2– ist für Verbandsstäbe $\lambda \leqq 200$ vertretbar.

$s_k = 4{,}76/3 = 7{,}93/5$ $\qquad = 1{,}59 \text{ m}$

$\lambda = \dfrac{159}{0{,}289 \cdot 4} = 138 < 200 \rightarrow \omega = 5{,}71$

zul $\sigma_k = 8{,}5/5{,}71$ $\qquad = 1{,}49 \text{ N/mm}^2$

$\sigma_{D\|} = 2{,}12 \cdot 10^3/(40 \cdot 80)$ $\qquad = 0{,}66 \text{ N/mm}^2$

$\qquad\qquad\qquad\qquad\qquad\qquad 0{,}66/1{,}49 = 0{,}44 < 1$

Anschlüsse: je Kreuzungspunkt Sparren/Rispe 2 Nä 34 × 90
Endpunkt: erf $n$ = 2,12/0,43 = 4,93 $\qquad$ gew. 5 Nä 34 × 90, nicht vorgebohrt
oder:

$S_2 = -3{,}04 \text{ kN}$

$\dfrac{3{,}04 \cdot 10^3/(40 \cdot 80)}{1{,}49} = 0{,}64 < 1$

Endpunkt: erf $n$ = 3,04/0,525 = 5,79
gewählt: $\quad$ 6 Nä 38 × 100, nicht vorgebohrt

### 15.3.7 Berechnung des unverschieblichen Kehlbalkendaches nach DIN 1052 (1988)

#### 15.3.7.1 Allgemeines

Für die Vorbemessung der Querschnitte ist [143] zu empfehlen.
  Die praktische Berechnung kann durchgeführt werden z.B. nach [104, 143, 167, 170].

   Lastfälle s. Abb. 15.55. Lastkombinationen Schnee/Wind nach Abschn. 14.1. Für Winddruck ist jeder Sparren als einzelnes Tragglied – $w_D = 1{,}25 \cdot c_p \cdot q$ – zu behandeln.

Das statische System ist Abb. 15.43 zu entnehmen. Es wird vorwiegend für ausgebautes Dachgeschoss verwendet, da der vorhandene Deckenbelag i.d.R. als Scheibe ausgebildet werden kann.

---

[1] Aufgeteilt auf zwei Windrispen.

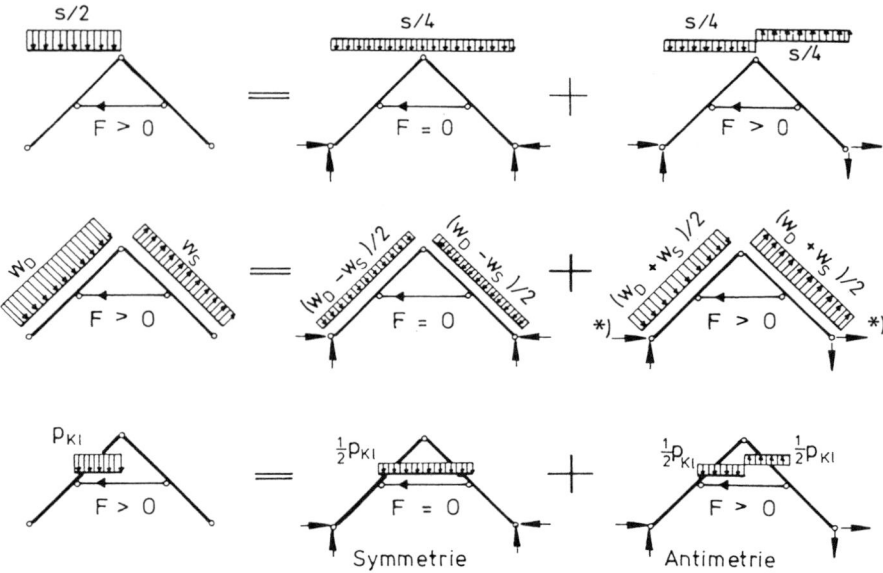

*) Pfeilrichtung abhängig von ∢ α und $h_u/h$
$F \triangleq$ Stützkraft in Kehlscheibe bzw. Kehlverband

**Abb. 15.68.** Belastungsumordnung in Symmetrie und Antimetrie

> Jedes Gespärre ist in den Punkten 4 und 5 horizontal gestützt, so dass die Sparren als Zweifeldträger bemessen werden können unter den Voraussetzungen gemäß Abb. 15.44 mit Erläuterung.

> **Für symmetrische Belastungen $g, g_u, g_K, p_K$ und $s$ gilt:**
> Lagerreaktionen und Schnittgrößen sind identisch mit denen des verschieblichen Kehlbalkendaches. Berechnung für $g$, $g_u$ und $s$ nach Tafel 15.2 bis 15.4 und 15.6 für $g_K$ und $p_K$ nach Abb. 15.57 mit Gln. (15.18) bis (15.20).
> Kehlscheibe bzw. Kehlverband nach Abb. 15.43 sind unbelastet, d.h. Stützkraft $F = 0$.

Unsymmetrische Belastungen $p_{K1}$, $s/2_l$ und $w_l$ bzw. $w_r$ werden zweckmäßig umgeordnet in je einen symmetrischen und einen antimetrischen Anteil nach Abb. 15.68. Die Richtung der Reaktionen in den Auflagern und dem Kehlverband ist dort durch Pfeile angezeigt.

### 15.3.7.2 Praktische Hinweise zur statischen Berechnung nach DIN 1052 (1988)

**Sparren als Zweifeldträger**

Maßgebend für die Bemessung ist meistens das Biegemoment $M_4$ am Kehlbalkenanschluss, für $h_u/h > 0{,}65$ eventuell $\max M_F$.

## 15.3 Sparren- und Kehlbalkendächer

Vereinfachter Spannungsnachweis für den Punkt 4 – hier darf $\omega = 1$ gesetzt werden –:

$$\frac{S_{4u}/A_n}{\text{zul } \sigma_{D\|}} + \frac{M_4/W_n}{\text{zul } \sigma_B{}^1} \leq 1 \qquad (15.24)$$

Dazu der Knicknachweis für $\max M_F$ und $\max S = S_1$ mit der zugehörigen Sparrenknicklänge $c_u$ oder $c_o$:

$$\frac{S_1/A_n}{\text{zul } \sigma_k} + \frac{\max M_F/W_n}{\text{zul } \sigma_B} \leq 1 \qquad (15.25)$$

Der Durchbiegungsnachweis ist i. d. R. ohne Bedeutung für die Bemessung (zul $f = c_o/200$ oder $c_u/200$).

Heimeshoff [170] empfiehlt einen Stabilitätsnachweis nach Gl. (11.5) mit der Druckkraft $S_{4u}$, dem Biegemoment $M_4$ und zul $\sigma_B$ nach –5.1.8–, da die Bemessung nach Gln. (15.24), (15.25) im Hinblick auf den Tragsicherheitsnachweis nach Theorie 2. Ordnung nicht in allen Fällen auf der sicheren Seite liegt. Dabei kann die Knicklänge geringfügig reduziert werden, vgl. [170].

Zur Ermittlung der noch fehlenden Schnittgrößen können die Tafeln 15.7, 15.8 und 15.9 zu Hilfe genommen werden.

**Tafel 15.7.** Hilfswerte für Gleichlast $q_\perp = $ const. über ganze Sparrenlänge $c$ (Abb. 15.69)

| Einheiten: | $q$ [kN/m²]; $M$ [kNm]; $F$ [kN]; $I$ [cm⁴]; $e, c$ [m] | | | | | | | |
|---|---|---|---|---|---|---|---|---|
| $h_u/h$ | 0,40 | 0,45 | 0,50 | 0,55 | 0,60 | 0,65 | 0,70 | Faktor |
| $-M_4$ | 0,0350 | 0,0322 | 0,0313 | 0,0322 | 0,0350 | 0,0396 | 0,0463 | $q_\perp \cdot e \cdot c^2$ |
| $\max M_F$ | 0,0292 | 0,0235 | 0,0176 | 0,0235 | 0,0292 | 0,0348 | 0,0402 | |
| erf $I$ | 2,99 | 2,12 | 1,30 | 2,12 | 2,99 | 3,93 | 4,87 | $q_\perp \cdot e \cdot c^3$ |
| $F_{1\perp}$ | 0,113 | 0,153 | 0,1875 | 0,2168 | 0,2413 | 0,264 | 0,284 | $q_\perp \cdot e \cdot c$ |
| $F_{4\perp}$ | 0,6457 | 0,6302 | 0,625 | 0,6302 | 0,6457 | 0,674 | 0,720 | |
| $F_{3\perp}$ | 0,2413 | 0,2168 | 0,1875 | 0,153 | 0,113 | 0,062 | −0,004 | |

Zwischenwerte können geradlinig eingeschaltet werden.

**Tafel 15.8.** Hilfswerte für Gleichlast $q_\perp$ im Bereich $c_u$ nach Abb. 15.69 g

| Einheiten wie Tafel 15.7 | | | | | | | | |
|---|---|---|---|---|---|---|---|---|
| $h_u/h$ | 0,40 | 0,45 | 0,50 | 0,55 | 0,60 | 0,65 | 0,70 | Faktor |
| $-M_4$ | 0,0080 | 0,0114 | 0,0156 | 0,0208 | 0,0270 | 0,0343 | 0,0428 | $q_\perp \cdot e \cdot c^2$ |
| $\max M_F$ | 0,0162 | 0,0199 | 0,0239 | 0,0281 | 0,0325 | 0,0371 | 0,0417 | |
| erf $I$ | 1,27 | 1,73 | 2,28 | 2,90 | 3,58 | 4,35 | 5,15 | $q_\perp \cdot e \cdot c^3$ |

---
[1] zul $\sigma_B$ darf nach –5.1.8– für Durchlaufträger über Innenstützen um 10% erhöht werden.

**Tafel 15.9.** Stabkräfte $S_{3r}$, $S_{3l}$ (First) und $S_{4u}$ (Kehlriegelanschluss) infolge $q_{\perp 1}$ nach Abb. 15.69

| $\alpha$ | $< 45°$ | $45°$ | $> 45°$ | |
|---|---|---|---|---|
| $\beta$ | $90° - 2\alpha$ | $0°$ | $2\alpha - 90°$ | |
| $S_{3r}$ | $-F_{3\perp}/\cos\beta$ | $-F_{3\perp}$ | $-F_{3\perp}/\cos\beta$ | (15.26) |
| $S_{3l}$ | $-F_{3\perp} \cdot \tan\beta$ | $0$ | $+F_{3\perp} \cdot \tan\beta$ | (15.27) |
| $S_{4u}$ | $-F_{3\perp} \cdot \tan\beta$ $-F_{4\perp}/\tan\alpha$ | $-F_{4\perp}$ | $+F_{3\perp} \cdot \tan\beta$ $-F_{4\perp}/\tan\alpha$ | (15.28) |

Normalkraftverlauf s. Abb. 15.69b ($q_\perp$) und $f(q_\parallel)$.

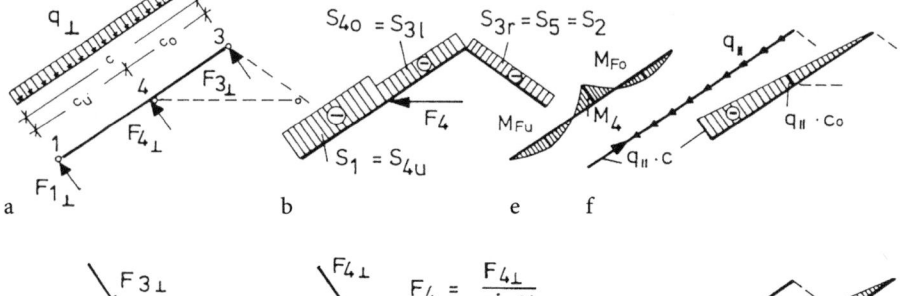

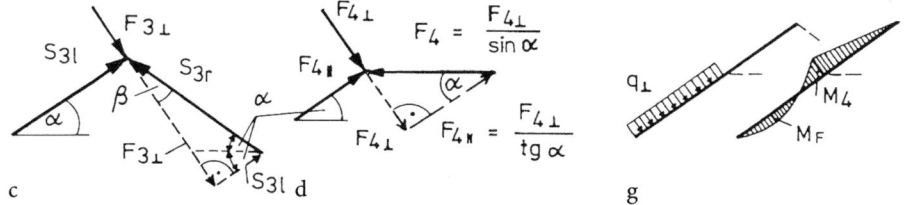

**Abb. 15.69.** Kräfte infolge $q_\perp$ und $q_\parallel$ am Gespärre des unverschieblichen Kehlbalkendaches

### Kehlbalken als Einfeldträger
Maßgebend für die Bemessung bei ausgebautem Dachgeschoss i. d. R.:

Biegemoment $M_6$ infolge $g_K + p_K$ }
Druckkraft $S_6$ infolge $g + g_u + g_K + p_K + s$ } Lastfall H
Knicknachweis nach Gl. (11.4)

Maßgebende Knicklänge i. d. R. $s_{ky} = l_k$, da in Kehlscheibenebene meistens durch Fußbodenschalung ausgesteift.

$$\text{erf } I = 313^1 \cdot M_6 \cdot l_k \cdot 10^4 \tag{15.29}$$

nach Gl. (10.17) mit [36]

---
[1] Für zul $f = l_k/300$ als Deckenträger nach –8.5.7–.

Kehlriegelanschlusskraft in Achsrichtung:

$\left.\begin{array}{l} S_6 \text{ infolge symmetr. Vollast} \\ + F_4 \text{ infolge } w_D{}^1 = 1{,}25 \cdot c_p \cdot q \end{array}\right\}$ falls Lastfall HZ maßgebend

Der Anteil $F_4$ wird zur Balkenmitte hin durch Schubfluss abgetragen in die Kehlscheibe.

Konstruktion und Berechnung der Anschlüsse siehe verschiebliches Kehlbalkendach.

**Kehlscheibe oder Kehlverband**
Bemessung für die Einzellasten $F_4$ und $F_5$ (Stützkräfte) nach Abb. 15.43 oder entsprechende Gleichlast, vgl. Abb. 15.74. Ermittlung der Stützkräfte $F_4$ und $F_5$:

Antimetrische Anteile von $s/2_1$, $w_1$ und $p_{K1}$ gemäß Abb. 15.68. In allen Fällen ist $F_4 = F_5$.

### 15.3.7.3 Statische Berechnung des Gespärres für ausgebautes unverschiebliches Kehlbalkendach (Abb. 15.70)

Abmessungen wie nicht ausgebautes verschiebliches Kehlbalkendach.

Sparrenabstand $e = 0{,}9$ m

$\alpha = 40°$
$\sin 40° = 0{,}643$
$\cos 40° = 0{,}766$
$\tan 40° = 0{,}839$
$h_u/h = 0{,}60$

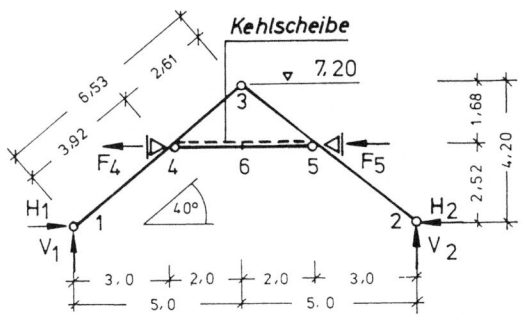

Abb. 15.70

---

[1] Erhöhung für einzelnes Tragglied.

## 15 Tragwerke der Hausdächer

**Lastannahmen: $g, s, w$ wie nicht ausgebautes Kehlbalkendach**

| | | | |
|---|---|---|---|
| Eigenlast: | Dach | $g = 0{,}65$ | kN/m² D |
| | Unterdecke nach Tafel 14.2 a | $g_u = 0{,}40$ | kN/m² D |
| | Kehlbalken: | | |
| | 22 mm Spanplatte | $\approx 0{,}19$ | kN/m² G |
| | Eigenlast nach 14.2.3 e | $= 0{,}13$ | kN/m² G |
| | Unterdecke siehe oben | $= 0{,}40$ | kN/m² G |
| | | $g_K = 0{,}72$ | kN/m² G |
| Nutzlast auf Kehlbalken ($h \leq 2{,}0$ m) | | $p_K = 1{,}0$ | kN/m² G |
| Regelschneelast | | $s_0 = 0{,}75$ | kN/m² G |
| Schneelast | für $\alpha = 40° \rightarrow 0{,}75 \cdot 0{,}75$ | $s = 0{,}562$ | kN/m² G |
| Winddruck | nach T4 (8/86) und auch 15.3.7.1 | | |
| | $\rightarrow 1{,}25 \cdot 0{,}6 \cdot 0{,}50$ | $w_D = 0{,}375$ | kN/m² D |
| Windsog | nach T4 (8/86) $\rightarrow 0{,}6 \cdot 0{,}50$ | $w_S = 0{,}30$ | kN/m² D |

**Lastkomponenten $\perp$ Sparrenachse:**

Berechnung vgl. Tafel 14.9

Eigenlast

- Dach $g_\perp\ \ = g \cdot \cos\alpha = 0{,}65 \cdot 0{,}766$ $= 0{,}498$ kN/m²

Schneelast $s_\perp\ \ = s \cdot \cos^2\alpha = 0{,}562 \cdot 0{,}766^2$ $= 0{,}330$ kN/m²

Winddruck $w_{D\perp} = w_D$ $= 0{,}375$ kN/m²

$q_\perp = 1{,}20$ kN/m²

Eigenlast - Unterdecke $g_{u\perp} = 0{,}40 \cdot 0{,}766$ $= 0{,}306$ kN/m²

**Berechnung der Schnittgrößen für Belastungsbreite $e = 0{,}90$ m**
**Sparrenmomente $M_4 = M_5$ infolge $g, g_u, s, w_D$**
Tafel 15.2:

$$M_4 = -4{,}57 \cdot 0{,}65/100 \cdot 0{,}9 \cdot 5{,}0^2 \qquad = -0{,}67 \text{ kNm } g$$
$$-3{,}52 \cdot 0{,}40/100 \cdot 0{,}9 \cdot 5{,}0^2 \qquad = -0{,}32 \text{ kNm } g_u$$
$$-1{,}97 \cdot 0{,}75/75 \cdot 0{,}9 \cdot 5{,}0^2 \qquad = -0{,}44 \text{ kNm } s$$

| $M_4 = -1{,}43$ kNm | LF H |
|---|---|

Tafel 15.7:

$$-0{,}035 \cdot 0{,}375 \cdot 0{,}9 \cdot 6{,}53^2 \qquad = -0{,}50 \text{ kNm } w_D$$

| $M_4 = -1{,}93$ kNm | LF HZ |
|---|---|

### 15.3 Sparren- und Kehlbalkendächer

Vergleichsrechnung mit $q_\perp = 1,203$ kN/m² und $g_{u\perp} = 0,306$ kN/m²:

Tafel 15.7: $M_4 = -0,035 \cdot 1,203 \cdot 0,9 \cdot 6,53^2 = -1,62$ kNm $q$

Tafel 15.8: $\quad\quad -0,027 \cdot 0,306 \cdot 0,9 \cdot 6,53^2 = -0,32$ kNm $g_u$

| $M_4 = -1,94$ kNm | LF HZ |
|---|---|

$g_K$ und $p_K$ liefern nach Abb. 15.57 b keine Biegemomente in den Sparren.

Maßgebender Lastfall: Lastfall HZ, da $\dfrac{1,93}{1,43} = 1,35 > 1,25$

**Sparren-Feldmoment** max $M_{Fu}$ infolge $g, g_u\ s, w_D$
Tafel 15.7:

$M_{Fu} = 0,0292 \cdot 1,203 \cdot 0,9 \cdot 6,53^2 \quad = 1,35$ kNm $q_\perp$
$\quad\quad\ + 0,0325 \cdot 0,306 \cdot 0,9 \cdot 6,53^2 \quad = 0,38$ kNm $g_{u\perp}$

| $M_{Fu} = 1,73$ kNm | LF HZ |
|---|---|

**Sparren** – erf $I_y$ für $g, g_u, s, w_D$
Tafel 15.7:

erf $I = 2,99 \cdot 1,203 \cdot 0,9 \cdot 6,53^3 \cdot 10^4 \quad = 901 \cdot 10^4$ mm⁴ $q_\perp$
$\quad\quad + 3,58 \cdot 0,306 \cdot 0,9 \cdot 6,53^3 \cdot 10^4 \quad = 275 \cdot 10^4$ mm⁴ $g_{u\perp}$

| erf $I = 1176 \cdot 10^4$ mm⁴ |
|---|

**Sparrenlängskraft** $S_{5u} = S_{4u}$ infolge $g, g_u, g_K, p_K, s, w_D, w_S$
Tafel 15.3:

$S_{4u} = -124 \cdot 0,65/100 \cdot 0,9 \cdot 5,0 \ = -3,63$ kN $g$
$\quad\quad -41,1 \cdot 0,40/100 \cdot 0,9 \cdot 5,0 \ = -0,74$ kN $g_u$
$\quad\quad -53,4 \cdot 0,75/75 \ \cdot 0,9 \cdot 5,0 \ = -2,40$ kN $s$

Gl. (15.20): $\quad -\dfrac{0,72 + 1,0}{2} \cdot \dfrac{0,9 \cdot 4,0}{0,643} = -4,82$ kN $g_K, p_K$

| $S_{4u} = -11,59$ kN | LF H |
|---|---|

$S_{4u}$ – Anteil aus $w_D$ und $w_S$ nach Abb. 15.71 und Gl. (15.28):
Die Stützkräfte $F_\perp$ werden nach Tafel 15.7 ermittelt:

aus $w_D$: $\quad\quad F_{3\perp} = 0,113 \cdot 0,375 \cdot 0,9 \cdot 6,53 \ = 0,249$ kN
$\quad\quad\quad\quad\ F_{4\perp} = 0,6457 \cdot 0,375 \cdot 0,9 \cdot 6,53 = 1,423$ kN

aus $w_S$: $\quad\quad F_{3\perp}^S = 0,113 \cdot 0,30 \cdot 0,9 \cdot 6,53 \ = 0,199$ kN

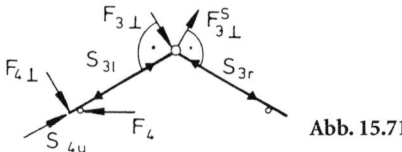
Abb. 15.71

$S_{4u}$ infolge Wind kann jetzt nach Tafel 15.9 bestimmt werden mit

$$\alpha = 40° \quad \rightarrow \quad \tan\alpha = 0{,}839$$
$$\beta = 90° - 2 \cdot 40° = 10° \rightarrow \cos\beta = 0{,}985;\ \tan\beta = 0{,}176$$

Gl. (15.28) für $w_D$:

$$S_{4u} = -F_{3\perp} \cdot \tan\beta - F_{4\perp}/\tan\alpha$$
$$= -0{,}249 \cdot 0{,}176 - 1{,}423/0{,}839 \qquad = -1{,}740\ \text{kN}$$

Gl. (15.26) für $w_S$:

$$S_{4u} = -S_{3r} = +F_{3\perp}^S/\cos\beta$$
$$= 0{,}199/0{,}985 \qquad = +0{,}202\ \text{kN}$$

Windlast:
$$S_{4u} = -1{,}740 + 0{,}202 \qquad = -1{,}54\ \text{kN}$$

aus Lastfall H:
$$S_{4u} \qquad = -11{,}59\ \text{kN}$$

| $S_{4u} = -13{,}13\ \text{kN}$ | LF HZ |

**Sparrenlängskraft:** $S_1 = S_{4u} - q_\parallel \cdot c_u \cdot e$ \hfill (15.30)
Berechnung von $q_\parallel$ nach Tafel 14.9 aus $g, g_u, s$ (Abb. 15.69f)

$$q_\parallel = (g + g_u) \cdot \sin\alpha + s \cdot \sin\alpha \cdot \cos\alpha$$
$$= (0{,}65 + 0{,}40) \cdot 0{,}643 + 0{,}562 \cdot 0{,}643 \cdot 0{,}766$$
$$= 0{,}952\ \text{kN/m}^2$$

| $S_1 = -13{,}13 - 0{,}952 \cdot 3{,}92 \cdot 0{,}9 = -16{,}49\ \text{kN}$ | LF HZ |

**Sparrenknicklänge:** $s_{ky} = c_u = 3{,}92\ \text{m}$
**Kehlbalken:** erf $I, M_6, Q_4 = Q_5$:
Gl. (10.17):

$$\text{erf}\ I = 313 \cdot 3{,}1 \cdot 4{,}0 \cdot 10^4 \qquad = 3881 \cdot 10^4\ \text{mm}^4$$

Abb. 15.57 b:
$$M_6 = 0{,}9 \cdot (0{,}72 + 1{,}0) \cdot 4{,}0^2/8 = 3{,}1\ \text{kNm}$$
$$Q_4 = -Q_5 = 0{,}9 \cdot (0{,}72 + 1{,}0) \cdot 4{,}0/2 = 3{,}1\ \text{kN}$$

## 15.3 Sparren- und Kehlbalkendächer

**Kehlbalkenlängskraft** $S_6$ infolge $g, g_u, g_K, p_K, s$

Tafel 15.4:

$$S_6 = -101 \cdot 0{,}65/100 \cdot 0{,}9 \cdot 5{,}0 = -2{,}95 \text{ kN } g$$
$$-64{,}2 \cdot 0{,}40/100 \cdot 0{,}9 \cdot 5{,}0 = -1{,}16 \text{ kN } g_u$$
$$-43{,}3 \cdot 0{,}75/75 \cdot 0{,}9 \cdot 5{,}0 = -1{,}95 \text{ kN } s$$

Gl. (15.19)

$$-\frac{0{,}72 + 1{,}0}{2} \cdot \frac{0{,}9 \cdot 4{,}0}{0{,}839} = -3{,}69 \text{ kN } g_K, p_K$$

| $S_6 = -9{,}75$ kN | LF H |

$w$ ist i.d.R. ohne Bedeutung, weil nur der symmetrische Lastfall $(w_D - w_S)/2$ nach Abb. 15.68 eine Längskraft $S_6$ liefert.

Falls in Sonderfällen für den Kehlriegelanschluss Lastfall HZ maßgebend werden sollte, ist der Windlastanteil direkt aus $F_{4\perp}$ infolge $w_D$ zu bestimmen.

**Kehlbalkenknicklänge:** $s_{ky} = 4{,}0$ m

**Stützkräfte $F_4$ und $F_5$ in der Kehlscheibe**

Maßgebend für die Bemessung sind antimetrische Anteile aus $s/2_1, p_{K1}, w_1$ nach Abb. 15.68, vgl. Abb. 15.72.

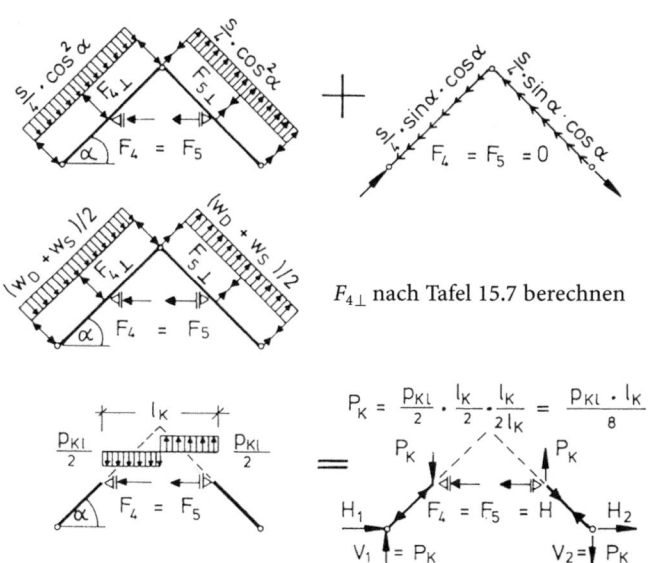

$F_{4\perp}$ nach Tafel 15.7 berechnen

**Abb. 15.72.** Ermittlung der Stützkräfte $F_4 = F_5$ für $e = 1{,}0$ m

Antimetrische Schneelast (Abb. 15.72)

$$F_4 = \frac{F_{4\perp}}{\sin \alpha}$$

Antimetrische Windlast (Abb. 15.72)

$$F_4 = \frac{F_{4\perp}}{\sin \alpha}$$

Antimetrische Nutzlast (Abb. 15.72)

$$F_4 = \frac{p_{K1} \cdot l_K}{8 \cdot \tan \alpha}$$

**Berechnung von $F_4$ (Abb. 15.72) für 0,9 m Belastungsbreite:**

Schneelast:

$$\frac{s}{4} \cdot \cos^2 \alpha = \frac{0,562}{4} \cdot 0,766^2 = 0,082 \text{ kN/m}^2$$

Windlast: $w_D$ $\qquad = 0,375$ kN/m²

$\qquad\qquad\qquad\qquad\qquad q_\perp = 0,457$ kN/m²

Tafel 15.7:

$\qquad\qquad F_{4\perp} = 0,6457 \cdot 0,457 \cdot 0,9 \cdot 6,53 \qquad = 1,73$ kN

$s/2_1 + w_1$: $\quad F_4 = 1,73/0,643 \qquad\qquad\qquad = 2,69$ kN

$p_{K1}$: $\qquad F_4 = \dfrac{1,0 \cdot 4,0}{8} \cdot \dfrac{0,9}{0,839} \qquad\qquad = 0,54$ kN

| $F_4 = 3,23$ kN | LF HZ |

**Stützkräfte $V_1$ und $H_1$ infolge $g, g_u, g_K, p_K, s, w_D$**

Tafel 15.6:

$\qquad V_1 = 131 \cdot 0,65/100 \cdot 0,9 \cdot 5,0 \qquad = 3,83$ kN $g$

$\qquad\qquad + 131 \cdot 0,6 \cdot 0,40/100 \cdot 0,9 \cdot 5,0 \quad = 1,41$ kN $g_u$

$\qquad\qquad + 56,3 \cdot 0,75/75 \cdot 0,9 \cdot 5,0 \qquad = 2,53$ kN $s$

Gl. (15.18): $\quad + 0,5 \cdot (0,72 + 1,0) \cdot 0,9 \cdot 4,0 \qquad = 3,10$ kN $g_K, p_K$

Tafel 15.16:

| $V_1 = 10,88$ kN | LF H |

$\qquad H_1 = 118 \cdot 0,65/100 \cdot 0,9 \cdot 5,0 \qquad = 3,45$ kN $g$

$\qquad\qquad + 89,5 \cdot 0,6 \cdot 0,40/100 \cdot 0,9 \cdot 5,0 = 0,97$ kN $g_u$

$\qquad\qquad + 50,8 \cdot 0,75/75 \cdot 0,9 \cdot 5,0 \qquad = 2,29$ kN $s$

Gl. (15.19): $\quad + 0,5 \cdot (0,72 + 1,0) \cdot \dfrac{0,9 \cdot 4,0}{0,839} = 3,69$ kN $g_K, p_K$

| $H_1 = 10,39$ kN | LF H |

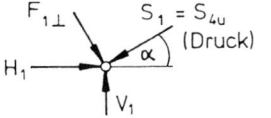

Abb. 15.73

$V_1$ und $H_1$ infolge Windlast nach Abb. 15.73

$$V_1 = S_{4u} \cdot \sin\alpha + F_{1\perp} \cdot \cos\alpha \qquad (15.31)$$
$$H_1 = S_{4u} \cdot \cos\alpha - F_{1\perp} \cdot \sin\alpha \qquad (15.32)$$

$S_{4u} = 1{,}54$ kN (Druck) aus Wind

$F_{1\perp}$ infolge $w_D$ liefert nach Tafel 15.7:

$$F_{1\perp} = 0{,}2413 \cdot 0{,}375 \cdot 0{,}9 \cdot 6{,}53 = 0{,}532 \text{ kN}$$

Gl. (15.31):  $V_1 = 1{,}54 \cdot 0{,}643 + 0{,}532 \cdot 0{,}766 = 1{,}40$ kN
Gl. (15.32):  $H_1 = 1{,}54 \cdot 0{,}766 - 0{,}532 \cdot 0{,}643 = 0{,}84$ kN

$V_1$ und $H_1$ im Lastfall HZ sind dann:

| | |
|---|---|
| $V_1 = 10{,}88 + 1{,}40 \approx 12{,}3$ kN | LF HZ |
| $H_1 = 10{,}39 + 0{,}84 \approx 11{,}2$ kN | LF HZ |

**Bemessung der Sparren NH S10:**

Im Hinblick darauf, dass die Kehlscheibe (Spanplatten) u. U. erst erhebliche Zeit nach der Dacheindeckung eingebaut wird und die Konstruktion bis dahin als verschiebliches Kehlbalkendach standsicher sein muss, wird der Querschnitt des verschieblichen Kehlbalkendaches beibehalten.

Gewählt 8/16

$$A = 128 \cdot 10^2 \text{ mm}^2; \ W_y = 341 \cdot 10^3 \text{ mm}^3$$
$$I_y = 2731 \cdot 10^4 \text{ mm}^4 > \text{erf } I_y = 1176 \cdot 10^4 \text{ mm}^4 \text{ (unverschiebl.)}$$
$$\lambda_y = \frac{3920}{0{,}289 \cdot 160} = 85 \rightarrow \omega = 2{,}38$$
$$\text{zul } \sigma_k = 8{,}5 \cdot 1{,}25/2{,}38 = 4{,}46 \text{ N/mm}^2$$

Maßgebend ist Lastfall HZ mit beidseitiger Schneelast (Tafel 14.0b1)

$$S_{4u} = -13{,}13 \text{ kN}; \ M_4 = -1{,}93 \text{ kNm}$$
$$S_1 = -16{,}49 \text{ kN}; \ M_{Fu} = +1{,}73 \text{ kNm}$$

Gl. (15.24): $\dfrac{13{,}13 \cdot 10^3/(128 \cdot 10^2)}{1{,}25 \cdot 8{,}5} + \dfrac{1930 \cdot 10^3/(341 \cdot 10^3)}{1{,}25 \cdot 11} = 0{,}51 < 1$

Gl. (15.25): $\dfrac{16{,}49 \cdot 10^3/(128 \cdot 10^2)}{4{,}46} + \dfrac{1730 \cdot 10^3/(341 \cdot 10^3)}{1{,}25 \cdot 10} = 0{,}7 < 1$

Stabilitätsnachweis nach *Heimeshoff* [104, 170]:
Knicklänge

$$s_{ky} = 0{,}53 \cdot 6{,}53 = 3{,}46 \text{ m [170], Tab. IV}$$

$$\lambda_y = \dfrac{3460}{0{,}289 \cdot 160} = 75 \rightarrow \omega = 2{,}03$$

zul $\sigma_k = 1{,}25 \cdot 8{,}5/2{,}03 = 5{,}23$ N/mm²

$$\dfrac{13{,}13 \cdot 10^3/(128 \cdot 10^2)}{5{,}23} + \dfrac{1930 \cdot 10^3/(341 \cdot 10^3)}{1{,}25 \cdot 11} = 0{,}61 < 1$$

**Bemessung des Kehlriegels NH S 10:**

Gewählt 8/18

$$I_y = 3888 \cdot 10^4 \text{ mm}^4 > 3881 \cdot 10^4 \text{ mm}^4 = \text{erf } I_y$$
$$A = 144 \cdot 10^2 \text{ mm}^2;\ W_y = 432 \cdot 10^3 \text{ mm}^3$$
$$\lambda_y = \dfrac{4000}{0{,}289 \cdot 180} = 77 \rightarrow \omega = 2{,}10$$

zul $\sigma_k = 8{,}5/2{,}10 = 4{,}05$ N/mm²

Maßgebend ist Lastfall H: $S_6 = -9{,}75$ kN; $M_6 = 3{,}10$ kNm

Gl. (11.5): $\dfrac{9{,}75 \cdot 10^3/(144 \cdot 10^2)}{4{,}05} + \dfrac{3100 \cdot 10^3/(432 \cdot 10^3)}{10} = 0{,}89 < 1$

Auf Berechnung und Konstruktion der Anschlüsse in den Punkten 1, 3, 4 wird hier verzichtet, da sie sich prinzipiell nicht von denen des verschieblichen Kehlbalkendaches unterscheiden.

### 15.3.7.4 Bemessung der Kehlscheibe

Vorgesehen sind Flachpressplatten V 100 G nach DIN 68763 (s. a. DIN EN 312, Typ P7) mit den Abmessungen 5400 × 1100 × 22 in der Anordnung gemäß Abb. 15.74 mit Federn in den Längsfugen (Abb. 13.33) und Anschlüssen der Längsränder an Unterkante Bohle mittels Lochplatten und Nägeln.

Die FP sind auf dem Kehlriegel über der Zwischenwand B mit Dehnfuge gemäß Abb. 13.33 gestoßen.

## 15.3 Sparren- und Kehlbalkendächer

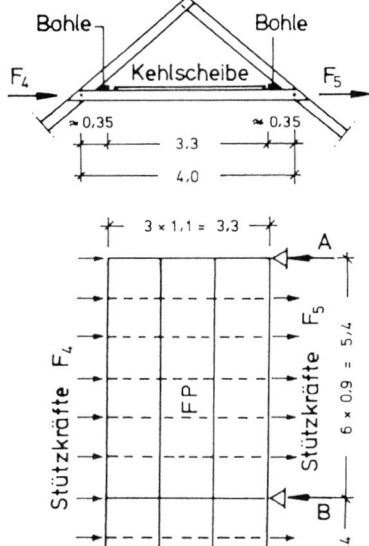

**Abb. 15.74**

Statisches System:
Einfeldträger $l = 5{,}4$ m mit gleitenden Längsfugen. Die Bohlen werden nicht als Gurte in Rechnung gestellt.

Maßgebender Lastfall nach Tafel 14.0: b1 für einseitige Schneelast mit $p_{k1}$ (Abb. 15.68) als Lastfall HZ.

Die antimetrischen Lastanteile aus $s/2_1$, $w_1$ und $p_{K1}$ liefern Stützkräfte $F_4 = F_5$ gemäß Abb. 15.72:

**je Gespärre:**  $F_4 = F_5 \quad = 3{,}23$ kN $\quad\Big\}$

entsprechend: $q_y = \dfrac{2 \cdot 3{,}23}{0{,}9} = 7{,}18$ kN/m $\quad\Big\}$ Lastfall HZ

Belastung $q_y \parallel$ Pl:

$$M_z = 7{,}18 \cdot 5{,}4^2/8 \qquad\qquad = 26{,}2 \text{ kNm}$$

$$A = B/2 = 7{,}18 \cdot 5{,}4/2 \qquad\qquad = 19{,}4 \text{ kN}$$

Belastung $q_z \perp$ Pl: ($g_{FP} = 0{,}16$ kN/m siehe DIN 1055 T1)

$$q_z = 0{,}16 + 1{,}0 \qquad\qquad = 1{,}16 \text{ kN/m}$$

$$M_y \approx 1{,}16 \cdot 0{,}9^2/10 \qquad\qquad = 0{,}094 \text{ kNm}$$

158    15 Tragwerke der Hausdächer

Berechnung für $q_y \parallel$ Pl:

3 Platten:  $W_z = 3 \cdot 22 \cdot 1100^2/6$  $= 13310 \cdot 10^3 \text{ mm}^3$

$\sigma_{Bz} = 26200 \cdot 10^3/(13310 \cdot 10^3)$  $= 2{,}0 \text{ N/mm}^2$

zul $\sigma_{Bz} = 1{,}25 \cdot 2{,}5 = 3{,}12 \text{ N/mm}^2$ –5.2. Tab. 6–

$2{,}0/3{,}12 = 0{,}64 < 1$

$\tau = 1{,}5 \cdot \dfrac{19{,}4 \cdot 10^3}{3 \cdot 22 \cdot 1100}$  $= 0{,}4 \text{ N/mm}^2$

zul $\tau = 1{,}25 \cdot 1{,}8 = 2{,}25 \text{ N/mm}^2$ –5.2, Tab. 6–

$0{,}4/2{,}25 = 0{,}18 < 1$

Gl. (10.14):  $f_\sigma = \dfrac{100\, \sigma_{Bz} \cdot l^2 \cdot E_{NH}}{4{,}8 \cdot h_1 \cdot E_{FP}} = \dfrac{100 \cdot 2{,}0 \cdot 5{,}4^2 \cdot 10^4}{4{,}8 \cdot 1100 \cdot 0{,}16 \cdot 10^4} = 6{,}9 \text{ mm}$

vgl. Gl. (10.15): $f_\tau = \dfrac{M}{G \cdot A_{St}} = \dfrac{26200 \cdot 10^3 \cdot 1{,}2}{850 \cdot 3 \cdot 22 \cdot 1100}$  $= 0{,}5 \text{ mm}$

$f = 7{,}4 \text{ mm}$

$\triangleq l/730$

vgl. Abb. 15.44 mit Erläuterung  $\rightarrow$  $< 10 \text{ mm}$

Das entspricht der Sparrendurchbiegung nach Abb. 15.75:

$f_S = \dfrac{f_K}{\sin \alpha} = \dfrac{7{,}4}{0{,}643} = 11 \text{ mm} = \dfrac{c}{567} < \dfrac{c}{200}$

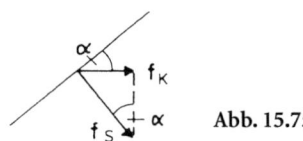

Abb. 15.75

Berechnung für $q_z \perp$ Pl:

$W_y = 1000 \cdot 22^2/6$  $= 80{,}7 \cdot 10^3 \text{ mm}^3$

$\sigma_{By} = 94 \cdot 10^3/(80{,}7 \cdot 10^3)$  $= 1{,}16 \text{ N/mm}^2$

zul $\sigma_{By} = 3{,}5 \text{ N/mm}^2$  $1{,}16/3{,}5 = 0{,}33 < 1$

Überlagerung von $\sigma_{By}$ und $\sigma_{Bz}$ [162]:

$\dfrac{\sigma_{Bz}}{\text{zul } \sigma_{Bz}} + \dfrac{\sigma_{By}}{\text{zul } \sigma_{By}} \leqq 1$

$0{,}64 + 0{,}33 = 0{,}97 < 1$

Anschluss der FP an die Kehlbalken mit Nä 31 × 80, nicht vorgebohrt.
Innengespärre je Platte:

$$F_1 = 3{,}23 \cdot 2/3 \qquad\qquad\qquad\qquad = 2{,}15 \text{ kN}$$

$$\text{erf } n = \frac{2{,}15}{1{,}25 \cdot 0{,}365} = 4{,}7 \to 7 \text{ Nä } 31 \times 80$$

An Widerlagern der Kehlscheibe je Platte:

$$F_1 = A/3 = 19{,}4/3 \qquad\qquad\qquad = 6{,}47 \text{ kN}$$

$$\text{erf } n = \frac{6{,}47}{1{,}25 \cdot 0{,}365} = 14{,}2 \to 16 \text{ Nä } 31 \times 80$$

### 15.3.8 Berechnung eines Sparrendaches nach DIN 1052 neu (EC 5)

System und Belastung des Sparrendaches siehe Abb. 14.21a, 14.26b, 15.50.
Die charakteristischen Werte der Einwirkungen können aus der DIN 1055 entnommen werden, vgl. Abschn. 14.2–14.6 und 15.3.5.1.

NH C24, kurze LED, Nkl 2

#### 15.3.8.1 Sparrenbemessung

**Lagerreaktionen und Schnittgrößen für 1,0 m Belastungsbreite**

**1. Lastfall:** ständige Lasten + Schneelast; s-Zone 2, $A = 338$ m

$$
\begin{aligned}
q_d &= \gamma_G \cdot G_k + \gamma_Q \cdot (Q_{l,k}; Q_{r,k}) &&\text{vgl. Gl. (2.3), (14.2b), (14.2d)}\\
&= 1{,}35 \cdot 0{,}78 + 1{,}5 \cdot (0{,}62; 0{,}31) &&= 1{,}98 \;(1{,}52) \text{ kN/m G}\\
V_{A,d} &= V_{A,d}^g + V_{A,d}^s = 4{,}21 + 3{,}72 &&= 7{,}93 \text{ kN} \quad \text{(Lagerreaktionen)}\\
H_{A,d} &= H_{B,d} = 2{,}81 + 2{,}48 &&= 5{,}29 \text{ kN}\\
N_{A,d} &= -4{,}77 - 4{,}21 &&= -8{,}98 \text{ kN}\\
N_{C,d} &= -2{,}25 - 1{,}98 &&= -4{,}23 \text{ kN}\\
N_{M,d} &= -3{,}51 - 3{,}10 &&= -6{,}61 \text{ kN}\\
V_{A,d} &= 1{,}68 + 1{,}49 &&= 3{,}17 \text{ kN} \quad \text{(Querkraft)}\\
M_{F,d} &= 2{,}10 + 1{,}86 &&= 3{,}96 \text{ kNm}
\end{aligned}
$$

**2. Lastfall:** ständige Lasten + Schneelast + Windlast; w-Zone 2 (BL), $h = 8$ m
Lagerreaktionen und Schnittgrößen infolge Wind von links ($\theta = 0$)

$$c_{pe} = 0{,}7\,(G);\; 0{,}49\,(H),\; w_{e,k} = 0{,}455;\; 0{,}319 \text{ kN/m}^2$$

$$c_{pe} = -0{,}5\,(J);\; -0{,}4\,(I),\; w_{e,k} = -0{,}325;\; -0{,}260 \text{ kN/m}^2$$

$$e/10 = 1{,}08 \text{ m } (l = 10{,}8 \text{ m}) \text{ s. Abb. 14.26b, Tafel 14.8 u. (14.4)}$$

Lastkombination:

$$N_{A,d} = N_{A,d}^{(g+s)} + \psi_{0,w} \cdot N_{A,d}^w \text{ usw. } \psi_{0,w} = 0{,}6 \qquad \text{s. Gl. (2.2)}$$
und Tafel 14.10

$N_{A,d} = -8{,}98 + 0{,}6 \cdot 0{,}776 \quad = -8{,}51 \text{ kN}$

$N_{C,d} = -4{,}23 + 0{,}6 \cdot 0{,}776 \quad = -3{,}76 \text{ kN}$

$N_{M,d} = -(8{,}51 + 3{,}76)/2 \quad = -6{,}14 \text{ kN}$

$\max N_d = -8{,}98 - 0{,}6 \cdot 0{,}968 \quad = -9{,}56 \text{ kN} \qquad \text{vgl. Abb. 15.51}$

$V_{C,d} = 0{,}465 + 0{,}6 \cdot 1{,}45 \quad = 1{,}34 \text{ kN}$

$\max H_{C,d} = 5{,}29 + 0{,}6 \cdot 0{,}120 \quad = 5{,}36 \text{ kN}$

$V_{A,d} = 3{,}17 + 0{,}6 \cdot 1{,}43 \quad = 4{,}03 \text{ kN} \qquad \text{(Querkraft)}$

$M_{F,d} = 3{,}96 + 0{,}6 \cdot 1{,}58^a \quad = 4{,}91 \text{ kNm}$

**3. Lastfall:** ständige Lasten + Windlast + Schneelast

$$V_{A,d} = V_{A,d}^g + V_{A,d}^w + \psi_{0,s} \cdot V_{A,d}^s \text{ usw. } \psi_{0,s} = 0{,}5 \qquad \text{s. Gl. (2.2)}$$
und Tafel 14.10

$V_{A,d} = 4{,}21 + 0{,}683 + 0{,}5 \cdot 3{,}72 \quad = 6{,}75 \text{ kN}$

$H_{A,d} = 2{,}81 - 1{,}48 + 0{,}5 \cdot 2{,}48 \quad = 2{,}57 \text{ kN}$

$H_{C,d} = 2{,}81 + 0{,}120 + 0{,}5 \cdot 2{,}48 \quad = 4{,}17 \text{ kN}$

$N_{A,d} = -4{,}77 + 0{,}776 - 0{,}5 \cdot 4{,}21 \quad = -6{,}10 \text{ kN}$

$N_{C,d} = -2{,}25 + 0{,}776 - 0{,}5 \cdot 1{,}98 \quad = -2{,}46 \text{ kN}$

$N_{M,d} = -(6{,}10 + 2{,}46)/2 \quad = -4{,}28 \text{ kN}$

$V_{A,d} = 1{,}68 + 1{,}43 + 0{,}5 \cdot 1{,}49 \quad = 3{,}86 \text{ kN} \qquad \text{(Querkraft)}$

$M_{F,d} = 2{,}1 + 1{,}58 + 0{,}5 \cdot 1{,}86 \quad = 4{,}61 \text{ kNm}$

**Sparrenbemessung für $e = 0{,}9$ m Sparrenabstand**

**Gewählt: 70/180**   mit $A = 126 \cdot 10^2 \text{ mm}^2$; $W_y = 378 \cdot 10^3 \text{ mm}^3$

$$I_y = 3402 \cdot 10^4 \text{ mm}^4, \text{ vgl. 15.3.5.1}$$

Stabilitätsnachweis:
Maßgebend für die Bemessung ist der 2. Lastfall.
Gl. (11.14):

$$\frac{\sigma_{c,0,d}}{k_{c,y} \cdot k_{sys} \cdot f_{c,0,d}} + \frac{\sigma_{m,d}}{k_m \cdot k_{sys} \cdot f_{m,d}} \leq 1$$

mit   $k_m = 1$

$k_{sys} = 1{,}1$   nach Tafel 14.11, Voraussetzungen beachten

---

[a] $\approx \max M_d^w$.

## 15.3 Sparren- und Kehlbalkendächer

Für die seitliche Stützung der knickgefährdeten Sparren werden Dachlatten in Verbindung mit den auf der Unterseite der Sparren befestigten Windrispen als ausreichend angesehen.

$$\lambda_y = \frac{5000}{0{,}289 \cdot 180} = 96{,}1$$

Gl. (8.29):  $\text{rel}\,\lambda_{c,y} = \frac{96{,}1}{\pi}\sqrt{\frac{21}{7333}} = 1{,}64$

Gl. (8.31):  $k_y = 0{,}5\,[1 + 0{,}2\,(1{,}64 - 0{,}3) + 1{,}64^2] = 1{,}98$

Gl. (8.30):  $k_{c,y} = \dfrac{1}{1{,}98 + \sqrt{1{,}98^2 - 1{,}64^2}} = 0{,}324$;  mit Tafel A.11: 0,325

$$f_{c,0,d} = \frac{0{,}9}{1{,}3} \cdot 21 = 14{,}5 \text{ N/mm}^2 \quad \text{vgl. Gl. (2.5)}$$

$$f_{m,d} = \frac{0{,}9}{1{,}3} \cdot 24 = 16{,}6 \text{ N/mm}^2$$

$$\frac{6{,}14 \cdot 10^3 \cdot 0{,}9/(126 \cdot 10^2)}{0{,}324 \cdot 1{,}1 \cdot 14{,}5} + \frac{4910 \cdot 10^3 \cdot 0{,}9/(378 \cdot 10^3)}{1{,}1 \cdot 16{,}6}$$

$= 0{,}09 + 0{,}64 = 0{,}73 < 1$, für $\theta = 90°$ ebenfalls erfüllt.

Durchbiegungsnachweise: $\psi_{2,w} = 0$, $\psi_{2,s} = 0$ vgl. 2.11.7 u. Tafel 14.10
Charakteristische (seltene) Bemessungssituation:

$$\max M_{F,d} = (M_{F,d}^g/1{,}35 + M_{F,d}^s/1{,}5 + \psi_{0,w} \cdot M_{F,d}^w/1{,}5) \cdot 0{,}9 = 3{,}08 \text{ kNm}$$
maßgebend!

veränderliche Lasten

$$\max M_{F,d} = (1{,}24 + 0{,}6 \cdot 1{,}05) \cdot 0{,}9 = 1{,}68 \text{ kNm}$$

ständige Last

$$\max M_{F,d} = 0{,}78 \cdot 4{,}0^2/8 \cdot 0{,}9 = 1{,}40 \text{ kNm}$$

Elastische Durchbiegung (Anfangsdurchbiegung) infolge veränderlicher Einwirkungen:

$$f_{p,\text{inst}} = \frac{5 \cdot l^2 \cdot \max M_{F,d}}{48 \cdot E_{0,\text{mean}} \cdot I} = \frac{5 \cdot 5000^2 \cdot 1680 \cdot 10^3}{48 \cdot 11000 \cdot 3402 \cdot 10^4}$$

$$= 11{,}7 \text{ mm} < l/300 = 5000/300 = 16{,}7 \text{ mm} \quad \text{vgl. (10.61c)}$$

Enddurchbiegung: $f_{p,fin} = f_{p,inst}$

$$f_{q,fin} = f_{p,inst} \left[ \frac{\max M_{F,d}^g}{\max M_{F,d}^p} (1 + k_{def}) + 1 \right]$$

$k_{def} = 0{,}80$ vgl. Tafel 2.12

$$f_{q,fin} = 11{,}1 \left[ \frac{1{,}4 \cdot 10^6}{1{,}68 \cdot 10^6} (1 + 0{,}8) + 1 \right] = 27{,}8 \text{ mm}$$

$f_{q,fin} - f_{g,inst} = 27{,}8 - 9{,}3 = 18{,}5 \text{ mm} < l/200 = 5000/200 = 25 \text{ mm}$

Quasi-ständige Bemessungssituation:

(10.61e): $f_{g,fin} - w_0 = 16{,}7 \text{ mm} < 25 \text{ mm}$  vgl. (2.6b)

mit $\qquad w_0 = 0$  (ohne Überhöhung)

### 15.3.8.2 Konstruktionsdetails

**Konstruktion des Fußpunktes vgl. Abb. 15.48b**
Abmessungen siehe Abschn. 15.3.5.2
Größte Längskraft am Auflager (2. Lastfall):

$$\max N_d = (-8{,}98 - 0{,}6 \cdot 0{,}968) \cdot 0{,}9 = -8{,}60 \text{ kN}$$

vgl. Abb. 15.51

Druckspannung zwischen Sparren und Schwelle ($h_2 = 60$ mm)

Gl. (5.13):  $\sigma_{c,90,d} = 8{,}60 \cdot 10^3/(70 + 2 \cdot 30) \cdot 60 = 1{,}10 \text{ N/mm}^2$

Tafel 5.5:  $k_{c,90} = 1{,}25$  ($l_1 \geq 2h$)

Gl. (2.5):  $f_{c,90,d} = \dfrac{0{,}9}{1{,}3} \cdot 2{,}5 = 1{,}73 \text{ N/mm}^2$

$$1{,}10/(1{,}25 \cdot 1{,}73) = 0{,}51 < 1$$

Größte Querkraft am Auflager:

$$\max V_{A,d} = 4{,}03 \cdot 0{,}9 = 3{,}63 \text{ kN} \quad \text{(2. Lastfall)}$$

Der Sparren wird wegen einer Gefahr des Queraufreißens in der Ausklinkung durch eine Latte 40/60 abgestützt, vgl. Abschn. 15.3.5.2 und Abb. 15.48b.

$$\text{erf } A_{ef} = \frac{3{,}63 \cdot 10^3}{1{,}25 \cdot 1{,}73} = 16{,}8 \cdot 10^2 \text{ mm}^2 < \text{vorh } A_{ef}$$

$$\text{vorh } A_{ef} = 40 \cdot (70 + 2 \cdot 30) = 52 \cdot 10^2 \text{ mm}^2$$

## 15.3 Sparren- und Kehlbalkendächer

**Konstruktion des Firstpunktes vgl. Abb. 15.46b**

a) Größte Druckkraft durch Kontakt übertragen, vgl. Abschn. 15.3.5.2

$$\max H_{C,d} = 5{,}36 \cdot 0{,}9 = 4{,}82 \text{ kN} \quad (2.\text{ Lastfall})$$

$$\sigma_{c,\alpha,d} = \frac{\max H_{C,d}}{b \cdot h_V} = \frac{4{,}82 \cdot 10^3}{70 \cdot 225} = 0{,}31 \text{ N/mm}^2 \leq k_{c,\alpha} \cdot f_{c,\alpha,d}$$

Gl. (5.16):

$$f_{c,\alpha,d} = \frac{14{,}5}{\sqrt{\left(\dfrac{14{,}5}{1{,}73}\, 0{,}60^2\right)^2 + \left(\dfrac{14{,}5}{1{,}5 \cdot 1{,}4 \cdot 1{,}38}\, 0{,}60 \cdot 0{,}80\right)^2 + 0{,}80^4}} = 3{,}71 \text{ N/mm}^2$$

mit $\quad f_{c,0,d} = \dfrac{0{,}9}{1{,}3} \cdot 21 = 14{,}5 \text{ N/mm}^2 \quad f_{v,d} = \dfrac{0{,}9}{1{,}3} \cdot 2{,}0 = 1{,}38 \text{ N/mm}^2$

$\quad f_{c,90,d} = \dfrac{0{,}9}{1{,}3} \cdot 2{,}5 = 1{,}73 \text{ N/mm}^2 \quad k_{c,\alpha} = 1 \text{ mit } k_{c,90} = 1$

$0{,}31/3{,}71 = 0{,}08 \ll 1;$ mit Tafel B.1 (Bd. 1): $f_{c,\alpha,d} = 3{,}73.$

b) Größte Schubkraft $V_C$ durch genagelte Laschen übertragen, vgl. 15.3.5.2 und Abb. 15.53

Windlast $\quad V_{C,d} = 1{,}45 \text{ kN}$

Schneelast $\quad V_{C,d} = 0{,}5 \cdot 0{,}465 = 0{,}23 \text{ kN}$

$\overline{\qquad\qquad\qquad\qquad\qquad\qquad\qquad}$

$e = 0{,}9 \text{ m}: \qquad\qquad 1{,}68 \text{ kN}$

$V_{C,d} = 1{,}68 \cdot 0{,}9 = 1{,}51 \text{ kN}$

Gewählt: 2 Laschen 30/120 (KI) mit je 5 Nä 31 × 70 je Anschluss, vgl. Abb. 15.53

Berechnung der Nagelkräfte:

$$V_{C,d} = 1{,}51 \text{ kN}$$

$$M_d = 1{,}51 \cdot 0{,}104 = 0{,}157 \text{ kNm} \quad \text{vgl. Abschn. 15.3.5.2}$$

Größte Nagelkraft $N_{1,d}$ nach Abb. 15.53 und Gln. (15.8) bis (15.12):

$$N_{1V,d} = \frac{1{,}51}{2 \cdot 5} + \frac{0{,}157 \cdot 10^3 \cdot 64}{2 \cdot 222{,}4 \cdot 10^2} = 0{,}377 \text{ kN}$$

$$N_{1H,d} = \frac{0{,}157 \cdot 10^3 \cdot 36}{2 \cdot 222{,}4 \cdot 10^2} = 0{,}127 \text{ kN}$$

$$N_{1,d} = \sqrt{0{,}377^2 + 0{,}127^2} = 0{,}398 \text{ kN}$$

Gl. (6.12a): $\quad R_k = \sqrt{2 \cdot M_{y,k} \cdot f_{h,k} \cdot d}$

mit

Gl. (6.12f): $M_{y,k} = 0,3 \cdot 600 \cdot 3,1^{2,6} = 3410$ Nmm

Gl. (6.12h): $f_{h,k} = 0,082 \cdot 350 \cdot 3,1^{-0,3} = 20,4$ N/mm²    nicht vorgebohrt

$R_k = \sqrt{2 \cdot 3410 \cdot 20,4 \cdot 3,1} = 657$ N

Gl. (6.12b): $t_{req} = 9 \cdot 3,1 = 27,9$ mm $< t_{vorh} = 30$ mm

Gl. (6.7f): $R_d = k_{mod} \cdot R_k/\gamma_M = 0,9 \cdot 657/1,1 = 538$ N   s. Tafel D.8 (Bd. 1)

$N_{1,d} = 0,398$ kN $< R_d = 0,538$ kN

Mindestholzdicke der Laschen (Spaltgefahr):

Gl. (6.12l): $t = \max[7 \cdot 3,1; (13 \cdot 3,1 - 30) \, 350/400]$

$t_{erf} = 21,7$ mm $< t_{vorh} = 30$ mm

### 15.3.8.3 Dachverband vgl. Abb. 15.54

Die anteilige Seitenlast $q_d$ für eine Windrispe kann für die Konstruktion nach Abb. 15.54 mit

$$q_d = k_1 \frac{n \cdot N_d}{30 \cdot l} \tag{15.33}$$

und

$$k_1 = \min \begin{cases} 1 \\ \sqrt{15/l} \end{cases}$$

berechnet werden.

$n = 6$    Anzahl der auszusteifenden Sparren je Windrispe

$N_d = 6,61 \cdot 0,9$ kN    Bemessungswert der mittleren Druckkraft
(1. Lastfall)    im Bauteil mit der Gesamtlänge $l$ in m

$$k_1 = \min \begin{cases} 1 \\ \sqrt{15/5,0} = 1,73 \end{cases}$$

$$q_d = 1 \cdot \frac{6 \cdot 6,61 \cdot 0,9}{30 \cdot 5,0} = 0,238 \text{ kN/m}$$

Anteilige Einzellast, vgl. Abbschn. 15.3.5.3

$S_{1,d} = q_d \cdot l/2 = 0,238 \cdot 5,0/2 = 0,595$ kN

Die auf eine Windrispe entfallende Windlast kann für die anteilige Windangriffsfläche $A_1$ gemäß Abb. 15.54 berechnet werden:

$A_1 = 4,0 \cdot 3,0/(2 \cdot 2) = 3,0$ m²    vgl. Abschn. 15.3.5.3

$W_{1,k} = c_{pe} \cdot q \cdot A_1 = 0,8 \cdot 0,65 \cdot 3,0 = 1,56$ kN    vgl. Abb. 14.25

1. Fall: Die Windrispen nehmen gleichzeitig Seiten- und Windlasten auf

$$H_{1,d} = S_{1,d} + 1{,}5 \cdot \psi_{0,w} \cdot W_{1,k} \quad \text{mit } \psi_{0,w} = 0{,}6$$
$$= 0{,}595 + 1{,}5 \cdot 0{,}6 \cdot 1{,}56 = 2{,}0 \text{ kN}$$

2. Fall: Die Windrispen werden nur durch Wind beansprucht

$$H_{1,d} = 1{,}5 \cdot 1{,}56 = 2{,}34 \text{ kN} \quad \text{maßgebend!}$$

Gewählt: Windrispe 30/80 (KI), mit Nä 31 × 70 an Sparrenunterseite genagelt, nicht vorgebohrt

Druckkraft $D_d = -2{,}34 \cdot 7{,}36/5{,}4 = -3{,}19$ kN

Knicklänge $s_k = 7{,}36/6 \quad = 1{,}23 \quad$ vgl. Abb. 15.54

$$\lambda = \frac{1230}{0{,}289 \cdot 30} = 142$$

Gl. (8.29): $\lambda_{\text{rel},c} = \dfrac{142}{\pi} \sqrt{\dfrac{21}{7333}} = 2{,}42$

Gl. (8.31): $k = 0{,}5 \, [1 + 0{,}2 \, (2{,}42 - 0{,}3) + 2{,}42^2] = 3{,}64$

Gl. (8.30): $k_c = \dfrac{1}{3{,}64 + \sqrt{3{,}64^2 - 2{,}42^2}} = 0{,}157 = k_c$ nach Tafel A.11

$$f_{c,0,d} = \frac{0{,}9}{1{,}3} \cdot 21 = 14{,}5 \text{ N/mm}^2 \quad \text{vgl. Gl. (2.5)}$$

Gl. (8.28): $\dfrac{3{,}19 \cdot 10^3/(30 \cdot 80)}{0{,}157 \cdot 14{,}5} = 0{,}58 < 1$

Anschluss an den Enden [157]:

$$n = \frac{3{,}19}{0{,}538} = 5{,}9 \rightarrow 6 \text{ (statt 5) Nä } 31 \times 70$$

An den zwischenliegenden Sparren Anschluss mit je 2 Nä 31 × 70.

## 15.4 Walme und Kehlen

Walme und Kehlen können bei Sparren- und Pfettendächern ausgeführt werden.

### 15.4.1 Walme

Beim abgewalmten Pfettendach werden Gratsparren und Schifter i.d.R. als Biegeträger ausgebildet mit lotrechten Auflagerkräften am Fuß- und Anfallspunkt bzw. Gratsparrenanschluss. Die Schifter schmiegen sich mit Passflächen

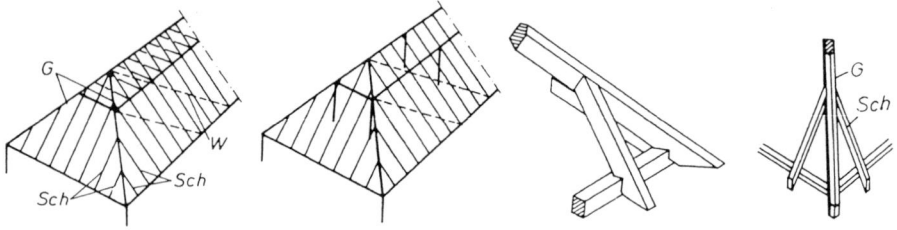

G ≙ Gratsparren; Sch ≙ Schifter; W ≙ Windrispe

**Abb. 15.76.** Walmdächer mit Anschlüssen

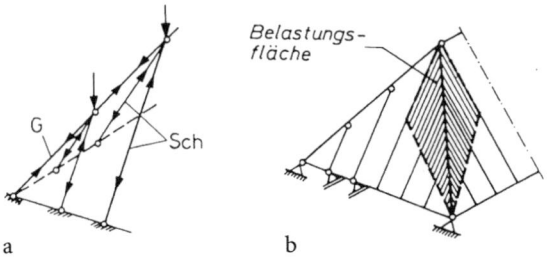

a        b

**Abb. 15.77.** Varianten zur Gratsparrenberechnung

an die Gratsparren an und werden mit Nägeln befestigt (Abb. 15.76). Auf diese Weise entstehen an der Fußpfette nur Schubkräfte aus Windlast und unplanmäßigen Längskräften.

Für das statische System und damit für die Berechnung von Gratsparren gibt es zwei grundverschiedene Möglichkeiten gemäß Abb. 15.77:

a) Die Schifter stützen als Druckstäbe – Druck mit Biegung – die Gratsparren ab. Sie stützen sich gegen die Schwellen (z.B. wie bei Sparrendächern nach Abb. 15.48). Der Gratsparren wird als Zugstab beansprucht und muss im Fußpunkt gut verankert werden.

Diese Konstruktion bietet sich an für Sparrendächer, wenn alle Schifter – auch diejenigen der Walmfläche (s. Abb. 12.5, 15.76, 15.77) – horizontal verankert werden können wie z.B. bei einer Stahlbetondecke nach Abb. 15.48 a bis g.

Die statische Berechnung dieses Systems kann nach [171] durchgeführt werden. Bei großen Schnittkräften, die mit zimmermannsmäßigen Anschlüssen kaum wirtschaftlich aufgenommen werden können, sollten die in [167] enthaltenen Hinweise beachtet werden.

Für den Fall, dass, wie beispielsweise bei einer quergespannten Holzbalkendecke, unter einem Kehlbalkendach ein längsgerichteter Horizontalschub aus den Walmschiftern nur mit aufwendigen Verankerungskonstruktionen aufgenommen werden kann, werden in [172] andere Lösungsmöglichkeiten mit Berechnungsansätzen vorgeschlagen.

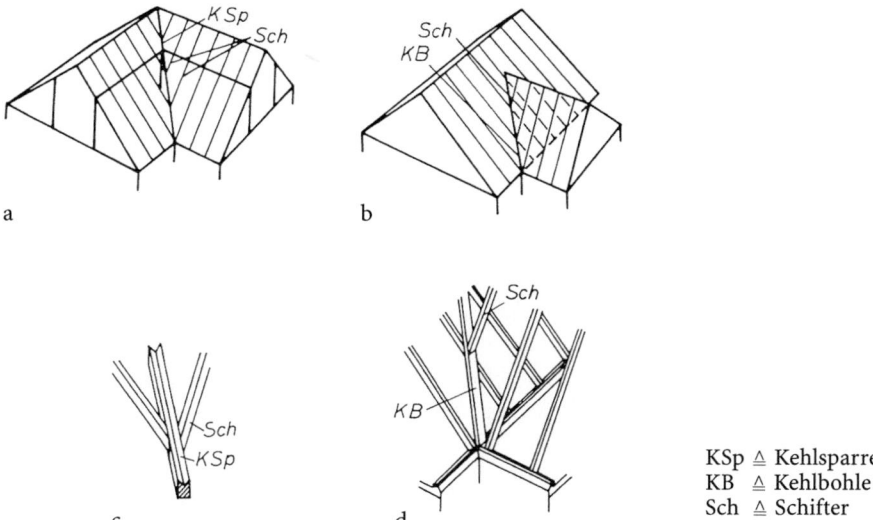

Abb. 15.78. Dachkehlen mit Anschlüssen

KSp ≙ Kehlsparren
KB ≙ Kehlbohle
Sch ≙ Schifter

b) Die Schifter werden gelenkig an die Gratsparren angehängt und sind an der Fußpfette verschieblich gelagert. Der Gratsparren wird als geneigter Träger auf zwei Stützen auf Biegung beansprucht. Belastungsfläche s. Abb. 15.77b.

Diese Annahme ist gebräuchlich bei Pfettendächern mit der üblichen Fußausbildung durch Klaue mit Sparrennagel. Berechnung s. [173].

Empfehlung nach [173]: $b_G = b_N + 20$ mm

$$h_G = (1{,}5 \ldots 1{,}6) \cdot h_N$$

G ≙ Gratsparren; N ≙ Normalsparren; $b, h$ ≙ Breite, Höhe

### 15.4.2 Kehlen

Kehlen sind einspringende Dachkanten. Für die Konstruktion gibt es zwei Varianten, vgl. Abb. 15.78:

a) Der Kehlsparren nach Abb. 15.78a stützt sich als Biegeträger auf den Pfetten ab. Er nimmt die anteiligen Lasten sinngemäß wie Abb. 15.77b aus den Schiftern beider Dachflächen auf, die i. d. R. mit Sparrennägeln in den Passflächen befestigt werden, vgl. Abb. 15.78c.

b) Die Kehlbohle wird auf die durchgehenden Sparren des Hauptdaches gelegt und meistens genagelt. Die Schifter des Nebendaches stützen sich darauf ab nach Abb. 15.78b, d.
Nachteil dieser Konstruktion ist eine eingeschränkte Begehbarkeit und Nutzung des Dachraumes. Ihr Vorteil: Anwendung für Sparren- und Kehlbalkendächer ohne Kräfteumlagerung auf Nachbargespärre.

# 16 Tragwerke von Skelettbauten, Holzrahmenbau, Blockhausbau (Holzbausysteme)

Die Entwicklung vorgefertigter Bauteile für tragende stabförmige Elemente sowie für raumabschließende Platten- und Tafelelemente eröffnet dem modernen Holzbau die Möglichkeit, Skelettbauten in vielfältigen Formen und Abmessungen herzustellen, vgl. Abb. 16.1, [155, 258, 267].

Anforderungen an den Brandschutz der Bauteile aus Holz und Holzwerkstoffen in Wohn- und Verwaltungsgebäuden können durch Querschnittswahl und konstruktive Ausbildung der Verbindungen nach DIN 4102 T4 unter Verwendung der in den Landesbauordnungen enthaltenen Vorschriften erfüllt werden, s. Abschn. 4.4 bis 4.8 [162, 250].

Die Stabilisierung kann erfolgen durch Verbände, Scheiben, Rahmen oder Stützeneinspannungen.

Abb. 16.1. Skelettbauten [198]

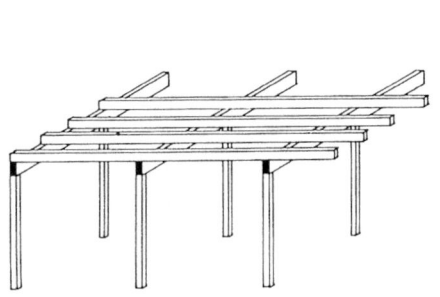

a
Einteilige Querschnitte,
gestapelt

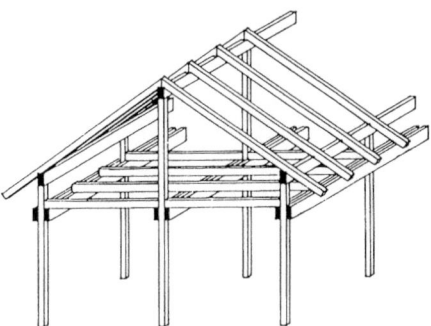

b
Satteldach mit Drempel,
Unterzüge aus Zangen

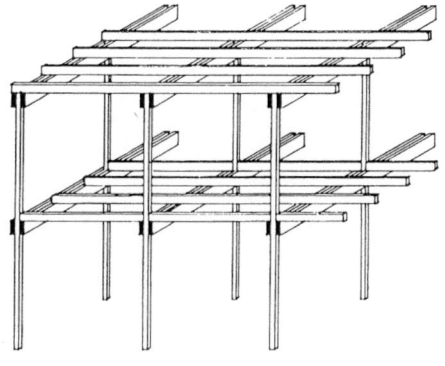

c
Deckenträger auf zweiteiligen
Unterzügen

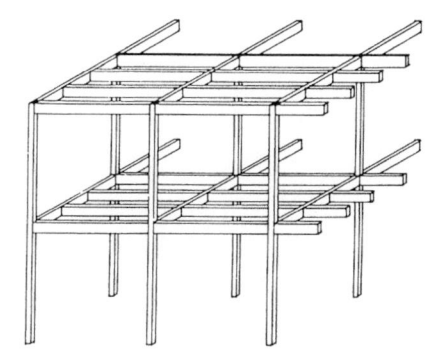

d
Längs- und Querträger mit bündiger Oberkante

**Abb. 16.2.** Skelett-Konstruktion [174]

Als Verbandsdiagonalen können Windrispen, Flach- oder Rundstähle verwendet werden, als Scheiben Diagonalschalung, BFU oder FP-Platten. Abbildung 16.2 zeigt einige Varianten des Skelettaufbaues [155, 174].

Abbildung 16.3 zeigt Vorschläge für Knotendetails, s. [11, 155, 174, 175]. Die Kraftübertragung kann geschehen durch Druck ∥ Fa (Kreuzstützen), Druck ⊥ Fa (Unterzug/Stütze), Dübel besonderer Bauart (2-teiliger Unterzug/Stütze, Stahlprofil/Stütze), Stabdübel (⊥-Profilanschluss).

Vollholz, insbesondere KVH, ist für Träger und Stützen bis zu einem Raster von etwa 4 m grundsätzlich verwendbar bei Querschnittshöhen bis etwa 260 mm.

Brettschichtholz ist trotz höheren Preises aus mehrfachen Gründen zu empfehlen [14]:

a) Maßhaltigkeit, Formbeständigkeit, verminderte Trockenrissbildung dank sorgfältiger Sortierung und künstlicher Vortrocknung.

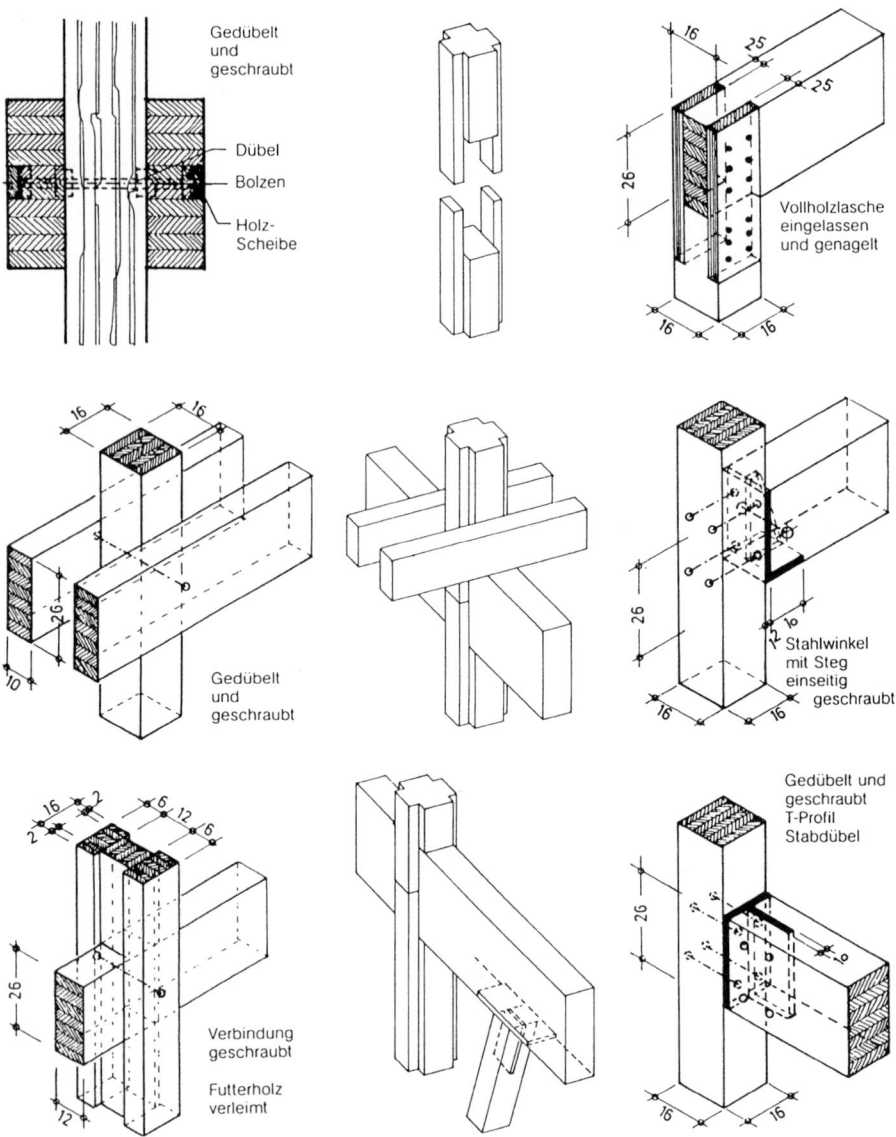

Abb. 16.3. Knotenpunkte in Skelettbauten [11, 174]

b) Variable Querschnittsformen und -größen sowie Knotenpunktausführungen [11, 174].
c) Höhere Festigkeit und Biegesteifigkeit, größere Stützenraster.

Für die Deckenbalken und Dachsparren wird anstelle des BS-Holzes meist KVH eingesetzt [245, 258].

Bei zweigeschossigen Gebäuden sollten die Stützen durchgehen, um Setzungen infolge Querdruckbeanspruchungen der Unterzüge zu vermeiden.

Der **Holzrahmenbau** ist ein standardisiertes Bausystem und beruht auf der nordamerikanischen „Timber-Frame-Bauweise". Eine kennzeichnende Komponente dieser Bauweise ist die Beplankung aus Sperrholz oder Holzspanplatten für die Gebäudeaussteifung [176].

Die Standard-Wandkonstruktion besteht aus Fußschwelle, Ständer und Rähm mit den Querschnitten 60/120 mm. Ständer mit größeren Querschnitten 120/120 mm, 180/180 mm sind möglich. Die Holzständer 60/120 mm sind i. d. R. im Abstand von 625 mm angeordnet. Durchbrüche, z. B. für Fenster, benötigen zusätzlich Sturzhölzer und Riegel. Es wird VH, teilweise als KVH, für Unterzüge auch BS-Holz verwendet. Die Beplankung besteht aus Holzwerkstoffen ($d = 13-16$ mm).

Befestigung: RNä $2,5 \times 35$ mm, $e = 50$ mm bei Randhölzern,
$e = 150$ mm bei den Mittelhölzern.

Die aufnehmbaren Horizontallasten betragen nach [177]:

ca. 6 kN/m $_{\text{Wandtafel}}$ bei einseitiger Beplankung
ca. 12 kN/m $_{\text{Wandtafel}}$ bei beidseitiger Beplankung

Die Randständer der Gesamttafel können bei großen Horizontallasten nur geringe Vertikallasten aufnehmen. Bei größeren Vertikallasten sind Zusatzständer erforderlich. Das Deckenraster beträgt i. d. R. 0,625 m. Lasten können dann direkt in die Ständer eingeleitet werden.

Dächer werden i. d. R. als Pfetten-, Sparren- oder Kehlbalkendächer ausgeführt; Konstruktion und Bemessung s. Abschnitt 15.

Vertikallasten müssen das Kippmoment kompensieren, ansonsten sind die Wandscheiben zu verankern.

Weitere Hinweise zum Bausystem und konstruktive Details sind u. a. aus [12, 177, 258, 266-269, 293] zu entnehmen.

Der **Holztafelbau**, die Holzbauweise der Fertighaushersteller, hat viele Gemeinsamkeiten mit dem Holzrahmenbau. Ein wesentlicher Unterschied liegt im höheren Vorfertigungsgrad [258, 261, 267].

Der **Blockhausbau** als Zimmermanns-Holzbau hat für außerstädtische Bauvorhaben u. a. durch die modernen Holzbearbeitungsmaschinen, die den Arbeitsaufwand für die Verbindungen erheblich reduzieren [247], wieder an Bedeutung gewonnen. Konstruktion und Bemessung s. Abschnitt 15 und [259].

Die **Brettstapelbauweise** kann für die Herstellung von Decken, Wänden und Dächern genutzt werden. Die Verbindung zwischen den Einzelbrettern erfolgt durch Verkleben oder mit mechanischen Verbindungsmitteln (Nägel, Stabdübel aus Stahl oder Hartholz, Schrauben).

Weitere Einzelheiten zum Aufbau der Brettstapelbauteile (Bretthöhen, Brettdicken usw.) und zur Bemessung und Konstruktion s. [267, 270].

# 17 Hallentragwerke

## 17.1 Allgemeines

Hallen aus Holz oder aus Holz in Kombination mit anderen Baustoffen werden im Ingenieurbau vielfach angewendet. Dabei ist der Brandschutz in Abhängigkeit von der vorgesehenen Nutzung zu beachten [294].

Die traditionellen Dachtragwerke über rechteckigem Gebäudegrundriss sind aufgebaut aus verschiedenen Trägerlagen, die rechtwinklig zueinander gestapelt werden, wobei sich der Trägerabstand von Lage zu Lage verringert bis auf die Stützweite der Dachdeckungselemente (Abb. 17.1a).

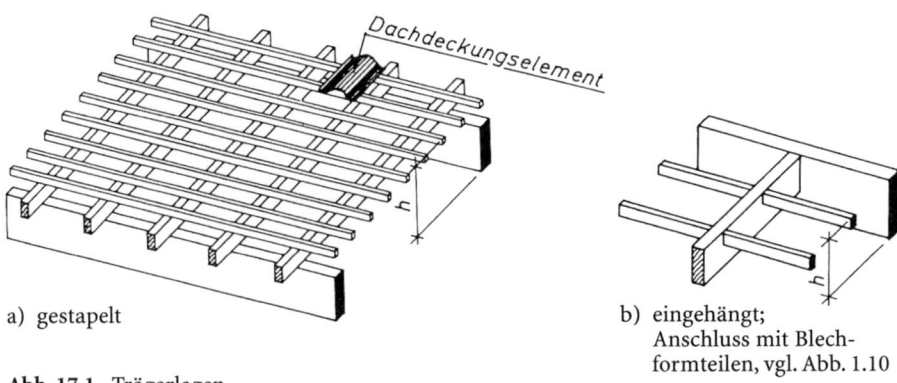

a) gestapelt

b) eingehängt; Anschluss mit Blechformteilen, vgl. Abb. 1.10

Abb. 17.1. Trägerlagen

Bei beschränkter Bauhöhe $h$ können die Träger auch eingehängt werden mit bündiger Oberkante (Abb. 17.1b). Das geschieht meistens auf Kosten der wirtschaftlicheren Durchlaufwirkung und mit erhöhtem Aufwand für die Trägeranschlüsse (Balkenschuhe nach Abb. 1.10, 5.5 und 6.64A oder Hirnholzdübelverbindungen nach Abb. 6.20, 6.21, 6.25).

Hallendächer werden je nach Gebäudequerschnitt und Tragsystem ausgeführt mit Binderspannweiten $l \approx 10$ m bis 100 m.

Im Folgenden werden in vereinfachter Form einige typische Dachkonstruktionen des Ingenieurholzbaues vorgestellt mit kurzer Beschreibung der tragenden und stabilisierenden Bauteile. Für die regelmäßige Begutachtung von Hallentragwerken aus Holz s. [295].

## 17.2 Tragsysteme

An einer einschiffigen Halle mit Rechteckgrundriss sollen drei Varianten üblicher Tragsysteme gezeigt werden, s. Abb. 17.2 und [27].

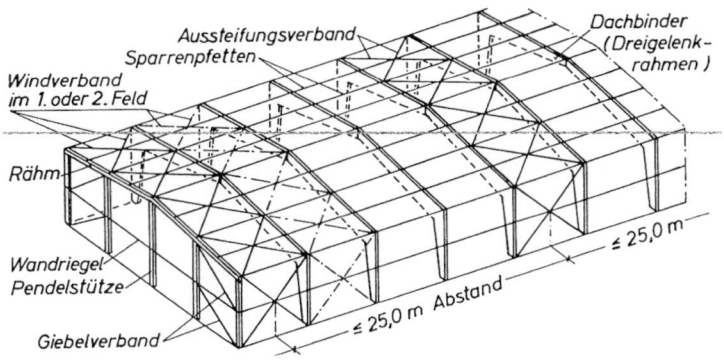

a

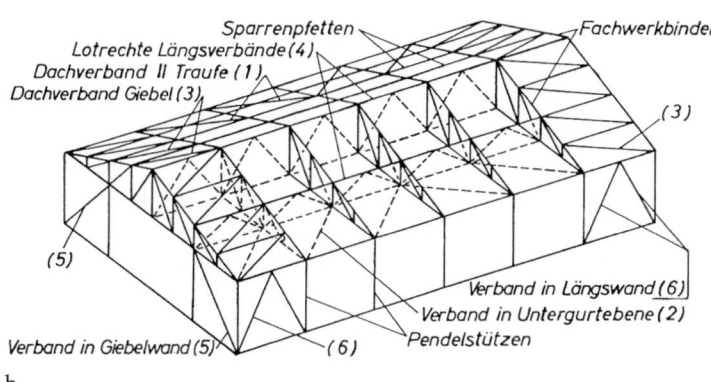

b

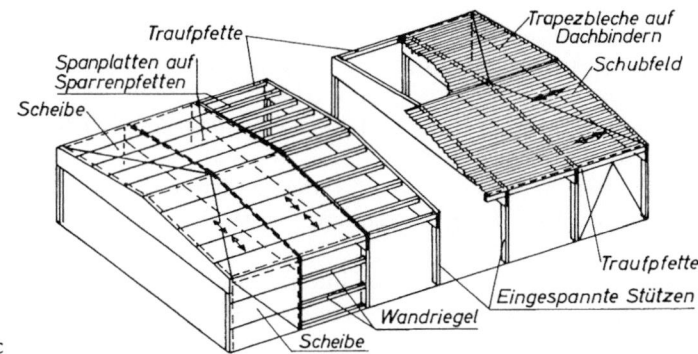

c

**Abb. 17.2.** Tragsysteme

## Abb. 17.2a: Dreigelenkrahmen aus BSH als Hallenbinder

Giebelwandaufbau aus Pendelstützen, Wandriegeln, Rähmen, Windverbänden. Windverbände in Dach und Längswänden entweder im ersten oder zweiten Feld, Aussteifungsverband im mittleren Innenfeld. Mittenabstand der Verbände $e \leqq 25$ m nach $-10.2.5-$.

Sparrenpfetten können in den Verbänden als Pfosten verwendet werden nach Abb. 17.3a (Biegung mit Druck). Statt dessen können jedoch auch besondere Stäbe als Verbandspfosten vorgesehen werden, vgl. Abb. 17.3b.

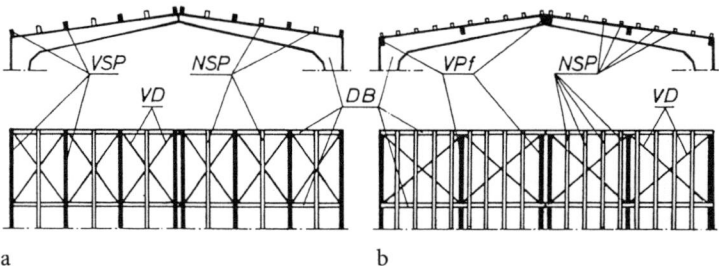

a     b

NSP ≙ Normale Sparrenpfette;   VPf ≙ Verbandspfosten;
VSP ≙ Verbandssparrenpfette;   VD ≙ Verbandsdiagonale;
DB  ≙ Dachbinder

Abb. 17.3. Varianten der Verbandspfosten

Im Bereich zwischen den Verbänden werden die Stabilisierungsstäbe – VSP in (a) und VPf in (b) – zug- und druckfest gestoßen und angeschlossen zur Aufnahme der Seitenlasten aus ungewollten Krümmungen der gedrückten Bindergurte. Bei Biegedruck im Untergurt sind Kopfbänder nach Abb. 21.1 als Kippsicherung zu empfehlen.

## Abb. 17.2b: Fachwerkbinder aus Vollholzstäben als Hallenbinder auf Pendelstützen

Stabilisierung in Querrichtung durch Dachverband (1) oder Verband in Untergurtebene (2) zusammen mit Verbänden in den lotrechten Giebelwänden (5).

Stabilisierung in Längsrichtung durch Dachverband im ersten Binderfeld (3) oder entsprechenden Verband in Untergurtebene (nicht dargestellt) zusammen mit Verbänden in den Längswänden (6).

Windverbände (3) sind in Verbindung mit den Sparrenpfettensträngen gleichzeitig Aussteifungsverbände gegen seitliches Ausweichen der Binderdruckgurte.

Lotrechte Längsverbände (4) (gestrichelte Linien) können zusätzlich angeordnet werden, entweder zur seitlichen Abstützung der Binderdruckgurte gegen Windverbände in Untergurtebene oder bei offenen* Hallen mit Windver-

---

* Vgl. Fußnote zu Abb. 14.25.

bänden in Dachebene zur Stabilisierung der infolge „Wind von unten" gedrückten Binderuntergurte. Statt dessen können auch Kopfbänder nach Abb. 21.1 angeordnet werden.

**Abb. 17.2 c: Satteldachträger aus BSH als Hallenbinder**
Stützen aus Stahlbeton, Stahl oder BSH mit Fußeinspannung in Hallenquerrichtung. Verbände oder Scheiben in den Längswänden. Windlasten auf Giebelwände und Seitenlasten aus Binderdruckgurten werden durch Dachscheiben aus Flachpressplatten bzw. Schubfelder aus Trapezblechen nach –*10.3*– aufgenommen.

Bei Flachpressplatten müssen alle Stöße auf Bindern bzw. Sparrenpfetten schubfest hergestellt werden gemäß Abb. 17.2c und Abb. 13.32, s. Berechnungsbeispiel in [99, 178].

Zur Verkürzung der Plattenstützweite können weitere Zwischenpfetten zweckmäßig sein.

Trapezbleche können als tragende Bauteile direkt auf die Dachbinder gelegt werden, vgl. Abb. 17.2c und Abb. 13.14. Soll die Schubfeldwirkung in Rechnung gestellt werden, müssen alle Ränder und die Firstkante durch Träger unterstützt werden. Die schubfeste Verbindung wird durch Holzschrauben in bestimmten Abständen – $\perp$ zu den Profilkanten in jedem Sickenuntergurt – hergestellt, s. Abb. 13.15.

## 17.3 Bindersysteme

Im Holzbau verwendet man Fachwerkträger vorwiegend aus Vollholz (Bretter, Bohlen oder Kanthölzer), BSH sowie FSH und Vollwandträger vorwiegend aus BSH [162]. Als Tragsysteme sind Einfeldträger, Mehrfeldträger – meistens statisch bestimmt als Gelenkträger –, Dreigelenkrahmen und -bögen sowie seltener Zweigelenkrahmen und -bögen gebräuchlich. Fachwerkträger vgl. Abb. 1.2, 6.22, 6.35, 6.56, 6.65 A. Vollwandträger vgl. Abb. 1.5, 1.11, 6.19, 6.36, 10.31. Weitere Konstruktionsbeispiele s. [11–14].

Mehrfach statisch unbestimmte Systeme werden wegen Transport- und Montageschwierigkeiten (biegesteife Stöße auf der Baustelle) möglichst gemieden und nur in Sonderfällen ausgeführt.

Als Planungsgrundlagen sind in Tafel 17.1 bzw. Tafel 17.2 übliche Systemabmessungen für Fachwerk- bzw. Vollwandträger angegeben.

Fachwerksysteme in den Konstruktionsarten der Tafel 17.1 sowie in den weiteren Tragwerksformen mit Knotenverbindungen z.B. nach [59] (Multi-Krallen-Dübel), [88] (Stahlblech-Holz-Nagelverbindung) oder nach dem Blumer-System (s. Abb. 1.3) [162].

Hinweise zur Konstruktion und Bemessung von Anschlüssen im Hallenbau s. [27].

**Tafel 17.1** Übliche Systemmaße [m] für Fachwerkträger

| Konstruktionsart | | Nagelbrett-binder [89] | Kantholz-binder [89] | Gang-Nail[5] [95] s. Abb. 1.3 | Greimbau [179] s. Abb. 1.3 |
|---|---|---|---|---|---|
| Üblicher Binderabstand | | 0,8 – 1,25 | 2,5 – 5,0[1] 4,0 – 6,0[2] | 0,625 – 2,50 (Standard) | 4,5 – 6,0 |
| 1 | $l$ | 5 – 20 | 5 – 30 | 7,5 – 20(30)[3] | 17 – 35 |
| | $h$ | $\geq 0{,}1 \cdot l$ | $\geq 0{,}11 \cdot l$ | $\geq 0{,}1 \cdot l$ | $\geq 0{,}08 \cdot l$ |
| 2 | $l$ | 5 – 20 | 5 – 25 | 7,5 – 20(30)[3] | 17 – 35(55)[4] |
| | $h$ | $\geq 0{,}11 \cdot l$ | $\geq 0{,}12 \cdot l$ | $\geq 0{,}16 \cdot l$ | $\geq 0{,}08 \cdot l$ |
| 3 | $l$ | 5 – 20 | 5 – 30 | 7,5 – 20 | 10 – 20 |
| | $h$ | $\geq 0{,}125 \cdot l$ | $\geq 0{,}14 \cdot l$ | $\geq 0{,}15 \cdot l$ | $\geq 0{,}18 \cdot l$ |
| 4 | $l$ | 5 – 15 | 5 – 20 | 7,5 – 20 | 10 – 20 |
| | $h$ | $\geq 0{,}25 \cdot l$ | $\geq 0{,}28 \cdot l$ | $\geq 0{,}19 \cdot l$ | |
| 5 Dreigelenkrahmen | $l$ | | 10 – 50 | $\leq 20(30)^{3}$ | 12 – 45 |
| | $h$ | | $\geq 0{,}1 \cdot s$ | | $\geq 0{,}07 \cdot s$ |
| 6 Zweigelenkrahmen | $l$ | | 10 – 50 | $\leq 20(30)^{3}$ | 17 – 35 |
| | $h$ | | $\geq 0{,}1 \cdot l$ | | $\geq 0{,}07 \cdot l$ |

[1] Systeme 1 bis 4.
[2] Systeme 5 und 6.
[3] dafür erforderliche Plattentypen s. Tabelle 3.1.14 in [16].
[4] bei größerer Bauhöhe $h$.
[5] siehe [17].

## 17.3 Bindersysteme

**Tafel 17.2.** Übliche Systemmaße [m] für Vollwandträger aus BSH
Binderabstand $e \approx 5 \cdots 8$ m

| Trägerform | Statisches System | Spannweite $l$ | Trägerhöhe $H$ | $h$ |
|---|---|---|---|---|
| Einfeldträger gerade, parallel | | 10–35 | $\dfrac{l}{17}$ | |
| Satteldachträger gerader Untergurt | | 10–35 | $\dfrac{l}{15}$ | $\dfrac{l}{30}$ |
| Satteldachträger[1] geneigter Untergut | | 10–30 | $\dfrac{l}{13}$ | $\dfrac{l}{26}$ |
| Dreigelenkstabzug mit oder ohne Zugband | | 20–50 | $\dfrac{s}{18}$ | |
| Dreigelenkbogen mit oder ohne Zugband | | 20–100 | $\dfrac{l}{40}$ | |
| Dreigelenkrahmen gebogen oder geknickt | | 15–60 | $\dfrac{l}{18}$ | $\dfrac{l}{50}$ |
| Zweigelenkrahmen Unterkante im First gebogen | | 15–40 | $\dfrac{l}{20}$ | $\dfrac{l}{30}$ |
| Mehrfeldträger gerade oder geknickt, parallel | | 10–30 | $\dfrac{l}{20}$ | |
| Mehrfeldträger mit Vouten | | 10–30 | $\dfrac{l}{16}$ | $\dfrac{l}{22}$ |
| Kragträger $l_K = 3 \cdot l$ | | 5–25 ($l_K$) | $\dfrac{l_K}{10}$ | |

[1] siehe [13].

# 18 Sparrenpfetten

## 18.1 Allgemeines

Sparrenpfetten verlaufen parallel zur Traufe auf den Bindern und tragen die Dachhaut (Schalung oder Platten), s. z.B. Abb. 6.36, 6.57a, 17.2, 17.3. Die Bezeichnung „Sparrenpfette" besagt, dass dieses Bauteil die Funktionen des Sparrens und der Pfette in sich vereinigt.

Sparrenpfetten werden nach Abb. 18.1 meist ⊥ zur Binderoberkante angeordnet und demnach bei geneigten Dächern auf Doppelbiegung beansprucht. Die Lastkomponente $q_y$ kann jedoch auch durch Scheibenwirkung (Dachschalung) oder durch Verbände in Verbindung mit Zugbändern aufgenommen werden.

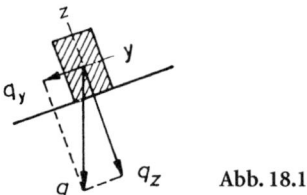

Abb. 18.1

Für Stützweiten bis etwa 8 m können folgende Systeme verwendet werden:

Einfeldpfetten      (statisch bestimmt)
Durchlaufpfetten    (statisch unbestimmt)
Gelenkpfetten       (statisch bestimmt)
Koppelpfetten       (statisch unbestimmt)

Weitere Systeme für Sparrenpfetten, insbesondere für größere Stützweiten, siehe Milbrandt [28].

## 18.2 Einfeldpfetten

Einfeldpfetten aus Vollholz sind für Stützweiten bis etwa 4,5 m wirtschaftlich. Ihre Verwendung beschränkt sich deshalb im Wesentlichen auf Sonderfälle mit beschränkter Bauhöhe, s. Abb. 17.1b, und auf Dachdeckungen aus Flachpressplatten mit Scheibenwirkung bzw. Trapezblechen mit Schubfeldwirkung nach Abb. 17.2c mit bündiger Oberkante der Sparrenpfetten und Binder (alle Plattenränder kontinuierlich angeschlossen), s. Abb. 18.2.

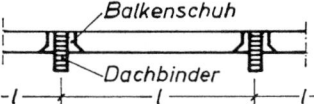

Abb. 18.2. Einfeldpfette

## 18.3 Durchlaufpfetten aus Vollholz

Durchlaufpfetten aus Vollholz können bei Lieferlängen bis etwa 14 m und kleinen Binderabständen noch als Dreifeldträger gemäß Abb. 18.3 verwendet werden.

Stöße können gelenkig mit geradem Blatt (*a*) oder biegesteif mit beidseitigen Laschen (*b*) ausgebildet werden. Durchlaufpfetten mit biegesteifen Stößen (*b*) sind wegen des großen Material- und Arbeitsaufwandes nicht wirtschaftlicher als solche mit Gelenkstößen (*a*).

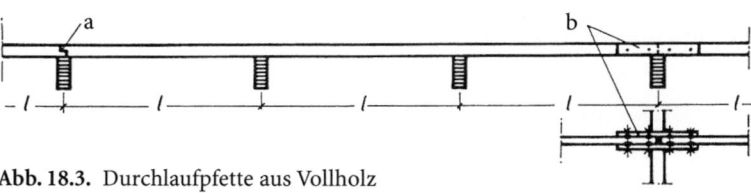

Abb. 18.3. Durchlaufpfette aus Vollholz

Die Schneelast darf i.d.R. als konstante Gleichlast gemäß Abb. 14.21c angenommen werden. Durchlaufträger sind wirtschaftlicher als Einfeldträger. Ihre Durchbiegung ist erheblich geringer als bei Einfeldträgern.

## 18.4 Gelenkpfetten

### 18.4.1 Allgemeines

Gelenkpfetten sind statisch bestimmte Mehrfeldträger. Die Anzahl der Gelenke entspricht der Anzahl der Innenstützen (Abb. 18.4).

Bevorzugt wird das System (*b*), bei dem Gelenk- und gelenklose Felder miteinander wechseln (Gerberträger).

System (*a*) mit nur einem gelenklosen Feld hat den Vorteil gleicher Trägerlängen in den Innenfeldern. Die Gefährdung der Standsicherheit kann im Schadensfall größer sein als beim System (*b*).

Bei konstanter Gleichlast nach Abb. 14.21c kann durch geschickte Anordnung der Gelenke erreicht werden, dass alle Stütz- und Innenfeldmomente gleich groß werden, s. Abb. 18.5.

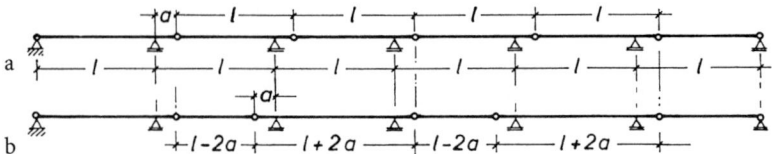

**Abb. 18.4.** Varianten der Gelenkanordnung

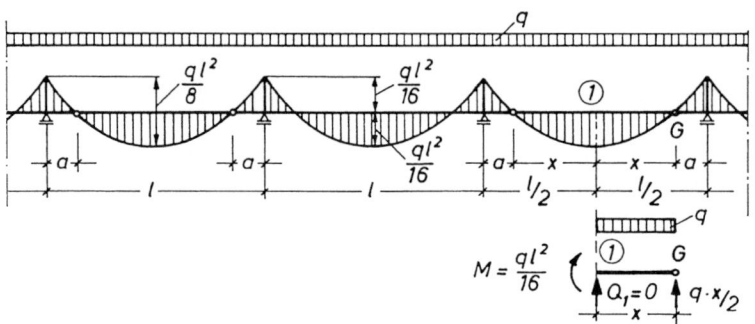

**Abb. 18.5.** M-Fläche der Gelenkpfette in den Innenfeldern

$\sum M_G = 0$ für Trägerabschnitt ①–G:
$q \cdot l^2/16 - q \cdot x^2/2 = 0$

$$x = \frac{l}{4} \cdot \sqrt{2} = 0{,}3535\, l \qquad (18.1)$$

$$a = l/2 - x = 0{,}1465\, l \qquad (18.2)$$

Mit dem Gelenkabstand $a = 0{,}1465\, l$ nach Gl. (18.2) wird die M-Fläche nach Abb. 18.5 erzwungen.

$$M_F = -M_{St} = \frac{1}{2} \cdot \frac{q \cdot l^2}{8} = 0{,}0625 \cdot q \cdot l^2 \qquad (18.3)$$

### 18.4.2 Gelenkabstände und Bemessungsgrundlagen

Im Folgenden werden die Bemessungsgrundlagen für verschiedene Gelenksysteme dargestellt.

> System 1: Pfettenstrang mit verkürzten Endfeldern $l_E = 0{,}8535\, l$

Verkürzt man die Endfelder auf $l_E = 0{,}8535\, l$, dann werden alle Stütz- und Feldmomente gleich groß, s. Tafel 18.1 und Abb. 18.6.

Die Lagerreaktionen des Systems (b) gelten auch für System (a).

Die Gelenkkräfte sind $G = \frac{1}{2} \cdot 0{,}707 \cdot q \cdot l = 0{,}3535 \cdot q \cdot l$.

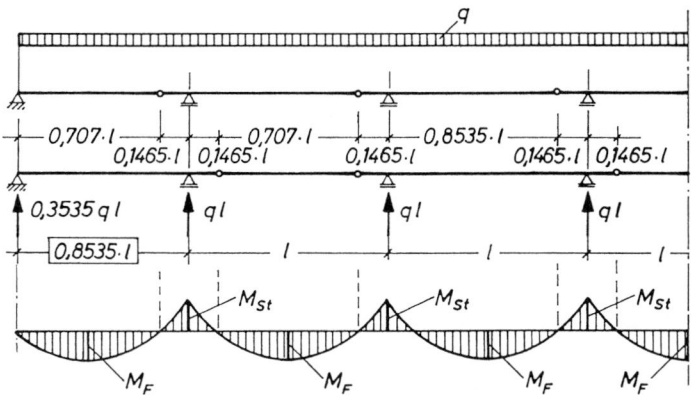

**Abb. 18.6.** Gelenkpfette mit verkürzten Endfeldern $l_E = 0{,}8535\, l$

**Tafel 18.1**

| | erf $I$ für $l/200$ [a] | Durchbiegung $f$ [a] |
|---|---|---|
| $M_F = -M_{St} = 0{,}0625 \cdot q \cdot l^2$ | erf $I = 167 \cdot M_F \cdot l \cdot 10^4$ | $f = \dfrac{10^2 \cdot \sigma \cdot l^2}{6 \cdot h}$ ;  $\sigma = \dfrac{M_F}{W}$ |

[a] Einheiten für erf $I$ und $f$: $\sigma$ [N/mm²]; $M$ [kNm]; $l$ [m]; $h, f$ [mm]; $I$ [mm⁴], vgl. Gln. (10.13) und (10.17).

Die große Durchbiegung tritt in den gelenklosen Feldern auf.

**System 2: Pfettenstrang mit gleich großen Stützweiten $l$ = const.**

Die Gelenkanordnung kann nach Abb. 18.4a oder 18.4b gewählt werden, vgl. Abb. 18.7. Eine Verstärkung der Endfeldquerschnitte ist unvermeidlich. Die Gelenkabstände werden i.d.R. nach folgenden Gesichtspunkten festgelegt (Abb. 18.7a oder b):

Konstanter Querschnitt für alle Innenfelder ($M_2 = -M_1$).

Größerer Querschnitt für beide Endfelder ($M_1 > M_2$) durch größere Querschnittsbreite oder durch untergenagelte Lamellen. Das gelingt mit folgenden Gelenkabständen:

Innenfelder:  $a_1 = 0{,}1465\, l$ \hfill wie (18.2)

Endfelder:  $a_2 = 0{,}1250\, l$, vgl. Seite 4.5 in [36] \hfill (18.4)

Die Biegemomente nach Abb. 18.7 sind dann:

Innenfelder:

$$M_2 = -M_1 = 0{,}0625 \cdot q \cdot l^2 \hspace{3em} \text{wie} \quad (18.3)$$

# 18 Sparrenpfetten

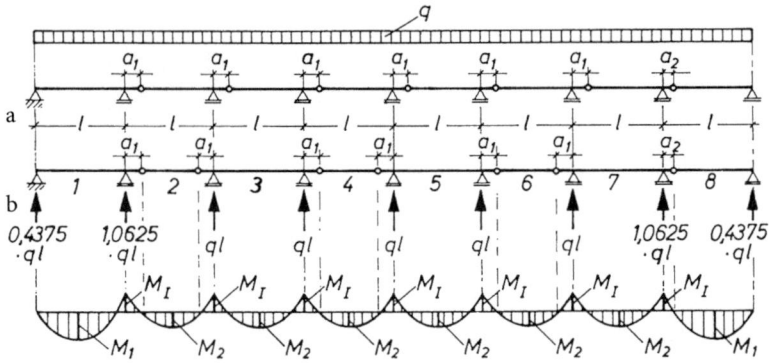

**Abb. 18.7.** Gelenkpfette mit gleicher Stützweite $l$ = const. Lagerreaktionen und Biegemomente gelten für (a) und (b)

Endfelder:

$$M_8 = M_1 = q \cdot \frac{(0{,}875 \cdot l)^2}{8} = 0{,}0957 \cdot q \cdot l^2$$
$$M_1 = \frac{(0{,}4375 \cdot q \cdot l)^2}{2 \cdot q} = 0{,}0957 \cdot q \cdot l^2$$
(18.5)

Durchbiegung in den gelenklosen Feldern (zul $f = l/200$):

Innenfelder:  erf $I = 167 \cdot M_2 \cdot l \cdot 10^4$ ;  $f = \dfrac{10^2 \cdot \sigma_2 \cdot l^2}{6 \cdot h}$   wie Tafel 18.1

Endfelder:  erf $I = 191 \cdot M_1 \cdot l \cdot 10^4$ ;  $f = \dfrac{10^2 \cdot \sigma_1 \cdot l^2}{5{,}26 \cdot h}$   (18.6); (18.7)

Einheiten für erf $I$ und $f$ siehe Fußnoten zu Tafel 18.1.

Die Gelenkabstände des Pfettenstranges nach Abb. 18.7b sind zweckmäßig bei gerader Felderzahl (nur ein gelenkloses Endfeld), obwohl die Pfette des Endfeldes (1) bei konstantem Querschnitt über der Innenstütze nicht ausgenutzt ist ($|M_I| < |M_1|$).

Bei *ungerader* Felderzahl *mit Gelenken in beiden Endfeldern* ist die rechte Seite des Pfettenstranges nach Abb. 18.7b um die Mitte zu spiegeln.

Bei *ungerader* Felderzahl *mit zwei gelenklosen Endfeldern* ist es wirtschaftlicher, die Gelenkabstände im Feld (2) gegenüber denen der Abb. 18.7b so zu verändern, dass $M_I = -M_1$ wird (Abb. 18.8).

Feld (2):   $a_1 = 0{,}2035\, l$   (18.8)

$a_2 = 0{,}1570\, l$   (18.9)

übrige Innenfelder:  $a_3 = 0{,}1465\, l$   wie (18.2)

18.4 Gelenkpfetten    183

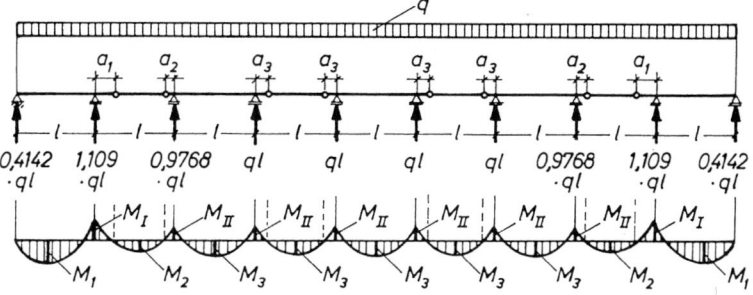

**Abb. 18.8.** Gelenkpfette mit $l$ = const., wirtschaftlich für $n \geq 7$ Felder bei ungerader Felderzahl

Die Biegemomente nach Abb. 18.8 sind dann:

$$\left.\begin{aligned}M_1 &= \frac{(0{,}4142 \cdot q \cdot l)^2}{2 \cdot q} = 0{,}0858 \cdot q \cdot l^2 \\ M_{\mathrm{I}} &= 0{,}4142 \cdot q \cdot l^2 - \frac{q \cdot l^2}{2} = -0{,}0858 \cdot q \cdot l^2\end{aligned}\right\} \quad (18.10)$$

$$M_2 = q \cdot \frac{(0{,}6395 \cdot l)^2}{8} = 0{,}0511 \cdot q \cdot l^2 \quad (18.11)$$

$$M_3 = -M_{\mathrm{II}} = 0{,}0625 \cdot q \cdot l^2 \quad \text{wie} \quad (18.3)$$

Durchbiegung in den gelenklosen Feldern (zul $f = l/200$):

Innenfelder:   erf $I = 167 \cdot M_3 \cdot l \cdot 10^4$;   $f = \dfrac{10^2 \cdot \sigma_3 \cdot l^2}{6 \cdot h}$   wie Tafel 18.1   (18.12)

Endfelder:   erf $I = 179 \cdot M_1 \cdot l \cdot 10^4$;   $f = \dfrac{10^2 \cdot \sigma_1 \cdot l^2}{5{,}57 \cdot h}$   (18.13)

Einheiten für erf $I$ und $f$ siehe Fußnote zu Tafel 18.1.

System 3: Zweifeld-Gelenkpfette

Stütz- und Feldmomente sind gleich groß, s. Tafel 18.2.

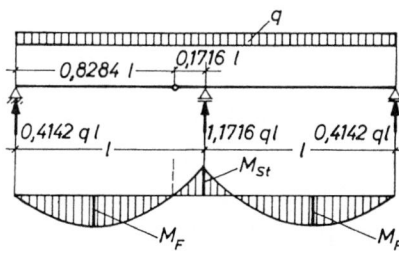

**Abb. 18.9.** Zweifeld-Gelenkpfette

18 Sparrenpfetten

**Tafel 18.2**

| | erf $I$ für $l/200$ [a] | Durchbiegung $f$ [a] |
|---|---|---|
| $M_F = -M_{St} = 0{,}0858 \cdot q \cdot l^2$ | erf $I = 179 \cdot M_F \cdot l \cdot 10^4$ | $f = \dfrac{10^2 \cdot \sigma \cdot l^2}{5{,}57 \cdot h}$ ; $\sigma = \dfrac{M_F}{W}$ |

[a] Einheiten für erf $I$ und $f$ siehe Fußnote zu Tafel 18.1.

### 18.4.3 Bemessung nach Durchbiegung

Gelenkpfetten, deren Gelenkabstände nach Momentenausgleich gemäß Abb. 18.6 bis 18.8 gewählt werden, erleiden in den gelenklosen Feldern größere Durchbiegungen als in den Gelenkfeldern. Wenn bei großen Stützweiten die Durchbiegung maßgebend wird für die Bemessung, ist es wirtschaftlicher, die Gelenkabstände $a$ von den Auflagern gemäß Tafel 18.3 zu vergrößern.

Beim Gelenkabstand $a = 0{,}2113\, l$ beträgt die Durchbiegung in allen Feldern:

$$f = 2{,}6 \cdot \frac{10^5 \cdot q \cdot l^4}{I} \quad \text{(letzte Zeile der Tafel 18.3)}$$

**Tafel 18.3.** $M_{St}$, $M_F$ und $f$ in Abhängigkeit von $a/l$

| $a/l$ | $M_{St}$ | $M_F$ | max $f$ | Einheiten |
|---|---|---|---|---|
| 0 | 0 | 0,1250 | 13,0 | $q$ [kN/m] |
| 0,1465 | −0,0625 | 0,0625 | 5,2 | $l$ [m] |
| 0,16 | −0,0672 | 0,0578 | 4,6 | $M$ [kNm] |
| 0,18 | −0,0738 | 0,0512 | 3,8 | $I$ [mm$^4$] |
| 0,20 | −0,080 | 0,0450 | 3,0 | $f$ [mm] |
| 0,2113 | −0,0833 | 0,0417 | 2,6 | |
| Faktor | $q \cdot l^2$ | $q \cdot l^2$ | $10^5 \cdot q \cdot l^4 / I$ | |

### 18.4.4 Gelenkkonstruktion

Gebräuchliche Gelenkausbildungen sind in Abb. 18.10 dargestellt.

#### a) Schräges Blatt mit Bolzen angehängt

Trotz schwieriger Montage ist Anhängen zu empfehlen, um Queraufreißen des ausgeklinkten Trägers zu verhindern, s. Abb. 10.5f.

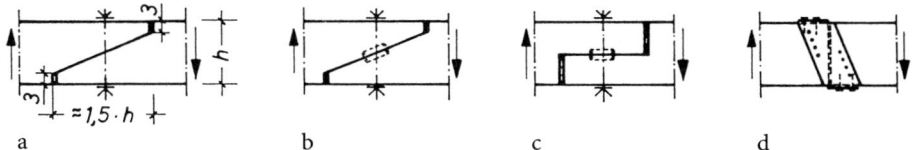

| a | b | c | d |

**Abb. 18.10.** Gelenkkonstruktionen

Diese Ausführung setzt vorwiegend einachsig belastete Gelenkpfetten voraus, da Beanspruchung des Bolzens auf „Abscheren" wegen des großen Schlupfes bei Dauerbauten vermieden werden soll. Die Forderung von mindestens zwei Scherflächen bei Beanspruchung auf „Abscheren" ist bei Gelenkpfetten schwer zu verwirklichen. Deshalb sind bei zweiachsiger Beanspruchung – geneigte Dächer – Gelenke nach (b), (c), (d) zu empfehlen.

**b) Schräges Blatt mit Bolzen angehängt und mit Dübel**
Der Bolzen kann senkrecht zur Pfettenachse angeordnet werden, da die Innenöffnung der Dübel i.d.R. genügend Spielraum lässt. Beanspruchung des Bolzens auf Zug infolge $q_z$, Beanspruchung des Dübels auf Abscheren infolge $q_y$.

**c) Gerades Blatt mit Bolzen angehängt und mit Dübel**
Insbesondere geeignet zur Übertragung von zusätzlichen Längskräften.

**d) Gerberverbinder aus verzinktem Blech mit Rillennägeln**
Isometrische Darstellungen siehe Abb. 1.10h und Abb. 18.10A. Der Gerberverbinder nach Abb. 18.10A kann auch Längskräfte übertragen. Weitere Einzelheiten können z.B. aus [158] und [159] entnommen werden. Berechnungsbeispiele siehe [161, 272].

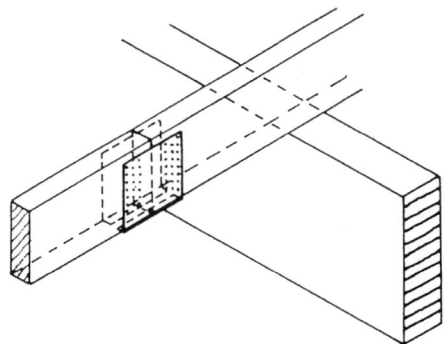

**Abb. 18.10A.** Gerberverbinder

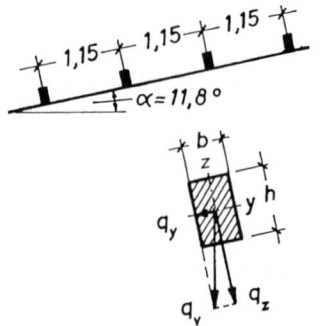

Abb. 18.11

### 18.4.5 Berechnungsbeispiel nach DIN 1052 (1988)

Hallenquerschnitt s. Abb. 19.47
Hallenlänge: $L = 9 \cdot 6 = 54$ m
Pfettenabstand: $b = 1,15$ m
Dachneigung: $\alpha = 11,8°$ (s. Abb. 18.11)
$\sin \alpha = 0,204$
$\cos \alpha = 0,979$

Lastannahmen:

| | | |
|---|---|---|
| Faserzementwellplatten vgl. Tafel 14.3 | | 0,20 kN/m² D |
| Sparrenpfetten | | 0,10 kN/m² D |
| | | $g = 0,30$ kN/m² D |
| | $g_G = 0,30/0,979$ | $= 0,306$ kN/m² G |
| Schneelast, Zone III, T5 (6/75) | | $s = 0,75$ kN/m² G |
| Höhe über NN < 300 m | | $q = 1,056$ kN/m² G |
| Windlast T4 (8/86) [36] | $w_S = 0,6 \cdot 0,5$ | $= 0,30$ kN/m² D (Sog) |

Maßgebend für die Bemessung ist Lastfall $H$
Auf einen Gelenkpfettenstrang entfällt nach Abb. 18.11:

$q = 1,056 \cdot 1,15 \cdot 0,979 = 1,19$ kN/m
$q_z = 1,19 \cdot 0,979 \quad = 1,165$ kN/m
$q_y = 1,19 \cdot 0,204 \quad = 0,243$ kN/m

Gelenkanordnung: System 2 nach Abb. 18.8
für 9 gleiche Felder $l = 6,0$ m

Gelenkabstände:

$a_1 = 0,2035 \cdot 6 \quad = 1,22$ m nach Gl. (18.8)
$a_2 = 0,157 \cdot 6 \quad = 0,94$ m nach Gl. (18.9)
$a_3 = 0,1465 \cdot 6 \quad = 0,88$ m nach Gl. (18.2)

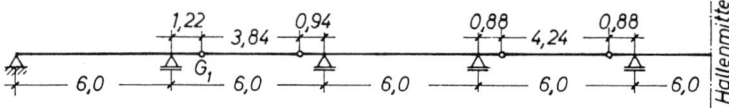

**Abb. 18.12.** Abmessungen der Gelenkpfette

## 18.4 Gelenkpfetten

**Endfelder bis zum Gelenk $G_1$:**

Gl. (18.10):
$$M_{1y} = -M_{Iy} = 0{,}0858 \cdot 1{,}165 \cdot 6^2 = 3{,}6 \text{ kNm}$$
$$M_{1z} = -M_{Iz} = 0{,}0858 \cdot 0{,}243 \cdot 6^2 = 0{,}75 \text{ kNm}$$

| Gewählt 12/16 NH S10 |

$W_y = 512 \cdot 10^3 \text{ mm}^3; \quad W_z = 384 \cdot 10^3 \text{ mm}^3$

$$\sigma_B = 3600 \cdot 10^3/(512 \cdot 10^3) + 750 \cdot 10^3/(384 \cdot 10^3)$$
$$= 7{,}03 + 1{,}95 = 8{,}98 \text{ N/mm}^2$$
$$8{,}98/10 \approx 0{,}90 < 1$$

Gl. (18.13):
$$f_z = \frac{10^2 \cdot 7{,}03 \cdot 6^2}{5{,}57 \cdot 160} = 28{,}4 \text{ mm}$$
$$f_y = \frac{10^2 \cdot 1{,}95 \cdot 6^2}{5{,}57 \cdot 120} = 10{,}5 \text{ mm}$$
$$f = \sqrt{28{,}4^2 + 10{,}5^2} = 30{,}3 \text{ mm}$$
$$\approx \frac{6000}{200} = 30 \text{ mm}$$

**Innenfelder zwischen den Gelenken $G_1$:**
Bemessung nach $M_3 = -M_{II}$ gemäß Abb. 18.8
Gl. (18.3):
$$M_{3y} = -M_{IIy} = 0{,}0625 \cdot 1{,}165 \cdot 6^2 = 2{,}62 \text{ kNm}$$
$$M_{3z} = -M_{IIz} = 0{,}0625 \cdot 0{,}243 \cdot 6^2 = 0{,}55 \text{ kNm}$$

| Gewählt 10/16 NH S10 |

$W_y = 427 \cdot 10^3 \text{ mm}^3; \quad W_z = 267 \cdot 10^3 \text{ mm}^3$

$$\sigma_B = 2620 \cdot 10^3/(427 \cdot 10^3) + 550 \cdot 10^3/(267 \cdot 10^3)$$
$$= 6{,}14 + 2{,}06 = 8{,}20 \text{ N/mm}^2$$
$$8{,}2/10{,}0 = 0{,}82 < 1$$

Tafel 18.1:
$$f_z = \frac{10^2 \cdot 6{,}14 \cdot 6^2}{6 \cdot 160} = 23{,}0 \text{ mm}$$
$$f_y = \frac{10^2 \cdot 2{,}06 \cdot 6^2}{6 \cdot 100} = 12{,}4 \text{ mm}$$
$$f = \sqrt{23{,}0^2 + 12{,}4^2} = 26{,}1 \text{ mm} < 30 \text{ mm}$$

Scheibe 50/6
Bolzen M12
Dü ⌀ 48-C

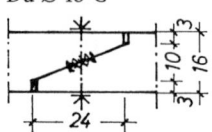

Abb. 18.13

**Gelenkkräfte: Berechnung für Feld 4**

$$G_z = 1{,}165 \cdot 4{,}24/2 = 2{,}47 \text{ kN}$$
$$G_y = 0{,}243 \cdot 4{,}24/2 = 0{,}52 \text{ kN}$$

Nachweis für Gelenkausbildung (Abb. 18.13)

Bolzen M12 $\quad \sigma_z = 2{,}47 \cdot 10^3/(0{,}763 \cdot 10^2)$
$$= 32{,}4 \text{ N/mm}^2 < 100 \text{ N/mm}^2 \quad -5.3.3-$$

Querdruck: $\quad \sigma_{D\perp} = \dfrac{2{,}47 \cdot 10^3}{50^2 - \pi \cdot 13^2/4}$

$$= 1{,}04 \text{ N/mm}^2 \;-T2,\; Tab.\; 3-\; 1{,}04/2{,}0 = 0{,}52 < 1$$

Dübel: ⌀ 48-Typ C, zul $N_\perp = 4{,}5$ kN
[162] vorh $N_\perp = 0{,}52$ kN $< 4{,}5$ kN

**Befestigung auf dem Dachbinder:**
Größte Auflagerkräfte nach Abb. 18.8:

$$\max A_z = 1{,}109 \cdot 1{,}165 \cdot 6 = 7{,}75 \text{ kN}$$
$$\max A_y = 1{,}109 \cdot 0{,}243 \cdot 6 = 1{,}62 \text{ kN}$$

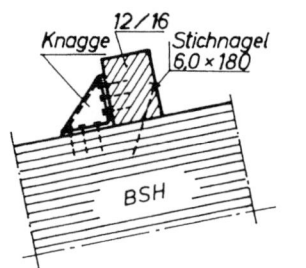

Abb. 18.14

Gewählt BMF-Knagge Typ 90 [162]

mit $\quad$ 8 RNä 4,0 × 60 im Binder

$\quad\quad\;$ 6 RNä 4,0 × 40 in der Pfette

$\quad\quad\;$ zul $A_y \approx 119/80 = 1{,}49$ kN nach [159].

Die Restkraft von 1,5 · (1,62 − 1,49) = 0,2 kN wird dem Sparrennagel zugewiesen. −$T2$, 14−

$$\sigma_{D\perp} = \frac{7{,}75 \cdot 10^3}{120 \cdot 200} = 0{,}32 \text{ MN/m}^2$$

0,32/2,0 = 0,16 < 1 für 200 mm Binderbreite

1 Bizi-Sparrennagel 6,0 × 180 mm als Stichnagel zur Montagebefestigung und zur Sicherung gegen Windsoglasten.

Untersuchung der Traglast für Windsoglasten im normalen Dachbereich nach Gl. (14.5) (3. Auflage) mit 0,8facher Eigenlast:

$$F_{\text{Trag}}/1{,}3 \geqq 1{,}1 \cdot S_{\text{Sog}} - S_{\text{G Dach}}/1{,}1$$

$$F_{\text{Trag}} \geqq 1{,}43 \cdot S_{\text{Sog}} - 1{,}18 \cdot S_{\text{G Dach}}$$

$$S_{\text{G Dach}} = 0{,}8 \cdot 0{,}30 \cdot 1{,}15 \cdot 1{,}109 \cdot 6 = 1{,}84 \text{ kN}$$

$$S_{\text{Sog}} = 0{,}30 \cdot 1{,}15 \cdot 1{,}109 \cdot 6 \qquad = 2{,}3 \text{ kN}$$

$$\text{erf} F_{\text{Trag}} = 1{,}43 \cdot 2{,}3 - 1{,}18 \cdot 1{,}84 \qquad = 1{,}12 \text{ kN}$$

1 Bizi-Sparrennagel 6,0 × 180 mm siehe oben mit Einschlagtiefe ≈ 90 mm und einer Länge $l_g$ des profilierten Schaftbereiches von 80 mm

$$\text{zul} N_z = 3{,}2 \cdot 80 \cdot 6{,}0 = 1{,}54 \cdot 10^3 \text{ N}$$

Der Nagel darf laut Einstufungsschein Nr. KA043 in die Tragfähigkeitsklasse III eingestuft werden −$T2$, Tab. 12− [162].

$$\text{vorh} F_{\text{Trag}} = 1{,}8 \cdot 1{,}54 = 2{,}77 \text{ kN} > 1{,}12 \text{ kN}$$

Dabei ist die Tragfähigkeit der Knagge für abhebende Kräfte nicht in Rechnung gestellt worden.

### 18.4.6 Berechnung einer Gelenkpfette nach DIN 1052 neu (EC 5)

System und Belastung der Gelenkpfette siehe Abb. 18.11 und 18.12.

Die charakteristischen Werte der Einwirkungen können aus der DIN 1055 entnommen werden, vgl. Abschn. 18.4.5.

NH C24, kurze LED, Nkl 2; s-Zone 2, $A$ = 316 m; w-Zone 2 (BL), $h$ = 7,5 m s. Abb. 19.47

**Bemessung der Pfette**
**Lastfall:** ständige Lasten + Schneelast; $s_{1,k}$ = 0,8 · 0,938 = 0,75 kN/m² s. (14.2d)

$$q_d = \gamma_G \cdot G_k + \gamma_Q \cdot Q_k \quad \text{vgl. Gl. (2.3)}$$

Der Windsog, der günstige Auswirkungen hervorruft (wirkt entlastend), wird nicht berücksichtigt; Winddruck wurde vernachlässigt.

$$q_d = (1{,}35 \cdot 0{,}306 + 1{,}5 \cdot 0{,}75) \cdot 1{,}15 \cdot 0{,}979 = 1{,}732 \text{ kN/m}$$

$$q_{z,d} = 1{,}732 \cdot 0{,}979 = 1{,}696 \text{ kN/m}$$

$$q_{y,d} = 1{,}732 \cdot 0{,}204 = 0{,}353 \text{ kN/m}$$

**Endfelder bis zum Gelenk $G_1$:**
Gl. (18.10):
$$M_{1y,d} = -M_{Iy,d} = 0{,}0858 \cdot 1{,}696 \cdot 6^2 = 5{,}24 \text{ kNm}$$
$$M_{1z,d} = -M_{Iz,d} = 0{,}0858 \cdot 0{,}353 \cdot 6^2 = 1{,}09 \text{ kNm}$$

**Gewählt: 120/160** mit $W_y = 512 \cdot 10^3 \text{ mm}^3$; $W_z = 384 \cdot 10^3 \text{ mm}^3$
$$I_y = 4096 \cdot 10^4 \text{ mm}^4; \quad I_z = 2304 \cdot 10^4 \text{ mm}^4$$

**Spannungsnachweis:**
Gl. (10.62):
$$0{,}7 \cdot \frac{5240 \cdot 10^3/(512 \cdot 10^3)}{16{,}6} + \frac{1090 \cdot 10^3/(384 \cdot 10^3)}{16{,}6} = 0{,}60 < 1$$

mit $\quad f_{m,y,d} = f_{m,z,d} = \dfrac{0{,}9}{1{,}3} \cdot 24 = 16{,}6 \text{ N/mm}^2$

Gl. (10.63): $\quad 0{,}617 + 0{,}7 \cdot 0{,}171 = 0{,}74 < 1$

**Durchbiegungsnachweise: charakter. (seltene) Bemessungssituation**

$$q_d = (0{,}306 + 0{,}75) \cdot 1{,}15 \cdot 0{,}979 = 1{,}19 \text{ kN/m}$$

veränderliche Lasten

$$p_d = 0{,}75 \cdot 1{,}15 \cdot 0{,}979 = 0{,}844 \text{ kN/m}$$
$$p_{z,d} = 0{,}844 \cdot 0{,}979 \qquad = 0{,}826 \text{ kN/m}$$
$$p_{y,d} = 0{,}844 \cdot 0{,}204 \qquad = 0{,}172 \text{ kN/m}$$

Elastische Durchbiegung (Anfangsdurchbiegung) infolge veränderlicher Einwirkungen:

Mit Gl. (18.13) folgt nach Umrechnung in Anlehnung an die Gleichung für max $f$ in Tafel 18.3:

$$f_{p,inst} = 69{,}8 \cdot 10^4 \cdot \frac{q \cdot l^4}{I} \quad (E_{0,mean} = 11\,000 \text{ N/mm}^2)$$

Einheiten: $q \,[\text{kN/m}], l \,[\text{m}], I \,[\text{mm}^4], f \,[\text{mm}]$

$$f_z^p = \frac{69{,}8 \cdot 10^4 \cdot 0{,}826 \cdot 6^4}{4096 \cdot 10^4} = 18{,}2 \text{ mm}$$

$$f_y^p = \frac{69{,}8 \cdot 10^4 \cdot 0{,}172 \cdot 6^4}{2304 \cdot 10^4} = 6{,}75 \text{ mm}$$

Gl. (10.61c):
$$f_{p,inst} = \sqrt{18{,}2^2 + 6{,}75^2} = 19{,}4 \text{ mm} < \frac{l}{300} = 20 \text{ mm}$$

Enddurchbiegung: $k_{\text{def}} = 0,80$ vgl. Tafel 2.12 $\psi_{2,s} = 0$ ($H_s < 1000$ m)
ständige Last
$$g_d = 0,306 \cdot 1,15 \cdot 0,979 = 0,345 \text{ kN/m}$$

$$f_{q,\text{fin}} = f_p \cdot \left[\frac{g_d}{p_d}(1 + k_{\text{def}}) + (1 + \psi_{2,s} \cdot k_{\text{def}})\right] \quad \text{vgl. Abschn. 10.7.5}$$

$$f_{q,\text{fin}} = 19,4 \cdot \left[\frac{0,345}{0,844}(1 + 0,8) + 1\right] = 33,7 \text{ mm}$$

Gl. (10.61d): $33,7 - 7,93 = 25,8$ mm $< l/200 = 30$ mm

Quasi-ständige Bemessungssituation (2.6b):

Gl. (10.61e): $f_{q,\text{fin}} - w_0 \leq l/200$, $f_{p,\text{fin}} = \psi_{2,s} \cdot f_{p,\text{inst}} \cdot (1 + k_{\text{def}}) = 0$

$f_{g,\text{fin}} - w_0 = 14,3$ mm $< l/200$, $w_0 = 0$

**Innenfelder zwischen den Gelenken $G_1$:**
Bemessung nach $M_3 = -M_{\text{II}}$ gemäß Abb. 18.8

Gl. (18.13): $M_{3y,d} = -M_{\text{II}y,d} = 0,0625 \cdot 1,696 \cdot 6^2 = 3,82$ kNm

$M_{3z,d} = -M_{\text{II}z,d} = 0,0625 \cdot 0,353 \cdot 6^2 = 0,794$ kNm

**Gewählt: 100/160** mit $W_y = 427 \cdot 10^3$ mm$^3$; $W_z = 267 \cdot 10^3$ mm$^3$

$I_y = 3413 \cdot 10^4$ mm$^4$; $I_z = 1333 \cdot 10^4$ mm$^4$

Spannungsnachweis:

Gl. (10.62): $0,7 \cdot \dfrac{3820 \cdot 10^3/(427 \cdot 10^3)}{16,6} + \dfrac{794 \cdot 10^3/(267 \cdot 10^3)}{16,6} = 0,56 < 1$

Gl. (10.63) $\quad\quad 0,539 \quad\quad + 0,7 \cdot 0,179 \quad\quad = 0,66 < 1$

Durchbiegungsnachweise: charakter. (seltene) Bemessungssituation
Elastische Durchbiegung (Anfangsdurchbiegung) infolge veränderlicher Einwirkungen:

Mit der Gl. (18.12) folgt für die Durchbiegung der Innenfelder nach entsprechender Umrechnung

$$f_{p,\text{inst}} = 47,3 \cdot 10^4 \cdot \frac{q \cdot l^4}{I}$$

Einheiten: $q$ [kN/m], $l$ [m], $I$ [mm$^4$], $f$ [mm]

$$f_z^p = \frac{47,3 \cdot 10^4 \cdot 0,826 \cdot 6^4}{3413 \cdot 10^4} = 14,8 \text{ mm}$$

$$f_y^p = \frac{47,3 \cdot 10^4 \cdot 0,172 \cdot 6^4}{1333 \cdot 10^4} = 7,91 \text{ mm}$$

$$f_{p,\text{inst}} = \sqrt{14,8^2 + 7,91^2} = 16,8 \text{ mm} < \frac{l}{300} = 20 \text{ mm}$$

Enddurchbiegung:

$$f_{q,fin} = 16{,}8 \cdot \left[\frac{0{,}345}{0{,}844}(1+0{,}8)+1\right] = 29{,}2 \text{ mm}$$

$29{,}2 - 6{,}9 = 22{,}3 \text{ mm} < 30 \text{ mm}$

**Gelenkkräfte: Berechnung für Feld 4**

$G_{z,d} = 1{,}696 \cdot 4{,}24/2 = 3{,}60 \text{ kN} \qquad G_{y,d} = 0{,}353 \cdot 4{,}24/2 = 0{,}75 \text{ kN}$

Nachweis für Gelenkausbildung (Abb. 18.13):

Bolzenzugkraft $\quad N_d = G_{z,d} = 3{,}60 \text{ kN} < 22{,}4 \text{ kN}$

mit $\quad$ M12, Fkl 4.6 [36]: Grenzzugkraft $N_{R,d} = 22{,}4 \text{ kN}$

Querdruck: $\quad \sigma_{c,90,d} \leq 1{,}8 \cdot f_{c,90,d} \quad$ vgl. Abschn. 6.3.6 (Empfehlung)

$$f_{c,90,d} = \frac{0{,}9}{1{,}3} \cdot 2{,}5 = 1{,}73 \text{ N/mm}^2$$

$$\frac{3{,}60 \cdot 10^3/(50^2 - \pi \cdot 13^2/4)}{1{,}8 \cdot 1{,}73} = 0{,}49 < 1$$

Dübel: $\varnothing$ 50-Typ C1
Gl. (6.2 d): $\quad R_{c,d} = 18 \cdot 50^{1,5} \cdot 0{,}9/1{,}3 = 4406 \text{ N}$

$\quad 0{,}75 \text{ kN} < 4{,}4 \text{ kN}$

**Befestigung auf dem Dachbinder** (Abb. 18.14)
Größte Auflagerkräfte nach Abb. 18.8:

$\max A_{z,d} = 1{,}109 \cdot 1{,}696 \cdot 6 = 11{,}3 \text{ kN}$
$\max A_{y,d} = 1{,}109 \cdot 0{,}353 \cdot 6 = 2{,}35 \text{ kN}$
$\max A_{y,d} \leq R_{d,Knagge}; \max A_{y,d}/1{,}4^{\,1} = \max A_y \leq \text{zul } A_y$

Bauaufsichtliche Zulassungen für Knaggen auf der Grundlage des EC 5 fehlen z. Z. noch (konstruktive Ausführung s. Abb. 18.14).

Gl. (5.13): $\quad \sigma_{c,90,d} \leq k_{c,90} \cdot f_{c,90,d}$; Tafel 5.5: $k_{c,90} = 1{,}5$

$$\frac{11{,}3 \cdot 10^3/(120 \cdot 200)}{1{,}5 \cdot 1{,}73} = 0{,}18 < 1 \quad \text{für 200 mm Binderbreite}$$

---

[1] summarischer Sicherheitsbeiwert für die Einwirkungen: $\gamma_F = 1{,}4$.

Untersuchung der Traglast für Windsoglasten im normalen Dachbereich nach Gl. (15.5f):

$$R_{ax,d} \geqq 1{,}35\, S_{Sog} - 1{,}0\, S_{G\,Dach}$$

$$S_{G\,Dach} = 0{,}30 \cdot 1{,}15 \cdot 1{,}109 \cdot 6 = 2{,}30 \text{ kN}$$

Windsog ($\theta = 90°$, Bereich H): s. DIN 1055-4

$$S_{Sog} = 0{,}39 \cdot 1{,}15 \cdot 1{,}109 \cdot 6 = 2{,}98 \text{ kN}$$

mit $w_e = 0{,}6 \cdot 0{,}65 = 0{,}39 \text{ kN/m}^2$ (Sog) u. $A = 12{,}3 \cdot 1{,}15 > 10 \text{ m}^2$ vgl. Gl. (14.4a u. b)

Gewählt: 1 Bizi Sparrennagel 6,0 × 180 mm der Tragfähigkeitsklasse 3C mit einer Einschlagtiefe ≈ 90 mm (s. Abb. 18.14) und einer Länge $l_w$ des profilierten Schaftbereiches von 80 mm

Gln. (6.12p):  $R_{ax,k} = \min(f_{1,k} \cdot d \cdot l_{ef};\ f_{2,k} \cdot d_k^2);\ d_k \approx 2\,d$

Tafel 6.14C:  $f_{1,k} = 50 \cdot 10^{-6} \cdot \varrho_k^2 = 50 \cdot 10^{-6} \cdot 350^2 = 6{,}13 \text{ N/mm}^2$

$f_{2,k} = 100 \cdot 10^{-6} \cdot \varrho_k^2 = 100 \cdot 10^{-6} \cdot 350^2 = 12{,}3 \text{ N/mm}^2$

$R_{ax,k} = \min(6{,}13 \cdot 6{,}0 \cdot 80;\ 12{,}3 \cdot 12^2)$

$\qquad\quad = \min(2942\text{ N};\ 1771\text{ N})$

$R_{ax,d} = 0{,}9 \cdot 1{,}77/1{,}3 = 1{,}23 \text{ kN}$

$R_{ax,d} = 1{,}23 \text{ kN} < 1{,}35 \cdot 2{,}98 - 1{,}0 \cdot 2{,}30 = 1{,}72 \text{ kN}!$

Die Restkraft von $(1{,}72 - 1{,}23) = 0{,}49$ kN wird der Knagge zugewiesen.

## 18.5 Koppelpfetten

### 18.5.1 Allgemeines

Koppelpfetten sind Durchlaufträger gemäß Abb. 18.15, deren Einzelteile Einfeldträger sind, die über den Binderauflagern wechselweise um Balkenbreite gegeneinander verspringen. Die biegesteifen Stöße entstehen durch Nagelung oder Verdübelung der in bestimmten Überkopplungslängen nebeneinanderliegenden Kanthölzer.

Bolzen sind wegen zu großen Schlupfes als Verbindungsmittel nicht geeignet.

Nach Versuchen von Möhler [180] verhalten sich Koppelpfetten hinsichtlich ihrer Tragfähigkeit und Steifigkeit wie Durchlaufträger mit $I = $ const., wenn die Kopplungsanschlüsse für die unter der Annahme starrer Kopplung auftretenden Kräfte bemessen werden. Das gilt sowohl für einachsige wie für Doppelbiegung (bei geneigtem Dach), vgl. Abb. 18.16.

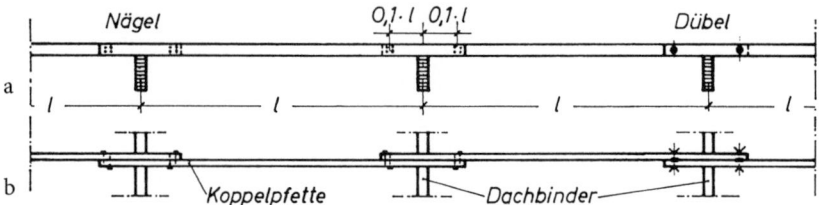

**Abb. 18.15.** Koppelpfetten. a) Ansicht; b) Draufsicht

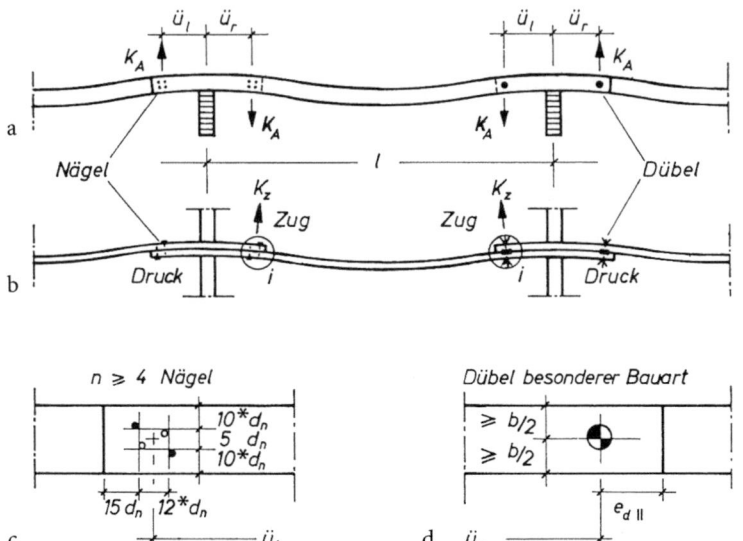

* $d_n > 4{,}2$ mm; $ü \triangleq$ Überkopplungslänge; $e_{d\|}$ und $b/2$ siehe DIN 1052 (1988) T2 Tab. 4, 6, 7

**Abb. 18.16.** Kopplungskräfte (a), (b); Konstruktionsdetails (c), (d)

Die Beanspruchung der Verbindungsmittel veranschaulicht Abb. 18.16 am verformten Tragwerk für zweiachsig beanspruchte Koppelpfetten.

a) Biegung um die $y$-Achse:
Beanspruchung aller Nägel oder Dübel auf Abscheren durch Kopplungskraft $K_A$.

b) Biegung um die $z$-Achse:
Beanspruchung der Nägel bzw. Bolzen in den Punkten ($i$) auf Herausziehen bzw. Zug durch Kopplungskraft $K_Z$.

### 18.5.2 Bemessung der Koppelpfetten

Die Biegemomente werden i.d.R. für Gleichlast infolge $g$, $s$, $w$ berechnet. Bei gleichen Stützweiten können sie der Tafel 18.4 entnommen werden.

**Tafel 18.4.** Biegemomente für Durchlaufträger mit gleichen Stützweiten infolge Gleichlast ($I$ = const.)

Größte Biegemomente $M_i$ = Tafelwert · $q \cdot l^2$

| $n^a$ | $M_1$ | $M_b$ | $M_2$ | $M_c$ | $M_3$ | $M_d$ | $M_4$ | $M_e$ |
|---|---|---|---|---|---|---|---|---|
| 2 | 0,0703 | -0,1250 | 0,0703 | - | - | - | - | - |
| 3 | 0,0800 | -0,1000 | 0,0250 | - | - | - | - | - |
| 4 | 0,0772 | -0,1071 | 0,0364 | -0,0714 | - | - | - | - |
| 5 | 0,0779 | -0,1053 | 0,0332 | -0,0789 | 0,0461 | - | - | - |
| 6 | 0,0777 | -0,1058 | 0,0340 | -0,0769 | 0,0433 | -0,0865 | - | - |
| 7 | 0,0778 | -0,1056 | 0,0338 | -0,0775 | 0,0440 | -0,0845 | 0,0405 | - |
| 8 | 0,0777 | -0,1057 | 0,0339 | -0,0773 | 0,0438 | -0,0850 | 0,0412 | -0,0825 |

$^a$ $n \triangleq$ Anzahl der Felder.

Vergleicht man die Beträge der Stützmomente mit der Summe der beiden benachbarten Feldmomente, dann stellt man fest:

|Stützmoment| ≦ |Σ der benachbarten Feldmomente|

Zahlenbeispiel für $n$ = 5 Felder, s. Tafel 18.4 und Abb. 18.17:

$|M_b| < (M_1 + M_2) \rightarrow 0{,}1053 \cdot q \cdot l^2 < (0{,}0779 + 0{,}0332) \cdot q \cdot l^2$

$|M_c| < (M_2 + M_3) \rightarrow 0{,}0789 \cdot q \cdot l^2 < (0{,}0332 + 0{,}0461) \cdot q \cdot l^2$

Die Lage der Kopplungspunkte wird nach Abb. 18.17 so gewählt, dass $|M_i|$ im Kopplungspunkt $\leq |M_i|$ im Feld.

Daraus folgt die einfache Bemessungsregel:

> Bemessung der Koppelpfetten nach Feldmomenten

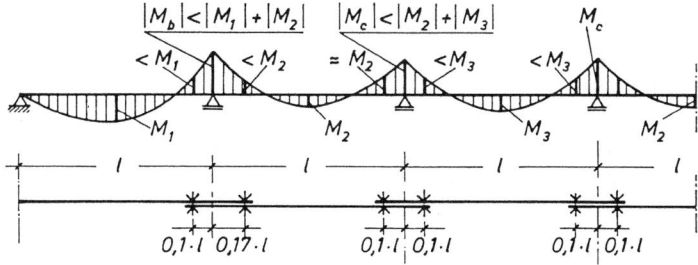

**Abb. 18.17.** $M$-Fläche des Fünffeldträgers für Gleichlast $q$

Dann ist auch im Stützbereich ausreichend Sicherheit vorhanden, da dort die beiden nebeneinanderliegenden Querschnitte gemeinsam tragen.

In der Praxis ist es üblich, alle Innenfelder nach dem größten Innenfeldmoment zu bemessen und die Endfelder für die größeren Feldmomente $M_1$ bei gleicher Querschnittshöhe mit größerer Breite auszuführen.

### 18.5.3 Überkopplungslängen und Kopplungskräfte

Die Überkopplungslänge ist das Maß von Auflagermitte bis zum Schwerpunkt der Verbindungsmittel gemäß Abb. 18.16. Sie ergibt sich aus den Bedingungen:
a) $|M_i|$ im Kopplungspunkt $\leq |M_i|$ im Feld
b) $ü \geq 0{,}10 \cdot l$ nach Möhler [180]

**Für $n = 2$ Felder nach Abb. 18.18a:**
Überkopplungslänge $x$:

$$\frac{q \cdot x^2}{2} - \frac{5}{8} \cdot q \cdot l \cdot x + \frac{q \cdot l^2}{8} - \frac{9}{128} \cdot q \cdot l^2 = 0$$

$$x^2 - \frac{5}{4} \cdot l \cdot x + \frac{7}{64} \cdot l^2 = 0$$

$$x = \frac{5}{8} \cdot l - \sqrt{\frac{18}{64} \cdot l^2} = 0{,}095 \cdot l \approx 0{,}10 \cdot l$$

Die Kopplungskraft für den vorderen Träger bei Tangentenverdrehung Null über der Mittelstütze ergibt sich aus

$$M_E = \frac{1}{2} \cdot \frac{q \cdot l^2}{8} \quad \text{je Sparrenpfette}$$

$$K_a = \frac{q \cdot l^2}{16 \cdot 0{,}1 \cdot l} = 0{,}625 \cdot q \cdot l$$

**Für $n = \infty$ Felder nach Abb. 18.18b:**
Überkopplungslänge $x$:

$$\frac{q \cdot x^2}{2} - \frac{q \cdot l}{2} \cdot x + \frac{q \cdot l^2}{12} - \frac{q \cdot l^2}{24} = 0$$

$$x^2 - l \cdot x + \frac{l^2}{12} = 0$$

$$x = \frac{l}{2} - \sqrt{\frac{2}{12} \cdot l^2} = 0{,}092 \cdot l \approx 0{,}10 \cdot l$$

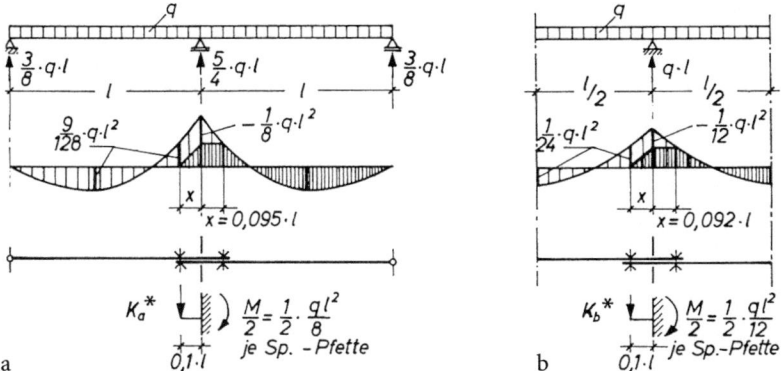

* anteilige Gleichlast $q/2$ auf dem Kragarm wird nicht in Rechnung gestellt.

**Abb. 18.18.** Überkopplungslänge $x$ und Kopplungskraft $K$ für a) $n = 2$ Felder und b) $n = \infty$ Felder

Die Kopplungskraft für den vorderen Träger bei Tangentenverdrehung Null über der Stütze ergibt sich aus

$$M_E = \frac{1}{2} \cdot \frac{q \cdot l^2}{12} \text{ je Sparrenpfette}$$

$$K_b = \frac{q \cdot l^2}{24 \cdot 0{,}1 \cdot l} \approx 0{,}42 \cdot q \cdot l$$

Damit ergeben sich die Näherungswerte nach Tafel 18.5.

In der Praxis werden häufig die von Seitz [181] empfohlenen Maße mit den zugeordneten Kopplungskräften nach Tafel 18.6 verwendet, die unter der Annahme des $M$-Verlaufes gemäß Abb. 18.19 von Gattnar/Trysna [151] und Wille [160] mit geringfügigen Abweichungen berechnet worden sind.

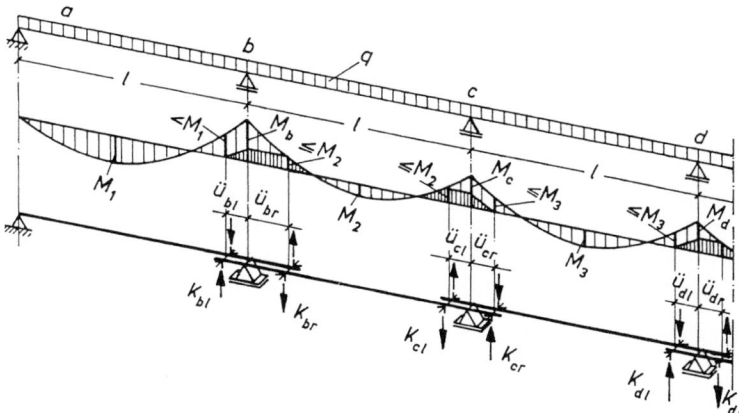

**Abb. 18.19.** $M$-Fläche, Überkopplungslängen und Kopplungskräfte für Koppelpfetten mit Gleichlast $q$

**Tafel 18.5.** Feldmomente, Überkopplungslängen, Kopplungskräfte

|  | Feldmomente | Überkopplungslänge | Kopplungskraft |
|---|---|---|---|
| $n = 2$ | beide Felder $\approx 0{,}07 \cdot q \cdot l^2$ | $\bar{u}_i = 0{,}10 \cdot l$ | $0{,}625 \cdot q \cdot l$ |
| $n \geq 3$ | Endfeld[a] $\approx 0{,}08 \cdot q \cdot l^2$ | $\bar{u}_{br}{}^a \approx 0{,}17 \cdot l$ | $\approx 0{,}42 \cdot q \cdot l$ |
|  | Innenfelder $\approx 0{,}046 \cdot q \cdot l^2$ | $\bar{u}_i = 0{,}10 \cdot l$ |  |

[a] Kraglänge $\bar{u}_{br}$ des Endfeldträgers in das 2. Feld hinein (Abb. 18.19).

**Tafel 18.6.** Kopplungskräfte $K$ und Überkopplungslängen $\bar{u}$ nach [160]

| $n$ | Kopplungskräfte $K$ = Tafelwert $\cdot q \cdot l$ | | | | | Überkopplungslängen $\bar{u}$ = Tafelwert $\cdot l$ | | | | |
|---|---|---|---|---|---|---|---|---|---|---|
|  | $K_{bl}$ | $K_{br}$ | $K_{cl}$ | $K_{cr}$ | $K_{dl}$ | $\bar{u}_{bl}$ | $\bar{u}_{br}$ | $\bar{u}_{cl}$ | $\bar{u}_{cr}$ | $\bar{u}_{dl}$ |
| 2 | 0,625 | 0,625 | – | – | – | 0,10 | 0,10 | – | – | – |
| 3 | 0,250 | 0,420 |  |  | – | 0,10 | 0,18 |  |  | – |
| 4 | 0,360 | 0,442 | 0,354 |  |  | 0,10 | 0,16 | 0,10 |  |  |
| 5 | 0,330 | 0,425 | 0,460 | 0,330 |  | 0,10 | 0,17 | 0,10 | 0,10 |  |
| 6 | 0,340 | 0,423 | 0,430 | 0,340 | 0,430 | 0,10 | 0,17 | 0,10 | 0,10 | 0,10 |
| $\geq 7$ | weitere Innenfelder: | | | | 0,430 | weitere Innenfelder: | | | | 0,10 |

### 18.5.4 Berechnung der Verbindungsmittel nach DIN 1052 (1988)

Bei gleichzeitiger Beanspruchung von Nägeln auf Abscheren und Herausziehen ist nach $-T2, 6.4-$ nachzuweisen:

$$\left(\frac{N_1}{\text{zul}\, N_1}\right)^m + \left(\frac{N_Z}{\text{zul}\, N_Z}\right)^m \leq 1$$

mit  $m = 1{,}5$ für runde Draht- und Maschinenstifte bzw. SoNä I bei Koppelpfettenanschlüssen
 $m = 2$ für SoNä II/III

Glattschaftige Nägel und SoNä I dürfen in Koppelpfettenanschlüssen auch bei ständig wirkender Beanspruchung auf Herausziehen bei gleichzeitiger Abscherbeanspruchung eingesetzt werden, wenn $\text{zul}\, N_Z$ nach Gl. (18.14) bzw. (18.15) berechnet wird und die Dachneigung $\leq 30°$ beträgt.

$$\text{zul}\, N_Z = 0{,}8 \cdot d_n \cdot s_w \quad \text{für glattschaftige Nägel} -T2, 6.3.2- \qquad (18.14)$$

Für SoNä I ergibt sich die sinngemäße Anwendung des Normtextes [162]:

$$\text{zul}\, N_Z = 1{,}8 \cdot \frac{0{,}8}{1{,}3} \cdot d_n \cdot s_w = 1{,}1 \cdot d_n \cdot s_w \qquad (18.15)$$

Die dargestellten Berechnungsgrundlagen für glattschaftige Nägel basieren auf [182].

Der Nageldurchmesser soll nach [182] mindestens 4,6 mm betragen.

Bei Verwendung von Dübeln besonderer Bauart ist nachzuweisen, dass

$$K_{\text{Abscheren}} \leq \text{zul } N_{d\perp} \text{ und}$$

$$K_{\text{Zug}} \leq \text{zul } Z_b \text{ bzw.}$$

$$\frac{K_{\text{Zug}}}{A_{\text{U Scheibe}}} \leq \text{zul } \sigma_{D\perp} \text{ [162].}$$

### 18.5.5 Durchbiegung der Koppelpfetten

Die Durchbiegung der Koppelpfetten darf bei gleichen Stützweiten i.d.R. für die Feldmitten berechnet werden unter der Annahme:

$$EI = \text{const.} \quad \text{und} \quad q = \text{const.}$$

Gebräuchlich ist die Berechnung der Durchbiegung nach Tafel 18.7.

**Tafel 18.7.** Durchbiegung der Koppelpfetten aus NH ($E_{0,\text{mean}} = 10^4$ N/mm²)

$$f = \text{Tafelwert} \cdot \frac{10^5 \cdot q \cdot l^4}{I}$$

Einheiten:
$q$ [kN/m]
$I$ [mm⁴]
$l$ [m]
$f$ [mm]

| Felderzahl | Tafelwerte |
|---|---|
| n = 2 | 5,21 |
| n = 3 | 6,77 ; 0,521 |
| n = 4 | 6,33 ; 1,86 |
| n = 5 | 6,44 ; 1,51 ; 3,16 |
| n = 6 | 6,41 ; 1,60 ; 2,81 |
| n = 7 | 6,42 ; 1,58 ; 2,90 ; 2,46 |
| n = 8 | 6,41 ; 1,58 ; 2,88 ; 2,55 |

(Symmetrieachse)

### 18.5.6 Berechnungsbeispiel nach DIN 1052 (1988)

Abmessungen und Lastannahmen siehe Berechnungsbeispiel für die Gelenkpfette in 18.4.5 mit Abb. 18.11.

Felderzahl: $n = 9$

Feldlänge: $l = 6,0$ m

# 18 Sparrenpfetten

Lastfall $H$:   $q_z = 1{,}165$ kN/m
                $q_y = 0{,}243$ kN/m

Maßgebende Feldmomente nach Tafel 18.4:

Endfelder:   $M_y = 0{,}0777 \cdot 1{,}165 \cdot 6^2 = 3{,}26$ kNm
             $M_z = 0{,}0777 \cdot 0{,}243 \cdot 6^2 = 0{,}68$ kNm

Innenfelder: $M_y = 0{,}0438 \cdot 1{,}165 \cdot 6^2 = 1{,}84$ kNm
             $M_z = 0{,}0438 \cdot 0{,}243 \cdot 6^2 = 0{,}38$ kNm

Endfelder:   gewählt 12/16 NH S10

$W_y = 512 \cdot 10^3 \text{ mm}^3$;  $I_y = 4096 \cdot 10^4 \text{ mm}^4$
$W_z = 384 \cdot 10^3 \text{ mm}^3$;  $I_z = 2304 \cdot 10^4 \text{ mm}^4$
$\sigma_B = 3260 \cdot 10^3/(512 \cdot 10^3) + 680 \cdot 10^3/(384 \cdot 10^3)$
     $= 6{,}37 + 1{,}77$          $= 8{,}14$ N/mm$^2$
                          $8{,}14/10 = 0{,}81 < 1$

Tafel 18.7:
$$f_z = 6{,}41 \cdot \frac{10^5 \cdot 1{,}165 \cdot 6^4}{4096 \cdot 10^4} = 23{,}6 \text{ mm}$$
$$f_y = 6{,}41 \cdot \frac{10^5 \cdot 0{,}243 \cdot 6^4}{2304 \cdot 10^4} = 8{,}8 \text{ mm}$$

$$f = \sqrt{23{,}6^2 + 8{,}8^2} = 25{,}2 \text{ mm} < \frac{6000}{200} = 30 \text{ mm}$$

Innenfelder:   gewählt 7/16 NH S10

$W_y = 299 \cdot 10^3 \text{ mm}^3$;   $I_y = 2389 \cdot 10^4 \text{ mm}^4$
$W_z = 131 \cdot 10^3 \text{ mm}^3$;   $I_z = 457 \cdot 10^4 \text{ mm}^4$
$\sigma_B = 1840 \cdot 10^3/(299 \cdot 10^3) + 380/(131 \cdot 10^3)$
     $= 6{,}15 + 2{,}90$          $= 9{,}05$ N/mm$^2$
                          $9{,}05/10 = 0{,}91 < 1$

Tafel 18.7:
$$f_z = 2{,}88 \cdot \frac{10^5 \cdot 1{,}165 \cdot 6^4}{2389 \cdot 10^4} = 18{,}2 \text{ mm}$$
$$f_y = 2{,}88 \cdot \frac{10^5 \cdot 0{,}243 \cdot 6^4}{457 \cdot 10^4} = 19{,}8 \text{ mm}$$

$$f = \sqrt{18{,}2^2 + 19{,}8^2} = 26{,}9 \text{ mm} < \frac{6000}{200} = 30 \text{ mm}$$

## 18.5 Koppelpfetten

Überkopplungslängen nach Tafel 18.5 und 18.6:

Endfeld/2. Feld: $\ddot{u}_{br} = 0{,}17 \cdot 6 = 1{,}02$ m

alle anderen: $\ddot{u}_i = 0{,}10 \cdot 6 = 0{,}60$ m

Kopplungskräfte nach Tafel 18.5:

Für alle Anschlüsse werden in Rechnung gestellt:

$$K_z = 0{,}42 \cdot 1{,}165 \cdot 6 = 2{,}94 \text{ kN}$$
$$K_y = 0{,}42 \cdot 0{,}243 \cdot 6 = 0{,}61 \text{ kN}$$

Gewählt | Nägel 55 × 140 | zul $N_1$ = 0,975 kN

nach 18.5.4:

$$\text{zul } N_Z = 0{,}8 \cdot 70 \cdot 5{,}5 \qquad = 308 \text{ N (Innenfelder)}$$

gewählt 4 Nä 55 × 140 – Mindestanzahl nach –T2, 6.2.1–

$$\left(\frac{2{,}94}{4 \cdot 0{,}975}\right)^{1{,}5} + \left(\frac{0{,}61}{4 \cdot 0{,}308}\right)^{1{,}5} = 0{,}655 + 0{,}348 = 1{,}00 = 1$$

Nagelabstände s. Abb. 18.16c, vgl. Abb. 18.20:

Rand ∥ Fa:   $15 \cdot 5{,}5 = 82{,}5 \rightarrow 100$ mm
Rand ⊥ Fa:   $10 \cdot 5{,}5 = 55 \rightarrow 60$ mm
Unter- ∥ Fa: $12 \cdot 5{,}5 = 66 \rightarrow 80$ mm
einander ⊥ Fa: $5 \cdot 5{,}5 = 27{,}5 \rightarrow 40$ mm

Im Punkt B (Endfeld) sind mit Rücksicht auf die erforderliche Einschlagtiefe entweder alle 4 Nägel 55 × 140 von einer Seite einzuschlagen oder bei beidseitiger Nagelung z.B. 4 Nägel 60 × 180 zu verwenden.

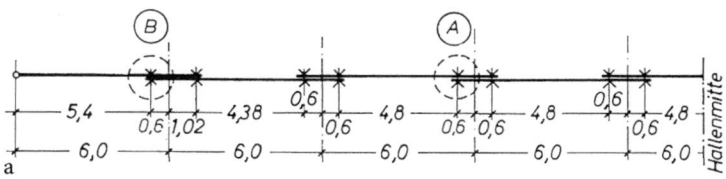

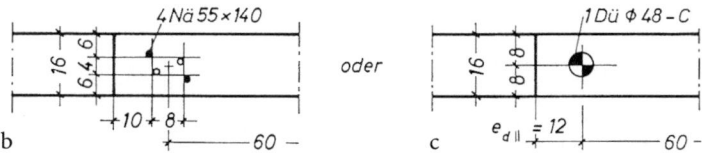

**Abb. 18.20.** a) Koppelpfettenstrang in der Draufsicht; b), c) genagelter bzw. verdübelter Kopplungspunkt A in der Ansicht

Holzdicken: $\quad 70 + 120 = 190$ mm

Mindesteinschlagtiefe: $\quad \min s = 72$ mm

Einschlagtiefen: 2 Nägel $s = 180 - 120 = 60$ mm $< 72$ mm

$\qquad\qquad\qquad$ 2 Nägel $s = 180 - 70 = 110$ mm $> 72$ mm

$\qquad$ zul $K_z = 2 \cdot 1{,}125 \cdot (1 + 60/72) = 4{,}12$ kN

$\qquad$ zul $K_y = 2 \cdot 0{,}8 \cdot 6{,}0 \cdot (110 + 60) = 1{,}63 \cdot 10^3$ N

$$\left(\frac{2{,}94}{4{,}12}\right)^{1{,}5} + \left(\frac{0{,}61}{1{,}63}\right)^{1{,}5} = 0{,}603 + 0{,}229 = 0{,}83 < 1$$

Alternativ:

| Gewählt 1 Dü Ø 48-C mit Bolzen M 12 und Scheiben 58/6 | [162] |

Dübel: $\quad$ zul $N_\perp = 4{,}5$ kN $\qquad > 2{,}94$ kN

Bolzen: $\quad \sigma_z = \dfrac{0{,}61 \cdot 10^3}{0{,}763 \cdot 10^2} = 8{,}0$ N/mm² $< 100$ N/mm²

Querdruck: $\sigma_{D\perp} = \dfrac{0{,}61 \cdot 10^3}{(58^2 - 13^2) \cdot \pi/4} = 0{,}24$ N/mm² $\quad -5.3.3-$

$\qquad\qquad\qquad\qquad\qquad 0{,}24/2{,}0 = 0{,}12 < 1$

**Auflagerpunkt auf Dachbinder:**
Auflagerkräfte nach $-8.1.2-$ für Einzelträger auf zwei Stützen berechnet, vgl. Abschnitt 10.2.5:

$\qquad A_z = 1{,}165 \cdot 6 = 6{,}99$ kN

$\qquad A_y = 0{,}243 \cdot 6 = 1{,}46$ kN

Auflagerpressung gering, vgl. Gelenkpfette Abb. 18.14.
$\quad$ Konstruktiv gewählt (Abb. 18.21):

$\qquad$ BMF-Knagge 130 mit 8 RNä 4,0 × 60 + 6 RNä 4,0 × 40 [162]

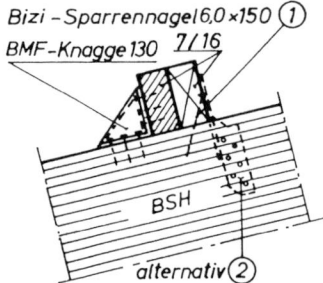

Abb. 18.21

Dazu 1 Bizi-Sparrennagel 6,0 × 150 ① als Stichnagel zur Montagebefestigung.
Im Kantenbereich (Windsogspitzen) konstruktiv Sparrenpfettenanker ②
nach Abb. 6.64 und Tafel 6.16, vgl. Abb. 18.21.

### 18.5.7 Berechnung einer Koppelpfette nach DIN 1052 neu (EC 5)

Abmessungen und Lastannahmen sowie Bemessungswerte der Festigkeiten siehe Berechnungsbeispiel für die Gelenkpfette in 18.4.6 und Abb. 18.11.

**Bemessung der Pfetten (kurze LED, Nkl 2)**

Felderzahl: $n = 9$

Feldlänge: $l = 6,0$ m

$$q_{z,d} = 1,696 \text{ kN/m}$$

$$q_{y,d} = 0,353 \text{ kN/m} \quad \text{vgl. Abschn. 18.4.6}$$

Maßgebende Feldmomente nach Tafel 18.4:

Endfelder: $M_{y,d} = 0,0777 \cdot 1,696 \cdot 6^2 = 4,74$ kNm

$M_{z,d} = 0,0777 \cdot 0,353 \cdot 6^2 = 0,987$ kNm

Innenfelder: $M_{y,d} = 0,0438 \cdot 1,696 \cdot 6^2 = 2,67$ kNm

$M_{z,d} = 0,0438 \cdot 0,353 \cdot 6^2 = 0,557$ kNm

**Endfelder:** gewählt 120/160 NH C 24

$W_y = 512 \cdot 10^3 \text{ mm}^3$; $W_z = 384 \cdot 10^3 \text{ mm}^3$

$I_y = 4096 \cdot 10^4 \text{ mm}^4$; $I_z = 2304 \cdot 10^4 \text{ mm}^4$

Spannungsnachweise:

Gl. (10.62): $0,7 \cdot \dfrac{4740 \cdot 10^3/(512 \cdot 10^3)}{16,6} + \dfrac{987 \cdot 10^3/(384 \cdot 10^3)}{16,6} = 0,55 < 1$

Gl. (10.63): $\quad\quad\quad 0,558 \quad + \quad 0,7 \cdot 0,155 \quad = 0,67 < 1$

Schubspannung:

$\tau_{z,d} = 1,5 \cdot 0,606 \cdot 1,696 \cdot 10^3 \cdot 6/(120 \cdot 160) = 0,482 \text{ N/mm}^2$ [36]

$\tau_{y,d} = 1,5 \cdot 0,606 \cdot 0,353 \cdot 10^3 \cdot 6/(120 \cdot 160) = 0,100 \text{ N/mm}^2$

$(0,482^2 + 0,100^2)/1,38^2 = 0,13 < 1$.

Durchbiegungsnachweise: charakter. (seltene) Bemessungssituation veränderliche Lasten, vgl. 18.4.6

$p_d = 0,844$ kN/m

$p_{z,d} = 0,826$ kN/m

$p_{y,d} = 0,172$ kN/m

Elastische Durchbiegung (Anfangsdurchbiegung) infolge veränderlicher Einwirkungen:

Tafel 18.7:
$$\begin{cases} f_z^p = 6{,}41 \cdot 10^5 \cdot \dfrac{10}{11} \cdot \dfrac{0{,}826 \cdot 6^4}{4096 \cdot 10^4} = 15{,}2 \text{ mm} \\[2mm] f_y^p = 6{,}41 \cdot 10^5 \cdot \dfrac{10}{11} \cdot \dfrac{0{,}172 \cdot 6^4}{2304 \cdot 10^4} = 5{,}64 \text{ mm} \end{cases}$$

$(E_{0,\text{mean}} = 11\,000 \text{ N/mm}^2)$

Gl. (10.61 c):
$$f_{p,\text{inst}} = \sqrt{15{,}2^2 + 5{,}64^2} = 16{,}2 \text{ mm} < \dfrac{l}{300} = 20 \text{ mm}$$

Enddurchbiegung, vgl. 18.4.6:   $k_{\text{def}} = 0{,}80$,   $\psi_{2,s} = 0$   ($H_s < 1000$ m)

$$f_{q,\text{fin}} = 16{,}2 \cdot \left[ \dfrac{0{,}345}{0{,}844} \cdot (1 + 0{,}8) + 1 \right] = 28{,}1 \text{ mm}$$

Gl. (10.61 d):   $28{,}1 - 6{,}62 = 21{,}5$ mm $< l/200$

**Innenfelder:** | gewählt   70/160   NH C24 |

$W_y = 299 \cdot 10^3 \text{ mm}^3$;   $W_z = 131 \cdot 10^3 \text{ mm}^3$

$I_y = 2389 \cdot 10^4 \text{ mm}^4$;   $I_z = 457 \cdot 10^4 \text{ mm}^4$

Spannungsnachweise:

Gl. (10.62):   $0{,}7 \cdot \dfrac{2670 \cdot 10^3/(299 \cdot 10^3)}{16{,}6} + \dfrac{557 \cdot 10^3/(131 \cdot 10^3)}{16{,}6} = 0{,}63 < 1$

Gl. (10.63):   $0{,}538 \quad + \quad 0{,}7 \cdot 0{,}256 \quad = 0{,}72 < 1$

Nachweis der Schubspannungen ist ebenfalls erfüllt.

Durchbiegungsnachweise: charakter. (seltene) Bemessungssituation

$$q_d = g_d + p_d = 0{,}345 + 0{,}844 = 1{,}19 \text{ kN/m}$$

Elastische Durchbiegung (Anfangsdurchbiegung) infolge veränderlicher Einwirkungen:

$p_{z,d} = 0{,}844 \cdot 0{,}979 = 0{,}826$ kN/m

$p_{y,d} = 0{,}844 \cdot 0{,}204 = 0{,}172$ kN/m

Tafel 18.7:
$$\begin{cases} f_z^p = 2{,}88 \cdot 10^5 \cdot \dfrac{10}{11} \cdot \dfrac{0{,}826 \cdot 6^4}{2389 \cdot 10^4} = 11{,}7 \text{ mm} \\[2mm] f_y^p = 2{,}88 \cdot 10^5 \cdot \dfrac{10}{11} \cdot \dfrac{0{,}172 \cdot 6^4}{457 \cdot 10^4} = 12{,}8 \text{ mm} \end{cases}$$

$$f_{p,\text{inst}} = \sqrt{11{,}7^2 + 12{,}8^2} = 17{,}3 \text{ mm} < \dfrac{l}{300} = 20 \text{ mm}$$

Enddurchbiegung: $k_{def} = 0{,}80$, $\psi_{2,s} = 0$

$$f_{q,fin} = 17{,}3 \cdot \left[ \frac{0{,}345}{0{,}844} \cdot (1 + 0{,}8) + 1 \right] = 30{,}0 \text{ mm}$$

Gl. (10.61d): $f_{q,fin} - f_{g,inst} < l/200$

$30{,}0 - 7{,}07 = 22{,}9 \text{ mm} < 30 \text{ mm}$

Quasi-ständige Bemessungssituation s. Abschn. 18.4.6.

**Koppelpfettenanschlüsse**
**Überkopplungslängen** nach Tafel 18.5 und 18.6:

Endfeld/2. Feld: $ü_{br} = 0{,}17 \cdot 6 = 1{,}02$ m

alle anderen: $ü_i = 0{,}10 \cdot 6 = 0{,}60$ m    vgl. Abschn. 18.5.6

**Kopplungskräfte** nach Tafel 18.5:
Für alle Anschlüsse werden in Rechnung gestellt:

$K_{z,d} = 0{,}42 \cdot 1{,}696 \cdot 6 = 4{,}27$ kN

$K_{y,d} = 0{,}42 \cdot 0{,}353 \cdot 6 = 0{,}890$ kN

Gewählt: 4 Nä 55 × 140    Mindestanzahl: $n \geq 2$    (vgl. 18.5.6)

Gl. (6.12a):    $R_k = \sqrt{2 \cdot M_{y,k} \cdot f_{h,k} \cdot d}$    (Innenfelder)

mit

Gl. (6.12f):    $M_{y,k} = 180 \cdot 5{,}5^{2,6} = 15\,143$ Nmm

Gl. (6.12h):    $f_{h,k} = 0{,}082 \cdot 350 \cdot 5{,}5^{-0,3} = 17{,}2$ N/mm²    nicht vorgebohrt

$R_{la,k} = R_k = \sqrt{2 \cdot 15\,143 \cdot 17{,}2 \cdot 5{,}5} = 1693$ N    (Abscheren)

$R_{la,d} = 0{,}9 \cdot 1{,}69/1{,}1 = 1{,}38$ kN; Tafel D.6 (Bd. 1) → 1,385 kN

Gl. (6.12b):    $t_{req} = 9 \cdot 5{,}5 = 49{,}5$ mm < vorh $t = 70$ mm

$t = \max [7\,d;\ (13\,d - 30)\,\varrho_k/400]$; vorh $a_{2,t} > 10\,d$

$t = \max (38{,}5 \text{ mm};\ 36{,}3 \text{ mm}) \rightarrow$ vorh $t = 70$ mm $> 38{,}5$ mm
keine Spaltgefahr

Beanspruchung auf Herausziehen:

Gl. (6.12p):    $R_{ax,k} = \min (f_{1,k} \cdot d \cdot l_{ef};\ f_{2,k} \cdot d_k^2)$    $d_k \approx 2\,d$

mit

Gl. (6.12q):    $f_{1,k} = 18 \cdot 10^{-6} \cdot \varrho_k^2 = 18 \cdot 10^{-6} \cdot 350^2 = 2{,}21$ N/mm²

Gl. (6.12r):    $f_{2,k} = 60 \cdot 10^{-6} \cdot \varrho_k^2 = 60 \cdot 10^{-6} \cdot 350^2 = 7{,}35$ N/mm²

$R_{ax,k} = \min (2{,}21 \cdot 5{,}5 \cdot 70;\ 7{,}35 \cdot 11^2 = \min (851 \text{ N};\ 889 \text{ N})$

Gl. (6.12s): $R_{ax,d} = 0{,}9 \cdot 0{,}851/1{,}3 = 0{,}589$ kN

Gl. (6.12 t): $\left(\dfrac{0{,}890}{4 \cdot 0{,}589}\right)^{1{,}5} + \left(\dfrac{4{,}27}{4 \cdot 1{,}38}\right)^{1{,}5} = 0{,}232 + 0{,}680 = 0{,}91 < 1$

$m = 1{,}5$ für glattschaftige Nägel bei Koppelpfettenanschlüssen.

$$\min l_{ef} = 12\,d = 12 \cdot 5{,}5 = 66 \text{ mm} < \text{vorh } l_{ef} = 70 \text{ mm}$$

$$\text{vorh } l_{ef} < 20\,d = 20 \cdot 5{,}5 = 110 \text{ mm}$$

Für den Lastfall „ständige Lasten" ist der Nachweis nach Gl. (6.12t) mit $0{,}6\,f_{1,k}$ und $k_{mod} = 0{,}6$ zu führen.

Nagelabstände (Abb. 18.20):
Die Mindestabstände können aus Tafel 6.14B entnommen werden:

Rand ∥ Fa: $a_{1,t} = (10 + 5 \cdot \cos\alpha) \cdot d = 15 \cdot 5{,}5 = 82{,}5 \rightarrow 100$ mm

Rand ⊥ Fa: $a_{2,t} = (\phantom{0}5 + 5 \cdot \sin\alpha) \cdot d = 10 \cdot 5{,}5 = 55{,}0 \rightarrow \phantom{0}60$ mm

Unter-einander ∥ Fa: $a_1 = (5 + 7 \cdot \cos\alpha) \cdot d = 12 \cdot 5{,}5 = 66{,}0 \rightarrow \phantom{0}80$ mm

⊥ Fa: $a_2 = \phantom{(5 + 7 \cdot \cos\alpha) \cdot }5 \cdot d \phantom{(5 + 7 \cdot }= \phantom{0}5 \cdot 5{,}5 = 27{,}5 \rightarrow \phantom{0}40$ mm

mit $\quad \alpha = 0 \quad$ für $a_{1,t}$

$\phantom{mit \quad} \alpha = 90° \quad$ für $a_{2,t} \quad$ vgl. Abb. 6.37A

Im Punkt B (Endfeld) sind mit Rücksicht auf die erforderliche Einschlagtiefe

$$t_{req} \geqq 9 \cdot d = 9 \cdot 5{,}5 = 49{,}5 \text{ mm}$$

entweder alle 4 Nägel 55 × 140 von einer Seite einzuschlagen oder bei beidseitiger Nagelung z.B. 4 Nägel 60 × 180 zu verwenden.

Holzdicken: 70 + 120 = 190 mm

Einschlagtiefen: 2 Nägel $t_2 = 180 - 120 = 60$ mm $> 9 \cdot d = 54$ mm

2 Nägel $t_2 = 180 - \phantom{0}70 = 110$ mm

Gl. (6.12 a): $R_k = \sqrt{2 \cdot M_{y,k} \cdot f_{h,k} \cdot d} \quad$ (Endfelder)

mit

Gl. (6.12 f): $M_{y,k} = 180 \cdot 6^{2{,}6} = 18\,987$ Nmm

Gl. (6.12h): $f_{h,k} = 0{,}082 \cdot 350 \cdot 6^{-0{,}3} = 16{,}8$ N/mm² nicht vorgebohrt

$R_{1a,k} = R_k = \sqrt{2 \cdot 18\,987 \cdot 16{,}8 \cdot 6} = 1956$ N

$R_{1a,d} = 0{,}9 \cdot 1{,}96/1{,}1 = 1{,}60$ kN; Tafel D.6 (Bd. 1) $\rightarrow 1{,}599$ kN

Beanspruchung auf Herausziehen:

Gl. (6.12 p):  $R_{ax,k}^{(1)} = 0$, da min $t_2 = 12 \cdot d = 72$ mm $> 60$ mm

$R_{ax,k}^{(2)} = \min (2{,}21 \cdot 6 \cdot 110; 7{,}35 \cdot 12^2)$
$= \min (1459 \text{ N}; 1058 \text{ N})$

$R_{ax,d}^{(2)} = 0{,}9 \cdot 1{,}06/1{,}3 = 0{,}734$ kN

Gl. (6.12 t):  $\left(\dfrac{0{,}890}{2 \cdot (0 + 0{,}734)}\right)^{1{,}5} + \left(\dfrac{4{,}27}{4 \cdot 1{,}60}\right)^{1{,}5} = 0{,}472 + 0{,}545 = 1{,}02 \approx 1$

Alternativ:
1 Dü ⌀50-C1 mit Bolzen M12 und Scheiben 58/6

Gl. (6.2 d):  $R_{c,d} = 18 \cdot 50^{1{,}5} \cdot 0{,}9/1{,}3 = 4406$ N $= 4{,}41$ kN

$K_{z,d} = 4{,}27$ kN $< R_{c,d} = 4{,}41$ kN    Reserve: $R_{b,90,d}$

Bolzenzugkraft $N_d = K_{y,d} = 0{,}890$ kN $< 22{,}4$ kN
mit M12, Fkl 4.6 [36]: Grenzzugkraft $N_{R,d} = 22{,}4$ kN

Querdruck: $\sigma_{c,90,d} \leqq 1{,}8 \cdot f_{c,90,d}$  vgl. Abschn. 6.3.6 (Empfehlung)

$f_{c,90,d} = \dfrac{0{,}9}{1{,}3} \cdot 2{,}5 = 1{,}73$ N/mm²

$\dfrac{0{,}890 \cdot 10^3/[(58^2 - 13^2) \cdot \pi/4]}{1{,}8 \cdot 1{,}73} = 0{,}11 < 1$

**Auflagerpunkt auf Dachbinder** (Abb. 18.21):
Auflagerkräfte für Einzelträger auf zwei Stützen berechnet, vgl. Abschn. 10.2.5:

$A_{z,d} = 1{,}696 \cdot 6 = 10{,}2$ kN
$A_{y,d} = 0{,}353 \cdot 6 = 2{,}12$ kN

Auflagerpressung gering, vgl. Gelenkpfette Abschn. 18.4.6.
  Konstruktive Ausbildung siehe Abb. 18.21 und Hinweise zur weiteren Bemessung vgl. Abschn. 18.4.6.

# 19 Brettschichtholzträger

## 19.1 Allgemeines

Bevorzugt verwendet wird der Rechteckquerschnitt nach Abb. 19.1a. I- oder Kastenquerschnitt nach Abb. 19.1b, c kommen wegen höheren Arbeitsaufwandes seltener vor.

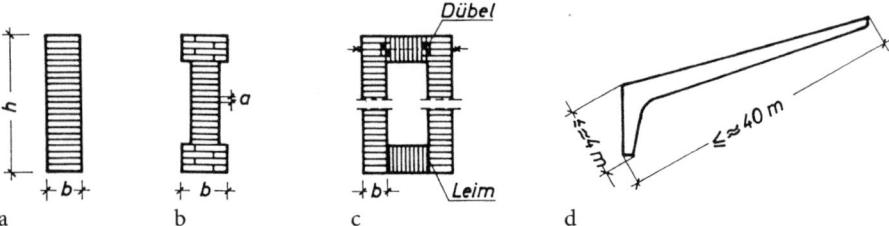

Abb. 19.1. BSH-Querschnitte; Transportmaße (Richtwerte) für Bauteile

Empfehlung für Querschnittsabmessungen einteiliger Biegeträger, vgl. 10.2.1:

$$h \leq \approx 2{,}40 \text{ m}$$
$$h/b \leq \approx 10$$
$$b \leq \approx 0{,}30 \text{ m}$$

Wegen der Biegsamkeit der Brettlamellen können Brettschichtholzträger in vielfältigen Formen hergestellt werden, s. Abb. 1.5, 1.6, 1.11, 19.1 und Tafel 17.2. Die Transportmaße nach Abb. 19.1d sollten möglichst nicht überschritten werden. Zur Oberflächenqualität von BSH und zu entsprechenden Regelungen s. [296, 297].

**Holzarten [3, 14]:**
Brettschichtholz[1] besteht in der Regel aus Fichtenholz, da sich dieses am besten verarbeiten lässt und die normalen Anforderungen an Festigkeit und Dauerhaftigkeit sehr gut erfüllt. Die Verwendung einer anderen Holzart (s. DIN EN 386) bedeutet für die Hersteller einen erheblichen Mehraufwand und sollte deshalb vermieden werden. Gelegentlich kann auch Kiefernholz, Lärche [298] oder Douglasie verwendet werden, wenn besondere Ansprüche an die Imprägnierbarkeit und die Witterungsbeständigkeit gestellt werden [12]. Bei vielen Harthölzern kommen teilweise aus den Holzinhaltsstoffen herrührende Unsicherheiten bei der Klebfugenfestigkeit hinzu, so dass deren Verwendung für tragende Brettschichtholzbauteile begrenzt ist [183].

---
[1] Auch als BS-Holz bezeichnet.

## 19.1 Allgemeines

**Klebstoffe** [14, 296]:
Im normalen Innenraumklima, aber auch bei offenen Gebäuden unter Dach ohne direkte Bewitterung genügt bei der Herstellung von Brettschichtholz die Verklebung mit Harnstoffharzleim, der sich seit über 50 Jahren bewährt hat. Die Klebfuge ist hellfarbig und zeichnet sich gegenüber dem Holz kaum ab. Nur für Bauteile, die im Gebrauchszustand der Nässe, hohen Temperaturen oder stark wechselnden Klimabedingungen ausgesetzt sein können, müssen Kleber auf der Basis von Resorcinharz verwendet werden. Dies gilt insbesondere für der Bewitterung frei ausgesetzte Teile aus Brettschichtholz. Resorcinharzleim ist an der dunkelbraunen Klebfuge gut zu erkennen, s. a. DIN EN 386.

Kleber auf der Grundlage von Harnstoff-, Resorcin- oder Melaminharz werden auf längere Sicht die bevorzugten Kleber des traditionellen Holzleimbaues bleiben.

Dort, wo kurze Presszeiten erforderlich sind, werden in Zukunft auch die Einkomponenten-Polyurethanklebstoffe zum Einsatz kommen [79]. Sie zeichnen sich u. a. durch eine helle Klebstofffuge aus und sind formaldehydfrei.

**Künstliche Vortrocknung:**
Dem Feuchtegehalt des Holzes im Zeitpunkt der Verklebung ($\omega \leq 15\%$) kommt eine besondere Bedeutung zu im Hinblick auf die Beständigkeit der Klebverbindung und die Vorsorge gegen Rissbildung durch nachträgliches Schwinden.

Deshalb werden die Bretter in Holztrocknungsanlagen möglichst gleichmäßig auf den im fertigen Bauwerk zu erwartenden Feuchtegehalt nach Tafel 2.1 vorgetrocknet, wobei die Abweichungen vom Sollwert auf $\pm 2\%$ beschränkt sein sollten, s. a. DIN EN 386. Die technische Holztrocknung verhindert außerdem einen Insektenbefall im Innenraumbereich und im nicht direkt bewitterten Außenbereich [299].

**Schwindrisse** [14, 296]:
Es ist bisweilen unvermeidlich, dass Brettschichtholzträger – insbesondere solche für geschlossene Bauwerke mit Heizung – im Zeitraum von ihrer Herstellung über Zwischenlagerung, Transport und Montage bis zur Nutzung des Bauwerks einer höheren Luftfeuchte als der Ausgleichsfeuchte ausgesetzt werden [70]. Nach Inbetriebnahme der Heizung setzt eine über den Trägerquerschnitt ungleichmäßig verteilte Trocknung ein, die zu Schwindrissen an der Oberfläche führen kann.

Schwindrisse beeinträchtigen bei Biegung bzw. Schub bis zu einer Tiefe von 1/6 der Bauteilbreite die Standsicherheit nicht und sind durch die charakteristischen Schubfestigkeiten der DIN 1052 gemäß – *Tab. F.9 [1]* – abgedeckt.

Schwindrisse sind baustoffbedingt und können auch bei Brettschichtholz, wenn auch in wesentlich geringerem Umfang als bei Vollholz, auftreten. Nach Versuchen von Möhler/Steck [184] können solche Risse entstehen, wenn im Randstreifen von 10 mm Dicke die Feuchteabnahme etwa 5% erreicht, bei beschleunigter Trocknung bereits bei etwa 2%.

Damit die Risse nicht zu groß werden, ist es besonders bei beheizten Bauten wichtig, für eine zügige Schließung der Dach- und Außenwandflächen zu sorgen und bei Inbetriebnahme der Heizung auf eine langsame Erhöhung der Raumtemperatur zu achten. Schwindrisse verlaufen wegen der durch die Schichtung des Holzes bedingten Strukturveränderungen teilweise entlang der Leimfugen in den benachbarten Holzfasern. Es handelt sich dabei nicht um ein Versagen der Leimverbindung.

Durch Oberflächenbehandlung mit einem Feuchteschutzmittel kann nach den Versuchen [184] die Rissbildung weitgehend vermieden werden, da eine deutlich verzögerte Feuchteangleichung im Randbereich auftritt.

**Beschaffenheit der Oberfläche [14, 296]:**
Unabhängig vom äußeren optischen Eindruck entspricht BSH den Festigkeitsklassen der DIN 1052. Die einzelnen Brettlamellen sind gemäß DIN 4074 nach Festigkeit sortiert [185].

Ansprüche der Bauherren an die Beschaffenheit der Oberfläche nach ästhetischen Gesichtspunkten sind stets gesondert zu vereinbaren. Die folgenden Einteilungen gelten für die nach dem Einbau sichtbaren Oberflächen.

Normale Oberflächen (Standard):
Die Oberflächen der Bauteile sind gehobelt. Ausfalläste über 20 mm Durchmesser sind ausgeflickt. Gesunde Äste sowie farbliche Differenzen durch Bläue und Rotstreifigkeit bis zu 10 % der sichtbaren Oberfläche sind zulässig.
    Anwendungsempfehlung: für sichtbare Bauteile und Konstruktionen
                               aller Art.

Ausgesuchte Oberflächen (Auslese):
Die Oberflächen der Bauteile sind gehobelt, feinastig und frei von Bläue und Rotstreifigkeit. Fest verwachsene, gesunde und sauber ausgeflickte Äste sind zulässig.
    Anwendungsempfehlung: Bauteile für besonders hohe ästhetische
                               Ansprüche.

**Schutzanstrich [14]:**
Der üblicherweise werkseitig aufgebrachte Anstrich mit Holzschutzwirkung genügt für alles unter Dach mit normalem Raumklima verbaute Brettschichtholz.

Allerdings benötigt Brettschichtholz, das extremem Nassklima oder der Bewitterung unmittelbar ausgesetzt ist, einen sorgfältigen chemischen Holzschutz, der nach dem Auftreten der unvermeidlichen Schwindrisse zu wiederholen und danach entsprechend dem Abbau der Farbpigmente nach ästhetischem Maßstab zu erneuern ist, s. Abschn. 3.3 u. [256].

**Trägerherstellung [14, 296]:**
Die vorgetrockneten und gehobelten Bretter der Dicke $a \leq 35$ mm (45 mm) aus NH werden in Betrieben mit Nachweis zum Kleben tragender Holzbauteile durch Keilzinkenstöße nach DIN 68140 (Abb. 6.1) mit Zinkenlängen zwischen 15 mm und 30 mm gemäß Tafel 6.1 zu beliebig langen Brettlamellen verbunden. Deren Breitseiten werden mit Kleber versehen und in der Verklebvorrich-

tung unter bestimmtem Druck über eine ausreichende Zeitdauer zu Rechteckquerschnitten gepresst, s. a. Abschn. 2.2.3 und 6.1 sowie DIN EN 386, Tab. 4.

**Vergütung** [14, 296]:
BSH ist ein vergütetes Vollholz, bei dem Wuchsunregelmäßigkeiten und Schwindrisse durch Lamellierung, Sortierung und künstliche Vortrocknung der Bretter sowie durch Herausschneiden fehlerhafter Teile weitgehend unterbunden werden [183].

Der Vergütung verdankt das BSH folgende Eigenschaftsverbesserungen gegenüber dem Vollholz:
a) Reduzierung des Feuchtegehaltes und der Festigkeitsstreuungen erlaubt Erhöhung des $E_\parallel$-Moduls und der Bemessungswerte der Biegespannungen sowie eine Abminderung der Verformungsbeiwerte.
b) Vermeidung bzw. erhebliche Einschränkung der Trockenrisse erlaubt
  b1) Erhöhung des Bemessungswertes der Schubspannung infolge Querkraft,
  b2) bei gekrümmten Trägern die Aufnahme von höheren Querzugspannungen.

Bei einer Ausnutzung der zulässigen oder des Bemessungswertes der Querzugspannung ist zu bedenken, dass die Querzugfestigkeit des Holzes mit zunehmendem querbeanspruchtem Holzvolumen abnimmt und dass zusätzliche Querzugspannungen infolge Feuchteänderungen des Holzes häufig unvermeidlich sind.

Ein rechnerischer Nachweis der Klebfugen kann entfallen, da bei einwandfreier Verklebung gilt, dass die Klebfugenfestigkeit mindestens die Werte der Holzfestigkeit erreicht.

## 19.2 Aufbau des Brettschichtholzträgers nach DIN 1052 neu (EC 5)

Die erhöhten Festigkeitswerte setzen neben den Vergütungsmaßnahmen auch bestimmte Regeln für die Anordnung der Brettlamellen im Querschnitt, die Lage der Brettstöße und die Verteilung der Holzgüte über die Trägerhöhe voraus. In DIN EN 386 werden Anweisungen dazu gegeben (Abb. 19.2 und 19.3). Brettdicke $a$ und Brettbreite $b$ müssen begrenzt werden, damit ungleichmäßig über den Querschnitt verteilte Feuchteänderungen möglichst geringe Spannungen (Schwindrisse) hervorrufen s. Tafel 19.1A.

**Brettdicke $t$ [1] = $a$ für gerade Träger**

Tafel 19.1A. Fertige Höchstdicke $t$ und maximale Querschnittsfläche $A$ der Lamellen nach DIN EN 386

|            | Nkl 1 u. 2 |           | Nkl 3  |           |
|------------|--------|-----------|--------|-----------|
|            | $t$ (mm) | $A$ (mm$^2$) | $t$ (mm) | $A$ (mm$^2$) |
| Nadelholz  | 45     | 12000     | 35     | 10000     |
| Laubholz   | 40     | 7500      | 35     | 6000      |

## 19 Brettschichtholzträger

**Brettdicke $t$ [1] = $a$ für gekrümmte Träger**

$a \leq 45$ mm bei $r_1 \geq 230 \cdot a$ (Nkl 1 u. 2) ⎫ dazwischen lineare Inter-
$a = 13$ mm bei $r_1 = 150 \cdot a$ ⎭ polation s. Abb. 19.5b

$r_1 \triangleq$ Biegeradius des inneren Einzelbrettes nach Abb. 19.5a; $R$ [1] = $r_1$

**Brettbreite $b$:**

$b \leq 220$ mm  im Normalfall; nach Tafel 19.1A sind auch andere Werte möglich.

$b > 220$ mm  bei Entlastungsnut oder $\geq 2$ Teilen je Brettlage gemäß Abb. 19.2

**Maßgebende Sortierklasse (bisher Güteklasse):**
BSH wird vorwiegend in S10[1]/C24M (Gkl II) oder S13[2]/C30M (Gkl I) hergestellt. Die Sortierkriterien gemäß DIN 4074 T1 (s. Abschn. 2.4) werden im Allgemeinen auf den ganzen Verbundkörper bezogen und nicht auf die Einzelbretter. In zugbeanspruchten Querschnittsbereichen müssen jedoch auch die Einzelbretter für sich betrachtet der für die Bemessung maßgebenden Sortierklasse entsprechen.

Bei Biegeträgern gelten folgende Mindestanforderungen (Abb. 19.2a):

BS 14 (GL 28 c): 1. und 2. Lamelle: S13/C30M, Rest: S10/C24M

BS 11 (GL 24 c): 1. und 2. Lamelle: S10/C24M, Rest: S7/C16M

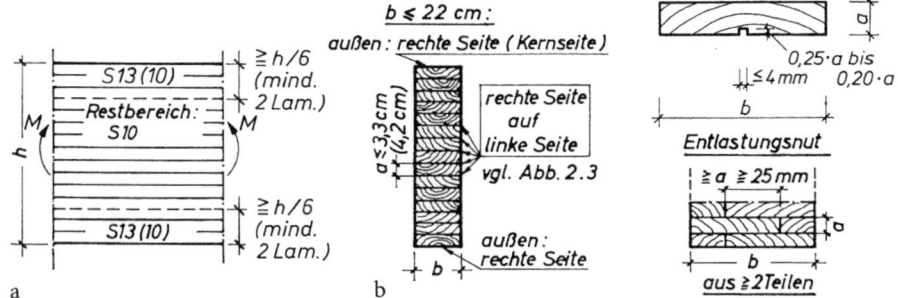

**Abb. 19.2.** Bewährter Aufbau von Brettschichtholzträgern, s.a. – Tab. F.10 [1] – u. DIN EN 386
a) Sortierklassen der Brettlamellen für GL 28c u. GL 24c, b) Querschnittsaufbau

Bretter der S7 dürfen im zugbeanspruchten Bereich für die Herstellung von BS-Holz nicht verwendet werden.

Furnierschichtholz aus Buche für Zuglamellen von BSH ermöglicht höhere Biegefestigkeiten [183].

**Maßgebende Querschnittswerte:**
Aus fertigungstechnischen Gründen werden alle Längsstöße der Einzelbretter durch Keilzinkung vor dem endgültigen Aushobeln der Brettlamellen hergestellt.

---

[1] Nach DIN 1052-1/A1 als BS11, nach DIN 1052 neu als GL24,
[2] als BS14 (GL28) bezeichnet; BS16 (GL32) und BS18 (GL36) sind ebenfalls herstellbar.

## 19.2 Aufbau des Brettschichtholzträgers nach DIN 1052 neu (EC 5)

Abb. 19.3. Längsstöße der Einzelbretter a) und Vollstoß b)

Für BSH-Bauteile, die gemäß Abb. 19.3a oder b hergestellt worden sind, dürfen der Bemessung folgende Querschnittswerte zugrunde gelegt werden:

**bei Einzelbrettzinkung (a)**

Druck, Zug $\parallel$ Fa: $A = b \cdot h$

Biegung: $W = b \cdot h^2/6$

Bei einer ordnungsgemäßen Herstellung ist ein Versetzen der Keilzinkenstöße nicht erforderlich –E124/125–. Möglichkeiten zur Steigerung der Keilzinkenfestigkeit siehe z. B. [72–74].

**bei Keilzinkenvollstoß (b)**

Zug und Druck $\parallel$ Fa: $\text{red}\,A = (1 - v) \cdot b \cdot h = A_{ef}$  (19.1)

Für Keilzinkenvollstöße wird i.d.R. die Zinkenlänge $l = 50$ mm mit $v = 0{,}17$ nach Tafel 6.1 verwendet.

Abweichend davon darf bei BSH mit Querschnittsabmessungen $\leq 300$ mm der Spannungsnachweis ohne Berücksichtigung des Verschwächungsgrades $v$ geführt werden, wenn der die Keilzinkung ausführende Betrieb den Nachweis für die Herstellung von Keilzinkenverbindungen erbracht hat – 7.2.4 [1] –.

Rahmenecken nach 19.8.3: $\text{red}\,A \approx 0{,}8 \cdot b \cdot h$  (19.2)

$\text{red}\,W \approx 0{,}8 \cdot b \cdot h^2/6$  (19.3)

## 19.3 Gerader Träger mit konstanter Höhe nach DIN 1052 neu (EC 5)

Bemessung, Spannungs-, Kipp- und Durchbiegungsnachweise können Abschn. 10.7 mit Beispiel Abb. 10.31–10.34 entnommen werden, siehe auch [36].

Bei hohen und weitgespannten Trägern muss auf sorgfältige Herstellung geachtet werden, da neuere Untersuchungen gezeigt haben, dass mit zunehmendem Volumen eines BSH-Bauteiles seine Festigkeit sinkt [186]. Konstruktion s. Abb. 19.29.

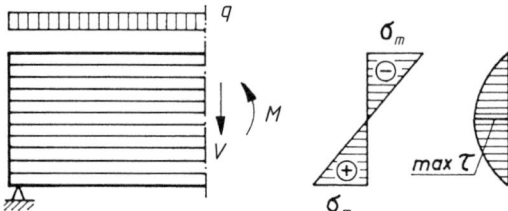

Abb. 19.4. Spannungen im Träger mit konstanter Höhe

## 19.4 Gekrümmter Träger mit konstanter Höhe nach DIN 1052 neu (EC 5)

### 19.4.1 Allgemeines

Gekrümmte Brettschichtholzträger sind im neuzeitlichen Holzbau weit verbreitet. Ihre Herstellung macht wegen der Biegsamkeit der Brettlamellen grundsätzlich keine Schwierigkeiten. Im Pressbett gemäß Abb. 19.4A und B

Abb. 19.4A. Paarweise in der Presse liegende BSH-Binder, einachsig mit $r = 2{,}60$ m um 180° gebogen (Foto und Konstruktion der Pressen: Dipl.-Ing. Heinz Poppensieker)

19.4 Gekrümmter Träger mit konstanter Höhe nach DIN 1052 neu (EC 5) 215

**Abb. 19.4 B.** Paarweise in der Presse liegende BSH-Binder mit den Abmessungen 200 mm × 600 mm × 28 500 mm, zweiachsig gebogen und um die Längsachse verdreht (Foto und Konstruktion der Pressen: Dipl.-Ing. Heinz Poppensieker)

können mit Hilfe verstellbarer Vorrichtungen beliebige Trägerformen hergestellt werden. Der Krümmungsradius muss begrenzt werden, um Biegebruch der Einzelbretter zu verhindern. Je dünner die Lamellen, umso kleiner darf der Krümmungsradius werden, s. Abschn. 19.4.2. Die Herstellungskosten steigen jedoch entsprechend an. Die Herstellung der Träger bedarf besonderer Sorgfalt, da die Rückstellkräfte der Lamellen Zusammenbau und Verleimung erschweren.

Der Spannungszustand im gekrümmten Bereich weicht von dem des geraden Trägers ab, s. Abb. 19.6, 19.8, 19.9. Besonders zu beachten sind die ⊥ Fa auftretenden Spannungen, insbesondere die Querzugspannungen $\sigma_{Z\perp}$.

### 19.4.2 Einzelbrettkrümmung

Die innere Brettlamelle (Abb. 19.5) erleidet die stärkste Krümmung und damit die größte Vorspannung bei planmäßig gekrümmter Trägerachse. Aus der Differenzialgleichung der Biegelinie für die innere Brettlamelle der Dicke $a$ folgt:

$$\frac{1}{r_1} = \frac{M}{E_\parallel \cdot I} = \frac{M \cdot 2}{E_\parallel \cdot W \cdot a} = \frac{2 \cdot \sigma}{E_\parallel \cdot a} \quad (r_1 = R, a = t\,[1]) \qquad (19.4)$$

Die rechnerische Biegespannung des inneren Brettes ist dann:

$$\sigma_m = \frac{a}{2 \cdot r_1} \cdot E_\parallel \qquad (19.5)$$

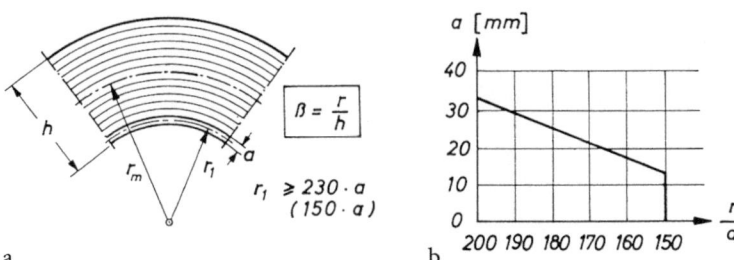

Abb. 19.5. Krümmungsradien; Einzelbrettkrümmung, $r_1 = R$ [1]

Mit dem nach –Anhang H [1] – begrenzten Krümmungsradius $r_1 = 230 \cdot a$ (Nkl 1 u. 2) wird die rechnerische Biegespannung der inneren Lamelle nach Gl. (19.5):

$$\sigma_m = \frac{a}{2 \cdot 230 \cdot a} \cdot 11\,000 = 23{,}9 \text{ N/mm}^2$$

Diese hohe rechnerische Vorspannung kann nach Versuchsergebnissen in Kauf genommen werden, da sie bis zum Aushärten des Leimes durch plastische Vorgänge weitgehend abgebaut wird. Bei großen Brettkrümmungen ($r_{in}/t < 240$) ist dieser Einfluss zu berücksichtigen, s. Gl. (19.58).

Folgende Zuordnungen von Krümmungsradius und Brettdicke sind einzuhalten:

$r_1 \geqq 230 \cdot a$ bei $a = 45$ mm (Nkl 1 u. 2)

$r_1 \geqq 150 \cdot a$ bei $a \leqq 13$ mm – Anhang H [1] –

Dazwischen geradlinige Interpolation gemäß Abb. 19.5 b.

### 19.4.3 Biegespannung in gekrümmten Brettschichtholzträgern

Die Biegespannung des geraden Trägers verläuft linear über die Querschnittshöhe mit Nulldurchgang in der Schwerlinie, vgl. Abb. 19.6a. Bei stark gekrümmten Trägern mit den in der Praxis üblichen Abmessungsverhältnissen $r > h$ darf ebenso wie bei geraden Trägern die Bernoullische Hypothese vom Ebenbleiben der Querschnitte vorausgesetzt werden, s. Abb. 19.6b.

Da bei planmäßig gekrümmter Stabachse die Innenfasern $dl_i$ erheblich kürzer als die Außenfasern $dl_a$ sind, wird bei Biegebeanspruchung die Dehnung der Innenfasern $\varepsilon_i$ größer als die Dehnung der Außenfasern $\varepsilon_a$:

$$\varepsilon_i = \frac{\Delta dl_i}{dl_i} > \frac{\Delta dl_a}{dl_a} = \varepsilon_a$$

Mit Hilfe des Hookeschen Gesetzes $\sigma = E_\parallel \cdot \varepsilon$ folgt daraus:

$$|\sigma_i| > |\sigma_a|$$

## 19.4 Gekrümmter Träger mit konstanter Höhe nach DIN 1052 neu (EC 5)

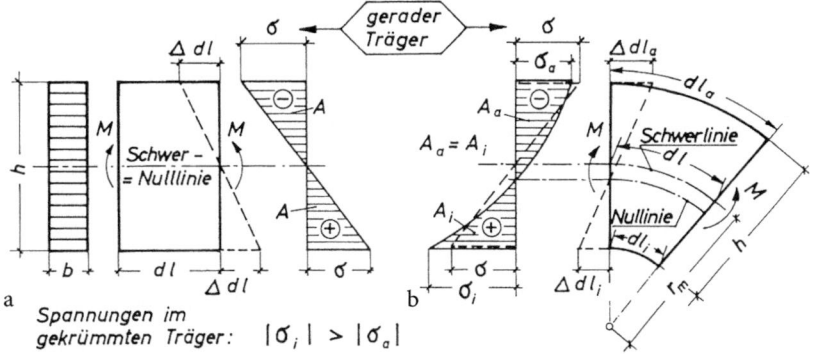

Spannungen im
gekrümmten Träger: $|\sigma_i| > |\sigma_a|$

**Abb. 19.6.** Spannungsverlauf im geraden und gekrümmten Träger

 **Abb. 19.7**

Aus Gleichgewichtsgründen muss bei reiner Biegung die Summe der Längskräfte in jedem Querschnitt Null sein. Diese Bedingung erzwingt beim Rechteckquerschnitt mit $|\sigma_i| > |\sigma_a|$ den in Abb. 19.6b anschaulich dargestellten hyperbolischen Spannungsverlauf mit zum Innenrand verschobener Nulllinie, so dass die Spannungsflächen $A_a$ und $A_i$ gleich groß sind.

Zur Ermittlung der Längs- und Querspannungen für Rechteckquerschnitte sind in Abschn. 19.9.4 Näherungsformeln angegeben, vgl. Schelling [187]. Heimeshoff [188] teilt Formeln zur Spannungsberechnung gekrümmter Brettschichtholzträger mit einfach- und doppeltsymmetrischen Querschnitten nach Abb. 19.7 mit.

**Biegespannung $\sigma_{m,d}$ für gekrümmte BSH-Träger mit Rechteckquerschnitt:**
Unabhängig vom Drehsinn des Biegemomentes tritt die absolut größte Biegespannung $\sigma_{m,d}$ am Innenrand auf. Sie darf nach Abschn. 19.9.4 näherungsweise berechnet werden nach Gl. (19.6):

$$\boxed{\sigma_{m,d} = k_l \cdot 6 \, M_{ap}/(b \cdot h_{ap}^2)} \tag{19.6}$$

mit $\quad k_l = 1 + 0{,}35 \cdot h/r_m + 0{,}6 \cdot (h/r_m)^2 \quad$ für $h_{ap} = h = $ const. (19.6a)

In Tafel 19.1 sind die Näherungswerte nach Gl. (19.6) den genaueren Werten nach Heimeshoff [188] gegenübergestellt.

**Tafel 19.1.** $k_l = \varkappa_1$-Werte zur Berechnung der Biegespannung

| $h/r_m$ | nach Heimeshoff [188] | | nach Gl. 19.6a |
|---|---|---|---|
| | außen | innen | innen |
| 0,5 | −0,85 | 1,20 | 1,33 |
| 0,1 | −0,97 | 1,03 | 1,04 |

### 19.4.4 Querspannung $\sigma_{90} = \sigma_\perp$ in gekrümmten Brettschichtholzträgern

Bei planmäßig gekrümmten Trägern erzeugt das Biegemoment auch Spannungen rechtwinklig zur Stabachse. Das Vorzeichen dieser Querspannungen ist abhängig vom Drehsinn des Biegemomentes (Abb. 19.8).

Querspannungen $\sigma_{90} = \sigma_\perp$ können näherungsweise berechnet werden nach Gl. (19.10). Sie lassen sich einfach herleiten unter folgenden idealisierten Voraussetzungen:
a) lineare Verteilung der Biegespannung $\sigma_m = M/W$
b) isotroper Werkstoff

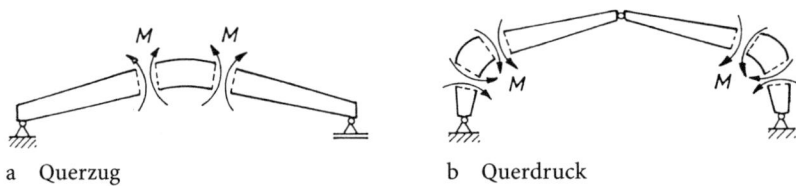

a  Querzug  b  Querdruck

**Abb. 19.8.** Trägersysteme mit Querspannungen infolge $M$

Auf das Stabelement der Länge $ds = r_m \cdot d\varphi$ wirkt im Biegedruckbereich in tangentialer Richtung die Druckkraft

$$D = -Z = \frac{1}{2} \cdot b \cdot \frac{h}{2} \cdot \sigma_m = \frac{b \cdot h}{4} \cdot \sigma_m \tag{19.7}$$

Die beiden auf den oberen Scheitelpunkt wirkenden Druckkräfte $D$ nach Gl. (19.7) liefern als Resultierende gemäß Abb. 19.9a die nach oben gerichtete Umlenkkraft $U$ nach Gl. (19.8),

$$U = D \cdot d\varphi = \frac{b \cdot h}{4} \cdot \sigma_m \cdot d\varphi \tag{19.8}$$

die mit der entgegengesetzt gerichteten Umlenkkraft des Zugbereiches im Gleichgewicht steht. Diese Umlenkkraft erzeugt in der Schnittfläche durch die neutrale Faser $A_{NF}$ nach Gl. (19.9) die Querspannung $\sigma_{90} = \sigma_\perp$ nach Gl. (19.10) für Träger konstanter Höhe.

## 19.4 Gekrümmter Träger mit konstanter Höhe nach DIN 1052 neu (EC5)

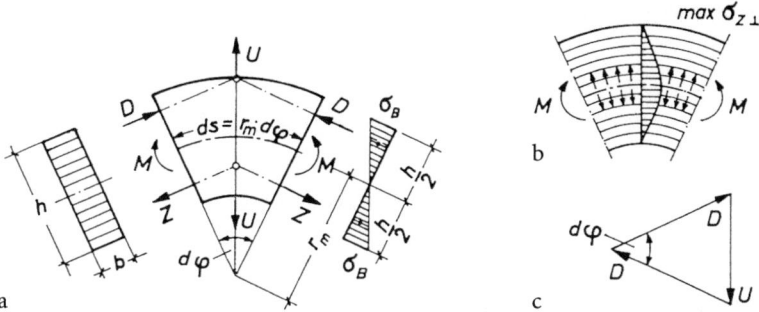

Abb. 19.9. Querzugspannung $\sigma_{Z\perp} = \sigma_{t,90,d}$ infolge $M$

$$A_{NF} = b \cdot ds = b \cdot r_m \cdot d\varphi \tag{19.9}$$

$$\sigma_\perp = \frac{U}{A_{NF}} = \frac{b \cdot h \cdot \sigma_m \cdot d\varphi}{4 \cdot b \cdot r_m \cdot d\varphi} = \frac{h}{4 \cdot r_m} \cdot \sigma_m$$

$$\boxed{\sigma_{t,90,d} = k_p \cdot \frac{M_{ap,d}}{W} = \frac{1}{4} \cdot \frac{h}{r_m} \cdot \frac{M_{ap,d}}{W}} \quad \text{s. Abschn. 19.9.4} \tag{19.10}$$

**Querzugspannungen:**

Die besonders gefährlichen Querzugspannungen treten z.B. stets auf bei Systemen nach Abb. 19.8a. Sie sind für alle Krümmungsverhältnisse nachzuweisen. Ihr Verlauf über die Querschnittshöhe kann der Abb. 19.9b entnommen werden. Das Maximum liegt bei Berücksichtigung der nichtlinearen Biegespannung nach Abb. 19.6b etwas unterhalb der Trägerachse, vgl. [188].

- Die Querzugspannung $\sigma_{t,90,d}$ muss die Bedingung (19.61a) und gegebenenfalls für eine kombinierte Beanspruchung aus Querzug und Schub aus Querkraft im Firstbereich die Bedingung (19.61b) erfüllen.
Ferner ist zu beachten:
- Im Bereich der Trägerachse (max $\sigma_{t,90,d}$) stets Bretter mindestens S10/C24M verwenden (möglichst mit stehenden Jahrringen).
- Bei Trägern großer Abmessungen, bei denen unter ungünstigen Verhältnissen mit Trockenrissen zu rechnen ist, sollte nach Möhler [189] der Biegeradius so weit vergrößert werden, dass vorh $\sigma_{t,90,d} \leq 0{,}2$ MN/m² wird, falls die Querzugspannungen nicht durch besondere Maßnahmen, z.B. aufgeleimtes BFU oder eingeleimte Gewindestangen (Querschnittsschwächungen sind zu berücksichtigen), aufgenommen werden.

**Querdruckspannungen:**

Querdruckspannungen treten z.B. in Rahmenecken nach Abb. 19.8b auf. Sie brauchen hier i.d.R. nicht nachgewiesen zu werden, da bei den üblichen Krümmungsradien der Biegespannungsnachweis nach Gl. (19.6) für die Bemessung maßgebend ist.

## 19.4.5 Längsspannungen infolge N, Schubspannungen infolge V

Die Berechnung kann nach [188] näherungsweise wie für den geraden Träger durchgeführt werden ($\sigma_\|^N \approx N/A$, solange $\sigma_\|^N \leq \approx 0{,}1 \cdot \sigma_\|^M$). Genauere Bemessungsgleichungen siehe Abschn. 19.9.4 und Möhler/Blumer [189, 190].

## 19.4.6 Zusammenfassung für gekrümmte Rechteckquerschnitte

Voraussetzungen:

$$R = r_1 \geq 230 \cdot a \quad a \leq 45 \text{ mm} \quad (\text{Nkl 1 u. 2})$$
$$R = r_1 = 150 \cdot a \quad a \leq 13 \text{ mm}$$

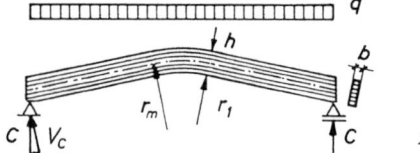

Abb. 19.10

Größte Längsspannung infolge $M$ (Abb. 19.6b):

$$\sigma_{m,d}/(k_r \cdot f_{m,d}) \leq 1 \quad \text{mit} \quad \sigma_{m,d} = k_l \cdot 6 M_{ap,d}/(b \cdot h_{ap}^2) \qquad \text{s. Gl. (19.6)}$$

$k_r$ s. Abschn. 19.9.4

$$k_l = 1 + 0{,}35 \cdot h/r_m + 0{,}6 \, (h/r_m)^2 \qquad \text{s. Gl. (19.6a)}$$

Größte Querzugspannung infolge $M$ (Abb. 19.9b):

Gl. (19.61a): $\quad \sigma_{t,90,d} \leq k_{dis} \cdot (h_0/h_{ap})^{0,3} \cdot f_{t,90,d}$

$$\text{mit} \quad \sigma_{t,90,d} = 0{,}25 \cdot M_{ap,d} \cdot h/(r_m \cdot W) \qquad \text{s. Gl. (19.10)}$$

Größte Schubspannung am Auflager (wie gerader Träger):

$$\frac{\tau_d}{f_{v,d}} \leq 1 \quad \text{mit} \quad \tau_d = 1{,}5 \cdot \frac{V_{c,d}}{b \cdot h} \qquad \text{s. Gl. (10.52)}$$

## 19.5 Träger mit veränderlicher Höhe nach DIN 1052 (1988)

### 19.5.1 Allgemeines

An der geneigten Trägerkante erhalten die Lamellenenden Anschnitte (Schrägschnitte) nach Abb. 19.11 und 19.12.

Bei Bauteilen, die unmittelbar der Witterung ausgesetzt sind, müssen die außenliegenden Brettlagen parallel zur Außenseite verlaufen, oder es müssen nach dem Zuschnitt entsprechende Brettlagen angebracht werden –12.6–, ansonsten besteht die Gefahr eines Aufreißens der Leimfugen.

Aus den Gleichgewichtsbedingungen (Abb. 19.12) ergibt sich, dass am angeschnittenen Rand des Trägers neben den Längsspannungen $\sigma_\|$ auch Schubspannungen $\tau$ und Querspannungen $\sigma_\perp$ wirken –8.2.3.4–. Von Möhler/Hemmer [191] an BSH-Trägern durchgeführte Bruchversuche ergaben eine Abnahme der maximalen rechnerischen Biegefestigkeit $\beta_{\|,\,r} = M_{\mathrm{Bruch}}/W$ mit zunehmendem Anschnittwinkel infolge dieser gleichzeitig wirkenden verschiedenen Spannungen am geneigten Rand.

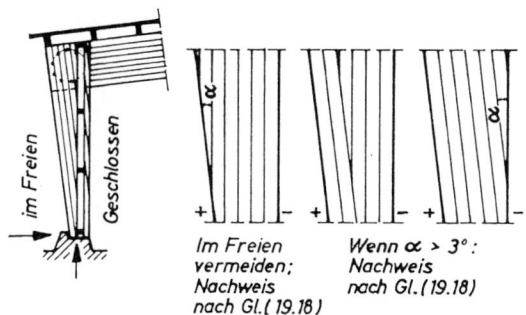

Abb. 19.11. Anschnitte

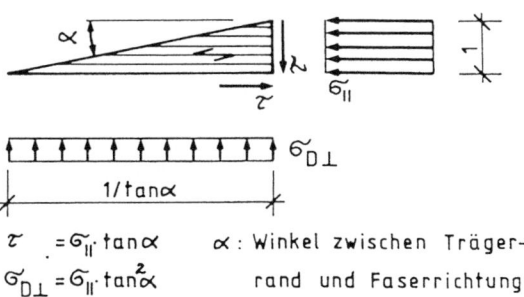

$\tau = \sigma_\|\cdot \tan\alpha$    $\alpha$: Winkel zwischen Trägerrand und Faserrichtung
$\sigma_{D\perp} = \sigma_\|\cdot \tan^2\alpha$

Abb. 19.12. Spannungen an einem Dreieckselement des Biegedruckrandes

## 19.5.2 Sattel- und Pultdachträger mit gerader Unterkante

### 19.5.2.1 Spannungsnachweise

Bei Rechteckquerschnitten mit veränderlicher Höhe nach Abb. 19.13 ist auf folgende Besonderheiten zu achten:

a) Die größte Biegespannung max $\sigma_\parallel$ tritt nicht an der Stelle von max $M$ auf, sondern an der Stelle x nach Abb. 19.13a.

b) An den schräg angeschnittenen Rändern treten infolge $\sigma_\parallel$ sekundäre Spannungen $\tau$ und $\sigma_\perp$ auf, deren gleichzeitige Wirkung durch den vereinfachten Nachweis nach Gl. (19.18) erfasst wird.

c) Im Firstbereich werden durch den Knick ähnlich wie in Abb. 19.9 Umlenkkräfte erzeugt, die Querspannungen $\sigma_\perp$ hervorrufen, siehe [189, 190].

Der Ort von max $\sigma_\parallel$ lässt sich leicht finden als Lösung der Extremwertaufgabe

$$\frac{d\sigma(x)}{dx} = 0 \qquad (19.11)$$

mit $\quad \sigma(x) = \dfrac{M(x)}{W(x)} = \dfrac{q/2 \cdot (l \cdot x - x^2)}{b/6 \cdot (h_a + x \cdot \tan\gamma)^2} \qquad (19.12)$

Die Lösung der Gl. (19.11) für den unsymmetrischen Satteldachträger nach Abb. 19.13 ist

$$x = \frac{l_m}{h_m/h_a + 2 \cdot l_m/l - 1} \qquad (19.13)$$

Trägerhöhe:

$$h_x = 2 \cdot h_a \cdot \frac{h_m/h_a - 1 + l_m/l}{h_m/h_a - 1 + 2 \cdot l_m/l} \quad \text{(gilt auch für EC 5)} \qquad (19.14)$$

**Größte Biegespannung an der Stelle x** nach Abb. 19.13a, b:

$$\sigma_{\parallel x} = \max \sigma_\parallel = \frac{M_x}{W_x} = \frac{q \cdot x \cdot (l - x)}{2 \cdot b \cdot h_x^2/6} \qquad (19.15)$$

**Am schräg angeschnittenen Rand** entstehen dadurch aus Gleichgewichtsgründen:

$$\tau = \sigma_{\parallel x} \cdot \tan\alpha \quad (19.16) \; ; \qquad \sigma_\perp = \sigma_{\parallel x} \cdot \tan^2\alpha \qquad (19.17)$$

Für den kombinierten Spannungszustand ($\sigma_\parallel$, $\sigma_\perp$, $\tau$) sind die quadratischen Interaktionsgleichungen für den Biegedruck- und Biegezugrand einzuhalten.

In **DIN 1052:2008** wird der Einfluss des Faseranschnittwinkels, z.B. im Biegezugbereich, mit den folgenden Gleichungen berücksichtigt:

$$\sigma_{m,d} = \sigma_{m,\alpha} \cdot \cos^2\alpha \qquad (19.18a)$$

$$\left.\begin{array}{l} \sigma_{t,90,d} = \sigma_{m,d} \cdot \tan^2\alpha = \sigma_{m,\alpha} \cdot \sin^2\alpha \\ \tau_d = \sigma_{m,d} \cdot \tan\alpha = \sigma_{m,\alpha} \cdot \sin\alpha \cdot \cos\alpha \end{array}\right\} \qquad (19.18b)$$

Mit den quadratischen Interaktionsbeziehungen ergeben sich dann die Bemessungsgleichungen (19.54) und (19.55).

## 19.5 Träger mit veränderlicher Höhe nach DIN 1052 (1988)

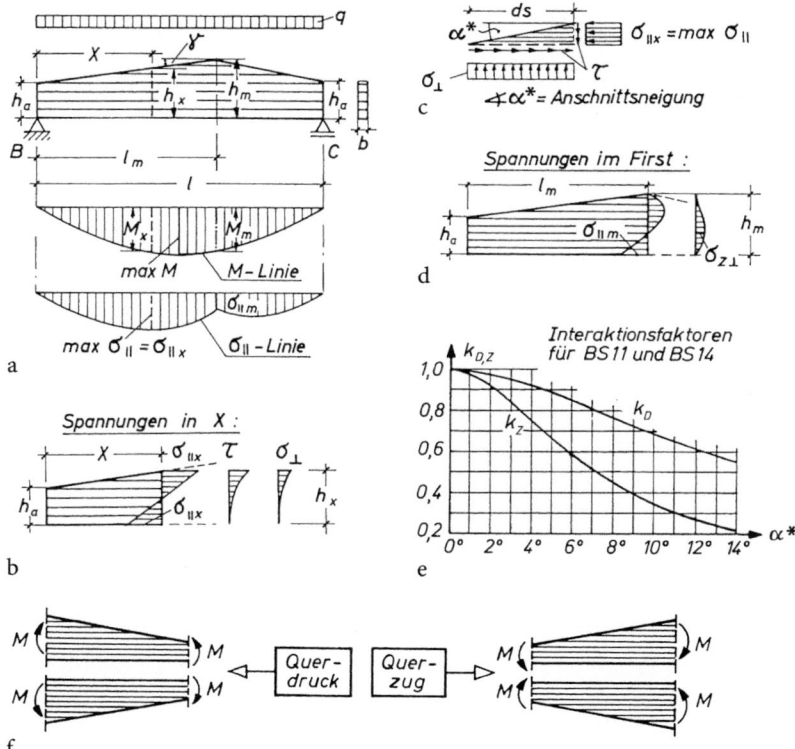

**Abb. 19.13.** Längs-, Quer- und Schubspannungen im Satteldachträger
$\alpha = \gamma$ (gerader Untergurt)

Nach Möhler/Hemmer [191] kann zur Erfassung der gleichzeitigen Wirkung von $\sigma_\parallel$, $\sigma_\perp$ und $\tau$ der vereinfachte Nachweis

$$\sigma_{\parallel x} = M_x / W_x \leqq k_{D,Z} \cdot \text{zul}\, \sigma_B \tag{19.18}$$

verwendet werden.

Die Zuordnung von Biege- und Querspannung am angeschnittenen Rand zeigt Abb. 19.13 f: Biegedruck → Querdruck; Biegezug → Querzug.

Setzt man $\tau$ und $\sigma_\perp$ nach Gln. (19.16) und (19.17) in die quadratischen Interaktionsgleichungen [162] ein, dann folgt für Biegedruck:

$$\sigma_\parallel = \frac{1}{\sqrt{\left(\dfrac{1}{\text{zul}\, \sigma_B}\right)^2 + \left(\dfrac{\tan^2\alpha}{\text{zul}\, \sigma_{D\perp}}\right)^2 + \left(\dfrac{\tan\alpha}{2{,}66\, \text{zul}\, \tau_a}\right)^2}} \leqq k_D \cdot \text{zul}\, \sigma_B \tag{19.18c}$$

Daraus:

$$k_D = \frac{1}{\sqrt{1 + \left(\dfrac{\text{zul}\,\sigma_B \cdot \tan^2\alpha}{\text{zul}\,\sigma_{D\perp}}\right)^2 + \left(\dfrac{\text{zul}\,\sigma_B \cdot \tan\alpha}{2{,}66\,\text{zul}\,\tau_a}\right)^2}} \qquad (19.18\,\text{d})$$

mit zul $\sigma_B$ = 14,0 MN/m²; zul $\sigma_{D\perp}$ = 2,5 MN/m²; zul $\tau_a$ = 0,9 MN/m².

Für BS11 und BS14 nach –8.2.3.4– wird somit

$$k_D = 1/\sqrt{1 + 31{,}4\tan^4\alpha + 34{,}2\tan^2\alpha} \qquad (19.18\,\text{e})$$

Entsprechend: $k_Z = 1/\sqrt{1 + 3136\tan^4\alpha + 136{,}8\tan^2\alpha}$ \qquad (19.18 f)

**Tafel 19.2.** $k_{D,Z}$-Werte für BS11 und BS14 [162]

| $\alpha°$ | 1,5° | 2,0° | 2,5° | 3,0° | 3,5° | 4,0° | 4,5° | 5,0° | 6,0° | 7,0° | 8,0° | 10° | 12° | 14° |
|---|---|---|---|---|---|---|---|---|---|---|---|---|---|---|
| $k_D$ | | 1,0 | | 0,96 | 0,94 | 0,93 | 0,91 | 0,89 | 0,85 | 0,81 | 0,77 | 0,69 | 0,62 | 0,56 |
| $k_Z$ | 0,96 | 0,92 | 0,89 | 0,85 | 0,80 | 0,76 | 0,71 | 0,67 | 0,59 | 0,52 | 0,45 | 0,35 | 0,27 | 0,22 |

Im Hinblick auf die üblichen Streuungen der Holzfestigkeiten kann $k_D = 1$ gesetzt werden bei Anschnittneigungen $\alpha \leq 3°$.

**Die Spannungen im Firstquerschnitt** (Abb. 19.13d und 19.19b) infolge Kraftumlenkung im Knick – ähnlich Abb. 19.8 beim gekrümmten Träger – sind zu berechnen nach Gl. (19.19) und (19.20).

Biegung: $\max \sigma_{\|m} = \varkappa_l \cdot M_m/W_m \leq \text{zul}\,\sigma_B$ \qquad (19.19)

Querzug: $\max \sigma_{\perp m} = \varkappa_q \cdot M_m/W_m \leq \text{zul}\,\sigma_{Z\perp}$ \qquad (19.20)

$\varkappa_l$ und $\varkappa_q$ nach –8.2.3.2 und 8.2.3.3– können den Gln. (19.29) und (19.30) sowie Abb. 19.18 für $r_m = \infty$ entnommen werden.

Der Berechnung von $\sigma_{\|m}$ und $\sigma_{\perp m}$ nach Gln. (19.19) und (19.20) liegt die orthotrope Scheibentheorie zugrunde. Die Inhomogenität des Holzes ist durch die unterschiedlichen Materialkennwerte der europäischen Fichte in den orthogonalen Richtungen berücksichtigt. Die Berechnungsergebnisse sind weitgehend bestätigt durch umfangreiche Versuche an praxisnahen Trägerformen [192].

Für den symmetrischen Satteldachträger und den Pultdachträger vereinfachen sich die Gln. (19.13) und (19.14) erheblich gemäß Abb. 19.14 zu:

Symmetrischer Satteldachträger:

$$x = \frac{l \cdot h_a}{2 h_m^1} \qquad (19.21)$$

$$h_x = h_a \cdot \left(2 - \frac{h_a}{h_m^1}\right) \qquad (19.22)$$

Spannungen nach Gln. (19.15) bis (19.20).

---
[1] Bei gekrümmtem Untergurt ist hier $h_1$ (Abb. 19.27) einzusetzen.

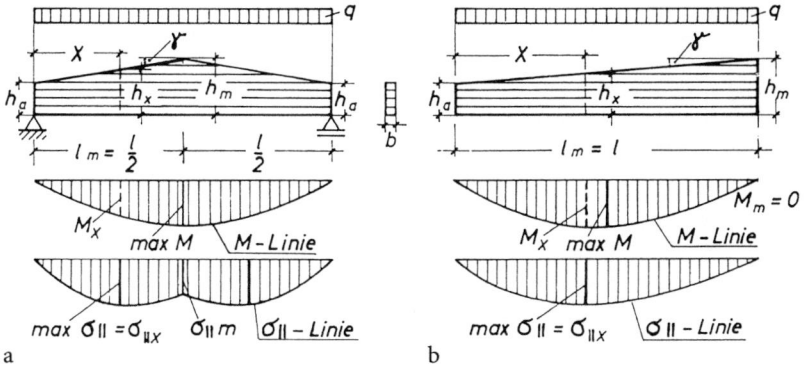

**Abb. 19.14.** Symmetrischer Satteldachträger (a) und Pultdachträger (b)

Pultdachträger:

$$x = \frac{l}{1 + h_m/h_a} \qquad (19.23)$$

$$h_x = \frac{2 \cdot h_m}{1 + h_m/h_a} \quad \text{(gilt auch für EC 5)} \qquad (19.24)$$

Spannungen nach Gln. (19.15) bis (19.18).

### 19.5.2.2 Kippnachweis

Der Kippnachweis für die Trägerbereiche der Länge $s$ zwischen den Festhaltepunkten kann näherungsweise in Anlehnung an –9.1.6– mit den Querschnittswerten an der Stelle $0{,}65\,s$ geführt werden, s. auch Abschn. 10.2.6 und [117].

### 19.5.2.3 Durchbiegungsnachweis

Die Trägerdurchbiegung setzt sich zusammen aus dem Biegeanteil $f_\sigma$ und dem Schubanteil $f_\tau$, s. Abschn. 10.2.7:

$$f = f_\sigma + f_\tau \leqq \text{zul}\,f \qquad \text{s. Gl. (10.16)}$$

Für Einfeldträger mit Rechteckquerschnitt und linear veränderlicher Höhe unter Gleichlast gemäß Abb. 19.14 können $f_\sigma$ und $f_\tau$ vereinfacht berechnet werden nach den Gln. (19.25) und (19.26), siehe –E 63–.

$$f_\sigma = \frac{\max M \cdot l^2}{9{,}6 \cdot E_\| \cdot I_a} \cdot k_\sigma \qquad (19.25)$$

$$I_a = b \cdot h_a^3/12$$

$$f_\tau = \frac{1{,}2 \cdot \max M}{G \cdot A_a} \cdot k_\tau \qquad (19.26)$$

$$A_a = b \cdot h_a$$

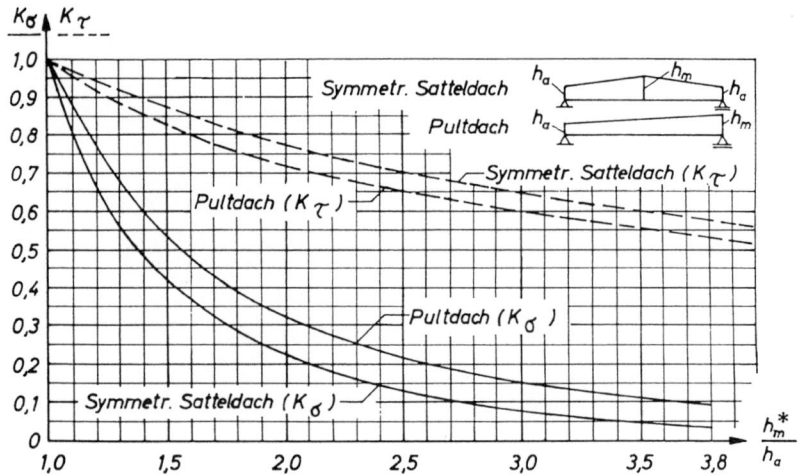

**Abb. 19.15.** $k_\sigma$- und $k_\tau$-Werte für Sattel- und Pultdachträger
\* Bei gekrümmtem Untergurt hier $h_1$ nach Abb. 19.27 einsetzen.

**Für symmetrische Satteldachträger** nach Abb. 19.14a können $k_\sigma$ und $k_\tau$ nach Gln. (19.27) und (19.28) vereinfacht berechnet werden.

$$k_\sigma = \frac{(h_a/h_m)^3}{0{,}15 + 0{,}85 \cdot h_a/h_m} \quad \Bigg\} \quad \text{gelten auch für EC5} \qquad (19.27)$$

$$k_\tau = \frac{2}{1 + (h_m/h_a)^{2/3}} \qquad (19.28)$$

Bei gekrümmtem Untergurt ist $h_m$ durch $h_1$ nach Abb. 19.27 zu ersetzen.

Die $k_\sigma$- und $k_\tau$-Werte können für Sattel- und Pultdachträger auch dem Diagramm (Abb. 19.15) entnommen werden, siehe auch –E63–.

Weitere Möglichkeiten zum vereinfachten Durchbiegungsnachweis: Heimeshoff/Bauler [193], Wienecke [194] oder numerische Integration.

Der Kriecheinfluss ist gegebenenfalls nach –4.3– zu berücksichtigen.

### 19.5.2.4 Beispiel: symmetrischer Satteldachträger, BS[1] 11 (GL 24)

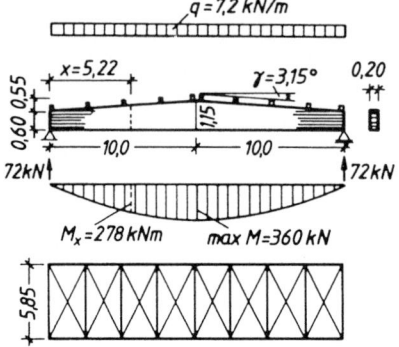

Abb. 19.16

---
[1] Sortierklasse S10/C24M.

## 19.5 Träger mit veränderlicher Höhe nach DIN 1052 (1988)

**Lastannahmen** ($e = 5{,}85$ m):

| | Faserzementwellpl. | 0,20 kN/m² D |
|---|---|---|
| | 40 mm Hartschaum | 0,02 kN/m² D |
| | Sp.-Pfetten + Verb. | 0,11 kN/m² D |
| | Binder | 0,15 kN/m² D |
| | | $\bar{g} = 0{,}48$ kN/m² D |
| | | $g \approx 0{,}48$ kN/m² G |
| Schneelast | | $s = 0{,}75$ kN/m² G |
| | | $q = 1{,}23$ kN/m² G |

**Gleichlast:**
$q = 1{,}23 \cdot 5{,}85 = 7{,}2$ kN/m
$B = C = 7{,}2 \cdot 20/2 = 72{,}0$ kN

**Schubspannung:** $\tau_Q = 1{,}5 \cdot \dfrac{Q_B}{A} = 1{,}5 \cdot \dfrac{72 \cdot 10^3}{200 \cdot 600} = 0{,}9$ N/mm²

$0{,}9/1{,}2 = 0{,}75 < 1$

**Auflagerlänge:** $\text{erf} \, l_B = \dfrac{B}{b \cdot \text{zul} \, \sigma_{D\perp}} = \dfrac{72 \cdot 10^3}{200 \cdot 2{,}5} = 144$ mm

**Größte Biegespannung an der Stelle x:**

Gl. (19.21): $x = \dfrac{l \cdot h_a}{2 h_m} = \dfrac{20 \cdot 0{,}60}{2 \cdot 1{,}15}$ = 5,22 m

Gl. (19.22): $h_x = h_a \cdot \left(2 - \dfrac{h_a}{h_m}\right) = 0{,}60 \cdot \left(2 - \dfrac{0{,}60}{1{,}15}\right)$ = 0,887 m

$W_x = b \cdot h_x^2/6 = 200 \cdot 887^2/6 = 26\,226 \cdot 10^3$ mm³ $\approx 0{,}0262$ m³

$M_x = \dfrac{q}{2} \cdot x \cdot (l - x) = \dfrac{7{,}2}{2} \cdot 5{,}22 \cdot 14{,}78$ = 278 kNm

Gl. (19.15): $\sigma_{\|x} = \max \sigma_B = \dfrac{M_x}{W_x} = \dfrac{278\,000 \cdot 10^3}{26\,226 \cdot 10^3}$ = 10,6 N/mm²

oder mit $W_x = 0{,}0262$ m³

$\sigma_{\|x} = \dfrac{0{,}278}{0{,}0262} = 10{,}6$ MN/m²

**Spannungsnachweis für den schrägen Rand (Anschnitte):**

Der Nachweis nach Gl. (19.18) erfasst das Zusammenwirken von $\sigma_{\|x}$, $\tau$ und $\sigma_{D\perp}$.

$\tan \alpha = \tan \gamma = \dfrac{0{,}55}{10} = 0{,}055 \rightarrow \alpha = 3{,}15°$

Tafel 19.2:  $k_D = 0{,}95$ für BS11 und BS14, $\alpha = 3{,}15°$

Gl. (19.18): $\sigma_{\parallel x} = 10{,}6$ MN/m² $< 0{,}95 \cdot 14{,}0 = 13{,}3$ MN/m²

bzw. $10{,}6/11{,}0 = 0{,}96 < 1$ maßgebend!

Beim symmetrischen Satteldachträger aus BS11 wird der Nachweis für den kombinierten Spannungszustand ($\sigma_\parallel$, $\sigma_\perp$, $\tau$) am schrägen Rand –8.2.3.4– für

$\gamma > 7{,}6°$ (schräger Biegedruckrand)

$\gamma > 3{,}7°$ (schräger Biegezugrand)

maßgebend.

Für BS 14 ist stets $\sigma_{\parallel x} \leq k_{D,Z} \cdot$ zul $\sigma_B$ maßgebend.

**Biege- und Querzugspannung im Firstquerschnitt:**

Die Faktoren $\varkappa_l$ und $\varkappa_q$ der Gln. (19.19) und (19.20) können näherungsweise den Diagrammen Abb. 19.18 entnommen werden für

$\gamma = 3{,}15°$ und $h_m/r_m = 1{,}15/\infty = 0$

Ihre Berechnung nach Gln. (19.29a) und (19.30a) ergibt:

Gl. (19.29a): $\varkappa_l = 1 + 1{,}4 \tan 3{,}15° + 5{,}4 \tan^2 3{,}15° = 1{,}093$

Gl. (19.30a): $\varkappa_q = 0{,}2 \tan 3{,}15° = 0{,}011$

$M_m = 7{,}2 \cdot 20^2/8 = 360$ kNm

$W_m = 200 \cdot 1150^2/6 = 44083 \cdot 10^3$ mm³ $\approx 0{,}0441$ m³

Gl. (19.19):

$$\max \sigma_{\parallel m} = \varkappa_l \cdot \frac{M_m}{W_m} = 1{,}093 \cdot \frac{0{,}360}{0{,}0441} = 8{,}9 \text{ MN/m}^2$$

$8{,}9/11{,}0 = 0{,}81 < 1$

Gl. (19.20):

$$\max \sigma_{\perp m} = \varkappa_q \cdot \frac{M_m}{W_m} = 0{,}011 \cdot \frac{0{,}360}{0{,}0441} = 0{,}09 \text{ MN/m}^2$$

$0{,}09/0{,}2 = 0{,}45 < 1$

**Kippnachweis:**

Der Kippnachweis

$$\frac{M_y/W}{k_B \cdot 1{,}1 \cdot \text{zul } \sigma_B} \leq 1 \quad \text{vgl. Gl. (10.11)}$$

wird im Bereich der maximalen Spannung geführt.

Knotenabstand des Dachverbandes $s = 2{,}5$ m

$x_1 = (2 + 0{,}65) \cdot s = 6{,}63$ m   s. Abschn. 19.5.2.2

$h(x_1) = h_a + x_1 \cdot \tan \alpha = 0{,}60 + 6{,}63 \cdot 0{,}055 = 0{,}965$ m

$\lambda_B = \varkappa_B \cdot \sqrt{s \cdot h(x_1)/b^2}$   vgl. Gl. (10.12)

$\varkappa_B \cdot 10^3 = 53{,}4$ siehe Tafel 10.1 K

$\lambda_B = 53{,}4 \cdot 10^{-3} \cdot \sqrt{2{,}5 \cdot 0{,}965/0{,}20^2} = 0{,}41 \rightarrow k_B = 1$

$$\frac{10{,}6}{1 \cdot 1{,}1 \cdot 11} = 0{,}88 < 1$$

## Durchbiegungsnachweis:

Querschnittswerte: $I_a = 0{,}20 \cdot 0{,}60^3/12 = 0{,}0036 \text{ m}^4$

$\qquad\qquad\qquad A_a = 0{,}20 \cdot 0{,}60 \quad\; = 0{,}12 \text{ m}^2$

$k_\sigma$-Wert und $k_\tau$-Wert vgl. Abb. 19.15:

Gl. (19.27): $k_\sigma = \dfrac{(0{,}60/1{,}15)^3}{0{,}15 + 0{,}85 \cdot 0{,}60/1{,}15} = 0{,}239$

Gl. (19.28): $k_\tau = \dfrac{2}{1 + (1{,}15/0{,}60)^{2/3}} = 0{,}786$

Gl. (19.25): $f_\sigma = \dfrac{\max M \cdot l^2}{9{,}6 \cdot E_\parallel \cdot I_a} \cdot k_\sigma$

$\qquad\qquad\; = \dfrac{0{,}360 \cdot 20^2 \cdot 0{,}239}{9{,}6 \cdot 11 \cdot 10^3 \cdot 0{,}0036} = 90{,}5 \cdot 10^{-3} \text{ m} = 90{,}5 \text{ mm}$

Gl. (19.26): $f_\tau = \dfrac{1{,}2 \cdot \max M}{G \cdot A_a} \cdot k_\tau$

$\qquad\qquad\; = \dfrac{1{,}2 \cdot 0{,}360 \cdot 0{,}786}{550 \cdot 0{,}12} = 5{,}1 \cdot 10^{-3} \text{ m} = 5{,}1 \text{ mm}$

$f_q = 90{,}5 + 5{,}1 = 95{,}6 \text{ mm} < 20000/200 = 100 \text{ mm}$

$f_s = f_q \cdot \dfrac{s}{q} = 95{,}6 \cdot \dfrac{0{,}75}{1{,}23} = 58{,}3 < \dfrac{20000}{300} = 66{,}7 \text{ mm}$

Da das menschliche Auge erfahrungsgemäß einen geraden Träger als leicht durchhängend empfindet, ist zu empfehlen, die Überhöhung etwas größer zu wählen als die rechnerische Durchbiegung. Konstruktiv gewählt: parabelförmige Überhöhung $ü = 120$ mm.

## Horizontalverschiebung des verschieblichen Auflagers

Die Trägerunterkanten sind auf Zentrierplatten gelagert.

Nach Abb. 19.16 und Abb. 19.21 $\begin{cases} H_1 = 600/2 \quad\quad\;\; = 300 \text{ mm} \\ H_2 = 1150/2 - 600/2 = 275 \text{ mm} \end{cases}$

Gl. (19.35): $\quad \delta_H = 4 \cdot (H_2 + 1{,}6 \cdot H_1) \cdot f/l$

$\qquad\qquad\qquad\; = 4 \cdot (275 + 1{,}6 \cdot 300) \cdot 95{,}6/20000$

$\qquad\qquad\qquad\; = 14{,}4 \text{ mm}$

### 19.5.3 Satteldachträger mit geneigter Unterkante

#### 19.5.3.1 Allgemeines

Eine häufig vorkommende Binderform ist der Satteldachträger mit konstanter oder linear veränderlicher Höhe und gekrümmtem Untergurt in Trägermitte, s. Abb. 19.17, 19.20 und 19.27.

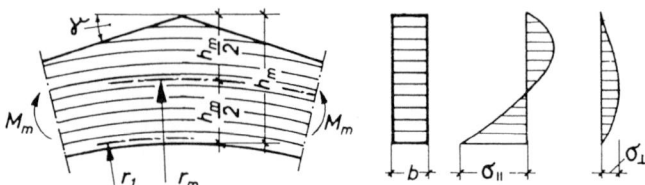

**Abb. 19.17.** max $\sigma_\parallel$ und max $\sigma_\perp$ in Satteldachträgern mit gekrümmtem Untergurt und Rechteckquerschnitt

Möhler/Blumer [190] haben aus einer Vielzahl von Versuchen [192] und aufgrund theoretischer Untersuchungen Diagramme und Bemessungsgleichungen für die Biege- und Querspannungen angegeben, die für Brettschichtholzträger mit Rechteckquerschnitt aus europäischer Fichte als zutreffend angesehen werden können [189, 195].

Sie haben in DIN 1052 ihren Niederschlag gefunden. Berechnung des $Q$- und $N$-Einflusses siehe [189, 190, 195].

Die Spannungen $\sigma_\parallel$ und $\sigma_\perp$ im Firstquerschnitt von Satteldachträgern mit gekrümmtem Untergurt gemäß Abb. 19.17 können nach Gln. (19.19) und (19.20) berechnet werden mit $W_m = b \cdot h_m^2/6$.

Gl. (19.19): $\quad \boxed{\max \sigma_{\parallel\,m} = \varkappa_l \cdot M_m / W_m}$

Gl. (19.20): $\quad \boxed{\max \sigma_{\perp\,m} = \varkappa_q \cdot M_m / W_m}$

Faktoren $\varkappa_l$ und $\varkappa_q$ siehe Gln. (19.29) und (19.30) und Abb. 19.18.

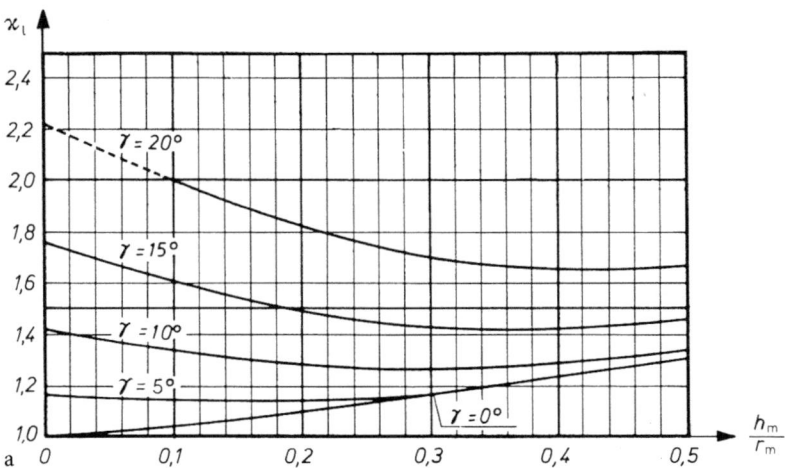

**Abb. 19.18a.** $\varkappa_l$-Werte für symmetrische Satteldachträger mit Rechteckquerschnitt nach Möhler/Blumer [190] und –8.2.3.3–

19.5 Träger mit veränderlicher Höhe nach DIN 1052 (1988)    231

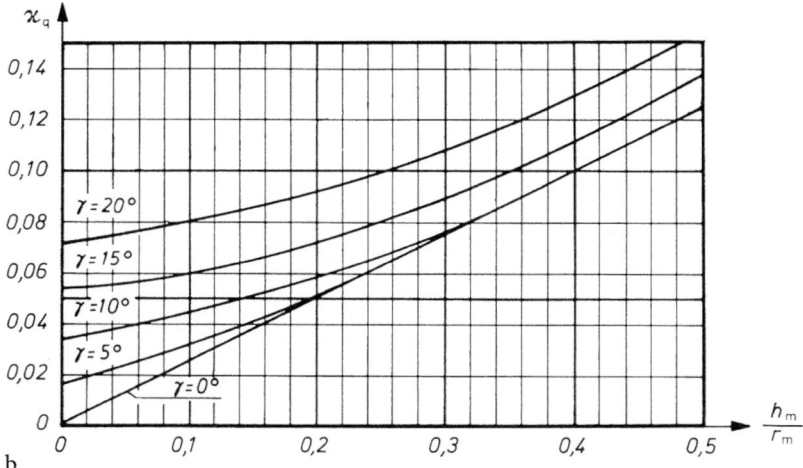

**Abb. 19.18 b.** $\varkappa_q$-Werte für symmetrische Satteldachträger mit Rechteckquerschnitt nach –8.2.3.2–

$h_m/r_m = 0$ gilt für Satteldachträger mit geradem Untergurt nach Abb. 19.14 a.
$\gamma = 0°$ gilt für Träger mit konstanter Höhe nach Abb. 19.10.

**Berechnung der $\varkappa$-Werte mit $\beta_m = r_m/h_m$:**

$$\boxed{\varkappa_l = A_l + B_l/\beta_m + C_l/\beta_m^2 + D_l/\beta_m^3}$$ (19.29)

$$A_l = 1 + 1{,}4 \cdot \tan\gamma + 5{,}4 \cdot \tan^2\gamma$$ (19.29 a)

$$B_l = 0{,}35 - 8 \cdot \tan\gamma$$ (19.29 b)

$$C_l = 0{,}6 + 8{,}3 \cdot \tan\gamma - 7{,}8 \cdot \tan^2\gamma$$ (19.29 c)

$$D_l = 6 \cdot \tan^2\gamma$$ (19.29 d)

$$\boxed{\varkappa_q = A_q + B_q/\beta_m + C_q/\beta_m^2}$$ (19.30)

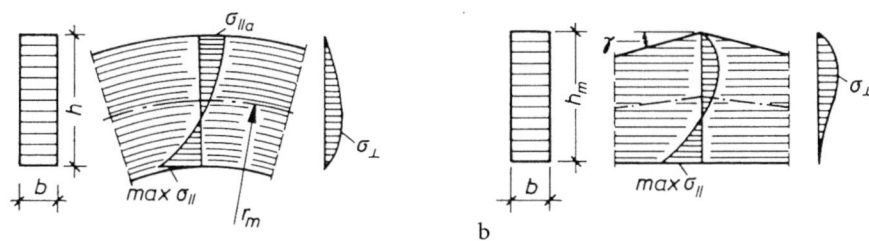

**Abb. 19.19.** $\sigma_\|$ und $\sigma_\perp$ im gekrümmten Träger (a) und im Satteldachträger mit geradem Untergurt (b)

$$A_q = 0{,}2 \cdot \tan \gamma \qquad (19.30\,\mathrm{a})$$
$$B_q = 0{,}25 - 1{,}5 \cdot \tan \gamma + 2{,}6 \cdot \tan^2 \gamma \qquad (19.30\,\mathrm{b})$$
$$C_q = 2{,}1 \cdot \tan \gamma - 4 \cdot \tan^2 \gamma \qquad (19.30\,\mathrm{c})$$

Für die beiden Sonderfälle nach Abb. 19.19 vereinfachen sich die Gln. (19.29) und (19.30) wie folgt:

**für den gekrümmten Träger mit $h$ = const. nach Abb. 19.19a:**

Vereinfachungen: $\gamma = 0° \rightarrow A_q = 0;\quad B_q = 0{,}25;\quad C_q = 0$
$A_l = 1;\quad B_l = 0{,}35;\quad C_l = 0{,}6;\quad D_l = 0$

$$\boxed{\begin{aligned}\varkappa_l &= 1 + 0{,}35/\beta + 0{,}6/\beta^2 \\ \varkappa_q &= 0{,}25/\beta\end{aligned}}$$

s. Gl. (19.6a)

s. Gl. (19.10)

**für den Satteldachträger mit geradem Untergurt nach Abb. 19.19b:**

Vereinfachungen: $r_m = \infty \rightarrow 1/\beta_m = h_m/r_m = 0$
$\varkappa_l = A_l$ und $\varkappa_q = A_q$

$$\boxed{\begin{aligned}\varkappa_l &= 1 + 1{,}4 \cdot \tan \gamma + 5{,}4 \cdot \tan^2 \gamma \\ \varkappa_q &= 0{,}2 \cdot \tan \gamma\end{aligned}}$$

(19.29a)

(19.30a)

### 19.5.3.2 Satteldachträger mit konstanter Höhe

Die konstante Höhe liegt nur im Bereich vom Auflager bis zum Krümmungsbeginn. Die Brettlamellen verlaufen parallel zur Unterkante, so dass Anschnitte im Firstbereich entstehen.

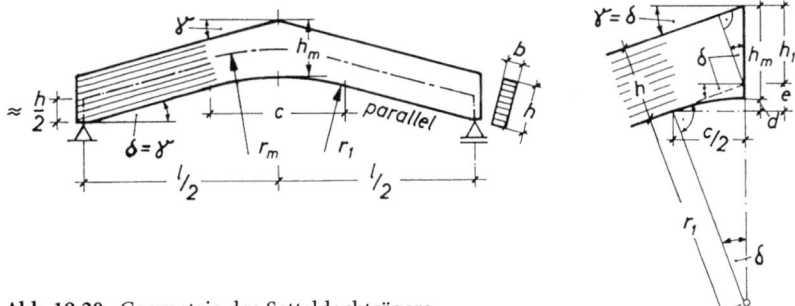

**Abb. 19.20.** Geometrie des Satteldachträgers

$$e = \frac{c}{2} \tan \delta$$

$$h_1 = \frac{h}{\cos \delta}$$

$$d = r_1 \cdot (1 - \cos \delta)$$

$$h_m = e + h_1 - d$$

$$= \frac{h}{\cos \delta} + \frac{c}{2} \cdot \tan \delta - r_1 \cdot (1 - \cos \delta) \tag{19.31}$$

$$r_1 = \frac{c}{2 \cdot \sin \delta} \tag{19.32}$$

$$r_m = r_1 + h_m/2 \tag{19.33}$$

**Spannungsnachweise:**
1. $\tau_Q$ am Auflager
2. $\sigma_{D\not\perp}$ am Auflager
3. $\sigma_\|$ am Rundungsbeginn
4. $\sigma_\|$ im Firstquerschnitt nach Gl. (19.19) mit Abb. 19.17
5. $\sigma_\perp$ im Firstquerschnitt nach Gl. (19.20) mit Abb. 19.17
6. Spannungskombination an Trägeroberkante (Bereich c) [162]: Diese Überlagerung der Spannungen kann nach Möhler/Blumer [190] für den Teilbereich $c > h/2$ vom Firstquerschnitt berechnet werden. Sie sind bei dieser Trägerform i.d.R. ohne Bedeutung, da $\alpha < \gamma$ und $\sigma_\perp$ eine Druckspannung ist.

**Kippnachweis:** vgl. 19.5.2.2

**Formänderungsnachweise:**
Bei Satteldachträgern ist außer der Durchbiegung auch die Horizontalverschiebung des beweglichen Lagers zu untersuchen. Überhöhung und Verschiebeweg sind konstruktiv zu berücksichtigen. Bei Gleitlagern ist ein geringer Reibungsbeiwert anzustreben.

**Berechnung der Durchbiegung:**
Ableitung nach Abb. 19.21 auf Biegeanteil $f_\sigma$ beschränkt.

Belastung $q = g + s$

Das System des Trägers wird für die üblichen flachen Dachneigungen vereinfacht als geknickter Stabzug angenommen.

Verformungsfigur s. Abb. 19.21b

$M$-Fläche infolge $q$ (Abb. 19.21c):

$$M_2 = \max M = q \cdot l^2/8$$

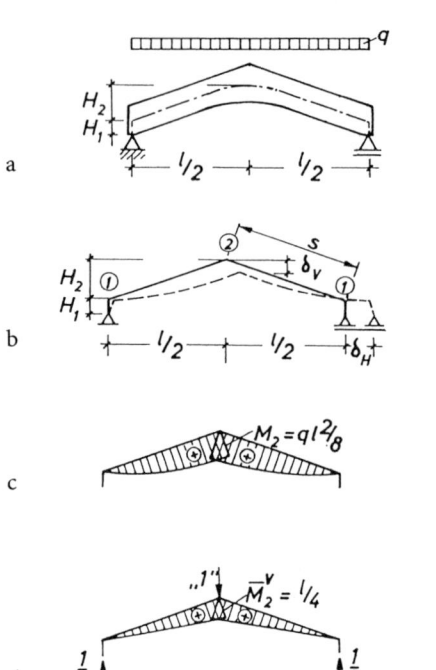

Abb. 19.21

$\bar{M}^V$-Fläche infolge ↓ „1" s. Abb. 19.21 d

$$\bar{M}_2^V = l/4$$

$\bar{M}^H$-Fläche infolge → „1" s. Abb. 19.21 e

$$\bar{M}_1^H = H_1$$
$$\bar{M}_2^H = H_1 + H_2$$

$I_c$ sei das konstante oder – bei Trägern mit veränderlicher Höhe – das Ersatz-Flächenmoment 2. Grades. Dann ist

$$E_\| \cdot I_c \cdot \delta_V = 2 \cdot \frac{5}{12} \cdot \max M \cdot \frac{l}{4} \cdot s$$

$$\boxed{f_\sigma = \delta_V = \frac{\max M \cdot l \cdot s}{4{,}8 \cdot E_\| \cdot I_c}} \qquad (19.34)$$

## 19.5 Träger mit veränderlicher Höhe nach DIN 1052 (1988)

$$f = f_\sigma + f_\tau \leq \text{zul } f$$

$$E_\parallel \cdot I_c \cdot \delta_H = 2 \cdot \frac{5}{12} \cdot \max M \cdot H_2 \cdot s + 2 \cdot \frac{2}{3} \cdot \max M \cdot H_1 \cdot s$$

$$= \frac{\max M \cdot s}{4,8} \cdot 4 \cdot (H_2 + 1,6 \cdot H_1)$$

$$\frac{\delta_H}{\delta_V} = \frac{4 \cdot (H_2 + 1,6 \cdot H_1)}{l}$$

$$\boxed{\delta_H = 4 \cdot \frac{H_2 + 1,6 \cdot H_1}{l} \cdot f^1} \qquad (19.35)$$

Satteldachträger sind i.d.R. an der Unterkante gelagert, so dass $H_1 \approx h/2$ in Gl. (19.35) eingesetzt werden kann (Abb. 19.22)

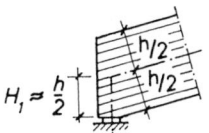

Abb. 19.22

**Bestimmung von $I_c$ (Abb. 19.23):**

a) $I_c = I = \text{const.}$

b) $I_c > I$ rechnerisch abschätzen

c) $f_\sigma \approx \frac{\max M \cdot l \cdot s}{4,8 \cdot E_\parallel \cdot I_a} \cdot k_\sigma$

$f_\tau \approx \frac{1,2 \cdot \max M}{G \cdot A_a} \cdot k_\tau$

$k_\sigma, k_\tau$ s. Abb. 19.15

d) $I_c = c \cdot I_m$ nach [196].

Für $s_1 \leq 0,5 \cdot s$ und $0,1 \leq v \leq 1$ gilt:

$$c = (0,17 + 0,33 \cdot v + 0,5 \sqrt{v}) + \frac{s_1}{s} \cdot (0,62 + \sqrt{v} - 1,62 \cdot v)$$

mit $\quad v = \sqrt{I_a/I_m}$ \hfill (19.35a)

In allen Fällen sollte $f_\tau$ berücksichtigt werden nach Gl. (10.15) oder (19.26).

---

[1] $f$ statt $\delta_V$: so wird der Schubanteil mit erfasst.

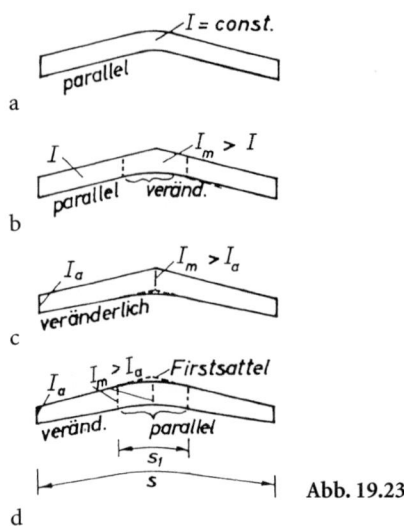

Abb. 19.23

### 19.5.3.3 Berechnungsbeispiel nach Abb. 19.20, BS11 (GL 24)

Belastung wie Beispiel 19.5.2.4 mit Abb. 19.16: $q = 7,2$ kN/m

$l = 20,0$ m;   $c = 6,0$ m

$b/h = 0,20/1,15$ m/m

| $\delta = \gamma$ | $\sin \delta$ | $\cos \delta$ | $\tan \delta$ |
|---|---|---|---|
| 15° | 0,2588 | 0,9659 | 0,2679 |

**Beanspruchungen am Auflager:**
Konstruktion nach Abb. 19.24c mit Auflagerlänge wie (a).

$$\tau_Q = 1,5 \cdot \frac{B}{b \cdot h_a} = 1,5 \cdot \frac{Q}{b \cdot h} = 1,5 \cdot \frac{72 \cdot 10^{-3} \cdot 0,9659}{0,20 \cdot 1,15} = 0,45 \text{ MN/m}^2$$

$$0,45/1,2 = 0,38 < 1$$

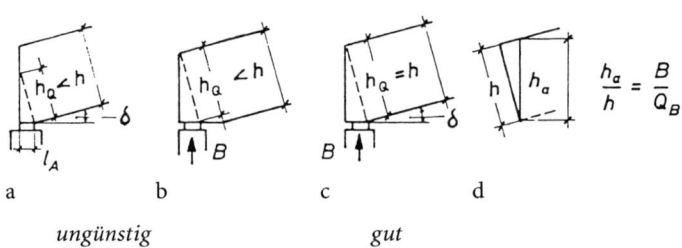

a   b   c   d

ungünstig       gut

Abb. 19.24. Varianten zum Auflagerpunkt

## 19.5 Träger mit veränderlicher Höhe nach DIN 1052 (1988)

Zulässige Pressung für $\alpha = 90° - 15°$: $\text{zul } \sigma_{D \not\!\angle 75°} = 2,7 \text{ MN/m}^2$

$$\text{erf } l_A = \frac{B}{b \cdot \text{zul } \sigma_{D \not\!\angle \alpha}} = \frac{72 \cdot 10^{-3}}{0,20 \cdot 2,7} = 0,133 \text{ m} \rightarrow 0,18 \text{ m}$$

**Biegespannung am Rundungsbeginn ($x_c = 7,0$ m):**

$$M_C = \frac{q}{2} \cdot x_c \cdot (l - x_c) = \frac{7,2}{2} \cdot 7,0 \cdot 13,0 = 328 \text{ kNm}$$

$$W_C = b \cdot h^2/6 \quad\quad = 0,20 \cdot 1,15^2/6 = 0,0441 \text{ m}^3$$

$$\sigma_{\|C} = M_C/W_C \quad\quad = \frac{0,328}{0,0441} \quad\quad = 7,4 \text{ MN/m}^2$$

$$7,4/11,0 = 0,67 < 1$$

**Längs- und Querspannung im Firstquerschnitt:**

Gl. (19.32): $\quad r_1 = \dfrac{6,0}{2 \cdot 0,2588} \quad\quad\quad = 11,59 \text{ m}$

Gl. (19.31): $\quad h_m = \dfrac{1,15}{0,9659} + \dfrac{6}{2} \cdot 0,2679 - 11,59 \cdot (1 - 0,9659)$
$$= 1,60 \text{ m}$$

Gl. (19.33): $\quad r_m = 11,59 + 1,60/2 \quad = 12,39 \text{ m}$
$\quad\quad\quad\quad\quad \beta_m = r_m/h_m = 12,39/1,60 = 7,744$
$\quad\quad\quad\quad\quad \gamma = 15°$

Gl. (19.29a): $\quad A_l = 1 + 1,4 \tan 15° + 5,4 \tan^2 15° \quad = 1,763$

Gl. (19.29b): $\quad B_l = 0,35 - 8 \tan 15° \quad\quad\quad\quad = -1,794$

Gl. (19.29c): $\quad C_l = 0,6 + 8,3 \tan 15° - 7,8 \tan^2 15° = 2,264$

Gl. (19.29d): $\quad D_l = 6 \tan^2 15° \quad\quad\quad\quad\quad\quad = 0,431$

Gl. (19.29): $\quad \varkappa_l = 1,763 - \dfrac{1,794}{7,744} + \dfrac{2,264}{7,744^2} + \dfrac{0,431}{7,744^3} = \mathbf{1,570}$

Gl. (19.30a): $\quad A_q = 0,2 \tan 15° \quad\quad\quad\quad\quad\quad = 0,0536$

Gl. (19.30b): $\quad B_q = 0,25 - 1,5 \tan 15° + 2,6 \tan^2 15° = 0,0347$

Gl. (19.30c): $\quad C_q = 2,1 \tan 15° - 4 \tan^2 15° \quad\quad = 0,2755$

Gl. (19.30): $\quad \varkappa_q = 0,0536 + \dfrac{0,0347}{7,744} + \dfrac{0,2755}{7,744^2} = \mathbf{0,0627}$

$\quad\quad\quad\quad\quad M_m = 7,2 \cdot 20^2/8 = 360 \text{ kNm}$
$\quad\quad\quad\quad\quad W_m = 0,20 \cdot 1,60^2/6 = 0,0853 \text{ m}^3$

## 19 Brettschichtholzträger

Gl. (19.19): $\max \sigma_{\|m} = 1{,}57 \cdot \dfrac{0{,}360}{0{,}0853} = 6{,}63 \text{ MN/m}^2$

$6{,}63/11{,}0 = 0{,}6 < 1$

Gl. (19.20): $\max \sigma_{\perp m} = 0{,}0627 \cdot \dfrac{0{,}360}{0{,}0853} = \mathbf{0{,}265 \text{ MN/m}^2}$

$0{,}265/0{,}2 = 1{,}33 > 1\ (!)$

Zur Verringerung der Querzugspannungen gibt es 3 Möglichkeiten:
a) Vergrößerung des Krümmungshalbmessers.
b) Nachgiebig angeschlossener Firstsattel oberhalb des gekrümmten Parallelträgers (aufgenagelt).
c) Beidseitig aufgeleimtes BFU oder radial eingeleimte Gewindestangen sowie Holzschrauben werden nach [76, 189, 190, 197] empfohlen bei großem Trägervolumen und in Fällen, in denen mit Trockenrissen infolge erheblicher Klimaschwankungen zu rechnen ist.

**Zu a): Vergrößerung von c auf 10,0 m**

$r_1 = \dfrac{10}{2 \cdot 0{,}2588} = 19{,}32 \text{ m}$

$h_m = \dfrac{1{,}15}{0{,}9659} + \dfrac{10}{2} \cdot 0{,}2679 - 19{,}32 \cdot (1 - 0{,}9659)$
$= 1{,}87 \text{ m}$

$r_m = 19{,}32 + 1{,}87/2 = 20{,}26 \text{ m}$

$\beta_m = r_m/h_m = 20{,}26/1{,}87 = 10{,}83$

$\gamma = 15°$

Da die Dachneigung ($\gamma = 15°$) unverändert ist, können die Faktoren $A_1$ bis $D_1$ der Gl. (19.29) sowie $A_q$ bis $C_q$ der Gl. (19.30) übernommen werden. Die $\varkappa$-Werte sind dann:

Gl. (19.29): $\varkappa_l = 1{,}763 - \dfrac{1{,}794}{10{,}83} + \dfrac{2{,}264}{10{,}83^2} + \dfrac{0{,}431}{10{,}83^3} = \mathbf{1{,}617}$

Gl. (19.30): $\varkappa_q = 0{,}0536 + \dfrac{0{,}0347}{10{,}83} + \dfrac{0{,}2755}{10{,}83^2} = \mathbf{0{,}0592}$

$M_m = 7{,}2 \cdot 20^2/8 = 360 \text{ kNm}$

$W_m = 0{,}20 \cdot 1{,}87^2/6 = 0{,}1166 \text{ m}^3$

Gl. (19.19): $\max \sigma_{\|m} = 1{,}617 \cdot \dfrac{0{,}360}{0{,}1166} = 5{,}0 \text{ MN/m}^2$

$5{,}0/11{,}0 = 0{,}46 < 1$

Gl. (19.20): $\max \sigma_{\perp m} = 0{,}0592 \cdot \dfrac{0{,}360}{0{,}1166} = 0{,}18$ MN/m²

$0{,}18/0{,}2 = 0{,}9 < 1$

Der Nachweis der Spannungskombination wird nicht maßgebend.

**Formänderungsnachweise (grobe Näherung):**

**Durchbiegung in Trägermitte:**

$H_1 = h/2 = 1{,}15/2 \approx 0{,}57$ m

$H_2 = 2{,}68 + 0{,}58 - 0{,}93 = 2{,}33$ m

Integration über 3 Bereiche mit den Ersatz-Flächenmomenten 2. Grades $I_1$, $I_2$ und $I_3$ nach Abb. 19.25

$I_c = I_1 = \dfrac{0{,}20 \cdot 1{,}15^3}{12} = 0{,}0253$ m⁴

$\dfrac{I_c}{I_2} = \left(\dfrac{1{,}15}{1{,}28}\right)^3 = 0{,}725$

$\dfrac{I_c}{I_3} = \left(\dfrac{1{,}15}{1{,}60}\right)^3 = 0{,}371$

$M_1 = 72 \cdot 3 - 7{,}2 \cdot 3^2/2 = 184$ kNm

$M_2 = 72 \cdot 6 - 7{,}2 \cdot 6^2/2 = 302$ kNm

$M_3 = 72 \cdot 7 - 7{,}2 \cdot 7^2/2 = 328$ kNm

$M_4 = 72 \cdot 8 - 7{,}2 \cdot 8^2/2 = 346$ kNm

$M_5 = 72 \cdot 9 - 7{,}2 \cdot 9^2/2 = 356$ kNm

Virtuelle Last „1": $\bar{M}_m = 1{,}0 \cdot 20/4 = 5{,}0$ m

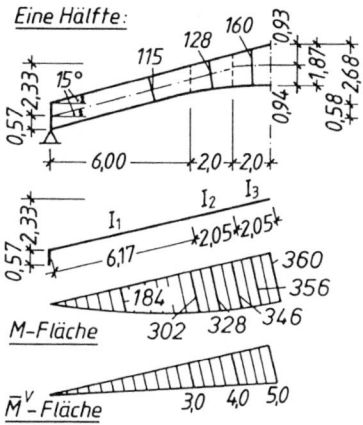

Abb. 19.25

240   19 Brettschichtholzträger

**Berechnung für eine Trägerhälfte:**

$\frac{1}{2} \cdot E_{\|} \cdot I_c \cdot f_\sigma = \frac{6{,}17}{6} \cdot (2 \cdot 184 + 302) \cdot 3{,}0$  $\qquad = 2067 \text{ kNm}^3$

$\qquad + 0{,}725 \cdot \frac{2{,}05}{6} \cdot [302 \cdot 3{,}0 + 2 \cdot 328 \cdot (3{,}0 + 4{,}0) + 346 \cdot 4{,}0]$
$\qquad\qquad\qquad\qquad\qquad\qquad\qquad\qquad\qquad = 1705 \text{ kNm}^3$

$\qquad + 0{,}371 \cdot \frac{2{,}05}{6} \cdot [346 \cdot 4{,}0 + 2 \cdot 356 \cdot (4{,}0 + 5{,}0) + 360 \cdot 5{,}0]$
$\qquad\qquad\qquad\qquad\qquad\qquad\qquad\qquad\qquad = 1216 \text{ kNm}^3$

$\qquad\qquad\qquad\qquad\qquad\qquad\qquad\qquad\qquad\qquad \mathbf{4988 \text{ kNm}^3}$

$f_\sigma = \frac{2 \cdot 4{,}988}{11 \cdot 10^3 \cdot 0{,}0253} = 35{,}8 \cdot 10^{-3} \text{ m} = 35{,}8 \text{ mm}$

$f_\tau = \frac{1{,}2 \cdot 0{,}360}{550 \cdot 0{,}20 \cdot 1{,}15} = 3{,}4 \cdot 10^{-3} \text{ m} = 3{,}4 \text{ mm}$

$f = 35{,}8 + 3{,}4 \qquad\qquad\qquad\qquad = 39{,}2 \text{ mm}$
$\qquad\qquad\qquad\qquad < 20 \cdot 10^3/200 = 100 \text{ mm}$

**Horizontale Lagerverschiebung:**

Gl. (19.35): $\delta_H = 4 \cdot \frac{2{,}33 + 1{,}6 \cdot 0{,}57}{20} \cdot 39{,}2 \qquad = 25{,}4 \text{ mm}$

Gewählt: Parabelförmige Überhöhung $\qquad ü = 50 \quad \text{mm}$
Verschiebeweg mit Zugabe
für Kriechverformungen $\qquad\qquad\qquad w = 40 \quad \text{mm}$

**Zu b): Alternativlösung mit getrenntem Firstsattel**

In der Praxis wurden Satteldachträger mit gekrümmtem Untergurt häufig als gekrümmte Träger mit lose aufgesetztem Firstsattel gemäß Abb. 19.26 gebaut [198]. Dabei kann die Querzugspannung nach Gl. (19.10) rechnerisch geringer werden als diejenige für Satteldachträger nach Gl. (19.20) mit Gl. (19.30) gemäß –8.2.3.2–.

Die Auswertung von Bruchversuchen mit Satteldachträgern durch Ehlbeck/Hemmer [197] ergab höhere Tragfähigkeiten als bei gleichartig belasteten gekrümmten BSH-Trägern gleicher Abmessungen. Größe des querzugbeanspruchten Volumens, die Querzugspannungsverteilung in Trägerlängsrichtung und die Belastungsanordnung sind nämlich weitere Einflüsse auf die Querzugfestigkeit, die bei der Gegenüberstellung von max $\sigma_{Z\perp}$ und zul $\sigma_{Z\perp}$ bisher nicht berücksichtigt werden [199], vgl. auch [76].

Der Anschluss der Dachverbände kann im Firstbereich bei der Ausführung mit aufgesetztem Firstsattel konstruktive Schwierigkeiten bereiten.

Das folgende Zahlenbeispiel zeigt die Berechnung eines gekrümmten Trägers mit den gleichen Abmessungen und Belastungen wie für den Satteldachträger des vorigen Beispiels, vgl. Abb. 19.20 mit Belastung gemäß Abb. 19.16 für Beispiel 19.5.2.4:

$$l = 20 \text{ m}; \quad c = 6 \text{ m}; \quad b/h = 0{,}20/1{,}15 \text{ m/m}; \quad \gamma = \delta = 15°$$

Es erlaubt den Vergleich mit den dort ermittelten Biege- und Querzugspannungen

$$\max \sigma_{\|\,m} = 6{,}63 \text{ MN/m}^2$$

$$\max \sigma_{\perp\,m} = 0{,}265 \text{ MN/m}^2 > 0{,}2 \text{ MN/m}^2$$

**Systemmaße (wie Ausgangsmaße):**

$h = 1{,}15$ m   konstant siehe vorher

$r_1 = 11{,}59$ m

$r_m = 11{,}59 + 1{,}15/2 \qquad\qquad = 12{,}17$ m

$$\beta = \frac{r_m}{h} = \frac{12{,}17}{1{,}15} \qquad\qquad = 10{,}6$$

$H_1 = 1{,}15/2 \qquad\qquad\qquad = 0{,}57$ m

$H_2 = 2{,}68 + 0{,}58 - 0{,}45 - 0{,}58 = \;\; 2{,}23$ m

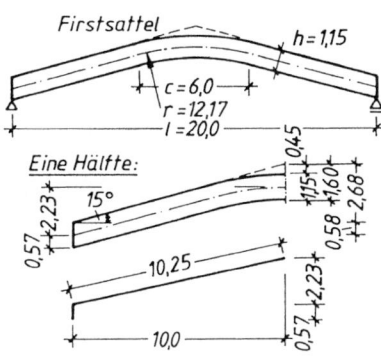

Abb. 19.26

**Querschnittswerte:**

$W_y = 0{,}20 \cdot 1{,}15^2/6 \; = 0{,}0441 \text{ m}^3$

$I_y = 0{,}20 \cdot 1{,}15^3/12 = 0{,}0253 \text{ m}^4$

**Biegemoment:** max $M = 360$ kNm wie Beispiel 19.5.2.4

**Spannungsnachweise (Trägermitte) für den gekrümmten Träger:**

Gl. (19.6): $\quad \max \sigma_\| = \dfrac{0{,}360}{0{,}0441} \cdot \left(1 + \dfrac{0{,}35}{10{,}6} + \dfrac{0{,}6}{10{,}6^2}\right) = 8{,}5 \text{ MN/m}^2$

$$8{,}5/11 = 0{,}77 < 1$$

Gl. (19.10):  $\max \sigma_{Z\perp} = \dfrac{0{,}360}{0{,}0441} \cdot \dfrac{1}{4 \cdot 10{,}6}$   $= 0{,}19 \text{ MN/m}^2$

$0{,}19/0{,}2 = 0{,}95 < 1$

**Formänderungsnachweise:**
Vereinfachtes System als geknickter Träger nach Abb. 19.26.
Berechnung nach Erläuterungen zu Abb. 19.23a mit $I = $ const.

Gl. (19.34):  $f_\sigma = \dfrac{0{,}360 \cdot 20 \cdot 10{,}25}{4{,}8 \cdot 11 \cdot 10^3 \cdot 0{,}0253} = 55{,}2 \cdot 10^{-3} \text{ m} = 55{,}2 \text{ mm}$

Gl. (10.15):  $f_\tau = \dfrac{1{,}2 \cdot 0{,}360}{550 \cdot 0{,}20 \cdot 1{,}15}$   $= 3{,}4 \cdot 10^{-3} \text{ m} = 3{,}4 \text{ mm}$

$f = 55{,}2 + 3{,}4 = 58{,}6 < \dfrac{20\,000}{200}$   $= 100 \text{ mm}$

Gl. (19.35):  $\delta_H \approx 4 \cdot \dfrac{2{,}23 + 1{,}6 \cdot 0{,}57}{20} \cdot 58{,}6$   $= 36{,}8 \text{ mm}$

Gewählt:    Parabelförmige Überhöhung    $\ddot{u} = $  80 mm
            Verschiebeweg mit Zugabe      $w = $  50 mm

### 19.5.3.4 Satteldachträger mit veränderlicher Höhe

Die Brettlamellen (Faserrichtung) verlaufen parallel zur Trägerunterkante, so dass Anschnitte an der Oberkante entstehen.

$\beta = \dfrac{1}{2} \cdot (\gamma + \delta)$  Neigung der Trägerachse

$\alpha = \gamma - \delta$    Anschnittswinkel an Trägeroberkante

$r_1 = \dfrac{c}{2 \cdot \sin \delta}$    wie Gl. (19.32)

$h_1 = h_a + \dfrac{l}{2} \cdot (\tan \gamma - \tan \delta)$    (19.36a)

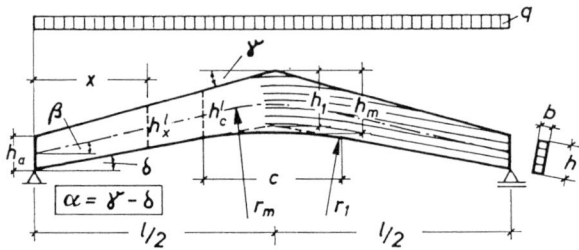

**Abb. 19.27.** Geometrie des Satteldachträgers

19.5 Träger mit veränderlicher Höhe nach DIN 1052 (1988)

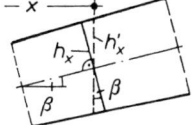
Abb. 19.27a

$$h_m = h_1 + \frac{c}{2} \cdot \tan\delta - r_1 \cdot (1 - \cos\delta) \qquad (19.36\,\text{b})$$

$$h'_c = h_a + \frac{l-c}{2} \cdot (\tan\gamma - \tan\delta) \qquad (19.36\,\text{c})$$

$$h'_x = h_a \cdot \left(2 - \frac{h_a}{h_1}\right) \qquad \text{wie Gl. (19.22)}$$

$$r_m = r_1 + h_m/2 \qquad \text{wie Gl. (19.33)}$$

$h'_c$ und $h'_x$ sind für die üblichen flachen Satteldächer grobe Näherungswerte der Querschnittshöhen. Die genaueren Werte sind (Abb. 19.27a):

$$h_c \approx h'_c \cdot \cos\beta \qquad (19.36\,\text{d})$$

$$h_x \approx h'_x \cdot \cos\beta \qquad (19.22\,\text{a})$$

**Spannungsnachweise:**
1. $\tau_Q$      am Auflager
2. $\sigma_{D\perp}$      am Auflager
3. $\max\sigma_\|$      an der Stelle x, vgl. Abb. 19.14a. Maßgebender Nachweis am schräg angeschnittenen Rand (Trägeroberkante) nach Gl. (19.18).
4. $\max\sigma_\|$      im Firstquerschnitt nach Gl. (19.19), Abb. 19.17
5. $\max\sigma_{Z\perp}$      im Firstquerschnitt nach Gl. (19.20), Abb. 19.17

### 19.5.3.5 Berechnungsbeispiel nach Abb. 19.27 und 19.28:

**Belastung** wie symmetrischer Satteldachträger: BS11 ($\triangleq$ BSH II)

$$q = 7,2 \text{ kN/m}$$

$$B = C = 72 \text{ kN}$$

$$\max M = 360 \text{ kNm}$$

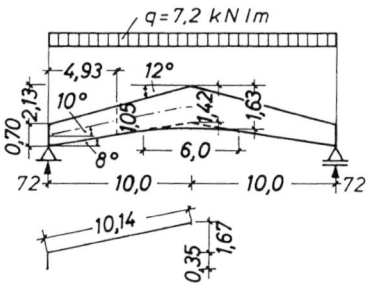

Abb. 19.28

## 244  19 Brettschichtholzträger

**Systemmaße** s. Abb. 19.28

$$H_1 = 0{,}70/2 = 0{,}35 \text{ m}$$
$$H_2 = 0{,}35 + 2{,}13 - 1{,}63/2 = 1{,}67 \text{ m}$$
$$\gamma = 12°; \; \delta = 8°$$
$$\beta = \frac{12+8}{2} = 10°; \; \alpha = 12 - 8 = 4°$$

| | | |
|---|---|---|
| $\sin\delta = 0{,}1392$ | $\tan\gamma = 0{,}2126$ | $\tan\alpha = 0{,}070$ |
| $\cos\delta = 0{,}9903$ | $\tan\delta = 0{,}1405$ | $\tan^2\alpha = 0{,}0049$ |
| $\cos\beta = 0{,}9848$ | $\tan\gamma - \tan\delta = 0{,}0721$ | |

Gl. (19.32):    $r_1 = \dfrac{6{,}0}{2 \cdot 0{,}1392}$    = 21,55 m

Gl. (19.36a):   $h_1 = 0{,}70 + 10{,}0 \cdot 0{,}0721$    = 1,42 m

Gl. (19.36b):   $h_m = 1{,}42 + \dfrac{6{,}0}{2} \cdot 0{,}1405$
                $- 21{,}55 \cdot (1 - 0{,}9903)$    = 1,63 m

Gl. (19.22):    $h'_x = 0{,}70 \cdot (2 - 0{,}70/1{,}42)$    = 1,05 m

Gl. (19.22a):   $h_x = 1{,}05 \cdot 0{,}9848$    = 1,03 m

Gl. (19.21):    $x = \dfrac{20}{2} \cdot \dfrac{0{,}70}{1{,}42}$    = 4,93 m

**Spannungsnachweise:**
an der Stelle $x$:

$$M_x = \frac{7{,}2}{2} \cdot 4{,}93 \cdot 15{,}07 = 267 \text{ kNm}$$

$$W_x = 0{,}20 \cdot 1{,}03^2/6 = 0{,}0354 \text{ m}^3$$

Gl. (19.15):    $\sigma_{\|x} = \dfrac{0{,}267}{0{,}0354}$    = 7,54 MN/m²

An der angeschnittenen Trägeroberkante ($\alpha = 4°$):

Tafel 19.2:     $k_D = 0{,}93$

Gl. (19.18):    $\dfrac{7{,}54}{0{,}93 \cdot 14} = 0{,}58 < 1$
                bzw. 7,54/11 = 0,69 < 1   maßgebend!

## 19.5 Träger mit veränderlicher Höhe nach DIN 1052 (1988)    245

im Firstquerschnitt:

Gl. (19.33): $\quad r_m = 21{,}55 + 1{,}63/2 \qquad\qquad = 22{,}4$ m

$\qquad\qquad\quad W_m = 0{,}20 \cdot 1{,}63^2/6 \qquad\qquad = 0{,}0886$ m³

$$\frac{1}{\beta_m} = \frac{h_m}{r_m} = \frac{1{,}63}{22{,}4} \qquad\qquad = 0{,}073$$

Abb. 19.18: $\qquad\qquad\qquad\qquad\qquad\qquad\qquad\qquad \varkappa_l \approx 1{,}46$

$\qquad\qquad\qquad\qquad\qquad\qquad\qquad\qquad\qquad \varkappa_q \approx 0{,}048$

Genauer: $\qquad \beta_m = 22{,}4/1{,}63 = 13{,}74; \qquad\qquad \gamma = 12°$

Gl. (19.29a): $\quad A_l = 1 + 1{,}4 \tan 12° + 5{,}4 \tan^2 12° \qquad = 1{,}542$

Gl. (19.29b): $\quad B_l = 0{,}35 - 8 \tan 12° \qquad\qquad\qquad = -1{,}350$

Gl. (19.29c): $\quad C_l = 0{,}6 + 8{,}3 \tan 12° - 7{,}8 \tan^2 12° \quad = 2{,}012$

Gl. (19.29d): $\quad D_l = 6 \tan^2 12° \qquad\qquad\qquad\qquad = 0{,}271$

Gl. (19.29): $\quad \varkappa_l = 1{,}542 - \dfrac{1{,}350}{13{,}74} + \dfrac{2{,}012}{13{,}74^2} + \dfrac{0{,}271}{13{,}74^3} \;=\; \mathbf{1{,}45}$

Gl. (19.30a): $\quad A_q = 0{,}2 \tan 12° \qquad\qquad\qquad\qquad = 0{,}0425$

Gl. (19.30b): $\quad B_q = 0{,}25 - 1{,}5 \tan 12° + 2{,}6 \tan^2 12° \;= 0{,}0486$

Gl. (19.30c): $\quad C_q = 2{,}1 \tan 12° - 4 \tan^2 12° \qquad\quad = 0{,}2656$

Gl. (19.30): $\quad \varkappa_q = 0{,}0425 + \dfrac{0{,}0486}{13{,}74} + \dfrac{0{,}2656}{13{,}74^2} \;=\; \mathbf{0{,}0474}$

Gl. (19.19): $\quad \max \sigma_{\|m} = 1{,}45 \cdot \dfrac{0{,}360}{0{,}0886} = 5{,}9$ MN/m²

$\qquad\qquad\qquad\qquad\qquad\qquad\qquad\qquad 5{,}9/11{,}0 = 0{,}54 < 1$

Gl. (19.20): $\quad \max \sigma_{Z\perp} = 0{,}0474 \cdot \dfrac{0{,}360}{0{,}0886} = 0{,}193$ MN/m²

$\qquad\qquad\qquad\qquad\qquad\qquad\qquad\qquad 0{,}193/0{,}2 = 0{,}97 < 1$

am Auflager: $\quad \tau_Q = 1{,}5 \cdot \dfrac{0{,}072}{0{,}20 \cdot 0{,}70} = 0{,}77$ MN/m²

$\qquad\qquad\qquad\qquad\qquad\qquad\qquad\qquad 0{,}77/1{,}2 = 0{,}64 < 1$

### Durchbiegungsnachweis (Abb. 19.28):

Berechnung nach Gln. (19.34) und (19.26) mit $I_c$ nach Abb. 19.23c.

$\qquad I_a = 0{,}20 \cdot 0{,}70^3/12 \qquad\qquad = 5{,}717 \cdot 10^{-3}$ m⁴

$\qquad A_a = 0{,}20 \cdot 0{,}70 \qquad\qquad\qquad = 0{,}14$ m²

$\qquad h_1/h_a = 1{,}42/0{,}70 \qquad\qquad\quad = 2{,}03$

Abb. 19.15: $\qquad\qquad\qquad\qquad k_\sigma \approx 0{,}21$

$\qquad\qquad\qquad\qquad\qquad\qquad k_\tau \approx 0{,}77$

Gl. (19.34): $f_\sigma = \dfrac{\max M \cdot l \cdot s}{4{,}8 \cdot E_\| \cdot I_a} \cdot k_\sigma$

$\phantom{Gl. (19.34): f_\sigma} = \dfrac{0{,}360 \cdot 20 \cdot 10{,}14}{4{,}8 \cdot 11 \cdot 10^3 \cdot 5{,}717 \cdot 10^{-3}} \cdot 0{,}21 = 50{,}8 \cdot 10^{-3}\,\text{m} = 50{,}8\,\text{mm}$

Gl. (19.26): $f_\tau = \dfrac{1{,}2 \cdot \max M}{G \cdot A_a} \cdot k_\tau$

$\phantom{Gl. (19.26): f_\tau} = \dfrac{1{,}2 \cdot 0{,}360}{550 \cdot 0{,}14} \cdot 0{,}77 = 4{,}3 \cdot 10^{-3}\,\text{m} = 4{,}3\,\text{mm}$

$f = 50{,}8 + 4{,}3 = 55{,}1\,\text{mm} < \dfrac{20\,000}{200} = 100\,\text{mm}$

Gl. (19.35): $\delta_H = 4 \cdot \dfrac{1{,}67 + 1{,}6 \cdot 0{,}35}{20} \cdot 55{,}1 \quad = 24{,}6\,\text{mm}$

Gewählt: Überhöhung $\qquad\qquad\qquad ü = 70\,\text{mm}$

$\qquad\quad$ Verschiebeweg mit Zugabe $\quad w = 40\,\text{mm}$

**Hinweis:**
Auch beim Satteldachträger mit veränderlicher Höhe kann die Alternativlösung mit aufgenageltem Firstsattel nach Abb. 19.26 sinngemäß angewendet werden [198].

In [200] ist ein Vorschlag zur Vorbemessung von hinsichtlich ihres Volumens minimierten symmetrischen Satteldachträgern mit veränderlicher Höhe enthalten. Für obige Spannweite, Dachneigung, Belastung und BS14 folgen nach [200]:

$\text{erf}\,b = 0{,}18\,\text{m}; \quad h_a = 0{,}50\,\text{m}; \quad h_m = 1{,}64\,\text{m}; \quad h_1 = 1{,}29\,\text{m};$

$\delta = 7{,}6°; \quad r_1 = 39{,}3\,\text{m}; \quad c = 10{,}4\,\text{m}; \quad V = 3{,}46\,\text{m}^3;\ (4{,}34\,\text{m}^3)\,^1.$

Bei Verwendung von BS11 ist außerdem der Spannungsnachweis

$$\sigma_{\|x} = \dfrac{M_x}{W_x} \leq \text{zul}\,\sigma_B = 11\,\text{N/mm}^2$$

einzuhalten, was mit einer Vergrößerung von $b$ – z.B. auf 0,20 m – erreicht werden kann. Damit ist auch eine Verringerung der Firsthöhe $h_m$ möglich.

### 19.5.4 Voutenträger

Im Voutenbereich kann der vereinfachte Spannungsnachweis nach Gl. (19.18) mit $k_D$-Werten nach Tafel 19.2 oder Abb. 19.13e geführt werden. Ein ausführliches Berechnungsbeispiel siehe Milbrandt [58].

---

[1] Volumen entsprechend Abb. 19.28.

## 19.6 Konstruktion der Trägerauflager nach DIN 1052 (1988)

Brettschichtholzträger werden i.d.R. mit ebener horizontaler Unterkante auf eine Zentrierplatte aufgelegt und seitlich abgestützt (Gabellagerung). Am verschieblichen Auflager sollte – insbesondere bei Satteldachträgern mit geneigter Unterkante – der rechnerische Verschiebeweg die Gestaltung der Lagerkonstruktion bestimmen (Abb. 19.29b). Gleitlager können z.B. als Teflon-Gleitlager, Neoprene-Deformationslager oder Stahl-Rollenlager ausgebildet werden, bei kleinen Pressungen ($< \approx 0{,}8$ MN/m$^2$) auch mit Hartfaserplatten, deren Gleitfuge mit Graphitfett geschmiert ist.

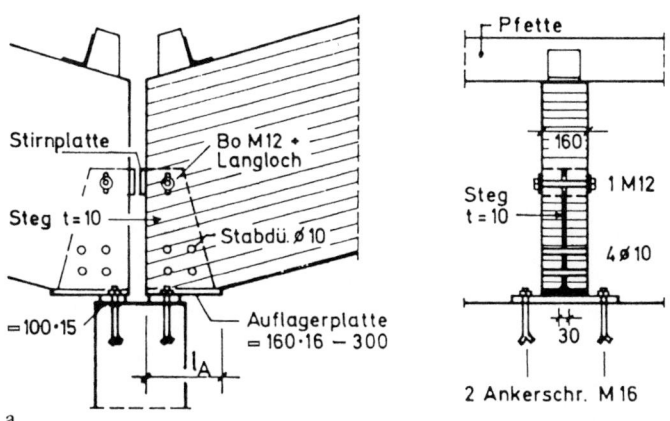

a
Festes Auflager mit Stahlschuh wegen begrenzter Auflagerlänge.
zul $\sigma_{D\angle}$ auf Länge $l_A$ übertragen. Ausmittigkeit der Lagerreaktion durch horizontales Kräftepaar Stirnplatte/Stabdübel aufgenommen.

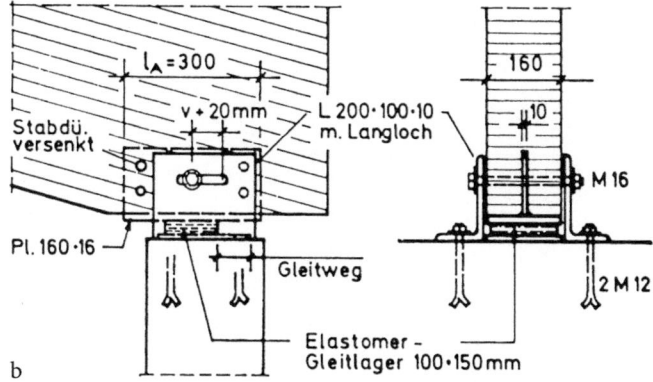

b
Verschiebliches Auflager als Gleitlager mit Verschiebeweg – hier „$v$" genannt – mit 20 mm Zugabe für Kriechverformungen.

**Abb. 19.29.** Varianten zur Auflagerkonstruktion [27, 99]. (Fortsetzung s. nächste Seite)

248   19 Brettschichtholzträger

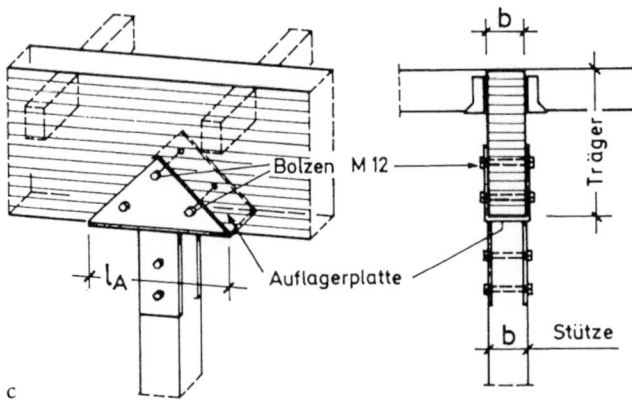

c

Lager auf Pendelstütze (nachgiebiger Bolzenanschluss). Pressung zul $\sigma_{D\perp}$ auf Fläche $b \cdot l_A$ verteilt, zul $\sigma_{D\|}$ auf Stützenquerschnitt. Gabellagerung durch Seitenbleche.

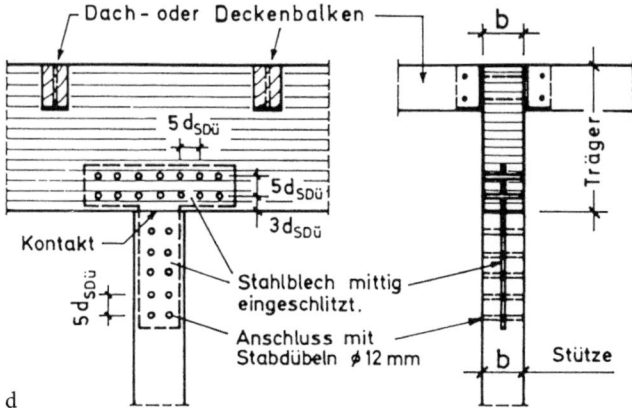

d

Lager auf Stütze mit elastischer Einspannung. Auflagerkraft durch Kontakt (zul $\sigma_{D\perp}$) und Stabdübel übertragen (Zusammenwirken nach $-T2, 14-$). Kippsicherung durch biegesteifen Pfettenanschluss.

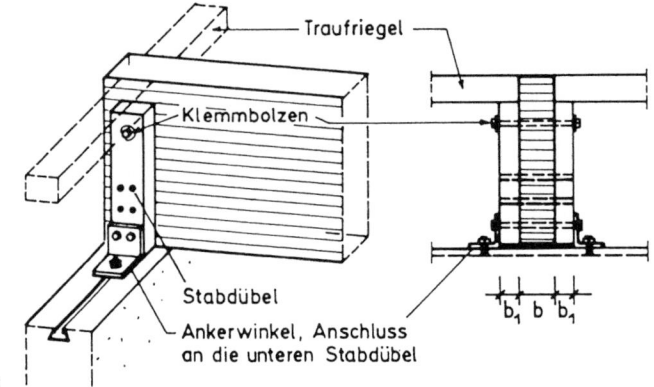

e

Auflagerverstärkung durch angedübelte Holzknaggen. Berechnung der Stabdübel für 1,5fache anteilige Auflagerkraft $-T2, 14-$.

**Abb. 19.29** (Fortsetzung s. nächste Seite)

## 19.7 Durchbrüche in Brettschichtholzträgern nach DIN 1052 neu (EC 5)

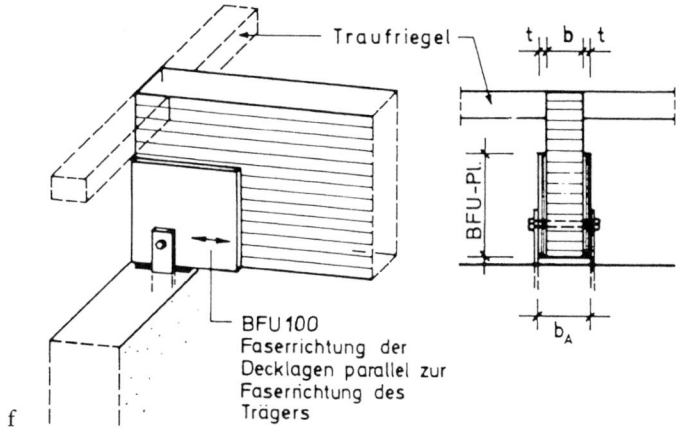

Auflagerverstärkung durch angeleimtes BFU. Nagelpressleimung mit Resorzinharzleim möglich. Bei erheblichen Feuchteschwankungen ist reine Nagelung vorzuziehen.

**Abb. 19.29** (Fortsetzung)

Wird die Verschieblichkeit durch eine Pendelstütze bewirkt, dann ist nur die zwängungsfreie Tangentenverdrehung sicherzustellen [198].

Steht für Trägerauflager nur eine eng begrenzte Auflagerfläche zur Verfügung (vorh $\sigma_{D\perp}$ > zul $\sigma_{D\perp}$), dann können nach Versuchen von Möhler [201] vertikal eingeleimte Schrauben angeordnet werden, deren Kopf die Auflagerpressung aufnimmt und deren Gewindeschaft die Lagerreaktion durch Mantelreibung in das Holz leitet, s. Abb. 6.1Ac), vgl. auch [202].

Milbrandt [99] zeigt einige Varianten für Auflagerpunkte von Brettschichtholzträgern, z. T. mit Berechnung der Lagerteile. Sie sind in Abb. 19.29 dargestellt.

### 19.7 Durchbrüche in Brettschichtholzträgern nach DIN 1052 neu (EC 5)

#### 19.7.1 Allgemeines

Durch Rahmenwirkung eines Trägers im Bereich rechteckiger Durchbrüche entstehen Schnittgrößen gemäß Abb. 19.30. Sie erzeugen in den Ecken $E$ Querzugspannungen $\sigma_{t,90,d}$, die zum Aufreißen des Trägers führen können.

Durchbrüche nach –11.3.(1)[1]– sind Öffnungen mit den lichten Abmessungen $d > 50$ mm gemäß Abb. 19.31. Durchbrüche sollen möglichst symmetrisch zur Trägerachse angeordnet werden.

Für Durchbrüche ohne oder mit Verstärkungen ($V$) gelten folgende Mindest- und Höchstmaße:

**Tafel 19.3.** Geometrische Bedingungen

| | | | | | | |
|---|---|---|---|---|---|---|
| o. V. | $l_V \geq h$ | $l_Z \geq 1{,}5h \geq 300$ mm | $l_A \geq h/2$ | $h_{ro,ru} \geq 0{,}35 \cdot h$ | $a \leq 0{,}4h$ | $h_d \leq 0{,}15 \cdot h$ |
| m. V. | $l_V \geq h$ | $l_Z \geq h \geq 300$ mm | $l_A \geq h/2$ | $h_{ro,ru} \geq 0{,}25 \cdot h$ | $a \leq h$ $a/h_d \leq 2{,}5$ | $h_d \leq 0{,}3 \cdot h^a$ $h_d \leq 0{,}4 \cdot h^b$ |

[a] bei innenliegender Verstärkung, [b] bei außenliegender Verstärkung.

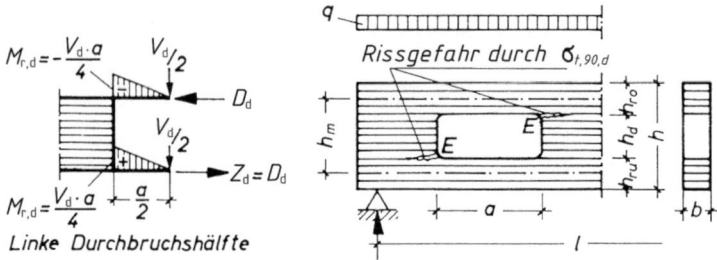

**Abb. 19.30.** Rechteckiger Durchbruch im Brettschichtholzträger

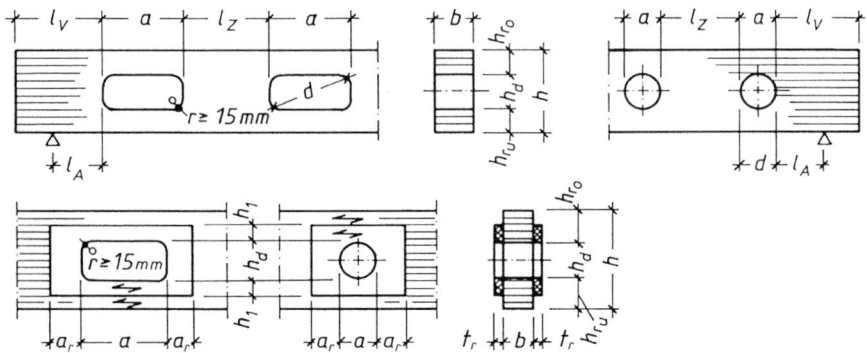

**Abb. 19.31.** Mindest- und Höchstmaße von Durchbrüchen

### 19.7.2 Unverstärkte Durchbrüche

Durchbrüche dürfen in unverstärkten Trägerbereichen mit planmäßiger Querzugbeanspruchung nicht angeordnet werden. **Unverstärkte Durchbrüche** dürfen nur in den Nkl 1 und 2 verwendet werden.

**Querzugnachweis – 11.3.(4)[1] –:**

$$\frac{F_{t,90,d}}{0{,}5 \cdot l_{t,90} \cdot b \cdot k_{t,90} \cdot f_{t,90,d}} \leq 1 \qquad (19.37a)$$

Es bedeuten:

$b$     Trägerbreite am Durchbruch
$f_{t,90,d}$     Bemessungswerte der Zugfestigkeit des BSH oder FSH $\perp$ Fa
$k_{t,90}$ = min $\{1; (450/h)^{0{,}5}\}$, $h$ in mm

und

$l_{t,90} = 0{,}5\,(h_d + h)$     für rechteckige Durchbrüche     (19.37b)

$l_{t,90} = 0{,}353\,h_d + 0{,}5\,h$     für keisförmige Durchbrüche     (19.37c)

## 19.7 Durchbrüche in Brettschichtholzträgern nach DIN 1052 neu (EC 5)

Bemessungswert der Zugkraft $F_{t,90,d}$:

$$F_{t,90,d} = F_{t,V,d} + F_{t,M,d} \qquad (19.37d)$$

mit

$$F_{t,V,d} = \frac{V_d \cdot h_d}{4h} [3 - (h_d/h)^2], \qquad (19.38a)$$

$$F_{t,M,d} = 0{,}008 \cdot M_d/h_r \qquad (19.38b)$$

Dabei ist

$V_d$ Betrag des Bemessungswertes der Querkraft am Durchbruchsrand
$h_r = \min\{h_{ro}; h_{ru}\}$ für rechteckige Durchbrüche
$h_r = \min\{h_{ro} + 0{,}15 h_d; h_{ru} + 0{,}15 h_d\}$ für kreisförmige Durchbrüche
$M_d$ Betrag des Bemessungswertes des Biegemomentes am Durchbruchsrand.

In Gl. (19.38a) darf bei runden Durchbrüchen anstelle von $h_d$ der Wert $0{,}7 h_d$ eingesetzt werden.

**Beispiel: Bemessung eines Durchbruchs (s. Abb. 19.30, 19.31)**

Gegeben: $q_d = 10$ kN/m, $l = 18$ m (Einfeldträger), GL 24h, $b/h = 160/900$ mm, $a/h_d = 750/300$ mm, $h_{ro} = h_{ru} = 300$ mm, $l_A = 800$ mm
$l_V = 900$ mm, $l_Z > 1{,}5 h$, mittlere LED, Nkl 1.

Überprüfung der Mindest- und Höchstmaße für einen unverstärkten Durchbruch nach – *11.3. (1) [1]* –:

$l_V = h = 900$ mm, $l_Z > 1{,}5 h \geq 300$ mm, s. Tafel 19.3
$l_A = 800$ mm $> h/2 = 450$ mm,
$h_{ro} = h_{ru} = 300$ mm $< 0{,}35 h = 315$ mm   nicht erfüllt!
$a = 750$ mm $> 0{,}4 h = 360$ mm   nicht erfüllt!
$h_d = 300$ mm $> 0{,}15 h = 135$ mm   nicht erfüllt!

Es sind mehrere geometrische Bedingungen für einen unverstärkten Durchbruch nicht erfüllt. Durchbruch ist z.B. gemäß Abb. 19.31 zu verstärken.

**Nachweis der erhöhten Biegespannungen im Eckbereich (Rahmenwirkung, Abb. 19.30):**

$$W_n = \frac{b}{6h}(h^3 - h_d^3) = \frac{160}{6 \cdot 900}(900^3 - 300^3) = 20{,}8 \cdot 10^6 \text{ mm}^3$$

$$W_r = b h_{ro}^2/6 = 160 \cdot 300^2/6 = 2{,}4 \cdot 10^6 \text{ mm}^3$$

$M_d(l_A + a/2) = 98{,}8$ kNm, $V_d(l_A + a/2) = 78{,}3$ kN

$M_{r,d} = V_d \cdot a/4 = 78{,}3 \cdot 0{,}75/4 = 14{,}7$ kNm

$\sigma_{m,d} = 98{,}9 \cdot 10^6/20{,}8 \cdot 10^6 + 14{,}7 \cdot 10^6/2{,}4 \cdot 10^6 = 10{,}9$ N/mm$^2$

GL 24h:   $f_{m,d} = 0{,}8 \cdot 24/1{,}3 = 14{,}8$ N/mm$^2$

$\sigma_{m,d}/f_{m,d} = 10{,}9/14{,}8 = 0{,}74 < 1$.

### 19.7.3 Verstärkte Durchbrüche

**Verstärkung mit außen liegenden Verstärkungen**

Für aufgeklebte Verstärkungsplatten gemäß Abb. 19.31 gilt nach – *11.4.4(7)[1]* –:

$$0,25\,a \leq a_r \leq 0,6\,l_{t,90} \quad \text{mit} \quad l_{t,90} = 0,5\,(h_d + h)$$
$$h_1 \geq 0,25\,a$$

Es sind bei Verstärkungsplatten nachzuweisen:

1. Klebfugenspannung

$$\tau_{ef,d}/f_{k2,d} \leq 1 \tag{19.38c}$$

$$\tau_{ef,d} = F_{t,90,d}/(2\,a_r \cdot h_{ad}) \tag{19.38d}$$

mit

$h_{ad} = h_1$          für rechteckige Durchbrüche

$h_{ad} = h_1 + 0,15\,h_d$    für kreisförmige Durchbrüche

$f_{k2,d}$    Bemessungswert der Klebfugenfestigkeit nach – *Tab. F. 23 [1]* –.

2. Zugspannung in den aufgeklebten Verstärkungsplatten

$$k_k \cdot \sigma_{t,d}/f_{t,d} \leq 1 \tag{19.38e}$$

$$\sigma_{t,d} = F_{t,90,d}/(2\,a_r \cdot t_r) \tag{19.38f}$$

mit

$k_k = 2,0$   Beiwert zur Berücksichtigung der ungleichmäßigen Spannungsverteilung

$f_{t,d}$    Bemessungswert der Zugfestigkeit des Plattenwerkstoffes in Richtung der Zugkraft $F_{t,90,d}$

Gekrümmte Träger und Satteldachträger aus BSH s. – *11.4.5 [1]* –.

**Überprüfung der Mindest- und Höchstmaße für einen verstärkten Durchbruch nach – *11.4.4 (1) [1]* –:**

$l_V = h = 900$ mm, $l_Z > h = 900$ mm > 300 mm,    s. Tafel 19.3

$l_A = 800$ mm > $h/2 = 450$ mm,

$h_{ro} = h_{ru} = 300$ mm > $0,25\,h = 225$ mm,

$a = 750$ mm < $h = 900$ mm, $a/h_d = 750/300 = 2,5$,

$h_d = 300$ mm < $0,4\,h = 360$ mm.

Die geometrischen Randbedingungen sind eingehalten. Die Verstärkung des Durchbruchs darf für eine Zugkraft $F_{t,90,d}$ nach Gl. (19.37d) bemessen werden.

Nach – *11.4.1 (4) [1]* – wird aufgeklebtes Sperrholz – *7.7.1 (5) [1]* – als außen liegende Verstärkung mit den folgenden Abmessungen für das gewählte Beispiel verwendet:

$$a_r = 200 \text{ mm} \begin{cases} > 0,25\,a = 187,5 \text{ mm} \\ < 0,6\,l_{t,90,d} = 360 \text{ mm} \end{cases}$$

$h_1 = 200$ mm > $0,25\,a = 187,5$ mm,   $t_r = 18$ mm

## 19.7 Durchbrüche in Brettschichtholzträgern nach DIN 1052 (1988)

**Bemessungswert der Zugkraft $F_{t,90,d}$**

Rechter Rand ($l_A + a$):

$$V_d = 74{,}5 \text{ kN}, M_d = 127{,}5 \text{ kNm}$$

Gl. (19.38a): $\quad F_{t,V,d} = \dfrac{74{,}5 \cdot 300}{4 \cdot 900}[3 - (300/900)^2] = 18{,}5 \text{ kN}$

Gl. (19.38b): $\quad F_{t,M,d} = 0{,}008 \cdot 127{,}5/0{,}3 = 3{,}4 \text{ kN}$

Gl. (19.37d): $\quad F_{t,90,d} = 18{,}5 + 3{,}4 = 21{,}9 \text{ kN (maßgebend)}$

Linker Rand ($l_A$):

$$V_d = 82 \text{ kN}, M_d = 68{,}8 \text{ kNm}$$
$$F_{t,V,d} = 19{,}7 \text{ kN}, F_{t,M,d} = 1{,}84 \text{ kN}$$
$$F_{t,90,d} = 21{,}5 \text{ kN}$$

Die Unterschiede sind gering. Es sollten aber beide Ränder betrachtet werden.

**Nachweis der Klebfugenspannung**

Gl. (19.38d): $\quad \tau_{ef,d} = \dfrac{21{,}9 \cdot 10^3}{2 \cdot 200 \cdot 200} = 0{,}27 \text{ N/mm}^2$

Gl. (19.38c): $\quad 0{,}27/0{,}46 = 0{,}59 < 1$

$\qquad\qquad$ mit $f_{k2,d} = 0{,}8 \cdot 0{,}75/1{,}3 = 0{,}46 \text{ N/mm}^2 \quad - F.23\ [1]\ -$

**Nachweis der Zugspannung in den aufgeklebten Verstärkungsplatten**

Gl. (19.38f): $\quad \sigma_{t,d} = 21{,}9 \cdot 10^3/(2 \cdot 200 \cdot 18) = 3{,}04 \text{ N/mm}^2$

Die Faserrichtung der Deckfurniere des aufgeklebten Sperrholzes F40/30 E60/40 – *Tab. F.12 [1]* – verläuft senkrecht zur Trägerachse.

$$f_{t,d} = 0{,}8 \cdot 29/1{,}3 = 17{,}8 \text{ N/mm}^2$$

Gl. (19.38e): $\quad 2{,}0 \cdot 3{,}04/17{,}8 = 0{,}34 < 1$

Nachweise sind erfüllt.

Zu beachten:

- Klebarbeiten sind nach – *14.1 (2) [1]* – auszuführen
- Die Herstellung der Verstärkung darf nur von Betrieben vorgenommen werden, die ihre Eignung zum Kleben tragender Holzbauteile nachgewiesen haben – *Anhang A [1]* –
- Größere Einzellasten im Durchbruchsbereich sind unzulässig
- Verstärkungen von Durchbrüchen sind auch in der Nkl3 zulässig – *11.4.1 (9) [1]* –.

Praktische Berechnungsbeispiele nach DIN 1052 (1988) siehe [28, 33].

## 19.8 Rahmenecken nach DIN 1052

### 19.8.1 Übliche Konstruktionen

Rahmenecken können in aufgelöster Form nach Abb. 19.32 gebaut werden, vgl. Abschn. 19.8.7, Beispiel 3. Weitere Beispiele sind Hempel [89] und Milbrandt [28] zu entnehmen.

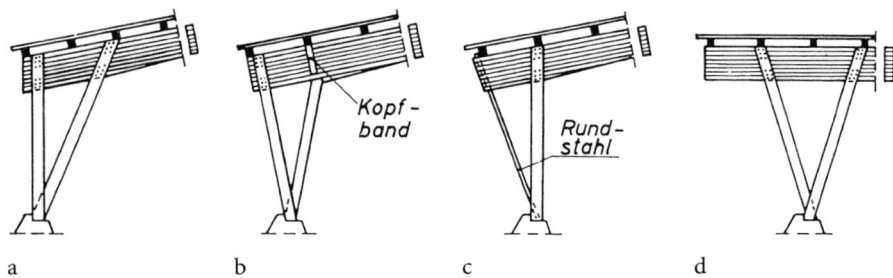

Abb. 19.32. Rahmenecken in aufgelöster Form [27]

Meistens werden Rahmenecken in geschlossener Bauweise in den drei Grundformen a, b, c nach Abb. 19.33 ausgeführt:
a) Krümmung mit oder ohne volle Ecke
b) Keilzinkenvollstoß mit oder ohne Eckstück
c) Kreisförmig angeordnete Dübel oder Stabdübel

Der folgende Abschnitt befasst sich ausschließlich mit Rahmenecken in geschlossener Form. Hinsichtlich ihrer Herstellung und Montage ist zu beachten:

**Form a:** Das ganze Bauteil (eine Binderhälfte) wird im Holzleimbaubetrieb hergestellt und ungestoßen zur Baustelle transportiert. Deshalb Transportmaße beachten, vgl. Abb. 19.1d.

**Form b:** Der Keilzinkenstoß nach DIN 68140 sollte kurz nach dem Fräsen der Zinkung möglichst im Holzleimbaubetrieb ausgeführt werden (Normalklima, Pressvorrichtung, Erhärtungszeit), kann aus Transportgründen aber auch auf der Baustelle hergestellt werden. Voraussetzungen sind dann genaue Passung

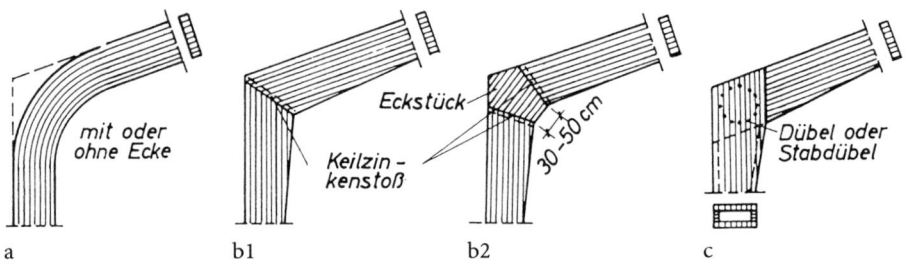

Abb. 19.33. Rahmenecken in geschlossener Form [27]

(Feuchteänderungen vermeiden) und werkstattmäßige Bedingungen beim Zusammenbau.

Die Brettlamellen sollen parallel zur Außenkante verlaufen, d.h. Anschnitte an der Innenkante.

**Form c:** Stütze und Riegel werden als Einzelstücke transportiert und auf der Baustelle verbunden. Eine gute Passung kann erreicht werden, indem das Mittelteil (meist Riegel) erst auf der Baustelle gebohrt wird, da Feuchteänderungen während Transport und Lagerung wegen unterschiedlicher Quell- und Schwindmaße $\|$ Fa und $\perp$ Fa in Riegel und Stütze verschiedene Formänderungen hervorrufen.

### 19.8.2 Gekrümmte Rahmenecken

Die gekrümmte Rahmenecke kann hinsichtlich der Spannungsnachweise wie ein gekrümmter Träger behandelt werden.

Gekrümmte Form ohne Ecke siehe Abschn. 19.4.3 mit Gl. (19.6), Abschn. 19.4.4 mit Gl. (19.10) und Abschn. 19.4.5, sowie Abb. 19.8b.

Gekrümmte Form mit Ecke nach Abschn. 19.5.3, Abb. 19.17 ($M_m$ entgegengesetzt) sinngemäß anwenden –8.2.3–.

Berechnungsbeispiel nach DIN 1052 (1988) siehe z.B. Hempel [89].

### 19.8.3 Rahmenecken mit Keilzinkenvollstoß

#### 19.8.3.1 Allgemeines

Der Keilzinkenvollstoß gestattet gegenüber dem gekrümmten Träger eine günstigere Raumausnutzung im Eckbereich. Bei Dreigelenkrahmen kann diese Eckausbildung mit einer oder zwei Keilzinkungen nach Abb. 19.33 und 19.34 ausgeführt werden.

Die Brettlamellen (Faserrichtung) sollen parallel zur Außenkante des Trägers verlaufen.

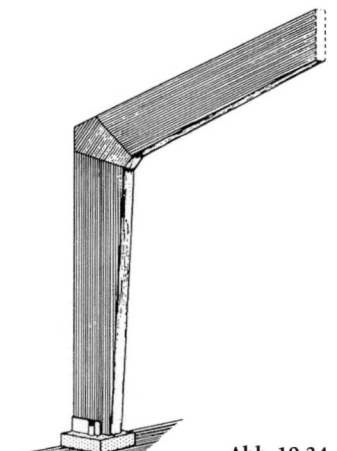

**Abb. 19.34.** Keilgezinkte Rahmenecke [26, 27, 99]

### 19.8.3.2 Bemessung keilgezinkter Rahmenecken

Die Beanspruchung in solchen Rahmenecken ist mit der technischen Balkenbiegelehre nicht mehr zutreffend zu ermitteln. Unter Zugrundelegung der orthotropen Scheibentheorie ergeben sich Längs- und Querspannungen, deren Verlauf dem in Abb. 19.13d und 19.17 dargestellten ähnlich ist. Krabbe/Tersluisen [203] haben theoretische Untersuchungen über Verlauf und Größenordnung der Spannungen in Rahmenecken mit einer Keilzinkung durchgeführt.

Keilgezinkte Rahmenecken werden i.d.R. durch negative Eckmomente gemäß Abb. 19.8b beansprucht, die Druckspannungsspitzen $\sigma_{D\parallel}$ an der Innenseite der Ecke und Querdruckspannungen $\sigma_{D\perp}$ im Eckbereich hervorrufen.

> **Größere positive Eckmomente** sollten vermieden werden, da sie Querzugspannungen $\sigma_{Z\perp}$ erzeugen, für deren Berechnung z.Z. noch keine zuverlässigen Untersuchungsergebnisse vorliegen. Über eine vereinfachte Berechnung dieser Querzugspannungen berichten Egner/Kolb [204]. Bis zur Klärung des Tragverhaltens schlägt Heimeshoff [205] vor, bei positivem Eckmoment eine rechnerische Biegedruckspannung von $0{,}2 \cdot \text{zul}\,\sigma_{D\ast}$ nicht zu überschreiten, vgl. Möhler/Siebert [77].
>
> Für Dreigelenkrahmen bedeutet das i.d.R. keine Einschränkung, da geringe positive Eckmomente im Lastfall „$g + w$" schadlos aufgenommen werden können.
>
> Zur Beurteilung der Tragsicherheit verschiedener Ausführungen von Rahmenecken hat Kolb [206, 207] experimentelle Untersuchungen an praxisnahen Versuchskörpern durchgeführt, s. Abb. 19.35c.

Die Auswertung dieser Versuche – Bruchsicherheit $v > 3{,}3$ – erlaubt nach Kolb folgendes vereinfachtes Rechenverfahren für den Standsicherheitsnachweis von Rahmenecken mit Keilzinkenvollstößen, vgl. Heimeshoff [205].

$$\sigma_\omega = \omega \cdot \frac{N}{A_n} + \frac{\text{zul}\,\sigma_{D\parallel}}{\text{zul}\,\sigma_B} \cdot \frac{M}{W_n} \leq \text{zul}\,\sigma_{D\ast\alpha} \qquad (19.39)$$

mit $\quad A_n = 0{,}8 \cdot b \cdot h_i$

$\qquad W_n = 0{,}8 \cdot b \cdot h_i^2/6 \hfill$ wie Gl. (19.3)

Darin bedeuten:

$M$ [kNm] Biegemoment, bezogen auf den Mittelpunkt des Keilzinkenstoßes
$N$ [kN] Längskraft $\parallel$ Stabachse von Stütze oder Riegel
$A_n$ [m²] ⎫ Netto-Querschnittsfläche und -Widerstandsmoment mit ideeller
$W_n$ [m³] ⎭ Höhe $h_i$ nach Abb. 19.35a, b als Lot von innerer Ecke auf Außenkante. Die Abminderung um etwa 20% berücksichtigt die Keilzinkung, vgl. Gl. (19.3).
zul $\sigma_{D\ast\alpha}$ gilt für $\measuredangle\,\alpha$ zwischen Kr und Fa (Kraftrichtung $\perp$ Gehrungsfuge) nach Abb. 19.36 und für NH S10 nach DIN 68140 – auch bei Verwendung von BS14 ($\triangleq$ BSH Gkl I).

Berechnungsbeispiel nach DIN 1052 (1988) siehe [26] und Abschn. 19.8.5.

Bei Verwendung von Zwischenstücken aus BFU-BU nach Abb. 19.37 anstelle solcher aus BSH kann eine Erhöhung der Tragfähigkeit erreicht werden.

Nach experimentellen Untersuchungen von Kolb/Gruber [208] können solche Zwischenstücke auch im Firstbereich von Satteldachträgern vorteilhaft eingesetzt werden zur Aufnahme der Querzugspannungen.

Berechnungsbeispiele nach DIN 1052 (1988) siehe [33].

19.8 Rahmenecken nach DIN 1052    257

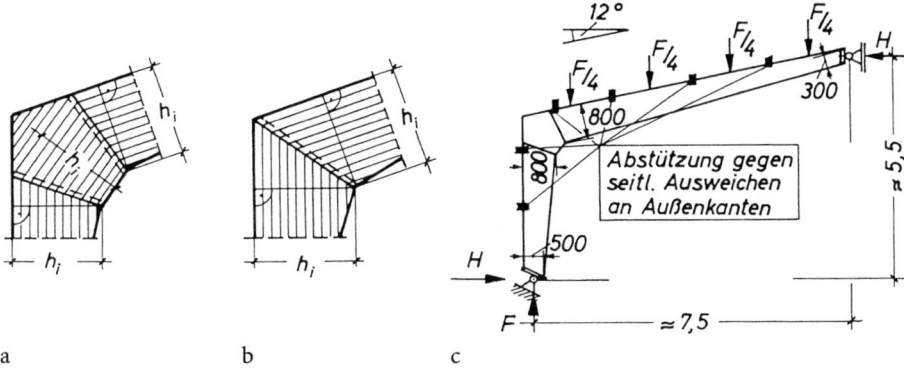

a    b    c

**Abb. 19.35.** Rahmenecken mit Keilzinkenvollstößen

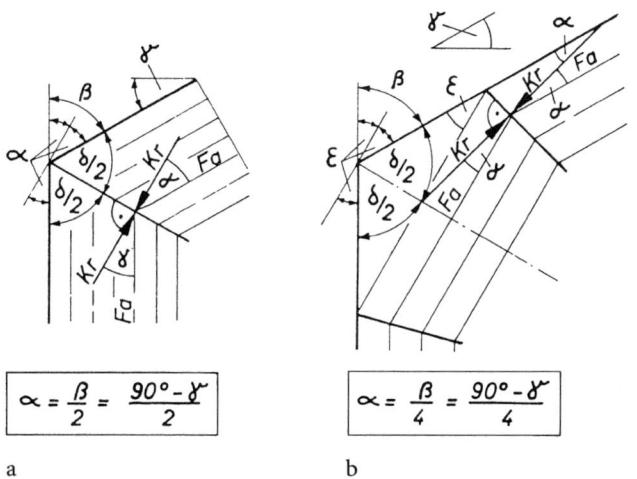

a    b

**Abb. 19.36.** Maßgebender ∢ α zwischen Kr und Fa

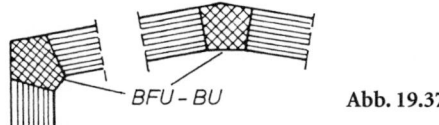

Abb. 19.37

### 19.8.3.3 Konstruktionsdetails

Einige Varianten für die Ausbildung des Stützenfußes mit Berechnung sowie ein Beispiel für eine einfache Konstruktion des Firstpunktes sind in Abb. 19.38 dargestellt [26, 27, 28].

### Hinweise zu den Abbildungen:

**Zu a, b, c:** Vertikallasten und Horizontalschub werden durch Kontakt übertragen. Nach außen gerichteter Horizontalschub wird durch bewehrte Stahlbeton-Aufkantung oder Stahlschuh aufgenommen. Bolzen oder Stabdü-

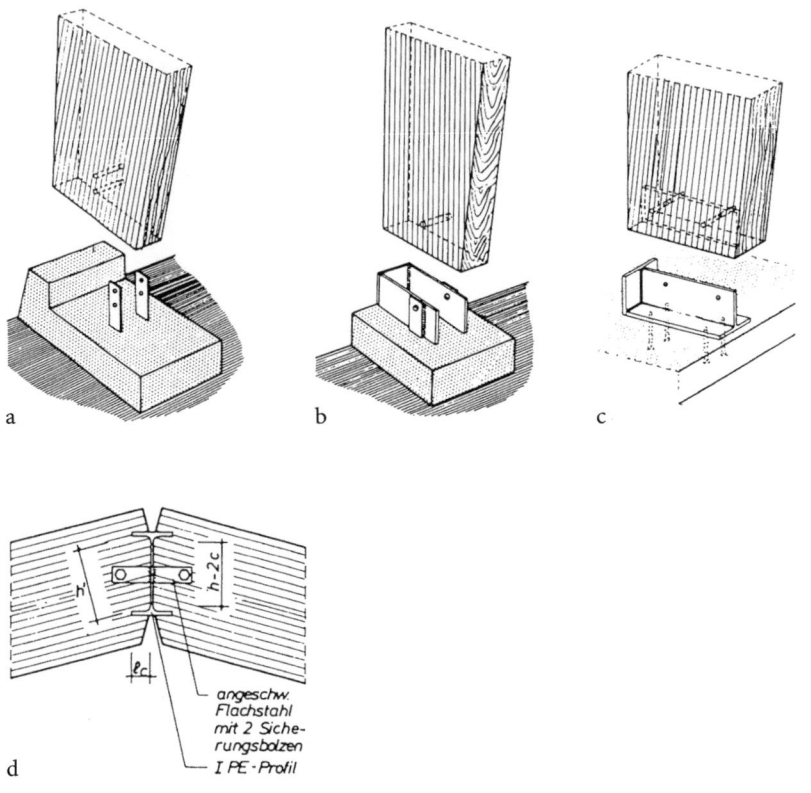

**Abb. 19.38.** Beispiele für Fuß- und Firstpunktdetails bei Dreigelenkrahmen [26, 27, 28]

bel zur Lagesicherung oder, falls notwendig, für nach innen gerichtete H-Kraft im Lastfall „$g+w$". Eine Sperrschicht muss das Holz gegen aufsteigende Feuchtigkeit schützen.

**Zu d:** I-Profil zur Aufnahme der lotrechten Gelenk-Querkraft für Lastfall „$s/2+w$". H-Kraft aus „$g+s$" wird durch Kontakt übertragen. Zwei seitlich angeschweißte Flachstähle mit Bolzen dienen zur Lagesicherung. Statt der Bolzen eventuell einseitige Dübel (Stahl/Holz) anordnen, falls Zugkräfte aus Verbandsgurtkräften auftreten. Berechnung siehe [26].

Weitere Beispiele siehe z. B. Abb. 1.11 sowie [28].

### 19.8.4 Rahmenecken mit Dübelkreisen

#### 19.8.4.1 Allgemeines

Kolb [206, 207] hat auch das Tragverhalten solcher Rahmenecken mit Dübelanschluss experimentell überprüft, vgl. Abb. 19.35 c.

Dabei zeigte sich, dass eine Dübelanordnung im Kreis (meist ein oder zwei Kreise) nach Abb. 19.39 a und c der Reihenanordnung *b* vorzuziehen ist; denn bei Anordnung *b* verursachen die infolge *M* am höchsten belasteten Dübel in

## 19.8 Rahmenecken nach DIN 1052

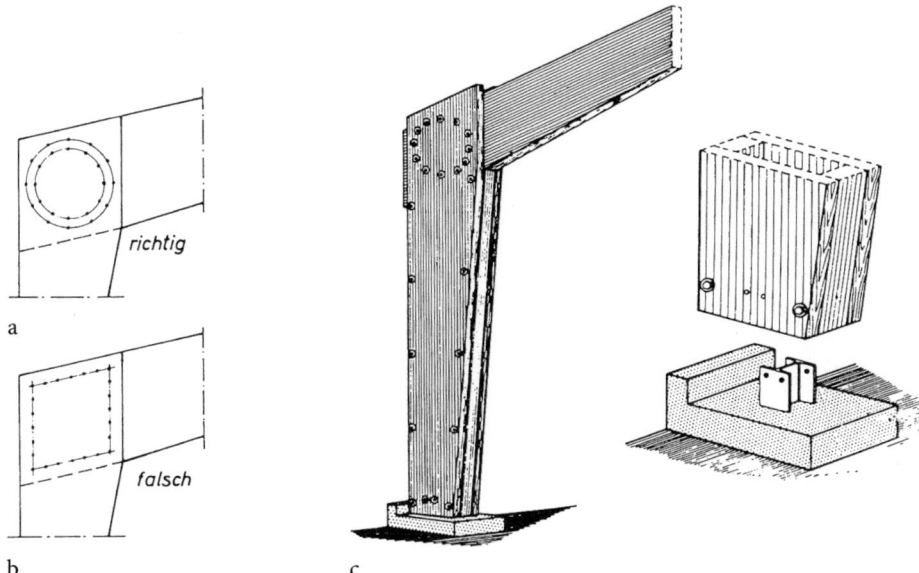

**Abb. 19.39.** Dübelanordnung in Rahmenecken, Stützenfußausbildung [209]

den Eckpunkten (größter Abstand vom Drehmittelpunkt) Queraufreißen des Holzes.

### 19.8.4.2 Berechnung der Dübelkräfte

Nach den Versuchen von Kolb ist ausreichende Standsicherheit vorhanden, wenn man der Berechnung der Dübelkräfte folgende Annahmen zugrunde legt (Abb. 19.40):

a) Längs- und Querkraft verteilen sich gleichmäßig auf alle Dübel oder Stabdübel (in der Praxis bevorzugt, da der Anschlusswert größer als bei Dübeln besonderer Bauart).

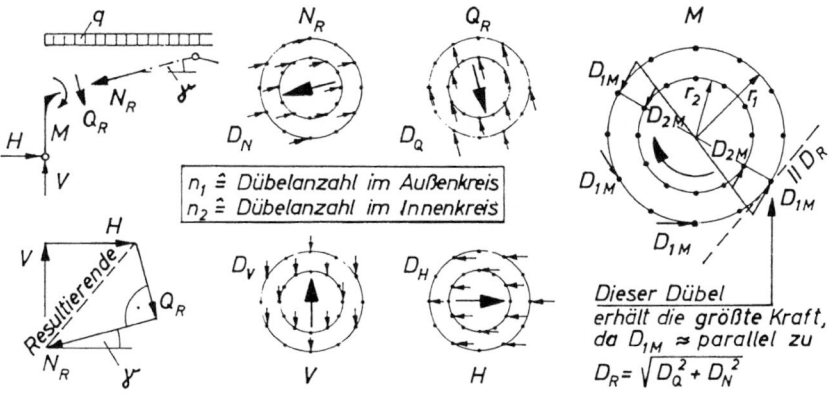

**Abb. 19.40.** Dübelkräfte in der Rahmenecke

b) Die Dübelkraft infolge $M$ ist tangential zum Kreis gerichtet. Ihr Betrag ist proportional zum Abstand des Dübels oder Stabdübels vom Schwerpunkt der Dübelverbindung.

Zu a:

| Stütze: | Riegel: |
|---|---|
| $D_V = \dfrac{V}{n_1 + n_2}$ | $D_N = \dfrac{N_R}{n_1 + n_2}$ |
| $D_H = \dfrac{H}{n_1 + n_2}$ | $D_Q = \dfrac{Q_R}{n_1 + n_2}$ |

(19.40)

Zu b: $\quad D_{2M}/D_{1M} = r_2/r_1$

$$D_{2M} = D_{1M} \cdot r_2/r_1 \qquad (19.41)$$

$$M = D_{1M} \cdot n_1 \cdot r_1 + D_{2M} \cdot n_2 \cdot r_2$$

$$= n_1 \cdot \frac{r_1^2}{r_1} \cdot D_{1M} + n_2 \cdot \frac{r_2^2}{r_1} \cdot D_{1M}$$

$$M = \frac{D_{1M}}{r_1} \cdot (n_1 \cdot r_1^2 + n_2 \cdot r_2^2)$$

$$\boxed{D_{1M} = \frac{M \cdot r_1}{n_1 \cdot r_1^2 + n_2 \cdot r_2^2}} \qquad (19.42)$$

allgemein: $\quad \boxed{D_{1M} = \dfrac{M \cdot r_1}{\Sigma (n_i \cdot r_i^2)}} \qquad (19.43)$

Nach Plenk/Huber [210] sind Rahmenecken mit > 2 Dübelkreisen unwirtschaftlich.

**Resultierende Dübelkraft:**
Die größte Beanspruchung erhält derjenige Dübel des Außenkreises, dessen Resultierende infolge $D_V$ und $D_H$ ($D_N$ und $D_Q$) annähernd parallel zur Wirkungslinie von $D_{1M}$ verläuft und den gleichen Richtungssinn hat.

$$D_R = \sqrt{D_V^2 + D_H^2} = \sqrt{D_N^2 + D_Q^2}$$

$$\max D = D_R + D_{1M} \leqq \text{zul} D_{\ast} \qquad (19.44)$$

Vektorielle Addition nach Abb. 19.41.

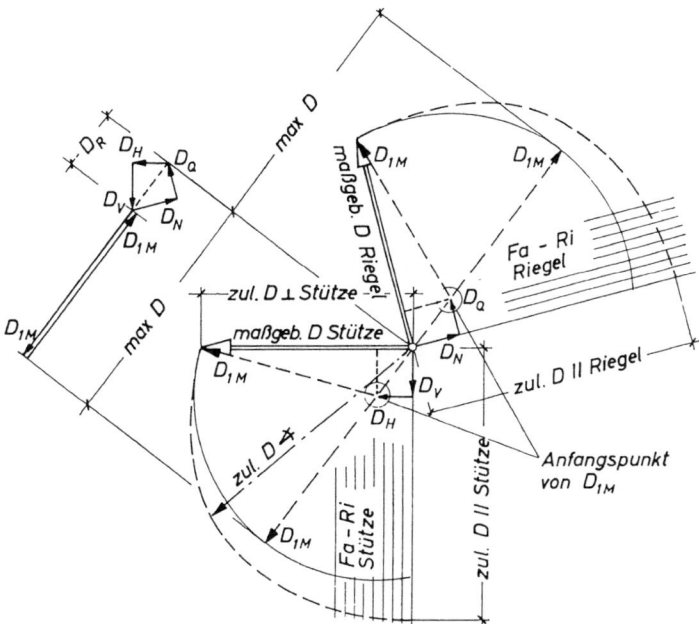

**Abb. 19.41.** Ermittlung der maßgebenden Dübelkraft maßgeb. $D$

Diese größte Dübelkraft max $D$ nach Gl. (19.44) ist i.d.R. weder $\perp$ noch $\parallel$ zur Faserrichtung des Holzes gerichtet (Abb. 19.41).

### 19.8.4.3 Maßgebende Dübelbeanspruchung

Die zulässige Dübelbeanspruchung ist abhängig vom Winkel zwischen Kraft- und Faserrichtung, für Stabdübel vgl. Gl. (6.5) bis (6.6b) mit Abb. 6.29, für Dübel besonderer Bauart siehe –T2, Tab. 4, 6, 7–.

Maßgebend für die Bemessung ist i.d.R. ($D_H$, $D_V$, $D_Q$, $D_N$ je für sich kleiner als $\approx 20\%$ von $D_{1M}$) derjenige Dübel des Außenkreises, der nahezu $\perp$ Fa von Stütze oder Riegel beansprucht wird, siehe [211]. Nach Abb. 19.41 kann die maßgebende Kraft für diese Dübel berechnet werden nach Gl. (19.45) bzw. (19.46).

$$\text{Riegel: maßgeb. } D \approx D_Q + \sqrt{D_{1M}^2 - D_N^2} \leq \text{zul} D_\perp \qquad (19.45)$$

$$\text{Stütze: maßgeb. } D \approx D_H + \sqrt{D_{1M}^2 - D_V^2} \leq \text{zul} D_\perp \qquad (19.46)$$

**Hinweis zu zul $D$:**
Grundsätzlich gilt das anfangs Gesagte für die Ermittlung von zul $D_\ast$ bzw. zul $D_\perp$.

Nach Kolb sollten diese Rechenwerte jedoch nur angewendet werden auf Anschlüsse mit einem Dübelkreis. Da die Versuche für zwei Dübelkreise eine geringere bezogene Tragsicherheit ergeben haben, wird vorgeschlagen, die zulässige Dübelkraft in diesem Falle um 15% zu reduzieren, d.h.:

| 1 Dübelkreis → | zul D nach DIN 1052 |
|---|---|
| 2 Dübelkreise → | 0,85 · zul D nach DIN 1052 |

– *12.3 (11) [1]* –

Heimeshoff empfiehlt statt dessen, die Brettlagen an den Rändern durch Sondernägel gegen Aufreißen zu sichern (Einzelheiten siehe [211]) und dann auch bei zwei Dübelkreisen zul D nach DIN 1052 voll einzusetzen.

### 19.8.4.4 Schubbeanspruchung im Eckbereich

Bei gedübelten Rahmenecken – insbesondere mit 2 Dübelkreisen – ist häufig der Schubspannungsnachweis maßgebend für die Bemessung. Dabei liefert die Umlenkung des Eckmomentes von der Stütze in den Riegel durch die Dübel den maßgebenden Anteil an der Querkraft, die im Anschlussbereich wirkt.

Zur anschaulichen Ermittlung der Schubkräfte empfiehlt sich anstatt der direkten Ableitung folgendes anschauliches Gedankenmodell: Man ersetze den Dübelkreis durch ein Quadrat gleichen Umfangs. Dann ist nach Abb. 19.42a:

$$2a = \pi \cdot r$$

Der gedachte kontinuierliche Schubfluss kann durch zwei gleich große Kräftepaare gleichen Drehsinns ersetzt werden (Abb. 19.42b).

$$M = 2 \cdot F \cdot a$$
$$F = M/(2 \cdot a) \tag{19.47}$$

Maßgebend für die Bemessung der Rahmenecke ist i.d.R. der Lastfall H „g + s" nach Abb. 19.43. Der Querkraftverlauf in der Stütze lässt sich dann unter besonderer Berücksichtigung der Kraftumlenkung in der gedübelten Rahmenecke näherungsweise nach Abb. 19.44 bestimmen (Riegel zur Vereinfachung horizontal angenommen).

Eckmoment mit Drehsinn gemäß Abb. 19.44a:

$$M = H \cdot h - V \cdot e + q \cdot e^2/2 \tag{19.48}$$

$$F = M/(2 \cdot a) \qquad \text{nach Gl. (19.47)}$$

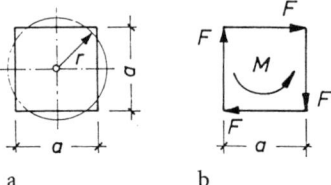
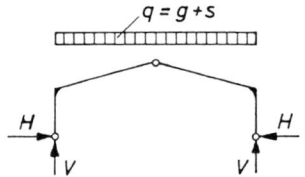

Abb. 19.42. Gedankenmodell    Abb. 19.43. Maßgebender Lastfall

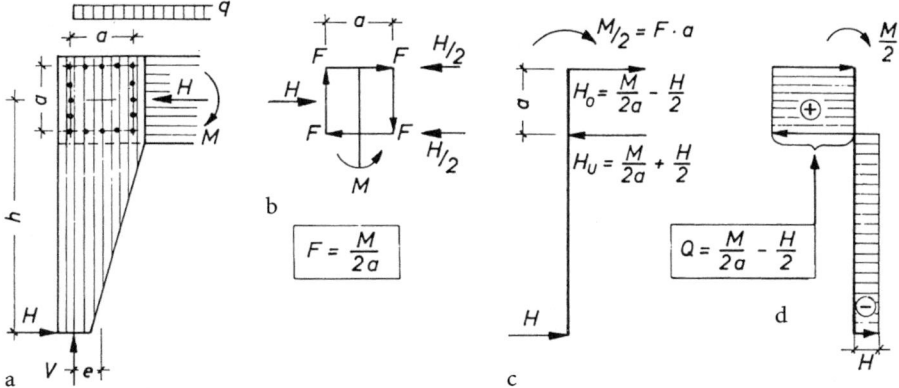

**Abb. 19.44.** Querkraft in der gedübelten Rahmenecke (Stütze)

Die Riegelschnittgrößen $H$ und $M$ werden durch Kräfte im „Dübelviereck" ersetzt, s. Abb. 19.44b. In Abb. 19.44c sind die Horizontalkräfte addiert und das vertikale Kräftepaar durch das Moment $M/2$ ersetzt worden.

$$H_o = F - H/2 = M/(2 \cdot a) - H/2 \qquad (19.49)$$

$$H_u = F + H/2 = M/(2 \cdot a) + H/2 \qquad (19.49\,a)$$

Die maßgebende Querkraft in der Stütze ist dann nach Abb. 19.44d

$$Q = H_o = M/(2 \cdot a) - H/2$$

Mit $2 \cdot a = \pi \cdot r$ nach Voraussetzung gemäß Abb. 19.42a folgt daraus **die Querkraft für einen Dübelkreis in der Stütze:**

$$\boxed{|Q| = |M|/(\pi \cdot r) - |H|/2} \qquad (19.50)$$

$Q$, $M$ und $H$ sind mit ihren Beträgen gemäß Pfeilrichtung nach Abb. 19.44a einzusetzen.

Für eine Rahmenecke mit zwei Dübelkreisen gilt:

Äußerer Kreis: $M_1 = n_1 \cdot D_{1M} \cdot r_1$

Innerer Kreis: $M_2 = n_2 \cdot D_{2M} \cdot r_2$

Gemäß Gl. (19.50) folgt daraus der Querkraftanteil $Q_M$ infolge $M$:

$$Q_M = \frac{M_1}{\pi \cdot r_1} + \frac{M_2}{\pi \cdot r_2} = \frac{n_1 \cdot D_{1M}}{\pi} + \frac{n_2 \cdot D_{2M}}{\pi} \qquad (19.50\,a)$$

Mit Gl. (19.42) $\quad D_{1M} = \dfrac{M \cdot r_1}{n_1 \cdot r_1^2 + n_2 \cdot r_2^2}$

und Gl. (19.41) $\quad D_{2M} = D_{1M} \cdot r_2/r_1 = \dfrac{M \cdot r_2}{n_1 \cdot r_1^2 + n_2 \cdot r_2^2}$

264   19 Brettschichtholzträger

folgt
$$Q_M = \frac{M \cdot (n_1 \cdot r_1 + n_2 \cdot r_2)}{\pi \cdot (n_1 \cdot r_1^2 + n_2 \cdot r_2^2)}$$ (19.50b)

allgemein:
$$\boxed{Q_M = \frac{M}{\pi} \cdot \frac{\Sigma(n_i \cdot r_i)}{\Sigma(n_i \cdot r_i^2)}}$$ (19.50c)

**Querkraft für zwei Dübelkreise in der Stütze:**

$$\boxed{|Q| = \frac{|M|}{\pi} \cdot \frac{n_1 \cdot r_1 + n_2 \cdot r_2}{n_1 \cdot r_1^2 + n_2 \cdot r_2^2} - \frac{|H|}{2}}$$ (19.50d)

$Q$, $M$ und $H$ sind mit ihren Beträgen gemäß Pfeilrichtung nach Abb. 19.44a einzusetzen.

Die Anschlussquerkraft für Dübelkreise im Riegel ist sinngemäß nach Abb. 19.45 zu ermitteln.

Da im Dübelbereich nach Kolb zusammengesetzte Schub- und Scherbeanspruchungen auftreten, ist der Spannungsnachweis zu führen mit

$$\max \tau = 1{,}5 \frac{Q}{A} \; ; \quad \frac{\max \tau}{\mathrm{zul}\,\tau_a} \leqq 1$$

mit zul $\tau_a = 0{,}9$ MN/m² für BS11, BS14; BS16, BS18.

Da max $\tau$ im Schwerpunkt des Querschnitts (also im ungeschwächten Bereich) auftritt, darf mit dem Bruttoquerschnitt gerechnet werden.

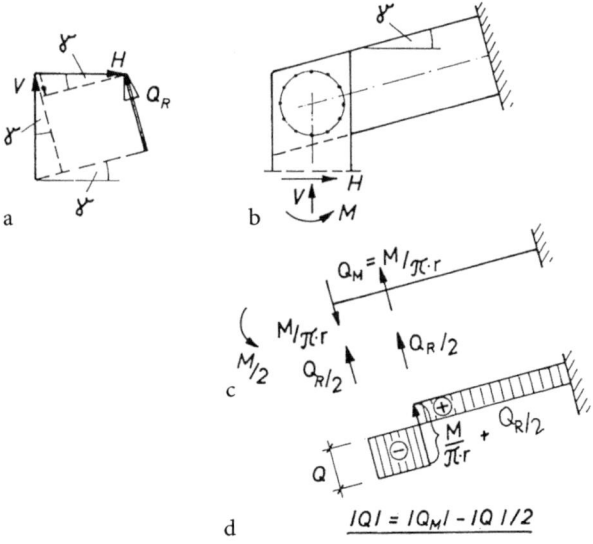

**Abb. 19.45.** Querkraft im Riegel bei Dübelanschluss

## 19.8 Rahmenecken nach DIN 1052

Riegelquerkraft ohne $M$-Einfluss (Abb. 19.45):

$$Q_R = V \cdot \cos\gamma - H \cdot \sin\gamma$$

Querkraft in der gedübelten Rahmenecke bezogen auf den Riegel erfolgt sinngemäß nach Gl. (19.50) und (19.50 d), indem $|H|$ durch $|Q_R|$ ersetzt wird.

Vergleichsweise sei hier noch der Kraftfluss in einem Kragarmanschluss an eine Stütze dargestellt, s. Abb. 19.45 A.

Die maßgebenden Querkräfte des Riegels ($Q_R$) und der Stütze ($Q_{St}$) im Anschlussbereich sind Abb. 19.45 A zu entnehmen.

Die maßgebende Querkraft im Riegel ist vergleichbar mit derjenigen in der Stütze gemäß Abb. 19.44 d:

$$Q_R = \frac{|M|}{\pi \cdot r} - \frac{|V|}{2} \qquad \text{wie Gl. (19.50)}$$

Die maßgebende Querkraft in der Stütze ist nach Gl. (19.51) zu berechnen:

$$Q_{St} = \frac{|M|}{\pi \cdot r} - |H| \tag{19.51}$$

Die Beanspruchung der Dübel (Stabdübel) durch die Anschlussgrößen $V$ und $M$ zeigt Abb. 19.45 B.

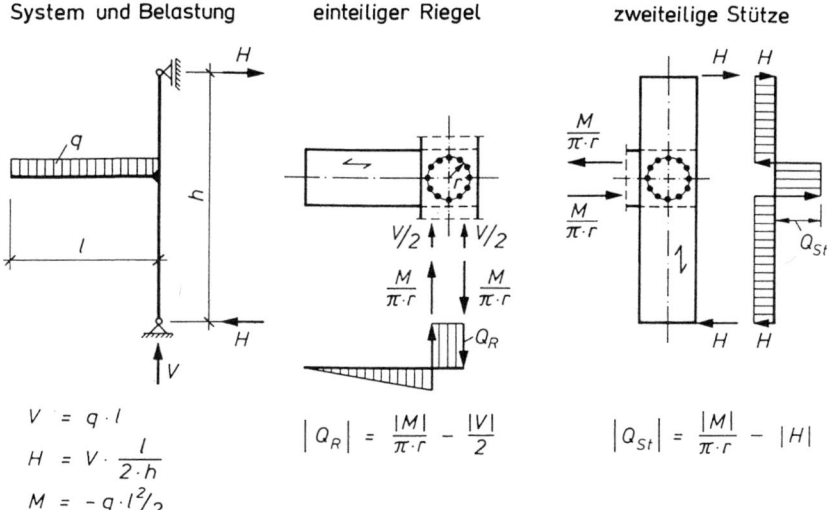

**Abb. 19.45 A.** $Q$-Verlauf in Riegel und Stütze bei Kragarmbelastung mit Gleichlast

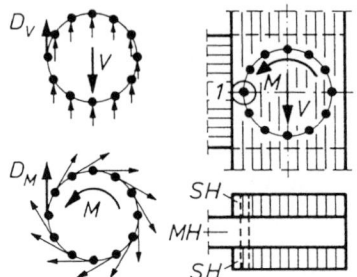

Abb. 19.45 B

Am höchsten beansprucht wird der Dübel (Stabdübel) Nr. 1:

$\max D = D_V + D_M$

$\leq$ zul $D_\perp$ für Riegel (MH)

$\leq$ zul $D_\parallel$ für Stütze (SH)

zul $D_\perp$ ist maßgebend bei Dübeln besonderer Bauart, bei Stabdübeln nur bezogen auf Gl. (6.6b) für MH.

zul $D_\parallel$ ist maßgebend bei Stabdübeln bezogen auf Gl. (6.5) für SH.

Für die Seitenhölzer (Stütze) kann auch die größte Kraft $\perp$ Fa maßgebend für die Bemessung werden mit dem Nachweis:

$$\text{maßgeb. } D_{SH} \approx \sqrt{D_M^2 - D_V^2} \leq \text{zul } D_\perp \text{ für SH}$$

vgl. Gl. (19.46) für den Sonderfall $D_H = 0$.

### 19.8.4.5 Nachgiebigkeit der Stabdübel-Eckverbindung

Der Einfluss der Nachgiebigkeit mechanischer Verbindungsmittel auf die Verformung eines zusammengesetzten Holztragwerkes wird im Abschn. 22 ausführlich beschrieben. Die Tangentenverdrehung des Riegels in der Rahmenecke infolge der Nachgiebigkeit der Stabdübelverbindung liefert den Verformungsanteil einer Rahmenecke nach Gl. (22.7):

$\delta_E = M_E \cdot \overline{M}_E / C_d$

mit der Drehfedersteifigkeit nach Gl. (22.5): $C_d = C_1 \cdot \Sigma (n \cdot r^2)$

$C_1 = C = 1{,}2 \cdot$ zul $N_{st}$ ist nach $-T2$, *Tab. 13*$-$ der Verschiebungsmodul in N/mm eines Stabdübels mit zul $N_{st}$ in N nach Gln. (6.5) bis (6.6b), wenn der Einfluss der Nachgiebigkeit der Eckverbindung auf die Verformung des Tragwerkes erfasst werden soll (Gebrauchstauglichkeitsnachweis).

$n$ ist die Anzahl der Stabdübel eines Kreises $\}$ nach
$r$ ist der Radius eines Stabdübelkreises in m $\}$ Abb. 19.57

$M_E$ = Eckmoment in kNm infolge $q = g + s$ $\}$ nach
$\overline{M}_E$ = Eckmoment in m infolge virtueller Last „1" $\}$ Abb. 19.46

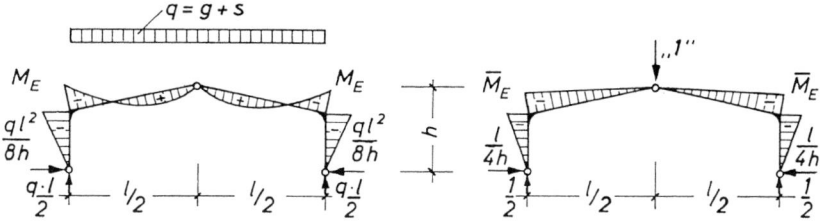

**Abb. 19.46.** $M_E$- und $\bar{M}_E$-Fläche zur Verformungsberechnung

### 19.8.5 Berechnungsbeispiel 1 nach DIN 1052 (1988): Dreigelenkrahmen
#### 19.8.5.1 System und Lastannahmen, BS 11 (GL 24)

Lastannahmen nach 18.4.5 $\qquad g_G = 0{,}306\ \text{kN/m}^2\ \text{G}$

$\qquad\qquad\qquad\qquad\qquad\qquad$ Dachbinder $= 0{,}154\ \text{kN/m}^2\ \text{G}$

$\qquad\qquad\qquad\qquad\qquad\qquad\qquad g = 0{,}46\quad \text{kN/m}^2\ \text{G}$

Binderabstand $B = 6{,}0$ m

| | | |
|---|---|---|
| Eigenlast | $g = 0{,}46 \cdot 6{,}0$ | $= 2{,}76\ \text{kN/m}$ |
| Schneelast | $s = 0{,}75 \cdot 6{,}0$ | $= 4{,}50\ \text{kN/m}$ |
| | $s/2 = 4{,}50/2$ | $= 2{,}25\ \text{kN/m}$ |

Windlasten (Winddruck mit Erhöhung, da Einzugsfläche eines Rahmens = 1/9[1] · 100 = 11 % < 15 %) [162], DIN 1055 T4 (8/86)

| | | |
|---|---|---|
| Lotrechte Luvseite | $w_D = 1{,}25 \cdot 0{,}80 \cdot 0{,}5 \cdot 6{,}0$ | $= 3{,}00\ \text{kN/m}$ |
| Lotrechte Leeseite | $w_S = 0{,}50 \cdot 0{,}5 \cdot 6{,}0$ | $= 1{,}50\ \text{kN/m}$ |
| Dachflächen | $w_S = 0{,}60 \cdot 0{,}5 \cdot 6{,}0$ | $= 1{,}80\ \text{kN/m}$ |

---
[1] 9 Felder, vgl. 18.4.5.

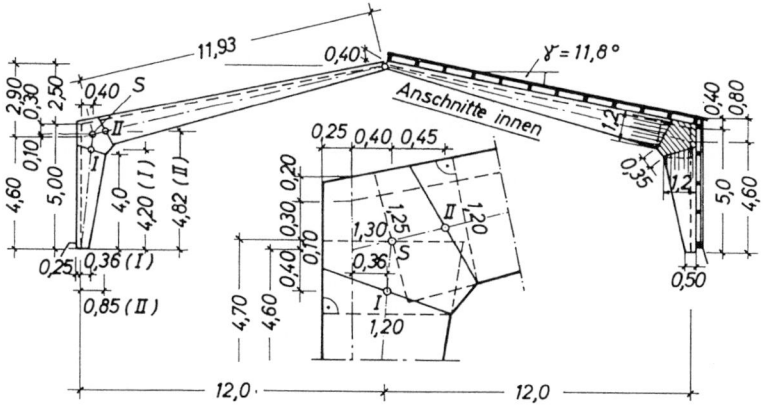

**Abb. 19.47.** Abmessungen des Dreigelenkrahmens

Einzelwindlasten in den Rahmenecken als Ersatzlasten für die Verkleinerung der lotrechten Wandflächen durch Systemlinien:

| | | |
|---|---|---|
| Luvseite | $W_D = 1{,}25 \cdot 0{,}80 \cdot 0{,}5 \cdot 0{,}8 \cdot 6{,}0$ | $= 2{,}40$ kN |
| Leeseite | $W_S = 0{,}50 \cdot 0{,}5 \cdot 0{,}8 \cdot 6{,}0$ | $= 1{,}20$ kN |

### 19.8.5.2 Ermittlung der Schnittgrößen

Ermittlung der Lagerreaktionen nach System Abb. 19.48 a
Ermittlung der Schnittgrößen nach System Abb. 19.48 b

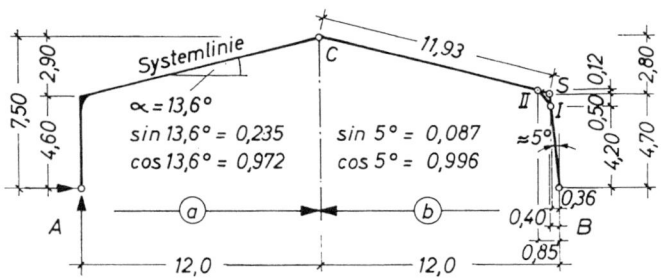

**Abb. 19.48.** Systemmaße

**Lastfall $g$:**

$$A = B = 2{,}76 \cdot 12 = 33{,}1 \text{ kN} \quad \text{s. Abb. 19.49}$$

$$H = \frac{g \cdot l^2}{8 \cdot h} = \frac{2{,}76 \cdot 24^2}{8 \cdot 7{,}5} = 26{,}5 \text{ kN}$$

$$C_H = H = 26{,}5 \text{ kN}$$

$$C_V = 0$$

$$M_I \approx 33{,}1 \cdot 0{,}36 - 26{,}5 \cdot 4{,}2 = -99{,}4 \text{ kNm}$$

$$M_{II} = 33{,}1 \cdot 0{,}85 - 26{,}5 \cdot 4{,}82 - 2{,}76 \cdot 0{,}85^2/2 = -100{,}6 \text{ kNm}$$

$$M_S \approx 33{,}1 \cdot 0{,}40 - 26{,}5 \cdot 4{,}70 = -111{,}3 \text{ kNm}$$

$$N_I = -33{,}1 \cdot 0{,}996 - 26{,}5 \cdot 0{,}087 = -35{,}3 \text{ kN}$$

$$N_{II} = -(33{,}1 - 0{,}85 \cdot 2{,}76) \cdot 0{,}235 - 26{,}5 \cdot 0{,}972 = -33{,}0 \text{ kN}$$

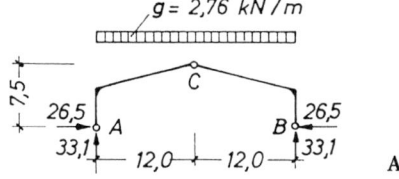

**Abb. 19.49**

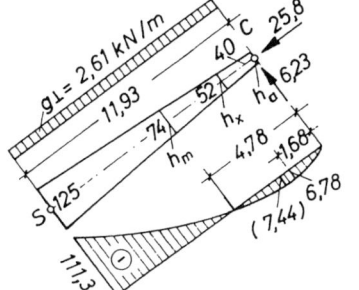

**Abb. 19.50**

Wegen der veränderlichen Querschnittshöhe des Riegels tritt die größte Biegespannung infolge des Feldmomentes an der Stelle $x$ gemäß Abb. 19.14b mit Gln. (19.23), (19.24) – Pultdachträger – auf. Dabei ist als Stützweite $l$ sinngemäß der Abstand des Gelenkes $C$ vom Momentennullpunkt einzusetzen, vgl. Abb. 19.50.

$$g_\perp = 2{,}76 \cdot 0{,}972^2 \quad = \quad 2{,}61 \text{ kN/m}$$
$$Q_C = -26{,}5 \cdot 0{,}235 \quad = -6{,}23 \text{ kN}$$
$$N_C = -26{,}5 \cdot 0{,}972 \quad = -25{,}8 \text{ kN}$$
$$N_{Rm} = -(25{,}8 + 33{,}0)/2 = -29{,}4 \text{ kN}$$

$M$-Nullpunkt:

$$6{,}23 \cdot l_0 - 2{,}61 \cdot \frac{l_0^2}{2} = 0$$

$l_0 = 2 \cdot 6{,}23/2{,}61$ $\qquad\qquad\qquad = 4{,}78$ m

$h_m = 0{,}40 + (1{,}25 - 0{,}40) \cdot 4{,}78/11{,}93 = 0{,}74$ m

$x = \dfrac{4{,}78}{1 + 0{,}74/0{,}40} = \dfrac{4{,}78}{2{,}85} \qquad = 1{,}68$ m $\quad$ nach Gl. (19.23)

$h_x = \dfrac{2 \cdot 0{,}74}{1 + 0{,}74/0{,}40} = \dfrac{1{,}48}{2{,}85} \qquad = 0{,}52$ m $\quad$ nach Gl. (19.24)

$M_x = 6{,}23 \cdot 1{,}68 - 2{,}61 \cdot 1{,}68^2/2 \qquad = 6{,}78$ kNm

$N_x = -25{,}8 - 2{,}76 \cdot 0{,}972 \cdot 0{,}235 \cdot 1{,}68 = -26{,}9$ kN

$\max M_F = 6{,}23^2/(2 \cdot 2{,}61) \qquad\qquad = 7{,}44$ kNm

**Lastfall $s$:**
Alle Lagerreaktionen und Schnittgrößen werden gewonnen aus Lastfall $g$ mit Umrechnungsfaktor

$$\mu = \frac{s}{g} = \frac{4{,}50}{2{,}76} = 1{,}63$$

**Lastfall s/2:**
Dieser Lastfall ist nur von Bedeutung für die Gelenkquerkraft im Punkt C.

$$C_V = B_V = \frac{1}{4} \cdot 2{,}25 \cdot 12 = 6{,}75 \text{ kN} \quad \text{s. Abb. 19.51}$$

$$H = 6{,}75 \cdot 12/7{,}5 \quad = 10{,}8 \text{ kN}$$

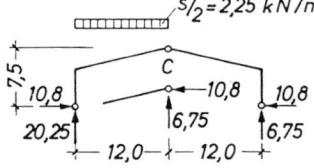

Abb. 19.51

**Lastfall $w_1$:**
$R_1 = 3{,}0 \cdot 4{,}6 = 13{,}8$ kN  s. Abb. 19.52
$R_2 = 1{,}8 \cdot 2{,}9 = 5{,}22$ kN
$R_3 = 1{,}8 \cdot 24{,}0 = 43{,}2$ kN
$R_4 = 1{,}5 \cdot 4{,}6 = 6{,}9$ kN

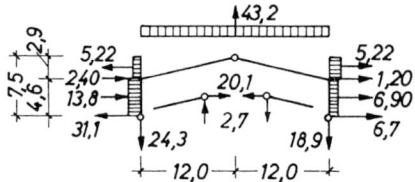

Abb. 19.52

Lagerreaktionen:

$$V_B = 43{,}2/2 - (13{,}8 + 6{,}9) \cdot 2{,}3/24 - (2{,}40 + 1{,}2) \cdot 4{,}6/24 = 18{,}9 \text{ kN}$$

$$V_A = 43{,}2 - 18{,}9 \qquad\qquad\qquad\qquad\qquad\qquad = 24{,}3 \text{ kN}$$

$$H_A = \frac{1}{7{,}5} \cdot (24{,}3 \cdot 12 + 13{,}8 \cdot 5{,}2 + 2{,}40 \cdot 2{,}9 - 5{,}22 \cdot 1{,}45$$

$$-6{,}0 \cdot 43{,}2/2) = \frac{233{,}15}{7{,}5} \qquad\qquad\qquad = 31{,}1 \text{ kN}$$

$$H_B = \frac{1}{7{,}5} \cdot (18{,}9 \cdot 12 - 6{,}0 \cdot 43{,}2/2 - 5{,}22 \cdot 1{,}45 - 1{,}2 \cdot 2{,}9$$

$$-6{,}9 \cdot 5{,}2) = \frac{50{,}27}{7{,}5} \qquad\qquad\qquad = 6{,}7 \text{ kN}$$

Kontrolle: $\Sigma H = 31{,}1 - 6{,}7 - 13{,}8 - 2{,}4 - 1{,}2 - 6{,}9 \qquad = 0{,}1$ kN
$\qquad\qquad\qquad\qquad\qquad\qquad\qquad\qquad\qquad\qquad \approx 0$

Schnittgrößen (linke Ecke):

$$M_{I,l} = 31{,}1 \cdot 4{,}20 - 24{,}3 \cdot 0{,}36 - 3{,}0 \cdot 4{,}20^2/2 = 95{,}4 \text{ kNm}$$
$$M_{II,l} = 31{,}1 \cdot 4{,}82 - 24{,}3 \cdot 0{,}85 - 3{,}0 \cdot 4{,}82^2/2 = 94{,}4 \text{ kNm}$$
$$M_{S,l} = 31{,}1 \cdot 4{,}70 - 24{,}3 \cdot 0{,}40 - 3{,}0 \cdot 4{,}70^2/2 = 103{,}3 \text{ kNm}$$

Rechte Ecke erhält kleinere Biegemomente.

$$C_{V,l} = 24{,}3 - 43{,}2/2 \qquad\qquad\qquad = 2{,}7 \text{ kN}$$
$$C_H = 31{,}1 - 13{,}8 - 2{,}40 + 5{,}22 \qquad = 20{,}1 \text{ kN}$$

Positive Eckmomente infolge $w$ wirken entlastend, deshalb ist Lastfall $H$ maßgebend für die Bemessung.

Positive Eckmomente treten im Gebrauchszustand rechnerisch nicht auf, da $|M_w| < |M_g|$. Es besteht also keine Gefahr des Queraufreißens infolge Querzugspannungen im Keilzinkenstoß.

Zugkräfte im Firstgelenk und abhebende Kräfte in den Fußpunkten sind auch nicht zu befürchten.

### 19.8.5.3 Bemessung mit Keilzinkenstoß

Abmessungen s. Abb. 19.47.

Die Knicklängen $s_{ky}$ in Rahmenebene für Stütze und Riegel können [36] entnommen werden, siehe auch Gl. (8.12) mit Abb. 8.8 und vgl. Heimeshoff [101] und Ewald/Schwarz [212].

Knicklänge der Stütze in Rahmenebene:

$$s_{kS} = 2 \cdot h \cdot \sqrt{1 + 0{,}4 \cdot c} \qquad \text{vgl. Gl. (8.12) mit Gl. (8.13)}$$

Knicklänge des Riegels in Rahmenebene:

$$s_{kR} = s_{kS} \cdot \sqrt{\frac{I_R \cdot N}{I \cdot N_{Rm}}} \qquad \text{siehe [36]}$$

Darin bedeuten:

$I, I_R$    Flächenmoment 2. Grades für Stütze bzw. Riegel
$N, N_{Rm}$    Längskraft in der Stütze bzw. in Riegelmitte

$$h_R = 0{,}40 + 0{,}65 \cdot (1{,}25 - 0{,}40) = 0{,}95 \text{ m} \quad \text{s. Abb.19.53}$$
$$h_S = 0{,}50 + 0{,}65 \cdot (1{,}30 - 0{,}50) = 1{,}02 \text{ m}$$
$$s_1 = 4{,}70 \text{ m} \approx h$$
$$s_2 = 11{,}93 \text{ m}$$
$$c = \frac{I \cdot 2 \cdot s_2}{I_R \cdot s_1} = \left(\frac{h_S}{h_R}\right)^3 \cdot \frac{2 \cdot s_2}{s_1} = \left(\frac{1{,}02}{0{,}95}\right)^3 \cdot \frac{2 \cdot 11{,}93}{4{,}70} = 6{,}28$$

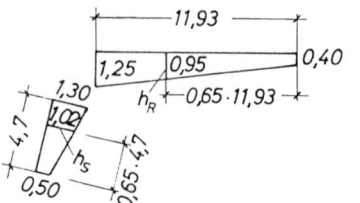

Abb. 19.53

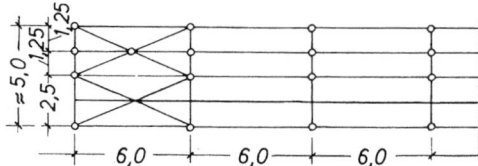

Abb. 19.54. Verband der Längswand

Knicklängen $s_{ky}$ und $s_{kz}$ der Stütze:

$$s_{ky} = 2 \cdot s_1 \sqrt{1 + 0{,}4 \cdot c} = 2 \cdot 4{,}7 \cdot \sqrt{1 + 0{,}4 \cdot 6{,}28} = 17{,}6 \text{ m}$$
$$s_{kz} = 5{,}0/2 \qquad\qquad\qquad\qquad\quad = 2{,}5 \text{ m}$$

(Abb. 19.54)

Das obere Diagonalenkreuz wird im Kreuzungspunkt an den Wandriegel angeschlossen, das untere nicht. Damit ist die Rahmenecke gegen Kippen gehalten, vgl. Versuchsanordnung Abb. 19.35c.

Längskräfte $N_I$ und $N_{Rm}$ nach 19.8.5.2 für Lastfall „g + s":
$N_I = N_I^g \cdot (1 + \mu) = -35{,}3 \, (1 + 1{,}63) = -92{,}8 \text{ kN}$
$N_{Rm} = N_{Rm}^g \cdot (1 + \mu) = -29{,}4 \, (1 + 1{,}63) = -77{,}3 \text{ kN}$

Knicklängen $s_{ky}$ und $s_{kz}$ des Riegels:

$$s_{ky} = s_{kS} \cdot \sqrt{\frac{I_R \cdot N_I}{I \cdot N_{Rm}}} = 17{,}6 \cdot \sqrt{\left(\frac{95}{102}\right)^3 \cdot \frac{92{,}8}{77{,}3}} = 17{,}3 \text{ m}$$

$s_{kz} \approx 2{,}25$ m (Abstand der Verbandsknoten in Dachebene)

**Nachweis für die Stütze nach Gl. (19.39):**

Maßgebender Querschnitt: $b/h_i = 0{,}20/1{,}20$ m/m

$A_n = 0{,}8 \cdot 0{,}20 \cdot 1{,}20 \qquad = 0{,}192 \text{ m}^2$
$W_n = 0{,}8 \cdot 0{,}20 \cdot 1{,}20^2/6 = 0{,}0384 \text{ m}^3$

Maßgebender Trägheitsradius für $h_S = 1{,}02$ m

$i_y = 0{,}289 \cdot 1{,}02 \qquad\qquad = 0{,}295$ m
$\lambda_y = 17{,}60/0{,}295 \qquad\quad \approx 60 \to \omega = 1{,}25$
$\lambda_z = 2{,}50/0{,}289 \cdot 0{,}20 \quad = 43 < 60$

Schnittgrößen für Lastfall H „g + s":

$$M_I = M_I^g \cdot (1 + \mu) = -99{,}4 \cdot (1 + 1{,}63) = -261{,}4 \text{ kNm}$$
$$N_I = N_I^g \cdot (1 + \mu) = -35{,}3 \cdot (1 + 1{,}63) = -92{,}8 \text{ kN}$$

$$\sigma_\omega = \omega \cdot \frac{N_I}{A_n} + \frac{\text{zul } \sigma_{D\|}}{\text{zul } \sigma_B} \cdot \frac{M_I}{W_n}$$

$$= 1{,}25 \cdot \frac{92{,}8 \cdot 10^{-3}}{0{,}192} + \frac{8{,}5}{11{,}0} \cdot \frac{0{,}2614}{0{,}0384} = 5{,}86 \text{ MN/m}^2$$

Maßgebender Winkel $\alpha$ für zul $\sigma_{D\not<}$ nach Abb. 19.36 b:

$$\alpha = (90° - \gamma)/4 = (90 - 11{,}8)/4 = 19{,}6°$$

BS 11: zul $\sigma_{D\not< 19{,}6°} = 8{,}5 - (8{,}5 - 2{,}5) \cdot \sin 19{,}6° = 6{,}49 \text{ MN/m}^2$

$$5{,}86/6{,}49 = 0{,}90 < 1$$

Auf den Nachweis im Stoß II wird verzichtet. Auch dort ist ausreichende Standsicherheit vorhanden.

Ein **Kippnachweis** ist nach den Versuchen von Kolb [207] im Allgemeinen nicht maßgebend für die Bemessung, wenn:
a) das Querschnittsverhältnis $h_i/b \leq 10$ und
b) die Außenkanten von Stiel und Riegel in regelmäßigen Abständen ($s_{kz}$) an die Verbandsknoten nach Abb. 19.35 c angeschlossen sind, insbesondere im unmittelbaren Eckbereich, s. Abb. 19.54.

Wegen der Biege- und Torsionssteifigkeit des Querschnitts wird dann mit ausreichender Sicherheit ein seitliches Ausweichen verhindert.

Heimeshoff/Seuß [213] und Kessel/Hinkes/Schelling [214] haben zum Problem der Sicherung von Rahmen gegen Kippen im Eckbereich Untersuchungen durchgeführt und Bemessungsvorschläge erarbeitet, siehe auch [215].

### 19.8.5.4 Spannungsnachweise für den Riegel im Feld

Die größte Spannung infolge reiner Biegung tritt auf an der Stelle $x$ vom Gelenkpunkt C nach Abb. 19.50.

$$x = 1{,}68 \text{ m}$$
$$A_x = 0{,}20 \cdot 0{,}52 = 0{,}104 \text{ m}^2$$
$$W_x = 0{,}20 \cdot 0{,}52^2/6 = 9{,}013 \cdot 10^{-3} \text{ m}^3$$
$$M_x = 6{,}78 \cdot (1 + 1{,}63) = 17{,}8 \text{ kNm}$$
$$N_x = -26{,}9 \cdot (1 + 1{,}63) = -70{,}7 \text{ kN}$$

Maßgebender Schlankheitsgrad nach 19.8.5.3:

$$\lambda_y = \frac{s_{kR}}{0{,}289 \cdot h_R} = \frac{17{,}30}{0{,}289 \cdot 0{,}95} = 63 \rightarrow \omega = 1{,}31$$

$$\lambda_z = \frac{s_{kz}}{0{,}289 \cdot b} = \frac{2{,}25}{0{,}289 \cdot 0{,}20} = 38{,}9 < 63$$

zul $\sigma_k$ = 8,5/1,31 = 6,49 MN/m²; zul $\sigma_B$ = 11,0 MN/m²

$$\frac{70{,}7 \cdot 10^{-3}}{0{,}104} + \frac{17{,}8 \cdot 10^{-3}}{9{,}013 \cdot 10^{-3}} = 0{,}28 < 1$$
$$\frac{}{6{,}49} \quad\quad 11{,}0$$

Gesamtzugspannung an der angeschnittenen Unterkante (Anschnittsneigung ≈ 4,1°):

$$\sigma_\| = -\frac{70{,}7 \cdot 10^{-3}}{0{,}104} + \frac{17{,}8 \cdot 10^{-3}}{9{,}013 \cdot 10^{-3}} = 1{,}3 \text{ MN/m}^2$$

Der $k_Z$-Wert beträgt nach Tafel 19.2: $k_Z$ = 0,75
1,3 MN/m² < 0,75 · 11,0 = 8,25 MN/m² [162]     nach Gl. (19.18)

### 19.8.5.5 Fuß- und Firstpunkt

Ausführung nach Abb. 19.55.

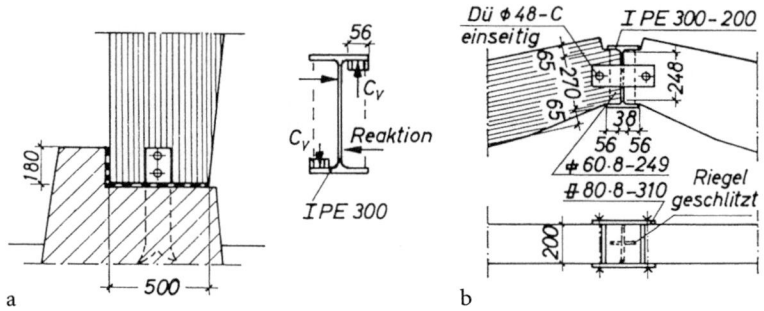

**Abb. 19.55.** Fuß- und Firstpunkt

**Fußpunkt:**   max V = 33,1 · (1 + 1,63)    = 87,1 kN
max H = 26,5 · (1 + 1,63)    = 69,7 kN

Auflager:   $\tau_Q = 1{,}5 \cdot \dfrac{69{,}7 \cdot 10^{-3}}{0{,}20 \cdot 0{,}50}$    = 1,05 MN/m²

1,05/1,2 = 0,87 < 1

$\sigma_{D\|} = \dfrac{87{,}1 \cdot 10^{-3}}{0{,}20 \cdot 0{,}50}$    = 0,87 MN/m²

0,87/8,5 = 0,1 ≪ 1

Aufkantung:   $\text{erf } h_A = \dfrac{69{,}7 \cdot 10^{-3}}{0{,}20 \cdot 0{,}8 \cdot 2{,}5}$    = 0,174 m → 180 mm

**Firstpunkt:**   max H = 26,5 · (1 + 1,63)    = 69,7 kN
max $C_V$ = 6,75 + 2,70    = 9,45 kN
mit $C_H$ = 26,5 − 20,1 + 10,8    = 17,2 kN   vgl. [26]

## 19.8 Rahmenecken nach DIN 1052

max $H$:  $\sigma_{D \not\prec 11,8°} = \dfrac{69{,}7 \cdot 10^{-3}}{(0{,}20 - 0{,}01) \cdot 0{,}248} = 1{,}5 \text{ MN/m}^2$

$1{,}5/7{,}3 = 0{,}2 < 1$

max $V$:  $\sigma_{D \not\prec 78,2°} = \dfrac{9{,}45 \cdot 10^{-3}}{(0{,}20 - 0{,}01) \cdot 0{,}056} = 0{,}89 \text{ MN/m}^2$

zul $\sigma_{D \not\prec 78,2°} = 1{,}25 \cdot 2{,}6 = 3{,}25 \text{ MN/m}^2$    $0{,}89/3{,}25 = 0{,}27 < 1$

Die Rippen – in 10 mm Schlitz – steifen Flansche und Steg gegen örtliche Biegebeanspruchung aus. Seitliche Laschen mit Bolzen bzw. Dübeln dienen zur Lagesicherung.

**Größte Querkraft im Holz:**

$g + s$:  $Q = 26{,}5 \cdot (1 + 1{,}63) \cdot 0{,}235 = 16{,}4 \text{ kN}$

$g + s/2$:  $Q = (26{,}5 + 10{,}8) \cdot 0{,}235 + 6{,}75 \cdot 0{,}972 = 15{,}3 \text{ kN}$

Schubspannung für ausgeklinkten Träger nach Gl. (10.8) für

$$a \leq 0{,}5 \cdot h = 0{,}5 \cdot (h_1 + a) \quad -8.2.2.1-$$

$\left. \begin{array}{l} h_1 = 270 \text{ mm} \\ a = \phantom{0}65 \text{ mm} \end{array} \right\} h = 335 \text{ mm}$

$k = 1 - 2{,}8 \cdot a/h = 1 - 2{,}8 \cdot 65/335 = 0{,}46$

(10.8):  zul $Q = \dfrac{2}{3} \cdot b \cdot h_1 \cdot k \cdot$ zul $\tau_Q$

$\phantom{(10.8): \text{zul } Q} = \dfrac{2}{3} \cdot 190 \cdot 270 \cdot 0{,}46 \cdot 1{,}2 \cdot 10^{-3} = 18{,}9 \text{ kN} > 16{,}4$

**Kritische Anmerkung:**
Konstruktiv und statisch besser und eleganter wäre eine Riegelhöhe im First von etwa 300 mm mit nur geringen neigungsbedingten Ausklinkungen an den Unterflanschen.

### 19.8.5.6 Bemessung der Dübelverbindung

Als Alternative wird der Anschluss mit in zwei Kreisen angeordneten Stabdübeln nach Abb. 19.57 gezeigt. Dabei wird der Riegel einteilig und die Stütze zweiteilig mit eingeleimten Gurthölzern als Kastenquerschnitt – unterhalb des

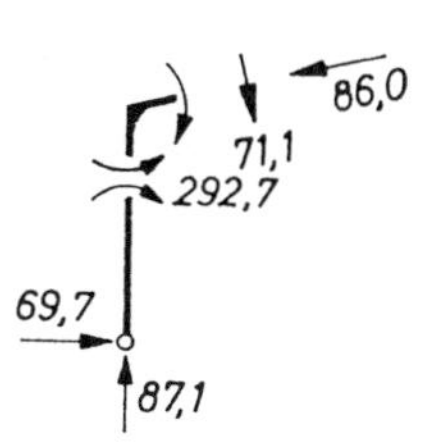

Abb. 19.56

Riegels – ausgebildet. Sowohl die Unterbringung der erforderlichen Dübel als auch die erhöhte Schubspannung im Eckbereich erzwingen meistens größere Querschnittshöhen als beim Keilzinkenstoß.

Anschlusskräfte nach Abb. 19.56 für Lastfall H (siehe 19.8.5.2):

$M_S = -111{,}3 \cdot (1 + 1{,}63)\quad = -292{,}7$ kNm

$V = 33{,}1 \cdot (1 + 1{,}63)\quad\quad = \quad 87{,}1$ kN

$H = 26{,}5 \cdot (1 + 1{,}63)\quad\quad = \quad 69{,}7$ kN

$N_R = 87{,}1 \cdot 0{,}204 + 69{,}7 \cdot 0{,}979 = \quad 86{,}0$ kN

$Q_R = 87{,}1 \cdot 0{,}979 - 69{,}7 \cdot 0{,}204 = \quad 71{,}1$ kN  vgl. Abb. 19.40

Berechnung der Dübelkräfte nach Gln. (19.40) ff.:

$\left.\begin{array}{l} D_V = 87{,}1/56 = 1{,}56 \text{ kN} \\ D_H = 69{,}7/56 = 1{,}24 \text{ kN} \end{array}\right\} D_R = \sqrt{1{,}56^2 + 1{,}24^2} = 1{,}99$ kN

$D_{1M} = 292{,}7 \cdot 0{,}53/13{,}43 = 11{,}55$ kN

$\max D_1 = 1{,}99 + 11{,}55 = 13{,}5$ kN

maßgeb. $D_1 = 1{,}24 + \sqrt{11{,}55^2 - 1{,}56^2} = $ **12,68 kN  2 SH  Stiel**

$\left.\begin{array}{l} D_Q = 71{,}1/56 = 1{,}27 \text{ kN} \\ D_N = 86{,}0/56 = 1{,}54 \text{ kN} \end{array}\right\} D_R = \sqrt{1{,}27^2 + 1{,}54^2} = 1{,}99$ kN

maßgeb. $D_1 = 1{,}27 + \sqrt{11{,}55^2 - 1{,}54^2} = $ **12,7 kN  1 MH  Riegel**

Gewählt: Stabdübel   ∅ 20 mm
Stabdübelabstände:   $6 \cdot d = 0{,}12$ m
                    $5 \cdot d = 0{,}10$ m
Radien:              $r_1 = 0{,}53$ m
                    $r_2 = 0{,}43$ m

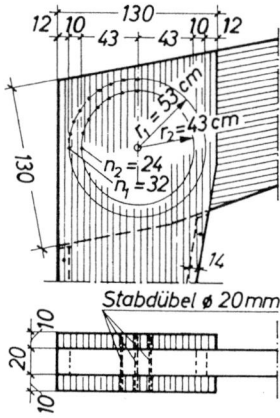

**Abb. 19.57.** Gedübelte Rahmenecke

Umfänge: $U_1 = 2 \cdot \pi \cdot 0{,}53 = 3{,}33$ m
$U_2 = 2 \cdot \pi \cdot 0{,}43 = 2{,}70$ m

Stabdübelanzahl:

zul $n_1$ $= 3{,}33/0{,}10 = 33{,}3 \rightarrow \boxed{32}$

zul $n_2$ $= 2{,}70/0{,}10 = 27 \rightarrow \boxed{24}$

$n_1 + n_2 = 32 + 24 = \qquad\boxed{56}$

$n_1 \cdot r_1^2 + n_2 \cdot r_2^2 = 32 \cdot 0{,}53^2 + 24 \cdot 0{,}43^2 = 13{,}43$ m²

**Nachweis der Standsicherheit:**

Riegel: 1 Mittelholz (MH)

   zul $D = 8{,}5 \cdot 200 \cdot 20 \cdot 10^{-3}$   $= 34{,}0$ kN   vgl. Tafel 6.6

   bzw. $51{,}0 \cdot 20^2 \cdot 10^{-3}$     $= \mathbf{20{,}4\ kN}\ \|\ $Faser

   zul $D = 20{,}4 \cdot 0{,}75 \cdot 0{,}85$ [1]   $= 13{,}0$ kN $\perp$ Fa für 2 Kreise

            $> 12{,}7$ kN

Stütze: 2 Seitenhölzer (SH)

   zul $D = 2 \cdot 5{,}5 \cdot 100 \cdot 20 \cdot 10^{-3} = \mathbf{22{,}0}$  kN $\|$ Faser

   bzw. $2 \cdot 33{,}0 \cdot 20^2 \cdot 10^{-3} = 26{,}4$  kN

   zul $D = 22{,}0 \cdot 0{,}75 \cdot 0{,}85$    $= 14{,}0$  kN $\perp$ Fa für 2 Kreise

            $> 12{,}65$ kN

### 19.8.5.7 Schubspannungsnachweise in der gedübelten Rahmenecke

**Stütze:**   $A = 2 \cdot 0{,}10 \cdot 1{,}30 \quad = 0{,}260$ m²

 Gl. (19.50d): $Q = \dfrac{292{,}7}{\pi} \cdot \dfrac{32 \cdot 0{,}53 + 24 \cdot 0{,}43}{13{,}43} - \dfrac{69{,}7}{2}$

      $= 189{,}2 - 34{,}8 \quad = 154{,}4$ kN

   $\tau = 1{,}5 \cdot \dfrac{0{,}1544}{0{,}260} \quad = 0{,}89$ MN/m²

      $0{,}89/0{,}9 = 0{,}99 < 1$   vgl. 19.8.4.4

**Riegel:**   $A = 0{,}20 \cdot 1{,}30 \quad = 0{,}260$ m²

   $Q = 189{,}2 - 71{,}1/2 = 153{,}7$ kN

   $\tau = 1{,}5 \cdot \dfrac{0{,}1537}{0{,}260} \quad = 0{,}89$ MN/m²

      $0{,}89/0{,}9 = 0{,}99 < 1$

---

[1] nach 19.8.4.3 für 2 Dübelkreise.

278  19 Brettschichtholzträger

Die Spannungsnachweise für Riegel und Stütze werden hier nicht mehr geführt, da bei gleichen Schnittgrößen die Querschnitte größer sind als bei der keilgezinkten Rahmenecke.

### 19.8.5.8 Durchbiegung des Punktes C

Dieser Nachweis wird nur für den Dreigelenkrahmen mit gedübelter Rahmenecke geführt, um den Einfluss der nachgiebigen Stabdübelverbindung zu zeigen.

Maßgebender Lastfall H „g + s"

$$M_S = -111{,}3 \cdot (1 + 1{,}63) \quad = -292{,}7 \text{ kNm} \approx -293 \text{ kNm}$$

$$M_0 = 2{,}76 \cdot (1 + 1{,}63) \cdot 11{,}6^2/8 \quad \text{vgl. Abb. 19.58}$$

$$= 122 \text{ kNm}$$

Virtuelle Last „1" im Firstpunkt:

$$\bar{H} = 1 \cdot \frac{24}{4 \cdot 7{,}5} \quad = 0{,}8 \text{ kN} \quad \text{vgl. Abb. 19.46}$$

$$\bar{M}_S = 0{,}5 \cdot 0{,}4 - 0{,}8 \cdot 4{,}7 \quad = -3{,}56 \text{ m} \quad \text{vgl. Abb. 19.58}$$

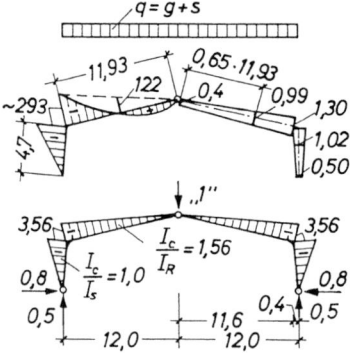

Abb. 19.58

Da hier lediglich der Einfluss der Nachgiebigkeit der Eckverbindung aufgezeigt werden soll, wird die elastische Verformung, vereinfacht mit den Ersatz-Flächenmomenten 2. Grades, an der Stelle $0{,}65 \cdot s$ gemäß Abb. 19.58 berechnet.

Querschnittswerte:

$$h_R = 0{,}40 + (1{,}30 - 0{,}40) \cdot 0{,}65 = 0{,}985 \text{ m}$$

$$h_S = 0{,}50 + (1{,}30 - 0{,}50) \cdot 0{,}65 = 1{,}02 \text{ m}$$

$$I_R = 0{,}20 \cdot 0{,}985^3/12 \quad = 1{,}593 \cdot 10^{-2} \text{ m}^4$$

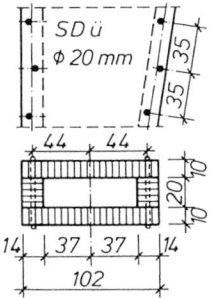

Abb. 19.59. Maßgebender Stützenquerschnitt

$I_S$ wird berechnet als wirksames Flächenmoment ef $I$ nach Gl. (9.4) mit $\gamma$ nach Gl. (9.6) und $k$ nach Gl. (9.8). Dabei wird in Gl. (9.8) als maßgebende Stützweite $l$ näherungsweise die Systemlänge des Rahmens vom Fußpunkt A bis zum $M$-Nullpunkt nach Abb. 19.50 eingesetzt.

$$l = 4{,}70 + 11{,}93 - 4{,}78 = 11{,}85 \text{ m}$$

Verschiebungsmodul $C$ für Stabdübel $\varnothing 20$ mm:

Nach [36]: min zul $N_{st}$ je Fuge = 20,4/2 = 10,2 kN siehe 19.8.5.6
$C = 0{,}7 \cdot 10\,200 = 7140$ N/mm = 7,14 MN/m   vgl. –Tab. 8–

Gl. (9.8): $k = \dfrac{\pi^2 \cdot E_\parallel \cdot A_1 \cdot e'}{l^2 \cdot C} = \dfrac{\pi^2 \cdot 1{,}1 \cdot 10^4 \cdot 0{,}14 \cdot 0{,}20 \cdot 0{,}35}{11{,}85^2 \cdot 2 \cdot 7{,}14} = 0{,}531$

Gl. (9.6): $\gamma = \dfrac{1}{1+k} = \dfrac{1}{1{,}531} = 0{,}653$

Gl. (9.4): $I_S = 2 \cdot 0{,}10 \cdot 1{,}02^3/12 \qquad = 1{,}769 \cdot 10^{-2}\,\text{m}^4$

$\phantom{I_S =} + 2 \cdot 0{,}20 \cdot 0{,}14^3/12 \qquad = 0{,}009 \cdot 10^{-2}\,\text{m}^4$

$\phantom{I_S =} + 0{,}653 \cdot 2 \cdot 0{,}028 \cdot 0{,}44^2 = 0{,}708 \cdot 10^{-2}\,\text{m}^4$

$\phantom{I_S = + 0{,}653 \cdot 2 \cdot 0{,}028 \cdot 0{,}44^2 =\ \ } \overline{\phantom{0{,}708 \cdot 10^{-2}\,\text{m}^4}}$

$\phantom{I_S =}\ I_S = 2{,}486 \cdot 10^{-2}\,\text{m}^4$

Abb. 19.58: $I_S/I_R = 2{,}486/1{,}593 \qquad = 1{,}56$

Elastische Verformung:

$\dfrac{1}{2} \cdot E_\parallel \cdot I_S \cdot \delta_C = \dfrac{4{,}7}{3} \cdot 3{,}56 \cdot 293 \qquad\qquad = 1634\,\text{kNm}^3$

$\phantom{\dfrac{1}{2} \cdot E_\parallel \cdot I_S \cdot \delta_C =}\ + \dfrac{11{,}93}{3} \cdot 3{,}56 \cdot 1{,}56 \cdot (293 - 122) = 3777\,\text{kNm}^3$

$\phantom{xxxxxxxxxxxxxxxxxxxxxxxxxxxxxxxxxxxxxx} 5411\,\text{kNm}^3$

$\delta_C = \dfrac{2 \cdot 5{,}411}{1{,}1 \cdot 10^4 \cdot 2{,}486 \cdot 10^{-2}} \qquad = 39{,}6 \cdot 10^{-3}\,\text{m} = 39{,}6\,\text{mm}$

280    19 Brettschichtholzträger

Verformung infolge Eckverdrehung nach Gl. (22.7) mit Gl. (22.5)

$$\delta_C = 2 \cdot \frac{M_S \cdot \bar{M}_S}{C_1 \cdot (n_1 \cdot r_1^2 + n_2 \cdot r_2^2)}$$

Nach 19.8.5.6:  zul $N_{st}$ = 0,75 · 20,4        = 15,3 kN

Nach $-T2$, Tab. 13, Zeile 2– [162]:

$$C_1 = 1{,}2 \cdot 15{,}3 \cdot 10^3 = 18360 \text{ N/mm} = 18{,}36 \text{ MN/m}$$

$$\delta_C = \frac{2 \cdot 0{,}293 \cdot 3{,}56}{18{,}36 \cdot 13{,}43} \qquad = 8{,}5 \cdot 10^{-3} \text{ m} = 8{,}5 \text{ mm}$$

Insgesamt $\delta_C$ = 39,6 + 8,5 = 48,1 mm $< \dfrac{24\,000}{200}$ = 120 mm

### 19.8.6 Berechnungsbeispiel 2 nach DIN 1052 (1988): Zweigelenkrahmen

#### 19.8.6.1 Allgemeines

An dem Zweigelenkrahmen mit gedübelten Rahmenecken gemäß Abb. 19.60 soll der Nachgiebigkeitseinfluss der Eckverbindung auf die Schnittgrößen des statisch unbestimmten Tragwerks gezeigt werden. Zur Vereinfachung der Berechnung werden die Abmessungen der Rahmenecke mit Anzahl und Anordnung der Stabdübel gemäß Abb. 19.57 vom Beispiel 1 „Dreigelenkrahmen" unverändert übernommen.

Weitere Vereinfachungen:  Riegel mit konstanter Querschnittshöhe
                          Stützen als zweiteilige Querschnitte

Systemmaße und Belastung des Zweigelenkrahmens nach Abb. 19.60 wurden so gewählt, dass der Betrag des Eckmomentes bei alleiniger Berücksichtigung des $M$-Einflusses (Arbeitsgleichung) auf die Schnittgrößen etwa demjenigen des Dreigelenkrahmens nach Abb. 19.58 entspricht.

$M_E$ = −293 kNm    Dreigelenkrahmen nach Abb. 19.58

$M_E$ = −296 kNm    Zweigelenkrahmen nach Abb. 19.60

Die Berücksichtigung des Nachgiebigkeitseinflusses lässt eine Abminderung der Eckmomente und eine Zunahme des Feldmomentes erwarten, so dass Holzquerschnitte und Stabdübelanzahl in der Ecke reduziert werden können.

Die Spannungen $\sigma_\parallel$ und $\sigma_{Z\perp}$ im Firstquerschnitt sind nachzuweisen.

#### 19.8.6.2 Querschnittswerte und Drehfedersteifigkeit

$$I_C = I_R = 0{,}20 \cdot 1{,}30^3/12 \ = 3{,}662 \cdot 10^{-2} \text{ m}^4$$

$$I_S = 0{,}20 \cdot 1{,}055^3/12 = 1{,}957 \cdot 10^{-2} \text{ m}^4$$

$$I_R/I_S = 3{,}662/1{,}957 \ = 1{,}87$$

Q-Stütze: $\dfrac{E_\parallel \cdot I_C}{G \cdot A_{St}} = \dfrac{1{,}1 \cdot 10^4 \cdot 3{,}662 \cdot 10^{-2} \cdot 1{,}2}{550 \cdot 0{,}20 \cdot (1{,}30 + 0{,}60)/2} = 4{,}63 \text{ m}^2$

## 19.8 Rahmenecken nach DIN 1052

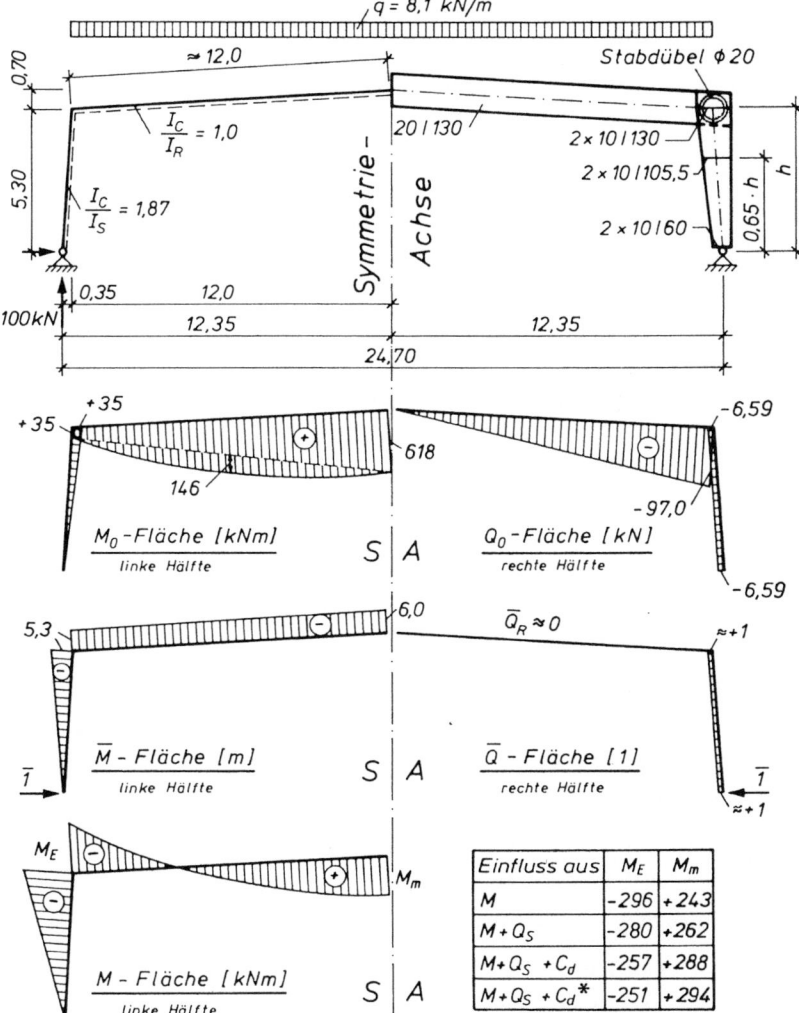

**Abb. 19.60.** Zweigelenkrahmen aus BS11 mit Stabdübel-Eckverbindung, stat. bestimmtes Hauptsystem wie Abb. 22.1. System, Querschnitte, $M$- und $Q$-Flächen für je eine Rahmenhälfte

$Q$-Einfluss des Riegels wird vernachlässigt.
Abb. 19.57: $\Sigma(n_i \cdot r_i^2) = 13{,}43 \text{ m}^2$

nach 19.8.5.6:  zul $N_{St\perp} = 0{,}75 \cdot 20{,}4 = \mathbf{15{,}3}$ **kN** (Riegel)

zul $N_{St\perp} = 0{,}75 \cdot 22{,}0 = 16{,}5$ kN (Stütze)

Für den Nachweis der Tragfähigkeit sind zur Erfassung des Nachgiebigkeitseinflusses auf die Schnittgrößenverteilung nach $-E205-$ die 0,8fachen Werte nach $-T2$, *Tab. 13–* (siehe Beispiel 1 „Dreigelenkrahmen", 19.8.5.8) anzusetzen. Somit ergibt sich mit

$$C_1 = 1{,}2 \cdot 15\,300 = 18\,360 \text{ N/mm} = 18{,}36 \text{ MN/m}$$
$$C_1^* = 0{,}8 \cdot 18{,}36 \qquad\qquad = 14{,}69 \text{ MN/m}$$

Die Drehfedersteifigkeit nach Gl. (22.5)

$$C_d = C_1 \cdot \Sigma(n_i \cdot r_i^2) = 18{,}36 \cdot 13{,}43 = 2{,}47 \cdot 10^2 \text{ MNm}$$

bzw. $\quad C_d^* = 14{,}69 \cdot 13{,}43 = 1{,}97 \cdot 10^2 \text{ MNm}$

$$E_\parallel \cdot I_C / C_d = 1{,}1 \cdot 3{,}662 \cdot 10^2 / (2{,}47 \cdot 10^2) = 1{,}63 \text{ m}$$
$$E_\parallel \cdot I_C / C_d^* = 1{,}63 \cdot 2{,}47 / 1{,}97 \qquad\qquad = 2{,}04 \text{ m}$$

Die Berechnung wird vergleichsweise mit $C_d$ und $C_d^*$ durchgeführt.

### 19.8.6.3 Lastannahmen für einen Rahmen

Binderabstand $B = 6{,}0$ m
Eigenlast $\quad g = 0{,}60 \cdot 0{,}60 = 3{,}6$ kN/m
Schneelast $\quad\underline{s = 0{,}75 \cdot 6{,}0\; = 4{,}5 \text{ kN/m}}$

Lastfall H: $\qquad\qquad q = 8{,}1$ kN/m

### 19.8.6.4 Schnittgrößen im statisch bestimmten Hauptsystem

Gewählt wird das statisch bestimmte Hauptsystem nach Abb. 22.1. Abmessungen, Belastung, Schnittgrößen $Q$ und $M$ s. Abb. 19.60. Der $N$-Einfluss in der Arbeitsgleichung (22.1a) kann vernachlässigt werden, s. Abschn. 22.2.

Riegelneigung $\quad \gamma = \arctan 0{,}70/12{,}0 = 3{,}34°$
Stützenneigung $\alpha = \arctan 0{,}35/5{,}3 \;= 3{,}78°$

Schnittgrößen infolge $q = 8{,}1$ kN/m:

$$\begin{aligned}
A &= B = 8{,}1 \cdot 12{,}35 & &= 100 \text{ kN} \\
Q_{oR} &= -8{,}1 \cdot 12{,}0 \cdot \cos 3{,}34° & &= -97{,}0 \text{ kN} \\
Q_{oS} &= -100 \cdot \sin 3{,}78° & &= -6{,}59 \text{ kN} \\
M_{oE} &= 100 \cdot 0{,}35 & &= 35{,}0 \text{ kNm} \\
M_{om} &= 8{,}1 \cdot 24{,}7^2/8 & &= 618 \text{ kNm} \\
\Delta M_F &= 8{,}1 \cdot 12{,}0^2/8 & &= 146 \text{ kNm}
\end{aligned}$$

Schnittgrößen infolge $\bar{X} = 1$:

$$\begin{aligned}
\bar{Q}_R &= 1{,}0 \cdot \sin 3{,}34° & &= 0{,}058 \approx 0 \\
\bar{Q}_S &= 1{,}0 \cdot \cos 3{,}78° & &\approx 1{,}0 \\
\bar{M}_E &= -1{,}0 \cdot 5{,}3 & &= -5{,}3 \text{ m} \\
\bar{M}_m &= -1{,}0 \cdot 6{,}0 & &= -6{,}0 \text{ m}
\end{aligned}$$

### 19.8.6.5 Schnittgrößen im statisch unbestimmten System

In der Arbeitsgleichung (22.2) kann der Q-Einfluss des Riegels vernachlässigt werden, bei der Berechnung von $\delta_{10}$ auch der Q-Einfluss der Stütze, siehe Zahlenrechnung.

Wegen der Symmetrie des Systems und der Belastung werden $\delta_{10}$ und $\delta_{11}$ nur für eine Rahmenhälfte berechnet.

$$E_\| \cdot I_C \cdot \delta_{10} = \int M_0 \cdot \bar{M} \cdot \frac{I_C}{I} \cdot ds + \int Q_0 \cdot \bar{Q} \frac{E_\| \cdot I_C}{G \cdot A_{St}} \cdot ds$$

$$+ \Sigma\, M_{0E} \cdot \bar{M}_E \cdot \frac{E_\| \cdot I_C}{C_d}$$

aus $M$: = $\begin{cases} -\dfrac{5{,}30}{3} \cdot 5{,}3 \cdot 35 \cdot 1{,}87 & = -\ \ \ 613\ \text{kNm}^3 \\[4pt] -\dfrac{12{,}0}{6} \cdot [35 \cdot (2 \cdot 5{,}3 + 6{,}0) \\ \qquad + 618 \cdot (2 \cdot 6{,}0 + 5{,}3)] \cdot 1{,}0 & = -22\,545\ \text{kNm}^3 \\[4pt] -\dfrac{12{,}0}{3} \cdot 146 \cdot (5{,}3 + 6{,}0) \cdot 1{,}0 & = -\ 6\,599\ \text{kNm}^3 \end{cases}$

$\hspace{6cm}$ aus $M$: $\qquad$ $-29\,757\ \text{kNm}^3$

aus $Q_S$: $\quad -5{,}3 \cdot 1{,}0 \cdot 6{,}59 \cdot 4{,}63 = -162\ \text{kNm}^3 \qquad \approx -\qquad 0\ \text{kNm}^3$

aus $C_d$: $\quad -5{,}3 \cdot 35 \cdot 1{,}63 \qquad\qquad\qquad\qquad\qquad = -\ \ \ 302\ \text{kNm}^3$

aus $C_d^*$: $\quad -5{,}3 \cdot 35 \cdot 2{,}04 \qquad\qquad\qquad\qquad\qquad = -\ \ \ 378\ \text{kNm}^3$

$\hspace{4cm}$ aus $M + (Q_S) + C_d$: $\qquad -30\,059\ \text{kNm}^3$

$\hspace{4cm}$ aus $M + (Q_S) + C_d^*$: $\qquad -30\,135\ \text{kNm}^3$

$$E_\| \cdot I_C \cdot \delta_{11} = \int \bar{M}^2 \cdot \frac{I_C}{I} \cdot ds + \int \bar{Q}^2 \cdot \frac{E_\| \cdot I_C}{G \cdot A_{st}} \cdot ds$$

$$+ \Sigma\, \bar{M}_E^2 \cdot \frac{E_\| I_C}{C_d}$$

aus $M$: $\quad = \dfrac{5{,}30}{3} \cdot 5{,}3^2 \cdot 1{,}87 + \dfrac{12{,}0}{3} \cdot (5{,}3^2 + 6{,}0^2 + 5{,}3 \cdot 6{,}0)$

$\hspace{10cm} = \quad 476\ \text{m}^3$

aus $Q_S$: $\quad +5{,}30 \cdot 1{,}0^2 \cdot 4{,}63 \qquad\qquad\qquad\qquad\qquad = \quad 25\ \text{m}^3$

aus $C_d$: $\quad +5{,}3^2 \cdot 1{,}63 \qquad\qquad\qquad\qquad\qquad\qquad = \quad 46\ \text{m}^3$

aus $C_d^*$: $\quad +5{,}3^2 \cdot 2{,}04 \qquad\qquad\qquad\qquad\qquad\qquad = \quad 57\ \text{m}^3$

$\hspace{5cm}$ aus $M + Q_S$: $\qquad 501\ \text{m}^3$

$\hspace{5cm}$ aus $M + Q_S + C_d$: $\qquad 547\ \text{m}^3$

$\hspace{5cm}$ aus $M + Q_S + C_d^*$: $\qquad 558\ \text{m}^3$

Statisch Überzählige $X$ = Lagerreaktion $H$:

aus $M$: $\quad\quad\quad X = -\dfrac{-29757}{476} = 62,5$ kN

aus $M + Q_S$: $\quad X = -\dfrac{-29757}{501} = 59,4$ kN

aus $M + Q_S + C_d$: $\quad X = -\dfrac{-30059}{547} = 55,0$ kN

aus $M + Q_S + C_d^*$: $\quad X = -\dfrac{-30135}{558} = 54,0$ kN

Biegemomente $M_E$ und $M_m$:

aus $M$: $\quad\quad M_E = 35 - 62,5 \cdot 5,3 = -296$ kNm
$\quad\quad\quad\quad\quad M_m = 618 - 62,5 \cdot 6,0 = +243$ kNm

aus $M + Q_S$: $\quad M_E = 35 - 59,4 \cdot 5,3 = -280$ kNm
$\quad\quad\quad\quad\quad M_m = 618 - 59,4 \cdot 6,0 = +262$ kNm

aus $M + Q_S + C_d$: $\quad M_E = 35 - 55,0 \cdot 5,3 = -257$ kNm
$\quad\quad\quad\quad\quad M_m = 618 - 55,0 \cdot 6,0 = +288$ kNm

aus $M + Q_S + C_d^*$: $\quad M_E = 35 - 54,0 \cdot 5,3 = -251$ kNm
$\quad\quad\quad\quad\quad M_m = 618 - 54,0 \cdot 6,0 = +294$ kNm

Tabellarische Übersicht über die Veränderung der Eckmomente $M_E$ und des Feldmomentes $M_m$ infolge der verschiedenen Nachgiebigkeiten s. Abb. 19.60.

Auf die Standsicherheitsnachweise für Rahmenriegel und -stützen wird an dieser Stelle verzichtet, da entsprechende Nachweise bereits an anderer Stelle geführt worden sind.

$\sigma_\parallel$ und $\sigma_{Z\perp}$ im Firstquerschnitt vgl. Abschn. 19.5.3.2, Abb. 19.26
$\quad\quad\quad\quad\quad\quad\quad\quad\quad\quad$ und Abschn. 19.5.3.3, Abb. 19.28
$\quad\quad\quad\quad\quad\quad\quad\quad\quad\quad$ und Abschn. 19.8.7, Beispiel 3

Stabdübel-Eckverbindung $\quad\quad$ vgl. Abschn. 19.8.5, Beispiel 1

## 19.8.7 Berechnungsbeispiel 3 nach DIN 1052 (1988): Zweigelenkrahmen

### 19.8.7.1 Allgemeines

An dem Zweigelenkrahmen gemäß Abb. 19.61 soll der Nachgiebigkeitseinfluss der Stabdübelverbindungen an den Stützen- und Strebenanschlüssen auf die Schnittgrößen des statisch unbestimmten Tragwerks gezeigt werden.

Systemmaße und Belastung entsprechen denen des Beispiels 2 gemäß Abb. 19.60. Standsicherheitsnachweise werden geführt.

## 19.8 Rahmenecken nach DIN 1052

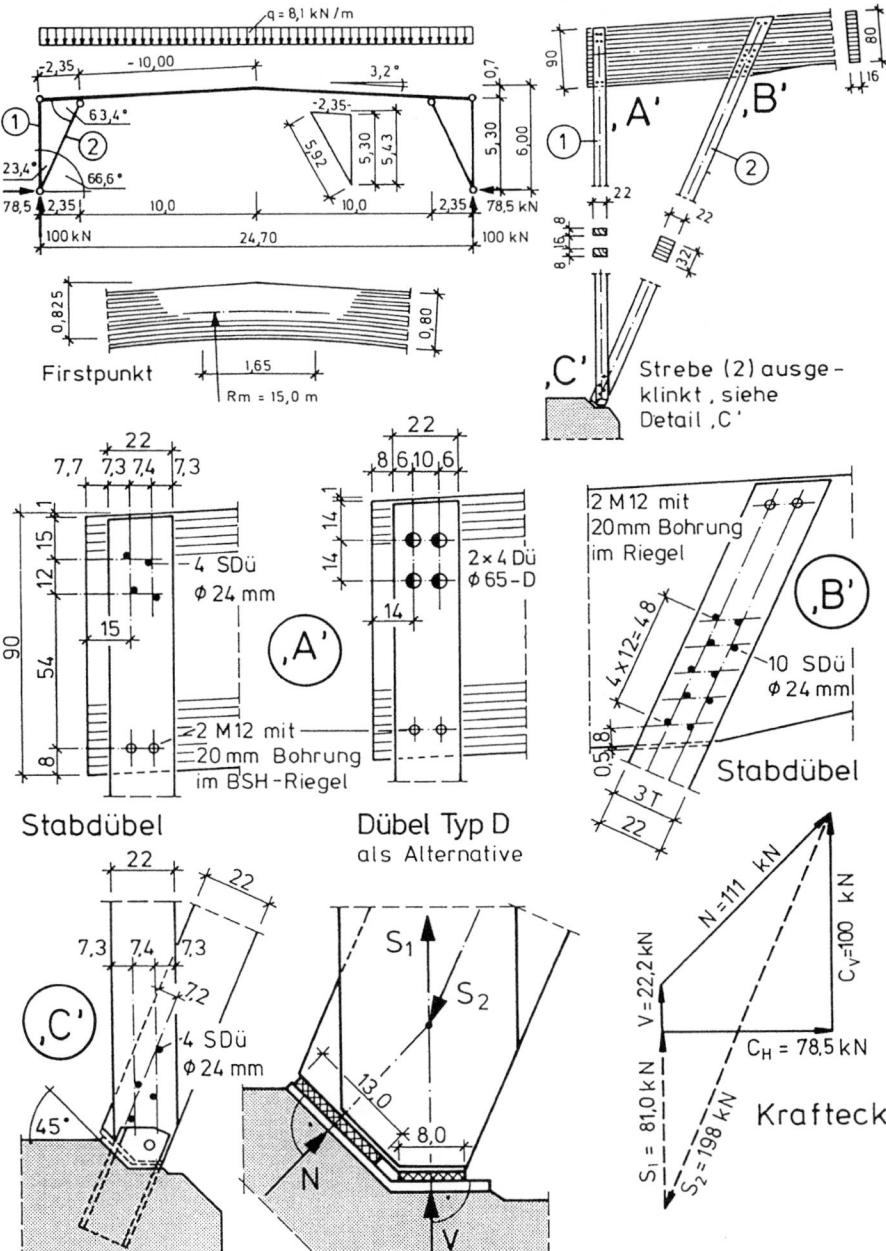

**Abb. 19.61.** Zweigelenkrahmen aus BS11 in aufgelöster Form. Belastung, Querschnitte, Anschlüsse

### 19.8.7.2 Querschnittswerte und Federsteifigkeiten

Riegel A-B: $\quad I_1 = 0{,}16 \cdot 0{,}90^3/12 = 0{,}9720 \cdot 10^{-2}\,\text{m}^4$

Feld: $\quad I_C = I_2 = 0{,}16 \cdot 0{,}80^3/12 = 0{,}6827 \cdot 10^{-2}\,\text{m}^4$

$\quad\quad\quad I_C/I_1 = 0{,}6827/0{,}9720 = 0{,}702$

Kleinste zulässige Stabdübelkraft für Anschlüsse A, B, C:

$\quad$ MH: $\text{zul}\,N_{st\|} = 8{,}5 \cdot 160 \cdot 24 \cdot 10^{-3} \quad = 32{,}6\,\text{kN}$
$\quad\quad\quad\quad\quad$ bzw. $51{,}0 \cdot 24^2 \cdot 10^{-3} \quad = \textbf{29,4 kN für MH} \parallel \textbf{Fa}$

$\quad$ 2 SH: $\text{zul}\,N_{st\|} = 2 \cdot 5{,}5 \cdot 80 \cdot 24 \cdot 10^{-3} = \textbf{21,1 kN für 2 SH} \parallel \textbf{Fa}$
$\quad\quad\quad\quad\quad$ bzw. $2 \cdot 33{,}0 \cdot 24^2 \cdot 10^{-3} = 38{,}0\,\text{kN}$

Maßgebende Kr-Fa-Winkel für die Anschlüsse A, B, C s. Abb. 19.61

A: $\quad$ 2 SH: $\text{zul}\,N_{st\|} \quad\quad\quad\quad\quad\quad = \textbf{21,1 kN} < 22{,}3$

$\sphericalangle 86{,}8°$: MH: $\text{zul}\,N_{st\sphericalangle} = \left(1 - \dfrac{86{,}8}{360}\right) 29{,}4 = 22{,}3\,\text{kN}$

B: $\quad$ 2 SH: $\text{zul}\,N_{st\|} \quad\quad\quad\quad\quad\quad = \textbf{21,1 kN} < 24{,}2$

$\sphericalangle 63{,}4°$: MH: $\text{zul}\,N_{st\sphericalangle} = \left(1 - \dfrac{63{,}4}{360}\right) 29{,}4 = 24{,}2\,\text{kN}$

C: $\quad$ 2 SH: $\text{zul}\,N_{st\|} \quad\quad\quad\quad\quad\quad = \textbf{21,1 kN} < 27{,}5$

$\sphericalangle 23{,}4°$: MH: $\text{zul}\,N_{st\sphericalangle} = \left(1 - \dfrac{23{,}4}{360}\right) 29{,}4 = 27{,}5\,\text{kN}$

Federsteifigkeiten $C_a(C_a^*)$ nach Gl. (22.3):
– T2, Tab. 13 u. E 205 –

Für den Gebrauchstauglichkeitsnachweis

$\quad\quad C_a = n \cdot C = n \cdot 1{,}2 \cdot \text{zul}\,N_{st}$

Für den Tragfähigkeitsnachweis

$\quad\quad C_a^* = n \cdot C^* = n \cdot 0{,}8 \cdot 1{,}2 \cdot \text{zul}\,N_{st}$ (Klammerwerte)*

A, C: $\quad$ 4 SDü: $\quad C_a = \;\; 4 \cdot 1{,}2 \cdot 21{,}1 = 101{,}3\,\text{MN/m} \;\;(81{,}0)^*$

B: $\quad\quad$ 10 SDü: $\quad C_a = 10 \cdot 1{,}2 \cdot 21{,}1 = 253{,}2\,\text{MN/m}\;(202{,}5)^*$

Hilfswerte für die Arbeitsgleichung:

$Q_{A-B}$: $\quad \dfrac{E_\| \cdot I_C}{G \cdot A_{St}} \;=\; \dfrac{1{,}1 \cdot 10^4 \cdot 0{,}6827 \cdot 10^{-2} \cdot 1{,}2}{550 \cdot 0{,}16 \cdot 0{,}90} = 1{,}14\,\text{m}^2$

$S_1$: $\quad\quad I_C/A_1 \;= 0{,}6827 \cdot 10^{-2}/(2 \cdot 0{,}08 \cdot 0{,}22) = 0{,}194\,\text{m}^2$

$S_2$: $\quad\quad I_C/A_2 \;= 0{,}6827 \cdot 10^{-2}/(0{,}22 \cdot 0{,}32) \;\;\;= 0{,}097\,\text{m}^2$

A, C: $\quad E_\| \cdot I_C/C_a = 1{,}1 \cdot 10^4 \cdot 0{,}6827 \cdot 10^{-2}/101{,}3 = 0{,}741\,\text{m}^3\,(0{,}927)^*$

B: $\quad\quad E_\| \cdot I_C/C_a = 1{,}1 \cdot 10^4 \cdot 0{,}6827 \cdot 10^{-2}/253{,}2 = 0{,}297\,\text{m}^3\,(0{,}371)^*$

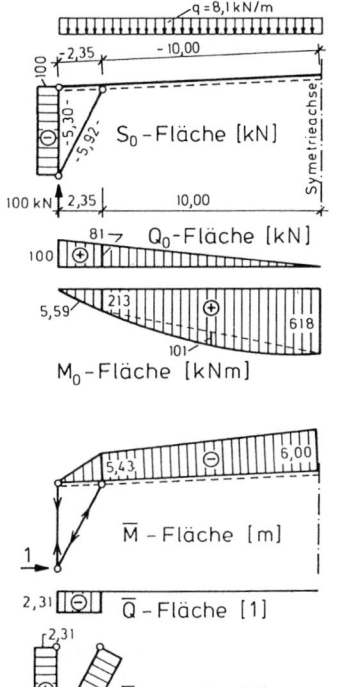

Abb. 19.62

### 19.8.7.3 Schnittgrößen im statisch bestimmten Hauptsystem

Gewählt wird das statisch bestimmte Hauptsystem nach Abb. 22.2. Der $N$-Einfluss im Riegel wird vernachlässigt, s. Gl. (22.1a).

**Schnittgrößen infolge $q = 8{,}1$ kN/m (Abb. 19.62):**

$$A = 8{,}1 \cdot 12{,}35 \quad\quad = 100 \text{ kN}$$

$$Q_B \approx 100 - 8{,}1 \cdot 2{,}35 \quad\quad = 81 \text{ kN}$$

$$\max M = 8{,}1 \cdot 24{,}7^2/8 \quad\quad = 618 \text{ kNm}$$

$$M_B = 100 \cdot 2{,}35 - 8{,}1 \cdot \frac{2{,}35^2}{2} = 213 \text{ kNm}$$

$$\Delta M_{01} = 8{,}1 \cdot 2{,}35^2/8 \quad\quad = 5{,}59 \text{ kNm}$$

$$\Delta M_{02} = 8{,}1 \cdot 10{,}0^2/8 \quad\quad = 101 \text{ kNm}$$

**Schnittgrößen infolge virtueller Last 1 (Abb. 19.62):**

$$\bar{S}_1 = 5{,}43/2{,}35 \quad\quad = 2{,}31$$

$$\bar{S}_2 = -5{,}92/2{,}35 \quad\quad = -2{,}52$$

$$\bar{Q}_{A-B} = -2{,}31 \cdot \cos 3{,}2° \quad \approx -2{,}31$$

$$\bar{M}_B = -1{,}0 \cdot 5{,}43 \quad\quad = -5{,}43 \text{ m}$$

### 19.8.7.4 Schnittgrößen im statisch unbestimmten System

In der Arbeitsgleichung (22.2) wird der Q-Einfluss nur im Bereich A–B berücksichtigt. Wegen der Symmetrie des Systems und der Belastung werden $\delta_{10}$ und $\delta_{11}$ nur für eine Rahmenhälfte berechnet.

$$E_\| \cdot I_C \cdot \delta_{10} = \int M_0 \cdot \bar{M} \cdot \frac{I_C}{I} \cdot ds + \int Q_0 \cdot \bar{Q} \cdot \frac{E_\| \cdot I_C}{G \cdot A_{St}} \cdot ds$$

$$+ \Sigma S_0 \cdot \bar{S} \cdot \frac{I_C}{A} \cdot s + \Sigma S_0 \cdot \bar{S} \cdot E_\| \cdot I_C / C_a$$

aus M: = 
$$\begin{cases} -\dfrac{2{,}35}{3} \cdot 5{,}43 \cdot (213 + 5{,}59) \cdot 0{,}702 & = -\phantom{00}653 \text{ kNm}^3 \\[4pt] -\dfrac{10{,}0}{6} \cdot [213 \cdot (2 \cdot 5{,}43 + 6{,}0) \\ \phantom{-\dfrac{10{,}0}{6} \cdot [} + 618 \cdot (2 \cdot 6{,}0 + 5{,}43)] \cdot 1{,}0 & = -23\,938 \text{ kNm}^3 \\[4pt] -\dfrac{10{,}0}{3} \cdot 101 \cdot (5{,}43 + 6{,}0) \cdot 1{,}0 & = -\phantom{0}3\,848 \text{ kNm}^3 \end{cases}$$

|  |  |  |
|---|---|---|
| | aus M: | $-28\,439$ kNm³ |
| aus Q: | $-\dfrac{2{,}35}{2} \cdot 2{,}31 \cdot (100 + 81) \cdot 1{,}14$ | $= -\phantom{00}560$ kNm³ |
| aus S: | $-5{,}30 \cdot 2{,}31 \cdot 100 \cdot 0{,}194$ | $= -\phantom{00}238$ kNm³ |
| | aus $M + Q + S$: | $= -29\,237$ kNm³ |
| aus $C_a$: | $-2{,}31 \cdot 100 \cdot 2 \cdot 0{,}741$ | $= -\phantom{00}342$ kNm³ |
| aus $C_a^*$: | $-2{,}31 \cdot 100 \cdot 2 \cdot 0{,}927$ | $= -\phantom{00}428$ kNm³ |
| | aus $M + Q + S + C_a$: | $-29\,579$ kNm³ |
| | aus $M + Q + S + C_a^*$: | $-29\,665$ kNm³ |

$$E_\| \cdot I_C \cdot \delta_{11} = \int \bar{M}^2 \cdot \frac{I_C}{I} \cdot ds + \int \bar{Q}^2 \cdot \frac{E_\| \cdot I_C}{G \cdot A_{St}} \cdot ds + \Sigma \bar{S}^2 \cdot \frac{I_C}{A} \cdot s$$

$$+ \Sigma \bar{S}^2 \cdot E_\| \cdot I_C / C_a$$

|  |  |  |
|---|---|---|
| aus M: | $= \dfrac{2{,}35}{3} \cdot 5{,}43^2 \cdot 0{,}702 + \dfrac{10}{3} \cdot (5{,}43^2 + 5{,}43 \cdot 6{,}0 + 6{,}0^2)$ | |
| | aus M: | $=\phantom{0}343$ m³ |
| aus Q: | $+2{,}35 \cdot 2{,}31^2 \cdot 1{,}14$ | $=\phantom{00}14$ m³ |
| aus S: | $+5{,}3 \cdot 2{,}31^2 \cdot 0{,}194 + 5{,}92 \cdot 2{,}52^2 \cdot 0{,}097$ | $=\phantom{000}9$ m³ |
| aus $C_a$: | $+2{,}31^2 \cdot 2 \cdot 0{,}741 + 2{,}52^2 \cdot 0{,}297$ | $=\phantom{00}10$ m³ |
| aus $C_a^*$: | $+2{,}31^2 \cdot 2 \cdot 0{,}927 + 2{,}52^2 \cdot 0{,}371$ | $=\phantom{00}12$ m³ |
| | aus $M + Q + S$: | $366$ m³ |
| | aus $M + Q + S + C_a$: | $376$ m³ |
| | aus $M + Q + S + C_a^*$: | $378$ m³ |

## 19.8 Rahmenecken nach DIN 1052

Statisch Überzählige $X$ = Lagerreaktion $H$:

aus $M$: $\qquad X = -\dfrac{-28439}{343} = 82{,}9$ kN

aus $M + Q + S$: $\qquad X = -\dfrac{-29237}{366} = 79{,}9$ kN

aus $M + Q + S + C_a$: $\qquad X = -\dfrac{-29579}{376} = 78{,}7$ kN

aus $M + Q + S + C_a^*$: $X^* = -\dfrac{-29665}{378} = 78{,}5$ kN

Die endgültigen Schnittgrößen werden nur noch für die beiden Fälle „$M$-Einfluss" und „$M, Q, S, C_a^*$-Einfluss" berechnet.

**Schnittgrößen infolge $M$-Einfluss:**

$$M_B = 213 - 82{,}9 \cdot 5{,}43 = -237 \text{ kNm}$$
$$M_m = 618 - 82{,}9 \cdot 6{,}0 = +121 \text{ kNm}$$
$$S_1 = -100 + 82{,}9 \cdot 2{,}31 = +91{,}5 \text{ kN}$$
$$S_2 = 0 - 82{,}9 \cdot 2{,}52 = -209 \text{ kN}$$
$$Q_{B1} = 81 - 82{,}9 \cdot 2{,}31 = -110 \text{ kN}$$

**Schnittgrößen infolge $M, Q, S, C_a^*$-Einfluss:**

$$M_B = 213 - 78{,}5 \cdot 5{,}43 = -213 \text{ kNm}$$
$$M_m = 618 - 78{,}5 \cdot 6{,}0 = +147 \text{ kNm}$$
$$S_1 = -100 + 78{,}5 \cdot 2{,}31 = +81 \text{ kN}$$
$$S_2 = 0 - 78{,}5 \cdot 2{,}52 = -198 \text{ kN}$$
$$Q_{B1} = 81 - 78{,}5 \cdot 2{,}31 = -100 \text{ kN}$$

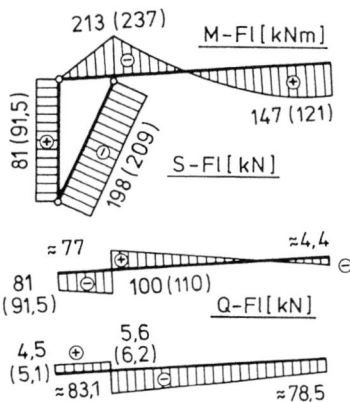

**Abb. 19.63.** Schnittgrößen für eine Rahmenhälfte

In Abb. 19.63 werden die endgültigen Schnittgrößen einer Rahmenhälfte dargestellt, die sich unter Berücksichtigung des $M$, $Q$, $S$ und $C_a^*$-Einflusses ergeben. Die (...)-Werte gelten für alleinige Berücksichtigung des $M$-Einflusses.

$Q$- und $N$-Verlauf werden im Folgenden für Einfluss aus $M$, $Q$, $S$, $C_a^*$ berechnet.

$$\Delta Q_{AB} = 2{,}35 \cdot 8{,}1 = 19{,}0 \text{ kN}$$
$$\Delta Q_{Bm} = 10{,}0 \cdot 8{,}1 = 81{,}0 \text{ kN}$$
$$\Delta N_{AB} = 19{,}0 \cdot \sin 3{,}2° = 1{,}1 \text{ kN}$$
$$\Delta N_{Bm} = 81{,}0 \cdot \sin 3{,}2° = 4{,}5 \text{ kN}$$
$$Q_A \approx -81 \text{ kN}$$
$$Q_{Bl} = -81 - 19{,}0 = -100 \text{ kN}$$
$$\Delta Q_B = 198 \cdot \sin 63{,}4° = 177 \text{ kN}$$
$$Q_m = -78{,}5 \cdot \sin 3{,}2° \approx -4{,}4 \text{ kN}$$
$$N_A = 81 \cdot \sin 3{,}2° = 4{,}5 \text{ kN}$$
$$N_{Bl} = 4{,}5 + 1{,}1 = 5{,}6 \text{ kN}$$
$$\Delta N_B = 198 \cdot \cos 63{,}4° = 88{,}7 \text{ kN}$$
$$N_m \approx -X^* = -78{,}5 \text{ kN}$$

### 19.8.7.5 Standsicherheitsnachweise, Lastfall H

Querschnitte und Knotenpunkte s. Abb. 19.61.
Schnittgrößen $M$, $N$, $Q$ und $S$ s. Abb. 19.63.

**Riegel im Punkt B: 16/90 BS 11 ($\triangleq$ BSH II):**

Schnittgrößen: $M_B = -213$ kNm
$N_B = -83{,}1$ kN
$Q_{Bl} = -100$ kN

Querschnittswerte: $A = 0{,}16 \cdot 0{,}90 = 0{,}1440 \text{ m}^2$
$W_y = 0{,}16 \cdot 0{,}90^2/6 = 0{,}0216 \text{ m}^3$

Anschnittsneigung: $\alpha = 4{,}5°$

Nach Tafel 19.2: $k_D = 0{,}91$

Näherungsweise wird $\sigma_\parallel$ in Gl. (19.18a), s. [162], als Gesamtspannung aus Biegung und Druck angesehen und in Gl. (19.18) eingesetzt.

$$\sigma_\parallel = 83{,}1 \cdot 10^{-3}/0{,}1440 + 0{,}213/0{,}0216 = 10{,}4 \text{ MN/m}^2$$

Der Nachweis der Spannungskombination lautet somit:

$$\frac{10{,}4}{0{,}91 \cdot 14{,}0} = 0{,}82 < 1$$

Spannungsnachweis: $\dfrac{\dfrac{83{,}1 \cdot 10^{-3}}{0{,}1440}}{8{,}5} + \dfrac{\dfrac{0{,}213}{0{,}0216}}{11{,}0} = 0{,}96 < 1$

$\max \tau_Q = 1{,}5 \cdot 100 \cdot 10^{-3}/0{,}1440 = 1{,}04 < 1{,}2 \text{ MN/m}^2$

**Riegel im Firstpunkt m: 16/82,5 BS11 ($\triangleq$ BSH II)**

Schnittgrößen: $M_m = 147$ kNm

$N_m = 78{,}5$ kN

$Q_m = -4{,}4$ kN $\approx 0$

Querschnittswerte: $A = 0{,}16 \cdot 0{,}825 = 0{,}1320 \text{ m}^2$

$W_y = 0{,}16 \cdot 0{,}825^2/6 = 0{,}01815 \text{ m}^3$

Formwerte: $R_m = 15{,}0$ m  s. Abb. 19.61

$\beta_m = 15{,}0/0{,}825 = 18{,}2$

$\gamma = 3{,}2°$

Für satteldachförmige Träger wird die größte Biegespannung am unteren Rand $\sigma_\|$ nach Gl. (19.19) und die größte Querzugspannung $\sigma_{Z\perp}$ nach Gl. (19.20) berechnet, s. Abb. 19.17.

Nach Blumer [195] erzeugt auch die Druckkraft in satteldachförmigen Trägern Querzugspannungen und ungleichmäßig verteilte Normalspannungen. Die in [189] angegebenen Gleichungen für $\varkappa_1^N$ und $\varkappa_q^N$ liefern für $\beta_m = 18{,}2$ und $\gamma = 3{,}2°$:

Druck: $\varkappa_1^N = 1{,}16 \approx 1{,}0$  (hier: sichere Seite)

$\varkappa_q^N = -0{,}016$  (d.h. Querzugspannungen)

$\sigma_\|^N \approx 78{,}5 \cdot 10^{-3}/0{,}1320 = -0{,}59 \text{ MN/m}^2$

$\sigma_{Z\perp}^N = -0{,}016 \cdot (-0{,}59) = +0{,}01 \text{ MN/m}^2$

Biegung: $\varkappa_1^M = 1{,}09$ nach Gl. (19.29) $\Big\}$ s. Abb. 19.18

$\varkappa_q^M = 0{,}021$ nach Gl. (19.30)

Gl. (19.19): $\sigma_\|^M = 1{,}09 \cdot 0{,}1470/0{,}01815 = 8{,}8 \text{ MN/m}^2$

Gl. (19.20): $\sigma_{Z\perp}^M = 0{,}021 \cdot 0{,}1470/0{,}01815 = 0{,}17 \text{ MN/m}^2$

Insgesamt: $\sigma_{Z\perp} = 0{,}01 + 0{,}17 = 0{,}18 \text{ MN/m}^2$   $0{,}18/0{,}2 = 0{,}9 < 1$

Gl. (11.1): $\dfrac{-0{,}59}{8{,}5} + \dfrac{8{,}8}{11{,}0} = 0{,}73 < 1$   vgl. Abb. 19.17

## 19 Brettschichtholzträger

**Vereinfachter Kippnachweis im Bereich A-B (Untergurt)**

$\lambda_B = \varkappa_B \cdot \sqrt{s \cdot h/b^2}$      vgl. Gl. (10.12)

$\varkappa_B = 53{,}4 \cdot 10^{-3}$      siehe Tafel 10.1 K

$s \approx 2{,}35$ m      vgl. „Druckstab $S_2$"

$h = 0{,}90$ m

$b = 0{,}16$ m

$\lambda_B = 53{,}4 \cdot 10^{-3} \cdot \sqrt{2{,}35 \cdot 0{,}90/0{,}16^2} = 0{,}49 \to k_B = 1$

Gl. (10.11):    $\dfrac{0{,}213/0{,}0216}{1 \cdot 1{,}1 \cdot 11} = 0{,}81 < 1$

Spannungsnachweis maßgebend!

**Zugstab $S_1$:**    2 × 8/22 NH S10/MS10 s. Abb. 19.61

$S_1 = 81{,}0$ kN      s. Abb. 19.63

$A_n = 2 \cdot 80 \cdot (220 - 2 \cdot 24) = 275{,}2 \cdot 10^2$ mm$^2$

$\sigma_{z\|} = 1{,}5 \, \dfrac{81{,}0 \cdot 10^3}{275{,}2 \cdot 10^2} = 4{,}4$ N/mm$^2$      $4{,}4/7 = 0{,}6 < 1$

**Druckstab $S_2$:**    22/32 BS11 s. Abb. 19.61

Zur Vereinfachung der Berechnung wird der Stab einteilig mit ausgeklinkten Stabenden angenommen. Er könnte auch als zwei- oder dreiteiliger, mit Dübeln oder Stabdübeln zusammengefügter Stab ausgeführt werden, s. Abb. 6.19.

Die Strebe $S_2$ wird als Kippaussteifung des Riegels nach Abb. 8.14 Schnitt E-E angesehen. Näherungsweise wird in Unterkante Riegel – im Abstand $b = 1{,}0$ m bis Oberkante Riegel nach Abb. 8.14 – eine Seitenkraft aus unvermeidbarer Schiefstellung des Riegels angenommen.

Gl. (8.26):    $H_y = \max N/100$

$\max N \approx M_B/h_B$

Abb. 19.63:    $s_{kz} \approx 0{,}640$ m    bis Oberkante Riegel nach Gl. (8.27)

$s_{ky} \approx 0{,}570$ m    bis Anschlussmitte

$S_2 = -198$ kN

$M_B = -213$ kNm

$H_y \approx 213/(0{,}90 \cdot 100) = 2{,}37$ kN

Gl. (8.27):    $M_z = 2{,}37 \cdot \dfrac{1{,}0 \cdot 5{,}4}{6{,}4} = 2{,}0$ kNm

22/32:
$$A = 320 \cdot 220 = 704 \cdot 10^2 \text{ mm}^2$$
$$W_z = 220 \cdot 320^2/6 = 3755 \cdot 10^3 \text{ mm}^3$$
$$\lambda_z = \frac{6400}{0{,}289 \cdot 320} = 69$$
$$\lambda_y = \frac{5700}{0{,}289 \cdot 220} = 90 \rightarrow \omega = 2{,}22$$
$$\text{zul } \sigma_k = 8{,}5/2{,}22 = 3{,}83 \text{ N/mm}^2$$

Gl. (11.4):
$$\frac{\dfrac{198 \cdot 10^3}{704 \cdot 10^2}}{3{,}83} + \frac{\dfrac{2000 \cdot 10^3}{3755 \cdot 10^3}}{11{,}0} = 0{,}78 < 1$$

**Strebenfußpunkt gemäß Abb. 19.61**

Der Vertikalstab $S_1$ wird am Fußpunkt C in beiden Lagerebenen um 5 mm zurückgeschnitten, damit die Druckkraft planmäßig nur in den Kontaktflächen der Strebe $S_2$ übertragen wird.

$$N = 111 \text{ kN} \quad \text{mit } \alpha_N = 45° - 23{,}4° = 21{,}6°$$
$$V = 22{,}2 \text{ kN} \quad \text{mit } \alpha_V = 23{,}4°$$
$$\sigma_N = \frac{0{,}111}{0{,}16 \cdot 0{,}13} = 5{,}34 \text{ MN/m}^2$$
$$\text{zul } \sigma_{D \sphericalangle 21{,}6°} = 6{,}3 \text{ MN/m}^2 \qquad\qquad 5{,}34/6{,}3 = 0{,}85 < 1$$
$$\sigma_V = \frac{0{,}0222}{0{,}16 \cdot 0{,}08} = 1{,}73 \text{ MN/m}^2$$
$$\text{zul } \sigma_{D \sphericalangle 23{,}4°} = 6{,}1 \text{ MN/m}^2 \qquad\qquad 1{,}73/6{,}1 = 0{,}3 < 1$$

**Stabanschlüsse mit Stabdübeln Ø 24 mm**

Punkt A: vorh $S_1$ = 81 kN < 4 × 21,1[1] = 84,4 kN
Punkt C: vorh $S_1$ = 81 kN < 4 × 21,1[1] = 84,4 kN
Punkt B: vorh $S_2$ = 198 kN < 10 × 21,1[1] = 211 kN

### 19.8.7.6 Durchbiegungsnachweis

Die lotrechte Verformung des Firstpunktes infolge Eigenlast und Schneelast soll untersucht werden. Die Berechnung wird mit Hilfe des Reduktionssatzes durchgeführt. Danach darf die virtuelle Last $\bar{1}$ an einem statisch bestimmten Hauptsystem des Tragwerks angesetzt werden. Dieses wird zweckmäßig so gewählt, dass die Zahlenrechnung möglichst einfach wird. Dabei müssen die $M$-, $Q$-, $S$- und $C_a^*$-Einflüsse berücksichtigt werden, soweit sie Beiträge liefern.

---
[1] zul $N_{st}$ = 21,1 kN s. Abschn. 19.8.7.2.

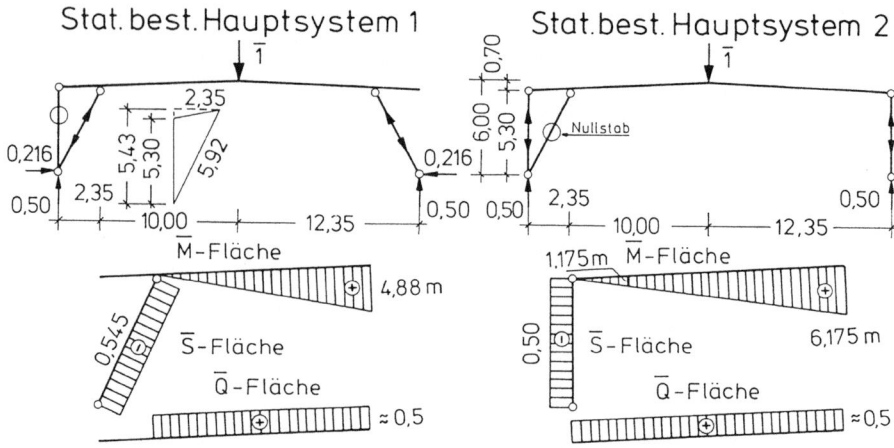

**Abb. 19.64.** $M$-, $Q$- und $S$-Flächen für je eine Rahmenhälfte

Zum Vergleich sei die Rechnung für die beiden statisch bestimmten Hauptsysteme gemäß Abb. 19.64 gegenübergestellt.

Die Schnittgrößen für das statisch unbestimmte System infolge $q = g + s$ sind Abb. 19.63 zu entnehmen (für eine Rahmenhälfte).

## a) Durchbiegungsberechnung für Hauptsystem 1

Lagerreaktionen: $\bar{A}_V = 1/2 = 0{,}50$

$\bar{A}_H = 0{,}5 \cdot 2{,}35/5{,}43 = 0{,}216$

Stabkräfte: $\bar{S}_1 = -0{,}5 + 0{,}216 \cdot 5{,}43/2{,}35 = 0$

$\bar{S}_2 = -0{,}5 \cdot 5{,}92/5{,}43 = -0{,}545$

Biegemoment: $\bar{M}_c = 0{,}5 \cdot 12{,}35 - 0{,}216 \cdot 6{,}0 = 4{,}88$ m

$\dfrac{1}{2} \cdot E_\parallel \cdot I_C \cdot \delta =$

aus $M$:
$\left\{ \begin{array}{l} +\dfrac{10}{6} \cdot 4{,}88 \cdot (294 - 213) = +\ 658{,}8 \text{ kNm}^3 \\[6pt] +\dfrac{10}{3} \cdot 4{,}88 \cdot 101 = +1642{,}9 \text{ kNm}^3 \end{array} \right.$

aus $Q$: $+\dfrac{10}{2} \cdot 0{,}5 \cdot (77 - 4{,}4) \cdot 1{,}14 \cdot \dfrac{90}{80} = +\ 232{,}8$ kNm³

aus $S_2$: $+ 5{,}92 \cdot 198 \cdot 0{,}545 \cdot 0{,}097 = +\ 62{,}0$ kNm³

aus $C_a^*$: $+ 0{,}545 \cdot 198 \cdot 0{,}371 = +\ 40{,}0$ kNm³

Insgesamt: $+2637$ kNm³

$\delta = \dfrac{2 \cdot 2{,}637}{1{,}1 \cdot 10^4 \cdot 0{,}6827 \cdot 10^{-2}} = 70{,}2 \cdot 10^{-3} \text{ m} = 70{,}2 \text{ mm} < \dfrac{24\,700}{200} = 124 \text{ mm}$

**b) Durchbiegungsberechnung für Hauptsystem 2:**

Stabkräfte: $\bar{S}_1 = \quad = -0{,}50$

$\bar{S}_2 = \quad = 0$

Biegemomente: $\bar{M}_B = 0{,}5 \cdot 2{,}35 = 1{,}175$ m

$\bar{M}_C = 0{,}5 \cdot 12{,}35 = 6{,}175$ m

$\frac{1}{2} \cdot E_\parallel \cdot I_C \cdot \delta =$

aus $M$:
$$-\frac{2{,}35}{3} \cdot (213 - 5{,}6) \cdot 1{,}175 \cdot 0{,}702 \quad = -134{,}0 \text{ kNm}^3$$

$$+\frac{10}{6} \cdot [6{,}175 \cdot (2 \cdot 147 - 213)$$
$$- 1{,}175 \cdot (2 \cdot 213 - 147)] \quad = +287{,}3 \text{ kNm}^3$$

$$+\frac{10}{3} \cdot 101 \cdot (1{,}175 + 6{,}175) \quad = +2474{,}5 \text{ kNm}^3$$

aus $Q$:
$$-\frac{2{,}35}{2} \cdot 0{,}5 \cdot (81 + 100) \cdot 1{,}14 \quad = -121{,}2 \text{ kNm}^3$$

$$+\frac{10}{2} \cdot 0{,}5 \cdot (77 - 4{,}4) \cdot 1{,}14 \cdot \frac{90}{80} \quad = +232{,}8 \text{ kNm}^3$$

aus $S_1$: $\quad -5{,}3 \cdot 0{,}5 \cdot 81 \cdot 0{,}194 \quad = -41{,}6 \text{ kNm}^3$

aus $C_a$: $\quad -0{,}5 \cdot 81 \cdot 2 \cdot 0{,}927 \quad = -75{,}1 \text{ kNm}^3$

Insgesamt: $+2623 \text{ kNm}^3$

$\approx +2637 \text{ kNm}^3$

Der Vergleich zeigt Übereinstimmung.

## 19.9 Bemessung von Brettschichtholzträgern nach DIN 1052 neu (EC 5)

### 19.9.1 Aufbau des Brettschichtholzträgers

Beachte die u. a. in den Abschnitten 2.2.3, 19.1 und 19.2 enthaltenen Hinweise zum BSH und zu den BSH-Trägern.

Für BSH sind die Werte für die Festigkeit, die Steifigkeit und die Rohdichte in Abhängigkeit von der BSH-Festigkeitsklasse der Tafel 2.11 zu entnehmen.

BSH nach Tafel 19.4 erfüllt die in Tafel 2.11 geforderten mechanischen Eigenschaften.

Für BSH mit von der Tafel 19.4 abweichendem Lamellenaufbau können die mechanischen Eigenschaften nach der Verbundtheorie berechnet werden [1].

**Tafel 19.4.** Lamellenaufbau von BSH

| Festigkeitsklasse der Lamellen | BSH-Festigkeitsklassen | | | | | | | |
|---|---|---|---|---|---|---|---|---|
| | GL 24 | | GL 28 | | GL 32 | | GL 36 | |
| | c[2] | h | c[2] | h[3] | c | h | c | h |
| äußere Lamellen[1] | C 24 | C 24 | C 30 | C 30[4] | C 35 | C 35 | C 40 | C 40 |
| innere Lamellen | C 16 | | C 24[4] | | C 30 | | C 35 | |

[1] 1/6 der Trägerhöhe auf beiden Seiten, mindestens 2 Lamellen.
[2] $c$ = kombiniertes BSH.
[3] $h$ = BSH aus Lamellen einer Fkl.    [4] Weitere Hinweise s. [1].

Bei der Bemessung an der Stelle der Universal-Keilzinkenverbindung ist die Querschnittsschwächung durch eine 20%ige Abminderung der jeweiligen charakteristischen Festigkeitswerte zu berücksichtigen, z.B. beim Dreigelenkrahmen von Bedeutung.

Zur Berücksichtigung des Einflusses von Ästen im Keilzinkenbereich sind hierbei für die BSH-Festigkeitsklassen GL 28, GL 32 und GL 36 die Werte der jeweils nächst niedrigeren Festigkeitsklasse zugrunde zu legen.

### 19.9.2 Gerader Träger mit konstanter Höhe nach DIN 1052 neu (EC 5)

Spannungs-, Kipp- und Durchbiegungsnachweise können dem Abschn. 10.7 entnommen werden, vgl. Abb. 19.4.

### 19.9.3 Pultdachträger nach DIN 1052 neu (EC 5), vgl. Abb. 19.14

Für einen Faseranschnittwinkel $\alpha \leq 10°$ gilt:

$$\sigma_{m,0,d} = (1 + 4 \cdot \tan^2 \alpha) \cdot \frac{6 \cdot M_d}{b \cdot h_x^2} \leq f_{m,d} \quad \text{s. Tafel A.1.} \tag{19.52}$$

$$\sigma_{m,\alpha,d} = \frac{6 \cdot M_d}{b \cdot h_x^2} \leq f_{m,\alpha,d} = k_{\alpha,t(c)} \cdot f_{m,d} \quad \text{s. Tafel A.2 - A.4.} \tag{19.53}$$

$\sigma_{m,0,d}$    Biegespannung des faserparallelen Randes (Abb. 19.65)

$\sigma_{m,\alpha,d}$    Biegespannung des Randes mit den angeschnittenen Fasern (Abb. 19.65)

$h_x$    vgl. Abb. 19.14 und Gl. (19.24)

$$f_{m,\alpha,d} = \frac{f_{m,d}}{\sqrt{\left(\frac{f_{m,d}}{f_{t,90,d}} \cdot \sin^2 \alpha\right)^2 + \left(\frac{f_{m,d}}{f_{v,d}^a} \cdot \sin \alpha \cdot \cos \alpha\right)^2 + \cos^4 \alpha}} \quad \text{(Biegezugrand)} \tag{19.54}$$

$$f_{m,\alpha,d} = \frac{f_{m,d}}{\sqrt{\left(\frac{f_{m,d}}{f_{c,90,d}} \cdot \sin^2 \alpha\right)^2 + \left(\frac{f_{m,d}}{2 f_{v,d}^b} \cdot \sin \alpha \cdot \cos \alpha\right)^2 + \cos^4 \alpha}} \quad \text{(Biegedruckrand)} \tag{19.55}$$

[a] Für LH u. FSH ohne Querlagen nur $0,75 f_{v,d}$! [1].
[b] Für LH u. FSH ohne Querlagen nur $1,5 f_{v,d}$! [1].

19.9 Bemessung von Brettschichtholzträgern nach DIN 1052 neu (EC 5)      297

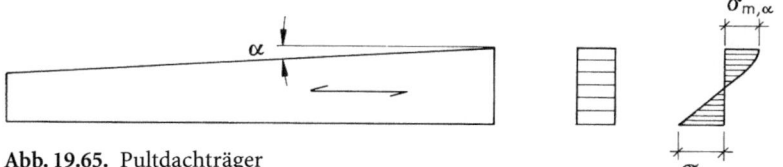

**Abb. 19.65.** Pultdachträger

### 19.9.4 Gekrümmte Träger und Satteldachträger nach DIN 1052 neu (EC 5)

**Spannungsnachweis für den schrägen Rand (Anschnitte):**

In den geraden Trägerbereichen mit angeschnittener Faser müssen die Nachweise wie für den Pultdachträger des Abschn. 19.9.3 geführt werden.

**Biegespannungsnachweis im Firstquerschnitt:**

Für den Firstquerschnitt gilt folgender Nachweis:

$$\sigma_{m,d} \leq k_r \cdot f_{m,d} \tag{19.56}$$

mit

$k_r$   Faktor, der die Festigkeitsabnahme infolge des Biegens der Lamellen während der Herstellung berücksichtigt.

Für gekrümmte Träger und Satteldachträger mit gekrümmten Untergurt ist

$$k_r = \begin{cases} 1 & \text{für } r_{in}/t \geq 240 \tag{19.57} \\ 0{,}76 + 0{,}001 \cdot r_{in}/t & \text{für } r_{in}/t < 240 \tag{19.58} \end{cases}$$

$r_{in} = r_1$ (DIN)   Biegeradius des inneren Einzelbrettes (Abb. 19.5a)
$t = a$ (DIN)   Dicke des inneren Einzelbrettes

Für Satteldachträger mit geradem Untergurt ist

$k_r = 1$.

**Biegespannung im Firstquerschnitt:**

$$\sigma_{m,d} = k_l \cdot \frac{6 \cdot M_{ap,d}}{b \cdot h_{ap}^2} \quad \text{s. Tafel A.5. und A.6.} \tag{19.59}$$

mit

$M_{ap} = M_m$ (DIN)
$h_{ap} = h_m$ (DIN), vgl. Abb. 19.17

$$k_l = k_1 + k_2 \cdot \frac{h_{ap}}{r} + k_3 \cdot \left(\frac{h_{ap}}{r}\right)^2 + k_4 \cdot \left(\frac{h_{ap}}{r}\right)^3 \tag{19.60}$$

und

$$k_1 = 1 + 1{,}4 \cdot \tan\alpha + 5{,}4 \cdot \tan^2\alpha \qquad (19.60\,\mathrm{a})$$

$$k_2 = 0{,}35 - 8 \cdot \tan\alpha \qquad (19.60\,\mathrm{b})$$

$$k_3 = 0{,}6 + 8{,}3 \cdot \tan\alpha - 7{,}8 \cdot \tan^2\alpha \qquad (19.60\,\mathrm{c})$$

$$k_4 = 6 \cdot \tan^2\alpha \qquad (19.60\,\mathrm{d})$$

$$k_l = \varkappa_l \text{ (DIN)}$$

$\alpha = \gamma$ (DIN), vgl. Abb. 19.19b; $\alpha$ Faseranschnittwinkel im Firstbereich

$$r = r_{\mathrm{in}} + 0{,}5 \cdot h_{\mathrm{ap}} = r_{\mathrm{m}} \text{ (DIN), vgl. Abb. 19.17}$$

Für gekrümmte Träger mit konstanter Höhe (Abb. 19.10) ist $\alpha = 0$.

**Querzugspannungsnachweis im Firstbereich [1]:**

$$\sigma_{\mathrm{t},90,\mathrm{d}} \leqq k_{\mathrm{dis}} \cdot (h_0/h_{\mathrm{ap}})^{0,3} \cdot f_{\mathrm{t},90,\mathrm{d}} \quad \text{s. Tafel A.8} \qquad (19.61\,\mathrm{a})$$

hierin bedeuten:

$k_{\mathrm{dis}}$ Faktor, der den Einfluss der Spannungsverteilung im Firstbereich berücksichtigt, vgl. Abb. 19.17 und Tafel 19.5

$h_0$ Bezugshöhe von 600 mm

Für eine kombinierte Beanspruchung aus Querzug und Schub muss die folgende Bedingung erfüllt sein:

$$\frac{\sigma_{\mathrm{t},90,\mathrm{d}}}{k_{\mathrm{dis}} \cdot (h_0/h_{\mathrm{ap}})^{0,3} \cdot f_{\mathrm{t},90,\mathrm{d}}} + \left(\frac{\tau_{\mathrm{d}}}{f_{\mathrm{v},\mathrm{d}}}\right)^2 \leqq 1 \qquad (19.61\,\mathrm{b})$$

Ist die Bedingung

$$\sigma_{\mathrm{t},90,\mathrm{d}} \leqq k_{\mathrm{dis}} \cdot (h_0/h_{\mathrm{ap}})^{0,3} \cdot 0{,}6 \cdot f_{\mathrm{t},90,\mathrm{d}} \qquad (19.61\,\mathrm{c})$$

erfüllt, sind für Bauteile in den Nutzungsklassen 1 und 2 konstruktive Verstärkungen zur Aufnahme zusätzlicher, klimatisch bedingter Querzugspannungen nicht erforderlich [1].

Querzugspannung im Firstbereich:

$$\sigma_{\mathrm{t},90,\mathrm{d}} = k_{\mathrm{p}} \cdot \frac{6 \cdot M_{\mathrm{ap,d}}}{b \cdot h_{\mathrm{ap}}^2} \quad \text{s. Tafel A.5. und A.7.} \qquad (19.62)$$

**Tafel 19.5.** Verteilungsfaktor $k_{\mathrm{dis}}$

| Träger nach | Abb. 19.10 | Abb. 19.16 und 19.27 |
|---|---|---|
| $k_{\mathrm{dis}}$ | 1,15 | 1,3 |

## 19.9 Bemessung von Brettschichtholzträgern nach DIN 1052 neu (EC 5)

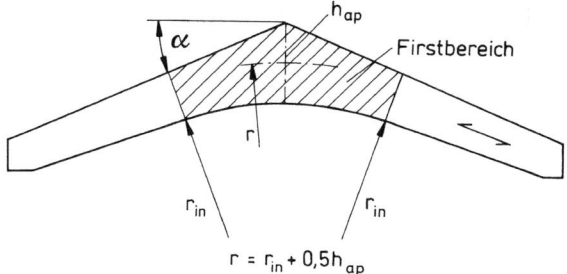

**Abb. 19.66.** Querzugbeanspruchter Firstbereich eines Satteldachträgers mit gekrümmten Untergurt

mit

$$k_p = k_5 + k_6 \cdot \frac{h_{ap}}{r} + k_7 \cdot \left(\frac{h_{ap}}{r}\right)^2 \quad \text{s. Tafel A.5 und A.7} \quad (19.63)$$

und

$$k_5 = 0{,}2 \cdot \tan\alpha \tag{19.63a}$$

$$k_6 = 0{,}25 - 1{,}5 \cdot \tan\alpha + 2{,}6 \cdot \tan^2\alpha \tag{19.63b}$$

$$k_7 = 2{,}1 \cdot \tan\alpha - 4 \cdot \tan^2\alpha \tag{19.63c}$$

$$k_p = \varkappa_q \text{ (DIN)}$$

### 19.9.5 Beispiel: symmetrischer Satteldachträger nach DIN 1052 neu (EC 5)

System und Belastung des symmetrischen Satteldachträgers s. Abb. 19.16.
Die charakteristischen Werte der Einwirkungen können aus der DIN 1055 entnommen werden, vgl. Abschn. 14.2, 14.4 und 19.5.2.4.

GL 24h, kurze LED, Nkl 1, s-Zone 2, $A = 316$ m

**Bemessungswert der Einwirkungen:**

$$q_d = \gamma_G \cdot G_k + \gamma_Q \cdot Q_k \quad \text{vgl. Gl. (2.3)}$$

$$q_d = 1{,}35 \cdot 0{,}48 + 1{,}5 \cdot 0{,}75 = 1{,}77 \text{ kN/m}^2 \text{ G}$$

Binderabstand 5,85 m: $q_d = 1{,}77 \cdot 5{,}85 = 10{,}4$ kN/m

Lagerreaktionen: $B_d = C_d = 10{,}4 \cdot 20/2 = 104$ kN

**Schubspannung:**

$$\tau_d = 1{,}5 \cdot \frac{V_d}{b \cdot h_a} = 1{,}5 \cdot \frac{104 \cdot 10^3}{200 \cdot 600} = 1{,}3 \text{ N/mm}^2 \quad \text{vgl. Gl. (10.52)}$$

$$f_{v,d} = 2{,}5 \cdot \frac{0{,}9}{1{,}3} = 1{,}73 \text{ N/mm}^2 \quad \text{vgl. Gl. (2.5)}$$

$$1{,}3/1{,}73 = 0{,}75 < 1 \quad \text{vgl. Gl. (10.53)}$$

**Auflagerlänge:**

$\sigma_{c,90,d} \leq k_{c,90} \cdot f_{c,90,d}$ vgl. Gl. (5.13)

Tafel 5.5: $k_{c,90} = 1{,}75$

Tafel 2.11: $f_{c,90,d} = 2{,}7 \cdot \dfrac{0{,}9}{1{,}3} = 1{,}87 \text{ N/mm}^2$

$$\text{erf} \, l_B = \dfrac{B}{b \cdot k_{c,90} \cdot f_{c,90,d}} - 30 = \dfrac{104 \cdot 10^3}{200 \cdot 1{,}75 \cdot 1{,}87} - 30 = 129 \text{ mm} \rightarrow 180 \text{ mm}$$

mit $\quad l_{ef} = \text{erf} \, l_B + 30 \text{ mm}$

**Größte Biegespannung an der Stelle $x$:**

Gl. (19.21): $\quad x = \dfrac{l \cdot h_a}{2 \cdot h_{ap}} = \dfrac{20 \cdot 0{,}60}{2 \cdot 1{,}15} \qquad\qquad = 5{,}22 \text{ m}$

Gl. (19.22): $\quad h_x = h_a \cdot \left(2 - \dfrac{h_a}{h_{ap}}\right) = 0{,}60 \left(2 - \dfrac{0{,}60}{1{,}15}\right) = 0{,}887 \text{ m}$

$\qquad W_x = b \cdot h_x^2/6 = 0{,}20 \cdot 0{,}887^2/6 \qquad\qquad = 0{,}0262 \text{ m}^3$

$\qquad M_{x,d} = \dfrac{q_d}{2} \cdot x \cdot (l-x) = \dfrac{10{,}4}{2} \cdot 5{,}22 \cdot 14{,}78 = 401 \text{ kNm}$

$\qquad \sigma_{m,d} = M_{x,d}/W_x = 0{,}401/0{,}0262 \qquad = 15{,}3 \text{ MN/m}^2$

**Spannungsnachweis für den schrägen Rand (Anschnitte) und $\parallel$ Fa:**

Bei schrägem Rand im Biegedruckbereich:

Gl. (19.55): $f_{m,\alpha,d} = \dfrac{f_{m,d}}{\sqrt{\left(\dfrac{f_{m,d}}{f_{c,90,d}} \cdot \sin^2\alpha\right)^2 + \left(\dfrac{f_{m,d}}{2 f_{v,d}} \cdot \sin\alpha \cdot \cos\alpha\right)^2 + \cos^4\alpha}}$

Tafel 2.11: $\quad f_{m,d} = 24 \cdot \dfrac{0{,}9}{1{,}3} = 16{,}6 \text{ N/mm}^2 \qquad\qquad$ vgl. Gl. (2.5)

$f_{m,\alpha,d} = \dfrac{16{,}6}{\sqrt{\left(\dfrac{16{,}6}{1{,}87} \cdot \sin^2 3{,}15°\right)^2 + \left(\dfrac{16{,}6}{2 \cdot 1{,}73} \cdot \sin 3{,}15° \cdot \cos 3{,}15°\right)^2 + \cos^4 3{,}15°}}$

$\qquad = 16{,}1 \text{ N/mm}^2$ ; mit Tafel A.3: $0{,}97 \cdot 16{,}6 = 16{,}1 \text{ N/mm}^2$

Gl. (19.53): $\sigma_{m,\alpha,d} = \sigma_{m,d} \qquad\qquad\qquad = 15{,}3 \text{ N/mm}^2$

$\qquad\qquad\qquad\qquad 15{,}3/16{,}1 = 0{,}95 < 1$

Gl. (19.52): $\sigma_{m,0,d} = (1 + 4 \cdot \tan^2 3{,}15°) \cdot 15{,}3 = 15{,}5 \text{ N/mm}^2$

$\qquad\qquad$ s. Tafel A.1 $\qquad 15{,}5/16{,}6 = 0{,}93 < 1$

### Biege- und Querzugspannung im Firstquerschnitt:

Biegespannung im Firstquerschnitt:

Gl. (19.59): $\quad \sigma_{m,d} = k_l \cdot \dfrac{6 \cdot M_{ap,d}}{b \cdot h_{ap}^2} \quad$ s. Tafel A.5

Gl. (19.60): $\quad k_1 = 1 + 1{,}4 \cdot \tan 3{,}15° + 5{,}4 \cdot \tan^2 3{,}15° = 1{,}093 \ (r \to \infty)$

$\qquad M_{ap,d} = 10{,}4 \cdot 20^2/8 \qquad\quad = 520 \text{ kNm}$

$\qquad \sigma_{m,d} = 1{,}093 \cdot \dfrac{6 \cdot 0{,}520}{0{,}20 \cdot 1{,}15^2} = 12{,}9 \text{ MN/m}^2 \quad$ s. Tafel A.5.

Biegespannungsnachweis im Firstquerschnitt:

Gl. (19.56): $\quad \sigma_{m,d} \leqq k_r \cdot f_{m,d}; \quad k_r = 1$

$\qquad\qquad 12{,}9/16{,}6 = 0{,}78 < 1$

Querzugspannung im Firstbereich:

Gl. (19.62): $\quad \sigma_{t,90,d} = k_p \cdot \dfrac{6 \cdot M_{ap,d}}{b \cdot h_{ap}^2} = \sigma_{m,d} \cdot \dfrac{k_p}{k_1}$

Gl. (19.63): $\quad k_p = 0{,}2 \cdot \tan 3{,}15° \qquad = 0{,}011 \quad$ s. Tafel A.5.

Gl. (19.62): $\quad \sigma_{t,90,d} = 12{,}9 \cdot \dfrac{0{,}011}{1{,}093} \qquad = 0{,}13 \text{ MN/m}^2$

Querzugspannungsnachweis im Firstbereich:

Gl.(19.61a): $\sigma_{t,90,d} \leqq k_{dis} \cdot (h_0/h_{ap})^{0,3} \cdot f_{t,90,d} \quad$ s. Tafel A.8.

Tafel 19.4: $\quad k_{dis} = 1{,}3, \quad h_0 = 600 \text{ mm}$

Tafel 2.11: $\quad f_{t,90,d} = 0{,}50 \cdot \dfrac{0{,}9}{1{,}3} = 0{,}35 \text{ N/mm}^2 \qquad\qquad\qquad$ vgl. Gl. (2.5)

$\qquad\qquad 0{,}13/[1{,}3 \cdot (600/1150)^{0,3} \cdot 0{,}35] = 0{,}35 < 1$

Gl. (19.61c): $0{,}13/[1{,}3 \cdot (600/1150)^{0,3} \cdot 0{,}6 \cdot 0{,}35] = 0{,}58 < 1$

### Kippnachweis:

Für den Kippnachweis der durch Verbände abgestützten Dachbinder aus BSH wird der Standardfall, nämlich konstantes Moment und beidseitig gelenkige Gabellagerung, vorausgesetzt ($l_{ef}/l = 1$ [36]):

Knotenabstand des Dachverbandes $\quad l_{ef} = 2{,}5 \text{ m}$

Zwischen diesen Festhaltungen ist der Brettschichtbinder auf Kippen zu untersuchen.

Der Kippnachweis wird im Bereich der maximalen Spannung geführt.

$\qquad x_1 = (2 + 0{,}65) \cdot l_{ef} = 6{,}63 \text{ m} \quad$ siehe 19.5.2.2

$\quad h(x_1) = h_a + x_1 \tan \alpha = 0{,}60 + 6{,}63 \cdot \tan 3{,}15° = 0{,}965 \text{ m}$

## 19 Brettschichtholzträger

Gl. (10.60): $\text{rel}\,\lambda_m = \sqrt{24/125} = 0{,}44 < 0{,}75 \to k_m = 1$    s. Tafel A.9

mit $\quad \text{crit}\,\sigma_m = \dfrac{\pi \cdot 200^2 \cdot 9667}{2500 \cdot 965} \cdot \sqrt{\dfrac{720}{11600}} = 125\ \text{N/mm}^2$

Der Knotenabstand $l_{ef}$ kann auf 5 m vergrößert werden, ohne dass bei diesem Beispiel ein Kippen eintritt.

Es wird mit der maximalen Biegespannung gerechnet.

Gl. (10.59): $\quad \dfrac{15{,}3}{1 \cdot 16{,}6} = 0{,}92 < 1$

mit $\quad f_{m,d} = 24 \cdot \dfrac{0{,}9}{1{,}3} = 16{,}6\ \text{N/mm}^2 \quad \text{und}\ k_m = 1.$

**Durchbiegungsnachweise:** $\quad \psi_{2,s} = 0 \quad$ vgl. 2.11.7 u. Tafel 14.10

Querschnittswerte: $\quad I_a = 0{,}20 \cdot 0{,}60^3/12 = 0{,}0036\ \text{m}^4$

$\quad\quad\quad\quad\quad\quad\quad\quad A_a = 0{,}20 \cdot 0{,}60\quad = 0{,}12\ \text{m}^2$

$k_{f,m}$- und $k_{f,v}$-Wert:

$\quad\quad k_{f,m} = k_\sigma\ \text{(DIN)},\quad k_{f,v} = k_\tau\ \text{(DIN 1052 (1988))} \quad\quad \text{vgl. Abb. 19.15}$

Gl. (19.27): $\quad k_{f,m} = \dfrac{(0{,}60/1{,}15)^3}{0{,}15 + 0{,}85 \cdot 0{,}60/1{,}15} = 0{,}239$

Gl. (19.28): $\quad k_{f,v} = \dfrac{2}{1 + (1{,}15/0{,}60)^{2/3}} = 0{,}786$

Veränderliche Lasten

$\quad\quad M_{ap} = 0{,}75 \cdot 5{,}85 \cdot 20^2/8 \quad = 219\ \text{kNm}$

Ständige Last

$\quad\quad M_{ap} = 0{,}48 \cdot 5{,}85 \cdot 20^2/8 \quad = 140\ \text{kNm}$

Charakteristische (seltene) Bemessungssituation:
Elastische Durchbiegung (Anfangsdurchbiegung) infolge veränderlicher Einwirkungen:

Gl. (19.25):

$$f_m^p = \dfrac{M_{ap} \cdot l^2 \cdot k_{f,m}}{9{,}6 \cdot E_{0,mean} \cdot I_a} = \dfrac{0{,}219 \cdot 20^2 \cdot 0{,}239}{9{,}6 \cdot 11600 \cdot 0{,}0036} = 52{,}2 \cdot 10^{-3}\ \text{m} = 52{,}2\ \text{mm}$$

Gl. (19.26):

$$f_v^p = \dfrac{1{,}2 \cdot M_{ap} \cdot k_{f,v}}{G_{mean} \cdot A_a} = \dfrac{1{,}2 \cdot 0{,}219 \cdot 0{,}786}{720 \cdot 0{,}12} = 2{,}4 \cdot 10^{-3}\ \text{m} = 2{,}4\ \text{mm}$$

$\quad f_{p,inst} = 52{,}2 + 2{,}4 = 54{,}6\ \text{mm} < l/300 \quad\quad = 20000/300 = 66{,}7\ \text{mm}$

19.9 Bemessung von Brettschichtholzträgern nach DIN 1052 neu (EC5)

Enddurchbiegung: $k_{def} = 0{,}60$ vgl. Tafel 2.12

$$f_{q,fin} = f_{p,inst}\left[\frac{M_{ap}^g}{M_{ap}^p}(1 + k_{def}) + (1 + \psi_{2,s} \cdot k_{def})\right] \quad \text{vgl. Abschn. 10.7.5}$$

$$f_{q,fin} = 54{,}6 \cdot \left[\frac{140}{219}(1 + 0{,}6) + 1\right] = 110 \text{ mm}$$

$f_{q,fin} - f_{g,inst} = 110 - 34{,}9 = 75{,}1$ mm $< 100$ mm

Quasi-ständige Bemessungssituation:

$f_{g,fin} - w_0 = 55{,}8 - 120 = -64{,}2$ mm $< 100$ mm

Konstruktiv gewählt: parabelförmige Überhöhung mit

$w_0 = 120$ mm  vgl. 19.5.2.4

EC5:  $w_{net,fin} = 110 - 120 = -10$ mm $< l/200$

**Horizontalverschiebung des verschieblichen Auflagers:**

Gl. (19.35): $\delta_H = 4 \cdot (275 + 1{,}6 \cdot 300) \cdot 110/20000 = 16{,}6$ mm   vgl. 19.5.2.4

### 19.9.6 Beispiel: Satteldachträger mit gekrümmten Untergurt nach DIN 1052 neu (EC5)

**Belastung**  wie symmetrischer Satteldachträger, vgl. 19.9.5

**Systemmaße**  s. Abb. 19.28

GL 24h, kurze LED, Nkl 1

**Bemessungswert der Einwirkungen:**

$q_d = 1{,}35 \cdot 0{,}48 + 1{,}5 \cdot 0{,}75 = 1{,}77$ kN/m² G

Binderabstand 5,85 m: $q_d = 1{,}77 \cdot 5{,}85 = 10{,}4$ kN/m

Lagerreaktionen:  $B_d = C_d = 10{,}4 \cdot 20/2 = 104$ kN

**Schubspannung:**

$$\tau_d = 1{,}5 \cdot \frac{104 \cdot 10^3}{200 \cdot 700} = 1{,}1 \text{ N/mm}^2 \quad 1{,}1/2{,}42 = 0{,}45 < 1 \quad \text{vgl. 19.9.5}$$

**Auflagerlänge:**

$\sigma_{c,\alpha,d} \leqq k_{c,\alpha} \cdot f_{c,\alpha,d}$  $\delta = 8°$  vgl. Abb. 19.28, $\alpha = 82°$  s. Tafel A.10

$$k_{c,\alpha} \cdot f_{c,\alpha,d} = \frac{[1 + (k_{c,90} - 1) \cdot \sin\alpha] \cdot f_{c,0,d}}{\sqrt{\left(\frac{f_{c,0,d}}{f_{c,90,d}} \cdot \sin^2\alpha\right)^2 + \left(\frac{f_{c,0,d}}{1{,}5 \cdot 1{,}4 \cdot f_{v,d}} \cdot \sin\alpha \cdot \cos\alpha\right)^2 + \cos^4\alpha}}$$
vgl. Gl. (5.16)

$$= \frac{1{,}74 \cdot 16{,}6}{\sqrt{\left(\frac{16{,}6}{1{,}87}\sin^2 82°\right)^2 + \left(\frac{16{,}6}{2{,}1 \cdot 1{,}73} \cdot \sin 82° \cdot \cos 82°\right)^2 + \cos^4 82°}}$$

$= 3{,}31$ N/mm² ; mit Tafel A.10 $\rightarrow$ 3,313   vgl. 19.9.5

mit $\quad f_{c,0,d} = 24 \cdot \dfrac{0{,}9}{1{,}3} = 16{,}6 \text{ N/mm}^2 \quad$ vgl. Gl. (2.5)

und $\quad A_{ef} = b \cdot l_{ef} = b \cdot (\text{erf } l_B + 30 \cdot \cos 8°)$

$$\text{erf } l_B = \dfrac{B_d}{b \cdot k_{c,\alpha} \cdot f_{c,\alpha,d}} - 29{,}7 = \dfrac{104 \cdot 10^3}{200 \cdot 3{,}31} - 29{,}7 = 127 \text{ mm} \to 180 \text{ mm}$$

**Größte Biegespannung an der Stelle $x$:**

Gl. (19.36a): $\quad h_1 = 0{,}70 + 10{,}0 \cdot (\tan 12° - \tan 8°) = 1{,}42 \text{ m} \quad$ vgl. Abb. 19.27

Gl. (19.21): $\quad x = \dfrac{20 \cdot 0{,}70}{2 \cdot 1{,}42} = 4{,}93 \text{ m}$

Gl. (19.22): $\quad h'_x = 0{,}70 \cdot \left(2 - \dfrac{0{,}70}{1{,}42}\right) = 1{,}05 \text{ m}$

$\quad h_x \approx 1{,}05 \cdot \cos \dfrac{12° + 8°}{2} = 1{,}03 \text{ m}$

$\quad W_x = 0{,}20 \cdot 1{,}03^2 / 6 \quad = 0{,}0354 \text{ m}^3$

$\quad M_{x,d} = \dfrac{10{,}4}{2} \cdot 4{,}93 \cdot 15{,}07 = 386 \text{ kNm}$

$\quad \sigma_{m,d} = 0{,}386 / 0{,}0354 \quad = 10{,}9 \text{ MN/m}^2$

**Spannungsnachweis für den schrägen Rand (Anschnitte):**

Bei Anschnitten im Biegedruckbereich: $\quad \alpha = 12° - 8° = 4°$

Gl. (19.55):

$$f_{m,\alpha,d} = \dfrac{16{,}6}{\sqrt{\left(\dfrac{16{,}6}{1{,}87} \cdot \sin^2 4°\right)^2 + \left(\dfrac{16{,}6}{2 \cdot 1{,}73} \cdot \sin 4° \cdot \cos 4°\right)^2 + \cos^4 4°}} = 15{,}8 \text{ N/mm}^2$$

Gl. (19.53): $\sigma_{m,\alpha,d} = \sigma_{m,d} = 10{,}9 \text{ N/mm}^2$

s. Tafel A.3 $\quad 10{,}9 / 15{,}8 = 0{,}69 < 1$

Ohne Anschnitte im Biegezugbereich ($f_{m,d} = 16{,}6 \text{ N/mm}^2$):

Gl. (19.52): $\sigma_{m,0,d} = (1 + 4 \cdot \tan^2 4°) \cdot 10{,}9 = 11{,}1 \text{ N/mm}^2$

s. Tafel A.1 $\quad 11{,}1 / 16{,}6 = 0{,}67 < 1$

**Biege- und Querzugspannung im Firstquerschnitt:**

Biegespannung im Firstquerschnitt:

Gl. (19.59): $\quad \sigma_{m,d} = k_l \cdot \dfrac{6 \cdot M_{ap,d}}{b \cdot h_{ap}^2} \quad$ s. Tafel A.6

Gl. (19.60a): $\quad k_1 = 1 + 1{,}4 \cdot \tan 12° + 5{,}4 \cdot \tan^2 12° = 1{,}542$

## 19.9 Bemessung von Brettschichtholzträgern nach DIN 1052 neu (EC 5)

Gl. (19.60b):   $k_2 = 0{,}35 - 8 \cdot \tan 12°$   $= -1{,}350$

Gl. (19.60c):   $k_3 = 0{,}6 + 8{,}3 \cdot \tan 12° - 7{,}8 \cdot \tan^2 12° = 2{,}012$

Gl. (19.60d):   $k_4 = 6 \cdot \tan^2 12°$   $= 0{,}271$

Gl. (19.32):   $r_{in} = r_1 = \dfrac{6}{2 \cdot \sin 8°} = 21{,}56 \text{ m}$

$r = r_m = 21{,}56 + 1{,}63/2 = 22{,}4 \text{ m}$

Gl. (19.60):   $k_l = 1{,}542 - 1{,}350 \cdot \dfrac{1{,}63}{22{,}4} + 2{,}012 \cdot \left(\dfrac{1{,}63}{22{,}4}\right)^2$

$+ 0{,}271 \cdot \left(\dfrac{1{,}63}{22{,}4}\right)^3 = 1{,}45$   s. Tafel A.6.

$M_{ap,d} = 10{,}4 \cdot 20^2/8 = 520 \text{ kNm}$

$\sigma_{m,d} = 1{,}45 \cdot \dfrac{6 \cdot 0{,}520}{0{,}20 \cdot 1{,}63^2} = 8{,}5 \text{ MN/m}^2$

Biegespannungsnachweis im Firstquerschnitt:

$r_{in}/t = 21{,}56/0{,}033 = 653 > 240$

Gl. (19.57):   $k_r = 1$

Gl. (19.56):   $8{,}5/16{,}6 = 0{,}51 < 1$

Querzugspannung im Firstbereich:

Gl. (19.62):   $\sigma_{t,90,d} = k_p \cdot \dfrac{6 \cdot M_{ap,d}}{b \cdot h_{ap}^2}$

Gl. (19.63a):   $k_5 = 0{,}2 \cdot \tan 12°$   $= 0{,}0425$

Gl. (19.63b):   $k_6 = 0{,}25 - 1{,}5 \cdot \tan 12° + 2{,}6 \cdot \tan^2 12°$   $= 0{,}0486$

Gl. (19.63c):   $k_7 = 2{,}1 \cdot \tan 12° - 4 \cdot \tan^2 12°$   $= 0{,}2656$

Gl. (19.63):   $k_p = 0{,}0425 + 0{,}0486 \cdot \dfrac{1{,}63}{22{,}4} + 0{,}2656 \cdot \left(\dfrac{1{,}63}{22{,}4}\right)^2 = 0{,}0474$

$\sigma_{t,90,d} = 8{,}5 \cdot \dfrac{0{,}0474}{1{,}45} = 0{,}28 \text{ MN/m}^2$   s. Tafel A.7.

Querzugspannungsnachweis im Firstbereich:

Tafel 19.5:   $k_{dis} = 1{,}3$;   $h_0 = 600 \text{ mm}$

Gl. (19.61a):   $\sigma_{t,90,d} \leq k_{dis} \cdot (h_0/h_{ap})^{0,3} \cdot f_{t,90,d}$   s. Tafel A.8

$0{,}28/[1{,}3 \cdot (600/1630)^{0,3} \cdot 0{,}35] = 0{,}83 < 1$

mit   $f_{t,90,d} = 0{,}5 \cdot \dfrac{0{,}9}{1{,}3} = 0{,}35 \text{ N/mm}^2$   vgl. Gl. (2.5)

Gl. (16.61c):   $0{,}28/[1{,}3 \cdot (600/1630)^{0,3} \cdot 0{,}6 \cdot 0{,}35] = 1{,}38 > 1$

Es sind Verstärkungen zur Aufnahme klimatisch bedingter Querzugspannungen erforderlich.

**Kippnachweis:**

Der Kippnachweis wird im Bereich der maximalen Spannung geführt, vgl. Abschn. 19.9.5.

$l_{ef} = 5{,}0$ m

$x_1 = (1 + 0{,}65) \cdot 5{,}0 = 8{,}25$ m

$h(x_1) \approx h_a + x_1 \cdot (\tan\gamma - \tan\delta) = 0{,}70 + 8{,}25 \cdot (\tan 12° - \tan 8°) = 1{,}29$ m

Gl. (10.60):   rel $\lambda_m = \sqrt{24/46{,}9} = 0{,}72 < 0{,}75 \rightarrow k_m = 1$   s. Tafel A.9

mit   $\text{crit}\,\sigma_m = \dfrac{\pi \cdot 200^2 \cdot 9667}{5000 \cdot 1290} \cdot \sqrt{\dfrac{720}{11600}} = 46{,}9$ N/mm²

Es wird mit der maximalen Biegespannung gerechnet.

Gl. (10.59):   $\dfrac{10{,}9}{1 \cdot 16{,}6} = 0{,}66 < 1$   vgl. 19.9.5

**Durchbiegungsnachweise (Abb. 19.28):**   $\psi_{2,s} = 0$   vgl. 2.11.7 u. Tafel 14.10

Berechnung nach Gln. (19.34) und (19.26) mit $I_c$ nach Abb. 19.23c.

$I_a = 5{,}717 \cdot 10^{-3}$ m⁴;   $A_a = 0{,}14$ m²;   $h_1/h_a = 2{,}03$   vgl. 19.5.3.5

Abb. 19.15:   $k_{f,m} = k_\sigma \approx 0{,}21$;   $k_{f,v} = k_\tau \approx 0{,}77$

veränderliche Lasten

$M_{ap} = 0{,}75 \cdot 5{,}85 \cdot 20^2/8 = 219$ kNm

ständige Lasten

$M_{ap} = 0{,}48 \cdot 5{,}85 \cdot 20^2/8 = 140$ kNm

Charakteristische (seltene) Bemessungssituation:

Elastische Durchbiegung (Anfangsdurchbiegung) infolge veränderlicher Einwirkungen:

Gl. (19.34):   $f_m^p = \dfrac{M_{ap} \cdot l \cdot s \cdot k_{f,m}}{4{,}8 \cdot E_{0,\text{mean}} \cdot I_a}$

$= \dfrac{0{,}219 \cdot 20 \cdot 10{,}14 \cdot 0{,}21}{4{,}8 \cdot 11600 \cdot 5{,}717 \cdot 10^{-3}} = 29{,}3 \cdot 10^{-3}$ m $= 29{,}3$ mm

19.9 Bemessung von Brettschichtholzträgern nach DIN 1052 neu (EC 5)     307

Gl. (19.26):    $f_v^p = \dfrac{1{,}2 \cdot M_{ap} \cdot k_{f,v}}{G_{mean} \cdot A_a}$

$\qquad\qquad\qquad = \dfrac{1{,}2 \cdot 0{,}219 \cdot 0{,}77}{720 \cdot 0{,}14} = 2{,}0 \cdot 10^{-3}$ m $= 2{,}0$ mm

$f_{p,inst} = 29{,}3 + 2{,}0 = 31{,}3$ mm $< l/300 = 66{,}7$ mm

Enddurchbiegung:    $k_{def} = 0{,}60$    vgl. Tafel 2.12

$f_{q,fin} = f_{p,inst} \cdot \left[ \dfrac{M_{ap}^g}{M_{ap}^p} \cdot (1 + k_{def}) + (1 + \psi_{2,s} \cdot k_{def}) \right]$ ;

vgl. Abschn. 10.7.5

$f_{q,fin} = 31{,}3 \cdot \left[ \dfrac{140}{219} \cdot (1 + 0{,}6) + 1 \right] = 63{,}3$ mm

$f_{q,fin} - f_{g,inst} = 63{,}3 - 20{,}0 = 43{,}3$ mm $< 100$ mm

Quasi-ständige Bemessungssituation:

$\qquad f_{g,fin} - w_0 = 32{,}0 - 70 = -38{,}0$ mm $< 100$ mm

Gewählt: Überhöhung $w_0 = 70$ mm     s. Beispiel nach DIN 1052 (1988)

EC 5:    $w_{net,fin} = 63{,}3 - 70 = -6{,}7$ mm $< l/200$.

# 20 Fachwerkträger

## 20.1 Allgemeines

Fachwerkträger mit ungehobelten Vollholzstäben und VM, wie z.B. Nagelplatten, Nägel und Dübel besonderer Bauart, werden vorwiegend für weniger anspruchsvolle Bauaufgaben eingesetzt. Sie sind gegenüber Brettschichtholzträgern in zweierlei Hinsicht benachteiligt:
a) Sie beanspruchen eine größere Bauhöhe.
b) Wegen der kleineren Einzelquerschnitte erfüllen sie die Anforderungen an den Brandschutz häufig nur, wenn am Untergurt eine raumabschließende Bekleidung vorhanden ist.

Ihre Vorteile: geringerer Holzbedarf, geringeres Gewicht und Verwendung üblicher Holzquerschnitte.

Fachwerkträger mit Stäben aus gehobelten Vollholzstäben (möglichst getrocknete Hölzer bei Innenverwendung), aus BSH[1], Furnierstreifenholz oder auch aus FSH mit innerhalb der Querschnitte liegenden Knotenverbindungen (Schlitzbleche + SDü; MKD-Verbindung) erfüllen hohe Ansprüche hinsichtlich Ästhetik, Feuerwiderstandsdauer und Tragfähigkeit.

Es lassen sich sehr vielfältige Tragwerksformen mit Holzfachwerken, z.B. auch mit räumlicher Tragwirkung, herstellen [12].

## 20.2 Fachwerksysteme

Fachwerkbinder werden meistens als Einfeldträger verwendet. Gerade Stäbe bilden ein Gitter aus dreieckigen Feldern. Die üblichen Systeme sind Dreieck-, Trapez- und Parallelträger mit verschiedenen Ausfachungen, z.B. nach Abb. 20.1, s. auch [216].

Die Vorzeichen der Stabkräfte infolge der meist für die Bemessung maßgebenden Gleichlast $q = g + s$ sind in Abb. 20.1 eingetragen. Entgegengesetzte Vorzeichen können beim Trapez- und Parallelträger infolge einseitiger Schneelast $s/2$ bei den Füllstäben im Bereich der Trägermitte vorkommen (Abb. 20.2b), nicht dagegen beim Dreieckträger (Nullstäbe auf der unbelasteten Seite nach Abb. 20.2a).

---

[1] auch als BS-Holz bezeichnet.

## 20.2 Fachwerksysteme

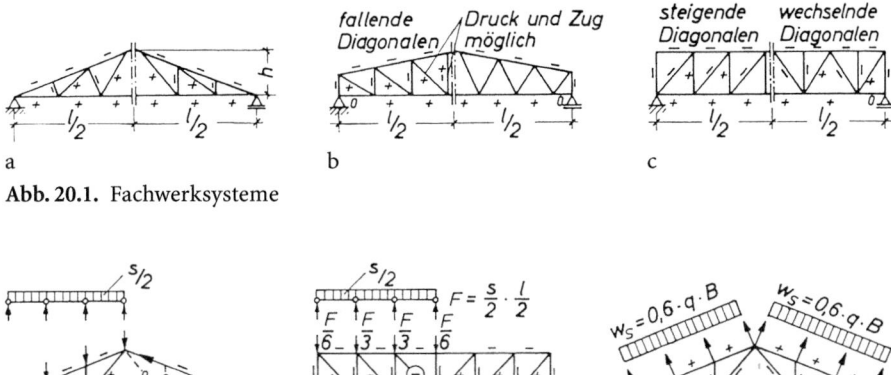

Abb. 20.1. Fachwerksysteme

Abb. 20.2. Vorzeichen der Stabkräfte infolge $s/2$ und $w$

Bei allen Systemen kann bei geringer Eigenlast der Lastfall „$g + w$" entgegengesetzte Vorzeichen gegenüber denen der Abb. 20.1 hervorrufen, da der Wind nach DIN 1055 T4 (8/86) für $\alpha < 25°$ als Gleichlast mit $c = 0,6$ Sog in Rechnung zu stellen ist, vgl. Abb. 20.2 c, beachte DIN 1055-4: 2005.

**Stabilisierung der Gurtstäbe ⊥ Fachwerkebene**
Die Obergurte werden zur Verkürzung der Knicklänge $s_{kz}$ seitlich durch Verbände oder Scheiben in Dachebene gestützt, s. Abb. 17.2 b (3) und c.

Falls die Untergurte infolge „$g + w$" Druckkräfte erhalten, müssen sie auch seitlich gehalten werden, z.B. durch Verbände in Untergurtebene zwischen je zwei Bindern oder durch lotrechte Längsverbände nach Abb. 17.2 b (4) in Verbindung mit Dachverbänden (3).

**Wind- und Aussteifungsverbände**
Als Füllstäbe werden häufig gekreuzte Diagonalen aus nachspannbaren Rundstählen gemäß Abb. 20.3 oder mit Spannschlössern nach Abb. 21.11A und 21.24 verwendet. Hierbei werden nur die Zugdiagonalen in Rechnung

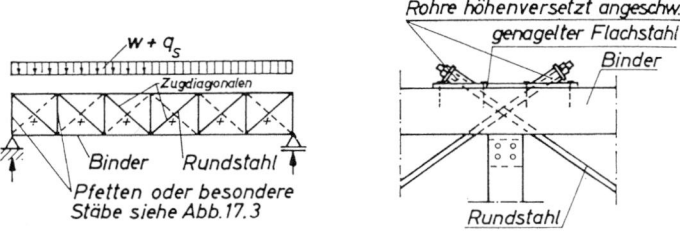

Abb. 20.3. Wind- und Aussteifungsverbände

gestellt, während die auf Druck beanspruchten Rundstähle ausknicken. Die wechselnde Belastungsrichtung der Wind- und Seitenlasten erfordert gekreuzte Diagonalen.

Verschiedene Ausführungsarten von Verbänden mit Berechnung und Konstruktion zeigen Milbrandt [28] und Brüninghoff [27, 83, 117].

## 20.3 Konstruktion von Fachwerkträgern

### 20.3.1 Knotenausbildung

Die ein- und mehrteiligen Fachwerkstäbe werden in den Knotenpunkten entweder unmittelbar (Abb. 20.4 und 20.5) oder mittels Knotenplatten (Abb. 20.6 A) miteinander verbunden. Die Anschlüsse werden, abgesehen von direktem Druckkontakt bzw. Versätzen, mit mechanischen Verbindungsmitteln hergestellt.

Kontaktanschlüsse sollten im Hinblick auf mögliche Kraftumlagerungen während des Transports und der Montage auch für eine angemessene Zugkraft bemessen werden.

Unmittelbare Stabanschlüsse in den Knoten erfordern mehrteilige Gurt- oder Füllstäbe. Die Verbindungsmittel können auf mehrere Anschlussfugen verteilt (z.B. Dübel nach Abb. 20.4a) oder mehrschnittig beansprucht werden (z.B. Stabdübel nach Abb. 20.4b und Abb. 20.5). Die Anschlussflächen und damit auch die Stabquerschnitte können klein gehalten werden, s. Abschn. 20.4.2. Beispiele für genagelte und gedübelte Fachwerkbinder siehe z.B. Abb. 6.22, 6.35, 6.40, 6.55, 6.57 sowie [11, 16, 82, 89, 130, 156, 217].

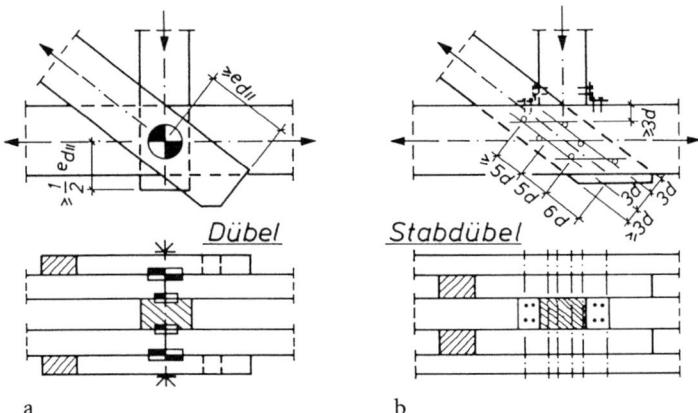

**Abb. 20.4.** Fachwerkknoten mit mehrteiligen Gurt- und Diagonalstäben, Abstände der VM nach DIN 1052 (1988)

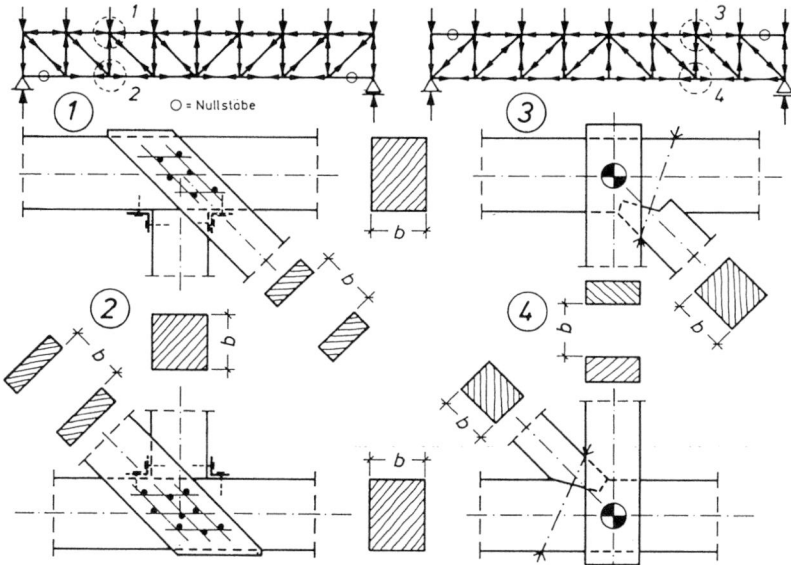

Abb. 20.5. Fachwerkknoten mit einteiligen Gurtstäben

### 20.3.2 Stabdübel-, Dübel- und Versatzanschlüsse

Am Beispiel eines parallelgurtigen Fachwerkträgers mit einteiligen Gurtstäben werden in Abb. 20.5 zwei Ausführungsarten für Fachwerkknoten vorgestellt, die bei mittleren Stützweiten verwendet werden können. Dabei ist es zweckmäßig, die Druckfüllstäbe einteilig und die Zugfüllstäbe zweiteilig auszubilden, d.h.

    linkes System:    V-Stäbe einteilig, D-Stäbe zweiteilig
    rechtes System:   D-Stäbe einteilig, V-Stäbe zweiteilig

Gurtstöße können mit zweiseitigen Laschen ausgeführt werden. Die Kraftübertragung im Druckgurtstoß geschieht durch Kontakt. Die Anschlusskräfte der Druckfüllstäbe werden durch Kontakt $\perp$ Fa (linkes System) bzw. durch Versatz (rechtes System) übertragen.

Die Zugfüllstäbe werden gemäß Abb. 20.5 mit Stabdübeln (linkes System) bzw. Dübeln besonderer Bauart (rechtes System) angeschlossen.

Nach $-T2, 5.6-$ sind $n \geqq 4$ Scherflächen bei Stabdübeln und $\geqq 2$ Scherflächen bei Passbolzen, jedoch mindestens 2 Stabdübel bzw. Passbolzen je Anschluss vorzusehen.

### 20.3.3 Stahlblech-Holz-Stabdübelverbindungen

Eine elegante und im Brandfall widerstandsfähige Konstruktion des neuzeitlichen Holzbaues sind Fachwerkträger aus einteiligen Gurt- und Füllstäben,

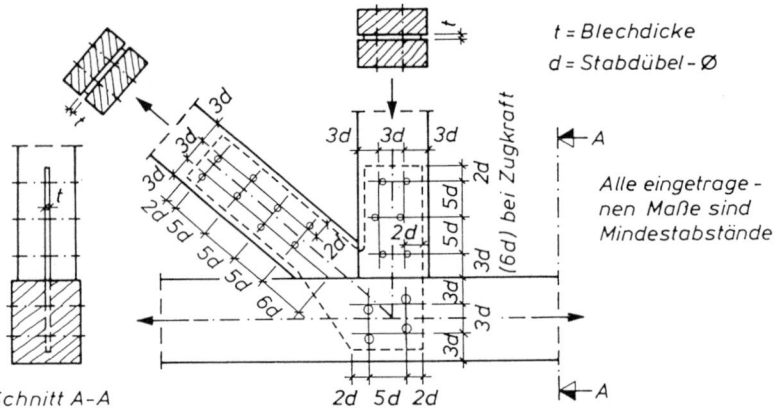

**Abb. 20.6.** Fachwerkknoten mit örtlich geschlitzten einteiligen Gurt- und Füllstäben und innenliegenden Knotenblechen, Abstände der VM nach DIN 1052 (1988)

deren Knotenbleche in die geschlitzten Holzstäbe eingelegt und mit zweischnittigen Stabdübeln angeschlossen werden, s. Abb. 20.6. Nach Versuchen von Kolb/Radovič [84] darf die Stahl-Holz-Verbindung mit dem Nenndurchmesser des SDü in einem Arbeitsgang gebohrt werden –E159–. Scheer u.a. [217] und Schelling u.a. [26] beschreiben ausführlich die Berechnung und Konstruktion solcher Fachwerkbinder nach DIN 1052 (1988).

Da bei diesen Anschlüssen auch die Druckkräfte i.d.R. durch die Stabdübel übertragen werden, muss die Blechdicke auch für ausreichende Beulsicherheit bemessen werden, vgl. vereinfachten Knicknachweis in [26, 217].

Vielfach ist es zweckmäßig, die SDü-Durchmesser in den Gurtstäben größer zu wählen als diejenigen in den Füllstäben, damit der Knotenblechanschluss im Gurtstab möglichst kurz wird.

### 20.3.4 Sonderbauweisen

Im neuzeitlichen Holzbau haben sich verschiedene ingenieurmäßige Fachwerkbauarten mit bauaufsichtlicher Zulassung bewährt. Sie verwenden genagelte Stahlbleche, verschiedenartige Nagelplatten oder Leim zum Anschluss der Stäbe in den Knotenpunkten. Eine Auswahl solcher Fachwerkträger-Sonderbauarten zeigt Abb. 1.3.

Im Abschnitt 6.6 wird die Anwendung von Nagelplatten am Beispiel des MiTek-Systems M200 [17, 95–97] vorgestellt. Die Grundlagen der Berechnung und Konstruktion nach DIN 1052 (1988) werden ausführlich beschrieben und am Beispiel eines Fachwerkbinders durch Zahlenrechnung erläutert, s. Abb. 6.65 A bis K.

Fachwerkknoten mit Multi-Krallen-Dübel (MKD) als VM sind ebenfalls auf der Grundlage einer BAZ [273] zu entwerfen und zu berechnen [16]. MKD bestehen aus einer 10 mm dicken, nichtrostenden Grundplatte aus St 52-3 mit beidseitig aufgeschweißten, 50 mm (± 3 mm) langen Sondernägeln [273] mit

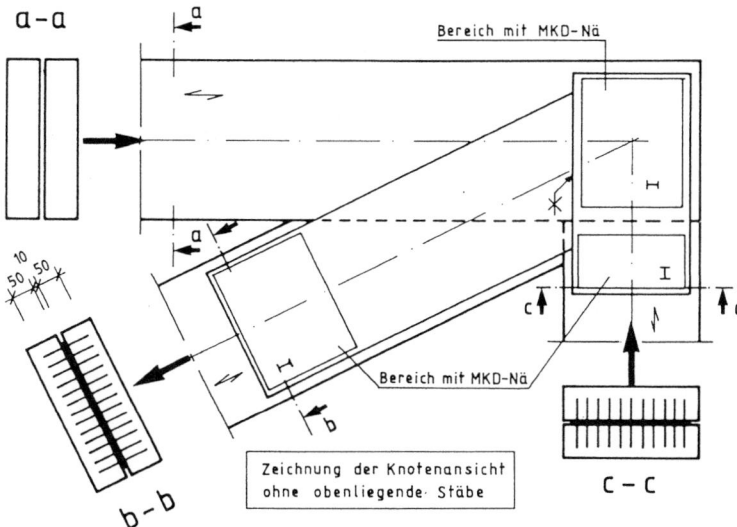

**Abb. 20.6 A.** Fachwerkknoten mit Multi-Krallen-Dübel (MKD) als VM

Rechteckquerschnitt 3 × 4 mm, s. Abb. 20.6 A. Zwei- oder dreiteilige Stäbe aus Vollholz (nur NH, Douglasie nicht zugelassen), BSH oder FSH können mit MKD verbunden werden.
Mindestquerschnitts-Abmessungen der Einzelstäbe [273]:
- zweiteilige Stäbe
  $b = 63$ mm; $h = 78$ mm
- dreiteilige Stäbe

|         | Seitenhölzer | Mittelholz |
|---------|--------------|------------|
| $b$ [mm] | 63           | 110        |
| $h$ [mm] | 78           | 78         |

Die Blumer-System-Bau-Knotenverbindung (BSB-Verbindung) eignet sich für einteilige BSH-Stäbe, bei denen in Sägeschlitze eingelassene, 5 mm dicke Knotenbleche und Stahlstifte mit 6,3 mm Durchmesser zur Kraftübertragung verwendet werden, s. Abb. 20.6 B und [15, 16, 113].

Die Stahlblech-Holz-Nagelverbindung mit Blechdicken von 2 mm bis 3 mm kann im Gegensatz zu den Bauweisen mit MKD und BSB entsprechend der BAZ [88] mit geringem maschinellem Aufwand ausgeführt werden. Berechnungshilfen nach DIN 1052 (1988) sind u.a. in [16], Abschnitt Paslode-Stahlblech-Holz-Nagelverbindung enthalten.

Einen umfassenden Überblick über verschiedene Sonderbauarten gibt Milbrandt [16]. Weitere Informationen siehe [15].

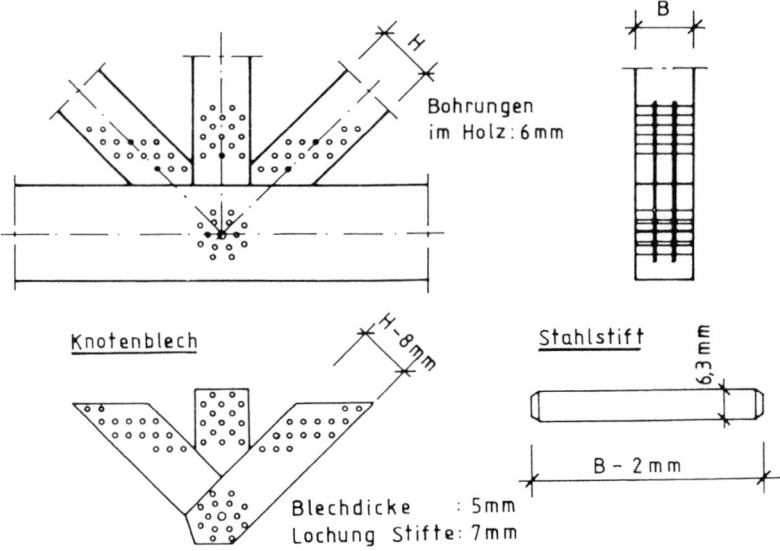

Abb. 20.6 B. Fachwerkknoten mit BSB-Verbindung

### 20.3.5 Großfachwerke mit Gelenkbolzen-Verbindungen

Für Stützweiten bis etwa 60 m ist das Fachwerksystem nach Abb. 20.7 aus brettschichtverleimten Gurten und Füllstäben mit Gelenkbolzen-Anschlüssen gebaut worden. Die Anschlusskräfte der Füllstäbe werden durch Stahlbleche über Lochleibung in die Gelenkbolzen übertragen. Die mit Bohrungen versehenen Stahlbleche sind an Nagelplatten nach −T2, 7.2− angeschweißt. Die Anschlüsse wurden bemessen nach Ergebnissen von Traglastversuchen [201, 218], vgl. auch [219].

Die Stöße in den dreiteiligen Gurtstäben sind großflächig verdübelt (Abb. 20.7).

Weitere Konstruktionsbeispiele werden in [219] gezeigt.

## 20.4 Berechnung von Fachwerkträgern nach DIN 1052 (1988)

### 20.4.1 Lastverteilung

Sparrenpfetten werden nicht immer nur in den Fachwerkknoten angeordnet. Sie können auch in gleichen, von der Dacheindeckung abhängigen Abständen über den Obergurt verteilt werden, wie z.B. in Abb. 20.8a. Unmittelbare Verlegung der Dacheindeckung auf dem Obergurt ist auch möglich. Dasselbe gilt sinngemäß für Deckenkonstruktionen in Untergurtebene.

In solchen Fällen werden die durchlaufenden Gurtstäbe für Längskraft und Biegung bemessen. Die Biegemomente im Gurtstab werden für den Durchlaufträger ermittelt, siehe z.B. [161, 219, 220].

## 20.4 Berechnung von Fachwerkträgern nach DIN 1052 (1988)

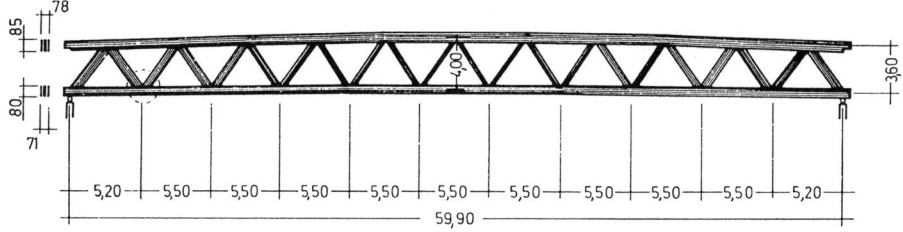

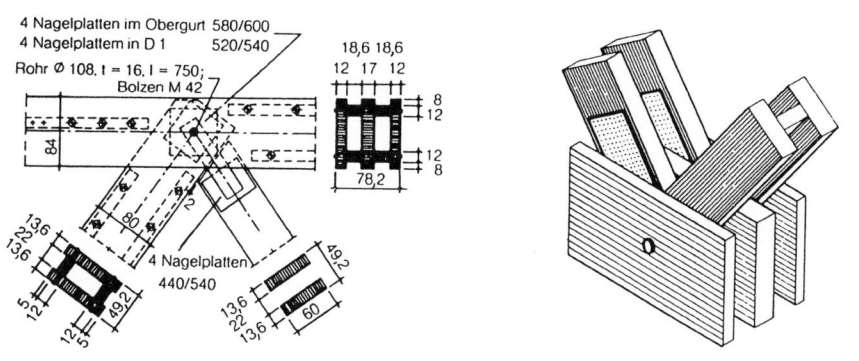

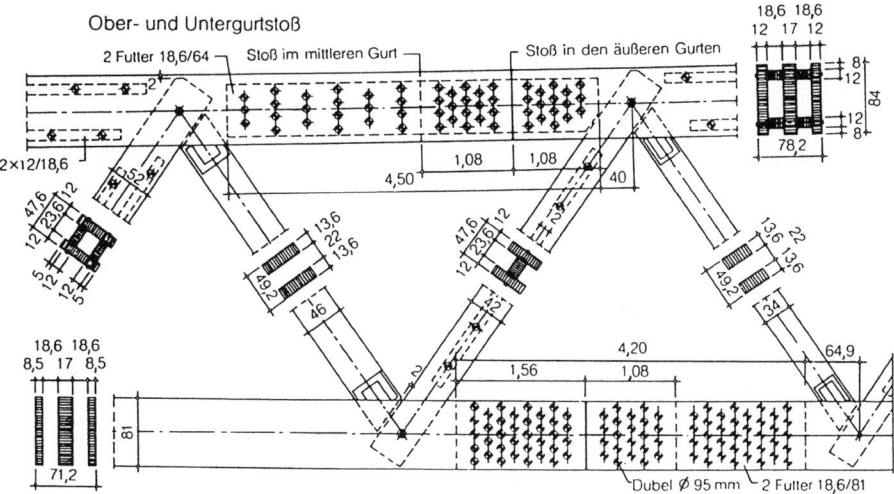

**Abb. 20.7.** Fachwerkbinder aus BSH-Stäben mit Gelenkbolzen [201, 218]

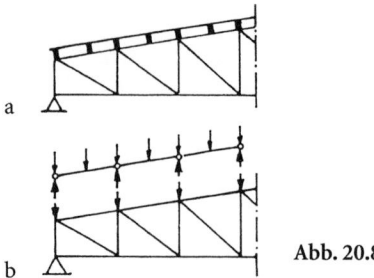

Abb. 20.8

Zur Bestimmung der Stabkräfte dürfen die äußeren Lasten – trotz durchlaufender Gurtstäbe – i. d. R. statisch bestimmt auf die einzelnen Knotenpunkte verteilt werden, s. Abb. 20.8 b.

### 20.4.2 Vereinfachungen und Besonderheiten

Der statischen Berechnung des Fachwerks darf meist die vereinfachte Annahme zugrunde gelegt werden, dass die Stäbe in den Knoten gelenkig verbunden sind.

Diese Voraussetzung wird erfüllt durch nachgiebige Verbindungsmittel. Als solche gelten alle mechanischen Verbindungsmittel wie Dübel, Stabdübel, Bolzen, Nägel, Nagelplatten usw. Konstruktiv sind möglichst kleine Anschlussflächen anzustreben.

Fachwerkstäbe sind möglichst mittig anzuschließen, s. Abb. 20.4 bis 20.7. Bei genagelten Fachwerkträgern brauchen nach –6.6– Spannungen infolge Ausmittigkeiten nicht nachgewiesen zu werden, wenn die Ausmittigkeit $e_1$ bzw. $e_2$ nicht größer als die halbe Gurthöhe ist, vgl. Abb. 20.9.

Bei parallelgurtigen oder trapezförmigen Fachwerkträgern darf die Gurthöhe $h_g$ nach Abb. 20.9 bei nachgiebigen Anschlüssen gemäß –8.4.3– höchstens 1/7 der Systemhöhe des Fachwerks betragen, wenn von einer genaueren Spannungsberechnung abgesehen wird.

Bei Fachwerkstäben aus BSH mit großen Querschnittshöhen gemäß Abb. 20.7 und [219] sind Gelenkbolzen in Verbindung mit verstärkten Nagelplatten zum Anschluss der Füllstäbe an die durchlaufenden Gurte zu empfehlen, um der idealisierten Annahme eines Gelenkstabwerks möglichst nahe zu kommen.

Geleimte Knotenverbindungen sind z. Z. ausschließlich Sonderbauarten mit bauaufsichtlicher Zulassung vorbehalten (z. B. DSB nach Abb. 1.3). Bezüglich zukünftiger Entwicklungsmöglichkeiten siehe [69].

### 20.4.3 Standsicherheitsnachweise

Die Ermittlung der Stabkräfte für ein solches statisch bestimmtes System erfolgt entweder rechnerisch (Ritterscher Schnitt) oder grafisch (Cremona-

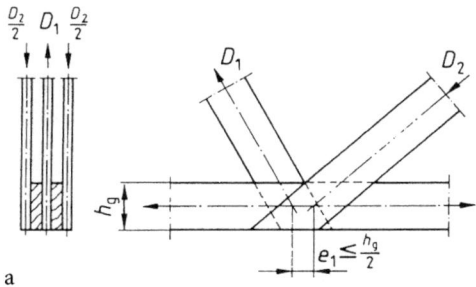

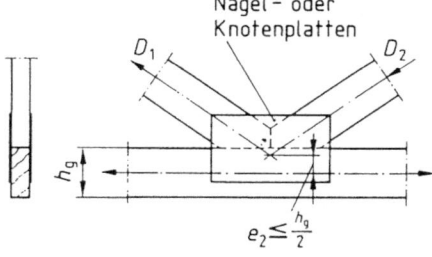

**Abb. 20.9.** Ausmittiger Stabanschluss [162]. a) bei genagelten Brett- und Bohlenbindern; b) bei Bindern mit Nagel- oder Knotenplatten

Plan). Beiträge zur Berechnung und Konstruktion siehe z. B. Natterer in [11] und [12], Wienecke [221], Moers [222], Hempel [89], Milbrandt [219], Schelling u. a. [26, 223], Scheer u. a. [217].

Für axial beanspruchte Zugstäbe sind die Spannungsnachweise nach Gl. (7.1) oder Gl. (5.1) zu führen, für einseitig angeschlossene Zugstäbe oder Teile mehrteiliger Stäbe nach Gl. (5.2).

Der Knicknachweis für Druckstäbe wird nach Gl. (8.4) geführt. Die Knickzahl $\omega$ ergibt sich aus dem größeren der beiden Schlankheitsgrade $\lambda_y$ und $\lambda_z$. Ermittelt werden die Schlankheitsgrade $\lambda$
  für einteilige Druckstäbe nach Gl. (8.7),
  für mehrteilige nicht gespreizte Druckstäbe nach Abschn. 9.2 u. 9.3.1,
  für mehrteilige gespreizte Druckstäbe nach Abschn. 9.2 u. 9.3.2.

Für Gurtstäbe mit Querbelastung sind die Nachweise für Biegung mit Längskraft nach Gln. (11.2) bis (11.5) bzw. bis Gl. (11.11) zu führen.

### 20.4.4 Durchbiegungsnachweis

Die Durchbiegung einer Konstruktion muss zur Sicherung ihrer Gebrauchstauglichkeit begrenzt werden. Die zulässigen Durchbiegungen nach DIN 1052 (1988) sind Tafel 10.2 zu entnehmen. Bei der Durchbiegungsermittlung von Fachwerkträgern ist nach −8.5− zu unterscheiden zwischen einer Näherungs- und einer genaueren Berechnung, siehe −E60 bis E62−.

**Die Näherungsberechnung** berücksichtigt nur die elastischen Verformungen der Gurtstäbe.

**Die genauere Berechnung** berücksichtigt die elastischen Verformungen aller Stäbe und die Nachgiebigkeiten aller Anschlüsse und Stöße.

**Überhöhung:**

Das System der Fachwerkträger ist i.d.R. parabelförmig zu überhöhen. Die Überhöhung soll mindestens der rechnerischen Durchbiegung aus Gesamtlast (Eigenlast und Verkehrslast einschließlich Schnee- und Windlast) unter Berücksichtigung der Nachgiebigkeit der Verbindungen und der Kriechverformungen entsprechen. Ohne rechnerischen Nachweis muss überhöht werden
um $l/300$ bei Verwendung trockenen Holzes,
um $l/200$ bei Verwendung halbtrockenen oder frischen Holzes.

Die Verformungsberechnung von Holztragwerken wird im Abschnitt 22 ausführlich behandelt. Die Gln. (22.1a) und (22.1b) enthalten alle wesentlichen Verformungseinflüsse. Setzt man in Gl. (22.1a) nur die elastischen Verformungen der Gurtstäbe $S_G$ ein, dann gilt **für die Näherungsberechnung**

$$\delta_{\text{Gurte}} = \sum \frac{S_G \cdot \bar{S}_G \cdot s_G}{E_\| \cdot A_G} \tag{20.1}$$

**Für parallelgurtige Fachwerkträger** lässt sich die Näherungsberechnung noch vereinfachen, wenn man den Fachwerkträger als einen aus Ober- und Untergurt – mit schubfester Verbindung – bestehenden Biegeträger nach Abb. 20.10 ansieht.

Dafür gilt mit Bezug auf Gl. (10.40) **die vereinfachte Gleichung**

$$\delta_{\text{Gurte}} = \frac{5}{48} \cdot \frac{\max M \cdot l^2}{E_\| \cdot \text{ef} I_y} \tag{20.2}$$

mit $\quad \text{ef} I_y = \frac{A_1 \cdot A_2}{A_1 + A_2} \cdot h^2 \tag{20.3}$

s. Abb. 20.10, vgl. Gl. (9.3) mit Abb. 9.4.

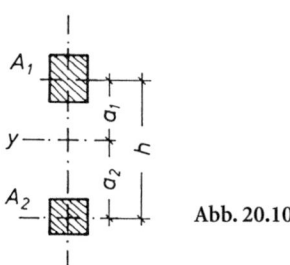

Abb. 20.10

20.4 Berechnung von Fachwerkträgern nach DIN 1052 (1988)    319

Unter Berücksichtigung der elastischen Verformungen aller Stäbe und der Nachgiebigkeiten aller Anschlüsse und Stöße folgt aus Gl. (22.1a) und (22.1b) **für die genauere Berechnung**

$$\delta_{\text{genau}} = \sum \frac{S_i \cdot \bar{S}_i \cdot s_i}{E_\| \cdot A_i} + \sum \frac{S_K \cdot \bar{S}_K}{C_{aK}} + \sum \bar{S}_i \cdot \Delta i \qquad (20.4)$$

In die Gln. (20.1) bis (20.4) sind für $A_i$ die ungeschwächten Querschnittsflächen einzusetzen. Einheiten s. Abschn. 22.

### 20.4.5 Beispiel nach DIN 1052 (1988)

Am Beispiel eines parallelgurtigen Fachwerkträgers gemäß Abb. 20.5 (linkes System) mit Pfettenanordnung in den Obergurtknotenpunkten sollen Berechnung und Konstruktion gezeigt werden. System, Bezeichnungen und Querschnitte der Stäbe s. Abb. 20.11a.

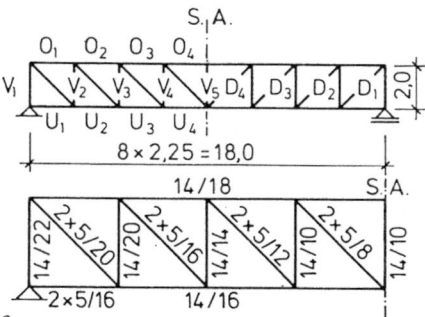

a    Abb. 20.11a

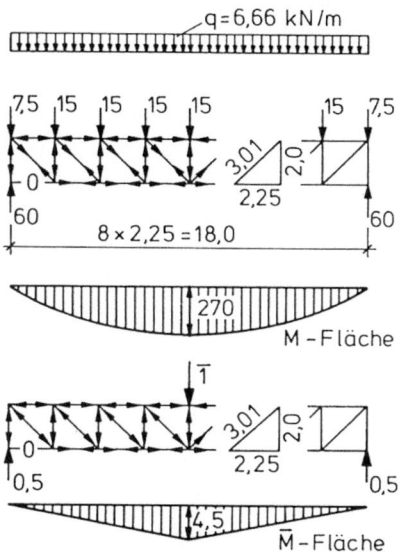

b    $\bar{M}$-Fläche    Abb. 20.11b

Binderabstand $B = 5{,}33$ m

**Lastannahmen:**

$$\begin{aligned}
\text{Eigenlast} \quad & g = 0{,}50 \text{ kN/m}^2 \\
\text{Schneelast} \quad & s = 0{,}75 \text{ kN/m}^2 \\
\hline
& \phantom{s =} 1{,}25 \text{ kN/m}^2
\end{aligned}$$

$$\begin{aligned}
q &= 1{,}25 \cdot 5{,}33 & &= 6{,}66 \text{ kN/m} \\
F &= 6{,}66 \cdot 2{,}25 & &= 15{,}0 \text{ kN} \\
A &= B = 6{,}66 \cdot \frac{18}{2} & &= 60{,}0 \text{ kN}
\end{aligned}$$

**Stabkräfte (20.11 b):**

$$\begin{aligned}
\max M &= 6{,}66 \cdot 18^2/8 & &= 270 \text{ kNm} \\
O_4 &= -270/2{,}0 & &= -135 \text{ kN} \\
V_2 &= -60 + 7{,}5 & &= -52{,}5 \text{ kN} \\
D_1 &= 52{,}5 \cdot \frac{3{,}01}{2{,}0} & &= 79{,}0 \text{ kN} \\
\max \bar{M} &= 1 \cdot 18{,}0/4 & &= 4{,}5 \text{ m} \\
\bar{O}_4 &= -4{,}5/2{,}0 & &= -2{,}25 \\
\bar{V}_{1,2,3,4} & & &= -0{,}50 \\
\bar{V}_5 & & &= -1{,}0 \\
\bar{D}_{1,2,3,4} &= \frac{0{,}5 \cdot 3{,}01}{2{,}0} & &= 0{,}753
\end{aligned}$$

Alle Stabkräfte einer Hälfte sind in Tafel 20.1 zusammengefasst.

**Konstruktion**

Die Konstruktion mit Knotendetails ist in Abb. 20.12 dargestellt. Die Vertikalstäbe $V_2$ bis $V_5$ sind an Ober- und Untergurt, $V_1$ am Obergurt und am Auflager durch Kontakt angeschlossen. Alle Diagonalen sind mit zweischnittigen Stabdübeln $\varnothing 12$ an Ober- und Untergurt angeschlossen.

**Nachweise der Gurtstäbe**

**Obergurt 14/18:**

$$\begin{aligned}
\max O &= O_4 & &= -135 \text{ kN} \\
s_{ky} &= s_{kz} & &= 2{,}25 \text{ m} \\
\max \lambda &= \frac{2{,}25}{0{,}289 \cdot 0{,}14} &= 55{,}6 &\rightarrow \omega = 1{,}54 \\
\text{zul } \sigma_k &= 8{,}5/1{,}54 & &= 5{,}5 \text{ N/mm}^2 \\
\sigma_{D\|} &= 135 \cdot 10^3/(252 \cdot 10^2) = 5{,}36 \text{ N/mm}^2 & & 5{,}36/5{,}5 = 0{,}97 < 1
\end{aligned}$$

## 20.4 Berechnung von Fachwerkträgern nach DIN 1052 (1988)

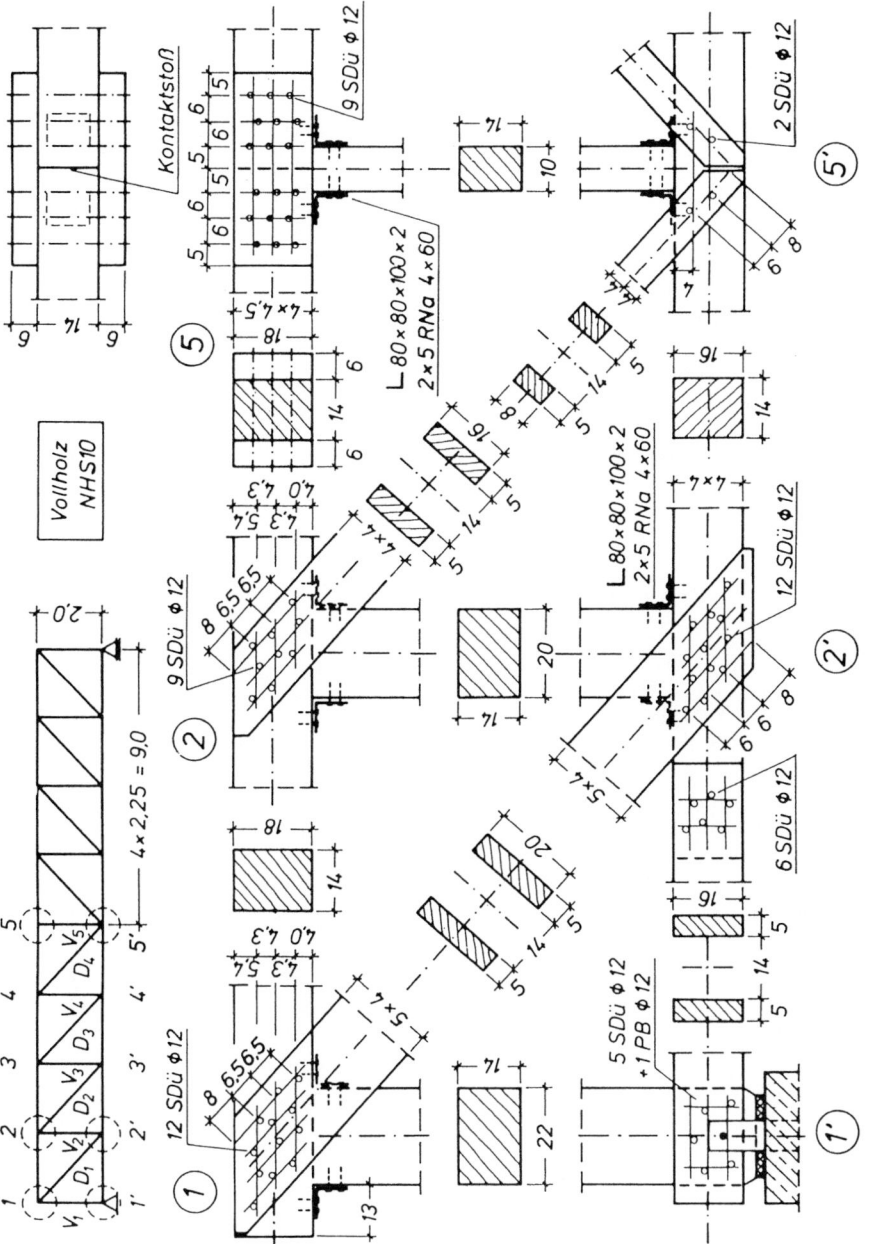

Abb. 20.12. Konstruktionsdetails des Fachwerkträgers

**Untergurt 14/16:**
Die größte Zugkraft tritt im Schnitt 5–5' durch die Symmetrieachse des Fachwerkträgers (Abb. 20.12) auf.

$$\max U = -O_4 \quad\quad\quad\quad = 135 \text{ kN}$$
$$A_n = 140 \cdot (160 - 2 \cdot 12) \quad = 190{,}4 \cdot 10^2 \text{ mm}^2$$
$$\sigma_{z\|} = 135 \cdot 10^3/(190{,}4 \cdot 10^2) = 7{,}1 \text{ N/mm}^2 \quad 7{,}1/7 = 1{,}0 \approx 1$$

**Obergurt-Passstoß im Knotenpunkt 5 (Abb. 20.12):**
Die Stabdübel werden nach –9.5– für die halbe Druckkraft bemessen.

Gewählt: 2 Laschen 6/18 und SDü ⌀12

$$O_4/2 = 135/2 \quad\quad\quad\quad = 67{,}5 \text{ kN}$$

1 MH: $\quad \text{zul } N_\text{st} = 8{,}5 \cdot 140 \cdot 12 \cdot 10^{-3} \quad = 14{,}3 \text{ kN}$

$\quad\quad\quad$ bzw. $51 \cdot 12^2 \cdot 10^{-3} \quad\quad = 7{,}34 \text{ kN maßgebend}$

2 SH: $\quad \text{zul } N_\text{st} = 2 \cdot 5{,}5 \cdot 60 \cdot 12 \cdot 10^{-3} = 7{,}92 \text{ kN}$

$\quad\quad\quad$ bzw. $2 \cdot 33 \cdot 12^2 \cdot 10^{-3} = 9{,}50 \text{ kN}$

$\quad\quad \text{erf } n = 67{,}5/7{,}34 = 9{,}20 \approx 9 \text{ SDü } \varnothing 12$

**Nachweis der V-Stäbe**
Maßgebend für die Bemessung sind die Querdruckspannungen in den Anschlüssen.

Querdruckspannung: $\sigma_{D\perp} = V_i/A_i \quad \sigma_{D\perp}/\text{zul}\,\sigma_{D\perp} \leq 1 \quad \text{zul}\,\sigma_{D\perp} = 2{,}0 \text{ N/mm}^2$

| Vertikalstab | $V_1$ | $V_2$ | $V_3$ | $V_4$ | $V_5$ |
| --- | --- | --- | --- | --- | --- |
| Druckkraft in kN | 60,0 | 52,5 | 37,5 | 22,5 | 15,0 |
| Querschnitt in $10^2$ mm² | 14/22 | 14/20 | 14/14 | 14/10 | 14/10 |
| $\sigma_{D\perp}/\text{zul}\,\sigma_{D\perp}$ | 0,97 | 0,94 | 0,96 | 0,80 | 0,54 |

Der Knicknachweis wird exemplarisch für $V_4$ geführt.

Tafel 20.1: $\quad V_4 = \quad\quad\quad = -22{,}5 \text{ kN}$

$\quad\quad\quad A_4 = 140 \cdot 100 \quad = 140 \cdot 10^2 \text{ mm}^2$

Abb. 20.12: $s_{ky} = s_{kz} \quad\quad = 2{,}0 \text{ m}$

$$\max \lambda = \frac{2{,}0}{0{,}289 \cdot 0{,}10} = 69{,}2 \quad\quad \omega = 1{,}86$$

$\quad \text{zul}\,\sigma_k = 8{,}5/1{,}86 \quad = 4{,}57 \text{ N/mm}^2$

$\quad\quad \sigma_{D\|} = 22{,}5 \cdot 10^3/(140 \cdot 10^2) = 1{,}61 \text{ N/mm}^2 \quad 1{,}61/4{,}57 = 0{,}35 < 1$

**Nachweis der D-Stäbe**

Der Spannungsnachweis wird exemplarisch für $D_1$ geführt.

Tafel 20.1:  $D_1 = 79,0$ kN

$A_1 = 2 \times 5/20$

$n = 4 \times 3\,\text{SDü}\,\varnothing 12$

$A_n = 2 \cdot 50 \cdot (200 - 4 \cdot 12) \quad = 152 \cdot 10^2\,\text{mm}^2$

Gl. (5.2): $\sigma_{z\parallel} = 1,5 \cdot 79,0 \cdot 10^3/(152 \cdot 10^2) = 7,8\,\text{N/mm}^2$

$7,8/7 = 1,1 > 1!$

Anschlüsse mit zweischnittigen Stabdübeln $\varnothing 12$ (Abb. 20.12)

1 MH:  Kr-Fa- $\sphericalangle\,\alpha = \arctan 2,0/2,25 \quad = 41,6°$

$$\text{zul}\,N_{\text{st}\sphericalangle} = 8,5 \cdot 140 \cdot 12 \cdot \left(1 - \frac{41,6}{360}\right) \cdot 10^{-3} = 12,6\,\text{kN}$$

$$\text{bzw. } 51 \cdot 12^2 \cdot \left(1 - \frac{41,6}{360}\right) \cdot 10^{-3} = 6,5\,\text{kN maßgebend}$$

2 SH:  $\text{zul}\,N_{\text{st}\parallel} = 2 \cdot 5,5 \cdot 50 \cdot 12 \cdot 10^{-3} \quad = 6,6\,\text{kN}$

bzw. $2 \cdot 33 \cdot 12^2 \cdot 10^{-3} \quad = 9,5\,\text{kN}$

Zulässige Anschlusskraft eines Stabes zul $D = n \cdot 6,5$ kN

| Diagonalstab | $D_1$ | $D_2$ | $D_3$ | $D_4$ |
|---|---|---|---|---|
| Stabkraft[a] in kN | 79,0 | 56,4 | 33,9 | 11,3 |
| SDü-Anzahl[a] $n$ | $4 \times 3 = 12$ | $3 \times 3 = 9$ | $2 \times 3 = 6$ | $2 \times 1 = 2$ |
| zul $D = n \cdot 6,5$ in kN | $78 \approx 79$ | $58,5 > 56,4$ | $39 > 33,9$ | $13 > 11,3$ |

[a] s. Tafel 20.1 und Abb. 20.11a und 20.12.

Mindestabstände der Stabdübel:

|  | $\perp$ Fa: | $3 \cdot d_{\text{st}} = 3 \cdot 12 = 36$ mm |
|---|---|---|
| untereinander | $\parallel$ Fa: | $5 \cdot d_{\text{st}} = 5 \cdot 12 = 60$ mm |
| beanspruchter Rand | $\parallel$ Fa: | $6 \cdot d_{\text{st}} = 6 \cdot 12 = 72$ mm |

**Durchbiegungsnachweis**

**a) Näherungsberechnung nach Gl. (20.2) mit Gl. (20.3)**

Obergurt:  $A_1 = 0,14 \cdot 0,18 = 0,0252\,\text{m}^2$

Untergurt:  $A_2 = 0,14 \cdot 0,16 = 0,0224\,\text{m}^2$  s. Abb. 20.10

Systemhöhe:  $h = 2,0$ m

Gl. (20.3): $\text{ef}\,I_y = \dfrac{0,0252 \cdot 0,0224 \cdot 2,0^2}{0,0252 + 0,0224} = 4,74 \cdot 10^{-2}\,\text{m}^4$

Gl. (20.2): $\delta_{\text{Gurte}} = \dfrac{5 \cdot 0{,}270 \cdot 18^2}{48 \cdot 10^4 \cdot 4{,}74 \cdot 10^{-2}} = 19{,}2 \cdot 10^{-3}\,\text{m}$

$= 19{,}2\,\text{mm} < \dfrac{18\,000}{400} = 45\,\text{mm}$

Vergleich mit Näherungsberechnung nach Gl. (20.1) für die Gurtstäbe $O_1$ bis $O_4$ und $U_1$ bis $U_4$:

Tafel 20.1 Sp. 8: $\dfrac{1}{2} \cdot \delta_{\text{Gurte}} = 9{,}57\,\text{mm}$

$\delta_{\text{Gurte}} = 2 \cdot 9{,}57 = 19{,}14\,\text{mm} \approx 19{,}2\,\text{mm}$

### b) Genauere Berechnung nach Gl. (20.4)

**b1) Elastische Verformung aller Stäbe**

Tafel 20.1 Sp. 8: $\delta_{\text{elast}} = \sum \dfrac{S_i \cdot \bar{S}_i \cdot s_i}{E_\parallel \cdot A_i} = 2 \cdot 13{,}08 = 26{,}2\,\text{mm}$

**b2) Nachgiebigkeitseinfluss der V-Stäbe**
Die Verformung für einen Stab mit 2 Anschlüssen wird $\Delta i$ genannt. Dann gilt nach $-E\,205-$
für einen Stab: $\Delta i = -2 \cdot 1{,}5 = -3{,}0\,\text{mm}$

**b3) Nachgiebigkeitseinfluss der D-Stäbe**
Die Verformung für einen Stab mit 2 Anschlüssen wird wieder $\Delta i$ genannt. Dann gilt

für einen D-Stab: $\Delta i \cdot \bar{S}_i = 2 \cdot \dfrac{S_i \cdot \bar{S}_i}{n \cdot C}$

$\Delta i = \dfrac{2 \cdot S_i}{n \cdot C}$

Mit $\text{zul}\,N_{\text{st}} = 6{,}5\,\text{kN}$ ergibt sich nach $-T2,\,\text{Tab. 13, Zeile 2}-$ der Verschiebungsmodul für die SDü des Anschlusses der D-Stäbe:

$C = 1{,}2 \cdot 6500 = 7800\,\text{N/mm}$

Exemplarische Berechnung von $\Delta i$ für $D_1$:

Tafel 20.1: $\quad D_1 = 79{,}0\,\text{kN}$
Abb. 20.12: $\quad n = 12\,\text{SDü}$

$\Delta i = \dfrac{2 \cdot 79{,}0}{12 \cdot 7{,}8} = 1{,}69\,\text{mm}$

**b4) Nachgiebigkeitseinfluss des Obergurtstoßes**
Für den Obergurtstoß als Passstoß wird nach $-E\,205-$ als Anschlussverschiebung in Rechnung gestellt:

$\Delta i = -1{,}0\,\text{mm}$

## 20.4 Berechnung von Fachwerkträgern nach DIN 1052 (1988)

**Tafel 20.1.** Verformungsberechnung für eine Tragwerkshälfte mit Nachgiebigkeitseinflüssen nach –E60 ff–

| 1 | 2 | 3 | 4 | 5 | 6 | 7 | 8 | 9 |
|---|---|---|---|---|---|---|---|---|
|  | $s_i$ | $S_i$ | $A_i$ | $\dfrac{S_i \cdot s_i}{E_{\parallel} \cdot A_i}$ | $\dfrac{2 \cdot S_i^b}{n \cdot C}$ | $\bar{S}_i$ | $\delta_{elast}$ | $\delta_{nachg}$ |
|  |  |  |  |  |  |  | (5)·(7) | (6)·(7) |
|  | m | kN | $10^2$ mm² | mm | mm | 1 | mm | mm |
| $O_1$ |  | –59,1 |  | –0,53 | 0 | –0,562 | 0,30 | 0 |
| $O_2$ | 2,25 | –101 | 14/18 | –0,90 | 0 | –1,125 | 1,01 | 0 |
| $O_3$ |  | –127 |  | –1,13 | 0 | –1,687 | 1,91 | 0 |
| $O_4$ |  | –135 |  | –1,21 | –1,0 | –2,250 | 2,72 | 1,13 [a] |
| $U_1$ |  | 0 | 2 × 5/16 | 0 | 0 | 0 | 0 | 0 |
| $U_2$ |  | 59,1 |  | 0,59 | 0 | 0,562 | 0,33 | 0 |
| $U_3$ | 2,25 | 101 | 14/16 | 1,01 | 0 | 1,125 | 1,14 | 0 |
| $U_4$ |  | 127 |  | 1,28 | 0 | 1,687 | 2,16 | 0 |
| Σ aller Gurtstäbe für eine Hälfte |  |  |  |  |  |  | 9,57 | 1,13 [a] |
| $V_1$ |  | –60,0 | 14/22 | –0,39 | –3,0 | –0,5 | 0,20 | 1,50 |
| $V_2$ |  | –52,5 | 14/20 | –0,38 | –3,0 | –0,5 | 0,19 | 1,50 |
| $V_3$ | 2,00 | –37,5 | 14/14 | –0,38 | –3,0 | –0,5 | 0,19 | 1,50 |
| $V_4$ |  | –22,5 | 14/10 | –0,32 | –3,0 | –0,5 | 0,16 | 1,50 |
| $V_5$ |  | –15,0 | 14/10 | –0,21 | –3,0 | –1,0 | 0,11 [a] | 1,50 [a] |
| $D_1$ |  | 79,0 | 2 × 5/20 | 1,19 | 1,69 | 0,753 | 0,90 | 1,27 |
| $D_2$ | 3,01 | 56,4 | 2 × 5/16 | 1,06 | 1,61 | 0,753 | 0,80 | 1,21 |
| $D_3$ |  | 33,9 | 2 × 5/12 | 0,85 | 1,45 | 0,753 | 0,64 | 1,09 |
| $D_4$ |  | 11,3 | 2 × 5/8 | 0,43 | 1,45 | 0,753 | 0,32 | 1,09 |
| Σ der V- und D-Stäbe für eine Hälfte |  |  |  |  |  |  | 3,51 | 12,16 |
| Σ aller Fachwerkstäbe für eine Hälfte |  |  |  |  |  |  | 13,08 | 13,29 |

[a] halbe Werte für Stäbe bzw. Stöße in der Symmetrieachse.
[b] oder $\Delta i$ für V-Stäbe.

### b5) Gesamtverformung nach Gl. (20.4)

Nach –E60 ff– gemäß Tafel 20.1:

Spalte 8: $\delta_{elast} = 2 \cdot 13{,}08 = 26{,}16$ mm

Spalte 9: $\delta_{nachg} = 2 \cdot 13{,}29 = 26{,}58$ mm

$$\delta_{genau} = 52{,}7 \text{ mm} < \frac{18\,000}{200} = 90{,}0 \text{ mm}$$

## 20.5 Berechnung von Fachwerkträgern nach DIN 1052 neu (EC 5)

### 20.5.1 Ausführliche Berechnung nach DIN 1052 neu (EC 5)

Fachwerkbinder sind als Stabtragwerke mit Hilfe eines Computerprogrammes zu berechnen. Bei der Ermittlung der Stabkräfte und -momente sowie bei der Bestimmung der Beanspruchungen der Verbindungen sind zu berücksichtigen
– 8.8 [1] –:
– die Verformungen der Stäbe und Verbindungen
– der Einfluss von Auflagerausmittigkeiten
– die Steifigkeit der Unterkonstruktion.

Steifigkeitskennwerte: VH s. Tafel 2.10;
BS-Holz s. Tafel 2.11

Verschiebungen der Verbindungen:
a) der stiftförmigen VM s. Abschn. 22.6
b) der Nagelplatten, genagelten Stahlbleche und Sperrholzknotenplatten s. [91]

Falls die Systemlinien der Füllstäbe nicht mit den Stabachsen übereinstimmen, ist der Einfluss der Ausmitte bei der Bemessung dieser Stäbe zu berücksichtigen.

Vereinfachungen:
– Fachwerkbinder dürfen nach Theorie I. Ordnung berechnet werden, wenn für die Einzelstäbe Knick- und Kippnachweise geführt werden
– Direkte Verbindungen dürfen im Allgemeinen als gelenkig angenommen werden
– Verschiebungen in Verbindungen dürfen bei der Berechnung vernachlässigt werden, wenn dadurch die Verteilung der Stabkräfte und -momente nicht wesentlich beeinflusst wird
– Stöße dürfen als drehsteif betrachtet werden, wenn eine Verdrehung in der Verbindung die Verteilung der Stabkräfte und -momente nicht wesentlich beeinflusst.

Wird ein Tragsicherheitsnachweis nach der Spannungstheorie II. Ordnung geführt, sind die Steifigkeitskennwerte der Stäbe durch den Teilsicherheitsbeiwert $\gamma_M$ (s. Tafel 2.6) zu dividieren, gilt auch für das statisch unbestimmte System. Weitere Hinweise zur ausführlichen Berechnung s. – 8.8 [1] –.

Brüninghoff und Mittelstedt haben in [91] eine Modellierung und Berechnung von fachwerkartigen Strukturen mit flächenhaften Knotenverbindungen vorgenommen.

Für den Entwurf von Fachwerkträgern ist das ausführliche Berechnungsverfahren sehr aufwendig, so dass ein vereinfachtes Verfahren zulässig ist.

## 20.5.2 Vereinfachter Nachweis nach DIN 1052 neu (EC5)

Der vereinfachte Nachweis ist auf Fachwerkbinder anwendbar, die ausschließlich aus Dreiecken aufgebaut sind und für die folgende Voraussetzungen gelten – *8.8.2 [1]* –:
- Der kleinste Winkel einer Verbindung zwischen Ober- und Untergurt ist mindestens 15°, s. Abb. 20.1.
- Ein Teil der Auflagerfläche des Binders liegt unterhalb des Auflagerknotenpunktes.
- $h_{ap} > 0{,}15\, l$ und $h_{ap} > 7\, h$

$h_{ap}$ Firsthöhe  
$l$ Spannweite   $\Big\}$ des Fachwerkbinders  
$h$ größte Gurthöhe

Stabnormalkräfte sind mit einem Fachwerkmodell mit gelenkigen Verbindungen zu bestimmen.

Biegemomente in Einfeldstäben sind ebenfalls unter der Annahme gelenkiger Auflager zu ermitteln. Biegemomente von durchlaufenden Stäben werden unter der Annahme bestimmt, dass der durchlaufende Stab in jedem Knoten einfach unterstützt ist. Einflüsse der Durchbiegung in den Knotenpunkten sowie die teilweise Einspannung in den Verbindungen sind durch eine Verringerung der Biegemomente in den Knoten um 10% zu berücksichtigen. Feldmomente werden unter Berücksichtigung der reduzierten Auflagermomente bestimmt [31].

Die Ausmitte flächiger Anschlüsse von Füllstäben an einen durchlaufenden Gurt darf bei der Ermittlung der Schnittkräfte des Gurtes vernachlässigt werden, wenn die Ausmitte kleiner als die halbe Gurthöhe ist (Abb. 20.9).

## 20.5.3 Zur Bemessung der Stäbe nach DIN 1052 neu (EC5)

Für Druckstäbe ist die Knicklänge für das Knicken in der Binderebene im Allgemeinen als der Abstand zwischen zwei benachbarten Wendepunkten der Knickbiegelinie anzunehmen.

Bei Fachwerkbindern, die ausschließlich aus Dreiecken aufgebaut sind, wird für die Knicklänge von
- Einfeldstäben ohne Endeinspannung sowie von
- durchlaufenden Stäben ohne Querlasten

die Länge der Systemlinie angenommen, bei nachgiebiger Lagerung ist $\beta = 0{,}8$ s. – *Anhang E [1]* –.

# 20 Fachwerkträger

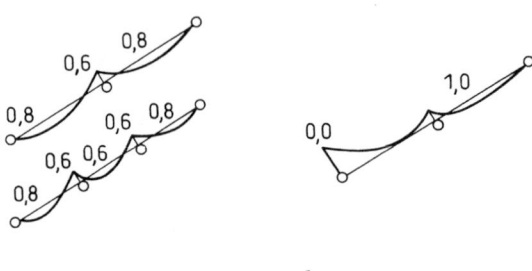

a  b

**Abb. 20.13.** Wirksame Knicklängen. a) $s_{ef}/s$ für Stäbe mit unwesentlichen Feldmomenten; b) $s_{ef}/s$ für Stäbe mit wesentlichen Feldmomenten [31]

Beim vereinfachten Nachweis dürfen für Fachwerkbinder in Nagelplattenbauweise nach [31] die folgenden Werte der wirksamen Knicklängen $s_{ef}$ angenommen werden:

a) Für querbelastete, durchlaufende Stäbe mit nur unwesentlichen Endmomenten:

$$s_{ef} = \beta \cdot s \qquad (20.5)$$

mit $s$ = Länge der Systemlinie.

| im | Endfeld | Innenfeld | Knoten |
|---|---|---|---|
| $\beta$ | 0,8 | 0,6 | 0,6[a] |

[a] der größeren Länge der anschließenden Systemlinien.

b) Für querbelastete, durchlaufende Stäbe mit wesentlichen Endmomenten:
- im Feld mit Endmoment:  0 (d.h. kein Ausknicken)
- im vorletzten Feld:  $s$ = Länge der Systemlinie
- übrige Felder und Knoten: $\beta \cdot s$ wie Stäbe nach a)

Bei der Bemessung von Druckstäben und von Verbindungen ist beim vereinfachten Nachweis die berechnete Druckkraft um 10 % zu erhöhen [31].

Das Ausknicken aus der Binderebene ist ebenfalls zu überprüfen.

Zusätzliche Regeln für Fachwerkbinder mit Nagelplattenverbindungen sind in [1] angegeben.

# 21 Wind- und Aussteifungsverbände

## 21.1 Allgemeines

Dieser Abschnitt behandelt Wind- und Aussteifungsverbände für Dach- und Hallentragwerke >15 m Spannweite. Die Stabilisierung von Sparren- und Pfettendächern ≦15 m Spannweite ist bereits beschrieben worden in Abb. 13.4, 15.1, 15.2, 15.5, 15.54, 15.67.
Räumliche Bauwerke setzen sich i.d.R. aus ebenen Tragwerken zusammen. Ihre Elemente sind Sparrenpfetten, Dachbinder, Stützen, Wandriegel, Verbände, s. Abb. 17.2.
Jedes Bauwerk muss stabilisiert, d.h. gegen Ausweichen in horizontaler Richtung (längs und quer) gesichert werden. Die Gesamtstabilisierung kann nach Abb. 17.2 erfolgen durch:
a) Wind- und Aussteifungsverbände (Fachwerk),
b) Scheiben (z.B. FP oder Platten aus BFU) oder Schubfelder (z.B. Trapezbleche),
c) Rahmen (Dreigelenk, Zweigelenk-, Halbportal-Rahmen),
d) Stützen mit Fußeinspannung.

Kippsicherungen von Vollwandträgern mit Druckbeanspruchung im Untergurt (Rahmen, Bögen, Durchlaufträger) können mit Hilfe von Kopfbändern oder Knotenplatten nach Abb. 21.1 ausgeführt werden.

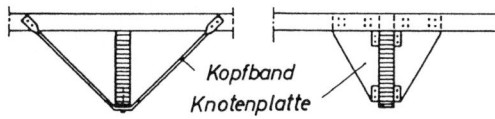

Abb. 21.1. Kippsicherungen

Ursachen horizontaler Kräfte können sein:
a) äußere Horizontallasten z.B. aus Wind, Erdbeben, Massenkräften,
b) planmäßig geneigt stehende oder ausmittig belastete Pendelstützen nach Abb. 21.2,
c) unvermeidliche Krümmungen oder Schiefstellungen von Druckgliedern durch Herstellungs- und/oder Montageungenauigkeiten, s. Abb. 21.8B und C.

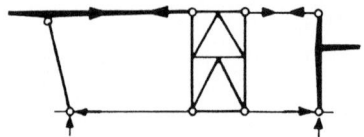

Abb. 21.2. Stabilisierung

Im Allgemeinen übernehmen Verbände gleichzeitig die Kräfte infolge a, b und c. Darüber hinaus erfüllen sie eine weitere wichtige Aufgabe, indem sie die Länge $s$ kippgefährdeter Biegeträger (s. Abb. 10.34 und 21.8 D) und die Knicklänge $s_{kz}$ von Druckgurten und Stützen in Dach- bzw. Wandebene verkürzen, vgl. Abb. 8.3 und 8.4 b.

Man unterscheidet Horizontalverbände (in den Dachflächen) und Vertikalverbände (in den Wandflächen).

Im Folgenden soll davon ausgegangen werden, dass Scheibenwirkung in Dach- und Wandebenen nicht vorhanden ist, so dass die Stabilisierung ausschließlich durch Verbände erfolgt.

## 21.2 Dachverbände ∥ Giebelwänden

Belastung für Satteldächer von der Traufe zum First linear ansteigend (Abb. 21.3 a), vgl. –10.2.4– und Abschn. 21.5.5.

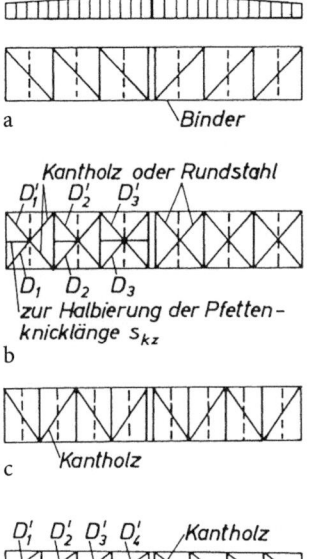

Abb. 21.3

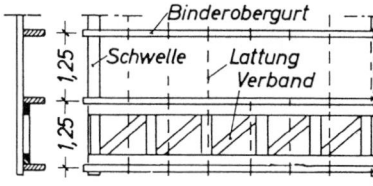

Abb. 21.4

**Fallende Diagonalen:**
Beanspruchung der Diagonalen auf Zug bei Winddruck, auf Druck bei Windsog (Abb. 21.3 a).

**Gekreuzte Diagonalen:**
Bei Rundstahl: Wirkung vgl. Abb. 20.3
Bei Kantholz: Beanspruchung auf Zug und Druck, $D_i \approx -D_i'$ (Abb. 21.3 b).

**Strebenfachwerk:**
Beanspruchung auf Zug und Druck. Knicklänge $\parallel$ Fachwerkebene $s_{kz} = l$, $\perp$ Fachwerkebene Verkürzung durch Pfettenanschluss möglich (Abb. 21.3 c).

**K-Fachwerk:**
Beanspruchung der Diagonalen auf Zug und Druck, $D_i = D_i'$. Pfetten werden in der Mitte in Fachwerkebene abgestützt (Abb. 21.3 d).

**Verbandsanordnung** bei leichten Fachwerkbindern:
Bei Nagelbrett- und Kantholzbindern in Sonderbauweise (Knotenplatten) wird der Verband i.d.R. zwischen die Binder gelegt, s. Abb. 21.4.

## 21.3 Dachverbände $\parallel$ Längswänden

Dachverbände $\parallel$ Längswänden nach Abb. 21.5 kommen bei einschiffigen Hallen vor, deren Stützen alle als Pendelstützen ausgebildet sind, s. Abb. 17.2 b, entweder Dachverband (1) oder Verband in Untergurtebene (2).

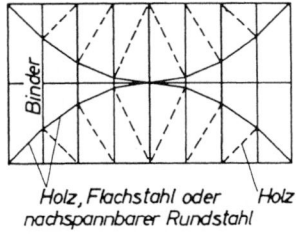
Holz, Flachstahl oder nachspannbarer Rundstahl   Holz

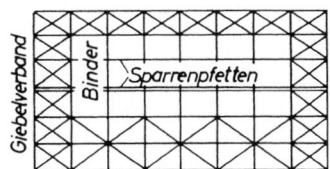
Längsverband z.B. einfeldrig (oben) oder zweifeldrig (unten)

Abb. 21.5. Längsverbände

# 21 Wind- und Aussteifungsverbände

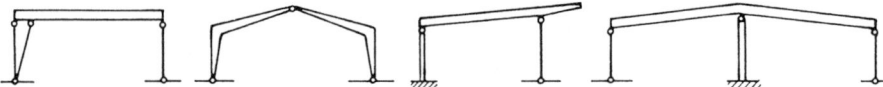

Abb. 21.6. Verschiedene Binderformen

Bei ein- und mehrschiffigen Hallen mit Rahmenbindern oder eingespannten Stützen nach Abb. 21.6 entfallen die Längsverbände in Dach- oder Untergurtebene. Eingespannte Stützen aus Stahlbeton oder Stahl sind – insbesondere bei mehrschiffigen Hallen – gebräuchlich.

Zur Knicklänge für eingespannte Stützen und Rahmen s. Abschn. 8.5.5 und 8.5.6.

## 21.4 Wandverbände

Meistens bestimmen die Größen von Öffnungen und Durchfahrten die Form der Verbände, siehe z. B. Abb. 21.7 und Abb. 17.2 a, b.

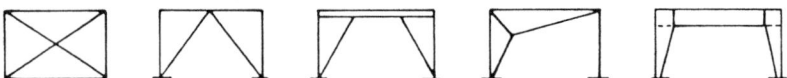

Abb. 21.7. Ausführungsformen von Wandverbänden

## 21.5 Berechnung horizontaler Aussteifungsverbände nach DIN 1052 (1988)

### 21.5.1 Allgemeine Grundlagen

Schlanke Vollwandträger sowie Druckgurte von Fachwerkträgern müssen, auch wenn keine planmäßigen äußeren Lasten (z. B. Windlasten) auf sie einwirken, $\perp$ zur Tragwerksebene in Zwischenpunkten abgestützt werden, um Instabilitäten wie Knicken (Fachwerkgurte) oder Kippen (Biegeträger) zu verhindern.

Die Stabilisierung geschieht i. d. R. durch Aussteifungsverbände – vgl. Abschnitte 8.5 und 10.2.6 –, die auch zur Aufnahme der Windlasten herangezogen werden können.

Die Verbände erfüllen gleichzeitig zwei Stabilisierungsaufgaben:

a) Sie verkürzen die Länge $s$ der kippgefährdeten Biegeträger und die Knicklänge der Druckgurte $s_{kz}$ auf die Knotenabstände des Verbandes, s. Abb. 10.34 und Abb. 21.8 A. Zur Abstützung der Biegeträger oder der Druckgurte gegen die Verbandsknoten dienen Sparrenpfetten oder besondere Stäbe.

b) Sie nehmen die Seitenlasten $q_s$ nach Abb. 21.8 B auf, die – abgesehen von Verformungen durch Windlasten – durch unvermeidbare Vorkrümmungen $e$ infolge Herstellungsungenauigkeiten (Fertigung und Montage) sowie durch Wuchsfehler und Feuchtigkeitseinwirkungen entstehen können.

## 21.5 Berechnung horizontaler Aussteifungsverbände nach DIN 1052 (1988)

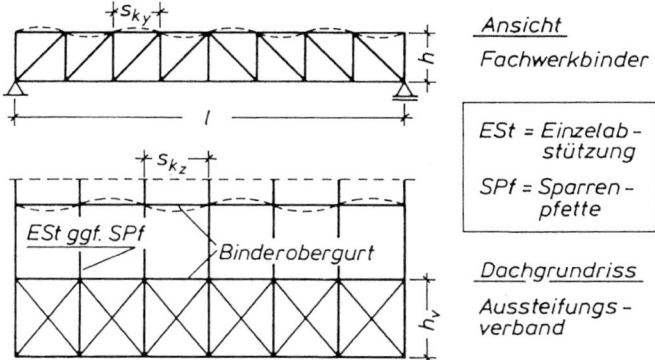

**Abb. 21.8 A.** Obergurtknicklängen in Binderebene ($s_{ky}$) und in Dachebene ($s_{kz}$)

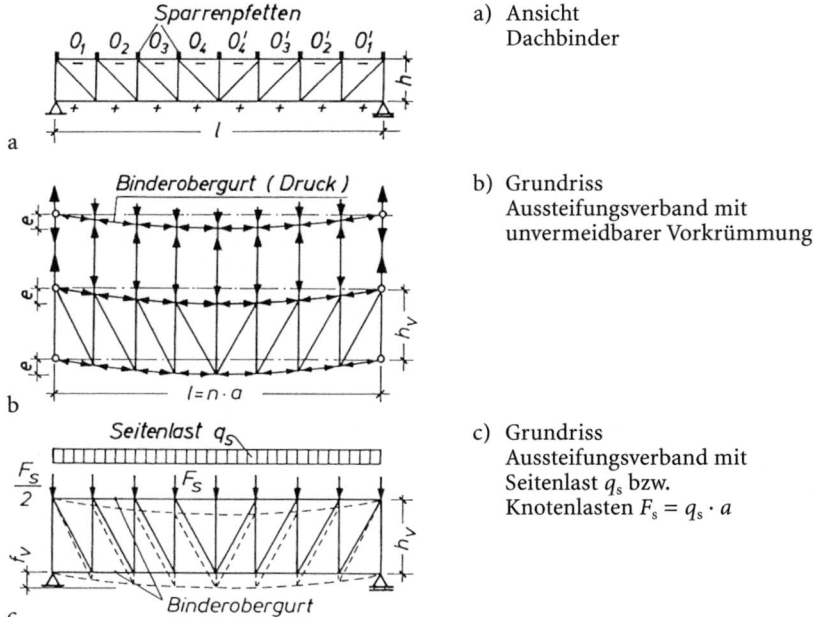

**Abb. 21.8 B.** Seitenlast $q_s$ für den Aussteifungsverband von Fachwerkbindern (in Obergurtebene)

Die Stabilisierungskräfte wachsen mit zunehmender Verbandsverformung. Die Größe der Seitenlasten $q_S$ nach Abb. 21.8 B kann in Abhängigkeit von der angenommenen Vorkrümmung $e$ und von der Durchbiegung des Verbandes infolge elastischer Verformungen der Stäbe und Nachgiebigkeit der Verbindungen ermittelt werden, siehe Möhler/Schelling [224], Petersen [225], Brüninghoff in [113].

Die vereinfachten Bemessungslasten $q_S$ nach Gln. (21.2a) und (21.2b) setzen eine Mindeststeifigkeit (maximal zulässige Durchbiegung) der Verbände voraus.

### 21.5.2 Bemessung der Einzelabstützungen

**Allgemeines**

Man unterscheidet unverschiebliche und verschiebliche Einzelabstützungen, s. Abb. 21.8C. Als unverschieblich können Abstützungen in den Reihen A und B angesehen werden, wenn sie z.B. an Stützböcken, eingespannten Stahl- oder Stahlbetonstützen, Wänden, Ringankern o.ä. verankert sind.

Als verschieblich gelten Abstützungen von Druckgurten gegen Aussteifungsverbände, da diese in Dachebene Verformungen erleiden können.

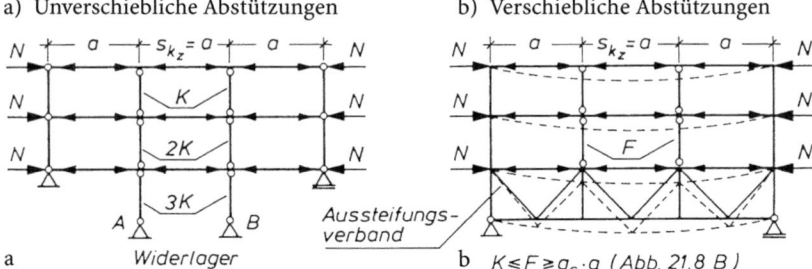

Abb. 21.8 C. Einzelabstützungen von Druckstäben in Dachebene

**Bemessung unverschieblicher Abstützungen**

Die Größe der Stützeinzellast ist vom unterschiedlichen Vorkrümmungsverhältnis der Druckglieder (Gurtstäbe) aus VH (NH) bzw. BSH (NH) gemäß DIN 4074 abhängig. Nach –10.5– gilt demnach:

für VH (NH): $\quad K = N/50$ \hfill (21.0a)

für BSH(NH): $\quad K = N/100$ \hfill (21.0b)

$N \triangleq$ Größte Stabkraft (ohne $\omega$) der an die Abstützung angrenzenden Druckstäbe

Die Stützkräfte können Zug- oder Druckkräfte sein, vgl. Abb. 8.14 mit Gl. (8.26).

> Stützt ein Bauteil $n$ Druckglieder gegen feste Widerlager ab, dann ist die Stützkraft $n \cdot K$ ($S = \pm 3 \cdot K$ in Abb. 21.8 Ca).

**Bemessung verschieblicher Abstützungen**

Druckgurte von Fachwerkträgern werden i.d.R. durch Aussteifungsverbände nach Abb. 21.8A, B, Cb stabilisiert. Der Aussteifungsverband darf, wenn auf einen genaueren Nachweis verzichtet wird, für die gleichmäßig verteilte Seiten-

## 21.5 Berechnung horizontaler Aussteifungsverbände nach DIN 1052 (1988)

last $q_S$ nach Gl. (21.2a) mit Abb. 21.8B bemessen werden. Bauteile, welche die Druckgurte zur Unterteilung der Knicklänge – auf $s_{kz}$ nach Abb. 21.8A und 21.8C – gegen einen Verband abstützen, sind nach –10.5– zu bemessen und anzuschließen für

Abb. 21.8B: $\quad F_S = q_S \cdot a \quad$ (21.1a)

mindestens aber für **eine** Stützeinzellast $K$:

bei Druckgurten aus VH: $K = N_{Gurt}/50 \quad$ (21.1b)

bei Druckgurten aus BSH: $K = N_{Gurt}/100 \quad$ (21.1c)

$N_{Gurt} \triangleq$ mittlere Gurtkraft für den ungünstigsten Lastfall, siehe [83].

Damit werden ein- oder mehrwellige Vorkrümmungen der Druckgurte berücksichtigt. Der größere Betrag ist maßgebend.

Abstützende Teile von Biegeträgern sind nach Gl. (21.1a) zu bemessen mit $q_S$ nach Gl. (21.2b).

### 21.5.3 Aussteifungsverbände für Fachwerkträger

Für die Bemessung der Aussteifungskonstruktion von Fachwerkdruckgurten ist, wenn auf eine eingehende Berechnung [257] verzichtet wird, nach –10.2.2– eine gleichmäßig verteilte Seitenlast $q_S$ gemäß Abb. 21.8B anzunehmen.

$$q_S = \frac{m \cdot N_{Gurt}}{30 \cdot l} \text{ in kN/m} \quad (21.2a)$$

$N_{Gurt} = \dfrac{1}{n} \sum\limits_{i=1}^{n} O_i \quad$ mittlere Gurtkraft eines Fachwerkträgers in kN für den ungünstigsten Lastfall

$m \triangleq$ anteilige Anzahl der auszusteifenden Druckgurte, vgl. –E97–
$l \triangleq$ Stützweite der Aussteifungskonstruktion in m

Gl. (21.2a) gilt nach Brüninghoff in [113] unter folgenden Annahmen:
- $N_{Gurt}$ = konstant über die gesamte Gurtlänge
- Sinusförmige Vorkrümmung der Druckgurte mit $e = l/400$
- Verbandsdurchbiegung unter Gebrauchslast ($q_S + w$): $f_V \leq l/1000$

Verformungsberechnung s. Gl. (20.4). Vereinfachter Nachweis kann nach Gerold [226] oder Brüninghoff [83] geführt werden. Der Nachweis der Verbandsdurchbiegung kann entfallen, wenn das Verhältnis Höhe zu Spannweite der Aussteifungskonstruktion $\geq 1/6$ gemäß Abb. 21.8B ist, vgl. –10.2.5–.

### 21.5.4 Aussteifungsverbände für Biegeträger

Den Einfluss der Drillsteifigkeit auf die Stabilisierungskräfte von Biegeträgern hat Brüninghoff [117, 227] untersucht. Zur Bemessung der Aussteifungs-

## 21 Wind- und Aussteifungsverbände

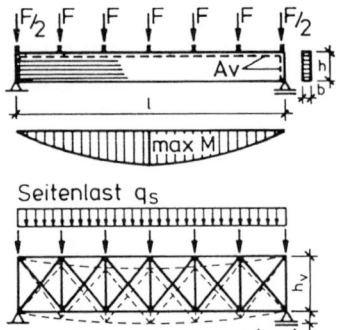

Abb. 21.8 D

konstruktion von Biegeträgern mit Rechteckquerschnitt $h/b \leq 10$ darf nach –10.2.3– eine $\perp$ Trägerebene wirkende Seitenlast

$$q_S = \frac{m \cdot \max M}{350 \cdot b \cdot l} \text{ in kN/m} \tag{21.2b}$$

gemäß Abb. 21.8D angenommen werden, wenn auf einen genaueren Nachweis verzichtet wird. Dieser ist bei einem Seitenverhältnis $h/b > 10$ zu führen.

$\max M \triangleq$ größtes Biegemoment eines Trägers in kNm aus lotrechter Last

$b \triangleq$ Trägerbreite in m

$m, l \triangleq$ s. Gl. (21.2a)

Gl. (21.2b) gilt nach [83] unter folgenden Annahmen:
- Biegeträger mit $h =$ konstant, näherungsweise auch für Satteldachträger mit nicht zu großer Dachneigung
- Gabellagerung an den Trägerenden
- Lasteinleitung und Verbandanschluss am Trägerdruckrand
- Sinusförmige Vorkrümmung des Druckrandes mit $e \leq l/500$
- Verbandsdurchbiegung wie bei Verbänden für Fachwerkträger

Der Verlauf der $q_S$ wird in [227] sinusförmig angenommen, wird jedoch vereinfacht als diejenige Gleichlast definiert, die das gleiche maximale Biegemoment erzeugt wie die Sinuslast, vgl. auch Abb. 2.30 in [215].

Empfehlungen zur Berechnung der Seitenlast bei Trägern mit gleichzeitiger Druck- und Biegebeanspruchung gibt Gerold [228].

**Hinweis:**
Die Seitenlasten $q_S$ nach Gln. (21.2a) und (21.2b) gelten nicht als äußere Lasten wie z. B. Windlasten. Sie bilden vielmehr in Dachebene einen Eigenlastzustand, der in sich im Gleichgewicht steht, wenn alle Binderauflager jeder Seite miteinander verbunden sind, z. B. durch Traufpfetten, Ringanker oder dgl. In diesem Falle brauchen die Seitenlasten nicht bis in den Baugrund geleitet zu werden.

Fehlen jedoch solche Verbindungskonstruktionen der Binderauflager, dann sind die Seitenlasten wie äußere Lasten in den Baugrund abzuleiten.

## 21.5.5 Zusammenwirken von Wind- (WV) und Aussteifungsverbänden (AV)

**Allgemeines**
Bei Hallenkonstruktionen werden häufig in den Giebelfeldern bzw. im 2. Feld Windverbände vorgesehen, s. Abb. 17.2. Diese dürfen gleichzeitig als Aussteifungsverbände verwendet werden.
- Die i.d.R. in den End- oder zweiten Feldern angeordneten WV dürfen gleichzeitig als AV angesehen werden.
- Mindestens 2 WV oder 2 AV vorsehen.
- Mittenabstand der Verbände soll mit Rücksicht auf elastische Verformungen und nachgiebige Verbindungen $B \leq 25$ m betragen, wenn kein genauerer Nachweis erfolgt (Abb. 21.9).

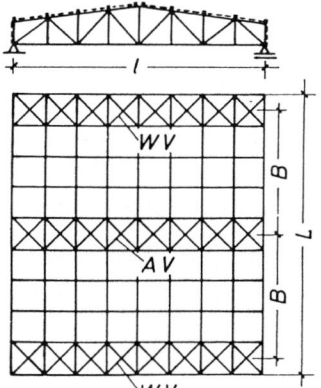

Abb. 21.9

**Bemessung nach DIN 1052 (4/88)**
Da vor Einführung der AV-Bemessung für Seitenlast $q_S$ in der DIN 1052 (10/69) bei ordnungsgemäßer Ausführung der WV keine Schadensfälle bekannt geworden sind, gelten zur Bemessung der WV und AV die besonderen Regeln für die Kombination von $w$- und $q_S$-Lasten gemäß Tafel 21.0.

Tafel 21.0. Berechnungslasten für Verbände bei gleichzeitiger Wirkung von $w$- und $q_S$-Lasten
$-10.2.4-$

| Stützweite | $l \leq 30$ m | $30$ m $< l < 40$ m | $l \geq 40$ m |
|---|---|---|---|
| $q_S \leq \dfrac{w}{2}$ | $q_{wS} = w$ [a] | $q_{wS} = w + q_S \cdot \dfrac{l-30}{10}$ | $q_{wS} = q_S + w$ |
| $q_S > \dfrac{w}{2}$ | $q_{wS} = q_S + \dfrac{w}{2}$ | $q_{wS} = q_S + \dfrac{w}{2} \cdot \dfrac{l-20}{10}$ | |

[a] Empfehlung.

Danach darf bei Windverbänden mit einer Stützweite $l \leq 30$ m, die zugleich Druckgurte abstützen, angenommen werden, dass bei einer Bemessung für die Berechnungslast $w$ darin bereits eine anteilige Seitenlast $q_S \leq w/2$ enthalten ist, vgl. –E 98–.

Bei $l \geq 40$ m müssen die vollen $w$- und $q_S$-Lasten in Rechnung gestellt werden. Für 30 m $< l <$ 40 m darf linear interpoliert werden.

Eine getrennte Zuweisung der Wind- und der Seitenlasten an bestimmte Verbände ist nicht zweckmäßig, wenn die einzelnen Verbände zug- und druckfest derart miteinander verbunden sind, dass ein Ausgleich von Kräften erfolgen kann. Die Bemessungslasten können dann gleichmäßig auf die vorhandenen Verbände verteilt werden, so dass sich hierfür gleich große rechnerische Verformungen ergeben –E 98–. In diesem Fall sind bei den Aussteifungsverbänden, die in der Mitte angeordnet werden (Abb. 21.9), ebenfalls Kräfte infolge der horizontalen Windlasten bis in das Fundament abzuleiten.

**Erläuterungen zur $w$ und $q_S$-Lastkombination bei $l \leq 30$ m**
Mehrere Verbände können – je nach Steifigkeit der Verbände und ihrer gegenseitigen Verbindungen – bei der Lastabtragung zusammenwirken.

Der WV der Luvseite erhält nach Abb. 21.9 A bei gleichen WV-Steifigkeiten in Abhängigkeit vom Nachgiebigkeitsgrad der gegenseitigen Verbindungen folgende Berechnungslasten $q_{wV}$:

Schlaffe Verbindungen: $\quad q_{wV} = w_D$

Starre Verbindungen: $\quad q_{wV} = \dfrac{w_D + w_S}{2} = \dfrac{w_D}{2} \cdot \left(1 + \dfrac{0{,}5}{0{,}8}\right) = 0{,}81\, w_D$

Nachgieb. Verbindungen: $0{,}81\, w_D < q_{wV} < w_D$

Eine Entlastung des luvseitigen WV ist also möglich. Im Interesse einer kurzen und direkten Abtragung der luvseitigen Windlast in den Baugrund erscheint es jedoch empfehlenswert, mindestens $q_{wV} = w_D$ einzusetzen, falls der Nachgiebigkeitseinfluss nicht genauer untersucht wird.

Für $l \leq 30$ m werden folgende Berechnungslasten empfohlen:
a) Für kurze Bauwerke mit nur 2 WV:

a1) Nur zugfeste Stäbe zwischen den Verbänden:
Die Verbände müssen in den Endfeldern angeordnet sein.
- wenn $q_S$ (je Verband) $= q_{sV} \leq w_D/2 \rightarrow q_{wV} = w_D$ \hfill (21.3 a)
- wenn $q_{sV} > w_D/2 \rightarrow q_{wV} = q_{sV} + w_D/2$ \hfill (21.3 b)

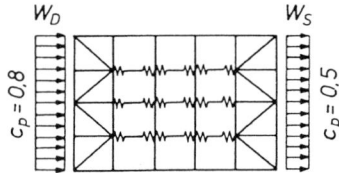

**Abb. 21.9 A.** Windlasten

## 21.5 Berechnung horizontaler Aussteifungsverbände nach DIN 1052 (1988)

a2) Zug- und drucksteife Stäbe zwischen den Verbänden:
- wenn $q_S \leq (w_D + w_S)/2 \to q_{wV} = w_D$ (21.4a)
- wenn $q_S > (w_D + w_S)/2 \to q_{wV} = \dfrac{1}{2} \cdot (q_S + 0{,}81\, w_D)$ (21.4b)

$\geq w_D$ empfohlen s.o.

b) Für lange Bauwerke mit 2 WV und $n_A$ AV:

b1) Nur zugfeste Stäbe zwischen den Verbänden:
Lastverteilung auf WV und AV sinngemäß wie a1.

b2) Zug- und drucksteife Stäbe zwischen den Verbänden:
Gleiche Verbandssteifigkeiten für WV und AV sind zu empfehlen.
- wenn $q_S \leq (w_D + w_S)/2 \to q_{wV} = q_{AV} = w_D$ empfohlen s.o. (21.5a)
- wenn $q_S > (w_D + w_S)/2 \to q_{wV} = q_{AV} = \dfrac{q_S + 0{,}81\, w_D}{2 + n_A}$ (21.5b)

$\geq w_D$ empfohlen s.o.

Darin bedeuten:
$q_{wV}, q_{AV}$    Gleichlast für **einen** WV oder AV
$w_D, w_S$    Winddruck bzw. Windsoglast nach DIN 1055 T4
$q_{SV}$    Anteilige Seitenlast der von **einem** WV auszusteifenden Druckgurte
$q_S$    Seitenlast **aller** auszusteifenden Druckgurte
$n_A$    Anzahl der Aussteifungsverbände

Die Verbindungsstäbe (Sparrenpfetten) zwischen den Knotenpunkten der Verbände werden als verschiebliche Abstützungen nach Abschn. 21.5.2 bemessen und angeschlossen.

**Beispiel nach DIN 1052 (1988):**
a) $L \leq 30$ m: 2 WV in den Giebelfeldern
b) $L = 55$ m: 2 WV und 1 AV
Gurtkräfte: $O_1 = -52{,}5$ kN; $O_2 = -90$ kN
$O_3 = -112{,}5$ kN; $O_4 = -120$ kN

In den Giebelwänden sind keine Fachwerkbinder angeordnet.

Lastannahmen:
Winddruck:    $w_D = 0{,}8 \cdot 0{,}5 \cdot 8{,}0/2 = 1{,}60$ kN/m
Windsog:    $w_S = 0{,}5 \cdot 0{,}5 \cdot 8{,}0/2 = 1{,}00$ kN/m

mittl. Gurtkraft:    $N_G = \dfrac{1}{8} \cdot 2 \cdot (52{,}5 + 90 + 112{,}5 + 120) = 93{,}8$ kN

**a) 2 WV nach Abb. 21.10a:**

**a1) Nur zugfeste Verbindungsstäbe:**
1 WV erhält Seitenlasten von 1 Verbands- und 4 Zwischengurten.

21 Wind- und Aussteifungsverbände

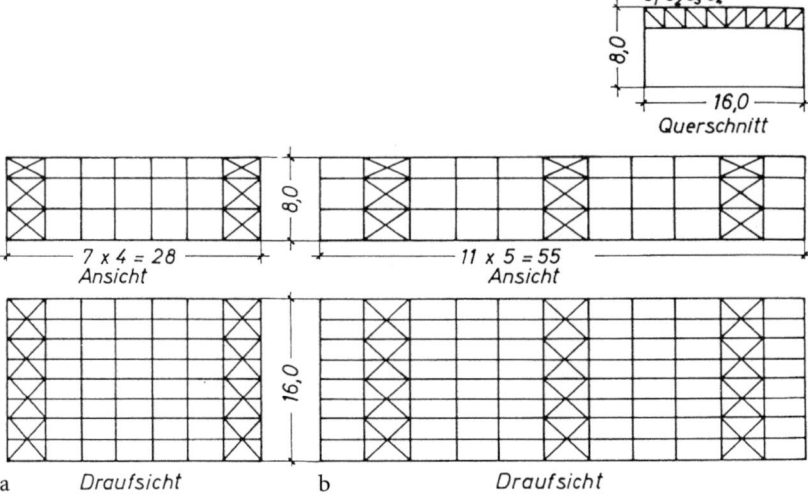

Abb. 21.10. Anordnung von Wind- und Aussteifungsverbänden

$$m = 1 + 4 = 5$$

(Gl. 21.2a): $\quad q_{SV} = \dfrac{5 \cdot 93{,}8}{30 \cdot 16} = 0{,}98 \text{ kN/m}$

$$> w_D/2 = 1{,}60/2 = 0{,}80 \text{ kN/m}$$

Gl. (21.3b): $\quad q_{wV} = 0{,}98 + 0{,}80 = \mathbf{1{,}78 \text{ kN/m}}$

Stützeinzellast einer Pfette zwischen Gurtknotenpunkten für $\quad m = 4$
Stützeinzellast einer Pfette zwischen D-Kreuz-Punkten für $\quad\quad m = 5$

$$\text{für } m = 5 \rightarrow q_{SV} = 0{,}98 \text{ kN/m}$$

Gl. (21.1a): $\quad F_S = 0{,}98 \cdot 2{,}0 \quad = \mathbf{1{,}96 \text{ kN maßgebend}}$

Gl. (21.1b): $\quad K = 93{,}8/50 \quad = 1{,}88 \text{ kN} < 1{,}96$

Die Pfetten werden an die Kreuzungspunkte der Verbandsdiagonalen angeschlossen.

**a2) Zug- und drucksteife Verbindungsstäbe:**
2 WV erhalten Seitenlasten von 2 Verbands- und 4 Zwischengurten.

$$m = 2 + 4 = 6$$

Gl. (21.2a): $\quad q_S = \dfrac{6 \cdot 93{,}8}{30 \cdot 16} = 1{,}17 \text{ kN/m}$

$$< \dfrac{w_D + w_S}{2} = \dfrac{1{,}60 + 1{,}00}{2} = 1{,}30 \text{ kN/m}$$

Gl. (21.4a): $\quad q_{wV} = w_D \quad = 1{,}60 \text{ kN/m empfohlen,}$
$\quad\quad\quad\quad\quad$ falls kein genauerer Nachweis erbracht wird.

21.5 Berechnung horizontaler Aussteifungsverbände nach DIN 1052 (1988) 341

Stützeinzellast einer Pfette zwischen Gurtknotenpunkten für $m = 2$
Stützeinzellast einer Pfette zwischen D-Kreuz-Punkten für $m = 3$

Für $m = 3$ $\quad q_S = \dfrac{3 \cdot 93{,}8}{30 \cdot 16} \quad = 0{,}59 \text{ kN/m}$

Gl. (21.1a): $\quad F_S = 0{,}59 \cdot 2{,}0 \quad = \pm 1{,}17 \text{ kN}$

Gl. (21.1b): $\quad K = 93{,}8/50 \quad = \pm \mathbf{1{,}88 \text{ kN maßgebend}}$

Verformungsnachweis entfällt, da $h_V = 4{,}0$ m $> 16{,}0/6 = 2{,}67$ m

**b2) 2 WV und 1 AV nach Abb. 21.10 b:**
**mit zug- und drucksteifen Sparrenpfetten**
Die mittlere Gurtkraft wird proportional zum Binderabstand erhöht.

$$N_G = 93{,}8 \cdot 5{,}0/4{,}0 \quad = 117 \text{ kN}$$

Insgesamt sind 6 Verbands- und 4 Zwischengurte abzustützen.

$$m = 6 + 4 \quad = 10$$

Gl. (21.2a): $\quad q_S = \dfrac{10 \cdot 117}{30 \cdot 16} \quad = 2{,}44 \text{ kN/m}$

$$> \dfrac{w_D + w_S}{2} = \dfrac{1{,}60 + 1{,}00}{2} \quad = 1{,}30 \text{ kN/m}$$

Gl. (21.5b): $q_{wV} = q_{AV} = \dfrac{2{,}44 + 2{,}60/2}{2 + 1} \quad = 1{,}25 \text{ kN/m}$

$$q_{wV} = w_D = \mathbf{1{,}60 \text{ kN/m empfohlen}}$$

Ableitung der Windkräfte bis in den Baugrund ist dann nur bei den beiden WV erforderlich. Gleiche Ausführung der 3 Verbände wird empfohlen. Berechnung der Stützeinzellasten sinngemäß wie a 2. Verformungsnachweis entfällt, da $h_V = 5{,}0$ m $> 16{,}0/6 = 2{,}67$ m.

### 21.5.6 Verformungsberechnung der Verbände

#### 21.5.6.1 Allgemeines

WV und AV in der Dachebene sind i.d.R. parallelgurtige Fachwerkträger. Ihre Gurte sind BSH-Dachbinder, Obergurte von Fachwerkbindern oder Rähme der Giebelwände.

Diagonalstäbe können aus VH oder Stahl sein, letztere meistens Rundstähle mit Spannschlössern, s. Tafel 21.2 und Abb. 21.11A. Als Pfosten werden vielfach Sparrenpfetten verwendet.

Die Knotenanschlüsse liegen i.d.R. in oder wenig unterhalb der Ebene der Binderoberkanten, s. Abb. 21.11A und B. Verbandsgurte (Binder) und Verbandspfosten (Pfetten) werden meistens ausmittig beansprucht.

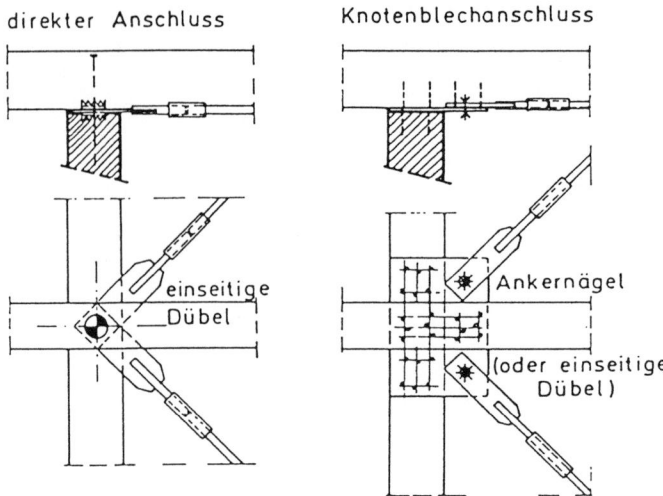

**Abb. 21.11 A.** Knotenpunktausbildung bei Rundstahldiagonalen

Die Verformung der Aussteifungskonstruktion ist nach –10.2.5– unter Gebrauchslast – $q_S$ und $w$ – auf $l/1000$ begrenzt. Der Nachweis ist entbehrlich, wenn die Systemhöhe (Binderabstand) $h_V \geqq l/6$ ist, s. Abb. 21.8B und D.

### 21.5.6.2 Genauere Berechnung der Verbandsdurchbiegung

Die Verbandsdurchbiegung $f_V$ kann nach Gl. (20.4) für Fachwerkträger mit nachgiebigen Verbindungen berechnet werden. Dazu seien folgende Hinweise gegeben:
- Bei BSH-Bindern mit ausmittigem Verbandsanschluss kann näherungsweise mit dem halben Gurt-(Binder-)Querschnitt gerechnet werden, falls kein genauerer Nachweis erfolgt.
- Bei Füllstabanschlüssen mit Laschen müssen die Nachgiebigkeitsbeiträge Stab-Lasche und Lasche-Gurt eingesetzt werden, siehe Anschlüsse (3) und (6) in Tafel 21.2 und Abschn. 22.4.

### 21.5.6.3 Vereinfachte Nachweise der Verbandsdurchbiegung

a) „ef $I$-Verfahren" nach Brüninghoff [83]

Die Durchbiegung kann vereinfacht gemäß Gl. (20.2) ermittelt werden. Die „ef $I$-Werte" können in Anlehnung an Gln. (9.4), (9.6) bis (9.8) berechnet werden.

Brüninghoff [83] gibt für verschiedene regelmäßige Verbandssysteme mit jeweils gleicher Art und Anzahl der Verbindungsmittel in den Knoten Formeln zur Ermittlung der „ef $I$-Werte" an.

21.5 Berechnung horizontaler Aussteifungsverbände nach DIN 1052 (1988)

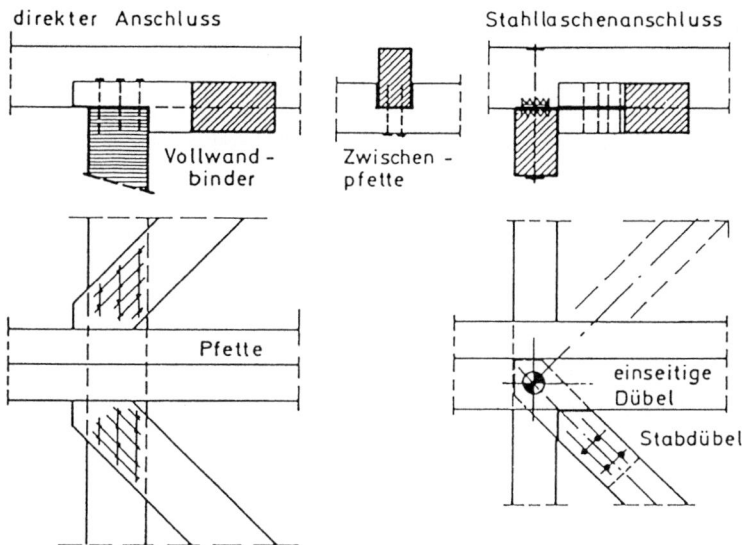

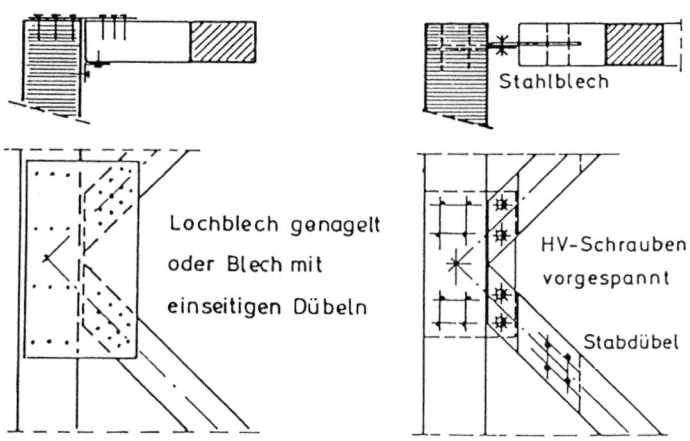

Abb. 21.11 B. Knotenpunktausbildungen bei Holzdiagonalen [226]

**b) Näherungsverfahren nach Gerold [226]**
Nach Gerold [226] ist der Verformungsbeitrag der Verbandsgurte (Dachbinder) und der Verbandspfosten (Pfetten) in der Regel vernachlässigbar. Die wesentlichen Beiträge liefern die elastischen Verformungen der Diagonalen und die Nachgiebigkeiten der mechanischen Verbindungen. In [226] gibt Gerold die einfache Näherungsformel Gl. (21.6) an für Verbände mit Holz- oder gekreuzten Rundstahldiagonalen gemäß Tafel 21.2. Folgende Annahmen liegen ihr zugrunde:

- Verformungsbeitrag der Gurte und Pfosten wird vernachlässigt.
- zul $N_{HZ} = 1{,}25 \cdot$ zul $N_H$ nach $-T2, 3.2-$
- C- bzw. zul $v$-Werte nach $-T2, Tab. 13-$

**Näherungsformel nach Gerold [226] für zul. Verbandsdurchbiegung**

$$\frac{f_V}{\text{zul}\,f_V} = \frac{1}{\sin 2\alpha} \cdot \underbrace{\frac{1000\,\sigma}{E}}_{\substack{\text{elast. Verformung}\\\text{der Diagonalen}}} + \underbrace{\frac{1250 \cdot \text{zul}\,v}{h_V}}_{\substack{\text{Nachgiebigkeit}\\\text{der Verbindungen}}} \cdot f_\alpha \leqq \begin{cases} 1{,}66^{\,1} \\ 1{,}00^{\,2} \end{cases} \qquad (21.6)$$

zul $v =$ zul $N/C$ ist die Verschiebung bei zul $N$ im Lastfall H
$f_\alpha$-Werte für verschiedene Konstruktionsformen s. Tafel 21.2.

**Tafel 21.1.** 1000 $\sigma/E$-Werte bei voller Ausnutzung (Zug) im LF HZ

| D-Stäbe aus: | VH aus NH S10/MS10 im Nettoquerschnitt | Rundstahl aus St 37 ausgenutzt im | |
|---|---|---|---|
| | | Schaftquerschnitt | Spannungsquerschnitt |
| $\dfrac{\sigma}{E/1000}$ | $\dfrac{0{,}8 \cdot 1{,}25 \cdot 7 \cdot 10^3}{10^4} = 0{,}7$ | $\dfrac{180}{210} = 0{,}86$ | $\dfrac{125 \cdot 0{,}78}{210} = 0{,}46$ |

Einen Überblick über die erforderliche Verbandshöhe $h_V$ bei $f_V \leqq l/1000$ geben die Diagramme in Abb. 21.11C für die Ausführungen (1) bis (9) nach Tafel 21.2. Sie erleichtern in der Praxis die Wahl einer geeigneten Stab- und Knotenausbildung bei vorgegebener Verbandshöhe $h_V$ (Binderabstand). Die Diagramme wurden gewonnen aus Gl. (21.6) für jeweils gleiche Anschlüsse und zul $v = 1$ mm. Mit den zul $v$-Werten nach $-T2, Tab. 13-$ sind damit folgende Verbindungen in gebräuchlicher Bauart abgedeckt:
- Unmittelbare Dübel- und Stabdübelverbindungen, solche mit Knotenblechen nur bei verringertem Lochspiel (etwa < 0,5 mm).
  Bei Stahldiagonalen mit Spannschloss kann das Lochspiel der Anschlussteile größer sein.
- Nagelverbindungen Holz–Holz, zweischnittig
  Holz–Holz, einschnittig
  BFU–Holz $\quad\Big\}\; d_n \leqq 5$ mm
  Stahlblech–Holz, vorgebohrt

Alle Diagramme gelten nur für jeweils gleiche Anschlüsse und für zul $v = 1$ mm.

---

[1] wenn Füllstab-Querschnitte und -anschlüsse jeweils gleich sind,
[2] wenn Füllstab-Querschnitte und -anschlüsse jeweils abgestuft sind.

## 21.5 Berechnung horizontaler Aussteifungsverbände nach DIN 1052 (1988)

**Tafel 21.2.** $f_\alpha$-Werte zur Näherungsformel (21.6) nach [226]

| | | ① | ② | ③ | ④ |
|---|---|---|---|---|---|
| **Diagonalen aus Holz** | Diagonalen und Anschlüsse | | | | |
| | gleich: $f_\alpha =$ | $\dfrac{1+\cos\alpha}{\cos\alpha}$ | $\dfrac{1+1{,}3\cdot\sin\alpha}{\cos\alpha}$ | $\dfrac{2+1{,}3\cdot\sin\alpha}{\cos\alpha}$ | $\dfrac{1+1{,}3\cdot\sin\alpha+\cos\alpha}{\cos\alpha}$ |
| | abge- stuft: $f_\alpha =$ | $\dfrac{1+\cos\alpha}{\cos\alpha}$ | $\dfrac{1+\sin\alpha}{\cos\alpha}$ | $\dfrac{2+\sin\alpha}{\cos\alpha}$ | $\dfrac{1+\sin\alpha+\cos\alpha}{\cos\alpha}$ |
| | Pfosten- loses Fachwerk | ⑤ | ⑥ | | ⑦ |
| | $f_\alpha =$ | $\dfrac{1}{\cos\alpha}$ | $\dfrac{2}{\cos\alpha}$ | | $\dfrac{1+\cos\alpha}{\cos\alpha}$ |
| **Diagonalen St 37** | Diagonalen und Anschlüsse | ⑧ | | ⑨ | |
| | gleich: $f_\alpha =$ | $\dfrac{1+1{,}3\cdot\sin\alpha}{\cos\alpha}$ | | $\dfrac{1{,}3\cdot\sin\alpha+\cos\alpha}{\cos\alpha}$ | |
| | abge- stuft: $f_\alpha =$ | $\dfrac{1+\sin\alpha}{\cos\alpha}$ | | $\dfrac{\sin\alpha+\cos\alpha}{\cos\alpha}$ | |

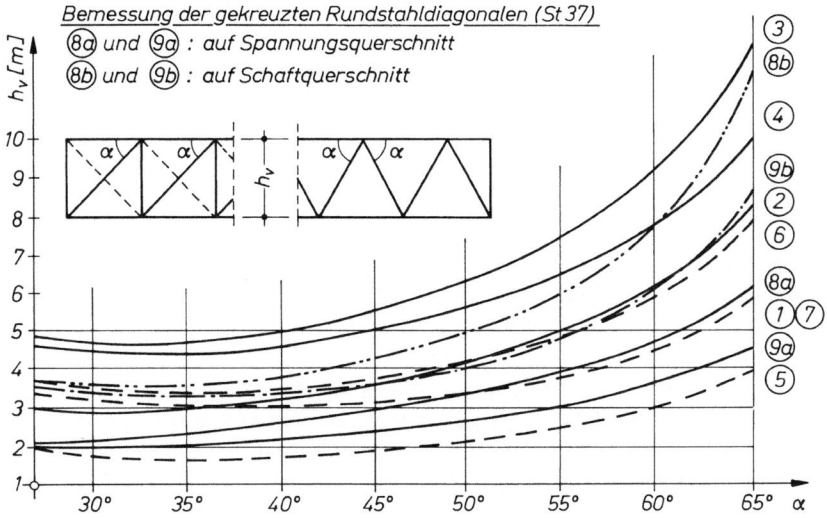

Bemessung der gekreuzten Rundstahldiagonalen (St 37)
⑧ₐ und ⑨ₐ : auf Spannungsquerschnitt
⑧ᵦ und ⑨ᵦ : auf Schaftquerschnitt

**Abb. 21.11C.** Erforderliche Verbandshöhe $h_V$ für $f_V \leq l/1000$ nach [226]

**Empfehlungen zur Erhöhung der Verbandssteifigkeit**
- Durchgehend gleiche Diagonalen und Anschlüsse verwenden.
- Strebenfachwerke aus Holz sind steifer als Pfosten-Streben-Fachwerke aus Holz.
- Systeme mit gekreuzten, spannbaren Rundstahldiagonalen sind steifer als Pfosten-Streben-Fachwerke aus Holz.
- Direkte Stabanschlüsse sind steifer als Anschlüsse mit Laschen,
- Günstige Neigungswinkel der Diagonalen sind 30° bis 45°.

**Empfehlungen zum Verbandssystem**
Druckgurte mit kleinem Trägheitsradius $i_Z$ werden zweckmäßig an jeder Pfette abgestützt. Das erfordert engmaschige Verbände, die in verschiedenen Systemen nach Abb. 21.12 ausgeführt werden können.

System a: Hauptfachwerk mit großem $D$-Neigungswinkel $\alpha$ erfordert relativ große Verbandshöhe $h_V$ nach Abb. 21.11C.
System b: Normales Hauptfachwerk mit Zwischenfachwerken b1 oder b2.
System c: Normales Hauptfachwerk mit Sekundärfachwerk, z.B. wie in Abb. 21.4 angeordnet.
System d: Zweifeldriges Stützdreieck mit Sekundärfachwerk, z.B. wie in Abb. 21.4 angeordnet.

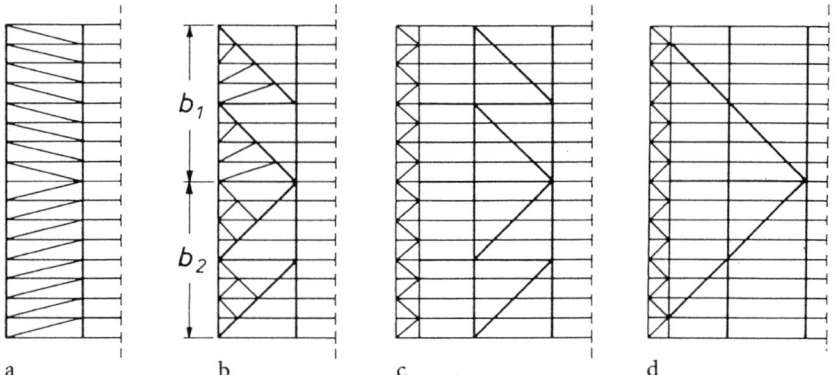

Abb. 21.12. Verschiedene Fachwerksysteme für Verbände

### 21.5.7 Dachscheiben aus Flachpressplatten

#### 21.5.7.1 Allgemeines

Flachpressplatten haben sich als Dachschalung zur Abtragung vertikaler Lasten ($g+s$) bewährt. Zur Klärung ihres Tragverhaltens als statisch wirksame Scheibe haben Cziesielski/Wagner [178] Untersuchungen mit dem Ziel durchgeführt, Konstruktionsregeln sowie ein praktikables Bemessungsverfahren aufgrund von Großversuchen zu entwickeln. Danach können Dach- und Deckenscheiben unter Einhaltung folgender kurzgefasster Hinweise für Konstruk-

tion und Berechnung als homogene Scheibe angesehen werden, siehe auch
−10.3 und E 99/100−.

### 21.5.7.2 Empfehlungen zur Konstruktion

1. Flachpressplatten nach DIN 68763 (DIN EN 312), Verleimung V 100 G, Dicke $d \geq 19$ mm, maximale Stützweite $l_S \leq 30$ m, s. Abb. 21.13/21.15.
2. Scheibenränder auf umlaufender hölzerner Unterkonstruktion auflagern, deren Elemente (Pfetten und Binder) kraftschlüssig zu verbinden sind. Zugfeste Verbindung der Randpfetten untereinander.
3. Bündige Oberkante der Pfetten und Binder, vgl. Abb. 17.1b, 17.2c und 18.2.
4. Befestigung mit korrosionsgeschützten Nägeln nach DIN 1151 auf jedem Binder und jeder Pfette mit dem minimalen rechnerischen Nagelabstand $e$ (konstant über Scheibenfläche).
5. Plattenstöße i.d.R. auf den Elementen der Unterkonstruktion. „Schwebende" Stöße ⊥ Kraftrichtung zulässig, ausgeführt mit Nut und Feder nach Abb. 21.13; zul $n \leq 2$ Stöße über Scheibenhöhe $h_S$ −10.3.1−. „Schwebende" Stöße ∥ Kraftrichtung sind nicht zulässig!

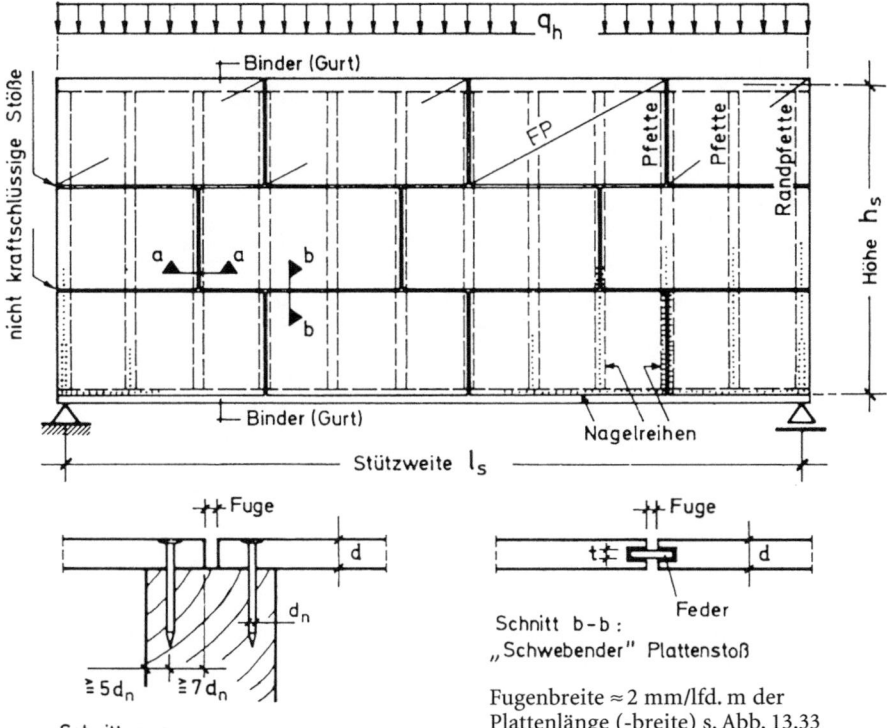

Abb. 21.13. Dachscheibe mit „schwebenden" Stößen ⊥ Belastungsrichtung (Schnitt b-b). Versetzte Stöße auf Pfetten.

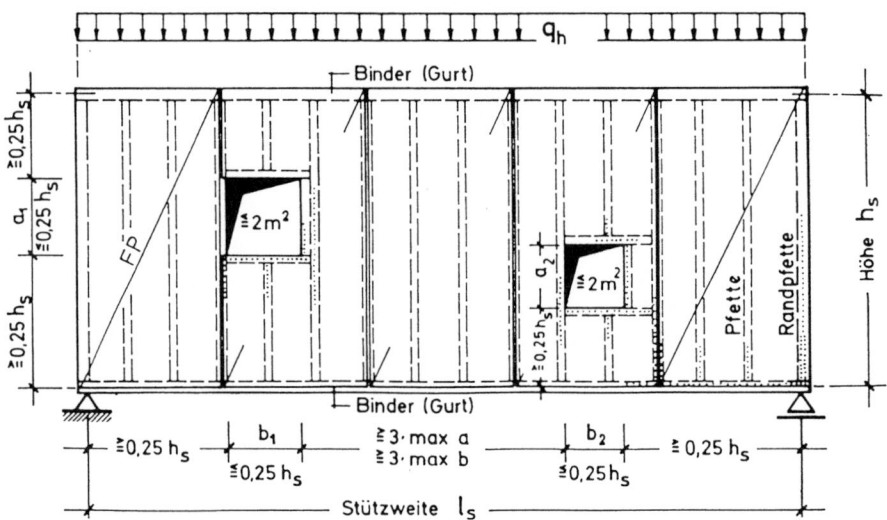

**Abb. 21.14.** Anordnung und Größe von Öffnungen in Dachscheiben. Stöße der FP auf Pfetten und Bindern [99]

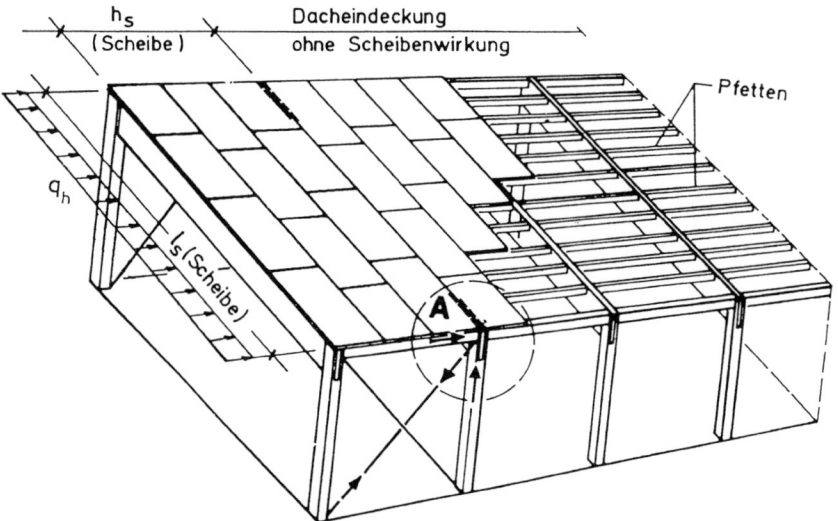

**Abb. 21.15.** Aussteifende Dachscheiben in den Endfeldern aus FP mit versetzten Stößen [99]

6. Versetzte Stöße der Flachpressplatten nach Abb. 13.32 und 21.15 sind aus statischen Gründen nicht zwingend erforderlich, werden jedoch empfohlen für Scheibenstützweiten $l_S \geqq 20$ m.
7. Öffnungen in der Dachscheibe nach Abb. 21.14 sind zulässig. Ihre Ränder sind auf Pfetten oder Wechselhölzern mit dem minimalen Nagelabstand $e$ nach Punkt 4 zu befestigen.

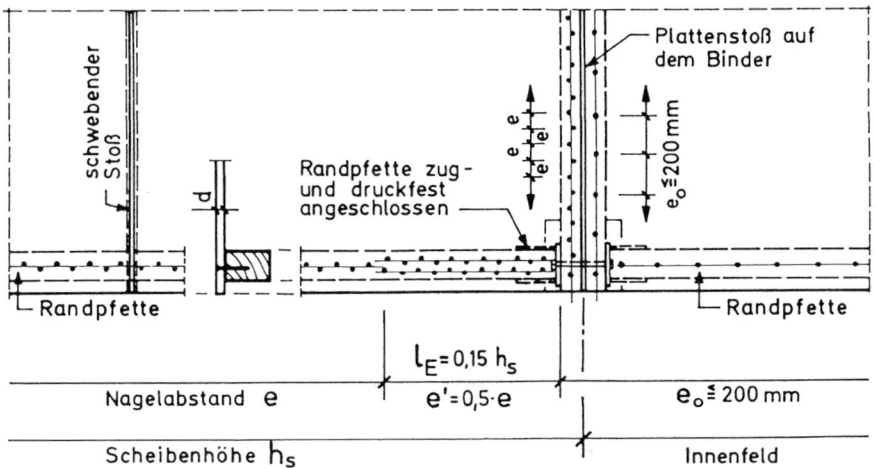

Abb. 21.16. Draufsicht zu Punkt A (s. Abb. 21.15). Nagelanordnung im Auflagerbereich am Verbandsknoten [99]

8. Durchfeuchtung der FP aus bauphysikalischen Gründen (Tauwasserbildung) ist zu verhindern. Schutz gegen Nässe und Erdberührung während des Transports und auf der Baustelle. Witterungsschutz unmittelbar nach Fertigstellung der Dach- oder Deckenscheibe aufbringen.
9. Stöße der FP sind mit Schleppstreifen abzudecken.

### 21.5.7.3 Empfehlungen zur Berechnung

**Lastannahmen für die Dachscheiben**

Für Fachwerk- und BSH-Träger gilt die horizontale Gleichlast aus $q_S$ und $w$ nach Tafel 21.0 und $q_{wV}$ nach Gln. (21.3) bis (21.5) mit

$q_S$ nach Gl. (21.2a) für Fachwerkträger

$q_S$ nach Gl. (21.2b) für BSH-Träger

Sie ist in Abb. 21.13 und Tafel 21.5 mit „$q_h$" bezeichnet.

**Spannungsnachweise**

Die Biegespannungen aus Scheibenwirkung können nach [178] vereinfacht wie für einen nachgiebig verbundenen Träger – FP als Steg, Dachbinder als Gurte – gemäß Abschn. 10.4.2 für Typ 3 nach Tafel 9.1 berechnet werden. Dabei sind die Besonderheiten des Verbundquerschnittes $-E_{FP} < E_{BSH}-$ in Anlehnung an Abschn. 10.3.3 zu berücksichtigen.

In Bindern und Pfetten sind die Spannungen aus Scheibenwirkung i.d.R. vernachlässigbar klein.

Die gleichzeitige Wirkung der Spannungen in den FP aus Vertikallast $(g+s)$ und Scheibenwirkung $(q_h)$ kann in Anlehnung an Gl. (11.1) berücksichtigt werden.

Die Schubspannung in den Flachpressplatten darf vereinfacht nach Gl. (21.7) berechnet werden.

$$\max \tau_{FP} \approx \frac{\max Q_V}{d \cdot h_S} \leq \text{zul}\, \tau_Q \tag{21.7}$$

mit zul $\tau_Q$ nach –*Tab. 6, Zeile 7*– für Abscheren rechtwinklig zur Plattenebene

$$\max Q_V = q_h \cdot l_S/2 \quad d, h_S \text{ nach Abb. 21.13}$$

**Nagelabstände**

Der Nagelabstand $e$ soll auf allen Bindern und Pfetten des aussteifenden Scheibenfeldes unverändert für die um 20% erhöhte Verbandsquerkraft $\max Q_V$ bemessen werden, s. Gl. (21.8).

$$e = \frac{N_1 \cdot h_S}{1{,}2 \cdot \max Q_V} \leq 200 \text{ mm} \tag{21.8}$$

$N_1$ = zulässige Nagelbelastung nach Gl. (6.8) und –*E177, Tab. 6/2*–. Als Nagelabstand $e_o$ in Dachscheibenbereichen, die rechnerisch nicht zur Aussteifung herangezogen werden, wird empfohlen

$$e_o = 200 \text{ mm}$$

Der Nagelabstand in punktförmigen Lasteinleitungsstellen (Punkt A in Abb. 21.15) soll über die Lasteinleitungslänge $l_E$ auf das Maß $e'$ reduziert werden.

$$e' = 0{,}5 \cdot e$$
$$l_E = 0{,}15 \cdot h_S$$

Siehe Abb. 21.16: Bereich des Knotenpunktes Randpfette/Vertikalverband

**Durchbiegung**

Die Verformungseinflüsse aus Biegung und Schub sind nach Gln. (21.9) bis (21.11) zu berücksichtigen.

$$f_\sigma = \frac{5 \cdot q_h \cdot l_S^4}{384 \cdot E_{BSH} \cdot \text{ef}I} \tag{21.9}$$

$$f_\tau = \frac{q_h \cdot l_S^2}{8 \cdot G_{FP} \cdot A_Q} \tag{21.10}$$

$$f = f_\sigma + f_\tau \leq l_S/1000 \tag{21.11}$$

$E_{BSH} \triangleq E_\parallel$ für Brettschichtholz BS11 (GL 24)

  ef$I$ $\triangleq$ wirksames Flächenmoment 2. Grades nach Gl. (9.4) in Anlehnung an Gl. (10.31) mit $E_{FP}$ nach Tab. 3 in –*4.1*–

$A_Q = 0{,}25 \cdot d \cdot h_S$ nach Versuchsergebnis [178] aufgrund der Nachgiebigkeit der Verbindungsmittel

### 21.5.7.4 Scheiben ohne rechnerischen Nachweis

Der Nagelabstand $e$ in einfeldrigen Dach- und Deckenscheiben darf nach $-10.3.3-$ der Tafel 21.3 entnommen werden, wenn folgende Bedingungen erfüllt sind:

Scheibenstützweite $l_S \leqq 30$ m

Randpfettenbreite $b_R \geqq 1,5 \cdot b_{Pf}$

$b_{Pf}$ = statisch erforderliche Pfettenbreite in Scheibenmitte aus $(g + p)$ bzw. $(g + s)$

Die konstruktiven Empfehlungen nach 21.5.7.2 sind zu beachten, vgl. auch Abschn. 13.3.5 (Scheibenwirkung). Der Durchbiegungsnachweis ∥ Scheibe nach Gln. (21.9) bis (21.11) kann entfallen, wenn $h_s/l_s \geqq 0,25$. Die kleinste Seitenlänge der FP muss mindestens 1,0 m betragen.

Folgende Nachweise sind zu führen:
Spannungen und Durchbiegungen aus Vertikallast – $(g + p), (g + s)$ oder $(g + $ Mannlast$) -$.

Plattenverankerung gegen Windsogkräfte s. Abschn. 14.5.4.

**Tafel 21.3.** Ausführungsbedingungen für Scheiben ohne rechnerischen Nachweis $-10.3.3-$

| Gleichmäßig verteilte Horizontallast $q_h$ | Scheibenstützweite $l_s$ | Mindestdicken der Platten | | Erforderlicher Nagelabstand $e$ für Nageldurchmesser 3,4 mm[a] bei einer Scheibenhöhe $h_s$ | | | |
|---|---|---|---|---|---|---|---|
| | | FP | BFU | $\geqq 0,25\, l_s$ | $\geqq 0,50\, l_s$ | $\geqq 0,75\, l_s$ | $1,0\, l_s$ |
| kN/m | m | mm | mm | mm | mm | mm | mm |
| $\leqq 2,5$ | $\leqq 25$ | 19 | 12 | 60 | 120 | 180 | 200 |
| $\leqq 3,5$ | $\leqq 30$ | 22 | 12 | 40 | 90 | 130 | 180 |

[a] Bei Verwendung anderer Nageldurchmesser bis 4,2 mm ist der erforderliche Nagelabstand $e$ im Verhältnis der zulässigen Nagelbelastungen umzurechnen; der Nagelabstand darf 200 mm nicht überschreiten.

### 21.5.7.5 Berechnungsbeispiel nach [178]

Die Halle nach Abb. 21.17 wurde mit FP nach DIN 68763 (DIN EN 312), Verleimung V 100 G, eingedeckt. Die Giebelfelder der Dachebene sollen als Scheibe zur Aufnahme der Windlasten in Hallenlängsrichtung und der Seitenlasten der Binder bemessen werden.

**Maße nach Abb. 21.17 und 21.18**

Binderstützweite      $l_B = 18,75$ m
Scheibenstützweite     $l_S = 18,85$ m
Scheibenhöhe         $h_S = 5,00$ m

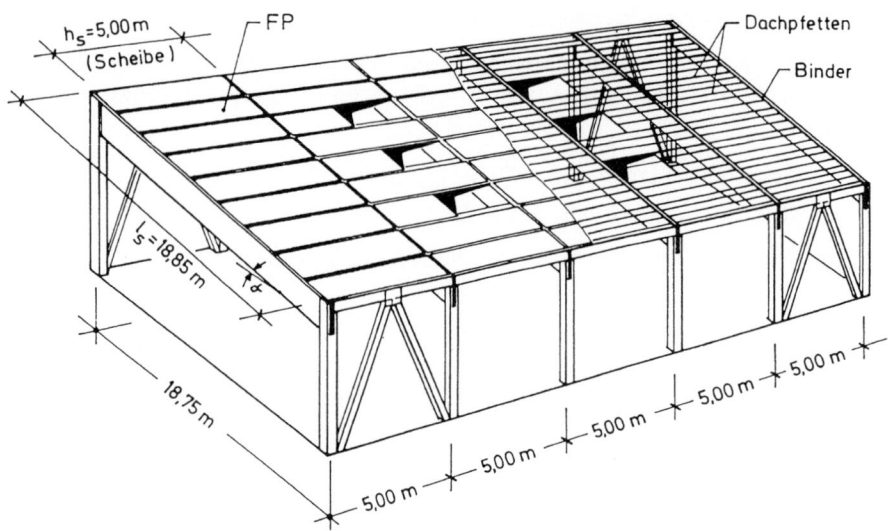

**Abb. 21.17.** Hallentragwerk mit FP-Dachscheiben [178]

| | | |
|---|---|---|
| Dicke der FP | $d =$ | 22 mm |
| Normalpfette | $b/h =$ | 10/18 cm/cm |
| Randpfette ($b_R = 1{,}5 \cdot b$) | $b_R/h =$ | 15/18 cm/cm |
| BSH-Dachbinder | $h/b =$ | 120/15 cm/cm |

**Lastannahmen**
Vertikallast: ständige Last $\quad g = \quad 1{,}05$ kN/m²
$\qquad\qquad$ Schneelast $\quad\quad s = \quad 0{,}75$ kN/m²
$\qquad\qquad\qquad\qquad\qquad\qquad q' = \quad 1{,}80$ kN/m²
ein Binder $q = 1{,}80 \cdot 5 = \quad 9{,}0$ kN/m

Windlast:
Auf luvseitige Dachscheibe wirkt $w_D = 1{,}60$ kN/m
Auf leeseitige Dachscheibe wirkt $w_S = 1{,}0$ kN/m

Seitenlast nach Abschn. 21.5.4:

Gl. (21.2b): $\quad q_S = \dfrac{m \cdot \max M}{350 \cdot b \cdot l}$

mit $\quad \max M = \dfrac{9{,}0 \cdot 18{,}75^2}{8} = 395{,}5$ kNm

$\qquad m = 5$

$\qquad b = 0{,}15$ m

$\qquad l = l_S = 18{,}85$ m

21.5 Berechnung horizontaler Aussteifungsverbände nach DIN 1052 (1988)    353

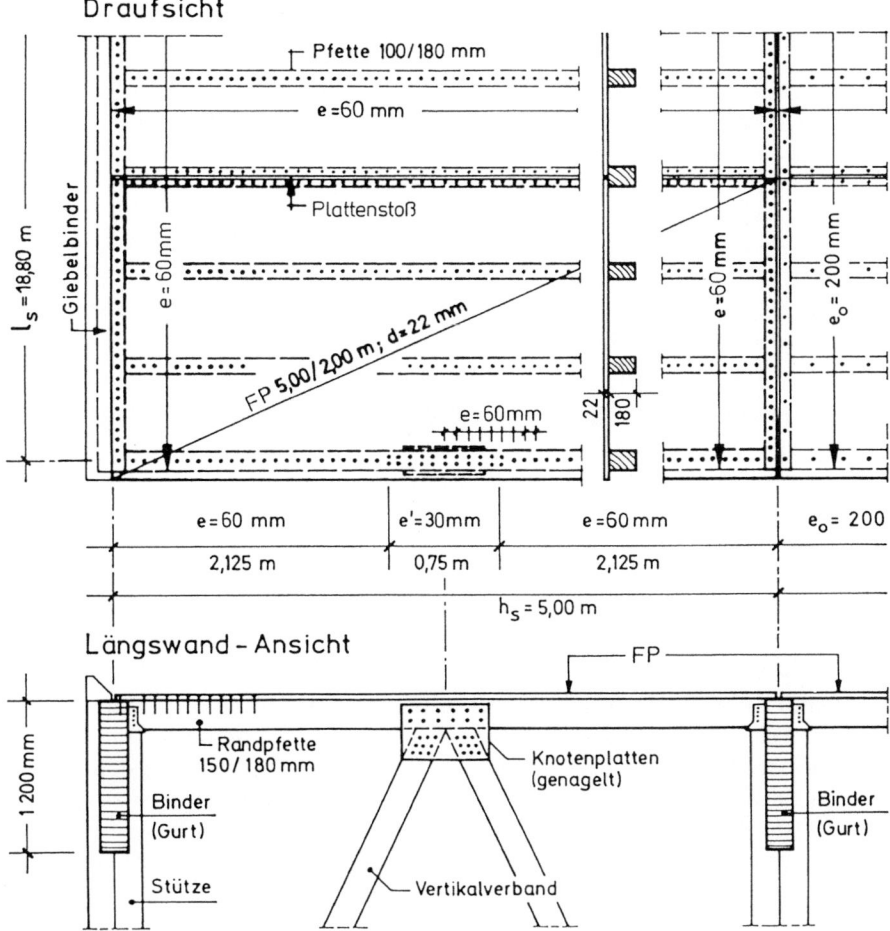

**Abb. 21.18.** Nagelabstände $e$, $e_o$ und $e'$ und Darstellung des Anschlusses an den Vertikalverband [99]

ergibt sich $\quad q_S = \dfrac{5 \cdot 395{,}5}{350 \cdot 0{,}15 \cdot 18{,}85} = 2{,}0 \text{ kN/m}$

$$q_S > \dfrac{w_D + w_S}{2} = \dfrac{1{,}60 + 1{,}0}{2} = 1{,}3 \text{ kN/m}$$

Die gesamte Horizontalbelastung einer Scheibe ist dann

Tafel 21.0: $\quad q_h = \dfrac{q_S + (w_D + w_S)/2}{2}$

$$= \dfrac{2{,}0 + 1{,}3}{2} = 1{,}65 \text{ kN/m} \approx w_D$$

Die Verbände (Scheiben) sind zug- und druckfest miteinander zu verbinden.

**Scheibenausbildung nach Tafel 21.3**

Bedingungen:

| | |
|---|---|
| Scheibenstützweite | $l_S = 18{,}85$ m $< 25$ m |
| Scheibenhöhe | $h_S = 5{,}00$ m $= 0{,}265 \cdot 18{,}85 > 18{,}85/4$ |
| Randpfettenbreite | $b_R = 1{,}5 \cdot 100 = 150$ mm $\rightarrow 15/18$ |
| Dicke    FP | $d = 22$ mm $> 19$ mm |
| Horizontallast | $q_h = 1{,}65$ kN/m $< 2{,}5$ kN/m |

Aus Tafel 21.3:

| | |
|---|---|
| gewählte Nägel | Nä 34 × 90 nach DIN 1151 (DIN EN 10230) |
| erforderlicher Nagelabstand | $e = 60$ mm |
| maximaler Nagelabstand | $e_o = 200$ mm |

Der maximale Nagelabstand $e_o$ gilt für die drei inneren Felder der Dachscheibe, vgl. Abb. 21.18.

Eine genaue Berechnung dieses Beispiels kann Cziesielski/Wagner [178] entnommen werden.

## 21.6 Dachverbände mit abgeknickten Gurten

### 21.6.1 Allgemeines

Dachbinder und Dachverband bilden zusammen ein räumliches Tragwerk. Es darf zur Vereinfachung der Berechnung in ebene Teilsysteme zerlegt werden, wenn horizontale Lagerreaktionen nur parallel zu den Verbandslasten gerichtet sind. Diese Annahme trifft im Allgemeinen bei Bindersystemen zu mit nur einem festen Auflager wie in Abb. 21.19A, wenn die elastischen Gurtverformungen aus $w$- und $q_S$-Lasten vernachlässigbar sind und Horizontalverschiebungen der Unterkonstruktion ∥ zu den Verbandslasten in den lotrechten Wänden gleich groß sind (d. h. keine Verdrehung im Grundriss).

Ausführliche Erläuterung hierzu siehe Gerold [228].

In der Praxis sind folgende zwei Ausführungsarten gebräuchlich:
a) Verbandsgurt = Fachwerkbinder-Obergurt oder BSH-Binder
   siehe z. B. Abb. 21.21
b) Vorgefertigter Verband (z. B. in Nagelplattenbauweise) zwischen den Dachbindern liegend, in einzelnen Punkten an das Haupttragwerk angeschlossen vgl. Abb. 21.4 und 21.12 c, d.

Die folgenden Betrachtungen behandeln nur die in a) genannten Systeme. Aus den Verbandsgurtkräften $O_3 = U_3 + D_3 \cdot \cos\beta$ entsteht als Resultierende im Knickpunkt die Umlenkkraft $R_{wS}$ nach Abb. 21.19A.

$$R_{wS} = 2 \cdot O_3 \cdot \sin\alpha \qquad (21.12)$$

Diese Umlenkkraft $R_{wS}$ muss – je nach Lage des Verbandes und Konstruktion der Giebelwand – durch die im Firstpunkt angeschlossene Giebelwandstütze und/oder die Dachbinder weitergeleitet werden, s. Abb. 21.19A.

## 21.6 Dachverbände mit abgeknickten Gurten

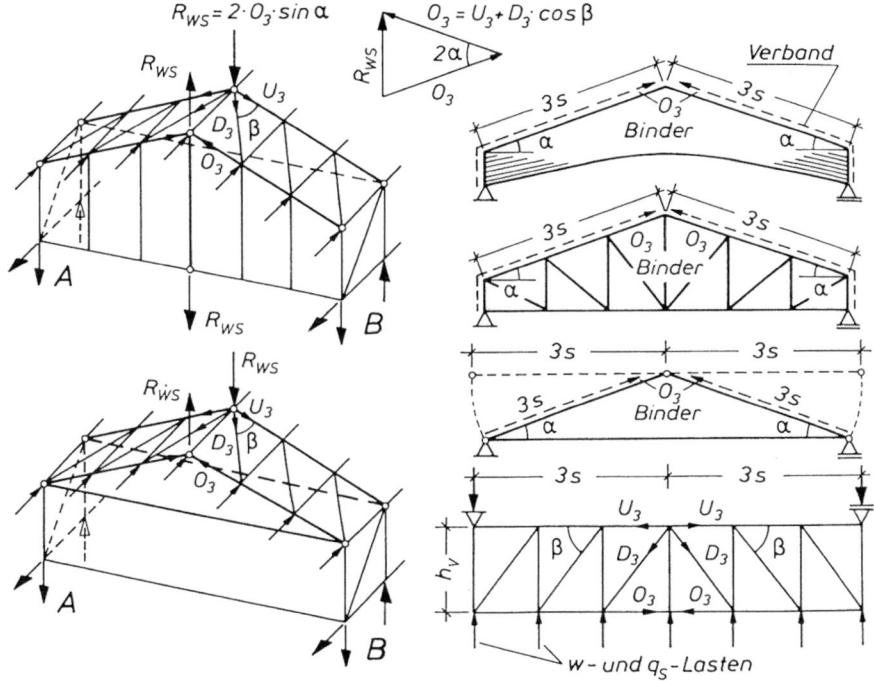

**Abb. 21.19 A.** Abgeknickte Verbandsgurte  
Verbandsebene (wahre Längen)

Zuerst werden die Stabkräfte aus dem in eine Ebene abgewickelten Verbandssystem berechnet. Danach werden die Schnittgrößen im Dachbinder infolge der Umlenkkraft $R_{wS}$ ermittelt.

Die Überlagerung der Schnittgrößen aus $(w + q_S)$-Lasten und Umlenkkraft $R_{wS}$ für die Bauteile des Haupttragwerks ist systembedingt nach den üblichen Regeln vorzunehmen.

### 21.6.2 Verbände zwischen biegesteifen Bindersystemen

**Allgemeines**

Zu biegesteifen Bindersystemen gehören z.B. Dreigelenkrahmen nach Abb. 21.19 B und Satteldachträger aus BSH nach Abb. 21.19 C. Die Umlenkkräfte rufen Biegemomente im Rahmen bzw. Träger hervor, siehe Zietz [229] und Milbrandt [28]. Der Kraftfluss wird in Abb. 21.19 B und C dargestellt.

**Verbände zwischen Dreigelenkrahmen**

Das Eckmoment $M_E$ infolge der Umlenkkraft $R_{wS}$ kann nach Gln. (21.12a) bis (21.15) berechnet werden.

$$R_{wS} = \frac{1}{b} \cdot \sum_{i=1}^{n} Q_i^1 \cdot h_i = 2 \cdot O_3 \cdot \sin\alpha \qquad (21.12\,\text{a})$$

---
[1] s. Gl. (21.14).

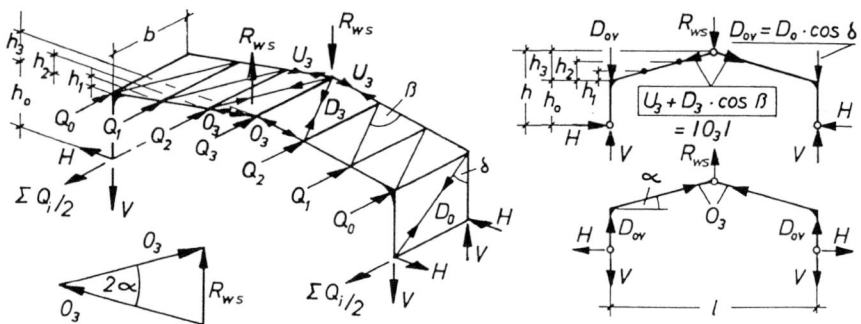

**Abb. 21.19 B.** Umlenkkräfte $R_{wS}$ bei Dreigelenkrahmen

$$V = \frac{R_{wS}}{2} + D_{oV} = \frac{R_{wS}}{2} + \frac{h_o}{b} \cdot \sum_{i=0}^{n} Q_i^1/2 \qquad (21.13)$$

$$H = \frac{1}{h} \cdot \frac{R_{wS}}{2} \cdot \frac{l}{2} = R_{wS} \cdot \frac{l}{4 \cdot h}$$

$$\boxed{H = \frac{l}{4 \cdot h \cdot b} \cdot \sum_{i=1}^{n} Q_i \cdot h_i^1} \qquad (21.14)$$

Bei lotrechter Stützenachse ist das Eckmoment:

$$\boxed{M_E = \pm H \cdot h_o} \qquad (21.15)$$

**Verbände zwischen Satteldachträgern**

Das Biegemoment kann unter Berücksichtigung der ausmittigen Krafteinleitung durch die Füllstäbe des Verbandes berechnet werden. Für den Firstschnitt des hinteren Trägers (Verbands-Untergurt) nach Abb. 21.19 C ist z. B.:

$$M_m = R_{wS} \cdot \frac{l}{4} - O_3 \cdot \frac{h_m}{2} \cdot \cos\alpha = 2 \cdot O_3 \cdot \sin\alpha \cdot \frac{l}{4} - O_3 \cdot \frac{h_m}{2} \cdot \cos\alpha$$

$$\boxed{M_m = \frac{1}{2} \cdot O_3 \cdot (l \cdot \sin\alpha - h_m \cdot \cos\alpha)} \qquad (21.16)$$

Berechnung von $V$ s. Gl. (21.13) mit Abb. 21.19 B.

---

[1] Bezogen auf Systemmaße und Belastung in Abb. 21.19 B ist hier einzusetzen:

$$\sum_{i=0}^{n} Q_i/2 = Q_o + Q_1 + Q_2 + Q_3/2$$

$$\sum_{i=1}^{n} Q_i \cdot h_i = 2 \cdot Q_1 \cdot h_1 + 2 \cdot Q_2 \cdot h_2 + Q_3 \cdot h_3$$

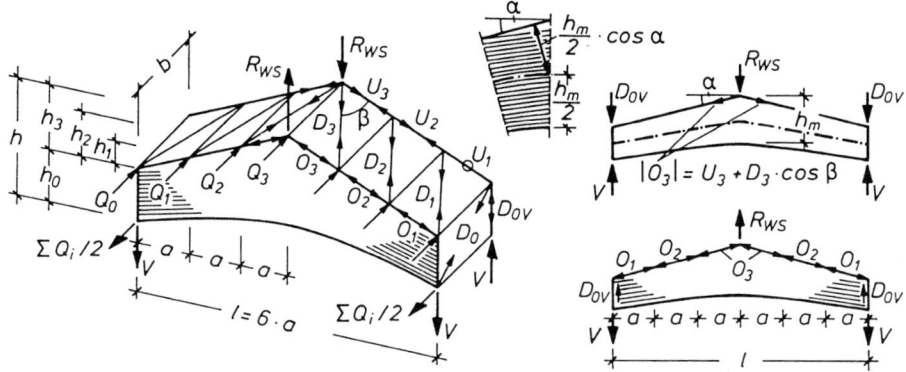

**Abb. 21.19C.** Umlenkkräfte $R_{wS}$ bei Satteldachträgern

### 21.6.3 Verbände zwischen symmetrischen Dreigelenkstabzügen oder Dreieckfachwerken

Die Überlagerung der Wirkungen aus $(w + q_S)$-Lasten auf gestreckten Verband mit denjenigen aus Umlenkkraft $R_{wS}$ auf lotrechten Dachbinder liefert die gleichen Stabkräfte, die die $(w + q_S)$-Lasten in dem in Abb. 21.19D als Gedankenmodell dargestellten Kragträger-System erzeugen. Dieses einfache

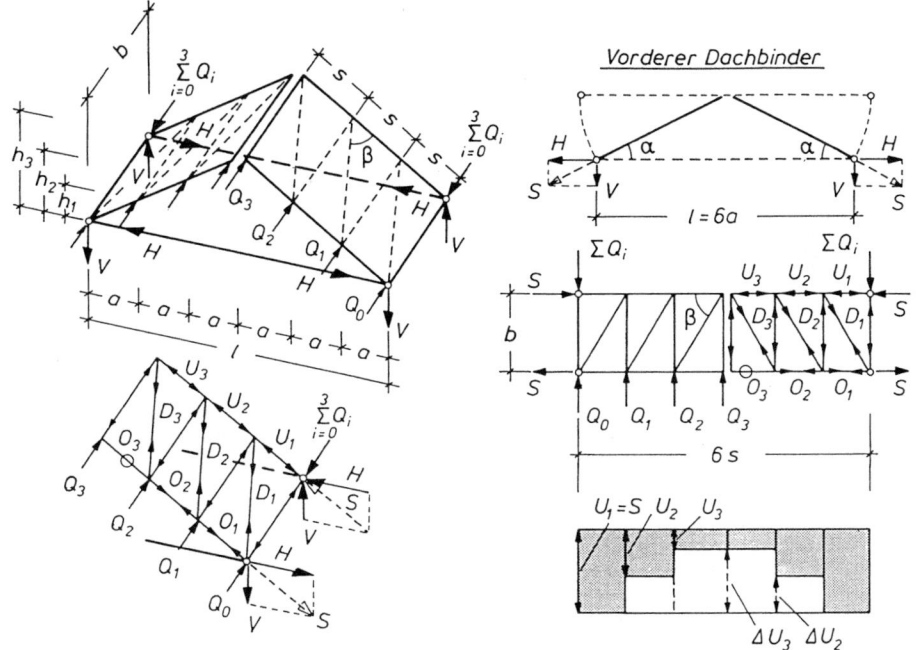

**Abb. 21.19 D.** Verbandsstabkräfte bei symmetrischem Dreiglenkstabwerk oder Dreieckfachwerk (Kragträger-System)

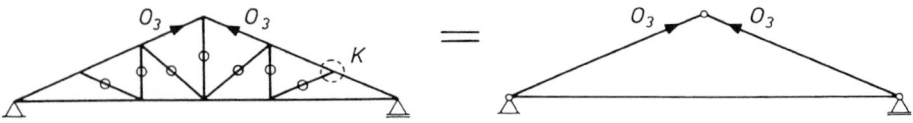

**Abb. 21.19 E.** Gleichgewichtsbetrachtungen

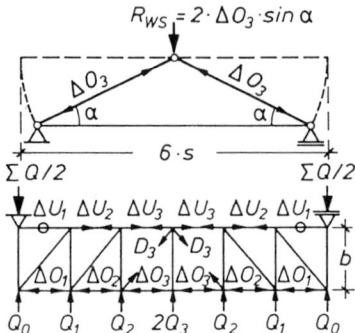

**Abb. 21.19 F.** Überlagerung

System ist deshalb für die praktische Berechnung zu empfehlen. Seine Anwendbarkeit wird im Folgenden begründet.

Im gelenkigen Knickpunkt gemäß Abb. 21.19E können die beiden Gurtkräfte $O_3$ allein nicht im Gleichgewicht stehen. Daraus folgen die Bedingungen:

$$O_3 = 0 \qquad (21.17\mathrm{a})$$
$$U_3 + D_3 \cdot \cos\beta = 0 \qquad (21.17\mathrm{b})$$

Das gilt auch für den Fachwerkbinder in Abb. 21.19E, da die Füllstäbe für diesen Lastfall „Nullstäbe" sind, siehe z. B. Rundschnitt im Knoten K.

Die Bedingungen (21.17a+b) werden erfüllt durch Überlagerung einer Umlenkkraft $R_{wS} = 2 \cdot \Delta O_3 \cdot \sin\alpha$, nach Abb. 21.19F im Firstpunkt angesetzt. Darin ist $\Delta O_3$ die Gurtkraft infolge $(w + q_S)$-Lasten auf den gestreckten Verband nach Abb. 21.19F.

Die Übereinstimmung der Ergebnisse wird exemplarisch für die Verbands-Untergurtstäbe durch Vergleichsrechnung nach beiden Verfahren gezeigt.

**a) Verbandsstabkräfte für Kragträger-System (Abb. 21.19D)**

V- und D-Stabkräfte werden nach den üblichen Regeln der Statik berechnet, z. B.:

Gurtkräfte:
$$\boxed{\begin{array}{l} D_2 = +(Q_2 + Q_3)/\sin\beta \\ O_3 = 0 \\ U_3 = -Q_3 \cdot s/b = -O_2 \end{array}} \qquad (21.18)$$

21.6 Dachverbände mit abgeknickten Gurten

Abb. 21.19 D:
$$U_2 = -(Q_2 + 2Q_3) \cdot s/b = -O_1 \qquad (21.19)$$
$$U_1 = -(Q_1 + 2Q_2 + 3Q_3) \cdot s/b \qquad (21.20)$$

Lagerreaktionen:
$$V = \frac{1}{b} \cdot \sum_{i=1}^{3} Q_i \cdot h_i = U_1 \cdot \sin\alpha \qquad (21.21)$$

(Beträge):
$$H^1 = V/\tan\alpha = U_1 \cdot \cos\alpha \qquad (21.22)$$
$$S = O_1 + D_1 \cdot \cos\beta = U_1 \qquad (21.23)$$

**b) Verbandsgurtkräfte aus Überlagerung der ($w + q_S$)-Lasten auf gestreckten Verband mit $R_{wS}$ auf Dachbinder (Abb. 21.19 F)**

- aus $w + q_S$:
$$\Delta U_1 = 0$$
$$\Delta U_2 = (Q_1 + Q_2 + Q_3) \cdot s/b \qquad (21.24)$$

Abb. 21.19 D:
$$\Delta U_3 = 2 \cdot (Q_1 + Q_2 + Q_3) \cdot s/b - Q_1 \cdot s/b$$
$$= (Q_1 + 2Q_2 + 2Q_3) \cdot s/b \qquad (21.25)$$
$$\Delta O_3^* = -3 \cdot (Q_1 + Q_2 + Q_3) \cdot s/b + 2Q_1 \cdot s/b + Q_2 \cdot s/b$$
$$= -(Q_1 + 2Q_2 + 3Q_3) \cdot s/b \qquad (21.26)$$

- aus $R_{wS}$: $\quad R_{wS} = 2 \cdot \Delta O_3^* \cdot \sin\alpha \qquad$ siehe (21.12)

Abb. 21.19 F: $\quad U_1^R = U_2^R = U_3^R = \Delta O_3^* \qquad$ Gurtkräfte aus $R_{wS}$

- Überlagerung:
$$U_1 = \Delta U_1 + \Delta O_3^* = -(Q_1 + 2Q_2 + 3Q_3) \cdot s/b$$
$$U_2 = \Delta U_2 + \Delta O_3^* = -(Q_2 + 2Q_3) \cdot s/b$$
$$U_3 = \Delta U_3 + \Delta O_3^* = -Q_3 \cdot s/b$$

Die Überlagerungsergebnisse bestätigen die für das Kragträger-System ermittelten Gurtkräfte nach Gln. (21.18) bis (21.20). Kontrolle:

$$R_{wS} = \frac{1}{b} \cdot \sum Q_i \cdot h_i = 2 \cdot \Delta O_3 \cdot \sin\alpha \qquad \text{siehe (21.12a)}$$

$$\left.\begin{array}{l} h_1 = s \cdot \sin\alpha \\ h_2 = 2 \cdot s \cdot \sin\alpha \\ h_3 = 3 \cdot s \cdot \sin\alpha \end{array}\right\} \text{ und } Q_i \text{ s. Abb. 21.19 D}$$

$$R_{wS} = \frac{1}{b} \cdot (2Q_1 \cdot s \cdot \sin\alpha + 2Q_2 \cdot 2 \cdot s \cdot \sin\alpha + 2Q_3 \cdot 3 \cdot s \cdot \sin\alpha)$$
$$= 2 \cdot (Q_1 + 2Q_2 + 3Q_3) \cdot \frac{s}{b} \cdot \sin\alpha = 2 \cdot \Delta O_3 \cdot \sin\alpha$$

Daraus: $\underline{\Delta O_3 = -(Q_1 + 2Q_2 + 3Q_3) \cdot s/b} \qquad$ siehe (21.26)

Vorzeichen entsprechend den Pfeilrichtungen in Abb. 21.19 F.

---
[1] H ist die Stabkraft im Untergurt des Dachbinders.
[*] $\Delta O_3$ kann noch einfacher nach Gl. (21.12a) berechnet werden. Der Vergleich sei gleichzeitig zur Kontrolle der Gl. (21.26) geführt.

## 21.7 Berechnung der vertikalen Verbände nach DIN 1052 (1988)

Die vertikalen Verbände brauchen nur zur Weiterleitung der Windlasten bemessen zu werden, wenn Verbindungskonstruktionen der Binderauflager vorhanden sind, siehe Hinweis in 21.5.4.

Erforderlichenfalls müssen nach –9.6.4– Horizontalkräfte aus ungewollter Schrägstellung der Stützen nach Gl. (21.30) sowie aus Abstützkräften infolge ungewollter Vorkrümmung der Stützen nach Gln. (21.0a) oder (21.0b) berücksichtigt werden.

Der Einfluss der ungewollten Vorkrümmung der Dachbinder auf die Stabkräfte in den lotrechten Verbänden ist bei den üblichen Konstruktionen mit durchgehenden Traufpfetten bzw. Ringankern meistens ohne Bedeutung, ausgenommen das obere Verbandsfeld im Bereich der Binderhöhe am Auflager (Abb. 21.20b).

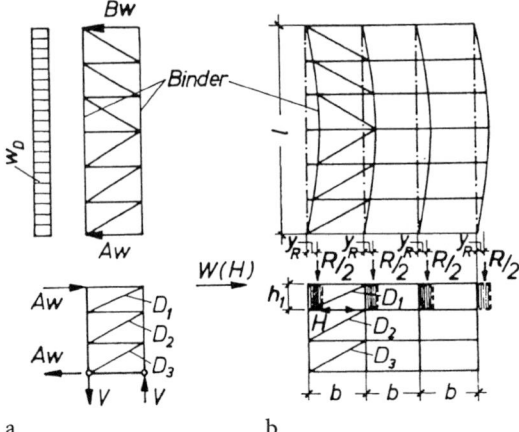

Abb. 21.20

Horizontalkraft im oberen Verbandsfeld

$$H = \frac{n \cdot R}{2} \cdot \frac{y_R}{h_1}$$

Setzt man nach Zietz [230] für den Schwerpunktabstand des parabelförmig gekrümmten Binders von der Sehne den Wert $y_R \approx l/350$ ein, dann ergibt sich

$$H = \frac{n \cdot R}{2} \cdot \frac{l}{350 \cdot h_1} \tag{21.27}$$

$$D_1 = H \cdot d/b \tag{21.28}$$

| | |
|---|---|
| $n$ | Binder- bzw. Felderanzahl je Verband |
| $d$ [m] | Länge der Diagonalen $D_1$ |
| $h_1, l, b$ [m] | s. Abb. 21.20 |
| $R$ [kN] | Gesamtlast eines Dachbinders |

Die Änderung der Stützenlasten infolge $H$ im Verbandsfeld beträgt:
$$\Delta V = \pm H \cdot h_1 / b \qquad (21.29)$$
Die Diagonal- und Horizontalstäbe des Verbandes unterhalb der Binderauflager erhalten aus der Vorkrümmung der Binderdruckgurte keine Stabkräfte. Sie haben ausschließlich die anteilige Windlast in die Fundamente zu leiten.

## 21.8 Berechnungsbeispiel nach DIN 1052 (1988)

Das Beispiel wird für einen parallelgurtigen Brettschichtholzträger durchgeführt. Die im 2. Feld angeordneten Verbände sind gleichzeitig Wind- und Aussteifungsverbände. Die Pfettenstränge durch die Verbandsknoten werden als Verbandsstäbe angesehen und zug- und druckfest angeschlossen. Ihre Querschnittsbreite muss demnach für zul $\lambda \leq 200$ mindestens betragen:

$$b \geq \frac{s_{kz}}{0{,}289 \cdot \lambda} = \frac{6000}{0{,}289 \cdot 200} = 104 \text{ mm} \rightarrow 120 \text{ mm}$$

### 21.8.1 System und Lastannahmen

Lastannahmen:
| | |
|---|---|
| Faserzement-Wellplatten mit Dämmung (Abb. 14.3) | 0,22 kN/m² |
| Sparrenpfetten | 0,13 kN/m² |
| Dachbinder | 0,20 kN/m² |
| $g =$ | 0,55 kN/m² |
| $s =$ | 0,75 kN/m² |
| $q' =$ | 1,30 kN/m² |

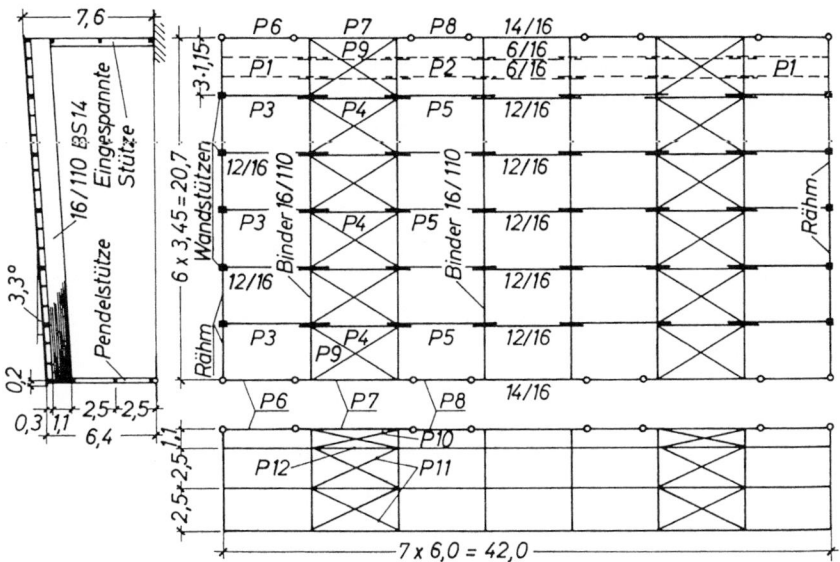

Abb. 21.21. Dach- und Wandsysteme

### 21.8.2 Bemessung des Dachbinders

Gleichlast: 
$$q = 1{,}30 \cdot 6{,}0 = 7{,}8 \text{ kN/m}$$
$$A = B = 7{,}8 \cdot 20{,}7/2 = 80{,}7 \text{ kN}$$
$$\max M = 7{,}8 \cdot 20{,}7^2/8 = 418 \text{ kNm}$$

| Gewählt 16/110 BS14 (GL 28) | $W_y = 0{,}16 \cdot 1{,}10^2/6 = 0{,}0323 \text{ m}^3$ |

$$\sigma_B = \frac{0{,}418}{0{,}0323} = 12{,}9 \text{ MN/m}^2$$

$$12{,}9/14{,}0 = 0{,}92 < 1$$

$$f_\sigma = \frac{100 \cdot 12{,}9 \cdot 20{,}7^2}{1{,}1 \cdot 4{,}8 \cdot 1100} = 95{,}2 \text{ mm} \quad \text{vgl. (10.14)}$$

$$f_\tau = \frac{1{,}2 \cdot 0{,}418 \cdot 10^3}{600 \cdot 0{,}160 \cdot 1{,}10} = 4{,}8 \text{ mm} \quad \text{vgl. (10.15)}$$

$$f = 100{,}0 \text{ mm} < \frac{20\,700}{200} = 103{,}5 \text{ mm}$$

Kippnachweis nach −8.6.1, Gl. (47)−:

$$\lambda_B^2 = \frac{3{,}45 \cdot 1{,}1 \cdot 2{,}0 \cdot 14{,}0}{\pi \cdot 0{,}16^2 \cdot \sqrt{11\,000 \cdot 600}} = 0{,}514 \rightarrow k_B = 1$$

→ Kippnachweis nicht maßgebend, sondern Biegespannungsnachweis, weil $k_B > 1/1{,}1 = 0{,}91$.

### 21.8.3 Berechnung der Wind- und Seitenlasten

**Windlasten:**

$$w_{DA} = 0{,}8 \cdot 0{,}5 \cdot 6{,}4/2 = 1{,}28 \text{ kN/m} \quad \text{DIN 1055 T4 (8/86)}$$
$$w_{DB} = 0{,}8 \cdot 0{,}5 \cdot 7{,}6/2 = 1{,}52 \text{ kN/m}$$
$$w_{Dm} = 0{,}5 \cdot (1{,}28 + 1{,}52) = 1{,}40 \text{ kN/m}$$
$$w_{Sm} = 1{,}40 \cdot 0{,}5/0{,}8 = 0{,}88 \text{ kN/m}$$
$$w_m = w_{Dm} + w_{Sm} = 2{,}28 \text{ kN/m}$$

Knotenlasten und Reaktionen aus linear veränderlicher Streckenlast $w_D$ s. Abb. 21.22.

**Seitenlasten**

Die Horizontallasten aus ungewollter Schrägstellung der Giebelwandstiele nach −9.6.4− sind vernachlässigbar.

$$\psi = \frac{1}{100 \cdot \sqrt{h}} \tag{21.30}$$

$h \triangleq$ Stiellänge in m
$m = 6$ ist die Gesamtzahl der abzustützenden Dachbinder.

Gl. (21.2b): $\quad q_S = \dfrac{6 \cdot 418}{350 \cdot 20{,}7 \cdot 0{,}16} = 2{,}16 \text{ kN/m}$

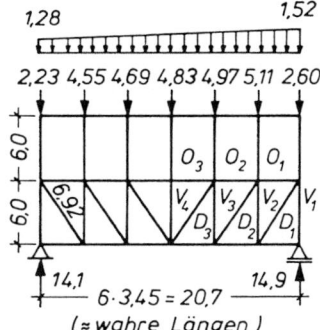

Abb. 21.22. Windlast

**Kombination $w + q_S$ für $l = 20{,}7$ m $< 30$ m**
Für zug- und druckfest angeschlossene Verbandsstäbe:

21.5.5, a 2: $\quad \dfrac{w_m}{2} = \dfrac{w_{Dm} + w_{Sm}}{2} = \dfrac{2{,}28}{2} \quad = 1{,}14$ kN/m

$\qquad\qquad q_S = 2{,}16$ kN/m $> \dfrac{2{,}28}{2} \quad = 1{,}14$ kN/m

Gl. (21.4b): $\quad q_{wV} = \dfrac{1}{2} \cdot (q_S + 0{,}81 \cdot w_{Dm})$

$\qquad\qquad\qquad = \dfrac{1}{2} \cdot (2{,}16 + 0{,}81 \cdot 1{,}4) = 1{,}65$ kN/m

$\qquad$ oder $= 2{,}16/2 + 1{,}14/2 \qquad = 1{,}65$ kN/m
$\qquad\qquad\qquad\qquad\qquad > w_{Dm} = 1{,}40$ kN/m

**Maßgebender Lastfall:**
$w + q_S$: $\quad q_{wS} = 1{,}65$ kN/m $\to$ Lastfall HZ
$w_D$ allein: $\quad q_w = 1{,}40$ kN/m $\to$ Lastfall H
$\quad q_{wS}/q_w = 1{,}65/1{,}40 = 1{,}18$

DIN 1052 (4/88): zul $\sigma^{HZ}$/zul $\sigma^H = 1{,}25 > 1{,}18$
$\to$ Lastfall H ($w_D$ allein) maßgebend.

**Abstützkräfte in den Knoten-Pfettensträngen:**
Verbandspfetten P 5 stützen $m = 1$ Binder ab: $q_S = \quad 2{,}16/6$
Gl. (21.2a): $\qquad\qquad N = 3{,}45 \cdot 2{,}16/6 \quad = \pm 1{,}24$ kN

Endfeldpfetten P 3 übertragen Windlast als Einzeltragglieder

$\qquad\qquad N = -1{,}25 \cdot 5{,}11 \quad = -6{,}39$ kN $\quad$ vgl. 14.5.3, 3. Aufl.
oder $\qquad N = +5{,}11 \cdot 0{,}5/0{,}8 = +3{,}19$ kN

Es werden nur die größten Stabkräfte der Gurt- und Füllstäbe berechnet.

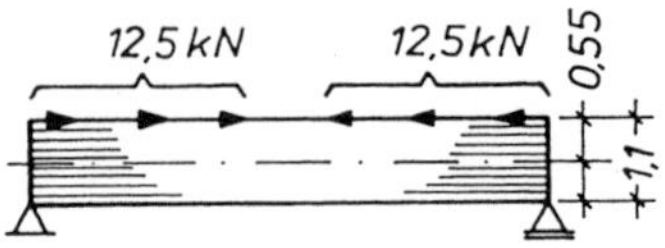

364    21 Wind- und Aussteifungsverbände

**Abb. 21.23.** Gurtkräfte aus Windlast

$$O_3 = -\frac{1}{6} \cdot (12{,}3 \cdot 10{,}35 - 5{,}11 \cdot 6{,}9 - 4{,}97 \cdot 3{,}45) = -12{,}5 \text{ kN}$$

$$\approx \frac{1{,}40 \cdot 20{,}7^2}{8 \cdot 6{,}0} = -12{,}5 \text{ kN}$$

$$V_1 = -14{,}9 \text{ kN}$$

$$V_2 = -14{,}9 + 2{,}60 = -12{,}3 \text{ kN}; \quad O_1 = -\frac{12{,}3 \cdot 3{,}45}{6{,}0} = -7{,}07 \text{ kN}$$

$$D_1 = +12{,}3 \cdot 6{,}92/6{,}0 = +14{,}2 \text{ kN}$$

Zusatzspannungen im Dachbinder (Verbandsgurt) infolge ausmittig angreifender Verbands-Gurtkräfte nach Abb. 21.23:

$$\Delta M = 12{,}5 \cdot 0{,}55 = 6{,}88 \text{ kNm}$$

$$\frac{12{,}5 \cdot 10^{-3}/(0{,}16 \cdot 1{,}10)}{11{,}0} + \frac{6{,}88 \cdot 10^{-3}/0{,}0323}{14{,}0} = 0{,}022 \ll 0{,}25$$

(Reserve für Lastfall HZ)

### 21.8.4 Bemessung der Koppelpfetten (7 Felder)

Lastannahme: $q' = 1{,}30 - 0{,}20 = 1{,}10 \text{ kN/m}^2$

Normalpfette: $q' = 1{,}1 \cdot 1{,}15 = 1{,}27 \text{ kN/m}$

Traufpfette (Dachüberstand $\ddot{u} = 0{,}20$ m nach Abb. 21.21):

$$q = 1{,}1 \cdot \frac{(1{,}15 + 0{,}20)^2}{2 \cdot 1{,}15} = 0{,}87 \text{ kN/m}$$

Dachneigung: $\alpha = 3{,}3°$; $\sin\alpha = 0{,}057$; $\cos\alpha \approx 1{,}0$

**Pos. 1: Normalpfetten – Endfeld**

Tafel 18.4  $M_y = 0{,}0778 \cdot 1{,}27 \cdot 6^2 = 3{,}56 \text{ kNm}$

$M_z \approx 0{,}057 \cdot 3{,}56 = 0{,}20 \text{ kNm}$

Gewählt 12/16 NH S10    $W_y = 512 \cdot 10^3 \text{ mm}^3$  $I_y = 4096 \cdot 10^4 \text{ mm}^4$

$W_z = 384 \cdot 10^3 \text{ mm}^3$  $I_z = 2304 \cdot 10^4 \text{ mm}^4$

$$\sigma_B = \frac{3560 \cdot 10^3}{512 \cdot 10^3} + \frac{200 \cdot 10^3}{384 \cdot 10^3} = 6{,}95 + 0{,}52 = 7{,}5 \text{ N/mm}^2$$

$$7{,}5/10{,}0 = 0{,}75 < 1$$

Tafel 18.7: $f_z = 6{,}42 \cdot \dfrac{10^5 \cdot 1{,}27 \cdot 6^4}{4096 \cdot 10^4} = 25{,}8$ mm

$f_y = 6{,}42 \cdot \dfrac{10^5 \cdot 0{,}057 \cdot 1{,}27 \cdot 6^4}{2304 \cdot 10^4} = 2{,}6$ mm

$f = \sqrt{25{,}8^2 + 2{,}6^2} = 25{,}9$ mm $< 30$ mm

**Pos. 2: Normalpfetten – Innenfeld**

Tafel 18.4: $M_y = 0{,}044 \cdot 1{,}27 \cdot 6^2 = 2{,}01$ kNm

$M_z = 0{,}057 \cdot 2{,}01 = 0{,}11$ kNm

$\boxed{\text{Gewählt 6/16 NH S10}}$ $\quad W_y = 256 \cdot 10^3\,\text{mm}^3 \quad I_y = 2044 \cdot 10^4\,\text{mm}^4$

$W_z = 96 \cdot 10^3\,\text{mm}^3 \quad I_z = 288 \cdot 10^4\,\text{mm}^4$

$\sigma_B = \dfrac{2010 \cdot 10^3}{256 \cdot 10^3} + \dfrac{110 \cdot 10^3}{96 \cdot 10^3} = 7{,}85 + 1{,}15 = 9{,}0$ N/mm$^2$

$9{,}0/10{,}0 = 0{,}9 < 1$

Tafel 18.7: $f_z = 2{,}90 \cdot \dfrac{10^5 \cdot 1{,}27 \cdot 6^4}{2044 \cdot 10^4} = 23{,}4$ m

$f_y = 2{,}90 \cdot \dfrac{10^5 \cdot 0{,}057 \cdot 1{,}27 \cdot 6^4}{288 \cdot 10^4} = 9{,}4$ mm

$f = \sqrt{23{,}4^2 + 9{,}4^2} = 25{,}2$ mm $< 30$ mm

**Pos. 3: Knotenpfetten – Endfeld**

Größte Längskraft aus Winddruck (für Einzeltragglied)

Abb. 21.22: $\quad N = -1{,}25 \cdot 5{,}11 = -6{,}39$ kN

Ausmittigkeit des Anschlusses wird vernachlässigt, da entlastend.

$\boxed{\text{Gewählt 12/16 NH S10}}$ $\quad W_y = 512 \cdot 10^3\,\text{mm}^3 \quad W_z = 384 \cdot 10^3\,\text{mm}^3$

$\lambda_z = \dfrac{6000}{0{,}289 \cdot 120} = 173 \rightarrow \omega = 8{,}98$

zul $\sigma_k = 1{,}25 \cdot 8{,}5/8{,}98 = 1{,}18$ N/mm$^2$

$\sigma_{D\|} = \dfrac{6390}{120 \cdot 160} = 0{,}33$ N/mm$^2$

$\sigma_B = 7{,}5$ N/mm$^2$, siehe Pos. 1.

$\dfrac{0{,}33}{1{,}18} + \dfrac{7{,}5}{1{,}25 \cdot 10{,}0} = 0{,}88 < 1$

Durchbiegung nicht maßgebend, siehe Pos. 1.

**Pos. 4: Verbandspfette $V_2$ – Innenfeld**
Biegemomente für 2. Feld:

Tafel 18.4: $\quad M_{2y} = 0{,}0338 \cdot 1{,}27 \cdot 6^2 = 1{,}55$ kNm

$\quad\quad\quad\quad\quad M_{2z} = 0{,}057 \cdot 1{,}55 \quad\quad = 0{,}09$ kNm

Abb. 21.22: $\quad$ Stabkraft aus $q_w$: $\quad V_2 = -12{,}3$ kN

Anschluss der Druckkraft an Unterkante Pfette ergibt erhebliche Entlastung des Feldmomentes. Wegen Durchlaufwirkung näherungsweise

$$\Delta M \approx \frac{1}{2} \cdot V_2 \cdot \frac{h}{2} = -12{,}3 \cdot \frac{0{,}16}{4} = -0{,}492 \text{ kNm}$$

| Gewählt 12/16 NH S10 |

$W_y$, $W_z$ und $\omega$ siehe Pos. 3.

$$\sigma_{D\|} = \frac{12{,}3 \cdot 10^3}{120 \cdot 160} = 0{,}64 \text{ N/mm}^2$$

$$\sigma_B = \frac{1550 - 492}{512} + \frac{90}{384} = 2{,}3 \text{ N/mm}^2$$

$$\frac{0{,}64}{1{,}18} + \frac{2{,}3}{1{,}25 \cdot 10{,}0} = 0{,}73 < 1$$

Durchbiegung gering.

### 21.8.5 Bemessung der Gelenkpfetten

**Pos. 6, 7, 8 Traufpfette**
Die Traufpfette wird aus konstruktiven Gründen (bündige Außenkante) als Gelenkpfette nach Abb. 18.7b (7 Felder!) mit gelenklosen Verbandsfeldern (2. Feld nach Abb. 12.21) mit konstantem Querschnitt 14/16 ausgebildet, s. Abb. 21.21.

**Gelenkanordnung nach Abb. 18.7:**
Gl. (18.2): $\quad a_1 = 0{,}1465 \cdot 6{,}0 = 0{,}88$ m
Gl. (18.4): $\quad a_2 = 0{,}125 \cdot 6{,}0 = 0{,}75$ m

**Lastannahmen:**
nach 21.8.4: $\quad q = g + s = 0{,}87$ kN/m
$w$ auf Längswand: $\quad w_y = 1{,}25 \cdot 0{,}8 \cdot 0{,}5 \cdot 1{,}1/2 = 0{,}28$ kN/m

**Längskräfte in der Traufpfette für Lastfall HZ**
- Verband Pos. 7: für $w_D$ und $q_S$ nach 21.8.3
  $q_{wS} = 1{,}65$ kN/m $\quad N_7 = -1{,}65 \cdot 20{,}7/2 = -17{,}1$ kN

- Endfeld Pos. 6: Einzellasten s. Abb. 21.22

  $w_D$ auf Giebel $\quad N_6 = -1{,}25 \cdot 2{,}6 \quad = -3{,}25$ kN

  $w_S$ auf Giebel $\quad N_6 = +2{,}6 \cdot 0{,}5/0{,}8 = +1{,}63$ kN

- Innenfeld Pos. 8: als Lager in Dachebene für $q_S(m=1)$
  als Kippfessel in Wandebene s. Abb. 21.25

$q_S$ für $m = 1 \qquad N_8 = \mp \dfrac{2{,}16}{6} \cdot \dfrac{20{,}7}{2} \qquad = \mp 3{,}73$ kN

aus $H$ in 21.8.7 $\qquad N_8 = \mp\, 13/3 \qquad\qquad = \pm 4{,}33$ kN

Beide Einflüsse wirken gegeneinander: $N_8 = \pm 0{,}60$ kN

**Nachweise für Endfelder nach Abb. 18.7 und 21.21:**
„$g + s$"

Gl. (18.5): $\qquad M_{1y} = 0{,}0957 \cdot 0{,}87 \cdot 6^2 = \quad 3{,}0 \quad$ kNm

$\qquad\qquad\qquad M_{1z} = 0{,}057 \cdot 3{,}0 \qquad = -0{,}17$ kNm

$w_D$ auf Längswand: $M_{1z} = 0{,}0957 \cdot 0{,}28 \cdot 6^2 = +0{,}96$ kNm

$\qquad\qquad\qquad\qquad\qquad M_{1z} = \quad 0{,}79$ kNm

Maßgebende Schnittgrößen sind kleiner als bei Pos. 3. Deshalb wird hier auf den Spannungsnachweis für 14/16 verzichtet.

Durchbiegungsnachweis nach Gl. (18.13) auf der sicheren Seite, da Gelenkfeld günstiger als gelenkloses, vgl. 18.4.3.

| Gewählt 14/16 NH S10 |

$\sigma_{x1} = 3000/597 = 5{,}03$ N/mm$^2$

$\sigma_{x2} = \phantom{0}790/523 = 1{,}51$ N/mm$^2$

Gl. (18.13): $\qquad f_z = \dfrac{10^2 \cdot 5{,}03 \cdot 6^2}{5{,}57 \cdot 160} = 20{,}3$ mm

$\qquad\qquad\qquad f_y = \dfrac{10^2 \cdot 1{,}51 \cdot 6^2}{5{,}57 \cdot 140} = \phantom{0}7{,}0$ mm

$\qquad\qquad\qquad f = \sqrt{20{,}3^2 + 7{,}0^2} = 21{,}5$ mm $< 30$ mm

**Nachweise für 2. Feld nach Abb. 18.7 und Abb. 21.21:**
„$g + s$"

Gl. (18.3): $\qquad M_{2y} = -M_{1y} = 0{,}0625 \cdot 0{,}87 \cdot 6^2 = \quad 1{,}96$ kNm

$\qquad\qquad\qquad M_{2z} = -M_{1z} = 0{,}057 \cdot 1{,}96 \qquad = -0{,}11$ kNm

$w_D$ auf Längswand: $M_{2z} = -M_{1z} = 0{,}0625 \cdot 0{,}28 \cdot 6^2 = \quad 0{,}63$ kNm

$\qquad\qquad\qquad\qquad\qquad M_{2z} = \quad 0{,}52$ kNm

$w_D$ auf Giebel: $q_{wS}$ erzeugt infolge Ausmittigkeit Zusatzmomente

$$M_{Iy} = -N_7 \cdot h/2 = -17{,}1 \cdot 0{,}16/2 = -1{,}37 \text{ kNm}$$

Nachweis im Feld entfällt, das $M_F = 1{,}96 - 1{,}37 = 0{,}59$ kNm gering.
Über der Stütze wird der Spannungsnachweis geführt ($\omega = 1$) mit:

$N_7 = -17{,}1$ kN
$M_y = -1{,}96 - 1{,}37 = -3{,}33$ kNm
$M_z = \phantom{-1{,}96 - 1{,}37 = -}0{,}11$ kNm

| 14/16 NH S10 |

$$\sigma_{D\|} = \frac{17{,}1 \cdot 10^3}{140 \cdot 160} = 0{,}76 \text{ N/mm}^2$$

$$\sigma_B = \frac{3330}{597} + \frac{110}{523} = 5{,}8 \text{ N/mm}^2$$

$$\frac{0{,}76}{8{,}5} + \frac{5{,}8}{10{,}0} = 0{,}67 < 1{,}25 \text{ (HZ)}$$

Die Durchbiegung ist gering.
  Gelenkausbildung mit Stahlschuh oder Blatt mit Dübel nach Abb. 18.10b, c, d wegen der zu übertragenden Längskräfte für Pos. 6:

$$N_6 = -3{,}25 \text{ kN bzw.} + 1{,}63 \text{ kN}$$

### 21.8.6 Bemessung der Diagonalen Pos. 9

Maßgebend für die Bemessung ist $D_1 = 14{,}2$ kN, Lastfall H.

Gewählt ⌀ 12 St 37 mit Gewinde $M$ 16 (4.6) nach Abb. 21.24

Rundstahl ⌀ 12: $\qquad \sigma_z = \dfrac{14{,}2 \cdot 10^3}{1{,}13 \cdot 10^2} = 126 \text{ N/mm}^2 < 160 \text{ N/mm}^2$

Gewinde $M$ 16: $\qquad \sigma_z = \dfrac{14{,}2 \cdot 10^3}{1{,}57 \cdot 10^2} = 90{,}4 \text{ N/mm}^2 < 110 \text{ N/mm}^2$

Gelenkbolzen ⌀ 16 mm $\quad \sigma_l = \dfrac{14{,}2 \cdot 10^3}{16 \cdot 8} = 111 \text{ N/mm}^2 < 280 \text{ N/mm}^2$

Aus konstruktiven Gründen werden alle Diagonalen sowie jeweils alle Knotenpunkte mit Verbandspfetten Pos. 4 bzw. Traufpfetten Pos. 7 gleich ausgeführt. Die Anschlüsse im Knotenpunkt gemäß Abb. 21.24 werden für die Kräfte $D_1$, $O_1$ und $V_2$ nach Abschn. 21.8.3 (Lastfall H) bemessen, siehe Krafteck f).
  Anschluss der Diagonalen mit Gelenkbolzen an ⌊ 150 · 100 · 10 nach Abb. 21.24, der mit einseitigen Dübeln Typ A an Traufpfette und Dachbinder angeschlossen wird.

## 21.8 Berechnungsbeispiel nach DIN 1052 (1988)

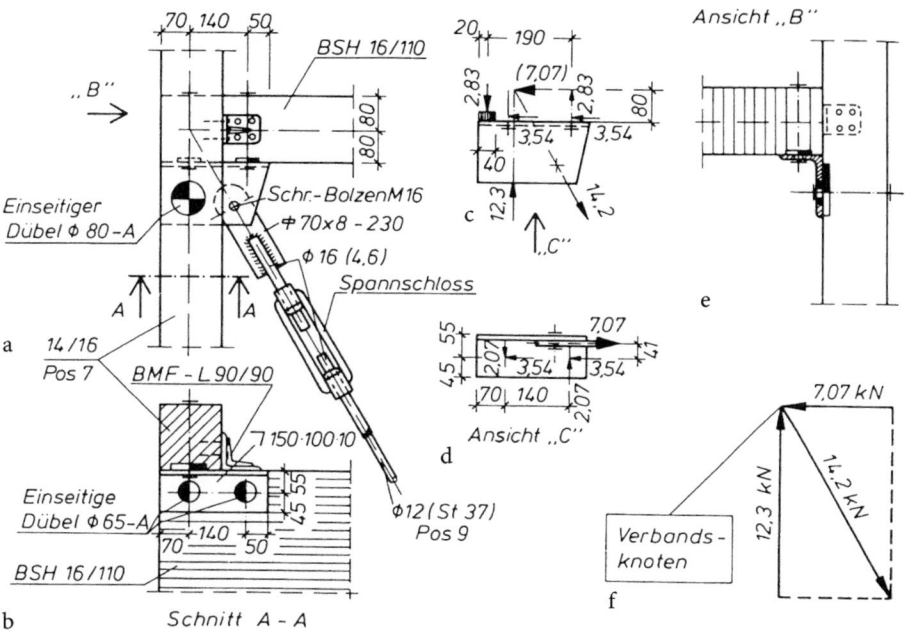

**Abb. 21.24.** Verbandsknoten Binder – Traufpfette

Der Anschlusswinkel 150 · 100 · 10 kann als biege- und torsionssteif angesehen werden.

Pfettenanschluss: Dü $\varnothing$ 80-A, min $b$ = 110 mm

$\quad$ zul $D$ = 14,0 kN > 12,3 kN

$$\sigma_1 = \frac{12{,}3 \cdot 10^3}{8 \cdot 22{,}5} = 68{,}3 \text{ N/mm}^2 < 280 \text{ N/mm}^2$$

Binderanschluss: 2 Dü $\varnothing$ 65-A, $\quad e_{d\parallel}$ = 140 mm

$\quad D_H$ = 7,07/2 $\qquad$ = 3,54 kN

aus Ausmitte: $\quad D_V$ = 7,07 · 41/140 $\quad$ = 2,07 kN

$\quad D = \sqrt{3{,}54^2 + 2{,}07^2}$ = 4,10 kN

Kr-Fa-$\sphericalangle \alpha$ = arc tan $\dfrac{2{,}07}{3{,}54}$ $\quad$ = 30,3° > 30°

$\quad$ zul $D$ = 10,0 kN $\qquad$ > 4,10 kN

$\quad$ min $b$/2 = 110/2 $\qquad$ = 55 mm

Bolzen M12 auf Zug beansprucht, Druckverteilung im $\Gamma$ infolge Ausmittigkeit auf etwa 40 mm Länge verteilt, s. Abb. 21.24c:

$$Z = 7{,}07 \cdot 80/190 = 2{,}98 \text{ kN}$$
$$\sigma_Z = 2{,}98 \cdot 10^3/(0{,}843 \cdot 10^2) = 35{,}3 \text{ N/mm}^2 < 110 \text{ N/mm}^2$$

Scheibe 50 · 6: $A_n = 50^2 - \pi \cdot 13^2/4 = 23{,}7 \cdot 10^2 \text{ mm}^2$

$$\sigma_{D\perp} = 2{,}98 \cdot 10^3/(23{,}7 \cdot 10^2) = 1{,}3 \text{ N/mm}^2$$
$$1{,}3/2{,}0 = 0{,}65 < 1$$

Der Durchbiegungsnachweis des Verbandes ist nach –*10.2.5*– entbehrlich, da $h_V = 6{,}0 \text{ m} > 20{,}7/6 = 3{,}45 \text{ m}$.

### 21.8.7 Längswandverband

Abb. 21.22:     $W = 14{,}1 \text{ kN}$

Nach 21.8.2:    $R = 2 \cdot 80{,}7 = 161 \text{ kN}$

Abb. 21.20:     $y_R \approx 20\,700/350 = 59 \text{ mm}$

Gl. (21.27):    $H = \dfrac{3 \cdot 161}{2} \cdot \dfrac{59}{1100} = 13 \text{ kN}$

Aus ungewollter Schiefstellung der Stützen entfallen – einschl. Giebelwandstützen – auf einen Wandverband die Belastungen $\Sigma F$ aus 3,5 Feldern.

$$\Sigma F = 3{,}5 \cdot 80{,}7 = 282 \text{ kN}$$

Gl. (21.30):    $\psi = \dfrac{1}{100\sqrt{h}} = \dfrac{1}{100\sqrt{5{,}0}} = \dfrac{1}{224}$

Seitenlast     $S = 282/224 = 1{,}26 \text{ kN}$

Lastfall H:    $W = 14{,}1 \text{ kN}$

Lastfall HZ:   $W + S = 14{,}1 + 1{,}26 = 15{,}36 \text{ kN}$

$$\frac{W+S}{W} = \frac{15{,}36}{14{,}1} = 1{,}09 < 1{,}25 \text{ nach DIN 1052}$$

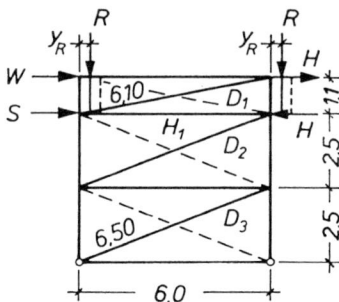

Abb. 21.25

Für die verschiedenen Verbandsstäbe gemäß Abb. 21.25 sind folgende Lastfälle maßgebend:

$D_1$ und $H_1$:    $W + H + (S)$ als Lastfall HZ

$D_2$ und $D_3$:    $W$ allein    als Lastfall H

**Pos. 10:**         $D_1 = (14{,}1 + 13) \cdot 6{,}1/6{,}0 = 27{,}6$ kN
Gewählt: $\varnothing 16$ St 37 mit Gewinde M 20 (4.6)

Rundstahl $\varnothing 16$:   $\sigma_z = 27{,}6 \cdot 10^3/(2{,}01 \cdot 10^2) = 137$ N/mm² $< 180$ N/mm²

Gewinde M 20:   $\sigma_z = 27{,}6 \cdot 10^3/(2{,}45 \cdot 10^2) = 113$ N/mm² $< 125$ N/mm²

**Pos. 11:**         $D_2 = D_3 = 14{,}1 \cdot 6{,}5/6{,}0 = 15{,}3$ kN
Gewählt:         aus konstruktiven Gründen $\varnothing 12$ wie Pos. 9

**Pos. 12:**         $H_1 = -(14{,}1 + 13 + 1{,}26) \approx -28{,}4$ kN
                   Bemessung sinngemäß wie Pos. 7 ($V_1$)

## 21.9 Verbände nach DIN 1052 neu (EC 5)

### 21.9.1 Allgemeines

DIN 1052 enthält folgende Festlegungen –*8.4 [1]*– und [31]:
- Dach- und Hallentragwerke sind auszusteifen, um ein Versagen – Ausknicken schlanker Druckstäbe oder Kippen schlanker Biegeträger – oder übermäßige Verformungen zu verhindern.
- Spannungen aus geometrischen und strukturellen Imperfektionen sowie aus Verformungen nach Theorie II. Ordnung – einschließlich der Anteile aus Verschiebungen in Verbindungen – sind zu berücksichtigen.
- Zur Bemessung der Aussteifungskonstruktion ist die ungünstigste Kombination aus strukturellen Imperfektionen und Verformungen nach Theorie II. Ordnung anzunehmen.

### 21.9.2 Bemessung der Einzelabstützungen nach DIN 1052 neu (EC 5)

**Einzelabstützungen von Druckstäben**

Bei im Abstand $a$ ausgesteiften Druckstäben (Abb. 21.26) ist die folgende spannungslose Vorkrümmung zwischen den Einzelabstützungen einzuhalten.

Vorkrümmung:    $\leq a/300$    für VH- und BAH-Stäbe         (21.31)

                    $\leq a/500$    für BSH- und FSH-Stäbe         (21.32)

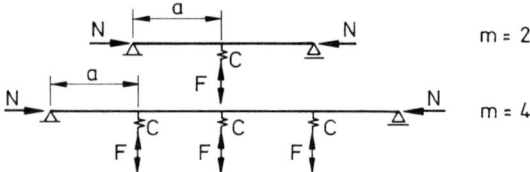

**Abb. 21.26.** Druckstäbe mit Einzelabstützungen

Federsteifigkeit der Einzelabstützungen [232, 300]:

$$C \geqq \frac{2 \cdot (1 + \cos \pi/m) \cdot \pi^2 \cdot E_{0,\text{mean}} \cdot I_z}{a^3} \quad \text{für} \quad m \geqq 2 \quad (21.33)$$

mit

$E_{0,\text{mean}} \cdot I_z$ Biegesteifigkeit des Druckstabes

$m \geqq 2$ Anzahl der Felder mit der Länge $a$

Nach –8.4.2 (5)[1]– muss jede Einzelabstützung eine Steifigkeit von mindestens

$$K_{u,\text{mean}} = C = \frac{4 \cdot \pi^2 \cdot E_{0,\text{mean}} \cdot I}{a^3} \quad (21.34)$$

aufweisen.

Gl. (21.34) folgt aus Gl. (21.33) für $m \to \infty$.

Bei Einhaltung der obigen Federsteifigkeiten sind folgende Abstützungskräfte $F_d$ anzusetzen (Abb. 21.26):

$$F_d = N_d \cdot (1 - k_c)/50 \quad \text{für VH und BAH} \quad \text{s. Tafel A.11} \quad (21.35)$$

$$F_d = N_d \cdot (1 - k_c)/80 \quad \text{für BSH und FSH} \quad \text{s. Tafel A.12 u. A.13} \quad (21.36)$$

mit $N_d$ Bemessungswert der mittleren Normalkraft im Druckstab

$k_c$ Knickbeiwert des nicht ausgesteiften Druckstabes, s. Abschn. 8.7.

**Einzelabstützungen von Biegeträgern**

Für am Druckrand ausgesteifte Biegeträger mit Rechteckquerschnitt ist

$$N_d = (1 - k_m) \cdot \frac{M_d}{h} \quad \text{s. Tafel A.9} \quad (21.37)$$

in (21.35) oder (21.36) einzusetzen, dabei wird die Abminderung $(1 - k_c)$ durch $(1 - k_m)$ ersetzt. Für $k_m = 1$ ist eine Aussteifung nicht erforderlich, aber Windverbände.

Es bedeuten:

$M_d$ Bemessungswert des größten Biegemomentes im Träger

$h$ Höhe des Trägers

$k_m$ nach Abschn. 10.7.4 für den nicht ausgesteiften Biegeträger.

**Abstützungen gegen Verbände**
Bauteile, welche die Druckgurte von Fachwerk- oder Biegeträgern zur Unterteilung der Knicklänge oder des Aussteifungsabstandes gegen einen Verband abstützen, sind zusätzlich zu der Biegebeanspruchung aus ständiger Last und Verkehrslast zu bemessen und anzuschließen für die Längskraft

$$F_d = q_d \cdot a \quad \text{mit} \quad q_d = \frac{N_d \cdot (1 - k_c)}{30 \cdot l} \quad \text{(Druckstäbe) oder } q_d \text{ nach Gl. (21.38)}$$

mindestens aber für eine Stützeinzellast
- bei Druckgurten aus VH und BAH: $F_d = N_d \cdot (1 - k_c)/50$ ⎫
- bei Druckgurten aus BSH und FSH: $F_d = N_d \cdot (1 - k_c)/80$ ⎬ für Druckstäbe

Der ungünstigere Wert ist maßgebend.

### 21.9.3 Bemessung der Aussteifungsverbände für Fachwerk- und Biegeträger nach DIN 1052 neu (EC5)

Die Aussteifungsverbände (Abb. 21.27) sind zusätzlich zu etwaigen horizontalen Einwirkungen (z. B. Wind) für eine Gleichstreckenlast

$$q_d = k_l \frac{n \cdot N_d}{30 \cdot l} \quad \text{zu bemessen} \tag{21.38}$$

mit

$N_d$  Bemessungswert der mittleren Druckkraft im Druckstab des Fachwerkträgers mit der Gesamtlänge $l$ in m des auszusteifenden Bauteils; für Biegeträger $N_d$ nach (21.37).
$n$    Anzahl der auszusteifenden Fachwerk- oder Biegeträger.

$$k_l = \min \begin{cases} 1 \\ \sqrt{15/l} & \text{für } l > 15 \text{ m} \end{cases} \tag{21.39}$$

Für Spannweiten über 15 m wird eine Ausführungsgenauigkeit vorausgesetzt, die ein proportionales Ansteigen der Vorverformungen mit der Spannweite verhindert [232].

Die horizontale Ausbiegung der Aussteifungskonstruktionen (Verbände) ist in der Regel zu überprüfen.

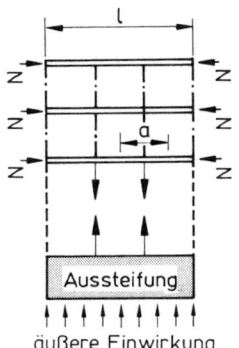

Abb. 21.27. Aussteifung von Fachwerk- und Biegeträgern

Nachweis der rechnerischen horizontalen Ausbiegung:

$u$ (aus $q_d$) $\leq l/700$ (21.40)

$u$ (aus $q_d$ und anderen äußeren Einwirkungen) $\leq l/500$ (21.41)

### 21.9.4 Dachscheiben aus Holzwerkstoffen nach DIN 1052 neu (EC 5)

Bemessungshinweise und konstruktive Einzelheiten zur Aussteifung der Dachtragwerke mit Dachtafeln sind in –8.7.3 [1]– enthalten. Es sind u.a. folgende Bedingungen einzuhalten:
- Platten sind um $\geq$ Rippenabstand $a_r$ versetzt angeordnet
- $a_r \leq 0{,}75$fache der Seitenlänge der Platten in Rippenrichtung
- Platten sind an allen Rippen mit Nägeln im Abstand $a_v$ angeschlossen
- Stützweite $l$ der Tafel $< 12{,}5$ m, oder höchstens 3 Plattenreihen
- Tafelhöhe $h$ in Lastrichtung $\geq l/4$
- Bemessungswert der Einwirkungen $\leq 5{,}0$ kN/m.

Freie Plattenränder sind dann quer zu den Innenrippen zulässig und ein Nachweis der Tafeldurchbiegung ist nicht erforderlich.

### 21.9.5 Beispiele nach DIN 1052 neu (EC 5)

**1. Beispiel: Gleichstreckenlast $q_d$ eines Aussteifungsverbandes**

Die Anordnung der WV und AV sowie die Abmessungen der Halle s. Abb. 21.10a. Die Dachkonstruktion besteht im Gegensatz zur Abb. 21.10a aus Brettschichtholzträgern mit dem Querschnitt $h/b = 1000/160$[1] $= 6{,}25$ der Fkl GL 24h; Nkl 1, kurze LED.

Bemessungswerte der Einwirkungen für den maßgebenden LF:

Ständige Last: $g_d = 2{,}6$ kN/m

Veränderliche Last: $p_d = 4{,}5$ kN/m

Bemessungswert der maßgebenden Druckkraft des BSH-Trägers:

Gl. (10.60): $\text{rel}\,\lambda_m = \sqrt{\dfrac{1}{\sqrt{1{,}4}}} \cdot \sqrt{24/12{,}11} = 1{,}29 < 1{,}4$  s. Tafel A.9

mit $\quad \text{crit}\,\sigma_m = \dfrac{\pi \cdot 0{,}16^2 \cdot 9667}{16 \cdot 1{,}0} \sqrt{\dfrac{720}{11600}} = 12{,}11$ N/mm$^2$ – 10.3.2 (4) [1] –

$k_m = 1{,}56 - 0{,}75 \cdot 1{,}29 = 0{,}593$

$M_d = (2{,}6 + 4{,}5) \cdot \dfrac{16^2}{8} = 227$ kNm

Gl. (21.37): $\quad N_d = (1 - 0{,}593) \cdot \dfrac{227}{1{,}0} = 92{,}4$ kN

---
[1] mm/mm.

Seitenlast $q_d$:

$n = 6$ (zug- und druckstreife Verbindungsstäbe)

Gl. (21.39): $\quad k_l = \sqrt{\dfrac{15}{16}} = 0{,}968$

Gl. (21.38): $\quad q_d = \dfrac{0{,}968 \cdot 6 \cdot 92{,}4}{30 \cdot 16} = 1{,}12 \text{ kN/m}$

Seitenlast je Verband: $\quad q_{V,d} = 1{,}12/2 = 0{,}56 \text{ kN/m}$.

Bemessungswert der maßgebenden Druckkraft des BSH-Trägers nach Brüninghoff [232]:

Das kritische Biegemoment beträgt nach [232]

$$M_{crit} = \frac{\pi \cdot E_{0,05}}{l} \cdot \sqrt{\frac{G_{mean}}{E_{0,mean}} \cdot I_z \cdot I_{tor}} \qquad (21.42)$$

Mit Gl. (21.42) und

$$I_z = \frac{h \cdot b^3}{12}, I_{tor} = \eta \cdot \frac{h \cdot b^3}{3}, \eta = 1 - 0{,}63 \frac{b}{h} + 0{,}052 \left(\frac{b}{h}\right)^2 \quad [93, 117]$$

$$W_y = \frac{b \cdot h^2}{6} \quad \text{und} \quad \text{crit}\,\sigma_m = \frac{M_{crit}}{W_y}$$

folgt für Biegeträger mit Rechteckquerschnitt:

$$\text{crit}\,\sigma_m = \frac{\pi \cdot b^2 \cdot E_{0,05}}{l \cdot h} \cdot \sqrt{\eta \cdot \frac{G_{mean}}{E_{0,mean}}} \qquad (21.43)$$

Die Gl. (21.43) unterscheidet sich von der obigen Gleichung nur durch den Faktor $\sqrt{\eta}$.

$$\eta = 1 - 0{,}63 \cdot \frac{0{,}16}{1{,}0} + 0{,}052 \cdot \left(\frac{0{,}16}{1{,}0}\right)^2 = 0{,}901$$

$$\text{crit}\,\sigma_m = \frac{\pi \cdot 0{,}16^2 \cdot 9667}{16 \cdot 1{,}0} \cdot \sqrt{0{,}901 \cdot \frac{720}{11600}} = 11{,}49 \text{ N/mm}^2 \quad - 10.3.2\ (4)\ [1] -$$

$$\text{rel}\,\lambda_m = \sqrt{\frac{1}{\sqrt{1{,}4}}} \cdot \sqrt{24/11{,}49} = 1{,}33 < 1{,}4 \qquad \text{vgl. Gl. (10.60)}$$

$k_m = 0{,}563$

$N_d = (1 - 0{,}563) \cdot \dfrac{227}{1{,}0} = 99{,}2 \text{ kN} \qquad \text{vgl. Gl. (21.37)}$

$q_d = \dfrac{0{,}968 \cdot 6 \cdot 99{,}2}{30 \cdot 16} = 1{,}20 \text{ kN/m} \qquad \text{vgl. Gl. (21.38)}$

$q_{V,d} = 1{,}20/2 = 0{,}6 \text{ kN/m}$

Die geringen Unterschiede zwischen crit$\sigma_m$ nach [1] und [232] nehmen mit steigendem $h/b$ ab.

**2. Beispiel: Hallentragwerk mit FP-Dachscheiben (Abb. 21.17)**

Abmessungen des Hallentragwerkes und Belastung der BSH-Dachbinder s. Abschn. 21.5.7.5. Höhe der Halle ist 8 m.
  GL 24h, kurze LED, Nkl1, $\alpha = 0°$ (Vereinfachung)

**Charakteristische Werte der Einwirkungen**

Eigengewicht: $g = 1{,}05$ kN/m$^2$

Schneelast:   $s = 0{,}75$ kN/m$^2$,  $s$-Zone 2, $A = 316$ m,  s. Abschn. 14.4

Wind (Giebel):

$\alpha = 0° \rightarrow$ konstante Streckenlast für die Windlastverteilung
$(w_{\text{Traufe}} = w_{\text{First}})$

$w_D = 0{,}71 \cdot 0{,}50 \cdot 8{,}0/2 = 1{,}42$ kN/m,  $w$-Zone 1, $h/b = 8/25 = 0{,}32$,
$w_S = 0{,}32 \cdot 0{,}50 \cdot 8{,}0/2 = 0{,}64$ kN/m                       s. Abschn. 14.5

**Bemessungswerte der Einwirkungen**
Kombinationsbeiwerte:

$\psi_{0,s} = 0{,}50$   für Schnee   vgl. Abschn. 2.11.3
$\psi_{0,w} = 0{,}60$   für Wind

Kombination 1 ($g + s + w$):
Vertikallast je Binder

$q_d = (1{,}35 \cdot 1{,}05 + 1{,}5 \cdot 0{,}75) \cdot 5{,}0 \qquad = 12{,}7$ kN/m

Windlast (Giebel)

$w_d = 0{,}60 \cdot 1{,}5 \cdot (1{,}42 + 0{,}64) \qquad = 1{,}85$ kN/m   vgl. Gl. (2.2)

Kombination 2 ($g + w + s$):
Vertikallast je Binder

$q_d = (1{,}35 \cdot 1{,}05 + 0{,}50 \cdot 1{,}5 \cdot 0{,}75) \cdot 5{,}0 = 9{,}90$ kN/m

Windlast (Giebel)

$w_d = 1{,}5 \cdot (1{,}42 + 0{,}64) \qquad = 3{,}09$ kN/m

**Bemessungswerte der Beanspruchungen**
Biegemoment des Binders (Abb. 21.17):

$$M_d = \frac{q_d \cdot l^2}{8} \quad \text{mit } l = 18{,}75 \text{ m}$$

Druckkraft $N_d$ nach Gl. (21.37):

Gl. (10.60): $\text{rel}\,\lambda_m = \sqrt{f_{m,k}/\text{crit}\,\sigma_m} = 0{,}9193 \cdot \sqrt{24/7{,}57} = 1{,}64 > 1{,}4$ s. Tafel A.9

$$\text{crit}\,\sigma_m = \frac{\pi \cdot 0{,}15^2 \cdot 9667}{18{,}75 \cdot 1{,}20} \cdot \sqrt{\frac{720}{11600}} = 7{,}57\ \text{N/mm}^2 \quad -\ 10.3.2\ (4)\ [1]\ -$$

$$k_m = 1/1{,}64^2 = 0{,}372$$

Gl. (21.37): $\quad N_d = (1 - k_m) \cdot \dfrac{M_d}{h}$

mit $h = 1{,}2$ m vgl. Abschn. 21.5.7.5

Seitenlast $q_{S,d}$:

Gl. (21.39): $\quad k_l = \sqrt{15/18{,}75} = 0{,}894$

Gl. (21.38): $\quad q_{S,d} = k_l \dfrac{n \cdot N_d}{30 \cdot l}$

mit $n = 5$ vgl. Abschn. 21.5.7.5

Die Ausrechnung liefert folgende Zahlenwerte für die Kombinationen 1 und 2:

| Kombination | $M_d$ kNm | $N_d$ kN | $q_{S,d}$ kN/m | $q_{S,d} + w$ kN/m | $q_{WV,d}$[a] $= q_{AV,d}$ kN/m |
|---|---|---|---|---|---|
| 1 | 558 | 292 | 2,32 | 4,17 | 2,09 |
| 2 | 435 | 228 | 1,81 | 4,90 | 2,45 |

[a] $q_{WV,d}, q_{AV,d} = \dfrac{1}{2}(q_{S,d} + w)$ Gleichlast für einen WV oder AV.

$q_h = q_{WV,d} = q_{AV,d} = 2{,}45$ kN/m $< 5{,}0$ kN/m $\quad -\ 8.7.3\ [1]\ -$

Die Dachtafeln in den Bereichen der Wind- und Aussteifungsverbände sind nach $-8.7.2[1]-$ so anzuschließen, dass eine Scheibentragwirkung gewährleistet ist.

Weitere konstruktive Einzelheiten zur Aussteifung des betrachteten Hallentragwerkes mit FP-Dachscheiben vgl. Abschn. 21.5.7.5, s. a. [9].

# 22 Verformungsberechnung von Holztragwerken

## 22.1 Allgemeines nach DIN 1052 (1988)

Die naturbedingte Beschaffenheit des Holzes als gewachsener Baustoff erklärt nicht nur seine besonderen Festigkeitseigenschaften, sondern auch sein ungewöhnliches Verformungsverhalten. Bei Holztragwerken müssen neben der Elastizität auch noch verschiedene andere Verformungseinflüsse berücksichtigt werden, wie z.B.
- die Nachgiebigkeit mechanischer Verbindungen (Verbindungen mit Dübeln, Stabdübeln, Bolzen, Nägeln, Nagelplatten, Schrauben, Klammern),
- unvermeidbare Passungenauigkeiten bei Kontaktdruckanschlüssen (Versätze, Stumpfstöße),
- Kriechen infolge Langzeitbelastung,
- Schwinden und Quellen infolge Feuchteänderungen des Holzes.

In -E61/62- wird die genauere Durchbiegungsberechnung von Fachwerkträgern unter besonderer Berücksichtigung der Nachgiebigkeit mechanischer Verbindungen und der Passungenauigkeiten beschrieben. Sie kann sinngemäß auf Rahmentragwerke mit gedübelten Rahmenecken angewendet werden.

Gerold entwickelt in [226] Näherungsformeln für den Durchbiegungsnachweis von Aussteifungsverbänden. Brüninghoff zeigt in [83] einen vereinfachten Durchbiegungsnachweis für Fachwerkverbände mit regelmäßigen Formen und Knotenpunkten.

In [16] wird von Milbrandt in übersichtlicher Form die Berücksichtigung der Anschlussnachgiebigkeiten bei Zug- und Druckstäben sowie bei biegesteifen Anschlüssen behandelt. In Anlehnung an die Festlegung nach -9.6.1-, beim Tragsicherheitsnachweis nach der Spannungstheorie II. Ordnung Federsteifigkeiten mit den 0,8fachen C-Modulen nach -T2, Tab. 13- zu verwenden, wird in [2] empfohlen und in [16] noch ausführlicher erläutert, beim **Tragfähigkeitsnachweis** ebenso zu verfahren.

## 22.2 Allgemeine Arbeitsgleichung für Holztragwerke nach DIN 1052 (1988)

Die allgemeine Arbeitsgleichung für Holztragwerke enthält – abgesehen von Torsions-, Feuchte- und Temperatureinflüssen – im Wesentlichen zwei verschiedenartige Verformungsbeiträge:
- Beiträge aus elastischen Verformungen:

$$\delta = \int \frac{M_i \cdot \bar{M}_i}{E_\| \cdot I_i} \cdot ds + \int \frac{Q_i \cdot \bar{Q}_i}{G \cdot A_{iSt}} \cdot ds + \sum \frac{S_i \cdot \bar{S}_i}{E_\| \cdot A_i} \cdot s_i \qquad (22.1a)$$

## 22.2 Allgemeine Arbeitsgleichung für Holztragwerke nach DIN 1052 (1988)

- Beiträge aus Nachgiebigkeiten bzw. Schlupf in Anschlüssen:

$$\sum \frac{M_E \cdot \bar{M}_E}{C_{dE}} + \sum \frac{S_K \cdot \bar{S}_K}{C_{aK}} + \sum \bar{S}_i \cdot \Delta i \qquad (22.1b)$$

Der Verformungsbeitrag aus Längskräften $N_i$ in Biegeträgern wurde in Gl. (22.1a) nicht erwähnt, da er i. d. R. vernachlässigbar ist.

$$\int \frac{N_i \cdot \bar{N}_i}{E_\| \cdot A_i} \cdot ds \approx 0$$

Vielfach wird mit den $E_\| I_c$-fachen Werten gerechnet:

$$E_\| I_c \delta = \int M_i \cdot \bar{M}_i \cdot \frac{I_c}{I_i} \cdot ds + \int Q_i \cdot \bar{Q}_i \cdot \frac{E_\| \cdot I_c}{G \cdot A_{iSt}} \cdot ds + \sum S_i \cdot \bar{S}_i \cdot \frac{I_c}{A_i} \cdot s_i$$

$$+ E_\| \cdot I_c \cdot \left( \sum \frac{M_E \cdot \bar{M}_E}{C_{dE}} + \sum \frac{S_K \cdot \bar{S}_K}{C_{aK}} + \sum \bar{S}_i \cdot \Delta i \right) \qquad (22.2)$$

Es bedeuten:
$M_E$ = Biegemomente in Rahmenecken oder Einspannungen
$S_i$ = Stabkräfte in Fachwerkstäben
$S_K$ = Anschlusskräfte im Knotenpunkt. Für V- und D-Anschlüsse ist
$S_K = S_i$, für Gurtanschluss in Abb. 22.7 ist z. B. $S_K = \Delta U$
$A_{St}$ = Wirksamer Stegquerschnitt gemäß Tafel 10.3
$C_a$ = $n \cdot C$ in N/mm s. Gl. (22.3)
$n$ = Anzahl der Verbindungsmittel je Anschluss in Gl. (22.3)
$C$ = Rechenwert des Verschiebungsmoduls in N/mm von VM (s. Tafel 22.1)
$C_d$ = $C_1 \cdot \sum (n \cdot r^2)$ in MNm s. Gl. (22.5)
$n$ = Anzahl der Stabdübel bzw. Dübelachsen je Kreis in Gl. (22.5)
$r$ = Radien der Stabdübel bzw. Dübelkreise
$C_1$ = $C$ = Verschiebungsmodul für einen zweischnittigen Stabdübel
$C_1$ = $2 \cdot C$ = Verschiebungsmodul für **ein** Dübelpaar
$\Delta i$ = Anschlussverschiebung eines Stabes nach Abschn. 22.5 oder infolge von Passungenauigkeiten, Schwindverformungen und Verformungen unter Kontaktdruck.
$s_i$ = Stablängen

**Tafel 22.1.** Rechenwerte für Verschiebungsmoduln $C$ in N/mm[a] nach –*T2, Tab. 13*–

| Art der Verbindung | | Verschiebungs-modul $C$ (N/mm) |
|---|---|---|
| **Einlass- und Einpressdübel** Dübelverbindungen | – | $1{,}0 \cdot \mathrm{zul}\, N$ |
| **Stabdübel und Passbolzen** (ein- und mehrschnittige Verbindungen) | | |
| Verbindungen in NH, auch mit BFU und FP | – | $1{,}2 \cdot \mathrm{zul}\, N$ |
| Verbindungen in LH | – | $1{,}5\, \mathrm{zul}\, N$ |

**Tafel 22.1** (Fortsetzung)

| Art der Verbindung | | Verschiebungsmodul $C$ (N/mm) |
|---|---|---|
| Verbindungen von NH und BSH und Stahlteilen | Löcher im Stahlteil $\leq d_{St} + 1$ mm | $0{,}7 \cdot$ zul $N$ |
| **Nägel** Einschnittige Verbindungen in Nadelholz | nicht vorgebohrt[b] | $5{,}0 \cdot$ zul $N/d_n$ |
| | vorgebohrt | $10 \cdot$ zul $N/d_n$ |
| Mehrschnittige Verbindungen in Nadelholz | nicht vorgebohrt oder vorgebohrt | $10 \cdot$ zul $N/d_n$ |
| Ein- und mehrschnittige Verbindungen von BFU mit NH[b] | nicht vorgebohrt oder vorgebohrt | $5{,}0 \cdot$ zul $N/d_n$ |
| Einschnittige Verbindungen von FP, HFM, HFH mit NH[b] | nicht vorgebohrt oder vorgebohrt | $6{,}7 \cdot$ zul $N/d_n$ |
| Einschnittige Verbindungen von Stahlteilen mit NH | Holz nicht vorgebohrt | $5{,}0 \cdot$ zul $N/d_n$ |
| | Holz vorgebohrt | $10 \cdot$ zul $N/d_n$ |
| Mehrschnittige Verbindungen von Stahlteilen mit NH | Löcher im Holz vorgebohrt[b] | $20 \cdot$ zul $N/d_n$ |
| **Klammern** Verbindungen in Nadelholz | Winkel zwischen Holzfaserrichtung und Klammerrücken $\geq 30°$ [b] | $2{,}5 \cdot$ zul $N/d_n$ |
| | $< 30°$ | $1{,}4 \cdot$ zul $N/d_n$ |
| Verbindungen von Holzwerkstoffen mit Nadelholz | – | $6{,}2 \cdot$ zul $N/d_n$ |
| **Holzschrauben** Einschnittige Verbindungen in Nadelholz | – – | $10 \cdot$ zul $N/d_s$ $\leq 1{,}25 \cdot$ zul $N$ |
| Einschnittige Verbindungen von Holzwerkstoffen mit NH | – – | $12{,}5 \cdot$ zul $N/d_s$ $\leq 1{,}25 \cdot$ zul $N$ |
| Einschnittige Verbindungen von Stahlteilen mit NH | Löcher im Stahlteil $= d_s + 1$ mm | $0{,}7 \cdot$ zul $N$ |

Fußnoten zu Tafel 22.1

[a] 1 N/mm $\triangleq 10^{-2}$ kN/cm; zul $N$ in N, $d_{n,s}$ in mm einsetzen.

[b] Die Werte gelten auch, wenn die Verbindung bei einer Holzfeuchte von $> 20\%$ hergestellt wird und die Gleichgewichtsfeuchte im Gebrauchszustand $\leq 18\%$ beträgt. Bei einer Gleichgewichtsfeuchte $> 18\%$ wird bei Nagelverbindungen $C = 10 \cdot$ zul $N/d_n$ (N/mm).

## 22.2 Allgemeine Arbeitsgleichung für Holztragwerke nach DIN 1052 (1988)

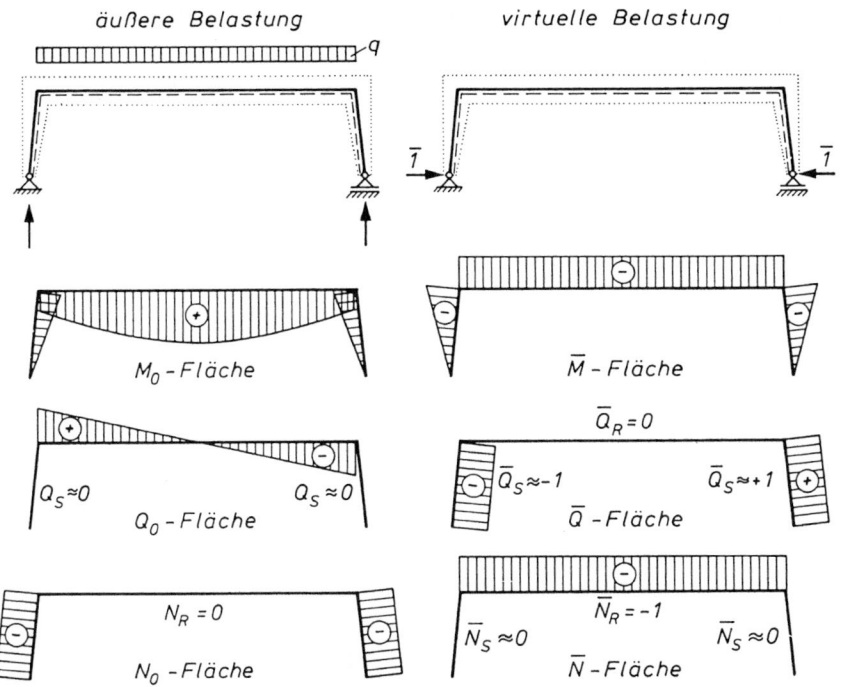

**Abb. 22.1.** Schnittgrößen für das statisch bestimmte Hauptsystem des Zweigelenkrahmens nach Abb. 19.60

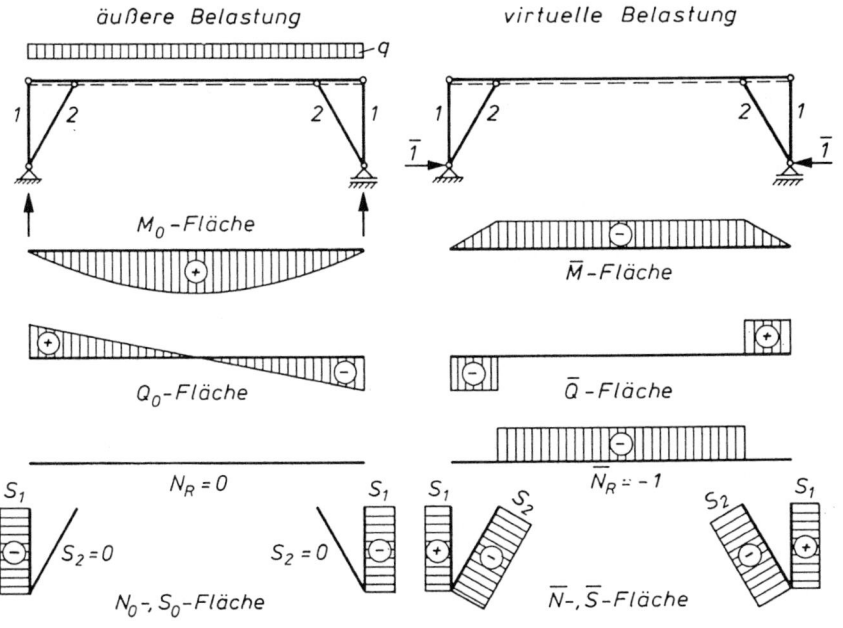

**Abb. 22.2.** Schnittgrößen für das statisch bestimmte Hauptsystem des Zweigelenkrahmens nach Abb. 19.61

Die in Gln. (22.1a, b) und (22.2) genannten verschiedenen Schnittgrößen sollen an den beiden Zweigelenkrahmen in Abb. 19.60 und 19.61 beispielhaft gezeigt werden. Die Schnittgrößen der zugehörigen statisch bestimmten Hauptsysteme können Abb. 22.1 und 22.2 entnommen werden. Berechnung und Konstruktion beider Systeme s. Abschn. 19.8.6 und 19.8.7.

## 22.3 Federarten nach DIN 1052 (1988)

Man unterscheidet zwei Arten von Federmechanismen:
- Anschlussfedern an Stabenden (Abb. 22.3a)
- Drehfedern in Rahmenecken oder Einspannungen (Abb. 22.3b)

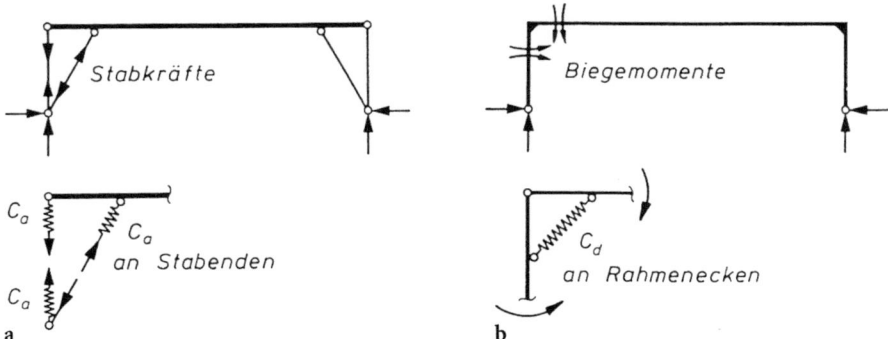

Abb. 22.3. Federmechanismen

## 22.4 Federsteifigkeiten nach DIN 1052 (1988)

### 22.4.1 Anschlussfedersteifigkeit $C_a$

Die Federsteifigkeit für einen Anschluss mit mechanischen Verbindungsmitteln gemäß Abb. 22.3 bis 22.7 ist:

$$\boxed{C_a = n \cdot C} \quad \text{in N/mm} \tag{22.3}$$

Es ist die Kraft, die eine Verschiebung $\Delta l = 1$ mm erzeugt.
$n$ und $C$ siehe Erläuterungen zu Gln. (22.1) und (22.2).

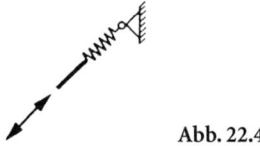

Abb. 22.4

## 22.4 Federsteifigkeiten nach DIN 1052 (1988)

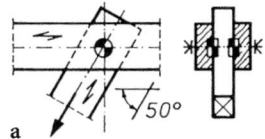

a

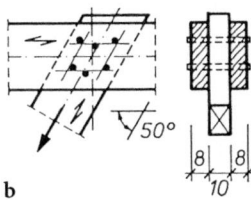

b

Abb. 22.5

**1. Beispiel** (Abb. 22.5a): $n = 2$ Dü $\varnothing$ 80-A

[36]: $\quad\quad$ zul $N_{\nwarrow 50°} = 12,5$ kN $< 16,0$

Tafel 22.1: $\quad\quad C = 12\,500$ N/mm $= 12,5$ kN/mm

Je Stabende: $\quad\quad C_a = 2 \cdot 12,5 \quad = 25,0$ kN/mm

Für den Tragfähigkeitsnachweis:

Je Stabende: $\quad\quad C_a^* = 0,8 \cdot 25,0 \quad = 20,0$ kN/mm $= 20,0$ MN/m

**2. Beispiel** (Abb. 22.5b): $n = 6$ SDü $\varnothing$ 20 mm

zul $N_{st}$ s. Gln. (6.5) bis (6.6b)

MH: $\quad\quad$ zul $N_{st\|} = 8,5 \cdot 100 \cdot 20 = 17\,000$ N $= 17,0$ kN
$\quad\quad\quad\quad\quad\quad \leq 51,0 \cdot 20^2 \quad = 20\,400$ N $= 20,4$ kN

SH: zul $N_{st\,50°} = 2 \cdot 5,5 \cdot 80 \cdot 20 \cdot \left(1 - \dfrac{50°}{360°}\right) = 15\,156$ N $\approx 15,2$ kN

$\quad\quad\quad\quad \leq 2 \cdot 33,0 \cdot 20^2 \cdot \left(1 - \dfrac{50°}{360°}\right) = 22\,733$ N $\approx 22,7$ kN

Tafel 22.1: $\quad\quad C = 1,2 \cdot 15\,200 = 18\,240$ N/mm $= 18,24$ kN/mm

Je Stabende: $\quad\quad C_a = 6 \cdot 18,24 \quad = 109,4$ kN/mm $= 109,4$ MN/m

Für den Tragfähigkeitsnachweis:

Je Stabende: $\quad\quad C_a^* = 0,8 \cdot 109,4 = 87,5$ kN/mm $= 87,5$ MN/m

**3. Beispiel** (Abb. 22.6): $n = 2 \times 20$ RNä $4,0 \times 60$

Vollholz und beidseitige Stahllaschen
Na-Löcher im VH nicht vorgebohrt

Gl. (6.8): $\quad\quad$ zul $N_1 = 714$ N

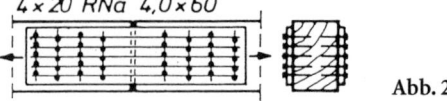

Abb. 22.6

| Tafel 22.1: | $C = 5{,}0 \cdot 714/4{,}0 = 892$ N/mm $= 0{,}892$ kN/mm |
| --- | --- |
| Je Stabende: | $C_a = 40 \cdot 0{,}892 = 35{,}7$ kN/mm $= 35{,}7$ MN/m |

Für den Tragfähigkeitsnachweis:

Je Stabende: $C_a^* = 0{,}8 \cdot 35{,}7 = 28{,}6$ kN/mm $= 28{,}6$ MN/m

Für den gesamten Zugstoß (2 Stabenden) ist der 2fache Verschiebungsbeitrag infolge Nachgiebigkeit einzusetzen.

**4. Beispiel** (Abb. 22.7): Eingelassenes Stahlblech mit SDü ⌀12 mm
In einem Knotenpunkt gemäß Abb. 20.6 – keine planmäßige äußere Knotenlast vorhanden – tritt in jeder der drei Stabachsen eine Verschiebung infolge Nachgiebigkeit auf, s. Abb. 22.7.

Für Stahl-Holz-Verbindung mit SDü ist (alle Kr-Fa-∢ $= 0°$):

$$\text{zul } N_{st\parallel} = 2 \cdot 5{,}5 \cdot 65 \cdot 12 \cdot 1{,}25 \cdot 10^{-3} = 10{,}7 \text{ kN maßgebend}$$
$$\leq 2 \cdot 33{,}0 \cdot 12^2 \cdot 1{,}25 \cdot 10^{-3} = 11{,}9 \text{ kN}$$

Für SDü-Verbindungen mit 1,0 mm größer als SDü-⌀ gebohrten Stahlblechen – nach T2, 5,3 zulässig – berechnet sich der $C$-Modul nach Tafel 22.1 zu

$$C = 0{,}7 \cdot 10\,700 = 7490 \text{ N/mm} = 7{,}49 \text{ kN/mm}$$

Für den Tagfähigkeitsnachweis:

$$C^* = 0{,}8 \cdot 7{,}49 = 5{,}99 \text{ kN/mm} = 5{,}99 \text{ MN/m}$$

Die Federsteifigkeiten der drei Anschlüsse nach Abb. 22.7:

$C_{aD} = 6 \cdot 7{,}49 = 44{,}9$ kN/mm; $C_{aD}^* = 6 \cdot 5{,}99 = 35{,}9$ kN/mm

$C_{aV} = C_{aU} = 4 \cdot 7{,}49 = 30{,}0$ kN/mm

$C_{aV}^* = C_{aU}^* = 4 \cdot 5{,}99 = 24{,}0$ kN/mm $= 24{,}0$ MN/m

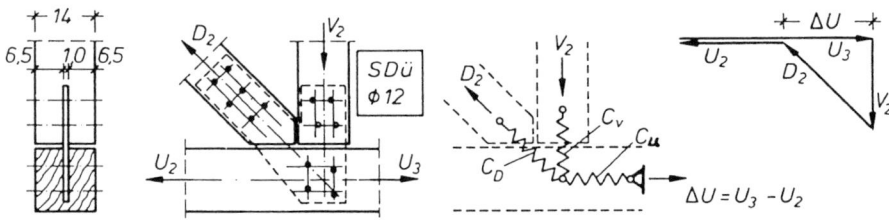

Abb. 22.7. Knotenpunkt mit 3 Nachgiebigkeitsbeiträgen

**Kriecheinfluss:**
Der Kriecheinfluss sollte durch den Abminderungswert $\eta_k$ gemäß Abschn. 2.10 berücksichtigt werden, wenn die ständige Last $g > 0{,}5 \cdot q$ ist.

$$\boxed{C_a^{Kr} = \eta_k \cdot C_a} \tag{22.4}$$

### 22.4.2 Drehfedersteifigkeit $C_d$

Die Drehfedersteifigkeit für einen Trägeranschluss mit mechanischen Verbindungsmitteln gemäß Abb. 22.3 und 22.8 ist

$$\boxed{C_d = C_1 \cdot \sum (n \cdot r^2)} \quad \text{in MNm aus Gl. (22.6)} \tag{22.5}$$

$C_d$ ist das Moment, das die Verdrehung $\Delta\varphi = 1$ erzeugt.
$n, r, C_1$ siehe Erläuterungen zu Gln. (22.1) und (22.2).

$C_1 = 2 \cdot C$ für ein Dübelpaar wie 1. Beispiel  
$C_1 = C$ für einen 2schnittigen SDü wie 2. Beispiel $\left.\right\}$ zu Abb. 22.5

Der Kriecheinfluss sollte gegebenenfalls wie bei der Anschlusssteifigkeit $C_a$ nach Gl. (22.4) berücksichtigt werden.
Der Verformungsanteil $\delta_E$ einer nachgiebigen Eckverbindung ergibt sich aus:

Riegeldrehwinkel: $\quad \Delta\varphi = \Delta s_1 / r_1 \quad$ vgl. Abb. 22.8

Tangentialverschiebung: $\Delta s_1 = D_{1\,M} / C_1$

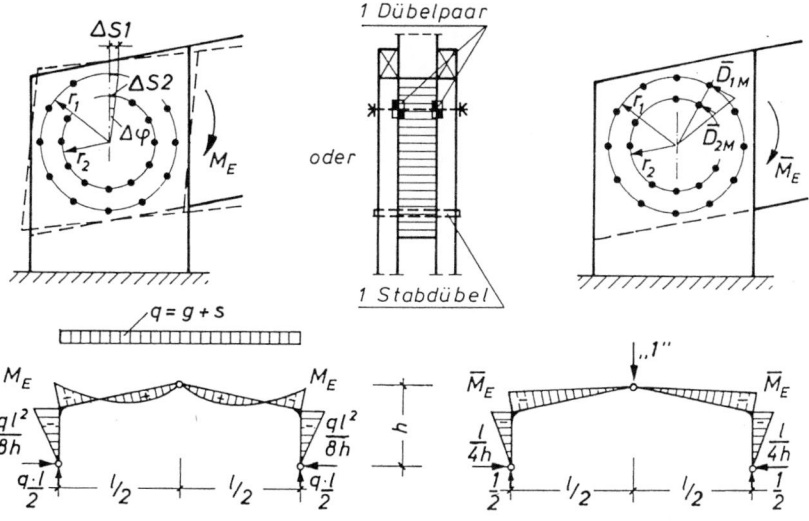

**Abb. 22.8.** Rahmenecke mit Dübel- oder Stabdübelverbindung

Dübelkraft nach Gl. (19.43): $D_{1M} = \dfrac{M_E \cdot r_1}{\sum(n \cdot r^2)}$

$$\Delta\varphi = \frac{\Delta s_1}{r_1} = \frac{D_{1M}}{r_1 \cdot C_1} = \frac{M_E}{C_1 \cdot \sum(n \cdot r^2)} = \frac{M_E}{C_d} \qquad (22.6)$$

Für 1 Eckpunkt: $\boxed{\delta_E = \bar{M}_E \cdot \Delta\varphi = \dfrac{M_E \cdot \bar{M}_E}{C_d}} \qquad (22.7)$

Darin bedeuten:

$M_E$ = Eckmoment in kNm infolge $q = g + s$

$\bar{M}_E$ = Eckmoment in m infolge virtueller Last „1", an der Stelle der gesuchten Durchbiegung angreifend.

## 22.5 Anschlussverschiebung $\Delta i$ bei Kontaktanschlüssen nach DIN 1052 (1988)

Bei Versätzen und sonstigen Kontaktanschlüssen schräg oder rechtwinklig zur Holzfaser ist nach $-E\,205-$ eine Verschiebung von

$\Delta i$ = 1,5 mm je Anschluss

anzunehmen.

Für Passstöße ∥ Fa: $\Delta i$ = 1,0 mm je Passstoß

In diesen Fällen wird das Verschiebungsmaß stärker durch die Ausführungsgenauigkeit als durch die Beanspruchungshöhe beeinflusst.

Nachträgliches Schwinden ergibt bei Kontaktanschlüssen ⊥ Fa auch eine Anschlussverschiebung. Das Verschiebungsmaß ist bei einem Anschluss nach Abb. 22.9 mit der Gurtstabhöhe $h_g$ z.B. für halbtrockenes Holz ($\Delta\omega \approx 30 - 10 = 20\%$):

$$\Delta i = \frac{0{,}24}{100} \cdot 20 \cdot \frac{h_g}{2} = 0{,}024 \cdot h_g$$

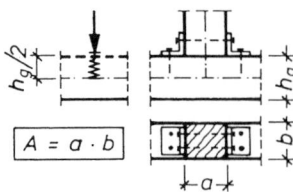

Abb. 22.9

## 22.6 Verformungsberechnung nach DIN 1052 neu (EC5)

### 22.6.1 Arbeitsgleichung nach DIN 1052 neu (EC5)

Die mit den Gleichungen (22.1a) und (22.1b) angegebenen wesentlichen Verformungsbeiträge zur Gesamtanfangsverformung $\delta = \delta_{el} + \delta_j$ lauten in der Schreibweise nach [1]:
- Beiträge aus elastischen Verformungen:

$$\delta_{el} = \int \frac{M \cdot \bar{M}}{E_{0,\text{mean}} \cdot I} \cdot ds + \int \frac{V \cdot \bar{V}}{G_{\text{mean}} \cdot A_V} \cdot ds + \sum \frac{S_i \cdot \bar{S}_i}{E_{0,\text{mean}} \cdot A_i} \cdot s_i \qquad (22.8\,a)$$

- Beiträge aus Nachgiebigkeiten bzw. Schlupf in Anschlüssen:

$$\delta_j = \sum \frac{M_E \cdot \bar{M}_E}{K_\varphi} + \sum \frac{S_K \cdot \bar{S}_K}{K_j} + \sum \bar{S}_i \cdot \Delta u_i \qquad (22.8\,b)$$

mit
$K_\varphi$ Drehfedersteifigkeit in MNm
$K_j$ Anschlussfedersteifigkeit in N/mm (oder kN/mm = MN/m)

Für die Berechnung der Schnittkräfte – im Grenzzustand der Tragfähigkeit – statisch unbestimmter Tragwerke (z. B. Zweigelenkrahmen nach Abb. 19.60 und 19.61) sind in der Arbeitsgleichung die Steifigkeitskennwerte durch $\gamma_M$ zu dividieren, z. B. $E_{0,\text{mean}}/\gamma_M$.

Bei Tragwerken, die aus Bauteilen mit unterschiedlichen Krieicheigenschaften bestehen (z. B. Holz-Beton-Verbundkonstruktionen), ist für den Nachweis der Tragfähigkeit im Endzustand mit abgeminderten Steifigkeitskennwerten zu rechnen, s. a. – 8.3. (3) [1] –. Die Steifigkeitskennwerte für jedes Bauteil sind durch den entsprechenden Wert von $(1 + k_{\text{def}})$ zu dividieren, z. B. $E_{0,\text{mean}}/[\gamma_M \cdot (1 + k_{\text{def}})]$.

### 22.6.2 Berechnung der Verschiebung von Verbindungen nach DIN 1052 neu (EC5)

Es werden folgende Beziehungen zur Bestimmung der Verschiebung in einer Verbindung verwendet.

$$\text{Elastische Anfangsverschiebung: } u_{\text{inst}} = F_k/K_{\text{ser}} \qquad (22.9)$$

$$\text{Endverformung: } u_{G,\text{fin}} = u_{G,\text{inst}} \cdot (1 + k_{\text{def}}) \qquad (22.10)$$

Für die charakteristische (seltene) Bemessungssituation mit $F_k = g_k + s_k$ und $H_s \leq 1000$ m, $\psi_{2,s} = 0$ gilt:

$$u_{\text{fin}} = u_{g,\text{inst}} \cdot (1 + k_{\text{def}}) + u_{s,\text{inst}} \qquad \text{vgl. 2.11.7}$$

$$u_{G,\text{fin}} = u_{G,\text{inst}} \cdot \left(1 + \frac{k_{\text{def},1} + k_{\text{def},2}}{2}\right) \qquad (22.11)$$

Gl. (22.11) ist bei einer Verbindung zwischen Bauteilen mit unterschiedlichen Krieicheigenschaften anzuwenden.

Bei Bolzenverbindungen ist

$$u_{\text{inst}} = F_k/K_{\text{ser}} + 1\,\text{mm} \quad \text{mit } K_{\text{ser}} \text{ für SDü} \tag{22.12}$$

$$u_{G,\text{fin}} = u_{G,\text{inst}}(1 + k_{\text{def}}) + 1\,\text{mm} \tag{22.13}$$

$K_{\text{ser}}$ nach Tafel 9.6 und $k_{\text{def}}$ nach Tafel 2.12.

### 22.6.3 Federsteifigkeiten nach DIN 1052 neu (EC 5)

#### 22.6.3.1 Anschlussfedersteifigkeit

Die Federsteifigkeit für einen Anschluss mit stiftförmigen Verbindungsmitteln gemäß Abb. 22.3 bis 22.7 ist nach [1]:

- $$K_{j,\text{ser}} = n \cdot K_{\text{ser}} \tag{22.14}$$

   für den Grenzzustand (GZ) der Gebrauchstauglichkeit (z.B. für eine genauere Verformungsberechnung bei Fachwerken, vgl. Abschn. 20.4.5)

- $$K_{j,u} = n \cdot K_{u,\text{mean}}/\gamma_M = n \cdot \frac{2}{3} \cdot K_{\text{ser}}/\gamma_M \tag{22.15}$$

   für den GZ der Tragfähigkeit, vgl. Abschn. 22.4.1

mit $n$ = Anzahl der VM je Anschluss.

**1. Beispiel:** (Abb. 22.5a): $n = 2\,\text{Dü} \varnothing 80\text{-A1}$ – *Tab. G.14 [1]* –, NH C24, Nkl 1
– *8.3 (1) [1]* –

Gesucht: Anschlussfedersteifigkeit für GZ der Tragfähigkeit

Tab. G.1 [1]: $K_{\text{ser}} = 0{,}6 \cdot d_c \cdot \varrho_k = 0{,}6 \cdot 80 \cdot 350 = 16\,800\,\text{N/mm}$
$\qquad\qquad\qquad = 16{,}8\,\text{kN/mm} = 16{,}8\,\text{MN/m}$ s. Tafel 2.10

Je Stabende mit $n_{\text{Dü}} = 2$:

Gl. (22.14): $K_{j,\text{ser}} = n \cdot K_{\text{ser}} = 2 \cdot 16{,}8 = 33{,}6\,\text{MN/m}$

GZ der Tragfähigkeit:

Gl. (22.15): $K_{j,u} = n \cdot \dfrac{2}{3} K_{\text{ser}}/\gamma_M$ – *8.2 (2) [1]* –

$\qquad\qquad\quad = 2 \cdot \dfrac{2}{3} \cdot 16{,}8/1{,}3 = 17{,}2\,\text{MN/m}$

**2. Beispiel:** (Abb. 22.5b): $n = 6\,\text{SDü}$, S 235, $\varnothing 20\,\text{mm}$, NH C24, Nkl 1 – *8.3 (1)[1]* –

Gesucht: Anschlussfedersteifigkeit für GZ der Tragfähigkeit

Tafel 9.6: $K_{\text{ser}} = \varrho_k^{1,5} \cdot d/20 = 350^{1,5} \cdot 20/20 = 6548\,\text{N/mm}$ s. Tafel 2.10

für 2-schnittig beanspruchte SDü:

$\qquad K_{\text{ser}} = 2 \cdot 6548 = 13\,096\,\text{N/mm je SDü}$

## 22.6 Verformungsberechnung nach DIN 1052 neu (EC5)

Je Stabende: $K_{j,\,ser} = n_{SDü} \cdot K_{ser}$ \hfill s. Gl. (22.14)

$= 6 \cdot 13\,096 = 78\,576$ N/mm

$= 78{,}6$ kN/mm

GZ der Tragfähigkeit:

Je Stabende: $K_{j,\,u} = n_{SDü} \cdot \dfrac{2}{3} K_{ser}/\gamma_M$ \hfill s. Gl. (22.15)

$= 6 \cdot \dfrac{2}{3} \cdot 13\,096/1{,}3 = 40\,295$ N/mm

$= 40{,}3$ kN/mm

**3. Beispiel:** (Abb. 22.6): $n = 2 \times 20$ RNä $4{,}0 \times 60$

NH C24 und beidseitige Stahltaschen, Nkl 1 – *8.3 (1) [1]* –, Nä nach DIN EN 10230, nicht vorgebohrt, einschnittig

Gesucht: Anschlussfedersteifigkeit (Zugstoß) für GZ der Tragfähigkeit

Tafel 9.6: $K_{ser} = \varrho_k^{1,5} \cdot d^{0,8}/25 = 350^{1,5} \cdot 4^{0,8}/25$

$= 794$ N/mm je Nagel und Scherfläche \hfill s. Tafel 2.10

Je Stabende:

Gl. (22.14): $K_{j,\,ser} = n_{Nä} \cdot K_{ser} = 40 \cdot 794 = 31\,760$ N/mm $= 31{,}8$ kN/mm

GZ der Tragfähigkeit:

Gl. (22.15): $K_{j,\,u} = n_{Nä} \cdot \dfrac{2}{3} K_{ser}/\gamma_M = 40 \cdot \dfrac{2}{3} \cdot 794/1{,}3$

$= 16\,287$ N/mm $= 16{,}3$ kN/mm

Für die Gesamtverformung des Zugstoßes (2 Stabenden) ist der 2fache Verschiebungsmodul infolge Nachgiebigkeit einzusetzen.
Berechnung eines Druckstoßes (Drehfedersteifigkeit!) s. [8].

**4. Beispiel:** (Abb. 22.7):

NH C24, Nkl 1 – *8.3 (1) [1]* –, SDü, S 235, ⌀ 12 mm mit eingelassenem Stahlblech (zweischnittig beansprucht), s. a. Abb. 20.6

Gesucht: Anschlussfedersteifigkeiten für GZ Tragfähigkeit im Knotenpunkt

Tafel 9.6: $K_{ser} = \varrho_k^{1,5} \cdot d/20 = 350^{1,5} \cdot 12/20 = 3929$ N/mm \hfill s. Tafel 2.10

für 2-schnittig beanspruchte SDü:

$K_{ser} = 2 \cdot 3929 = 7858$ N/mm je SDü

Federsteifigkeiten der drei Anschlüsse nach Abb. 22.7:

$K_{j,D2,ser} = 6 \cdot 7858 = 47\,148$ N/mm $= 47{,}1$ MN/m

$K_{j,V2,ser} = 4 \cdot 7858 = 31\,432$ N/mm $= 31{,}4$ MN/m

$K_{j,U,ser} = 4 \cdot 7858 = 31\,432$ N/mm $= 31{,}4$ MN/m

GZ der Tragfähigkeit:

$K_{j,D2,u} = 6 \cdot \dfrac{2}{3} \cdot 7858/1{,}3 = 24\,178$ N/mm $= 24{,}2$ MN/m

$K_{j,V2,u} = 4 \cdot \dfrac{2}{3} \cdot 7858/1{,}3 = 16\,119$ N/mm $= 16{,}1$ MN/m

$K_{j,U,u} = K_{j,V2,u} = 16{,}1$ MN/m.

### 22.6.3.2 Drehfedersteifigkeit

Die Drehfedersteifigkeit für einen Trägeranschluss (z. B. Rahmenecke) mit zwei SDü-Kreisen gemäß Abb. 22.3 und 22.8 ist nach [1]:

– $K_{\varphi,ser} = K_{ser} \cdot (n_1 \cdot r_1^2 + n_2 \cdot r_2^2)$ (22.16)

für den GZ der Gebrauchstauglichkeit

– $K_{\varphi,u} = \dfrac{2}{3} K_{\varphi,ser}/\gamma_M$ (22.17)

für den GZ der Tragfähigkeit, vgl. Abschn. 19.8.6

mit

$n_1, n_2$   Anzahl der SDü in den jeweiligen SDü-Kreisen

$r_1, r_2$   Radien der SDü-Kreise, vgl. Abb. 22.8

$K_{ser}$   für SDü s. Tafel 9.6.

Berechnung eines Druckstoßes als Drehfeder s. [8].

**1. Beispiel:** Bestimmung der Drehfedersteifigkeit einer aus zwei Stabdübelkreisen (Abb. 22.8) bestehenden Rahmenecke (Abb. 19.57 u. 19.60)

Gegeben: GL 24h, SDü, S 235, ⌀ 20 mm, 2 SDü-Kreise

Tafel 9.6:   $K_{ser} = \varrho_k^{1,5} \cdot d/20 = 380^{1,5} \cdot 20/20 = 7408$ N/mm
  $= 7{,}41$ MN/m   s. Tafel 2.11

für 2-schnittige Verbindung:

$K_{ser} = 2 \cdot 7{,}41 = 14{,}8$ MN/m

GZ der Gebrauchstauglichkeit:

Gl. (22.16): $K_{\varphi,ser} = K_{ser} \cdot (n_1 \cdot r_1^2 + n_2 \cdot r_2^2)$

22.6 Verformungsberechnung nach DIN 1052 neu (EC5)   391

Anzahl der SDü und Radien:
$$n_1 = 32, \quad r_1 = 0{,}53 \text{ m}$$
$$n_2 = 24, \quad r_2 = 0{,}43 \text{ m}$$

Überprüfung der Stabdübelabstände:
innerhalb eines Kreises: $5d$  s. Tafel 6.7A, evtl. 6d [301]
$$n_1 \leq 2\pi \cdot r_1/5d = 2\pi \cdot 0{,}53/(5 \cdot 0{,}020) = 33 \;\Rightarrow\; 32$$
$$n_2 \leq 2\pi \cdot r_2/5d = 2\pi \cdot 0{,}43/(5 \cdot 0{,}020) = 27 \;\Rightarrow\; 24$$

zwischen den Kreisen: $5d$
$$r_1 - r_2 \geq 5d$$
$$0{,}53 - 0{,}43 = 0{,}1 = 5 \cdot 0{,}020 = 0{,}1 \text{ m} \quad \text{erfüllt.}$$
$$n_1 \cdot r_1^2 + n_2 \cdot r_2^2 = 32 \cdot 0{,}53^2 + 24 \cdot 0{,}43^2 = 13{,}43 \text{ m}^2$$
$$n_{\text{ef}} = 0{,}85 \cdot n \quad - 12.3 \,(11)\,[1] -$$
$$K_{\varphi,\text{ser}} = 14{,}8 \cdot 0{,}85 \cdot 13{,}43 = 169{,}0 \text{ MNm}$$

GZ der Tragfähigkeit:

Gl. (22.17): $\quad K_{\varphi,\text{u}} = \dfrac{2}{3} K_{\varphi,\text{ser}}/\gamma_M = \dfrac{2}{3}\, 169{,}0/1{,}3 = 86{,}7$ MNm

**2. Beispiel:** Einfluss der Nachgiebigkeit der gedübelten Eckverbindungen – mit zwei SDü-Kreisen – auf die Schnittkräfte eines Zweigelenkrahmens (einfach statisch unbestimmt), s. Abb. 19.57 u. 19.60.

Gegeben: GL24h, Nkl 1, kurze LED, Binderspannweite
$\quad l = 24{,}7$ m, Riegelneigung $\sim 0°$, Stützen $\perp$

**Bemessungswert $q_d$**

Lastannahmen (s. 19.8.6.3):
$$q_k = g_k + s_k = 3{,}6 + 4{,}50 = 8{,}1 \text{ kN/m}$$
$$q_d = 1{,}35 \cdot 3{,}6 + 1{,}5 \cdot 4{,}50 = 11{,}6 \text{ kN/m}$$

Mit dem vom Autor empfohlenen summarischen Sicherheitsbeiwert für die Einwirkungen:
$$q_d = 1{,}43 \cdot 8{,}1 = 11{,}58 \approx 11{,}6 \text{ kN/m}$$

**Querschnittswerte** (s. 19.8.6.2)
$$I_C = I_R = 0{,}20 \cdot 1{,}30^3/12 = 3{,}662 \cdot 10^{-2} \text{ m}^4$$
$$I_S = 0{,}20 \cdot 1{,}055^3/12 = 1{,}957 \cdot 10^{-2} \text{ m}^4$$
$$I_R/I_S = 3{,}662 \cdot 10^{-2}/1{,}957 \cdot 10^{-2} = 1{,}87$$

$V_d$-Stütze: $\quad \dfrac{E_0 \cdot I_C}{G \cdot A_{St}} = \dfrac{(11\,600/1{,}3) \cdot 3{,}662 \cdot 10^{-2} \cdot 1{,}2^{\,a}}{(720/1{,}3) \cdot 0{,}20\,(1{,}30 + 0{,}60)/2}$

$\qquad\qquad\qquad = 3{,}726 \text{ m}^2 \quad$ s. Tafel 2.11

mit $E_0 = E_{0,\text{mean}}/\gamma_M$ u. $G = G_{\text{mean}}/\gamma_M \quad$ s. – 8.2. (2) [1] –

---
[a] Schubverteilungszahl für Rechteckquerschnitte s. Tafel 10.3.

## Drehfedersteifigkeit

$K_{\varphi,u} = 86{,}7$ MNm   s. 1. Beispiel

$$\frac{E_0 \cdot I_R}{K_{\varphi,u}} = \frac{(11{,}6 \cdot 10^3/1{,}3) \cdot 3{,}662 \cdot 10^{-2}}{86{,}7} = 3{,}77 \text{ m}$$

## Schnittgrößen im statisch bestimmten Hauptsystem (s. Abb. 19.60)

Schnittgrößen infolge $q_d = 11{,}6$ kN/m:

$A_d = B_d = 11{,}6 \cdot 12{,}35 = 143$ kN
$V_{oR,d} = -11{,}6 \cdot 12{,}35 = 143$ kN
$V_{oS,d} = 0$   (Annahme: Stütze $\perp$, s. Aufgabenstellung)
$M_{oE,d} = 0$
$M_{om,d} = 11{,}6 \cdot 24{,}7^2/8 = 885$ kNm

Schnittgrößen infolge $\bar{X} = 1$:

$\bar{V}_{R,d} = 0$
$\bar{V}_{S,d} = 1{,}0$
$\bar{M}_{E,d} = -1{,}0 \cdot 5{,}30 = -5{,}3$ m
$\bar{M}_{m,d} = -1{,}0 \cdot 5{,}30 = -5{,}3$ m   (Riegelneigung $\sim 0$)

## Schnittgrößen im statisch unbestimmten System

In der Gl. (22.8a) können der $N_d$-Einfluss (Festigkeitslehre) und der $V_d$-Einfluss des Riegels und der Stütze ($\perp$) vernachlässigt werden.

Wegen der Symmetrie des Systems und der Belastung werden $\delta_{10}$ und $\delta_{11}$ nur für eine Rahmenhälfte berechnet.

$$E_0 \cdot I_C \cdot \delta_{10} = \int M_{o,d} \cdot \bar{M}_d \cdot \frac{I_C}{I} ds + \int V_{0,d} \cdot \bar{V}_d \cdot \frac{E_0 \cdot I_C}{G \cdot A_{St}} \cdot ds + $$
$$+ \sum M_{oE,d} \cdot \bar{M}_{E,d} \cdot \frac{E_0 \cdot I_C}{K_{\varphi,u}}$$

mit $I = I_S$ oder $I = I_R$.

Lösung der Integrale nach [36], S. 4.28:

aus $M_d$:   $-(2/3) \cdot 24{,}7 \cdot 5{,}3 \cdot 885 \cdot 1/2 = -38618$ kNm³
aus $V_{S,d}$; $V_{R,d}$:         $= 0$
aus $K_{\varphi,u}$:         $= 0$

$$E_0 \cdot I_C \cdot \delta_{11} = \int \bar{M}_d^2 \cdot \frac{I_C}{I} ds + \int \bar{V}_d^2 \cdot \frac{E_0 \cdot I_C}{G \cdot A_{St}} \cdot ds + \sum \bar{M}_{E,d}^2 \cdot \frac{E_0 \cdot I_C}{K_{\varphi,u}}$$

aus $M_d$:   $5{,}30 \cdot 5{,}3^2 \cdot 1{,}87/3 + 12{,}35 \cdot 5{,}3^2 \cdot 1 = 439{,}7$ m³
aus $V_{S,d}$: $5{,}30 \cdot 1^2 \cdot 3{,}726$         $= 19{,}8$ m³
aus $K_{\varphi,u}$: $5{,}3^2 \cdot 3{,}77$         $= 105{,}9$ m³

## 22.6 Verformungsberechnung nach DIN 1052 neu (EC 5)

Statisch überzählige $X$ = Lagerreaktion $H$:

$$X \delta_{11} + \delta_{10} = 0 \Rightarrow X = -\delta_{10}/\delta_{11}$$

aus $M_d$: $\quad X = -(-38618/439{,}7) \quad = 87{,}8^a$ kN

aus $M_d + V_{S,d}$: $\quad X = -[-38618/(439{,}7 + 19{,}8)] \quad = 84{,}0$ kN

aus $M_d + V_{S,d} + K_{\varphi,u}$: $X = -[-38618/(439{,}7 + 19{,}8 + 105{,}9)] = 68{,}3$ kN

Veränderung der Eckmomente $M_{E,d}$ und des Feldmomentes $M_{m,d}$ infolge der verschiedenen Nachgiebigkeiten:

$$M_{E,d} = M_{oE,d} + X \cdot \bar{M}_{E,d} = 0 - 87{,}8 \cdot 5{,}3 = -465 \text{ kNm usw.}$$

| Einfluss aus | $M_{E,d}$ kNm | $M_{m,d}$ kNm | $\Sigma \lvert M_d \rvert$ kNm |
|---|---|---|---|
| $M_d$ | −465 | 420 | 885 |
| $M_d + V_{S,d}$ | −445 | 440 | 885 |
| $M_d + V_{S,d} + K_{\varphi,u}$ | −362 | 523 | 885 |

Der Teilsicherheitsbeiwert $\gamma_M$ kürzt sich bei der Berechnung von $\delta_{10}$ und $\delta_{11}$ heraus. Er hat hier keinen Einfluss auf die Schnittkräfte des einfach statisch unbestimmten Systems, da gleiche Werkstoffe verwendet wurden.

Beim Knicknachweis der Stütze ist der Einfluss von $K_\varphi$ auf den Knicklängenbeiwert $\beta$ zu beachten, s. - *Tab. E1 [1]* -.

---

[a] $H = 11{,}6 \cdot 24{,}70^2/[4 \cdot 5{,}30 \,(2 \cdot 0{,}401 + 3)] = 87{,}8$ kN s. [36], S. 4.24.

# Anhang-Bemessungshilfen (DIN 1052 neu)

**Tafel A.1.** $1 + 4 \cdot \tan^2 \alpha$ (Pultdachträger)

| $\alpha$ [°] | $1 + 4 \cdot \tan^2 \alpha$ | $\alpha$ [°] | $1 + 4 \cdot \tan^2 \alpha$ |
|---|---|---|---|
| 3 | 1,011 | 7 | 1,060 |
| 3,5 | 1,015 | 7,5 | 1,069 |
| 4 | 1,020 | 8 | 1,079 |
| 4,5 | 1,025 | 8,5 | 1,089 |
| 5 | 1,031 | 9 | 1,100 |
| 5,5 | 1,037 | 9,5 | 1,112 |
| 6 | 1,044 | 10 | 1,124 |
| 6,5 | 1,052 | | |

**Tafel A.2.** Beiwert $k_{\alpha,t}$ (BSH-Pultdachträger)

| $\alpha$ [°] | GL 24 | GL 28 | GL 32 | GL 36 |
|---|---|---|---|---|
| 3 | 0,8896 | 0,8573 | 0,8240 | 0,7906 |
| 4 | 0,8189 | 0,7734 | 0,7292 | 0,6873 |
| 5 | 0,7428 | 0,6882 | 0,6381 | 0,5926 |
| 6 | 0,6668 | 0,6077 | 0,5557 | 0,5104 |
| 7 | 0,5947 | 0,5347 | 0,4839 | 0,4407 |
| 8 | 0,5288 | 0,4703 | 0,4222 | 0,3822 |
| 9 | 0,4698 | 0,4144 | 0,3697 | 0,3332 |
| 10 | 0,4177 | 0,3661 | 0,3252 | 0,2921 |

**Tafel A.3.** Beiwert $k_{\alpha,c}$ (BSH-Pultdachträger)

| $\alpha$ [°] | GL 24h | GL 28h | GL 32h | GL 36h |
|---|---|---|---|---|
| 3 | 0,9722 | 0,9619 | 0,9504 | 0,9379 |
| 4 | 0,9519 | 0,9349 | 0,9164 | 0,8967 |
| 5 | 0,9272 | 0,9030 | 0,8774 | 0,8508 |
| 6 | 0,8992 | 0,8679 | 0,8356 | 0,8031 |
| 7 | 0,8687 | 0,8309 | 0,7929 | 0,7557 |
| 8 | 0,8366 | 0,7931 | 0,7506 | 0,7100 |
| 9 | 0,8035 | 0,7554 | 0,7096 | 0,6668 |
| 10 | 0,7701 | 0,7185 | 0,6706 | 0,6265 |

**Tafel A.4.** Beiwert $k_{\alpha,c}$[a] (BSH-Pultdachträger)

| $\alpha$ [°] | GL 24c | GL 28c | GL 32c | GL 36c |
|---|---|---|---|---|
| 3 | 0,9721 | 0,9618 | 0,9503 | 0,9378 |
| 4 | 0,9516 | 0,9347 | 0,9162 | 0,8965 |
| 5 | 0,9268 | 0,9026 | 0,8770 | 0,8505 |
| 6 | 0,8983 | 0,8671 | 0,8349 | 0,8025 |
| 7 | 0,8672 | 0,8296 | 0,7918 | 0,7548 |
| 8 | 0,8343 | 0,7912 | 0,7490 | 0,7087 |
| 9 | 0,8002 | 0,7528 | 0,7075 | 0,6651 |
| 10 | 0,7658 | 0,7151 | 0,6679 | 0,6244 |

[a] $k_{\alpha,c}$ (GLh) $\approx k_{\alpha,c}$ (GLc).

**Tafel A.5.** Beiwerte $k_l$ und $k_p$ (Satteldachträger mit geradem unteren Rand)

| $\alpha$ [°] | $k_l$ | $k_p$ | $\alpha$ [°] | $k_l$ | $k_p$ |
|---|---|---|---|---|---|
| 3 | 1,088 | 0,0105 | 7 | 1,253 | 0,0246 |
| 4 | 1,124 | 0,0140 | 8 | 1,303 | 0,0281 |
| 5 | 1,164 | 0,0175 | 9 | 1,357 | 0,0317 |
| 6 | 1,207 | 0,0210 | 10 | 1,415 | 0,0353 |

**Tafel A.6.** Beiwert $k_l$ (Satteldachträger mit gekrümmtem unteren Rand)

| $\alpha$ [°] | $h_{ap}/r$ | | | | | |
|---|---|---|---|---|---|---|
| | 0 | 0,05 | 0,1 | 0,15 | 0,2 | 0,3 |
| 0 | 1,000 | 1,019 | 1,041 | 1,066 | 1,094 | 1,159 |
| 2 | 1,055 | 1,061 | 1,071 | 1,086 | 1,105 | 1,156 |
| 4 | 1,124 | 1,117 | 1,115 | 1,119 | 1,128 | 1,165 |
| 6 | 1,207 | 1,186 | 1,172 | 1,165 | 1,165 | 1,186 |
| 8 | 1,303 | 1,269 | 1,242 | 1,224 | 1,214 | 1,219 |
| 10 | 1,415 | 1,366 | 1,327 | 1,297 | 1,277 | 1,265 |
| 12 | 1,542 | 1,479 | 1,427 | 1,385 | 1,354 | 1,325 |
| 14 | 1,685 | 1,608 | 1,543 | 1,488 | 1,446 | 1,398 |
| 15 | 1,763 | 1,679 | 1,607 | 1,546 | 1,498 | 1,440 |
| 16 | 1,845 | 1,754 | 1,675 | 1,608 | 1,554 | 1,486 |
| 17 | 1,933 | 1,834 | 1,748 | 1,674 | 1,614 | 1,536 |
| 18 | 2,025 | 1,919 | 1,825 | 1,745 | 1,679 | 1,590 |
| 19 | 2,122 | 2,008 | 1,908 | 1,821 | 1,748 | 1,648 |
| 20 | 2,225 | 2,103 | 1,995 | 1,902 | 1,822 | 1,711 |

**Tafel A.7.** Beiwert $k_p$ (Satteldachträger mit gekrümmtem unteren Rand)

| $\alpha$ [°] | $h_{ap}/r$ | | | | | |
|---|---|---|---|---|---|---|
| | 0 | 0,05 | 0,1 | 0,15 | 0,2 | 0,3 |
| 0  | 0      | 0,0125 | 0,025  | 0,0375 | 0,0500 | 0,0750 |
| 2  | 0,0070 | 0,0172 | 0,0277 | 0,0386 | 0,0499 | 0,0734 |
| 4  | 0,0140 | 0,0222 | 0,0310 | 0,0405 | 0,0506 | 0,0728 |
| 6  | 0,0210 | 0,0275 | 0,0349 | 0,0432 | 0,0523 | 0,0732 |
| 8  | 0,0281 | 0,0332 | 0,0393 | 0,0466 | 0,0549 | 0,0747 |
| 10 | 0,0353 | 0,0392 | 0,0444 | 0,0508 | 0,0584 | 0,0773 |
| 12 | 0,0425 | 0,0456 | 0,0500 | 0,0558 | 0,0629 | 0,0810 |
| 14 | 0,0499 | 0,0524 | 0,0564 | 0,0617 | 0,0684 | 0,0859 |
| 15 | 0,0536 | 0,0560 | 0,0598 | 0,0650 | 0,0716 | 0,0888 |
| 16 | 0,0573 | 0,0597 | 0,0634 | 0,0685 | 0,0750 | 0,0920 |
| 17 | 0,0611 | 0,0635 | 0,0673 | 0,0723 | 0,0788 | 0,0956 |
| 18 | 0,0650 | 0,0675 | 0,0713 | 0,0764 | 0,0828 | 0,0995 |
| 19 | 0,0689 | 0,0716 | 0,0755 | 0,0807 | 0,0872 | 0,1038 |
| 20 | 0,0728 | 0,0758 | 0,0800 | 0,0853 | 0,0919 | 0,1084 |

**Tafel A.8.** $k_{dis} \cdot (h_0/h_{ap})^{0,3} \cdot f_{t,90,k} \cdot k_{mod}/\gamma_M$ in N/mm² für GL 24 bis GL 36 und $k_{dis} = 1,3$

| $h_{ap}$ | $k_{mod}$ | | $h_{ap}$ | $k_{mod}$ | |
|---|---|---|---|---|---|
| mm | 0,8 | 0,9 | mm | 0,8 | 0,9 |
| 200 | 0,5562 | 0,6257 | 900  | 0,3542 | 0,3985 |
| 250 | 0,5201 | 0,5852 | 1000 | 0,3432 | 0,3861 |
| 300 | 0,4925 | 0,5540 | 1100 | 0,3335 | 0,3752 |
| 350 | 0,4702 | 0,5290 | 1200 | 0,3249 | 0,3655 |
| 400 | 0,4517 | 0,5082 | 1300 | 0,3172 | 0,3568 |
| 450 | 0,4361 | 0,4906 | 1400 | 0,3102 | 0,3490 |
| 500 | 0,4225 | 0,4753 | 1500 | 0,3039 | 0,3418 |
| 600 | 0,4000 | 0,4500 | 1600 | 0,2980 | 0,3353 |
| 700 | 0,3819 | 0,4297 | 1700 | 0,2927 | 0,3292 |
| 800 | 0,3669 | 0,4128 | 1800 | 0,2877 | 0,3237 |

**Tafel A.9.** Beiwert $\varkappa_m{}^a$ (Kippnachweis, Rechteckquerschnitt)

| Fkl | C 24 | C 30 | C 35 | C 40 |
|---|---|---|---|---|
| $\varkappa_m$ | 0,0645 | 0,0691 | 0,0718 | 0,0738 |

| Fkl | GL 24h | GL 28h | GL 32h | GL 36h |
|---|---|---|---|---|
| $\varkappa_m$ | 0,0563 | 0,0584 | 0,0598 | 0,0613 |

| Fkl | GL 24c | GL 28c | GL 32c | GL 36c |
|---|---|---|---|---|
| $\varkappa_m$ | 0,0592 | 0,0596 | 0,0611 | 0,0624 |

[a] $\text{rel } \lambda_m = \sqrt{\dfrac{f_{m,k}}{\pi \cdot \sqrt{(5/6)^2 \cdot E_{0,\text{mean}} \cdot G_{\text{mean}}}}} \cdot \sqrt{l_{\text{ef}} \cdot h/b^2} = \varkappa_m \cdot \sqrt{l_{\text{ef}} \cdot h/b^2}$  (BSH)

Die $\varkappa_m$-Werte für BSH dürfen mit dem Faktor $0{,}9193 = \sqrt{1/\sqrt{1{,}4}}$ multipliziert werden – 10.3.2 (4) [1] –.

**Tafel A.10.** $k_{c,\alpha} \cdot f_{c,\alpha,d}{}^b$ (Druck unter einem Winkel $\alpha$)
$k_{c,90} = 1{,}75$, $k_{\text{mod}} = 0{,}9$

| $\alpha$ [°] | GL 24h | GL 28h | GL 32h | GL 36h |
|---|---|---|---|---|
| 90 | 3,271 | 3,635 | 3,998 | 4,362 |
| 85 | 3,287 | 3,652 | 4,016 | 4,380 |
| 80 | 3,337 | 3,704 | 4,071 | 4,436 |
| 82 | 3,313 | 3,679 | 4,044 | 4,409 |
| 75 | 3,422 | 3,794 | 4,164 | 4,530 |
| 70 | 3,547 | 3,925 | 4,299 | 4,668 |
| 65 | 3,716 | 4,103 | 4,482 | 4,853 |
| 60 | 3,939 | 4,335 | 4,720 | 5,093 |

| $\alpha$ [°] | GL 24c | GL 28c | GL 32c | GL 36c |
|---|---|---|---|---|
| 90 | 2,908 | 3,271 | 3,635 | 3,998 |
| 85 | 2,923 | 3,287 | 3,652 | 4,016 |
| 80 | 2,969 | 3,337 | 3,704 | 4,071 |
| 82 | 2,947 | 3,313 | 3,679 | 4,044 |
| 75 | 3,048 | 3,422 | 3,794 | 4,164 |
| 70 | 3,164 | 3,547 | 3,925 | 4,299 |
| 65 | 3,322 | 3,716 | 4,103 | 4,482 |
| 60 | 3,531 | 3,939 | 4,335 | 4,720 |

[b] Zur Bestimmung der Auflagerlänge $l_A$ eines Satteldachträgers aus BSH mit gekrümmtem unteren Rand.

**Tafel A.11.** Knickbeiwert $k_c$ für Nadelholz[a] C24

| λ | 0 | 2 | 4 | 6 | 8 |
|---|---|---|---|---|---|
| 50 | 0,7936 | 0,7712 | 0,7477 | 0,7233 | 0,6983 |
| 60 | 0,6729 | 0,6475 | 0,6223 | 0,5976 | 0,5734 |
| 70 | 0,5500 | 0,5274 | 0,5057 | 0,4849 | 0,4651 |
| 80 | 0,4463 | 0,4283 | 0,4113 | 0,3951 | 0,3797 |
| 90 | 0,3651 | 0,3513 | 0,3382 | 0,3257 | 0,3139 |
| 100 | 0,3027 | 0,2920 | 0,2818 | 0,2722 | 0,2630 |
| 110 | 0,2543 | 0,2459 | 0,2380 | 0,2304 | 0,2232 |
| 120 | 0,2163 | 0,2097 | 0,2034 | 0,1974 | 0,1916 |
| 130 | 0,1861 | 0,1808 | 0,1757 | 0,1709 | 0,1662 |
| 140 | 0,1617 | 0,1574 | 0,1533 | 0,1493 | 0,1455 |
| 150 | 0,1418 | 0,1382 | 0,1348 | 0,1315 | 0,1283 |
| 160 | 0,1253 | 0,1223 | 0,1195 | 0,1167 | 0,1141 |
| 170 | 0,1115 | 0,1090 | 0,1066 | 0,1043 | 0,1020 |
| 180 | 0,0998 | 0,0977 | 0,0957 | 0,0937 | 0,0918 |
| 190 | 0,0899 | 0,0881 | 0,0864 | 0,0847 | 0,0830 |
| 200 | 0,0814 | 0,0799 | 0,0783 | 0,0769 | 0,0754 |
| 210 | 0,0741 | 0,0727 | 0,0714 | 0,0701 | 0,0689 |
| 220 | 0,0676 | 0,0665 | 0,0653 | 0,0642 | 0,0631 |
| 230 | 0,0620 | 0,0610 | 0,0600 | 0,0590 | 0,0580 |
| 240 | 0,0571 | 0,0562 | 0,0553 | 0,0544 | 0,0535 |

[a] $k_c$-Werte können auch für C30 bis C40 verwendet werden.

**Tafel A.12.** Knickbeiwert $k_c$ für Brettschichtholz[b] GL 24h

| λ | 0 | 2 | 4 | 6 | 8 |
|---|---|---|---|---|---|
| 50 | 0,8982 | 0,8837 | 0,8673 | 0,8489 | 0,8283 |
| 60 | 0,8058 | 0,7815 | 0,7558 | 0,7291 | 0,7020 |
| 70 | 0,6748 | 0,6480 | 0,6217 | 0,5962 | 0,5717 |
| 80 | 0,5481 | 0,5257 | 0,5042 | 0,4839 | 0,4645 |
| 90 | 0,4462 | 0,4288 | 0,4123 | 0,3967 | 0,3818 |
| 100 | 0,3678 | 0,3544 | 0,3418 | 0,3298 | 0,3183 |
| 110 | 0,3075 | 0,2971 | 0,2873 | 0,2779 | 0,2690 |
| 120 | 0,2605 | 0,2523 | 0,2446 | 0,2372 | 0,2301 |
| 130 | 0,2233 | 0,2168 | 0,2106 | 0,2047 | 0,1989 |
| 140 | 0,1935 | 0,1882 | 0,1832 | 0,1783 | 0,1737 |
| 150 | 0,1692 | 0,1649 | 0,1607 | 0,1567 | 0,1529 |
| 160 | 0,1492 | 0,1456 | 0,1422 | 0,1388 | 0,1356 |
| 170 | 0,1325 | 0,1295 | 0,1266 | 0,1238 | 0,1211 |
| 180 | 0,1185 | 0,1159 | 0,1135 | 0,1111 | 0,1088 |
| 190 | 0,1066 | 0,1044 | 0,1023 | 0,1002 | 0,0983 |
| 200 | 0,0963 | 0,0945 | 0,0927 | 0,0909 | 0,0892 |
| 210 | 0,0875 | 0,0859 | 0,0843 | 0,0828 | 0,0813 |
| 220 | 0,0799 | 0,0784 | 0,0771 | 0,0757 | 0,0744 |
| 230 | 0,0732 | 0,0719 | 0,0707 | 0,0695 | 0,0684 |
| 240 | 0,0673 | 0,0662 | 0,0651 | 0,0641 | 0,0631 |

[b] $k_c$-Werte können auch für GL28h bis GL36h verwendet werden.

**Tafel A.13.** Knickbeiwert $k_c$ für Brettschichtholz[c] GL 24c

| $\lambda$ | 0 | 2 | 4 | 6 | 8 |
|---|---|---|---|---|---|
| 50  | 0,9180 | 0,9071 | 0,8947 | 0,8807 | 0,8651 |
| 60  | 0,8476 | 0,8284 | 0,8073 | 0,7847 | 0,7609 |
| 70  | 0,7361 | 0,7109 | 0,6854 | 0,6601 | 0,6353 |
| 80  | 0,6110 | 0,5875 | 0,5648 | 0,5430 | 0,5222 |
| 90  | 0,5023 | 0,4833 | 0,4652 | 0,4480 | 0,4316 |
| 100 | 0,4160 | 0,4012 | 0,3871 | 0,3736 | 0,3609 |
| 110 | 0,3487 | 0,3371 | 0,3261 | 0,3155 | 0,3055 |
| 120 | 0,2959 | 0,2867 | 0,2780 | 0,2696 | 0,2616 |
| 130 | 0,2539 | 0,2466 | 0,2396 | 0,2328 | 0,2264 |
| 140 | 0,2202 | 0,2142 | 0,2085 | 0,2030 | 0,1977 |
| 150 | 0,1926 | 0,1878 | 0,1830 | 0,1785 | 0,1741 |
| 160 | 0,1699 | 0,1659 | 0,1620 | 0,1582 | 0,1545 |
| 170 | 0,1510 | 0,1476 | 0,1443 | 0,1411 | 0,1380 |
| 180 | 0,1350 | 0,1321 | 0,1293 | 0,1266 | 0,1240 |
| 190 | 0,1215 | 0,1190 | 0,1166 | 0,1143 | 0,1120 |
| 200 | 0,1098 | 0,1077 | 0,1057 | 0,1036 | 0,1017 |
| 210 | 0,0998 | 0,0980 | 0,0962 | 0,0944 | 0,0927 |
| 220 | 0,0911 | 0,0895 | 0,0879 | 0,0864 | 0,0849 |
| 230 | 0,0834 | 0,0820 | 0,0807 | 0,0793 | 0,0780 |
| 240 | 0,0767 | 0,0755 | 0,0743 | 0,0731 | 0,0719 |

[c] $k_c$-Werte können auch für GL 28c bis GL 36c verwendet werden.

# Normenverzeichnis

| DIN | Teil | Ausg. | Titel |
|---|---|---|---|
| EN 494 | | 6/07 | Faserzement-Wellplatten und dazugehörige Formteile. Produktspezifikation und Prüfverfahren |
| 1052 | | 12/08 | Entwurf, Berechnung und Bemessung von Holzbauwerken – Allgemeine Bemessungsregeln und Bemessungsregeln für den Hochbau |
| 1052 | | | Holzbauwerke |
| | 1 | 4/88 | Berechnung und Ausführung |
| | 1/A1 | 10/96 | Berechnung und Ausführung; Änderung 1 |
| | 2 | 4/88 | Mechanische Verbindungen |
| | 2/A1 | 10/96 | Mechanische Verbindungen; Änderung 1 |
| | 3 | 4/88 | Holzhäuser in Tafelbauart, Berechnung und Ausführung |
| | 3/A1 | 10/96 | Holzhäuser in Tafelbauart; Änderung 1 |
| 1055 | | | Einwirkungen auf Tragwerke |
| | 1 | 6/02 | Wichten und Flächenlasten von Baustoffen, Bauteilen und Lagerstoffen |
| | 3 | 3/06 | Eigen- und Nutzlasten für Hochbauten |
| | 4 | 3/05 | Windlasten (s.a. Berichtigung 1, 3/06) |
| | 5 | 7/05 | Schnee- und Eislasten |
| | 100 | 3/01 | Grundlagen der Tragwerksplanung, Sicherheitskonzept und Bemessungsregeln |
| 1074 | | 9/06 | Holzbrücken |
| 4102 | 4 | 3/94 | Brandverhalten von Baustoffen und Bauteilen; Zusammenstellung und Anwendung klassifizierter Baustoffe, Bauteile und Sonderbauteile (Berichtigungen 5/95 und 4/96 beachten) |
| | 4/A1 | 11/04 | Änderung A1 |
| | 22 | 11/04 | Anwendungsnorm zur DIN 4102-4 auf der Bemessungsbasis von Teilsicherheitsbeiwerten |
| EN 13501 | | | Klassifizierung von Bauprodukten und Bauarten zu ihrem Brandverhalten |
| | 1 | 5/07 | Klassifizierung mit den Ergebnissen aus den Prüfungen zum Brandverhalten von Bauprodukten (s.a. A1, 11/07) |
| 4108 | 4 | 11/91 | Wärmeschutz im Hochbau; wärme- und feuchteschutztechnische Kennwerte (V 4108-4, 6/07 beachten) |
| 18334 | | 10/06 | VOB Vergabe- und Vertragsordnung für Bauleistungen. Teil C: Allgemeine Technische Vertragsbedingungen für Bauleistungen (ATV). Zimmer- und Holzbauarbeiten |
| 18807 | | | Trapezprofile im Hochbau, Stahltrapezprofile |
| | 1 | 6/87 | Allgemeine Anforderungen, Ermittlung der Tragfähigkeitswerte durch Berechnung (s.a. Änderung 1/A1, 5/01) |
| | 3 | 6/87 | Festigkeitsnachweis und konstruktive Ausbildung (s.a. Änderung 3/A1, 5/01) |

| DIN | Teil | Ausg. | Titel |
|---|---|---|---|
| 68 705 | | | Sperrholz |
| | 3 | 12/81 | Bau-Furniersperrholz |
| | 5 | 10/80 | Bau-Furniersperrholz aus Buche |
| | Bbl. 1 | 10/80 | Zusammenhänge zwischen Plattenaufbau, elastischen Eigenschaften und Festigkeiten |
| V 20 000 | 1 | 12/05 | Anwendung von Bauprodukten in Bauwerken: Holzwerkstoffe |
| EN 636 | | 11/03 | Sperrholz-Anforderungen |
| EN 312 | | 11/03 | Spanplatten-Anforderungen |
| EN 386 | | 4/02 | Brettschichtholz Leistungsanforderungen und Mindestanforderungen an die Herstellung |
| EN 387 | | 4/02 | Brettschichtholz Universal-Keilzinkenverbindungen; Leistungsanforderungen und Mindestanforderungen an die Herstellung |
| 68 800 | 2 | 5/96 | Holzschutz; vorbeugende bauliche Maßnahmen im Hochbau |
| EN 390 | | 3/95 | Brettschichtholz; Maße, Grenzabmaße |
| EN 10 025 | | 3/94 | Warmgewalzte Erzeugnisse aus unlegierten Baustählen; Technische Lieferbedingungen (s. a. Entwürfe 12/00) |
| EN 10 230 | 1 | 1/00 | Nägel aus Stahldraht. Lose Nägel für allgemeine Verwendungszwecke |
| EN ISO898 | | | Mechanische Eigenschaften von Verbindungsmitteln aus Kohlenstoffstahl und legiertem Stahl |
| | 1 | 11/99 | Schrauben |
| EN 26 891 | | 7/91 | Holzbauwerke; Verbindungen mit mechanischen Verbindungsmitteln; Allgemeine Grundsätze für die Ermittlung der Tragfähigkeit und des Verformungsverhaltens |

# Literaturverzeichnis

Abkürzungen:
BAZ  Bauaufsichtliche Zulassungen
bmh  Zeitschrift „Bauen mit Holz", Bruderverlag, Karlsruhe
EGH  Entwicklungsgemeinschaft Holzbau in der Deutschen Gesellschaft für Holzforschung (DGfH), Bayerstr. 57–59, 80335 München
Hrsg.  Herausgeber
HSA  Holzbau-Statik-Aktuell, Informationen zur Berechnung von Holzkonstruktionen. Arbeitsgemeinschaft Holz e.V. (Hrsg.)
DIBt  Deutsches Institut für Bautechnik, Berlin (früher: IfBt)
Arge Holz  Arbeitsgemeinschaft Holz e.V.
Info Holz  Informationsdienst Holz der Arbeitsgemeinschaft Holz e.V., Füllenbachstr. 6, 40474 Düsseldorf. Neu: Holzabsatzfonds, Absatzförderungsfond der deutschen Forst- und Holzwirtschaft (Hrsg.), Godesberger Allee 142–148. 53175 Bonn

1. DIN 1052: Entwurf, Berechnung und Bemessung von Holzbauwerken – Allgemeine Bemessungsregeln und Bemessungsregeln für den Hochbau, Beuth Verlag, Berlin, 2008.
2. Brüninghoff, H., u.a.: Beuth-Kommentare: Holzbauwerke. Eine ausführliche Erläuterung zu DIN 1052 Teil 1 bis 3, Ausgabe April 1988. Beuth Verlag/Bauverlag, 1989.
3. Grosser, D.: Einheimische Nutzhölzer und ihre Verwendungsmöglichkeiten. Info Holz/EGH-Bericht, 1989.
4. Nürnberger, W.: Landwirtschaftliche Betriebsgebäude in Holz, Info Holz/EGH-Bericht, 2001.
5. Rug, W.: 100 Jahre Holzbau und Holzbauforschung. In: 100 Jahre Bund Deutscher Zimmermeister, Berlin, 2003.
6. Herzog, I.: Einführung des europäischen Klassifizierungssystems für den Brandschutz in das deutsche Baurecht. DIBt Mitteilungen 4/2002.
7. Jacob-Freitag, S.: Lückenschließer mit Lichtdurchlass. bmh 11/2007.
8. Blaß, H.J., u.a.: Erläuterungen zu DIN 1052: 2004-08. DGFH Innovations-Service GmbH, München, 2004.
9. Lißner, K., Felkel, A., Hemmer, K., Radovic, B., Rug, W., Steinmetz, D.: DIN 1052 Praxishandbuch Holzbau (BDZ, Hrsg.), Beuth- und WEKA-Verlag, Berlin/Augsburg, 2009.
10. Seidel, A., u.a.: Holzbauhandbuch, Reihe 1, Entwurf und Konstruktion; Teil 2: Sport- und Freizeitbauten, Folge 2: Sport- und Freizeitbauten. Info Holz/EGH, 2001.
11. Götz, K.-H., u.a.: Holzbauatlas. Studienausgabe. Centrale marketing Gesellschaft der deutschen Agrarwirtschaft mbH, München, 1980.
12. Natterer, J., u.a.: Holzbau Atlas Zwei. Holzwirtschaftlicher Verlag der Arbeitsgemeinschaft Holz, Düsseldorf, 1990.
13. Brüninghoff, H.: Holzbauhandbuch, Reihe 1, Entwurf und Konstruktion; Teil 7: Hallen, Folge 1: Standardhallen aus Brettschichtholz. Info Holz/EGH, 1992.
14. Schwaner, K.; Seidel, A.: Bauen mit BS-Holz. Info Holz, 1996.
15. Zulassungsübersicht[a] Teile 1 bis 18. bmh 4/1999 bis 6/2001.
16. Milbrandt, E.: Holzbauhandbuch, Reihe 2, Tragwerksplanung; Teil 2: Verbindungsmittel, Folge 2: Genauere Nachweise, Sonderbauarten. Info Holz/EGH, 1991.

---

[a] Für statische Bemessungen stets die neuesten BAZ verwenden!

17. Ruske, W.: Holzbauhandbuch, Reihe 1, Entwurf und Konstruktion; Teil 17: Bauteile, Folge 4: Nagelplatten-Konstruktionen. Info Holz/EGH, 1992.
18. Egle, J.: Dauerhafte Holzbauten bei chemisch-aggressiver Beanspruchung. holzbau handbuch, Reihe 1, Teil 8, Folge 2. München, 2002.
19. Dokumentation des Info Holz: Beispiele moderner Holzarchitektur. Holzwirtschaftlicher Verlag der Arge Holz, 1990.
20. Kordina, K.; Meyer-Ottens, C., Scheer, C.: Holz-Brandschutz-Handbuch. Verlag Ernst & Sohn, Berlin, 1995.
21. Dittrich, W.; Göhl, J.: Überdachungen mit großen Spannweiten. Info Holz/EGH, 1988.
22. Heimeshoff, B.; Schelling, W.; Reyer, E.: Zimmermannsmäßige Holzverbindungen. Info Holz/EGH-Bericht, 1988.
23. Milbrandt, E.: Holzbauhandbuch, Reihe 2, Tragwerksplanung; Teil 2: Verbindungsmittel (1). Info Holz/EGH, 1990.
24. Mönck, W.: Zimmererarbeiten. 3. Aufl. VEB Verlag für Bauwesen, Berlin, 1984.
25. Special Mechanische Holzverbindungen, Verbindungsmittel. bmh 12/2005.
26. Schelling, W., u.a.: Bemessungshilfen, Knoten, Anschlüsse Teil 1. Info Holz/EGH-Bericht, 1987.
27. Brünninghoff, H., u.a.: Holzbauhandbuch, Reihe 1, Entwurf und Konstruktion; Teil 7: Hallen, Folge 2: Konstruktion von Anschlüssen im Hallenbau. Info Holz/EGH, 2000.
28. Milbrandt, E.: Konstruktionsbeispiele, Berechnungsverfahren, Teil 2. Info Holz/EGH-Bericht, 1986.
29. Kessel, M.H., u.a.: Der Jumbo-Wellennagel. bmh 9/2007 und 10/2007.
30. Kuhweide, P., u.a.: Holzbauhandbuch, Reihe 4, Baustoffe; Teil 2: Vollholz, Folge 3: Konstruktive Vollholzprodukte. Info Holz/EGH, 2000.
31. EN 1995-1-1: Eurocode Nr. 5 – Bemessung und Konstruktion von Holzbauten. Teil 1-1: Allgemeine Bemessungsregeln und Regeln für den Hochbau. 2004.
32. Zulassungsbescheid[a] Nr. Z-9.1-100: Furnierschichtholz „Kerto-Schichtholz". IfBt, Berlin, 1997.
33. Steck, G.: Bau-Furniersperrholz aus Buche. Info Holz/EGH-Bericht, 1988.
34. Zimmer, K., Lißner, K.: Calculation of joints and fastenings as compared with the international state. CIB-W 18 A Meeting (22-7-10). Berlin, 1989.
35. Glos, P.: Aktuelle Entwicklungen im Bereich der Holzsortierung – Anforderungen der Praxis und Stand der Normung. Tagungsband der 15. Dreiländer-Holztagung. Garmisch-Partenkirchen, 1993.
36. Schneider, K.-J. (Hrsg.): Bautabellen mit Berechnungshinweisen und Beispielen. 15. Aufl. Werner-Verlag, Düsseldorf, 2002.
37. Ehlbeck, J.; Larsen, H. J.: Grundlagen der Bemessung von Verbindungen im Holzbau. bmh 10/1993.
38. Blaß, H. J.; Ehlbeck, J.; Werner, H.: Grundlagen der Bemessung von Holzbauwerken nach dem EC 5 Teil 1 – Vergleich mit DIN 1052. Sonderdruck aus dem Beton-Kalender 1992. Verlag Ernst & Sohn, Berlin, 1992.
39. Zimmer, K.: Zur Bemessung von Holzkonstruktionen nach Grenzzuständen. 12. IVBH-Kongreß, Vancouver, 1984.
40. Görlacher, R.: Grundlagen der Bemessung nach Entwurf Eurocode 5. Ingenieurtagung „Der Holzbau und die europäische Normung". Friedrichshafen/Bodensee, 1992.
41. Brüninghoff, H.: Das neue Bemessungskonzept. Ingenieurtagung „Der Holzbau und die europäische Normung". Friedrichshafen/Bodensee, 1992.
42. Lißner, K., Rug, W.: E DIN 1052 – Die Berechnung der stiftförmigen Verbindungen, sonstigen mechanischen Verbindungsmittel und der geklebten Verbindungen. 17. Holzbauseminar in Dresden-Hellerau, 2002.
43. Lißner, K.: Ein Beitrag zur Bemessung von Holzkonstruktionen nach der Methode der Grenzzustände. Dissertation der TU Dresden, 1989.

---

[a] Für statische Bemessungen stets die neuesten BAZ verwenden!

44. v. Halasz, R. (Hrsg.); Scheer, C. (Hrsg.): Holzbau-Taschenbuch, Bd. 1: Grundlagen, Entwurf und Konstruktionen. 8. Aufl. Verlag Ernst & Sohn, Berlin, 1986.
45. Schulze, H.: Holzbauhandbuch, Reihe 3, Bauphysik. Teil 5: Holzschutz, Folge 2: Baulicher Holzschutz. Info Holz/EGH-Bericht, 1997.
46. Brüninghoff, H.: Heimisches Holz im Wasserbau. Info Holz/EGH-Bericht, 1990.
47. Meyer-Ottens, C.: Holzbauhandbuch, Reihe 3, Bauphysik; Teil 4: Brandschutz, Folge 2: Feuerhemmende Holzbauteile (F 30-B). Info Holz/EGH-Bericht, 1994.
48. Schmidt, H.: Holzbauhandbuch, Reihe 1, Entwurf und Konstruktion; Teil 18: Sonstige Konstruktionsarten, Folge 2: Holz im Außenbereich. Info Holz/EGH, 2000.
49. Widmann, S.: Anleitung zum Entwerfen von Skelettbaudetails, Heft 2. Info Holz/EGH-Bericht, 1987.
50. Institut für Bautechnik (Hrsg.): Verzeichnis der Holzschutzmittel mit allgemeiner bauaufsichtlicher Zulassung. E. Schmidt Verlag, Berlin.
51. Merkblatt für den sicheren Betrieb von Nichtdruckanlagen mit wasserlöslichen Holzschutzmitteln, DGfH, München, 1993.
52. Marutzky, R.; Peek, R.-D.; Willeitner, H.: Entsorgung von schutzmittelhaltigen Hölzern und Reststoffen. Info Holz, DGfH, München, 1993.
53. Winter, S.: Holzbauhandbuch, Reihe 3, Bauphysik. Teil 4: Brandschutz, Folge 1: Grundlagen. Info/EGH, 1996.
54. Moser, K.: Brandschutztechnische Problemfälle aus der Praxis. Tagungsband der 6. Brandschutz-Tagung. Würzburg, 1993.
55. Winter, S., Löwe, P.: Holzbauhandbuch, Reihe 3, Bauphysik. Teil 4: Brandschutz, Folge 1: Brandschutz im Holzbau – gebaute Beispiele. Info Holz/EGH, 2001.
56. Sommer, T.: Perspektiven der Brandschutzbemessung nach DIN 4102 Teil 4, Teil 22 und Eurocode. Tagungsband der 21. Fachtagung Brandschutz. Braunschweig, 2007.
57. Scheer, C., Kubowitz, P.: Stand der nationalen Brandschutznormung. Tagungsband der 10. DGfH-Brandschutz-Tagung. Berlin, 2004.
58. Milbrandt, E.: Konstruktionsbeispiele, Berechnungsverfahren, Teil 5. Info Holz/EGH-Bericht, 1986.
59. Kessel, M. H., Willemsen, T.: Zur Berechnung biegesteifer Anschlüsse. bmh 5/91.
60. Zimmer, K.: Anpassungsfaktoren für die Bemessung nach Grenzzuständen im Holzbau, Intern. Holzbautagung, Dresden 1986. In: Bauforschung-Baupraxis Nr. 202, Berlin, 1987.
61. Moers, F.: Anschluß mit eingeleimten Gewindestäben. bmh 4/1981.
62. Möhler, K.; Hemmer, K.: Eingeleimte Gewindestangen. In: HSA, Folge 6, 5/1981.
63. Möhler, K.; Siebert, W.: Ausbildung und Bemessung von Queranschlüssen bei BSH-Trägern oder VH-Balken. In: HSA, Folge 6, 5/1981.
64. Ehlbeck, J.; Göhrlacher, R.; Werner, H.: Empfehlung zum einheitlichen, genaueren Querzugnachweis für Anschlüsse mit mechanischen Verbindungsmitteln. In: HSA, Ausgabe 5, 7/1992.
65. Dröge, G.; Stoy, K.-H.: Grundzüge des neuzeitlichen Holzbaues. Bd. 1: Konstruktionselemente. Verlag Ernst & Sohn, Berlin, 1981.
66. Rug, W., Mönck, W.: Holzbau, Bemessung und Konstruktion. 15. Auflage, Verlag Huss-Medien GmbH, Berlin, 2008.
67. Blaß, H.J.: Zum Einfluß der Nagelanzahl auf die Tragfähigkeit von Nagelverbindungen. bmh 1/1991.
68. Süffert, E.Ch.: Entwicklung der Verleimtechnik bei Bauholz. Schweizer Holzbau 10/1991.
69. Glos, P.; Henrici, D.; Horstmann, H.: Festigkeitsverhalten großflächig geleimter Knotenverbindungen mit variablem Anschlußwinkel der Stäbe. Forschungsbericht des Institutes für Holzforschung der Uni München, 1986.
70. Radovic, B.; Goth, H.: Entwicklung und Stand eines Verfahrens zur Sanierung von Fugen im Brettschichtholz. bmh 9/1992 und 10/1992.
71. Kolb, H.: Geschichte des Holzleimbaus in Deutschland. bmh 2/2002.
72. Aicher, S.; Klöck, W.: Spannungsberechnungen zur Optimierung von Keilzinkenprofilen für Brettschichtholz-Lamellen. bmh 5/1990.

73. Colling, F.; Ehlbeck, J.: Tragfähigkeit von Keilzinkenverbindungen im Holzleimbau. bmh 7/1992.
74. Radovic, B.; Rohlfing, H.: Über die Festigkeit von Keilzinkenverbindungen mit unterschiedlichem Verschwächungsgrad. bmh 3/1993.
75. Ehlbeck, J.; Siebert, W.: Praktikable Einleimmethoden und Wirkungsweise von eingeleimten Gewindestangen unter Axialbelastung bei Übertragung von großen Kräften und bei Aufnahme von Querzugkräften in Biegeträgern. Teil 1 Einleimmethoden, Meßverfahren, Haftspannungsverlauf. Forschungsbericht Versuchsanstalt für Stahl, Holz und Steine, Abt. Ingenieurholzbau, Universität Karlsruhe, 1987.
76. Brüninghoff, H.; Schmidt, K.; Wiegand, T.: Praxisnahe Empfehlungen zur Reduzierung von Querzugrissen bei geleimten Satteldachbindern aus Brettschichtholz. bmh 11/1993.
77. Möhler, K.; Siebert, W.: Untersuchungen zur Erhöhung der Querzugfestigkeit in gefährdeten Bereichen. In: HSA, Folge 8, 2/1987.
78. Werner, G.: Holzbau. Teil 1, Grundlagen. 3. Aufl. Werner-Verlag, Düsseldorf 1984.
79. Radovic, B.; Goth, H.: Einkomponenten-Polyurethan-Klebstoffe für die Herstellung von tragenden Holzbauteilen. bmh 1/1994.
80. Möhler, K.; Hemmer, K.: Hirnholzdübelverbindungen bei Brettschichtholz. In HSA, Folge 5, 4/1980.
81. Ehlbeck, K.; Schlager, M.: Hirnholzdübelverbindungen bei Brettschichtholz und Nadelvollholz. bmh 6/1992.
82. Hempel, G.: Wienecke, N.: Hallen. 3. Info Holz/EGH-Bericht.
83. Brüninghoff, H.: Verbände und Abstützungen. Info Holz EGH-Bericht, 1988.
84. Kolb, H.; Radovic, B.: Tragverhalten von Stabdübelanschlüssen, bei denen die Herstellung von DIN 1052 (alt) abweicht. In: HSA, Folge 6, 5/1981.
85. Ehlbeck, J.; Werner, H.: Tragende Holzverbindungen mit Stabdübeln. bmh 6/1991.
86. Wienecke, N: Hallentragwerke. Info Holz.
87. Johansen, K.W.: Theory of Timber Connections. IABSE, Publ. Nr. 9, 1949.
88. Zulassungsbescheid[a] Nr. Z-9.1-212: Stahlblech-Holz-Nagelverbindung mit Stahlblechdicken von 2,0 mm bis 3,0 mm ohne Vorbohren, IfBt, Berlin, 1996.
89. Hempel, G.: Freigespannte Holzbinder. 10. Auflage, Bruderverlag Karlsruhe, 1973.
90. Ehlbeck, J.; Hättich, R.: Ingenieur-Holzverbindungen mit mechanischen Verbindungsmitteln. In: [44].
91. Brüninghoff, H.; Mittelstedt, Ch.: Zum Stand der Normung bei der Modellierung und Berechnung von fachwerkartigen Strukturen in Holzbauweise mit flächenhaften Knotenverbindungen bei besonderer Berücksichtigung von Nagelplattenverbindungen. bmh 12/01 und 1/02.
92. Gränzer, M.; Ruhm, D.: Berechnung von Sparrenpfettenankern. bmh 1/1978.
93. Möhler, K.; Hemmer, K.: Rechnerischer Nachweis von Spannungen und Verformungen aus Torsion bei einteiligen VH- und BSH-Bauteilen. In: HSA, Folge 2, 11/1977.
94. Ehlbeck, J.; Görlacher, R.: Tragfähigkeit von Balkenschuhen unter zweiachsiger Beanspruchung. HSA, Folge 8, 2/1987.
95. Anrig, A.: Gang-Nail System. Info Holz.
96. Gränzer, M.; Riemann, H.: Anschlüsse mit Nagelplatten. bmh 7/1978.
97. Zulassungsbescheid[a] Nr. Z-9.1-230: Nagelplatten M 200 als Holzverbindungsmittel (1997 geändert). IfBt, Berlin, 1994.
98. Ehlbeck, J.; Görlacher, R.: Querzuggefährdete Anschlüsse mit Nagelplatten. HSA, Folge 8, 2/1987.
99. Milbrandt, E.: Konstruktionsbeispiele, Berechnungsverfahren Teil 3. Info Holz/EGH-Bericht, 1978.
100. Fonrobert, F.: Versuche mit Bau- und Gerüstklammern. Bauplanung-Bautechnik 1/1947.
101. Heimeshoff, B.: Probleme der Stabilitätstheorie und Spannungstheorie II. Ordnung im Holzbau. In: HSA, Folge 9, 3/1987.

---

[a] Für statische Bemessungen stets die neuesten BAZ verwenden!

102. Möhler, K.; Scheer, C.; Muszala, W.: Knickzahlen $\omega$ für Voll-, Brettschichtholz und Holzwerkstoffe. In HSA, Folge 7, 7/1983.
103. Möhler, K.: Die wirksame Knicklänge der Sparren von Kehlbalkendächern. Berichte aus der Bauforschung, Heft 33. Verlag Ernst & Sohn, 1963.
104. Heimeshoff, B.: Hausdächer. In [44].
105. Heimeshoff, B.: Bemessung von Holzstützen mit nachgiebigem Fußanschluß. In: HSA, Folge 3, 5/1979.
106. Möhler, K.; Freiseis, R.: Untersuchungen zur Bemessung von Holzstützen mit nachgiebigem Fußanschluß. In: HSA, Folge 7, 7/1983.
107. Möhler, K.; Herröder, W.: Holzschrauben oder Schraubnägel bei Dübelverbindungen. In: HSA, Folge 5, 4/1980.
108. v. Halasz, R. (Hrsg.); Scheer, C. (Hrsg): Holzbau-Taschenbuch. Bd. 2: DIN 1052 und Erläuterungen, Formeln, Tabellen, Nomogramme, 8. Aufl. Verlag Ernst & Sohn, Berlin, 1989.
109. Möhler, K.: Über das Tragverhalten von Biegeträgern und Druckstäben mit zusammengesetztem Querschnitt und nachgiebigen Verbindungsmitteln. Habilitationsschrift TH Karlsruhe, 1956.
110. Ehlbeck, J.; Köster, P.; Schelling, W.: Praktische Berechnung und Bemessung nachgiebig zusammengesetzter Holzbauteile. bmh 6/1967.
111. Schneider, K.-J.: (Hrsg.): Bautabellen mit Berechnungshinweisen und Beispielen. 9. Aufl. Werner-Verlag, Düsseldorf, 1990.
112. Möhler, K.: Zur Berechnung von BSH-Konstruktionen. In: HSA, Folge 1, 5/1976.
113. Ehlbeck, J. (Hrsg.); Steck, G. (Hrsg.): Ingenieurholzbau in Forschung und Praxis. Bruderverlag, Karlsruhe, 1982.
114. Möhler, K.; Mistler, L.: Ausklinkungen am Endauflager von Biegeträgern. In: HSA, Folge 4, 11/1979.
115. Henrici, D.: Beitrag zur Spannungsermittlung in ausgeklinkten Biegeträgern aus Holz. Dissertation TU München, 1984.
116. Hempel, G.: Der ausgeklinkte Balken. bmh 8/1970.
117. Brüninghoff, H.: Verbände und Abstützungen; genauere Nachweise. Info Holz/EGH-Bericht, 1989.
118. Schneider, K.-J.: Baustatik, Statisch unbestimmte Systeme. 2. Aufl. Werner-Verlag, Düsseldorf, 1988.
119. Ehlbeck, J.: Durchbiegungen und Spannungen von Biegeträgern aus Holz unter Berücksichtigung der Schubverformung. Dissertation TH Karlsruhe, 1967.
120. Scheer, C.; Laschinski, Ch.; Szu, F.S.: Vorschlag eines lastabhängigen $k_B$-Wertes. In: HSA, Ausgabe 4, 7/1992.
121. Reyer, E.; Stojic, D.: Zum genaueren Nachweis der Kippstabilität biegebeanspruchter parallelgurtiger BSH-Träger mit seitlichen Zwischenabstützungen des Obergurtes nach Theorie II. Ordnung. In: HSA, Ausgabe 4, 7/1992.
122. Kröger, C.: Unmittelbare Bestimmung des Verbindungsmittelabstandes $e'$ bei mehrteiligen, kontinuierlich verbundenen Holzquerschnitten. In: HSA, Folge 4, 11/1979.
123. Cziesielski, E.; Friedmann, M.; Schelling, W.: Holzbau. Statische Berechnungen. Info Holz, 1988.
124. Dittrich, W.; Hauser, G.; Otto, F.: Abriß nach acht Jahren? Feuchteschäden durch Tauwasserbildung an der Dachkonstruktion des Kurfürstenbades Amberg. bmh 7/98.
125. Blaß, H.J.: Berechnung und Bemessung von Holztragwerken nach dem EC5. In: Tagungsband zum Ingenieurtag, Nürnberg, 1994.
126. Lißner, K., Rug, W.: Holzbausanierung. Grundlagen und Praxis der sicheren Ausführung. Springer-Verlag, Berlin, 2000.
127. Brüninghoff, H.: Vergleichende Betrachtungen zur Berechnung von Holzbauwerken nach DIN V ENV 1995-1-1 und DIN 1052. In: Tagungsband zum Ingenieurtag, Nürnberg. 1994.
128. Cziesielski, E.: Hölzerne Dachflächentragwerke. In: [44].
129. Natterer, J.: Entwurf von Holzkonstruktionen. In: [44].

130. Schunck, E., u.a.: Der neue Dach-Atlas. Institut für internationale Architektur-Dokumentation, München, 1991.
131. Geneigtes Dach; Fassade. Information für Planung und Anwendung, Eternit AG, Berlin.
132. Fulgurit-Baublätter, Fulgurit-Vertriebsgesellschaft, Wunstorf.
133. Neufert, E.: Well-Eternit Handbuch, Bauverlag GmbH, Wiesbaden, 8. Aufl. 1974.
134. IFBS-Info Stahltrapezprofile für Dach, Wand und Decke. Industrieverband zur Förderung des Bauens mit Stahlblech e.V.
135. IFBS-Info Richtlinie für die Planung und Ausführung zweischaliger wärmegedämmter nichtbelüfteter Metalldächer. Industrieverband zur Förderung des Bauens mit Stahlblech e.V.
136. Technische Informationen der Hoogovens Aluminium Bausysteme GmbH.
137. Technische Informationen der H + M Aluminium GmbH.
138. Henrici, D.: Die Berechnung wasserbelasteter, elastisch gestützter Trägerroste. Holz als Roh- und Werkstoff 10/1972.
139. Wienecke, N.: Wasser auf dem Flachdach. bmh 8/1974
140. Cassens, J. und Schiewe, W.: Wassersackbildung auf Flachdächern. bmh 8/1974.
141. Milbrandt, E.: Holzbauhandbuch, Reihe 2, Tragwerksplanung; Teil 3: Dachbauteile, Folge 1: Berechnungsgrundlagen, Schalung, Lattung. Info Holz/EGH, 1997.
142. Schulze, H.: Holzbauhandbuch, Reihe 1, Entwurf und Konstruktion. Teil 14: Umbau, Modernisierung, Folge 3: Nachträglicher Dachgeschoßausbau. Info Holz/EGH, 1992.
143. Schulze, H.: Hausdächer in Holzbauart; Konstruktion, Statik, Bauphysik. Werner-Verlag, Düsseldorf 1987.
144. Wienecke, N.: Hausdächer. Info Holz/EGH-Bericht, 1976.
145. Möhler, K.: Versuche mit Doppelnägeln. Berichte aus der Bauforschung, Heft 24. Verlag Ernst & Sohn, Berlin, 1962.
146. Mucha, A.: Dachschalungen aus Holz- und Holzwerkstoffen. bmh 1/1978.
147. Möhler, K., u.a.: Lastverteilungsbreite bei Dachschalungen aus Einzelbrettern. Forschungsbericht EGH in der DGfH, 1979.
148. Schulze, H.: Entgegnung zum Beitrag „Nutzen und Gefahren einer neuen Norm" (Meinung zur DIN 68800-2). bmh 11/1996.
149. Möhler, K.; Steck, G.: Näherungsformeln zur Berechnung von Verbundbauteilen aus Vollholz und Holzwerkstoffen. Holz als Roh- und Werkstoff 37 (1979), S. 221/225.
150. Cziesielski, E., u.a.: Konstruktion und Berechnung von Holzhäusern in Tafelbauart. Band 122, Expert Verlag, 1984.
151. Gattnar, A.; Trysna, T.: Hölzerne Dach- und Hallenbauten. 7. Aufl. Verlag W. Ernst & Sohn, Berlin, 1961.
152. Dröge, G.: Beitrag in [44].
153. Kasper, P.: Über Nacht mehr Wind und Chaos beim Schnee. bmh 1/2007.
154. Holtz, F., u.a.: Holzbauhandbuch, Reihe 3, Bauphysik. Teil 3: Schallschutz, Folge 4: Schallschutz-Wände und Dächer. Info Holz, 2004.
155. Kolb, F.: Holzbauhandbuch, Reihe 1, Entwurf und Konstruktion. Teil 3: Wohn- und Verwaltungsbauten, Folge 6: Holzskelettbau. Info Holz/EGH, 1998.
156. Brennecke, W., u.a.: Dachatlas. Institut für internationale Architektur-Dokumentation, München, 1975.
157. Milbrandt, E.: Holzbauhandbuch, Reihe 2, Tragwerksplanung; Teil 3: Dachbauteile, Folge 2: Hausdächer. Info Holz/EGH-Bericht, 1993.
158. Technische Informationen der GH-Baubeschläge Hartmann GmbH.
159. Technische Informationen der BMF Holzverbinder GmbH.
160. Wille, F.: Holzbau Band 1, Statik der Holztragwerke. Verlagsgesellschaft R. Müller, Köln-Braunsfeld, 1969.
161. Scheer, C. (Hrsg.); Andresen, K. (Hrsg.): Holzbau-Taschenbuch. Bd. 3: Bemessungsbeispiele und DIN 1052. 8. Aufl. Verlag Ernst & Sohn, Berlin, 1991.
162. Werner, G.; Zimmer, K.: Holzbau. Teil 2, Dach- und Hallentragwerke. 3. Aufl. Springer-Verlag, Berlin, 2005.
163. Wienecke, N.: Pfettendächer ohne Firstpfetten. bmh 3/1974 und 5/1974.

164. Heiße, D.: Aussteifende Wirkung genagelter Brettscheiben. Bautechnik, 8/1968.
165. Wedler, B.; Möhler, K.: Hölzerne Hausdächer. 8. Aufl. Werner-Verlag, Düsseldorf, 1968.
166. Sonnenschein, H.: Berechnung verschieblicher einhüftiger Kehlbalkendächer. bmh, 2/1964.
167. Böttcher, D.: Stützenfreie Dächer, Berechnung und Konstruktion. Verlag Ernst & Sohn, Berlin, 1986.
168. Heimeshoff, B.; Krabbe, E.: Zur statischen Berechnung des Kehlbalkendaches mit verschieblichem Kehlbalken. Bautechnik, 1/1963.
169. Spix, H.: Ergänzung zu [168]. Bautechnik, 9/1964.
170. Heimeshoff, B.: Zur statischen Berechnung des Kehlbalkendaches mit unverschieblichem Kehlbalken. Bautechnik, 6/1969.
171. Krause, U.: Berechnung eines Gratsparrens. bmh, 8/1977 und 9/1977.
172. Krause, U.: Gratsparren im Viergelenksystem. bmh, 10/1982.
173. Bötzl, K.; Martin, H. D.: Über die Berechnung von Gratsparren. Deutscher Zimmermeister, 23/1959 und 24/1959.
174. Pracht, K.: Skelettbaudetails. Info Holz/EGH-Bericht.
175. Pracht, K.: Holzbau-Systeme. Verlagsgesellschaft Müller, Köln-Braunsfeld, 1978.
176. Fritzen, K., u. a.: Holzrahmenbau, kostensparendes, individuelles Bausystem. Info Holz/EGH-Bericht, 1988.
177. Fritzen, K., u. a.: Handbuch Holzrahmenbau-Praxis. Bruderverlag, Karlsruhe, 1990.
178. Cziesielski, E.; Wagner, C.: Dachscheiben aus Spanplatten. bmh 1/1979 und 2/1979.
179. Schmidt, H.: Greimbau. Info Holz.
180. Möhler, K.: Untersuchungen und Versuche über das Tragverhalten von durchlaufenden Koppelpfetten bei Berücksichtigung der Nachgiebigkeit der Verbindungen. Berichte aus der Bauforschung. Heft 47, Berlin, 1966.
181. Seitz, H.: Gekoppelte, durchlaufende Pfetten im Holzbau. Die Bautechnik 18 (1940), Heft 35.
182. Brüninghoff, H.; Probst, T.: Genagelte Koppelpfettenstöße mit glattschaftigen Nägeln nach DIN 1151. Forschungsbericht Bergische Universität Wuppertal, Fachbereich Bautechnik, 1984.
183. Gehri, E.: Schichthölzer hoher Leistung – Möglichkeiten und Anforderungen. Tagungsband der 15. Dreiländer-Holztagung. Garmisch-Partenkirchen, 1993.
184. Möhler, K.; Steck, G.: Untersuchungen über die Rißbildung in Brettschichtholz infolge Klimabeanspruchung. bmh, 4/1980.
185. Brettschichtholzfertigung mit getrennter maschineller Lamellensortierung. bmh, 7/1993.
186. Colling, F.: Einfluß des Volumens und der Spannungsverteilung auf die Festigkeit eines Rechteckträgers. Holz als Roh- und Werkstoff 44 (1986), S. 121/125 und S. 179/183.
187. Schelling, W.: Berechnung gekrümmter Brettschichtträger mit Biegebeanspruchung. bmh 4/1967.
188. Heimeshoff, B.: Praktische Spannungsberechnung für den gekrümmten Träger mit einfach-symmetrischem Querschnitt. In: Fachtagung Holzbau, Karlsruhe 1972. Info Holz/EGH-Bericht.
189. Möhler, K.: Spannungsberechnung von gekrümmten Brettschichtträgern mit konstanter und veränderlicher Querschnittshöhe. bmh, 7/1979.
190. Möhler, K.; Blumer, H.: Brettschichtträger veränderlicher Höhe. bmh, 8/1978.
191. Möhler, K.; Hemmer, K.: Spannungskombination bei Brettschichtträgern mit geneigten Rändern. In: HSA, Folge 5, 4/1980.
192. Möhler, K.; Blumer, H.: Versuche mit gekrümmten Brettschichtträgern. Berichte aus der Bauforschung, Heft 92, Berlin, 1974.
193. Heimeshoff, B.; Bauler, H.: Praktische Bemessung von Trägern mit veränderlicher Höhe und doppeltsymmetrischem Querschnitt bei gleichmäßig verteilter Belastung. bmh 6/1973.
194. Wienecke, N.: Verformung von Brettschichtträgern veränderlicher Höhe. bmh 12/1977.

195. Blumer, H.: Spannungsberechnung an anisotropen Kreisbogenscheiben und Sattelträgern konstanter Dicke. Bruderverlag, Karlsruhe, 1979.
196. Tölke, F.: Über die Bemessung von Druckstäben mit veränderlichem Querschnitt. Bauingenieur, 1930, S. 500.
197. Ehlbeck, J.; Hemmer, K.: Über die Tragfähigkeit gekrümmter Brettschichtholzträger. Holz als Roh- und Werkstoff 43 (1985), S. 375/379.
198. Werner, G.; Holzbau. Teil 2, Dach- und Hallentragwerke. 3. Aufl. Werner-Verlag, Düsseldorf, 1987.
199. Ehlbeck, J.; Kürth, J.: Einfluß des querzugbeanspruchten Volumens auf die Tragfähigkeit gekrümmter Träger und Satteldachträger aus Brettschichtholz. Holz als Roh- und Werkstoff 50 (1992), S. 33/40.
200. Zimmer, K.; Menzel, R.: Untersuchungen zur Vorbemessung von gekrümmten Satteldachträgern aus Brettschichtholz mit verleimten Sattel. Holz als Roh- und Werkstoff 52 (1994), S. 371/375.
201. Baumeister, A., u.a.: Neuere Karlsruher Forschungsarbeiten und Versuche im Ingenieurholzbau. bmh, 6/1972.
202. Ehlbeck, J.: Möglichkeiten zur Erhöhung der Querdruck- und Querzugfestigkeit von Holz. Holz als Roh- und Werkstoff 43 (1985), S. 105/109.
203. Krabbe, E.; Tersluisen, G.: Spannungstheoretische Untersuchungen an keilgezinkten Rahmenecken bei BSH. Forschungsbericht der Arbeitsgruppe Baukonstruktionen und Ingenieurholzbau, Ruhr-Universität Bochum, 1978.
204. Egner, K.; Kolb, H.: Der Fachausschuß „Holz im Bauwesen" berichtet über Forschungsergebnisse der DGfH. bmh, 12/1971.
205. Heimeshoff, B.: Berechnung von Rahmenecken mit Keilzinkenverbindungen. In: HSA, Folge 1, 5/1976.
206. Kolb, H.: Versuche an geleimten Rahmenecken und Montagestößen. bmh, 10/1968.
207. Kolb, H.: Festigkeitsverhalten von Rahmenecken. bmh, 8/1970.
208. Kolb, H., u.a.: Prüfung von keilgezinkten Bauteilen aus BSH mit Zwischenstücken aus Furnierplatten. Prüfungsbericht der Forschungs- und Materialprüfanstalt Baden-Württemberg, Stuttgart, 1978.
209. Schelling, W., u.a.: Bemessungshilfen, Knoten, Anschlüsse. Teil 2. Info Holz/EGH-Bericht, 1987.
210. Plenk, W.; Huber, G.: Bemessung von Rahmenecken mit Stabdübelkreisen. bmh, 12/1978.
211. Heimeshoff, B.: Berechnung von Rahmenecken mit Dübelanschluß (Dübelkreis). In: HSA, Folge 2, 11/1977.
212. Ewald, G.; Schwarz, H.: Zum Nachweis der Stabilität von Dreigelenkrahmen aus BSH. bmh, 1/1984.
213. Heimeshoff, B.; Seuß, R.: Knick- und Kippaussteifung von Rahmen (Rahmenecken). Forschungsbericht TU München, Lehrstuhl für Baukonstruktion und Holzbau, 1982.
214. Kessel, M., u.a.: Zur Sicherung des Dreigelenkrahmens aus BSH gegen Kippen. Bauingenieur 59 (1984), S. 189/194.
215. Fritzen, K., u.a.: Holzbau-Praxis. Bruderverlag, Karlsruhe, 1991.
216. Neuhaus, H.: Lehrbuch des Ingenieurholzbaus. B.G.Teubner, Stuttgart, 1994.
217. Scheer, C., u.a.: Holzfachwerkträger, Verlag Ernst & Sohn, Berlin, 1989.
218. Eislaufstadion Grefrath. bmh, 8/1971.
219. Milbrandt, E.: Konstruktionsbeispiele, Berechnungsverfahren Teil 4. Info Holz/EGH-Bericht, 1979.
220. Scheer, C.; Wunderlich, M.: Fachwerkbinder; Berechnung, Konstruktion. Info Holz/EGH-Bericht, 1986.
221. Wienecke, N.: Fachwerkträger. bmh 3/1976 und 8/1976.
222. Moers, F.: Einzelfragen zur Konstruktion von Fachwerkträgern. bmh 11/1976.
223. Schelling, W., u.a.: Bemessungshilfen, Knoten, Anschlüsse Teil 3. Info Holz/EGH-Bericht, 1987.
224. Möhler, K.; Schelling, W.: Zur Bemessung von Knickverbänden und Knickaussteifungen im Holzbau. Bauingenieur 43 (1968), H. 2.

225. Petersen, C.: Statik und Stabilität der Baukonstruktionen. 2. Aufl. Vieweg-Verlag, Braunschweig/Wiesbaden, 1982.
226. Gerold, W.: Durchbiegungsnachweis und Konstruktion von Aussteifungsverbänden. bmh, 6/1986.
227. Brüninghoff, H.: Spannungen und Stabilität bei quergestützten Brettschichtträgern. Dissertation Universität Karlsruhe, 1973.
228. Gerold, W.: Zur Berechnung und Konstruktion von Dachverbänden im Stahl- und Holzbau. Bericht Nr. 7/1981 der Bundesvereinigung der Prüfingenieure für Baustatik.
229. Zietz, W: Räumliche Wirkung von Windverbänden bei Dreigelenkrahmen. Die Bautechnik, 5/1978.
230. Zietz, W.: Eine Abschätzung der Endverbandsbelastung aus dem Lastfall „vertikale Last". bmh, 8/1979.
231. Blaß, J. (Hrsg.); Görlacher, R. (Hrsg.); Steck, G. (Hrsg.): Holzbauwerke, Bemessung und Baustoffe; STEP 1. Info Holz, 1995.
232. Brüninghoff, H.: Aussteifung-Bemessung. In: [231].
233. Colling, F.; Brüninghoff, H., u.a.: Holzbauhandbuch, Reihe 2, Tragwerksplanung; Eurocode 5-Holzbauwerke, Bemessungsgrundlagen und Beispiele. Info Holz/EGH, 1995.
234. Wendehorst, R.; Muth, H.: Bautechnische Zahlentafeln. 28. Aufl. B.G. Teubner, Stuttgart; Beuth, Berlin und Köln, 1998.
235. Maier, F.-J.: Entwicklung eines „zugelassenen" Holzverbinders ohne Zulassung?! bmh 9/96.
236. Zimmer, K.; Lißner, K.: Zum Stand der Anwendung des Eurocode 5 in Deutschland. Bauingenieur 10/1997.
237. Lewitzki, W.; Schulze, H.: Holzbauhandbuch, Reihe 3, Bauphysik. Teil 5: Holzschutz, Folge 1: Bauliche Empfehlungen. Info Holz/EGH, 1997.
238. Winter, S., Scheer, C., Peter, M., Schopach, H.: Brandschutz im Holzbau – Normative und baurechtliche Regelungen – Teil 3. bmh 3/2006.
239. Werner, G.; Steck, G.: Holzbau. Teil 1, Grundlagen. 4. Auflage, Werner-Verlag, Düsseldorf 1991.
240. Dröge, G.; Ramm, W.: Zur Tragwirkung und Berechnung des Versatzes. bmh 6/1973.
241. Zulassungsbescheid[a] Nr. Z-9.1-263: GH-Integralverbinder Typ 0 bis IV als Holzverbindungsmittel. DIBt, Berlin, 1998.
242. Zulassungsbescheid[a] Nr. Z-9.1-244: GH-Balkenschuhe Typ GH 04 und GH-Balkenschuhe Typ GH 04/Kombi als Holzverbindungsmittel. DIBt, Berlin, 1997.
243. Zulassungsbescheid[a] Nr. Z-9.1-65: GH-Balkenschuhe Typ GH 04 und GH-Balkenschuhe Typ GH 05 als Holzverbindungsmittel. DIBt, Berlin, 2001.
244. Radovic, B.; Cheret, P.; Heim, F.: Holzbauhandbuch, Reihe 4, Baustoffe. Teil 4: Holzwerkstoffe, Folge 1: Konstruktive Holzwerkstoffe. Info Holz/EGH, 2001.
245. Glos, P.; Petrik, H.; Radovic, B.: Holzbauhandbuch, Reihe 4, Baustoffe. Teil 2: Vollholz, Folge 1: Konstruktionsvollholz. Info Holz/EGH, 1997.
246. Charlier, H.; Colling, F.; Görlacher, R.: Holzbauwerke, Eurocode 5, Nationales Anwendungsdokument; STEP 4. Info Holz, 1995.
247. Fritzen, K.: CNC-Abbundanlagen verlangen Umdenken beim Konstruieren und Gestalten. bmh 3/1998.
248. Schulze, H.: Baulicher Holzschutz nach DIN 68 800 - 2. Tagungsband der 21. Holzschutz-Tagung. Rosenheim, 1998.
249. Reifenstein, H.; Giese, H.: Die gesundheits- und umweltbezogene Bewertung von Holzschutzmitteln vor dem Hintergrund der Biozidgesetzgebung. Tagungsband der 21. Holzschutz-Tagung. Rosenheim 1998.
250. Mayr, J.: Analyse von interessanten Brandschäden – Erkenntnisse für die Praxis. Tagungsband der 8. Brandschutz-Tagung. Nürnberg, 1998.

---

[a] Für statische Bemessungen stets die neuesten BAZ verwenden!

251. Hauser, G.; Otto, F.: Holzbauhandbuch, Reihe 1, Entwurf und Konstruktion; Teil 3: Wohn- und Verwaltungsbauten, Folge 3: Niedrigenergiehäuser – Planungs- und Ausführungsempfehlungen. Info Holz/EGH, 2001.
252. Pohl, W.; Halama, G.: Vollflächige Dämmung oberhalb des Sparrens. Bauplanung – Bautechnik 10/1991.
253. Fritzen, K.: Aufgelegte Dämmsysteme. Das Dachkonzept muß stimmen, eine Planungsaufgabe! bmh 4/1998.
254. Fritzen, K.: Vorgefertigte Dachelemente erfordern einige besondere Rahmenbedingungen. bmh 3/1995.
255. Kempe, K.: Konstruktionsprobleme und Qualitätssicherung; Ausschreibung – Holzschutz – Rechtsfälle. Tagungsband des 13. Holzbauseminars. Trebsen, 1997.
256. Schulze, H., u. a.: Beuth-Kommentare: Holzschutz; baulich, chemisch, bekämpfend. Erläuterungen zu DIN 68800-2, -3, -4. Beuth Verlag, 1998.
257. Gerold, W.: Wind- und Stabilisierungsverbände. Ein Berechnungsmodell für die Praxis nach Theorie II. Ordnung. bmh 3/98.
258. Kuhweide, P.: Das Holzhaus. Argumente für eine wachsende Alternative. Info Holz, 1997.
259. Frühwald, A., u. a.: Holzbauhandbuch, Reihe 1, Entwurf und Konstruktion. Teil 4: Wohn- und Verwaltungsbauten, Folge 5: Das Wohnblockhaus. Info Holz/EGH, 1996.
260. Statik-Software für den Holzbau. bmh 6/98.
261. Balmer, N.: Zulassungen im Holzbau – Teil 2. bmh 9/1998.
262. Zimmer, K.; Lißner, K.: Zur Berechnung mehrteiliger Stützen und Träger nach Eurocode 5. Bautechnik 8/1998.
263. Zilch, K.; Diederichs, C. J.; Katzenbach, R. (Hrsg.): Handbuch für Bauingenieure. Technik, Organisation und Wirtschaftlichkeit – Fachwissen in einer Hand. Springer-Verlag, Berlin 2002.
264. Schalldämm-Maße für Dächer. bmh 3/02 und 4/02.
265. Blaß, H. J.; Raadschelders, J. G. M.: Tafelelemente. STEP 1, Info Holz 1995.
266. Fink u. Jocher: Holzbauhandbuch, Reihe 1, Entwurf und Konstruktion. Teil 3: Wohn- und Verwaltungsbauten, Folge 4: Holzrahmenbau. Info Holz/EGH, 1998.
267. Cheret, P.; u. a.: Holzbauhandbuch, Reihe 1, Entwurf und Konstruktion. Teil 1: Allgemeines, Folge 4: Holzbausysteme. Info Holz/EGH, 2000.
268. Bund Deutscher Zimmermeister (Hrsg.): Holzrahmenbau – Bewährtes Hausbausystem. Bruderverlag, Karlsruhe, 2000.
269. Bund Deutscher Zimmermeister (Hrsg.): Holzrahmenbau mehrgeschossig. Bruderverlag, Karlsruhe, 1996.
270. Werner, H.: Holzbauhandbuch, Reihe 1, Entwurf und Konstruktion. Teil 17: Bauteile, Folge 1: Brettstapelbauweise. Info Holz/EGH, 1998.
271. Hellwig, M.: Befestigung von Leichtbauprofilen auf Holz. bmh 6/2003.
272. Krabbe, E.; Kintrup, H.: Gelenkkonstruktionen bei Durchlaufträgern mit Gelenken. In: HSA, Folge 2, 11/1977.
273. Zulassungsbescheid[a] Nr. Z.-9.1-193: Multi-Krallen-Dübel (MKD) als Holzverbindungsmittel. IfBt, Berlin, 1996.
274. Lißner, K., Rug, W., Steinmetz, D.: DIN 1052: 2004 – Neue Grundlagen für Entwurf, Berechnung und Bemessung von Holzbauwerken. Teil 1: Material- und Werkstoffverhalten. Bautechnik 84 (2007), H.8.
275. KVH Konstruktionsvollholz, DUO-/TRIO-Balken. Technische Informationen der Überwachungsgemeinschaft. Wiesbaden.
276. Lißner, K., Rug, W., Steinmetz, D.: DIN 1052: 2004 – Neue Grundlagen für Entwurf, Berechnung und Bemessung von Holzbauwerken. Teil 2: Anwendungsbereich und holzbauspezifische Grundlagen des neuen Sicherheitskonzepts. Bautechnik 85 (2008), H.1.
277. Walter, B., Wiesenkämper, T.: Zur Erdbebenbemessung im Holzbau. Bautechnik 85 (2008), H.1.
278. Scheiding, W.: Schimmelpilzbefall an Holz und Holzwerkstoffen. Tagungsband der 25. Holzschutz-Tagung. Biberach./Riß, 2007.

---

[a] Für statische Bemessungen stets die neuesten BAZ verwenden!

279. Willeitner, H.: Überarbeitung DIN 68800 – Ergebnisse seit der letzten Holzschutztagung. Tagungsband der 25. Holzschutz-Tagung. Biberach/Riß, 2007.
280. Rapp, A. O., u. a.: Natürliche Dauerhaftigkeit wichtiger heimischer Holzarten unter bautypischen Bedingungen. Tagungsband der 25. Holzschutz-Tagung. Biberach/Riß, 2007.
281. Aicher, S., Radovic, B., Volland, G.: Untersuchungen zur Befallswahrscheinlichkeit von Brettschichtholz durch Hausbock. bmh 12/2001.
282. Hosser, D.: Leitfaden Ingenieurmethoden des Brandschutzes. Technischer Bericht vfdB TB 04/01. Braunschweig, 2006.
283. Winter, S., Scheer, C., Peter, M., Schopach, H.: Brandschutz im Holzbau – Normative und baurechtliche Regelungen. bmh 1/2006.
284. Wesche, J.: Umsetzung der Europäischen Klassifizierung von Bauprodukten, Bausätzen und Bauarten. Tagungsband der 21. Fachtagung Brandschutz. Braunschweig, 2007.
285. Schächer, F.: Die neue Musterbauordnung und ihre Auswirkungen auf die Landesbauordnungen, Verantwortlichkeiten – Prüfungen – Brandschutzkonzepte. Tagungsband der 10. DGfH-Brandschutz-Tagung. Berlin, 2004.
286. Herzog, I.: Einführung des europäischen Klassifizierungssystems für den Brandschutz in das deutsche Baurecht. DIBt-Mitteilungen 4-2002. DIBt, Berlin.
287. Peter, M., Kubowitz, P.: Brandschutzbemessung von Holzbauteilen; Entwicklungen, Teil 1. bmh 9/2003.
288. Lißner, K., Rug, W., Steinmetz, D.: DIN 1052: 2004 – Neue Grundlagen für Entwurf, Berechnung und Bemessung von Holzbauwerken. Teil 4: Bemessung von Verbindungen und stiftförmigen und sonstigen mechanischen Verbindungsmitteln. Bautechnik, 85 (2008), H.11 u. 12.
289. Lißner, K.: Feuchteschäden an historischen Holzkonstruktionen und Methoden für ihre Instandsetzung. In: Venzmer, Schriftenreihe zu den 16. Hanseatischen Sanierungstagen. Rostock – Warnemünde, 2005.
290. Lißner, K.: Neue Holzbaunorm DIN 1052: 2004 – Neue Anforderungen zum baulichen Holzschutz bei der Instandsetzung von historischen Holztragwerken. 34. Norddeutsche Holzschutzfachtagung des HFN. Schwerin, 2006.
291. Lißner, K., Rug, W., Steinmetz, D.: DIN 1052: 2004 – Neue Grundlagen für Entwurf, Berechnung und Bemessung von Holzbauwerken. Teil 3: Bemessung von einteiligen Holzbauteilen. Bautechnik, 85 (2008), H.4.
292. Timm, G.: Die neue DIN 1055, Teil 5 – Schnee- und Eislasten. Der Prüfingenieur 10/06.
293. Otto, F. u. a.: Holzbauhandbuch, Reihe 1, Entwurf und Konstruktion; Teil 1: Allgemeines, Folge 8: Funktionsschichten und Anschlüsse für den Holzhausbau. Info Holz, 2004.
294. Winter, S., Schopach, H.: Holzbauhandbuch, Reihe 3, Bauphysik; Teil 4: Brandschutz, Folge 4: Brandschutz im Hallenbau. Info Holz, 2004.
295. Studiengemeinschaft Holzleimbau e.V.: Leitfaden zu einer ersten Begutachtung von Hallentragwerken aus Holz. 7/2006.
296. Radovic, B., Wiegand, T.: Oberflächenqualität von Brettschichtholz. bmh 7 und 8/2005.
297. Studiengemeinschaft Holzleimbau e.V.: BS-Holz-Merkblatt. 4/2005.
298. Studiengemeinschaft Holzleimbau e.V.: Verwendung von BS-Holz aus Lärche. 3/2007.
299. Radovic, B.: Unempfindlichkeit von technisch getrocknetem Holz gegen Insekten. Info Holz, 11/2008.
300. Lißner, K., Rug, W., Steinmetz, D.: DIN 1052: 2008-12 Neue Grundlagen für Entwurf, Berechnung und Bemessung von Holzbauwerken. Teil 5: Aussteifungen von Holztragwerken. Bautechnik, 86 (2009), H.7 u. 8.
301. Racher, P.: Biegesteife Verbindungen. STEP 1 (C16), Info Holz, 1995.

# Sachverzeichnis

**Allgemeingültige und für eine Bemessung nach DIN 1052 (1988)**

Abscheren 198
Aluminium-Elemente 23 ff.
Anschnitte 221 ff., 227, 232, 242 f.
Auflagerkräfte 188, 248
Auflagerpressung 237, 247 ff.
Aufschiebling 3, 118
Ausgeklinkte Träger 275
Ausgleichsfeuchte 209
Ausmittigkeit 79, 109, 138, 247, 317, 342, 364, 365
Aussteifungsverband 116, 124, 173, 329 ff.

Balkenschuh 86, 118, 179
Bau-Furniersperrholz 30 ff., 114, 238, 249 f., 257, 329
Bauhöhe 172, 308
Berechnungslast 32, 38 ff.
Biegespannng 216 ff., 222 ff., 227, 237, 269
Biegeträger 208 ff., 336
Biegeverformung 225, 342, 378
Bilo-Holzverbinder 118
Binder 173, 308, 315, 354
Blatt 105, 179, 185
Blechformteile 118
Blockhausbau 171
Bohlen 114
Bolzen 105, 118, 139, 258
Brandschutz 308
Brett 9, 114 f., 209
Brettbreite 212
Brettdicke 212, 216
Brettlamelle 212, 215, 242
Brettschichtholzträger 177, 208 ff.
Brett, gekrümmtes 212, 214 ff.
BSB-Verbindung 314
BS-Holz 208

Dachbinder 18, 46, 173, 331
Dachdeckungen 38 ff.
Dachgaube 4, 112 f., 119
Dachlatte 5 ff., 47, 116
Dachneigung 1, 14, 24, 27, 56
Dachschalung 5 ff., 31 f., 346
Dachscheibe 346 ff.
Dachüberstand 6, 56
Deckenbalken 169, 248

DIN 1055 36 ff., 51
DIN 1143 34
DIN 1151 34
DIN 4074 210
DIN 4078 31
DIN 4108 27
DIN 4132 49
DIN 15018 49
DIN 18165 39
DIN 18807 17 f.
DIN 68140 211, 254
DIN 68705 30, 41
DIN 68763 30, 39, 41
Doppelbiegung 85 f., 103
Drehfedersteifigkeit 266, 280 ff., 385
Dreigelenkbinder 177
Dreigelenkbogen 177
Dreigelenkrahmen 173, 176 f., 255, 258, 267 ff., 355
Drempel 3, 110 f., 126, 169
Druckanschlüsse 321, 386
Druckspannung 293, 322
Druckstäbe 292, 309, 311
Druckstöße 311, 322, 386
Dübel 117, 170, 194, 201, 259 ff., 275 f., 310 f., 383
Dübelabstand 310
Dübelanzahl 260
Dübelkräfte 276 f.
Dübelkreis 276, 379
Durchbiegung 100, 108, 181 ff., 199, 225 f., 233 f., 278, 293, 317, 323, 341 ff., 378
–, zulässige 129 f., 148, 324, 335, 344
Durchlaufträger 179
Durchbruch 249 ff.

Eigenlast 36 ff., 57, 97
Einfeldträger 101, 177 f.
Elastizitätsmodul 24, 211
Entlastungsnute 212

Fachwerkbinder 46, 173, 308 ff.
Fachwerkknoten 310 ff., 321, 342 f.
Fachwerkrahmen 176
Fachwerkstäbe 308 ff.
Fachwerkträger 176, 308 ff.

Faserrichtung 249, 255, 257, 261
Faserzement-Wellplatten 13 ff., 39, 186
Feder 10, 34, 347
Federsteifigkeit 286, 382 ff.
Feuchteänderung 211, 254, 386
Feuchtigkeitseinwirkung 257
Feuchtegehalt 209, 211
Fichte 208
First 2 f., 6 f.
Firstbohle 68, 116 f.
Firstgelenk 121
Firstpfette 68, 76
Firstpunkt 122, 140 ff., 258
Firstsattel 238, 238, 240 f.
Flachpreßplatten 30 ff., 41, 114, 156, 351 ff.
Flächenmoment 2. Grades 182 ff., 271, 278 f.
Formänderungen 233, 239 f., 266, 341 ff., 378 ff.
Füllstäbe 308 ff.
Furnierschichtholz 30, 33
Fußpunkt 258 f., 274
Futter 315

Gabellagerung 247 f.
Gang-Nail-System 176, 312
Gekrümmter Träger 214 ff.,
Geleimte Vollwandträger 208 ff.
Geleimte Zugstöße 213
Gelenk 180, 183, 258
Gelenkabstand 180 ff., 186
Gelenkanordnung 180 ff., 186
Gelenkbolzen 315 f., 368
Gelenkpfette 68, 104, 179 ff., 366
Genagelte Zugstöße 384
Gerberträger 179
Gewicht
–, Berechnungs- 38 ff.
Giebel 2, 114 f., 173
Gleitlager 247 ff.
Grat 3
Gratsparren 166
Greimbau 176
Gütebedingungen 211 f.
Güteklasse 212
Gurtstäbe 309 ff., 319 ff., 335, 339

Halbtrockenes Bauholz 386
Heftnägel 117
Hohlkastenträger 208
Holzfaserplatten 247
Holzfeuchte 209 f.
Holzlaschen 78, 117, 122, 322, 342, 346
Holzleimbau 208 ff.
Holzscheiben 170
Holztafelbau 171
Holztrocknung
–, künstliche 209
Holzwerkstoffe 30 ff.

Imprägnierung 210
Interaktionsfaktor 222 ff.
Interaktionsgleichung 223

Kantholz 176, 330
Kehlbalken 114, 148
Kehlbalkendach 9, 45, 68, 113 ff.
–, unverschiebliches 145 ff.
–, verschiebliches 126 ff.
Kehlbalkenanschluss 137
Kehlbohle 167
Kehle 3, 165
Kehlriegel 136
Kehlscheibe 114, 149, 153, 156
Kehlsparren 167
Keilzinkenstoß 213, 254 ff., 271
Kernseite 212
Kippsicherheitsnachweis 225, 228, 273
Kippsicherung 329
Klaue 69 f., 85
Klemmbolzen 248
Knagge 69 f., 118, 139, 188, 248
Knicklänge 78, 114, 116, 125, 127, 136, 145, 271 ff., 320
Knicknachweis 127, 136 f., 145, 147, 273, 293
Knotenpunkt 310 ff.
Kontaktstoß 321, 386
Kopfband 68, 77 ff., 175, 329
Kopfbandbalken 102
Koppelpfetten 193 ff., 364 ff.
Kopplungskraft 194, 196 ff.
Kragträger 177
Kriecheinfluss 84, 226, 240, 247, 385
Krümmung 214 ff., 230 ff., 238, 254
Künstliche Holztrocknung 209

Längsspannung 220, 222, 230 ff., 237
Lagerplatte 247 f.
Lamello-Feder 10
Langlöcher 247
Laschen 78, 117, 122, 322, 342, 346, 383
Lastannahmen 36 ff., 105, 134, 150, 227
Lastfall 36 ff., 102, 119 f., 127
Lastkombination 36 ff., 102 f., 121
Latte 5 ff., 38, 118
Leimbindefestigkeit 211
Leimverbindung 208 ff.
Linke Seite 212

Mannlast 10, 47, 99
Mansarddach 2
Mehrfeldträger 177
Mehrteilige Druckstäbe 311, 315
Metallaschen 274, 383
Mittelbohle 116 f.
Mittelpfette 68, 104, 108
Mittragende Breite 10, 32 ff.
Multi-Krallen-Dübel 313

## Sachverzeichnis

Nachgiebige Verbindung 266, 278f., 284ff., 316, 318, 342f., 378ff.
Nägel 34, 56, 123, 194, 201, 351
Nagelabstände 123, 353f.
Nagelanzahl 198
Nagelbrettbinder 46, 176
Nagelkraft 123f.
Nagelplatten 176, 312, 316
Nagelpressleimung 249

Ortgang 2f., 6f., 17

Pendelstütze 173, 248
Pfetten 69ff., 178ff., 361
Pfettendach 43f., 69ff., 110
–, abgestrebtes 85, 105ff.
–, strebenloses 84, 97ff.
Pressdruck 211
Pultdach 2, 43, 71
Pultdachträger 222, 225f., 269

Quellen 254
Queraufreißen 184, 258, 271
Querdruckspannung 202, 218f., 223
Querkraft 120, 263ff., 275, 281ff., 287ff., 378ff.
Querspannung 218ff., 222f., 230ff.
Querzugfestigkeit 211
Querzugspannung 211, 215, 218ff., 222f., 228ff., 255

Rähm 173, 361
Rahmen 254ff., 280ff.
Rahmenecken 213, 254ff.
–, gedübelte 258ff., 275ff.
–, keilgezinkte 254ff.
Rechte Seite 212
Resorzinharzleim 209, 249
Ringanker 6
Rundstahl 309, 330, 341f., 368, 371

Satteldach 2
Satteldachträger 177, 222ff., 257
Schalung 10, 30, 38, 41, 56, 346
Scheibe 28, 114f., 173, 329, 346ff.
Scherspannung 264
Schifter 165ff.
Schlankheitsgrad 145, 273, 361
Schlupf 379
Schneelast 36f., 49ff., 57, 72, 97, 179
Schraubenbolzen 247f.
Schubfeld 19, 173, 329
Schubfluss 262
Schubkraft 262
Schubspannung 104, 220, 222, 262, 277, 350
–, zulässige 211

Schubverformung 225f., 350
Schwelle 116, 118, 331
Schwinden 84, 209
Schwindmaß 254
Schwindrisse 209f.
Seitenlast 125, 144, 332, 335ff., 351ff., 362f.
Sheddach 3
Skelettbauten 168ff.
Sonderbauarten 312
Sondernägel 56, 262
Sortierklassen 212
Spannschloss 309, 341, 344, 369
Spanplatten 173
Sparren 5, 7, 43, 58, 73, 97, 114, 127ff., 146
Sparrendach 9, 44, 67f., 113ff., 119ff.
Sparrenfuß 139
Sparrennagel 75, 81, 189
Sparrenpfette 41f., 50, 173, 178ff.
Sparrenpfettenanker 69, 86, 203
Sperrholz 30
Sperrschicht 6f., 257
Spundung 10
Stabdübel 170, 247f., 259ff., 265f., 275f., 285, 312, 321ff., 383ff.
Stabilisierung 48, 309, 334ff.
Stahlblech-Holz-Nagelung 313
Stahllaschen 274, 383
Stahlschuh 80, 257
Standsicherheit 256, 259, 273, 277, 290, 316
Staudruck 51f., 59
Steckverbinder 10
Stirnversatz 109, 311
Stoßdeckung 315, 321, 349, 384
Strebe 80, 86f., 109, 112
Stütze 80, 108, 169f., 248, 329
–, eingespannte 173, 332, 334
–, Pendel- 173, 331
Stützweite 115f., 314, 337f.

Trägerauflager 247f.
Tragsicherheit 261
Trapezblech 17ff., 23ff., 173
Traufe 2f., 6f., 16, 118, 173
Trockenrisse 211, 219, 238

Überhöhung 229, 240, 318
Überkopplungslänge 194, 196ff., 201
Umlenkkraft 218, 222, 354ff.

Verankerung 55ff., 69, 74, 80
Verband 114, 124, 144, 173, 329ff.,
Verbandsdurchbiegung 333, 335, 341ff.
Verbandspfosten 174, 341
Verbundquerschnitt 212
Verkehrslast 36ff., 47ff., 126
Versatz 79, 110, 311
Verschiebeweg 233, 239f.

416 Sachverzeichnis

Verschiebungsmodul 279 ff., 324, 344, 379 ff.
Vollholz 169
Vollwandträger 46, 177
Voutenträger 246

**Walm** 2, 165 f.
Wärmedämmung 6, 15, 20 f., 28, 31, 39 ff.
Wassersack 1, 27
Winddruck 51 ff., 72, 127, 338 ff.
Windlast 36 f., 51 ff., 57 f., 59 ff., 97, 101, 146, 267, 338 ff., 363
Windrispe 9, 68, 116 ff., 125, 143 f.
Windsog 52 ff., 72, 126 ff., 338 ff.
Windverband 124, 144, 173, 309, 329 ff.
Winkelverbinder 118

**Zange** 82 f., 86, 109, 112 f., 169
Zeltdach 2
Zinkenlänge 211, 213
Zugband 113, 116, 177
Zugspannung 105, 323, 368
Zugstäbe 309 f.
Zugstöße 78, 384
Zulässige Durchbiegung 317, 328, 335
Zulässige Spannungen 38, 179
Zusatzlasten 36 f.
Zweigelenkrahmen 75 f., 280 ff., 284 ff., 381

**Für eine Bemessung nach DIN 1052 neu (EC 5)**

Abstützungen 371 ff.
Anfangsdurchbiegung 161, 190, 204
Anschlussfedersteifigkeit 388
Anschlussverschiebung 386
Anschnitte 300
Arbeitsgleichung 387
Ausmittigkeit 94
Aussteifungskonstruktion 371
Aussteifungsverbände 373 f.
Ausziehwiderstand 189

Beanspruchungen 63
Bemessungssituation 62
Bemessungswert 63
Beplankung 64
Bezugshöhe 298
Biegespannung 88, 301, 304
Biegespannungsnachweis 297, 305
Brettschichtholz 295
Brettschichtholzträger 295 ff.

Dachlatten 64
Dachscheiben 374, 376
Dachverband 164
Drehfedersteifigkeit 388

Durchbiegung 88, 92, 161 f.
Durchbiegungsnachweis 161 f., 190 f., 203 f., 302 f., 306
Durchbruch 249
–, unverstärkt 250
–, verstärkt 252

Eigenlast 63, 87 f., 159
Einfeldträger 92
Einschlagtiefe 95
Einwirkungen 62 ff., 87 ff., 159
Enddurchbiegung 162, 191, 204

Fachwerkträger 326 ff.
Federsteifigkeiten 388
Festigkeitsklassen 296
Firstpfette 92
Firstpunkt 163
Fußpunkt 162

Gebrauchstauglichkeit 63
Gelenkkräfte 192
Gelenkpfette 189 ff.
Gerader Träger 296
Gekrümmter Träger 297
Gekrümmter Untergurt 299, 303
Giebelsparren 95
Grenzwerte 89
Grenzzugkraft 91
Grundkombination 63

Kippnachweis 301, 306
Knicklänge 93
Kombinationsbeiwerte 64, 88 f., 160 f.
Konstruktionsdetails 162
Kopfbänder 93
Koppelpfette 203 ff.
Kopplungskräfte 205

Lamellen 296
Lasteinwirkungsdauer 87
Lasten 62
Lastfall 88, 159, 189
Lastkombination 63, 88, 160
Lastverteilung 64
Lastverteilungsfaktor 64, 88
Lastverteilungssystem 64

Modifikationsbeiwert 88

Nagelplattenverbindungen 328
Nutzungsklassen 87

Pfetten 64
Pfettendach 87
Pfettenstoß 93
Pultdachträger 296

Querzugspannung 300, 304
Querzugspannungsnachweis 298

Satteldachträger 297
Schalung 64
Schneelast 63f., 88f., 159
Schubspannung 299, 303
Schwellenlagerung 94
Schwellenverankerung 90
Sondernägel 89
Sortierklassen 296
Spannungsnachweis 88, 90, 203, 300, 304
Sparren 87ff.
Sparrenbemessung 159
Sparrendach 159
Sparrennagel 96
Stabilitätsnachweis 94, 160
Strebe 95
Stützen 94

Teilsicherheitsbeiwerte 63, 89
Tragfähigkeit 63

Verankerung 89, 95
Verbände 371ff.
Verbundtheorie 295
Verformungsberechnung 387f.
Verkehrslast 64
Versatztiefe 94
Verteilungsfaktor 298

Windlast 65f., 88, 159
Windrispen 161
Windsogspitzen 89

Zuglasche 96

MIX
Papier aus verantwortungsvollen Quellen
Paper from responsible sources
FSC® C105338

If you have any concerns about our products,
you can contact us on
**ProductSafety@springernature.com**

In case Publisher is established outside the EU,
the EU authorized representative is:
**Springer Nature Customer Service Center GmbH
Europaplatz 3, 69115 Heidelberg, Germany**

Printed by Libri Plureos GmbH
in Hamburg, Germany